U0372650

編委會

國家古籍整理出版專項經費資助項目

機械工程卷

第壹分册

主編 馮立昇

中國科學技術大學出版社

圖書在版編目(CIP)數據

江南製造局科技譯著集成.機械工程卷.第壹分册/馮立昇主編.—合肥:中國科學技術大學出版社,2017.3
ISBN 978-7-312-04164-8

Ⅰ.江… Ⅱ.馮… Ⅲ.①自然科學—文集 ②機械工程—文集 Ⅳ.①N53 ②TH-53

中國版本圖書館CIP數據核字(2017)第037536號

出版 中國科學技術大學出版社
安徽省合肥市金寨路96號,230026
http://press.ustc.edu.cn
https://zgkxjsdxcbs.tmall.com
印刷 安徽聯衆印刷有限公司
發行 中國科學技術大學出版社
經銷 全國新華書店
開本 787 mm×1092 mm 1/16
印張 33.5
字數 858千
版次 2017年3月第1版
印次 2017年3月第1次印刷
定價 430.00圓

前言

明清時期之西學東漸，大約可分爲明清之際與晚清時期兩個大的階段。無論是哪個階段，翻譯西書均是其中重要的基礎工作，正如徐光啟所言：『欲求超勝，必須會通，會通之前，先須翻譯。』明清之際耶穌會士與中國學者合作翻譯西書，這些西書主要介紹西方的天文數學知識、地理發現，以及水利技術、機械、自鳴鐘、火礮等方面的科技知識。晚清時期，外國傳教士爲了傳播宗教和西方文化，在中國創辦了一些新的出版機構，翻譯出版西書、發行報刊。傳教士與中國學者共同翻譯了多種高水平的科技著作，重開了合作翻譯的風氣，使西方科技第二次傳入中國。清政府也設立了一些譯書出版機構，這些機構與民間出現的譯印西書的機構，使翻譯西書和學習科技成爲當時的一種時尚。明清之際第一次傳入中國的西方科技著作，以介紹西方古典和近代早期的科學知識爲主，而晚清時期翻譯的西方科技著作，更多地介紹了牛頓力學建立以來至19世紀中葉的近代科技知識。

晚清時期翻譯西書之範圍與數量也遠超明清之際，涵蓋了當時絕大部分學科門類的知識，使近代科學較爲系統地引進到中國。在當時的翻譯機構中，成就最著者當屬江南製造局翻譯館。江南製造局（全稱江南機器製造總局）於清同治四年（1865年）在上海成立，是晚清洋務運動中成立的近代軍工企業。由於在槍械機器的製造過程中，需要學習西方的先進科學技術，因此同治七年（1868年），在徐壽、華蘅芳等建議下，江南製造局附設翻譯館，延聘西人，翻譯和引進西方的科技書籍，又自設印書處負責譯書的刊印。至1913年停辦，翻譯館翻譯出版了大量書籍，培養了大批人才，對中國科學技術的近代化起了重要作用。

江南製造局翻譯館翻譯西書，最初採用的主要方式是西方譯員口譯、中國譯員筆述。西方口譯人員中，貢獻最大者爲傅蘭雅（John Fryer,1839–1928）。傅蘭雅，英國人，清咸豐十一年（1861年）來華，同治七年（1868年）成爲江南製造局翻譯館譯員，譯書前後長達28年，單獨翻譯或與人合譯西方書籍百餘部，是在華西人中翻譯西方書籍最多的人，清政府曾授其三品官銜和勳章。偉烈亞力（Alexander Wylie, 1815–1887）、瑪高温（Daniel Jerome MacGowan, 1814–1893）、林樂知（Young John Allen, 1836–1907）和金楷理（Carl Traugott Kreyer, 1839–1914）也是最早一批著名的譯員。偉烈亞力，英國人，倫敦會傳教士，曾主持墨海書館印刷事務，同治七年（1868年）入館，僅短暫從事譯書工作，翻譯出版了《汽機發軔》《談天》等。瑪高温，美國人，美國浸禮會傳教士醫師，同治七年（1868年）入館，但從事翻譯工作時間較短，翻譯出版了《金石識別》《地學淺釋》等。林樂知，美國人，同治八年（1869年）入館，共譯書8部，多爲史志類、外交類著作。金楷理，美國人，同治九年（1870年）入館，共譯書17部，多爲兵學類、船政類著作。此外，尚有衛理（Edward Thomas William, 1854–1944）、秀耀春（F. Huberty James, 1856–1900）和羅亨利（Henry Brougham Loch, 1827–1900）等西人於光緒二十四年（1898年）前後入館。除了西方譯員外，稍後也聘請了部分中國口譯人員，如吳宗濂（1856–1933）、鳳儀、舒高第（1844–1919）等，其中舒高第是最主要的一位。舒高第，字德卿，慈谿人，出身於貧苦農民家庭，曾就讀於教會學校。咸豐九年（1859年）以Vung Pian Suvoong名在美國留學，先後學習醫學、神學，同治九年（1870年）入哥倫比亞大學內外科學院學習，同治十二年（1873年）獲得醫學博士學位。舒高第學成後回到上海，光緒三年（1877年）被聘爲廣方言館英文教習，幾乎同一時間成爲江南製造局翻譯館譯員，任職34年，翻譯了二十餘部著作。中方譯員參與筆述、校對工作者五十餘人，其中最重要者當屬籌劃江南製造局翻譯館的創建并親自參與譯書工作的徐壽（1818–1884）、華蘅芳（1833–1902）和徐建寅（1845–1901）。徐壽，字生元，號雪村，無錫人。清咸豐十一年（1861年）十一月，徐壽和華蘅芳入曾國藩幕府；同治元年（1862年）三月，徐壽、華蘅芳、徐建寅到曾國藩創辦的安慶內軍械所工作，建造中國第一艘自造輪船『黃鵠』號；同治四年（1865年），徐壽參與江南製造局籌建工作；同治五年（1866年），徐壽由金陵軍械所轉入江南製造局任職，被委爲『總理局務』『襄辦局務』，主持技術方面的工作；同治七年（1868年），江南製造局附設之翻譯館成立，徐壽主持館務，并親自參加翻譯工作，共譯介了西方科技書籍17部，包括《汽機發軔》《化學鑒原》《化學考質》《化學求數》等。華蘅芳，字畹香，號若汀，江蘇金匱（今屬無錫）人，清同治四年（1865年）參與江南製造局籌建工作，是最主要的中方翻譯人員之一，前後從事譯書工作十餘年，所譯書籍主要爲數學類著作，如《代數術》《微積溯源》《三角數理》《决疑數學》等，也有其他科技著作，如《金石識別》《地學淺釋》等。徐建寅，字仲虎，徐壽的次子。受父親影響，徐建寅從小對科技有濃厚興趣，18歲時就在安慶協助徐壽研製蒸汽機和火輪船。翻譯館成立後，他與西人合譯二十餘部西方科技著作，如《汽機新制》《汽機必以》《化學分原》《聲學》《電學》《運規約指》等。同治十二年（1874年）後，徐建寅先後在龍華火藥廠、天津製造局、山東機器局工作，并出使歐洲，遊歷各國工廠，考察艦船兵工，訂造戰船。光緒二十七年（1901年），徐建寅在漢陽試製無煙火藥，因實驗室爆炸，不幸罹難。此外，鄭昌棪、趙元益（1840–1902）、李鳳苞（1834–1887）、賈步緯（1840–1903）、鍾天緯（1840–1900）等也是著名的中方譯員。

關於江南製造局翻譯館之譯書，國內尚有多家圖書館藏有匯刻本，如國家圖書館、上海圖書館、北京大學圖書館、清華大學圖書館、西安交通大學圖書館等，但每家館藏或多或少都有缺漏。

雖然先後有傅蘭雅《江南製造總局翻譯西書事略》（1880年）、魏允恭《江南製造局記》（1905年）、陳洙《江南製造局譯書提要》（1909年），以及隨不同書附刻的多種《上海製造局各種圖書總目》《上海製造局譯印圖書目錄》，以及Adrian Bennett, Ferdiand Dagenais等學者關於傅蘭雅研究中所發現、整理的譯書目錄等，但仍有缺漏。根據王揚宗《江南製造局翻譯書目新考》的統計，由江南製造局刊行者193種（含地圖2種，名詞表4種，連續出版物4種），另有他處所刊翻譯館譯書8種，已譯未刊譯書40種，共計241種。此文較詳細甄別、考證各譯書，是目前最系統的梳理，但仍有少許不足之處。比如將《化學工藝》一書兩置於化學類和工藝技術類，致使總數多增1種。又如認爲《礮法求新》與《礮乘新法》兩書相同，又少算1種。再如，此統計中有《克虜伯腰箍礮說、礮架說、螺繩礮架說》1種3卷，而清華大學圖書館藏《江南製造局譯書匯刻》本之《攻守礮法》中，附有《克虜伯腰箍礮說》《克虜伯礮架說船礮》《克虜伯船礮操法》《克虜伯礮架說堡礮》《克虜伯螺繩礮架說》，且藏有單行本5種，金楷理口譯，李鳳苞筆述。又因一些譯著附卷另有來源，可爲一種新書，如《電學》卷首、《光學》所附《視學諸器圖說》、《航海章程》所附《初議記錄》等。

在江南製造局的譯書中，科技著作占據絶大多數。在洋務運動的富國强兵總體目標下，這些譯著介紹了大量西方軍事工業、工程技術方面的知識，對中國近代軍隊的制度化建設、軍事工業的發展以及民用工程技術的發展產生了重要影響；同時又在自然科學和社會科學等方面作了平衡，翻譯傳播了西方的科學成果，促進了中國科學向近代的轉變，一些著作甚至在民國時期仍爲學者所重視；在譯書過程中厘定大批名詞術語，出版多種名詞表，體現出江南製造局翻譯館在科技術語規範化方面所作的貢獻，其中很多術語沿用至今，甚至對整個漢字文化圈的科技術語均有巨大影響；通過對西方社會、政治、法律、外交、教育等領域著作的介紹，給晚清的社會文化領域帶來衝擊，對晚清社會的政治變革也作出了一定的貢獻，促進了中國社會的近代化。此外，通過譯書活動，也培養了大批科技人才、翻譯人才。江南製造局譯書也爲其他國家所重視，如日本在明治時期曾多次派員赴上海專門收購，根據八耳俊文的調查，可知日本各地藏書機構分散藏有大量的江南製造局譯書。近年來，科技史界對於這些譯著有較濃厚的研究興趣，已有十數篇碩士、博士論文進行過專題研究。

有鑒於此，我們擬將江南製造局譯著中科技部分集結影印出版，以廣其傳。本書先是納入『2011-2020年國家古籍整理出版規劃』之『中國古代科學史要籍整理』項目，後於2014年獲得國家古籍整理出版專項經費資助，名爲《江南製造局科技譯著集成》。

對江南製造局原有譯書予以分類，可分爲史志類、政治類、交涉類、兵制類、兵學類、船類、學務類、工程類、農學類、礦學類、工藝類、商學類、格致類、算學類、電學類、化學類、聲學類、光學類、天學類、地學類、醫學類、圖學類、地理類，并將刊印的其他書籍歸入附刻各書。從已刊行之譯書內容來看，與軍事科技、工業製造、自然科學相關者最主要，約占總量的五分之四。本書收錄的著作共計162種（其中少量著作因重新分類而分拆處理），包括150種江南製造局翻譯館翻譯且刊印的與科技有關的譯著，5種江南製造局翻譯但別處刊印的著作，7種江南製造局刊印的非翻譯館翻譯或非譯著類著作。本書對收錄的著作按現代學科重新分類，并根據篇幅大小，或學科獨立成卷，或多個學科合而爲卷，凡10卷，爲天文數學卷、物理學卷、化學卷、地學測繪氣象航海卷、醫藥衛生卷、農學卷、礦學冶金卷、機械工程卷、工藝製造卷、軍事科技卷。

儘管已有陳洙《江南製造局譯書提要》對江南製造局譯著之內容作了簡單介紹，析出目錄，但缺漏不少。上海圖書館《江南製造局翻譯館圖志》也對江南製造局譯著作了一一介紹，涉及出版情

況、底本與內容概述等。由於學界對傅蘭雅已有較深入的研究，因此對於傅蘭雅參與翻譯的譯著底本已有較明確的信息，然而對於其他譯著的底本考證，則尚有較大的分歧。本書對收錄的著作，一一寫出提要，簡單介紹著作之出版信息，盡力考證出底本來源，對內容作簡要分析，并附上目錄。此外，我們計劃另撰寫單行的提要集，對其中重要譯著的原作者、譯者、成書情況、外文底本及主要內容和影響作更全面的介紹。

馮立昇　鄧　亮

2015年7月23日

科技譯著集成

凡　例

一、《江南製造局科技譯著集成》收錄150種江南製造局翻譯館翻譯且刊印的與科技有關的譯著，5種江南製造局翻譯但別處刊印的著作，7種江南製造局刊印的非翻譯館翻譯或非譯著類著作。

二、本書所選取的底本，以清華大學圖書館所藏《江南製造局譯書匯刻》爲主，輔以館藏零散本，并以上海圖書館、華東師範大學圖書館等其他館藏本補缺。

三、本書按現代學科分類，凡10卷：天文數學卷、物理學卷、化學卷、地學測繪氣象航海卷、醫藥衛生卷、農學卷、礦學冶金卷、機械工程卷、工藝製造卷、軍事科技卷。視篇幅大小，或學科獨立成卷，或多個學科合而爲卷。

四、各卷中著作，以內容先綜合後分科爲主線，輔以刊刻年代之先後排序。

五、在各著作之前，由分卷主編或相關專家撰寫提要一篇，介紹該書之作者、底本、主要內容等。

六、天文數學卷第壹分冊列出全書總目錄，各卷首冊列出該分卷目錄，各分冊列出該分冊目錄。

七、各頁書口，置兩級標題：雙頁碼頁列各著作書名，下置頁碼；單頁碼頁列各著作卷章節名，下置頁碼。

八、『提要』表述部分用字參照古漢語規範使用，西人的國別、中文譯名以及中方譯員的籍貫等與原翻譯一致；書名、書眉、原書內容介紹用字與原書一致，有些字形作了統一處理，對明顯的訛誤作了修改。

分卷目錄

第肆分册

科技譯著集成

分冊目錄

江南
製造局
科技
譯著
集成

機械工程卷

第壹分冊

汽機發軔

《汽機發軔》提要

《汽機發軔》九卷，附圖八十三幅，英國美以納（Thomas J. Main）、白勞那（Thomas Brown）合撰，英國偉烈亞力口譯，無錫徐壽筆述，同治十年（1871年）刊行，光緒二十九年（1903年）再版。底本爲《Manual of the Steam Engine》，1860年第4版。

此書爲江南製造局早期翻譯的著作之一，論述蒸汽機、蒸汽機輪船、蒸汽機戰艦之原理、結構、製造、運行等相關事項，共分九卷三百五十三款。其中卷一包括第一款到第六十三款，總論與蒸汽機相關之汽機、水、熱量、温度、冷熱、温度計、高温計、氧化、沸點、壓力、汽機種類、工作原理等基礎知識；卷二包括第六十四款到第九十四款，主要介紹火管鍋爐之構造，涉及爐膛、灰坑、排氣管、送風管、鹽水管、安全閥、鹽水閥、反向閥、截止閥等；卷三包括第九十五款到第一百七十七款，首先簡要介紹瓦特蒸汽機之前的發展歷程，其後分別概述單作用式蒸汽機、雙作用式蒸汽機、高壓蒸汽機、凝汽式蒸汽機、船用蒸汽機等不同種類蒸汽機的工作原理，接著介紹汽缸、活塞、連桿機構、閥門、飛輪等各種構件；卷四包括第一百七十八款到第一百九十三款，介紹各種蒸汽機之工作原理、構造等；卷五包括第一百九十四款到第二百一十九款，論述運行蒸汽機時之各種方法與處理方式；卷六包括第二百二十款到第二百五十四款，主要論述蒸汽機輪船之運行方法及各種問題之處理；卷七包括第二百五十五款到第二百七十三款，論述蒸汽機戰艦在戰前的維護檢查，戰時各種應急處理方法，以及戰後維修保養等；卷八包括第二百七十四款到第三百二十一款，論述汽船停航後對蒸汽機各構件之維護保養；卷九包括第三百二十二款到第三百五十三款，論述相關各事，諸如功率、速率、能耗、螺旋槳葉片面積、曲柄連桿運行角度、凝水柜温度、載煤量之計算等。附表十四份。

此書內容如下：

總目錄

汽機發軔總目錄

汽機發軔卷一目錄

汽機公理

汽機發軔卷一

英國美以納 白勞那 合撰
英國 偉烈 口譯
無錫 徐壽 筆述

汽機公理

第一款 汽

汽爲氣質水受熱而化散者也亦名爲漲流質

第二款 水

水爲雜體而非原質化學家業經實測乃輕養二氣化合者也其理以分合之法徵之可用金類電器分水爲二氣又可再將二氣同盛一器以電器復合爲水惟二氣之體積輕氣倍大於養氣始得分合之率

第三款 熱

熱之形迹可驗而知格致者探索其所以然專書詳論兹不贅言祇以外現之迹可見之驗略論所由名爲熱元熱元者卽熱限所由起也

第四款 寒暑度

物質熱限之大小準以寒暑表之度數

第五款 熱冷之迹

熱卽物質所當之寒暑度冷卽無熱之意

第六款 熱冷之驗

物質加熱更變有三曰漲曰鎔曰化其減熱而更變亦有三曰縮曰結曰凝適與加熱相反

第七款　漲之理

前論加熱必漲減熱必縮是爲公理而漲縮之多少又隨各物之質性蓋氣質之漲多於流質流質之漲多於定質也

第八款　漲率之比例

物質之漲率其比例各有不同在氣質爲平加之比例在流質定質爲遞加之比例設有輕氣或養氣與等體之乾汽相較所加之熱度相等而其漲率亦必等若再

加以倍熱而漲率亦倍大故曰平加也若定流兩質之遞加則不然蓋其漲率各不相同熱度愈多而漲率愈大也丙表附後（乾汽者鍋爐內未凝水之汽又放汽管口明澈而不見者亦是若有所見已屬霧體亦名帶水汽）

第九款　各質之漲

顯定質之漲用鐵一條冷時與模相合加熱則不相容顯流質之漲用玻璃小管下端作泡泡內滿盛流質加熱則上升於管顯氣質之漲用囊盛氣不滿塞口而置熱水之中囊體卽時飽滿顯兩種金同漲之較用銅鐵各一條弇合爲一加熱則稍彎內爲鐵而外爲銅蓋銅

漲多而鐵漲少也

第十款　漲縮之用

凡欲物體緊密可用金類束之如輪牙鐵環熱時箍上冷則縮緊箍桶亦用此法又行輪大軸裝配曲拐將拐燒至極熱熱退而固甚弇合兩鐵片爲一將捎釘乘熱釘之冷則釘縮而極緊各金之漲多少不同正可相因而用設螺釘與螺蓋並以同類爲之其冷熱鬆緊俱同若鐵釘而銅蓋則冷鬆而熱緊矣挺桿裝於鞲鞴之中必用銅爲螺蓋卽此理也擺梗冷熱必有長短之異如欲無差則用銅鐵相消以補救之時辰表之擺環精者

亦用此法測量地面之器製造者不知此理則有意外之虞房內熱水管不可與壁相切冷水管煤氣管及一切時冷時熱之長管其相接之處使可伸縮則冷熱無妨打造鐵橋鐵屋亦必推究此理倫噸有大鐵橋夏令比冬令漲高一寸英國有過海洞橋名密奈夏令彎下比最重火輪車過時更多壁內火爐鐵背須盘否則熱甚而裂厚玻璃杯於冬令傾以沸水卽裂因內漲外不漲故也夏令驟傾以冰水亦然此節俱論漲縮之理以後卽將此理明造鍋爐之法

第十一款　漲縮別有奇理

熱漲冷縮有一事不合如熱水以寒暑表驗之自沸界漸冷而縮至四十度若再冷則反覺其漸漲設水甚靜可下至十二度而冰比冰界少二十度或言泥土亦加熱而縮或言不然因風氣散出而密切也

第十二款　奇理之益處

無論地面寒暑地內不甚深大約常得寒暑表四十度淡水最大疏密率以四十度爲則若或冷或熱則俱漲故冰常浮於水面而日曬易鎔水能冷熱均平設與常理合則冰當沈下雖夏日不能曬鎔之積久生大害矣別有專書細論此理此奇理惟淡水有之或言海水冷則更重

第十三款　求常理與奇理不合之據

作二寒暑表一盛水一盛水銀並縮至四十度若再冷水銀必再縮水乃從此稍漲矣所以不能用水作寒暑表也

第十四款　求各物之冷熱

物質之最熱者用白金量火表測之水冰界以上汞沸界以下用水銀寒暑表測之水冰界以下至於最冷用醞酒寒暑表測之醞酒雖極冷不冰白金雖極熱不鎔

第十五款　白金量火表

最好火表係但以里所作其功用全賴白金筆鉛二物蓋白金不鎔筆鉛不漲也用白金作條置於筆鉛管內條稍細管稍長再以磁末塞管口用小木條築實之加熱而白金漸漲磁末能出而不散減熱而白金漸縮磁末卽定而不動外接弧表以量白金之漲度弧表之度與水銀表之度相合故可藉弧表之度加接水銀表之度

第十六款　水銀寒暑表

用玻璃小管上端畱口下端作泡管之內徑宜上下相同而光直泡宜薄則冷熱易傳先將水銀一杯置火上炙熱以散其氣待冷備用次將表泡以酒燈炙之泡內之氣得熱而漲自能散出卽將管口倒插水銀杯中泡內之氣漸冷而縮則空氣壓水銀之面而令水銀上升至泡內升定後將管口向上用厚紙作小漏斗套在口外以水銀傾入再炙表泡則泡內餘氣散出漏斗內之水銀流入待冷至常用最熱之度卽以吹筒向火吹鎔管端以彌其口此水銀管已成然後定其度數

第十七款　定寒暑表度分之法

英國古時有人名奈端知雪鎔時其熱恆同天空氣不論故可於雪鎔時將寒暑表置其中視水銀縮至何處作識爲一定點名曰冰界準風雨表三十寸高空氣有鬆緊則沸度不同

將寒暑表置沸水中須用蒸水若水內消化別物則不準視水銀漲至何處再作識爲又一定點名曰沸界此二點無論何種寒暑表俱以爲準二點之間可隨意分之視度分之數而名其表若分爲一百平分以冰點爲初度名曰百度寒暑表法國用之夫丹國人姓六麻所作之表以冰點爲初度沸點爲八十度又有日耳曼人姓法倫海得以三十二度爲冰點二百十二度爲沸點乃英國所常用者沸點之上冰點之下卽累度平分之可矣

比較兩類寒暑表之度分

設呷叮爲寒暑表左右並列兩類之表以呷爲沸界叱爲冰界使管內之水銀在某點呐左邊之表以甲度乙度天度指此三度右邊之表以丙度丁度地度指之

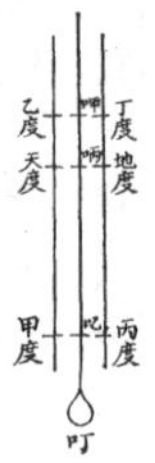

夫 $\frac{呷叱距}{呐叱距}=\frac{乙度丅甲度}{天度丅甲度}$ 又 $\frac{呷叱距}{呐叱距}=\frac{丁度丅丙度}{地度丅丙度}$ 故 $\frac{乙度丅甲度}{天度丅甲度}=\frac{丁度丅丙度}{地度丅丙度}$

一比較法倫海得與六麻兩表之度分

使左邊爲法倫海得表右邊爲六麻表以叱代天度味代地度則有 $\frac{二一二丅三二}{叱丅三二}=\frac{八〇丅〇}{味丅〇}$ 故 $\frac{一八〇}{叱丅三二}=\frac{八〇}{味}$ 卽 $\frac{九}{叱丅三二}=\frac{四}{味}$

二比較法倫海得與百度兩表之度分

如前以呐代地度則有 $\frac{二一二丅三二}{叱丅三二}=\frac{一〇〇丅〇}{呐丅〇}$ 卽 $\frac{一八〇}{叱丅三二}=\frac{一〇〇}{呐}$ 故 $\frac{九}{叱丅三二}=\frac{五}{呐}$

三比較百度與六麻兩表之度分

此與 $\frac{一〇〇丅〇}{呐丅〇}=\frac{八〇丅〇}{味丅〇}$ 卽 $\frac{一〇〇}{呐}=\frac{八〇}{味}$ 卽 $\frac{五}{呐}=\frac{四}{味}$

以六麻表若干度求法倫海得表之度數

使叱爲法倫海得表之全度數以味爲六麻表之全度數則依上有 $\frac{九}{叱丅三二}=\frac{四}{味}$ 卽 $叱=三二丄\frac{四}{九}味$ 所以六麻表之度以九乘之四約之所得加三十二卽得法倫海得表相當之度數

以百度表若干度求法倫海得表之度數

如前 $\frac{九}{叱丅三二}=\frac{五}{呐}$ 故 $叱=三二丄\frac{五}{九}呐$ 所以百度表之度數以九乘之五約之所得加三十二卽得法倫海得表相當之度數

以法倫海得表若干度求六麻表之度數

因有 $\frac{九}{叱丅三二}=\frac{四}{味}$ 故 $味=\frac{九}{四}(叱丅三二)$ 所以法倫海得表之度數減三十二以四

乘之九約之所得爲六麻表相當之度數

以法倫海得表若干度求爲百度表之度數

因有 $\frac{九}{呎丅三二}=\frac{五}{哂}$ 故 $哂=\frac{九}{五}(呎丅三二)$ 所以法倫海得表之度數減三十二以五乘之九約之所得爲百度表相當之度數

以六麻表之度數求百度表之度數又反求之

六麻表之度數以五乘之四約之所得爲百度表之度數

百度表之度數以四乘之五約之所得爲六麻表之度數

第十八款　物質減熱之理彼減而此加彼漸冷而此漸熱漸減漸冷漸加漸熱加減無已冷熱適均

物質之減熱有三一曰傳引二曰循環三曰發散有時用一有時用全設彼此二物此物受彼物之熱比彼物受此物之熱多則此物稍熱若此物受彼物之熱少彼物受此物之熱多此物必稍冷

第十九款　傳引之理

定質之熱自此點傳之彼點謂之傳引如鐵條以一端置火中熱自彼端逐點漸傳至此端卽傳引之理也

第二十款　各質傳引力之異

物質傳引之力最小者爲氣質流質土石之類故水面熱以火用寒暑表在水底測之度數不變鍋爐初沸之時上面約有二百四十餘度八手拊鍋爐之底猶不害熱此可見流質傳引力之小也水若結冰大畧相同有博物者曰冰雪傳引最慢最慢卽最小若以負二十三十度之冰投於熱水中卽裂猶火燒玻璃至紅色投諸冷水中亦裂也事相反理相同也故將淡水傾在極冷冰上冰卽裂且有聲如爆竹造鍋爐者宜細思此理金類大約最易傳引亦各有差別考定之表如下

黃金	一百	白金	九八一	銀	九七三
銅	八九八二	鐵	三七四一	白鉛	三六三七
錫	三〇三八	青鉛	一七九六	大理石	二三四
磁	一二三	磚	一一三		

知各物傳引力之率有大益可隨其性而各施以用若定質內自有本熱欲使聚而不散必以難傳引之物包之如羊毛羢鵝毛羢之可以包裹各物造物者使禽獸生羽毛八之冬裘夏葛卽此理也汽機有汽之處常包以氈木取其難傳之意凡質鬆者大約難於傳引地面上有雪一層地氣卽難改變土質亦難傳引故在地面之下冷熱四時不變西人將酒藏在地洞之中欲其冷

熱常均也或推地中深至六十里以下而至地心其熱比鎔鐵更甚幸地質難傳引所以地中之熱不能通出否則遍地焦灼矣

第二十一款　人體遇物質不足定其冷熱之度

設有易傳難傳二物其熱同在血度之或上或下人體遇之覺有冷熱之別因物熱有發出收進之異也如鐵與木各一塊日中同曝之必覺鐵甚熱而木不熱至夜中同寒之又覺鐵甚冷而木不冷其實二物之熱恆同因鐵傳出易而傳入亦易木則傳出難而傳入亦難也

第二十二款　循環之理

流質氣質不易傳引必以循環均其熱如以器盛流質加熱於底流質之下層必漲大而輕於上層所以輕者上升重者下沈沈下者又熱而上升由是循環而上下均熱矣氣質與此同理

第二十三款　知循環之理有益

加熱於流質火必在最下之處火切面宜大熱點上行之路宜舒一切通風之法並是此理如有器內滿盛空氣加熱於下氣點必循環不息若作二小孔一在器之頂一在器之底上孔熱氣必出下孔冷氣必入風氣由是通行不息所以冶爐常用高煙通吸使風氣向上然

用此理有限因煙通上節離火遠而已冷且氣在煙通內又有面阻力故也船上之布風筒用此理推風入艙輪船煙通用此理作外殼使船板不燒若煙通外殼之夾縫上面不通卽無益於用故必開之又在船面板之下多作小孔則機艙之熱氣盡從小孔透出而艙內可不甚熱也火門內面用夾層離門約二三寸火門亦作小孔令風氣透進夾層之內若不用此法火門必熱而紅煙櫃外之煙門亦用此法在門四面進風煤礦銅礦船艙以及上面空露者欲其不熱用板或壁隔而爲二下宜留空卽能透風入內二邊大約冷熱不同此邊熱氣上行彼邊冷氣壓下自下空處相通矣以法試之用高磁瓶置燭火於其底因無養氣火必頓熄若於瓶內用板豎隔爲二底留空處二三寸將燭火靠邊火卽不熄此法用於火艙之內大有益處（已有兵船用此法）又法係英國查淡之兵船廠總管倍格所剏在煙通下端作大殼下口侈而遍覆鍋爐又可使船面板不受煙通之熱其殼內之風氣爲煙通之熱所傳亦變熱而上升則船內各處之冷氣必自火艙沖補其虛船內由此通風而火艙亦不甚熱矣

第二十四款　萬物俱賴循環之理

氣在空中移動或常或異若和風颶風之類俱因空氣得熱而循環所生此處因日熱長加空氣幾分上升卽有他處冷氣來補此等變化之理端緒繁多總以循環之理爲本有貿易風可以明之赤道上加熱甚烈故熱帶內之空氣常升溫帶內之風氣常向赤道補其虛若地球不轉則赤道以南常南風赤道以北常北風歷久不變今因兩極至赤道地面經度漸闊故轉動之面漸速所以溫帶內之地面向東本速不及赤道之本速而溫帶內之風氣以本地面之向東本速而往赤道固追之不及矣人見之以爲自東北東南而來故北有東北貿易風南有東南貿易風

第二十五款　發散之理

熱體發熱與光體發光相同卽發散之理也但光可見而熱不可見其四面外散之力視遠近之平方數而漸小如熱之發散倍其遠其力爲四分之一三其遠其力爲九分之一是也英國火爐往時不佳因其熱除發散之外餘俱費去

第二十六款　定質發散之力

定質發散之力賴其面勢粗毛之面其力最大光亮之面其力最小又黑色發散之力比素色較大（近時有人疑此理）

故黑物受熱易於素物試將黑色之物曝於日中比白色者受熱必多也汽筩汽管用氈包裹其傳熱之力必減小然透至氈之外面熱亦發散因氈面粗毛故也若再用布包氈傳以白油則能減小發散之力矣西國碗鍱之蓋常用銀而時加揩擦欲其熱聚不散茶壺亦卽此理因回熱之理同於回光故光亮之面能回光者亦必回熱也試作拋物線形之回光鏡令諸熱線聚於一點用此二鏡相向置之在此鏡之心置一紅熱之彈在彼鏡之心置火藥少許則頃刻而燃矣

第二十七款　海風陸風之別

夜中海上之熱甚於地面至日出之時地面受日發散之熱比海面在前且更速故地上空氣與海上漸相等繼則反更熱切地面之氣點受熱必漲而上升水面冷氣往補其虛亦卽受熱上升隨升隨補陸續不息故熱帶之地上午常有風俗名海風下午地面受日之熱漸小而積熱已多故空氣仍然漸熱且覺更大因此時海面受日之熱漸多有循環之熱往與幷合也由是地面之積熱幷合循環之熱等於日熱以後地面之熱既小海面之熱加多故海上空氣最熱之時比地上空氣最熱之時在後矣其故乃地面受熱在前海面受熱在後

故比地面之熱略遲，而漸相等，而漸更甚，然後地上之風往補海上之虛，時在初昏，俗名地風，即上言海風補地上之虛，其意正同也。

第二十八款　物質容熱不同

各物質雖寒暑度相同，其容熱不必相等。設等重二物，各加一度熱，而二物之用火必有多少。如水容熱比鐵多，則水用火加熱，比等重之鐵用火多。加一度所用之熱，名曰容熱之率。

第二十九款　容熱之率

欲量物熱之多少，必以定率為準，即以各物與等重蒸水相較。如鐵一斤，加熱一度所用之碟，為蒸水一斤加熱一度所用之碟十分之一，則謂鐵容熱之率即〇。設物為體重之斤數，酉為寒暑度，丙為容熱之率，以物為又一體重之斤數，酉為其寒暑度，丙為其容熱之率。夫丙既使一斤之重加熱一度，則物丙必使物斤之重加熱一度，而物丙酉必使物斤之重加熱酉度，故物丙酉為第一體所容之熱，以例物丙酉必為第二體所容之熱，故若和兩體其所容之全熱必為物丙酉⊥物丙酉，設哂為交和之共寒暑度，故物丙哂⊥物丙哂亦為兩體之共熱度，所以物丙酉⊥物丙酉＝物丙哂⊥物丙哂，係凡同體之別重交和，則丙＝丙，其率為物丙酉⊥物丙酉＝物丙哂⊥物丙哂，即物酉⊥物酉＝物哂⊥物哂。

第三十款　隱熱

加熱於物質之後，其所加之熱，寒暑表不能顯者，名曰隱熱。

第三十一款　隱熱之迹

物質變形之時，其熱即隱，因熱已用盡於變形，故不能再加本質之熱。如雪鎔水時，水化汽時，其本質並不更熱也。試將三十二度之冰，盛以器而置於熱室之中，冰受熱而漸鎔，鎔至將盡，容熱已多，然以寒暑表試之，仍三十二度，即隱熱之故。沸水加熱，令水盡化為汽，所用之熱比水至沸界所用之熱，須加五倍，故水氣隱熱約一千度反之氣質凝爲流質流質結爲定質所隱之熱即顯如二百十二度之汽凝爲一百度之水所用冷水比等重沸水冷爲一百度所用之冷水必多造凝水汽機此理最要蓋所需冷水甚多故必寬大其空處設物爲汽之重酉爲其寒暑度物爲所交和水之重酉爲水之寒暑度設呷爲汽之隱熱哂爲所已交和之水之寒暑度故容 酉丄呷 度熱之汽與酉寒暑度之水交和所得前法之據此可證之而得式

哂物丄哂物＝酉物丄酉丄呷物

第三十二款　物質受熱遞變

鎔定質爲流質化流質爲氣質總在加熱其據易明以冰磨而爲粉若不加熱必不能鎔故定流氣三質畧可使爲同類其不同者本熱多爲氣質本熱稍少爲流質本熱再少爲定質所以可將三質加減其熱而使遞變如炭氣能使凝爲流質亦能結爲定質又水銀本爲流質冷至下三十八度 二 結爲定質熱至六百度化爲氣質水三十二度結爲冰二百十二度沸而化汽各質之變有寒暑之定度未至本質之定度即不能變所以定質加熱至其定度則鎔再加熱至定度則化爲氣惟尚有數種不能更變仍是本質而已

第三十三款　測驗物質容熱之器

近時造器能測各質之容熱以考其定率名測熱器製夾層磁碗上各有蓋夾層之間用三十二度之冰屑塞滿所以使外熱不入內層也外層之底通一管管有塞門若冰屑不鎔內層中之氣不過三十二度如過三十二度則冰屑必鎔水自小管流出又將冰屑置內層之中將二蓋蓋之少待片時必冷至三十二度冰自鎔去少許內層亦通小管於外有塞門鎔下之水自小管流盡然後將欲考之定質用鐵網盛之置諸內層冰中仍用二蓋以隔外氣其定質必鎔冰之幾分鎔下之水自小管流出用器受之稱其輕重即知定質至三十二度所容之熱率若干

第三十四款　熱之本源

熱之本源其畧有三有日射所生有人工所生有化合所生其最要爲人工化合之熱凡燃類之事俱係化合

第三十五款　人工所生之熱

兩質相磨可以生熱此爲司汽機所當愼如大軸與軸枕其蓋太緊生熱甚速發熱銅漲其害乃生昔時用螺絲輪每有此病蓋大軸必用推船之全力磨推軸枕旋

轉旣速所生之熱亦甚烈烈極生火且致焚船有時銅襯鎔粘於軸者有之搏擊亦能生熱鐵條可擊之使熱熱甚而紅若空氣忽然擠實其熱亦能生火

第三十六款　燃理

凡燃必合二事一要柴類（煤炭皆是）一要空氣中之養氣一要空氣不冷故有熱空氣與燃料相合則能燃但有時空氣不足亦可用法加增西國都會之路燈名曰波特光一（燈可照數十里內皆亮）其光乃獨養氣所成又冶爐用風車推風進爐大輪船艙門進風太慢而火不旺則用汽機帶轉風車助風此卽加添養氣之意凡柴類之精粗全賴

燃料之多寡有倍式白來飛二人已考定柴類之率作表附後故知煤之所以成乃炭質輕氣淡氣養氣硫黃與灰各物之中炭質輕氣爲其燃料此二料與上度空氣中之養氣相幷卽燃

第三十七款　燃質化合

燃質不論寒暑與養氣無不化合但熱度無多化合甚慢發熱甚少其爲柴類幾若無用欲明此理不得不詳言之嘗考此變化如煤堆積露天久則變壞因煤中之燃料與空氣中之養氣漸合而散去也雨霖日曬變壞更速乃雨水之養氣比空氣之養氣更多有時煤能自

燃卽此故也設有溼煤堆積密處鬱生之熱不易外散致令水溼分爲養輕二氣蓋養氣本易與煤內之炭質化合煤稍發熱則以所生之熱更助煤內之炭質散出再與養氣餘點化合由是愈長愈速其熱愈多而至紅熱初時水溼所分之輕氣大分亦與煤相和而增燃料若欲開門滅火則空氣乘閒入內而火反旺矣又若溼草朽木堆積日久則發熱生氣而燃亦卽此理凡燃類無空氣加之則火不旺若切火之物甚冷火亦不旺常有煤爐中空氣未熱誤添多煤則火頓熄矣

第三十八款　養氣侵物

前言燃爲上度之養氣與燃料化合而生又言平時化合若熱度無多則生熱微而人不覺此謂之物爲養氣所侵如金類之質遇含養氣諸物（如空氣及水等）最易生鏽而變汚色結成外皮藉能自護其體不致全壞惟鐵則不然因鏽易剝而不能積也

第三十九款　金類電氣之驗

二種金類之質不相切同爲養氣所侵若相切則所侵之力不同此卽金類電氣之理蓋相切則一種爲養氣所侵愈速能護又一種使畧不變如鐵欄杆下端植於鉛中遇溼而下端生鏽甚速其鉛不變銅鈹鏈所用鐵

螺釘不久卽鏽所以螺輪大軸欲免此弊必用銅皮密裹否則遇船內之銅件而鏽傷矣鐵若半浸水中其驗亦同如作行輪之鐵輻不用油漆鏽蝕極速雖與銅件遠離亦不能無害因行輪連汽機汽機連銅件有電氣循環之力也凡銅管而用鐵釘相連遇鹹水必傷視下表卽知金類因電氣而爲養氣所侵難易之位次

養氣難侵界

金
鉑
汞
銀
銅
錫
鉛
鐵
鋅

養氣易侵界

以上諸金位次循序順列養氣之侵蝕下位易而上位難所以任何二位相切而遇溼其下位爲養氣所侵卽能護其上位如鉛鐵相切則鉛有所護鐵則鏽壞又以鐵與倭鉛相切則鐵有所護而倭鉛卽壞依上表若二位離愈遠其力愈大兒飛思按此理用倭鉛皮包裹船底近時們子合銅與倭鉛作包船底之料更經久於純銅

第四十款　各流質之沸界不同

流質依類化氣各有一定之度初沸時名爲沸界以小度可化之質名曰飛質

第四十一款　沸界與壓力相準

上言各流質之沸界有定限是在天空中空氣之壓力不改也壓力改變而沸界亦多少矣故天空中流質之沸界視空氣之壓力爲準所以風雨表水銀升降沸界隨之而異試以器盛熱水置於抽氣罩內抽出空氣則水能自沸而化汽累抽其汽沸亦不停若去盡空氣之壓力其沸界可減下一百四十度也反之壓力加大其沸之熱度必加多檢甲表可知諸壓力之沸界以空氣之壓力每方寸十五磅而沸界二百十二度爲平限

第四十二款　汽之寒暑度

汽與生汽之水相切則汽水兩質之寒暑度相同若不相切則其寒暑度各異所以鍋爐內之汽水熱度常等若相分異處則熱度之多少兩無涉矣蓋水熱加多必再化汽汽熱減少卽凝爲水

第四十三款　气質之義

置流質於露天或乾燥室中漸化極微之質而上升名曰气此气卽和入空氣之中空氣之寒暑度若干卽能和若干气熱度愈加和气愈多故以水露於空中雖不見其化气然水亦漸少久則乾

第四十四款　生露之義

上言空氣依寒暑之度與气相和既和之後瀰漫空中而不見一遇冷體則附着其面而成小珠形如多人聚處一室其氣散滿室中遇壁卽凝常見有水自上流下又將冷水一杯置熱室中少頃見杯外有水皆此故也凡自天空中成者名爲露

第四十五款　生露之源

生露之源爲地面發散之熱故夏天生露比餘時多且易在熱地更顯是以熱帶中之露爲尤多也若空中有所遮隔則地面發散之熱阻於此處卽不生露故有雲之夜無露若鋪布幅於地面其下亦無露人常以爲露與雨同例下降其實非也如熱帶以內船面板上安置礮位礮位之上面有露礮下之船板無露因礮下之船板能存熱而氣卽不冷故也若夜中有風則露少蓋露尚未成而被吹散也天時旱乾有植物僅藉露以活者如藤類根小多藉其葉飲露長養植物之賴地長養者已枯而藤類仍生可知藉露之故

第四十六款　气與汽之異

气爲流質之面所生汽爲流質之全體所發气無論熱冷俱能生汽必熱至定度乃能發發汽暴生气漸人不能覺

第四十七款　發汽之理

盛水於鍋下熱以火其質點循環交互甚速冷點下沈熱點上升欲驗之用異等重不鎔之粉投諸鍋中可見粉點循環交互之狀也水將沸時鍋底聚成小泡升至水面小泡卽汽初時不升水面因冷而仍凝故也然泡雖不升水面其熱已散於全質故倏忽而小泡漸多相并而漸大全質俱滚汽出於水面矣汽與生汽之水質性不同蓋汽與氣質同類擠實則漲力甚大散鬆則漲力微小用火可加其漲力與氣質擠實相同也凡汽自所不能見至凝水時始可見汽機測水管水面上之汽不見卽此理

第四十八款　汽能凝水

汽値不滿沸界之度卽欲凝水若再下則盡凝造汽機者此爲最要名曰冷凝之理蓋汽已用過遇冷水而卽凝凝水之時所用空處比漲大之時所用空處甚少故韛韛退時對力甚小

第四十九款　淡水沸界

水之沸界依水面之壓力壓力加多發汽必止須至熱度加多漲力敵過壓力始能再發淡水在天空二百十二度而沸又隨天氣而微有小異卽視風雨表之高低

度爲準

第五十款　海水沸界

天空中海水之沸界約二百十三度二凡水和以融化之物沸界必加多其物不化沸界不加故沙泥之濁水沸界與淸水相同

第五十一款　水鹹汽淡

此爲輪船汽機之一大事蓋輪船行海鍋爐常盛鹹水若不取去其鹽則鍋內之水必月積愈鹹所以沸界上至二百十五度時卽當設法禁其加鹹

第五十二款　蒸法

酒爲水體而常酒之水更多欲分出之置於甑中用火熾熱不可至水沸界因醕遠不及二百十二度卽沸也須使醕沸時水尙不沸爲佳甑上有曲管彎下盤旋冷水器中其端出於器外使醕汽遇冷卽凝爲流質而出然醕滾時化汽上升微帶水點若欲去此水點須將蒸過之酒復蒸一次甑底尙有餘水此爲倍蒸之醕

第五十三款　大抵力機之汽

大抵力機之汽初放出時手不害熱因初出時漲力尙多故熱隱而不覺

第五十四款　等空氣倍空氣之異

空氣之壓力在地面平方一寸得十五磅若汽之漲力亦爲十五磅名曰等空氣之汽若有三十磅名曰倍空氣之汽餘可類推設開鍋爐之放汽萍門而通天空卽爲等空氣之汽

第五十五款　漲力異同

汽在鍋爐切水面時與別氣質之理異若已離水面有氣形時又與別氣質之理同蓋汽切生汽之水則水與汽一同漸熱水愈熱而發汽愈多與前生之汽相并而體積加大甚速若離鍋爐汽卽不能再漲

第五十六款　汽切水面時之漲力

博物之士嘗以此理精心考究未能盡明厥後歷試以當然之數詳細列表用之有驗其例冷熱與漲力相合若已知汽之冷熱檢表卽可知其漲力反此亦然

第五十七款　汽不切水面時之漲力

汽與別氣質同例故推算亦可同法凡言汽之漲力不言實力而言與空氣之較力因水銀尺所表是其較餘也而此較餘之力卽礫鍋爐之力設言漲力二十磅其實二十加十五共三十五磅因汽外之空氣有十五磅壓力則礫鍋爐之力止有二十磅也

汽與別氣質之漲力

第一節　來閙屢經試驗凡氣質加熱一度若漲力不改

則體積加大四百五十九分之一設咳爲酉寒暑度氣質之體咳爲酉寒暑度氣質之體咳爲〇度氣質之體則每加一度所加體積爲 $\frac{四五九}{咳}$ 若加酉度所加體積爲 $\frac{四五九}{咳}\times酉_一$ 所以共體積爲 $咳丄\frac{四五九}{咳}\times酉=咳\frac{四五九}{四五九丄酉_一}$ 又如共體積之寒暑度爲酉二即得 $咳\frac{四五九}{四五九丄酉_二}$ 故 $\frac{咳_二}{咳_一}=\frac{四五九丄酉_二}{四五九丄酉_一}$ 而得用法將寒暑本度各加四百五十九以此得數約彼得數即所得爲各氣質漲力不改而體有大小之比例

第二節又凡氣質之寒暑不變則漲力與體之大小有反比例故若氣質之某寒暑度其體爲嗩漲力爲巳二又寒暑度同漲力爲巳一則 $\frac{巳_二}{巳_一}=\frac{嗩}{哪}$ 所以得下法漲力巳與漲力巳之比若氣質漲力巳時之體與氣質漲力巳時之體之比

第三節設如有氣質某漲力某體某寒暑度求體與寒暑皆變時之漲力有例如下一設寒暑度自酉變酉又呷與吃爲其二體則 $\frac{呷}{吃}=\frac{四五九丄酉_一}{四五九丄酉_二}$ 二寒暑度酉已變爲酉二再不變因變體自吃至吶所以漲力巳一變巳二則 $\frac{巳_一}{巳_二}=\frac{吶}{吃}$ 惟 $吃=\frac{四五九丄酉_二}{四五九丄酉_一}呷$ 故 $\frac{巳_一}{巳_二}=\frac{吶}{呷}\cdot\frac{四五九丄酉_一}{四五九丄酉_二}$

第五十八款　汽之輕重

汽之漲力與空氣之壓力等其質甚輕於空氣空氣之重爲一二百十二度汽之重爲〇四五七五

第五十九款　常汽

汽與生汽之水無論相切相離不再加熱名爲常汽蓋生汽之例水每增熱必再化汽并入前汽之內然其汽或切水面或在汽筩或在汽管減熱幾分必凝幾分爲水即是冷凝之水

第六十款　重加熱之汽

汽離鍋爐之後而再加以熱則減熱至原熱之度尙不凝水此汽名爲重加熱汽近時以鍋爐所生之汽於未進汽筩之前重加以熱可得省煤之大益蓋常汽將凝之際而遇汽筩則稍有凝水重加熱汽能免此弊所以汽仍充滿汽筩而鍋爐之水可省也設汽筩內需汽一

千立方尺生此汽需水一千立方寸常法汽機之用汽汽筩內之凝水約有二百立方寸則鍋爐用水必至一千二百立方寸若用重加熱汽則一千立方寸足矣故可省水二百立方寸而添水亦減少矣添水既少化此添水為汽之煤亦可省矣且縮櫃內減熱至一百度之噴進水并可減矣此款言其理下卷言其法

第六十一款　海水分質

英國屬地牙賣加島京敦海口之水為碼勒所測驗立方一尺細分得定質一萬二千六百六十一釐約為百分以列表

鈉綠卽鹽　七三三　　鎂綠　一〇七九
鎂溴　〇六〇　　鈣養硫養三卽石膏　四八七
鎂養硫養三　五三　　鈣養炭養二卽灰石　一七三
生質　五二七　　耗　〇二

以上諸物在鍋爐內結皮最易者為鈣養硫養三與鈣養炭養二積聚最多者為鈉綠若不勤除必致結聚繁多且硫養化分而與輕氣化合卽生膹水之臭

海水之重率一千〇二十七八面上立方寸一百容氣質立方寸一四三卽為空氣又稍有炭氣

第六十二款　含鹽之率

以各處海水命為一千分列表

北冰洋　二十八三　　北大西洋　四十二六
赤道　三十九四二　　南大西洋　四十一二
地中海　三十九四　　馬馬拉海　四十二
黑海　二十一六　　波羅的海　六六
死海　三百八十五　　北海　三十五五
阿爾蘭海　三十五　　此表馬勒所作

第六十三款　海水內炭氣之率

海水一千容炭氣六十二此係綠倫所測驗

附測量常用之法

有平圓徑求周又反求之

徑以三一四一六乘之所得為周

周以三一四一六約之所得為徑

有平圓徑求其面積又反求之

徑自乘以〇七八五四乘之所得為面積

面積以〇七八五四約之得數開平方為徑

有圓柱之徑與高求周面積

徑以三一四一六乘之得周以高乘之得周之面積

有圓柱之徑與高求體積

徑自乘以〇七八五四乘之得平圓面積再以高乘之

即體積，

求圓球之面積，

徑以周乘之即得。

求圓球之體積，

徑再乘以。五二三六乘之所得爲體積。

求圓錐之體積，

求得圓柱積以三約之即得。

論圓寸、又圓寸與方寸之比，

圓寸即平圓徑爲一寸，故其面積比方寸較小，因內切故也。平圓徑自乘以。七八五四乘之得面積，則圓寸之面積爲。七八五四以一乘之得。七八五四，故有面積方寸數以。七八五四約之得本面之圓寸數，又反求之設有面積之圓寸數以。七八五四乘之得本面之方寸數。

求橢圓面積，

大小二徑相乘以。七八五四乘之所得爲面積

求橢圓周

大小二徑和之半以三一四一六乘之所得畧爲周，

界說

與圓錐底平行截去上尖所餘名爲截圓錐，

求截圓錐之體積，

以上下二面積相乘開平方得數，以二面積之和加之，再以三分高之一乘之即得體積，

已知體積大小，求其輕重，

凡各物質求得其體積所得若爲立方尺，按附表之數以立方尺之重率乘之所得若爲立方寸，則以立方尺內之寸數約重率而乘之。

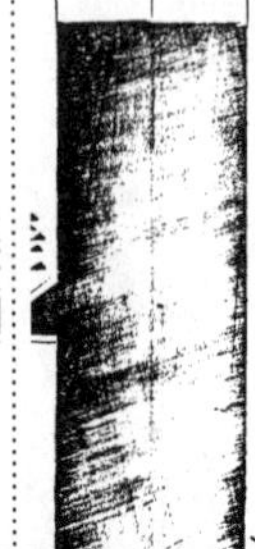

汽機發軔卷二目錄

鍋爐

汽機發軔卷二

英國 美以納 白勞那 合撰
英國 偉烈 口譯
無錫 徐壽 筆述

鍋爐汽機之動源在汽必用沸水之器以化之即名鍋爐

第六十四款 行海汽機與陸汽機鍋爐之不同

舊製陸汽機其熱氣先通鍋爐之空洞折旋而繞外面以進煙通行海汽機其熱氣或入空洞或分入煙管而煙管密列於鍋爐之內以防燬船鍋爐既盛海水則汽漸化出而鹽乃積聚漸多必須用法去之又有數事必藉人工蓋船在海中欹側擺簸鍋爐內之水面不能與

鍋爐平行故也若陸汽機則可無庸人工矣

第六十五款 鍋爐需用諸件

汽蓄聚於鍋爐而固閉太甚生事必烈自宜預防萍門漲權與水銀漲表所以驗汽之漲力也測水門與測水表所以測水之淺滿也汽機停後鍋爐或空反有外氣抵壓之虞用反萍門以消息之大抵力機之鍋爐其體堅固可不必用矣鍋爐或用數座其汽必使可通可塞而各不相涉則於通汽管之近鍋爐處用阻汽門以啟閉之行海既用鹹水其鹽積聚必多則用諸管諸塞門以吹出之若論鍋爐之大概前面平列空洞或三或二

高約四尺下界近地空洞之內斜置鐵條橫隔為上下二處鐵條之數無定名為爐栅承爐栅之前端者名為定樑其濶足敷爐栅之漲縮爐栅常分兩節接處再用鐵條承之後端亦同皆名栅樑爐栅之上所以盛煤即名煤膛下名灰膛空洞之上下二口各有門上曰火門下曰風門空洞之形如桶平置鍋爐之內深約五六尺總名為火爐諸火爐之熱氣相聚於火櫃自經行之路以至煙通或名為曲管鍋爐或名為煙管鍋爐已離火爐之熱氣而使徑進煙通尚嫌太熱所以空洞鍋爐必使迴繞曲折水得傳盡其熱而後自煙喉以至煙通即

曲管鍋爐也英國兵船舊用此法今則更改制度使熱氣離火爐而分入煙管即煙管鍋爐也

第六十六款 煙管鍋爐

英國保子磨船廠所造之鍋爐如圖為直剖面甲為煤膛辛為灰膛乙為火櫃己戊丁為諸煙管英國兵船昔用徑二三寸今用徑四寸丙為煙櫃庚為煙喉上與煙通相接諸煙管兩端所鑲之板名為管板甲辛之

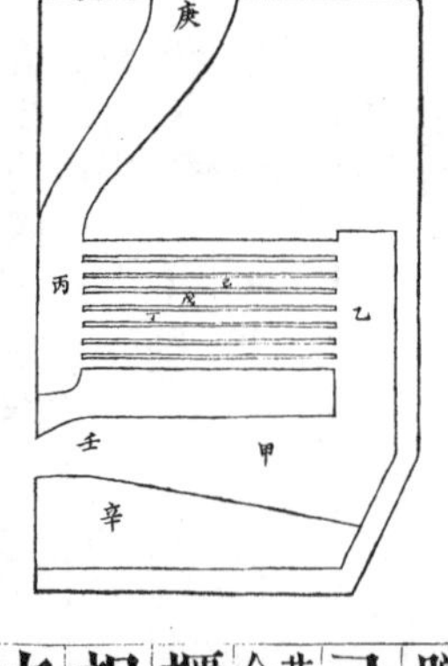

間置爐栅斜下向鍋爐之後壬爲進煤之火門燃煤之火會集於乙名爲火櫃通己戊丁諸煙管進丙處上庚處至煙通而出又圖爲橫剖面甲乙丙爲諸火爐之橫剖面上層即煤膛下層即灰膛火爐之上見諸煙管之端其近煙櫃一端畧斜下使熱氣通出稍遲則用熱較久煙炱亦難粘附於內畧爲風氣吹出也諸煙管橫剖面積之和與火爐橫剖面積相等則諸煙管之火切面比火爐之火切面甚大始爲鍋爐之妙處

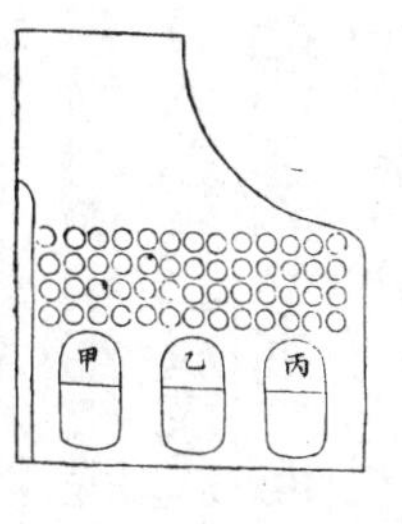

此理以算例明之設丑爲管之長未爲半徑卯爲管數故諸煙管火切面之和爲 二周未丑卯 通煙處之空積爲 周未丑卯 設 呻＝二周未丑卯 $咳＝周未^{二}丑卯$ 故 $呻＝\frac{未}{二咳}$ 若空積爲常數而管之半徑愈小則呻愈大矣其火切面愈大則鍋爐所容之水可愈少蓋鍋爐容水之多乃積熱之意所以免添水器所添之水沖之驟冷若火切面大則生熱自速也式內之周即周率所以代三一四一六呻即火切面

第六十七款　汽機船鍋爐之數

船體寬大鍋爐宜多必用四座以上量用汽之幾何開鍋爐之若干有時獨用一座亦須諸件全備與並用相同惟餘汽與煙盡歸大煙通與餘汽管而出各鍋爐之汽皆會於公汽管而至汽箭若欲隔絶其一阻汽門可以轉閉四鍋爐之位置舊法相背聚列火門分向前後今則分置二行左右對列火門相向而中間有路然此尚屬未便蓋並用之時有礙添煤也近有至大之船名大東者亦相背聚列而火門分向左右與煤箱相對此法似較便矣

第六十八款　汽櫃

鍋爐內水面上之空處名爲汽櫃其處愈大愈佳亦是省煤之一端汽櫃若小則汽之漲力不勻且有汽水同出之弊視漲表之針進退不定即明驗也汽櫃既小火須常旺否則汽即減少而不敷所用此因內無含蓄不耐漲力太多則吹出太少則不足皆是鍋爐自顯其弊也

第六十九款　火壩

火壩在爐栅之盡處其制有二種一用磚砌一用鐵製鐵者內空容水上邊斜削水所化汽自易透上然不及磚砌爲佳其益處有數端蓋制度簡易工費甚廉若欲修理鍋爐便於拆卸煤膛太深又可隔斷煙管或漏壩

後之空處必滿水，亦可拆去一磚使水流至灰膛，不然水必溢上方能流過，所以近時火壩俱用此制也。若用鐵製，必待無汽之時鑽孔入管通之矣。爐柵斜下向壩，使煤易進，且便疏挑結塞，而令透發風氣。爐柵之總面積，亦得稍大。大抵力機之鍋爐有用掛壩者，可免煙管阻塞之病。

第七十款　灰膛

鍋爐灰膛之底為任力最大之處，水之壓力、汽之漲力，幷合於此也。必作圓形始能堅固，不致上盎而底下之汽亦不鬱積於下。若作平底，則汽必鬱聚而熱不能傳，遂致甚熱而生鏽。圓底者，且可不用稜鐵相接以免垢穢結聚致養氣侵蝕之病，用亦經久矣。

第七十一款　礟船鍋爐

礟船之鍋爐常為圓柱形，如第一圖為直剖面，第二圖為橫剖面。甲為灰膛，乙為煤膛，中間為爐柵，斜下向丙。分火爐為二，戊戊戊等為諸煙管，通熱氣至煙櫃己，而進煙通辛。辛為水面，再上為汽櫃，壬為進汽管，其長幾同汽櫃之深，內端不通而上面開長罅，汽由此進，可免汽水同出之病。子為出汽管，在大抵力汽機自汽箭通汽至煙通放出，以助煙通吸力。此外尚有推氣管，亦以推出煙通之空氣，其制並同出汽管，詳下二款。

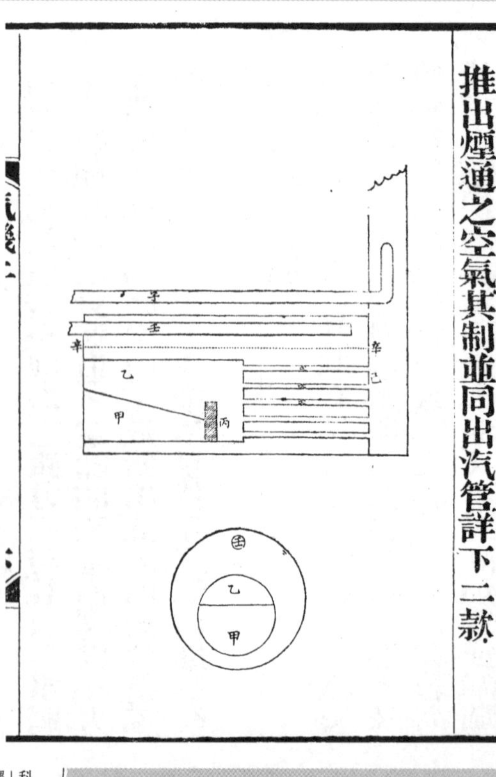

第七十二款　出汽管

上言通汽至煙通，蓋此管引程功以後之汽進煙通，藉汽出口之力逐氣向外而成稍空，以助煙通吸取風氣之力。其端殺小如圖，則吹力更大。

第七十三款　推氣管

出汽管自汽箭至煙通，推氣管自汽櫃至煙通。凡鍋爐無論大抵力機、凝水機皆有此管，但止用於初生汽之時，此管之汽通出常勻，不似出汽管之斷續。

第七十四款　添水小汽機

煙管鍋爐所容之水比空洞鍋爐甚少，若不常常添水，則煙管之上必速乾故漲力已足汽機尚未運動亦必有法預添蓋彼時添筩不能帶動也法作一小汽機以小管通接鍋爐則汽機不動亦能添水英國兵船名亞躚另有小汽機運動風扇鼓風於機艙又連抒器以吸盡凝水櫃內噴進之水則汽機初動櫃內已空此小汽機另有小鍋爐生汽交戰之時小汽機最爲得用蓋大鍋爐之漲力不足即用此小機噴水滅火也添水小機即用大鍋爐之汽

第七十五款　入運抒水器

汽機小船之鍋爐全藉入運抒器以添水煙管鍋爐之大船則附帶於汽機自動而更有入運之器設帶動之添水不足可用入運之器補助之且入運之抒器用處甚廣可以助引船底之賸水又可引水至船面濟用停船以後汽不能吹盡鍋爐之水亦可用以引出之鍋爐既冷餘汽之凝水尚多更可用以吸盡之蓋汽管與他

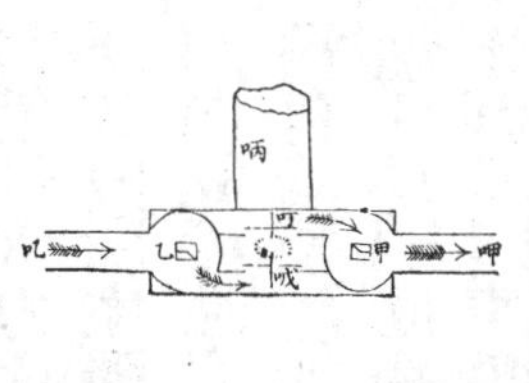

金類淋下之水多含銅質聚於鍋爐之底而引養氣侵蝕也然抒水以入更欲抒水以出合二事於一器似爲難事當以圖說明之叱管通海呷管通鍋爐哂爲抒水器之筩圖止見其前面而後面爲通水管所掩乙甲爲二塞門可扭轉以對孔叮㖈爲二萍門中間之虛線楕孔橫通於抒筩哂箭形即水流之方向抒桿提上筩內成空水必抵開㖈門以補空抒桿推下水自退出抵開叮門而通呷管甲乙二塞門扭轉如第二圖水自呷管向叱管法雖反而理則同吸引鍋爐之水外出矣塞門套匙之處有曲槽以爲水路對孔之識望而知爲出入之向

第七十六款　萍門漲權

漲權即所以制萍門鍋爐內之漲力滿限萍門自開餘汽放出漲力若未至限萍門常閉不開法於汽櫃之上作孔面羃足出所生之汽孔之面羃應與火切面之面羃合比例孔上蓋萍門門之中心豎鐵桿桿頂以重即名漲權或作橫桿如衡衡杪掛重重之多少準萍門孔之面羃合計鍋爐每方寸所任之漲力定爲限此乃造機者所豫定司機之人不可擅加設漲力之限爲十磅則萍門之每方寸可用重十磅餘例並同凡鍋爐必有二萍門以備一有滯塞又一仍能自開亦可放汽而無害孔須大小得宜過大則汽水共出過小汽必緊束而不舒獘端有二必遇其一蓋汽之疏密率愈大漲力亦大必至鍋爐磔裂

若能任大力而不裂則漲力雖大而放出之汽亦愈多所放與所生強能相等往往於火旺之時汽機忽停萍門自開而漲表之度數仍在漲力過限之所卽此故也嘗有修整舊船而改造鍋爐以十四磅漲力之煙管鍋爐代易四磅漲力之曲管鍋爐而萍門仍用舊制每見此事所以萍門孔之面羃與火切面之面羃必合比例爲要也前言漲表仍指過限之所蓋雖萍門大開汽已暢放而漲力尚大於重限至一磅半或二磅且煙管鍋爐化汽之力甚速於曲管鍋爐故釀禍更烈焉萍門或作環形則與環孔之面羃雖相等而出汽之路可稍舒其制與恆升車之環形門相似

第七十七款　萍門驗桿

萍門最宜靈動故必設法使司機者不必離機艙而可頻頻試驗作諸桿與萍門相切而不相連加力於桿柄萍門卽開若漲力過限門亦離桿自開而不相涉故停船時欲修鍋爐或修汽箭而無阻汽門者皆可扳桿放盡餘汽惟此諸件宜時時揩擦恐鐵質易致滯澀也

第七十八款　萍門漲權加重之故

萍門之權造機者核定成章卽當謹遵毋改然有時必須加重或追敵或失風勢而近岸加重之後漲力亦大追敵者輪轉旣速固無疑義惟近岸者因失風勢而輪轉稍遲故雖汽之漲力驟增而凝水櫃亦得成空然應加何重造機者亦預備定限以畀司機乃可臨時酌用

第七十九款　萍門箱

如圖㖈爲萍門箱覆於汽櫃㖂吧之上甲乙爲二萍門蓋於箱內二孔之上呷叱爲二重以二桿懸於門下㖈叮爲餘汽管通出自箱頂丙庚戊爲洩水管附於汽管之旁而汽管內之凝水有所洩

第八十款　餘汽管與洩水管

餘汽管係直豎於煙通之後汽在萍門放出由此通至天空用鐵條連於煙通使牢固不遙前款已詳下截今論上端作瓶式如甲乙名爲汽籠餘汽管端藏於瓶腹以至其頸管口不通而旁作細密之孔汽之放出如箭形設遇汽水同出可阻水中之泥沙噴射汽籠之底旁有小管乙丙與餘汽管平行接於前圖之下截以洩籠內之凝水並洩水內之泥沙卽名洩水管萍門箱之下側又有支管相通如前圖之己庚用法並同前

管其下通於船邊則合流而出也間有鍋爐另作長管通至水面之下放汽之時泥沙與汽同吹入水而不濺於船面是可不用汽籠然非盡善蓋汽驟遇冷忽然凝水大作咆哮之聲船且爲之震動故近時已不用矣

第八十一款　水銀漲表

考驗汽之漲力有漲表用彎鐵管如圖一端連鍋爐於叱又一端呷開口通空氣下半盛水銀鍋爐內汽之漲力與外面空氣之壓力相等則管內之兩水銀面必相平如甲丙若漲力勝於壓力則甲面之水銀必下降丙面之水銀必上升至相定而後止其管通體之空徑相同此面既上一寸彼面必下一寸二面高低之較乃二寸惟水銀高二寸之重畧等十二兩之漲力所以水銀升高一寸即汽之漲力加十二兩設以玻璃爲管則水銀之升降望而可知然不用玻璃者有說也此鐵管必有輕物丁戊浮在水銀之面上端出管口之外指管外所附之寸表㖞吧即見漲力之數漲權不靈此表爲珍貴之器蓋漲力若更甚水銀必爲噴出而報危險也

第八十二款　大抵力機之漲表 名部屯表

上款所言之水銀表不便於大抵力機之鍋爐蓋汽之漲力至六十磅其表管之長必爲一百二十寸矣故變其制用薄鋼板蓋於鍋爐之孔爲漲力所抵板之中心豎桿甲乙桿之上端接以小曲柄乙丙連此曲柄作齒弧己庚汽之漲力抵鋼板而推甲乙桿則齒弧必繞轉丙心再以小齒輪庚相接小輪有針輪轉而針與之同轉矣小輪之軸有鋼鑽漲力減小針能退復

第八十三款　測水門

鍋爐前面必有測水塞門三所以測鍋爐內水面之高低安置之法中者與水面相平下者在水面之下上者在水面之上若次第開之下者噴水上者吹汽中則汽水相合水面或高八寸不及開試可於鍋爐之內另置三管曲而下垂再與塞門相連也此塞門常宜轉扭因水沸時之鹽與泥砂易致塞滯也

第八十四款　測水表

玻璃測水表亦在鍋爐前面一望而知水面之高低也如圖鍋爐甲乙之外作直豎玻璃管丙丁長約十六寸

二端密接於甲丙乙丁二銅管下者通水上者通汽玻璃管內之水面與鍋內之水面必相平上管之戊下管之己並作塞門可以啟閉汽水之路下管之底[illegible]門若有積穢開此吹通漲力有時減少不敵空氣之壓力此表仍顯水面之高低不如測水塞門之反軟也

第八十五款 景敦塞門

汽機諸管之口通出船底者俱用此門其式爲截圓錐形密切船底之管孔如丙大端在外小端連桿進退於輭墊曰內桿上有橫柄以便人手所執持若吹水塞門甲阻澀而不能閉提此門之乙柄即可止鍋爐之吹水若噴進管之塞門或漏則提上此門而隨可修理蓋修理噴進之門法宜拆卸轉磨不用此門必須進廠由此以觀此門誠要器也

第八十六款 攔激板

攔激板之制因船行海中而經大浪擴簸能攔阻鍋爐之水左右衝激昔之曲管鍋爐亦嘗用之其板與船平行而立置於鍋爐之中上連鍋爐之頂下與火爐相接

今之螺蕿輪船有時風帆與汽機並用此板爲必不可少之物蓋船甚欹側而鍋爐之高邊無水則火爐之頂與上層煙管俱受大害矣

第八十七款 煙通扇門

輪船汽機之煙通宜用扇門其式爲平圓形或二半圓形平置煙通之內柄出於外再接曲柄人在船面可扭轉而使之或橫或豎即吸氣之或塞或通理與汽管內之扇門相同（即總汽門見一百四十一款）若汽機不行而碟膛又欲蓄火或遇順風順水而無庸多汽皆須阻止吸氣之力此爲有用之制也

第八十八款 反萍門

汽之漲力大於空氣之壓力固宜備其碟裂然有相反之力若不預防亦爲鍋爐之患如機已停火已熄則鍋爐之外皮受機艙之冷氣而發散其熱所有之汽速凝爲水而漲力減小又如火力偶小所生之汽不敷汽機之用此二者必致空氣之壓力大於汽之漲力而擠鍋爐內凸故於鍋爐作自開之門名爲反萍門未至受害而外面之空氣即踵門而入以補其虛矣此門或名內萍門或名空萍門或曰空氣萍門其制並同惟向內爲異耳其自切於本處之法加權於稱桿之端倚點即萍

門權必準汽至小之限門乃自開但今不用權而用簧者爲多凡安此門舊法在鍋爐之頂今則以前面爲便

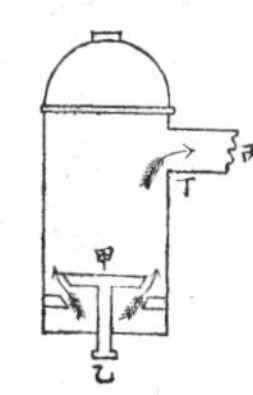

免得觸損及爲穢滓所塞如圖門向上開尤爲妙處雖上壓他物或有物墜下亦無妨也甲爲萍門甲乙爲中垂短桿居底板之孔而活動切於本處以萍門之自重丁丙管通鍋爐於丙漲力減小則空氣抵開此門而進鍋爐大抵力機之鍋爐堅固特甚此門可不必用矣

第八十九款　阻汽門

鍋爐之汽舊制任通汽管今則於汽管節處用平門以阻隔之名爲阻汽門司機者可以隨宜啟閉如汽機大船鍋爐固有數座然又不必盡用若無此門則所用之鍋爐生出之汽必通至不用者而凝水又如蓄火之時所存汽之漲力能畧大於空氣之壓力故其火一旺而汽卽生若無此門則所存之汽隨通汽管進汽筩而凝水凝水既多費煤不貲且鍋爐之水更易變鹹因稍鹹之水化汽而去所留者爲鹽與泥沙也有此門以阻隔之則所化之汽盡聚於鍋爐雖外面爲冷氣所逼而凝汽爲水仍在鍋爐之內與水相和所以蓄火無論暫久水不虧少自不變鹹而機艙亦能涼爽因汽之發熱獨在鍋爐故也凡兵船俱用阻汽之門設汽管爲礮子擊去或擊爲孔汽有所阻不致衝滿機艙司機者可以卽時修理如圖乙丁丙爲通汽管乙

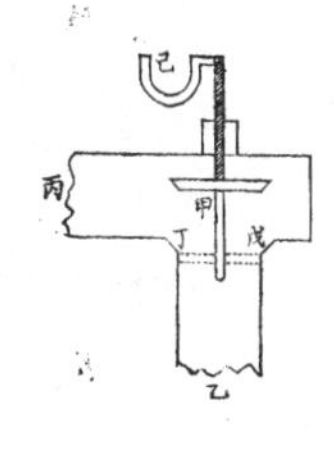

端通鍋爐丙端通汽筩甲爲阻汽門己爲曲柄轉之可以任向上下若開之如圖式汽可通行若轉下至口丁戊汽路阻絕汽機初動之時或有汽水同出宜少開此門以阻水卽同攔激板之理

第九十款　吹水門

行海所用之鍋爐皆有吹水塞門其用因鍋爐之水將漸鹹時卽可更換在鍋爐之底連管引至火艙通出船外於火艙便易之處作有擋塞門上有活柄可以開關塞門關時取去其柄以防觸礙

第九十一款　引鹹水器與收熱器

輪船行海俱用鹹水淡者化汽而去必有渣滓留積歷時既久水乃甚鹹鹽則不能再合於水而下沈其餘雜物結成厚皮隔水不切鍋爐之體而爲不能傳熱之質（昔時待飛屢考鍋內結皮之質俱爲鈣養硫養卽石膏用化學之法細考尚有數種然可不計大約不過百分之五）因此二病其熱難傳於水費煤必多水且不能通體

均熱而鍋爐之體易致損壞欲免此弊須有定時吹出鹹水以添水器補其不足然此事亦稍費碟蓋吹出之水有二百十二度之熱補進之水熱不過百度也嗣後毛字來捌造引鹹水器爲汽機所帶動隨機上下吸出鹹水其制與添水器之大小有比例卽使吸出之水並化汽之水之和與所添之水相等

設吸出鹹水之含鹽寅倍於海水之含鹽則引鹹水器之吸者比添水器所添者爲 $\frac{寅}{一}$ 海水含鹽 $\frac{三三}{一}$ 則鹹水含鹽爲 $\frac{三三}{寅}$ 又設天爲添水器所添進之水數地爲引鹹水器所吸出之水數故 $\frac{三三}{天}$ 爲添進之鹽數 $\frac{三三}{地寅}$ 爲吸出之鹽數其二者若相等則 $\frac{三二}{地寅}=\frac{三二}{天}$ 卽 天 $\frac{寅}{一}$ = 地

依此法則水之含鹽常勻可免鍋爐內結皮之患繼又捌用收熱之櫃可免添換鹹水費碟之弊法使吸出之熱水通入櫃內其中密佈小管管內爲添水所經過則未入海之熱水發出全熱傳於新添之水

第九十二款　水面吹出管

水之化汽變鹹常在上面初用煙管鍋爐之時審知煙管生皮比諸別處更速所以吹水管必通於鍋爐之水面與煙管間管用有擋塞門使通於船外鹹水源源吹換矣其塞門爲人手所扭轉視鍋爐生汽之遲速爲開塞門之多少惟安置此管須適當其處若太高而口出於汽櫃卽爲無用

第九十三款　西瓦特鹹水聯門

此器之理添水器之每上下使添水與鹹水同時進出其式作豎桿桿上定兩萍門一爲添水所進一爲鹹水所出添水進於上門之下抵開上門而進鍋爐二門旣定於一桿上門開而下門亦開鹹水同時放出也所以添水不進鹹水之出亦停二門面積之比例準進水出水之多少

第九十四款　英國保子磨船廠所造之鹹水聯門

如圖甲乙爲萍門之箱內有丙丁戊己兩板縱橫分隔

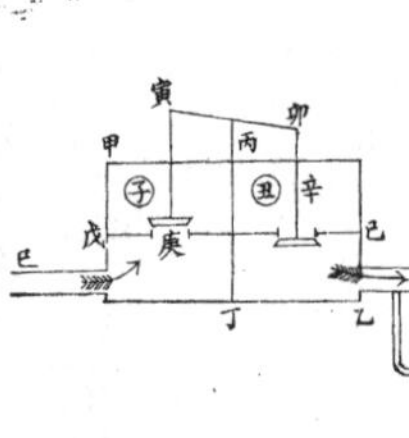

爲四處庚辛爲二孔卽二萍門所掩蓋子爲通進添水之管口丑爲通出鹹水之管口二門各以豎桿活接於橫桿寅卯橫桿有鏇使二門自切於本處巳爲接連添水器之進水管午爲通至船外之出水管添水由巳管入而抵開庚門自子管進鍋爐則辛門亦開鹹水必自丑管而來由午管

放出至船外矣庚孔之徑須倍大於辛孔之徑則鍋內之水不漸耗

汽機發軔卷三目錄

汽機事件

汽機發軔卷三

英國 美以納 白勞那 合撰
英國 偉烈 口譯
無錫 徐壽 筆述

汽機事件 汽機之運動在汽而化汽之源在熱熱生汽汽動機故名汽機

第九十五款　汽機綱領

氣質推機之法作有空圓柱名爲汽筩用厚鐵板密切筩內使氣不稍洩名爲韝鞴韝鞴之二面空氣抵力相等故定而不動今有三法可使運動其一以此面減小空氣之抵力彼面不變其二以此面加多抵力彼面不變其三以此面抵力加多彼面對力減小如此三法俱能運動韝鞴

第九十六款　汽機之類不出以前三法

第一法昔爲風抵力鐵路所用沿路置一大鐵管節節用汽機抽出管內之氣管內用厚韝鞴與管上之車相連所以此面空氣減小彼面不變遂能抵動韝鞴帶諸車前行但此非通用之法且有隱熱之故靡費不少造法者未能預知故公會亦散

第二法放礮最易發明點燃火藥藥化爲氣驟生漲力故能推出彈子而對面空氣不變又如口吹射筒亦此理也

第三法因前二法之理而稍變之汽爲漲流質與空氣畧同以上三法俱用之惟空氣之助或有或無

第九十七款　瓦特以前各種汽機

瓦特以前所用之汽機俱爲風抵力機多用於引取煤礦之水

第九十八款　紐考門所造之汽機

如圖庚爲鍋爐上層容汽之櫃其汽爲下層沸水所化此汽之抵力比空氣稍大汽筩丁己竪置於鍋爐之上以管連之有塞門己以司開闔丁戊爲運動之韝鞴密

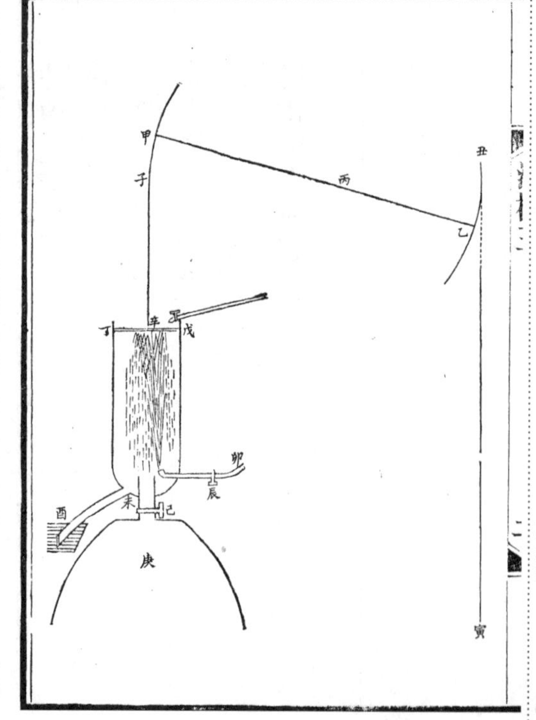

切筩內上面空露風抵力皆如此　機甲乙爲槓桿以定心丙爲槓桿轉動之軸二端有弧架其架之上端皆用鐵鏈一接於挺桿辛子一接於丑寅桿以引水卯辰爲通冷水櫃之管其冷水進筩之多少以塞門辰司之冷水櫃另有小管至汽筩之上口昔必用此小管進水使韝韝上下時不通空氣入內今韝韝更精此小管可以不用又有管未酉出筩底而入受水器內其下端有舌門向外開使流出之温水不返進於汽筩此器最要之事其韝韝上面空氣壓力平方一寸得十五磅依韝韝面積總計壓力之數若干則引水桿等物之重必爲其數之半

如韝韝上面之壓力爲二千磅引水桿等物必爲一千磅今論汽機之行動以圖明之其塞門辰關時筩內之汽全滿汽之漲力與空氣之壓力畧等則韝韝二面之抵力亦等所以引水桿等物之重已勝韝韝若不制其再上必出筩口故至此際卽關己開辰而汽不再進已在筩內之汽爲卯管噴進之冷水所凝變爲畧空而韝韝卽止繼則全空而丁戊面空氣之壓力始能倍於引水桿等物之重而韝韝向下既下至底則關辰開己汽再進而韝韝再上矣辰己二門之開關爲汽機所帶動故能消息有準噴進之水與汽凝之水自未酉管流於

受水器中水已流盡酉舌門自關而阻水不返也瓦特以前之汽機大約如此今不詳論不過舉其大畧而已蓋已爲無用之器存之以見梗概

第九十九款　瓦特所造之汽機

昔蘇格蘭哥拉斯哥大學館中有小汽機如前款之制瓦特爲之修理且以汽筩時熱時冷運動不便欲改其病積思久久始得改作二器一爲汽筩常熱不冷一爲相連之凝水櫃常冷不熱汽已用過卽可通入有管常噴冷水進櫃二器同時程功蓋汽機運動之時汽筩常熱凝水櫃常冷所以汽一至汽筩卽能程功汽罨一開

汽入凝水櫃內櫃卽畧空然此法尚未盡善蓋水在凝水櫃內而無出路必致漸滿又水沸之時另有別種氣質發出而不易凝欲救其病必用恆升車通凝水櫃氣質與水並可吸出如圖甲爲管自汽筩通凝水櫃乙丁爲恆升車戊己爲起水盤爲庚桿所提庚桿爲槓桿所帶動丙子爲二舌門向右開起水盤亦有二舌門戊己俗名蝴蝶

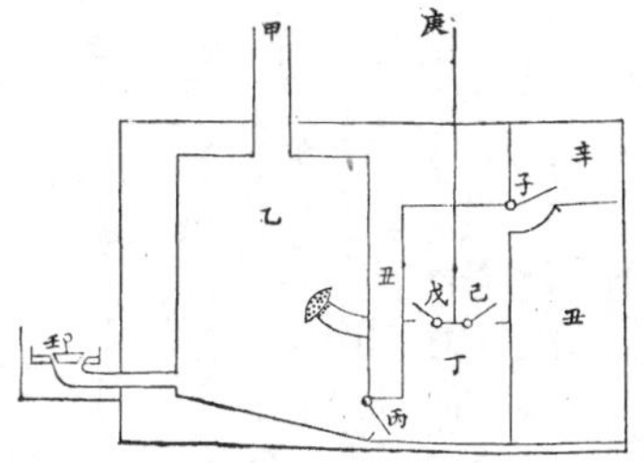

門下門丙名爲底舌門上門子名爲出舌門若在陸地之汽機此器藏在地下四面丑丑皆有冷水爲凝水櫃所需用其已凝之水卽爲恆升車汲出由出舌門至別器辛名爲熱井鍋爐內卽用熱井之水添入故省熱甚多蓋水進鍋爐時尚熱比冷水使沸較易也

第一百款　單行汽機

瓦特嘗思汽已推韝鞴至汽筩之底卽通路流至韝鞴之下則可相定以槓桿之對重而韝鞴亦能上行韝鞴已上隨開縮櫃之汽路使汽進櫃而凝水然後汽再入如前是則汽筩上口必用蓋又須另添諸平門也此以

汽之漲力抵韝鞴下行與風抵力機之抵韝鞴上行相反縮櫃卽凝水櫃因汽凝水而縮故名

第一百一款　單行汽機圖說

縮櫃恆升車熱井等事與上皆同故不再論惟詳汽筩

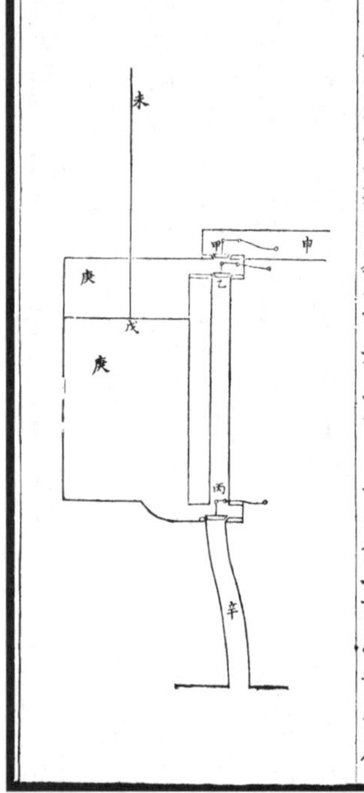

所用諸件下一線爲縮櫃之上面辛管通汽至櫃內庚庚爲汽筩上有蓋下有底其蓋可任意拆開以便修理未爲挺桿伸出蓋外與蓋孔密切氣汽皆毋洩戊爲韝鞴甲爲汽管甲乙丙爲三平門皆連小桿另有機牽掣開關若甲丙開則乙關反此相同汽通甲管至韝鞴之上面丙門旣開則韝鞴下面之汽通入縮櫃之內故韝鞴爲汽抵下至底而甲丙二門關乙門開則韝鞴上面之汽流至韝鞴下面賴槓桿之對重牽韝鞴上行

第一百二款　雙行汽機

此機之理比單行機易明且更適用汽在韝鞴上面推

至筩底程功之後卽自上汽門放至縮櫃中韝鞴之下面另有新進之汽程功之後卽由下汽門放至縮櫃中此法韝鞴有迭更之用不須槓桿對面之重

第一百三款　雙行機刱造運動之理

單行之機槓桿有定軸二端迭更向下挺桿與引水桿皆以鐵鏈接弧架但雙行汽機槓桿連韝鞴之一端旣爲汽推下又能推上故相接不可用鏈而必用桿然此又生難事因挺桿在筩蓋密切之孔其進退必正而槓桿之端行弧線若挺桿之上端徑與槓桿相接則必强牽挺桿不正瓦特刱思新法名曰平行動因其大意爲

平行四邊形之式也。細解在後

第一百四款　大抵力機

此機常用雙行之理，而縮櫃恆升車俱省，蓋不用凝水之法也。其汽程功之後，卽自出汽管放出天空，因全機所占之地甚小，故常用於鐵路上，並內河之小船中，雖費碟較多，而有省地之利。若此機放出之汽引至煙通，又能助煙通之吸力。

第一百五款　行船汽機

行船汽機與陸地汽機有別，方可安置船上。蓋陸地汽機占地雖大無妨，且可將縮櫃與恆升車藏於地下，其汽筩槓桿可任意高低大小，諸桿可任意長短。若船上汽機則不然，必以船之深淺廣狹定機之高低大小，且汽機愈小，餘地自大，始爲船上之利。

第一百六款　邊桿汽機

邊桿機爲陸地槓桿機之變制。初時船上之汽機獨用此一類，今已不甚用，因造機之人思得省地各法。如第一圖爲英國兵船皮譯名蜜蜂所用，其機爲十馬力，繪法中心直剖，取其洞見內藏，但各件祇得其半，而全形亦可想見也。此外行動諸件，因幅窄不能全繪，故另作第二圖。本圖甲甲爲汽筩內空，外有夾層乙乙，周包名汽筩殼。今汽筩大概不用殼，用氊木代之。若仍用殼，而再以不傳熱之料包之，更可省碟。呷管通汽自鍋爐至殼，殼內常滿汽，乘隙進筩。未進筩時，充滿於殼，故筩內之汽不易凝水。丙爲漲門，汽機運動則開現論開時，故殼內之汽能放出至丁空，卽罨匣之內空。以長半圓形爲式，戊戊爲其半。若汽來而不阻之，則徑進筩之上下二汽孔己己，但不令其徑進，令機到時方

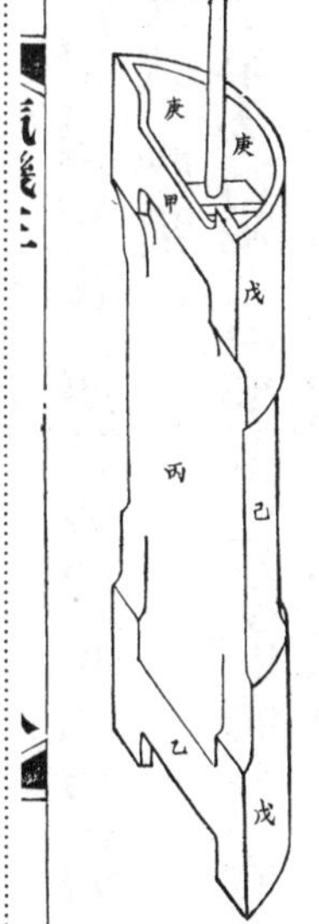

進，則有長半圓形之門，名爲汽罨，如圖甲乙平面，蓋於己己二汽孔平面之腹。丙稍虛半圓之腰，間己亦稍虛。全體內空，長短之度令甲乙二平面同時揜閉己己二孔。揜閉之時，鍋爐之汽由管進殼，通丙孔，入汽罨腰之四周而止。如令罨桿丁上數寸，則上汽孔開，汽卽通至汽筩，下汽孔同時亦開，餘汽卽自汽筩至縮櫃庚庚，而無對面抵力，故進上孔之汽能推鞲鞴辛辛向下。鞲鞴既下，令罨桿丁下數寸，至乙平面開下汽孔，令汽通鞲鞴辛辛下面，已進上汽孔己之汽同時放出，在甲平面之上，通罨體內空至縮櫃庚，亦無對面抵力，故鞲鞴

上行所以罨桿上下而全機隨之俱動縮櫃有管自船外通來名噴水管常噴冷水於櫃內使櫃內之汽凝水而空所進冷水有塞門制之名爲噴水門爲人所扭轉丑丑爲恆升車與陸地汽機相似有起水盤寅寅內作蝴蝶門卯卯水自此門通盤上子爲底舌門水自縮櫃至恆升車有此門則起水盤下時水不回至縮櫃午舌門名爲出舌門此門之用起水盤下時不令盤上之水復下辰爲熱井上有蓄水長管不令熱井之水上溢機艙今大概不用因省之無妨也熱井有大小二管大管之徑約六倍於小管之徑大管通海名爲餘水管小管通添水器令一百度水進鍋爐餘水管近船邊作萍門名爲餘水萍門

第一百七款　吹氣門

圖式以汽罨連罨匣與汽孔中心直剖丙爲汽罨之剖面丁戊爲罨匣甲乙爲上下二汽孔黑處丁爲上孔之輭墊戊爲下孔之輭墊戊己辛爲罨匣

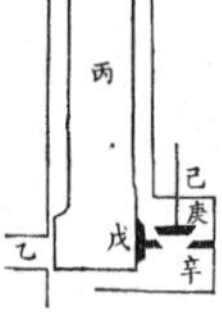

安吹氣門之處此處有隔板戊庚隔板有孔爲庚平門所蓋此孔蓋時在罨腰之汽不通隔板之下汽機將動將己柄提起則汽未進汽箭而由辛孔通至縮櫃推空氣出外此卽吹通之法

第一百八款　諸桿進退不洩汽之法

一二兩大圖汽箭蓋與挺桿密切處其孔如臼形口外連闊環未名爲輭墊臼其孔徑比挺桿畧大用麻辮周繞挺桿闐塞之麻辮之下有銅刷緊包挺桿不阻行動祇阻麻辮之帶入箭中輭墊臼有蓋申申申亦有闊環與臼外之環等名曰壓蓋臼與蓋爲螺捎所連見圖易明上蓋壓緊則輭墊密切於挺桿與臼之空隙故汽不能洩司機者雖知輭墊宜緊又必知尤宜塞滿也蓋之上面如碗形常滿盛牛油或別畜油使常潤滑凡恆升車汽罨諸桿在孔內運動而欲不洩汽者槪如此法

第一百九款　鞲鞴

大圖辛辛爲鞲鞴之直剖形內宜空則體輕外宜厚則抵力加之不彎折與汽箭相切之處稍有空如酉酉昔用麻辮輭墊塞滿其空不使汽洩今用鐵環代之內有挺鐄推環密切汽箭上有平環與鞲鞴捎固不使墊環移動鞲鞴下面對汽孔處斜削其方稜則下足之時汽得易進當鞲鞴上下足處於汽箭蓋底必稍留餘地名爲汽隙挺桿下端作截圓錐形用鐵劈與鞲鞴同穿緊固汽箭蓋未蓋之前須詳察此事因行海時修理最難

也恆升車內之起水盤亦用麻辮塞緊

第一百一十款　邊桿汽機運動諸件

第二大圖挺桿壬之上端有橫桿戌戌名爲挺橫擔升桿之上端有橫桿亥亥名爲升橫擔天天二桿名挺搖桿地地二桿名升搖桿人人人人二桿名邊橫桿挺桿下時則挺橫擔戌戌挺搖桿天天兩邊桿之各一端人人隨之俱下邊桿以吧點定樞轉動故人人向下之時則人人兩端必向上午午爲大軸大軸內端連未未兩曲拐曲拐之小端聯以拐軸大搖桿之上端申以酉酉二銅襯面拐軸下端裝入橫尾庚庚若汽仍進韝韛之上使兩邊桿之各一端人人向上則橫尾大搖桿必推搖未未二曲拐轉動而午午大軸連行輪亦轉然汽機之力推足必使曲拐挺直賴有自動力能稍過頂點遂起後半周轉動此時韝韛下足忽換下面進汽則橫尾大搖桿又向下牽曲拐至底點而行輪轉全一周論恆升車之行動如第二圖起水桿用橫擔亥亥連升搖桿地地而以邊桿帶動恆升車用銅爲之則起水盤之輭墊可磨擦耐久若用鐵則一經鹽水而鏽且輭墊旣爲麻辮易致磨壞也汽筩雖鐵無妨因汽不害鐵而墊可以金類爲之奚若用金類墊於恆升車業已試知弊端因礙積墊鏽不久即滯然英國兵船失蒙又試用金類爲墊內用麻塞至今行用無病第一圖如提上起水盤寅寅縮櫃之水即抵開底舌門子故盤下水滿又推下起水盤而遇水面則二蝶門卯卯自開水至盤之上面盤再上而盤上之水抵出舌門午放出至熱井辰若無餘水管通出船外井內積水必多故餘水管須大以起水盤一次所起之水必一次時之小半即能放盡（因進時時多出時時少）

第一百十一款　汽櫃運動法

小軸一一名秤軸定於機架能轉動小搖拐二二之小端二爲兩心輪所推引而往來三四三四兩臂連於秤軸秤軸以小角度轉動而兩臂之前端三三亦上下此兩端接三五三五兩櫃搖桿而上端爲橫擔五五所連橫擔中點六接櫃桿而連汽櫃兩臂後端有重四四此重之用與汽櫃相稱所以汽機停時汽櫃可適揜二汽孔而不動否則必致墜下而汽孔常開機不能停汽櫃如此相定除消阻力所需之外運動汽櫃不用他力諸件列名如下

一一名秤軸　四四重名後權　兩臂前端三三名櫃提　二二名小搖拐　五五名櫃橫擔

第一百十二款　彎擔扁栓長劈

此制用於汽機運動連續之處其妙處爲人用而鬆司機者易於打緊又拆卸亦便如圖甲爲乙桿之上端其

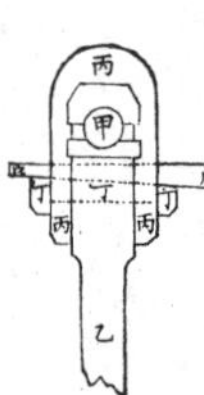

黑處爲二銅襯下襯戴於乙桿之首與上襯以凹處函轉動之軸甲其合處稍留餘縫丙丙丙爲彎擔抱銅襯與乙首之三邊首與擔同有長方孔相通孔內先安扁栓丁丁丁次加長劈打緊則各件同爲收束緊固若銅襯磨鬆可將長劈打進故二襯相合宜預留餘縫凡汽機定例其劈尾向內俱自機之兩面向中打之

第一百十三款　放水門

察汽甑行時如韝鞴行至將足處則二汽孔之進出俱爲汽甑閉絶須用法放出汽筩之水蓋韝鞴之上面與筩底常有積水水質不能擠小漸積而多或致停機或生他變故於筩之上下作放水萍門令水放出可免變端其上門在蓋常用挺簧使定於本處其下門如第二圖但可見其外面人爲重理與簧同第一圖萍門與進筩之空皆可見常輪船此門之重比漲權之重宜相準否則汽每進筩其門必開凡汽機運動甚速者門上之重又宜畧大汽機初動門亦自開令氣與水放出至運動速足時汽筩內無水則門自關其意使汽筩不過其力限故另添塞門分其出路間有鍋爐汽水共出通入筩內若放水門之重過大而水出艱慳則筩蓋磔裂矣此門之外用銅罩蓋護而旁若鼻孔水自孔內噴出不致衝人

第一百十四款　平行動

平行動者即連天天二挺搖桿之諸桿其用在韝鞴上下時能使挺桿上端畧行直線如第二大圖邊桿之端人人行弧線故挺桿必爲牽歪偏著但未繪平行諸桿恐筆畫太繁致混目也今覽上圖自明叮吧爲挺搖桿吧㖘爲邊桿之半㖘爲邊桿之定軸咦叱叱㖪二桿活接於叱連挺搖桿於咦連邊桿於㖪另一桿呷叱接直桿於叱轉定心呷此諸桿名平行動故叱㖪爲平行桿咦叱爲長撐桿呷叱爲短撐桿其要在審其該用長短若干求此事必知叱㖪桿內有一點丙畧行直線次求諸桿長短之比例合叮丙二點所行之路相似如圖呷叱叱㖪㖪㖘三線同前圖之三線現餘線不用故另作圖㖪㖘轉㖘心則

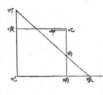

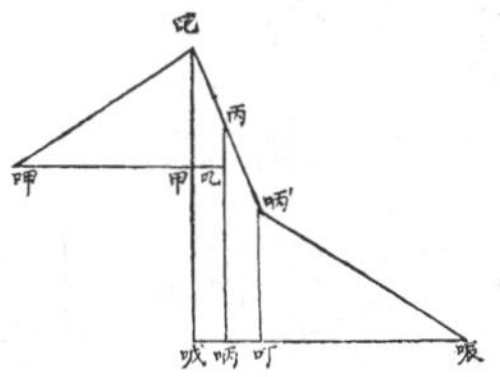

呷𠮙必轉呷心所以呷𠮙𠮙呩呩哽三線必變式如呷𠮙𠮙呩呩哽上點𠮙牽向左下點呩牽向右設轉至呩哽線下如上式相對之處其牽引相同若以𠮙呩線兩端各引長必交𠮙呩線於丙點即所求之點因𠮙呩為垂線呩哽為地平線丙點在𠮙呩引長之線其運動時無論何式丙點不多離此垂線故丙點畧行於直線依幾何之理若呷𠮙不小則丙點分𠮙呩為二分與呷𠮙呩哽二線有交互之比例即𠮙丙與丙呩之比若呩哽與呷𠮙之比次求橫擔與挺搖桿接續點叮畧行直線使與丙點所行之路相似桿行時叮吧線與𠮙呩線常平行因長撐桿𠮙咦之故如哽丙一線引長交吧叮其交點必為叮吧桿之上端叮因叮吧與丙呩平行吧呩哽為直線則叮吧哽三角形雖變式必與丙呩哽相似而比例同兩形同以哽為定點吧呩二點行弧線其兩弧既相似則叮丙所行之兩路必相似所以丙行直線而叮亦必行直線

求諸件之長短使叮點行直線 $\frac{\text{呷𠮙}}{\text{呩哽}}=\frac{\text{呩丙}}{\text{𠮙丙}}=\frac{\text{呩丙}}{\text{𠮙呩丅呩丙}}=\frac{\text{呩丙}}{\text{𠮙呩}}\text{丅}\cdots\cdots㊀$ 依相似三角形之例 $\frac{\text{呩哽}}{\text{呩丙}}=\frac{\text{吧哽}}{\text{叮吧}}$ 故 $\text{呩丙}=\frac{\text{呩哽}\times\text{叮吧}}{\text{吧哽}}$ 又 $\frac{\text{呩丙}}{一}=\frac{\text{呩哽}\times\text{叮吧}}{\text{吧哽}}$ 故按㊀式 $\frac{\text{呷𠮙}}{\text{呩哽}}=\frac{\text{呩哽}\times\text{叮吧}\text{丅}}{\text{𠮙呩}\times\text{吧哽}}$ 其諸件之比例如此則叮點必行直線

第一百十五款　何而所刱之縮櫃

英國何而刱縮櫃能使凝過之水回進鍋爐故鍋爐內可以常得淡水法於鍋內作小蒸水器所蒸之水適能補足所費之汽此縮櫃之理令汽放出汽筩經無數小銅管內其管豎安於方箱自箱之下身噴進冷水即從上身吸出冷水噴時小銅管內之汽即凝為水此凝水所用之恆升車比常用者甚小因噴進之冷水另有法使出也小管之內須用法開通不令淤塞然外面易生水鏽而管內之熱不能外傳且工料費而體重占地甚大又小管在水內微生電氣亦大有害因此數事此機不能常用

第一百十六款　放水塞門

汽筩之內上下皆有汽隙而不多故必各有塞門以洩水汽機初動試開此門如有積水盡令放出汽機已速而關汽筩與縮櫃相通亦即關勿使空氣竄進恐為運動之害

第一百十七款　底舌門非必用之門

汽機大概有底舌門，但設法不用此門，則汽進縮櫃之路必高，恆升車必近底處行動，所以起水盤每次下至水中，使水上升，不致汽機哽塞。英國詷白爾已試作不用底舌門之機，其汽自汽罨之上進縮櫃，與前法相反，故櫃內之水雖高，不能溢進汽筩。

第一百十八款　起水盤

如圖若轉輻形而鏤空其中，又若圓環以數輻連之，其空處另用銅環掩蓋，名曰水隔。如後圖呷為直剖形，甲甲乙乙即銅環，又有小器限其動界，不使多上。

第一百十九款　環形㽞門（即出舌門之變制）

環形㽞門與起水盤之水隔同類，其制周迴無端，如本圖叱即是，丙丙為㽞門，丁丁為其空，毛字來所造雙筩汽機用此法。

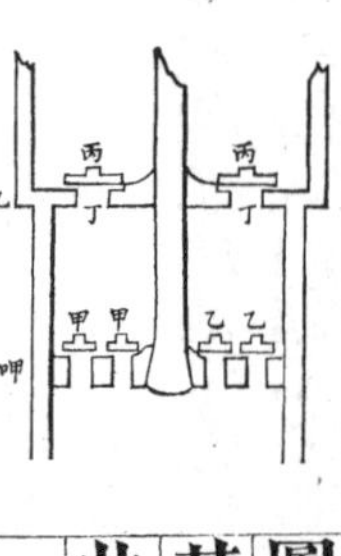

第一百二十款　恆升車之異制

恆升車之吸水與尋常起水器有別，因縮櫃不露天空，而無空氣之壓力以助取水，故起水盤若高於縮櫃，則上升之時，水不隨盤而上。

第一百二十一款　恆升車不用出舌門

嘗有出舌門壞，汽機亦可運動。英國兵船飛善在中國時，出舌門壞而不可用，尙能行走，畧無少異，因尙有底舌門故也。然程功雖屬相等，而起水盤提上時殊覺費力，倘盤不堅固，不能任此力矣。大凡速行之汽機，起水盤提上時，盤上之水必重激出舌門而有聲，其用不能經久。欲免此病，須另作小舌門，於起水盤向下時，其上面可進空氣。此門或用遂布，或用象皮為之，惟用布則汽機停時間或漏水，故縮櫃之水常流過而放出也。近又以出舌門分為二，其置二門之角度不同，故起水盤上時二門遞開，其激力亦分為二矣。又環形㽞門比鉸鏈舌門聲音較小。

第一百二十二款　雙行恆升車

此器詳第四卷奢氏空挺桿汽機。

第一百二十三款　餘水萍門

餘水管之近船邊處作餘水萍門，所以防海水之反衝於熱井。有船用門二重，一即餘水抵開，一則手提啟閉，汽機欲動，將門提開，否則熱井必裂，或恆升車損壞。其門為汽機不動時用之。

第一百二十四款　各種船汽機之汽罨（亦名汽門）

汽櫃有數類有長半圓形有短半圓形有空腹形（即汽機車所用之式）有西瓦特所造之式又有圓柱式

第一百二十五款　長半圓汽櫃

此櫃上已畧言其概然汽所出入此爲要領自宜詳論其制汽進下孔程功之後卽同孔直至縮櫃汽出上孔必通櫃體之內空折下至縮櫃但非常常如此蓋訥白爾所造之機則上孔所出之汽直至縮櫃之內下孔所出之汽上通櫃體之空而進縮櫃有時汽機停止因汽筩變空而汽櫃難動必開汽筩之油塞門稍進空氣以消其縮力

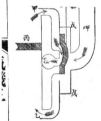

第一百二十六款　短半圓汽櫃

長半圓櫃有空通其全體其出汽止有一路通至縮櫃此短半圓櫃有二路通至縮櫃一在櫃匣之上一在櫃匣之下如圖爲短半圓櫃甲乙爲上下二平面丙丁爲櫃桿二平面之後各有隔板分汽與空爲二路

第一百二十七款　空腹汽櫃

縮櫃與鍋爐幷力致用故別類汽櫃之程功與此空腹汽櫃之程功相等總以鍋爐之汽通汽櫃之背進汽筩程功之後通汽櫃之腹放出也凡平置汽機常用此法搖汽筩亦用之惟此櫃之行動比半圓櫃費力因背上之抵力推向汽孔而非腰之四面有汽也蓋櫃之空腹比進汽孔甚大故所生抵力比輭墊類之抵力較大此卽不相定之抵力所以汽機初動時必用塞門稍進空氣消去蓋孔面難動之力又此空腹汽櫃與各種短汽櫃所費之汽皆比長半圓櫃較多因長半圓櫃之汽路較短也

如圖爲空腹汽櫃連匣直剖形呷爲通汽管戊戊爲櫃匣黑處爲汽櫃甲乙爲上下二汽路丁爲出汽路丙爲鞲鞴之半櫃作提上之式汽管呷內之汽進下孔鞲鞴丙上之汽能放出上孔至丁而通縮櫃如櫃向下其汽路反此

第一百二十八款　西瓦特汽櫃

此類汽機汽筩共有四孔通汽管之一邊有進汽孔二對邊近縮櫃有出汽孔二如圖呷哂爲二進汽孔自通汽管迭更通進汽筩叱叮爲二出汽孔令汽筩用過之汽迭更放至縮櫃視圖箭頭所向卽知汽路方向甲丙乙丁四汽櫃與甲丙乙丁進出二櫃桿相連汽力抵於汽櫃之背在叱叮二出汽孔推汽櫃向縮櫃之邊惟甲

丙二汽罨與甲丙罨桿有鉸鏈活節掩滿時因縮櫃常空故能推緊另有彎挺簧助力如汽筩內有水倏鞲鞴上下時能自退至通汽管因甲丙罨有鉸鏈故易彎而開又汽罨未掩滿時祇有簧力抵於鼻上故阻力甚微若他類汽罨則輭墊推緊於鼻上而欲不使通汽故阻力較大也其帶動常用兩心輪或用凸輪

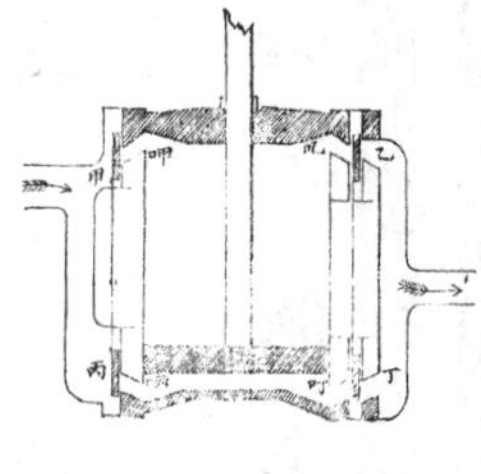

第一百二十九款　圓柱汽罨

毛字來所造汽機名爲雙筩機即用此罨其細論見第四卷中

第一百三十款　汽褥之意

置罨之法於鞲鞴未行足時閉絕通縮櫃之路此時櫃內未成全空故能阻鞲鞴之行勢蓋汽筩與縮櫃通時對力甚小一絕其路漸生對力此面之對力漸大則彼面之抵力減小職此二故能令鞲鞴未行足時漸停而後返行名爲汽褥設鞲鞴未足之八寸其對力二磅則未足四寸其對力四磅未足之度每減半而對力每加倍也凡用空腹汽罨以早絕通櫃之路爲尤要因長汽路與汽隙之中餘存畧實之汽至汽罨開時預已充滿故用鍋爐之汽較省

第一百三十一款　引汽之意

準前置罨之法又當於鞲鞴將行足時令汽罨先開微罅以通汽至行足而汽已暢通名爲引汽蓋汽機有永動之性不能驟止必用此法以令其漸停也故欲其平動汽孔須闊其所以能闊即是早開汽孔因汽罨之平面比汽孔稍闊故出汽之孔比進汽之孔必早開鞲鞴初返行時對面之汽乃易出也如圖爲鞲鞴初下行汽罨之式汽纔進上孔程功後之汽已出下孔矣其配合引汽之多少須視孔之大小與鞲鞴之速率如汽車之機與船上速行之機（即不用接輪之螺輪）其引汽須大速率若小則永動之性亦少其引汽亦可小矣若鞲鞴行甚速而無引汽則槓桿必推鞲鞴而不爲鞲鞴所推即永動之性使然也（俗名爲汽慢行）有時汽罨之出汽邊亦用引汽如正行機放汽於上孔比下孔早謂出汽邊之引汽上面大於下面（因有鞲鞴本重之故）又若汽罨之餘面在進汽邊減小而使汽罨之動稍早同於出汽邊餘面減小（此謂出汽邊引汽尤大）

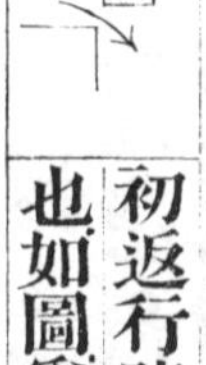

第一百三十二款　汽罨餘面之意

初造汽機當韝韛上下時大約常通全路以進汽但覺韝韛甚速其汽不能盡凝蓋所積之汽多凝水之時少也因思韝韛未行足時必先掩汽孔故汽罨之平面比汽孔必畧闊其較餘名爲餘面如第一圖甲乙戊爲汽罨行半路之式甲乙爲二平面丙丁爲汽筩之二汽孔其平面與汽孔之闊等卽無餘面如第二第三圖其二平面比二汽孔稍闊卽爲餘面又第二圖亦爲汽罨行半路之式戊乙己丙二餘面皆止在進汽邊名爲進餘面第三圖除進餘面外辛庚壬子二餘面又在出汽邊名爲進出餘面時亦名葢故適掩汽孔之處又名葢孔面有機出汽之邊無餘面反稍空則名爲出虧面餘面之義卽汽罨在半路之時平面所蓋汽孔之餘

第一百三十三款　進汽邊之餘面

進汽之邊有餘面始能早絕汽路視第一第二圖二汽罨行路相等則知第二圖上平面之下邊乙掩滿汽孔必早於第一圖之面掩滿之後則用汽之自漲力也凡用漲門無論韝韛在何處卽可任意隔絕此則不可因造時已有定式

第一百三十四款　出汽邊之餘面

進汽邊之餘面甚大其出汽邊亦必用餘面蓋下平面進汽邊之餘面既大則韝韛近足時而開下汽孔令其起動比餘面小者必早如此而上平面之上邊無餘面則上汽孔開必太早矣下平面之下邊同此理凡汽罨之餘面改變則安置兩心輪必移令引汽仍同

第一百三十五款　有餘面之汽罨無餘面之汽罨二機運動之異

無餘面之機韝韛行全路汽進不絕故汽之全力直抵至底其機每過中處則汽力猛撞因韝韛將足汽尙直進必須韝韛之對面遇汽而始推韝韛返回也若有餘面之機隔絕汽路之後其在筩內之汽雖仍漲抵韝韛然力已漸小直至對面進汽力已小至極微所以汽機運動適能平速

第一百三十六款　汽罨運動之法

汽機之罨常用兩心輪運動上已言小搖拐推引往來有定界依造機者之意欲汽罨能任便上下令汽進出

況在大軸上用小曲拐雖能推引而不便特甚因其往來半路甚小而曲拐必短大軸必斷故也如圖一二爲

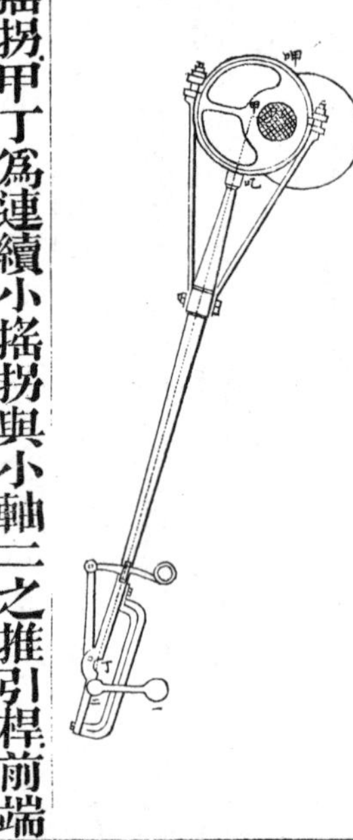

小搖拐甲丁爲連續小搖拐與小軸二之推引桿前端甲以小曲拐甲丙轉大軸之心丙以甲丙等於小搖軸二行路之半則得小軸二所當行之路然此用曲拐不便而理則在設想之中若欲設法相代則用輪包大軸如圖黑處爲大軸橫截面輪之心必在甲即前言推引桿甲丁與小曲拐甲丙連續之一點其輪無論大小常以包軸而堅固即可因其輪愈大而阻力亦愈大也輪遶大軸心丙則甲丙線所行之跡與曲拐無異其輪活轉於合環呷吃之內用推引桿乙丙連之有二斜桿輔連環耳不致推引桿彎曲推引桿直對圓輪之心任輪在何處其虛線丁吃必過輪心甲點也

第一百三十七款　兩心輪之兩心距

甲丙線即兩心輪之過心線輪心與大軸之心相距謂之兩心距若小搖拐與秏提相等則兩心距與汽秏行路之半亦等小搖拐與提秏不等視一百三十九款有比例

第一百三十八款　兩心輪與大軸之擋

陸地之機祗有順轉故其兩心輪用鐵劈捎定於大軸若船上之機有時欲令退行則機之運動必反也法應改變運動諸件然後可令反動如

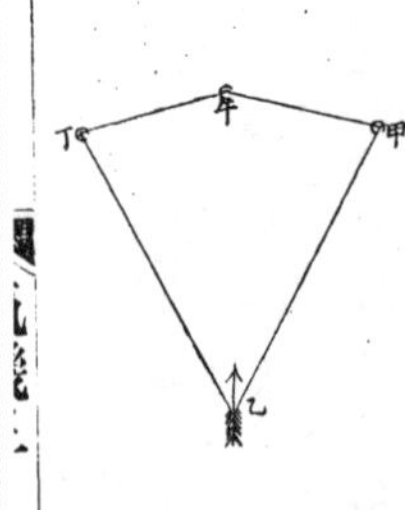

圖午爲大軸之心午甲爲兩心距甲乙爲推引桿設引力向上如箭乙則甲點轉午點必自右邊向上至左邊而船成前行設欲停機則扭轉脫機使丁凹脫離小軸再扳進退柄移秏蓋孔而機自停然此輪擋與軸擋相切如前若扳移汽秏使小軸仍就丁凹則大軸仍帶兩心輪順轉不已令欲退行則以進退柄反推進汽在鞲鞴之對面而令大軸退轉半周退轉之迹則自右邊向下至左邊其兩心輪與推引桿不動大軸自轉於兩心輪內此時軸擋前端與輪擋分離變爲後端相切帶輪同轉其午甲甲乙二線行至午丁丁乙二處引乙點向上如箭形則丁點必自左邊向上至右邊而船乃退行依此法以人力改變其式大軸乃易轉半周於

兩心輪之內兩心輪仍擋於軸而爲軸所帶轉如第二圖大軸呷有軸擋丙丁兩心輪吖有輪擋甲乙大軸之轉自左至右而丙點必切甲兩心輪爲大軸所帶轉機若反動

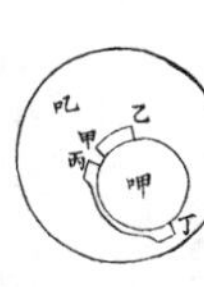

則兩擋甲丙必相離丁點行半周遇乙而機爲反行之式

第一百三十九款　有兩心距求汽韛之行路又反求之

如第二大圖小搖拐一二與韛提一三等長則韛之行路必倍兩心距若不等長則有比例所以知其一可求其二設甲乙爲小搖拐丙乙爲韛提皆在引足時乃設

甲點至戊丙點至丁戊丁爲推足之二點故甲戊爲輪之兩心距丙丁爲汽韛之行路夫甲乙戊丙乙丁爲二相似三

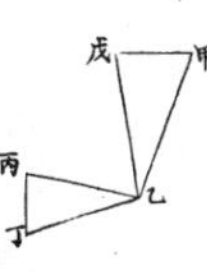

角形故甲戊與甲乙之比若丙丁與丙乙之比即兩心距與小搖拐長之比如汽韛行路與韛提長之比

第一百四十款　雙兩心輪連環運動之法

汽車機之前行退行常用雙兩心輪定於大軸名爲司提分孫連環運動常用於兵船以配螺輪之機螺輪忽然反行比明輪更便有二孫部佗二英國明輪兵船亦用雙兩心輪如圖甲丙爲雙兩心輪無擋乙爲大軸亦無擋用鐵磅捎定又可

免退擊之弊丁戊爲連甲丁丙戊二推引桿兩端之弧名進退弧己爲小搖拐之小軸行於丁戊進退弧之槽內另有柄爲人手所扳扭弧若上下令己小軸能循行槽內自丁至戊二桿之端丁戊皆活節

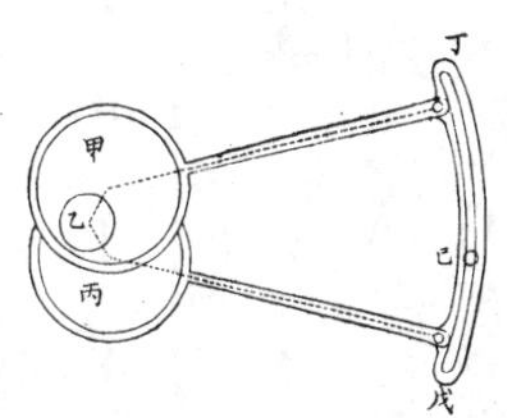

乙爲丁戊弧之中心故小軸之行若循環夫己在丁時甲丁桿推引汽韛而船前行己在戊時丙戊桿推引汽韛而船退行若在丁戊半路則汽韛不動所以用此雙兩心輪汽韛無庸以手運動

第一百四十一款　汽管扇門

船上之汽機此門爲人所扳轉陸路之汽機用汽制主之皆所以消息進汽之多少有汽機置在汽管近汽箱處爲圓形亦有置在箱殼韛匣之間者爲方形若無漲門而用此門亦可省媒蓋鍋爐所生之汽不敷所用此門可存留之也若其大用乃汽機初動之時欲汽漸進或欲令船緩行有此門則可操縱在我其制爲扇門而柄出於管外

第一百四十二款　漲門之用

漲門之用不論韝韛行至何處可以隔絕進箱之汽故

能省煤。視圖可明其理。呷叮為初行時汽之漲力。呷吃為全路。設呷呥為呷吃之一分。其汽為原漲力。又取呥吧吧咦諸分。皆與呷呥等。自呥吧咦諸點作呥㖃吧吜咦嗔諸線。皆為呷吃上之垂線。作呥㖃與呷叮等。吧吜等呷叮之半。咦嗔等三分呷叮之一。餘可類推。又自叮㖃過吜嗔啣諸點作曲線。乃依汽漲之例。容處加大漲力減小。則呷吃線上無論何點作垂線交上之曲線。此垂線之數必示鞲鞴行路相當點汽之漲力。蓋在吧點。其路呷吧倍呷呥路。即吜吧為呷叮之半。又在咦點。其路呷咦。三倍呷呥。即咦嗔為三分呷叮之一。餘亦類推。故在此諸點。其垂線與地平線有反比例。則此諸點之間再細分之亦然。所以全曲線無不然。呷呥中間諸點上之垂線。示未絕進汽以前之漲力。呥吃中間諸點上之垂線。示已絕進汽以後之漲力。故此諸線之和。示鞲鞴全路諸漲力之和。此諸漲力之和亦即為呷吃中間無窮諸點上垂線之和。所以吘吃線。示全路之均漲力也。惟鞲鞴行足。汽之漲力既為吘吃。則筩內滿此漲力之汽。以為全路所用。即為吘吃之數矣。然所用之汽雖吘吃。而所指之數。與所程之功

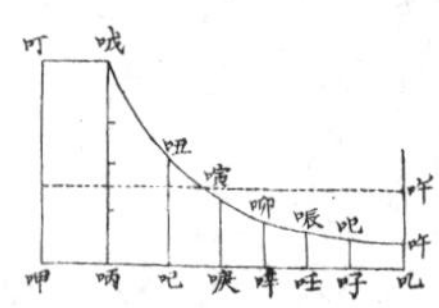

能等吘吃。大於吘吃之力。此可見自漲力之益處。即用大漲力之汽。而早絕進汽。是也。故原漲力愈大。其自漲可令愈早。則益處愈多矣。然亦有限界。蓋末漲力必不可小於機之對面動力（如恆升車等件運動之阻力）。其原漲力必不可大至鍋爐與機所不能當（凡隔絕汽路以後皆為自漲力）。設鞲鞴所行之路為卯倍呷呥。命其路為天。命其垂線為地。則有式 天／地＝卯／卯二＝呷呥／㖃呥 二式相乘則得 天地＝呷呥×呥㖃 即呷吃呷叮二線為雙線漸近之式。故㖃嗔啣吘為雙線。

第一百四十三款　漲門之制

漲門之制。常為哥奴瓦雙開之類。有時用扇門。或用平板門。此種大約蘇格蘭汽機所用。

第一百四十四款　漢勃羅汽門（即汽毬）

初用大抵力汽機。以平門之制為汽門。設如汽門之面積為五十方寸。此面之抵力。比彼面每方寸多二十磅。則汽門面上有千磅壓力。若無大於千磅之力提之。即不能動。所以此門不但提出之難。即以大力提之。其桿且易鬆脫也。漢勃羅思得新式。可以免此難事。如平門之式。而定於汽管之腹內。牢固不動。有管中通外直密切汽管之內。而可移動（如遠鏡式）。將管推下合平門。汽即塞。

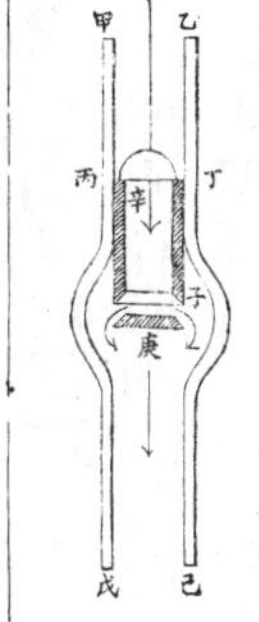

若提起汽即通其對面之抵力止在管之上端環形幕不如前之難事矣如圖作直剖形甲乙丙丁戊己爲汽管庚爲定門辛子爲活管圖是提上之式汽能通平門庚與活管下端子之間若平門與活管相合其路即斷此爲哥奴瓦雙開汽門之源

第一百四十五款　哥奴瓦雙開汽門

此門目覩易明圖乃難顯如圖爲全器之直剖面丙層空圓柱甲丙乙丁柱周勻列長方汽孔己庚爲中層汽門罩於空圓柱外頂作兩橫擔十字相交中心豎桿辛子外留三角孔四甲乙丙丁爲上下二環形孔汽門推下則二環孔闔提起如圖式則二環孔開設汽自鍋爐來如箭申而二環孔闔則抵汽門之外而止兩孔若開汽即進此二環孔由諸長方孔至汽管丙丑所以少提汽門之桿即開大孔可用力甚少也凡扇門與此門益處相仿惟相定汽門其隔絕汽路是眞相定此門之相定倘爲少遜若扇門除其鏽之挺力與桿之滯力外不必用他力開之或以爲有時洩汽然不甚多無害汽機之運動亦可不計且工價較小此門則器繁易壞數月之後亦易洩汽因中層內面有水鏽剝蝕而合處不能密切也

第一百四十六款　相定汽門

此相定汽門爲珍貴之法因兼有雙開門之益而更簡易視圖易明戊乙己爲汽管汽自戊至己如箭形甲乙爲二斜邊圓平門共定於丙丁桿門少開周圍即能通汽若推下汽路隔絕此器與雙開門皆小開而得大孔上門甲畧大於下門乙則上面之抵力畧大於下面之抵力令定於本處

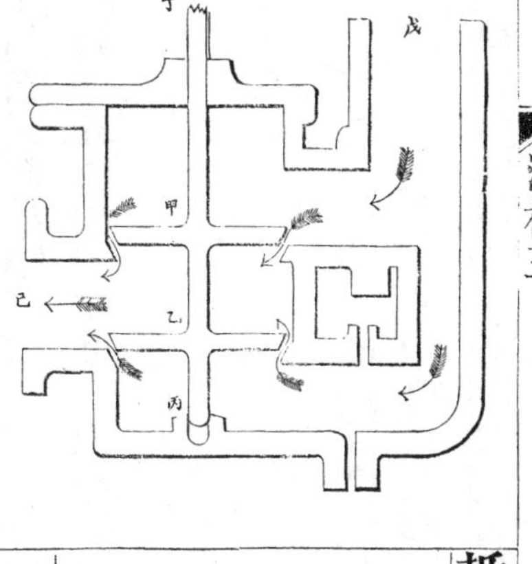

第一百四十七款　英國兵船本挨羅白所用相定汽門

此門若無式樣可見甚屬難明每汽箭有四箇平門甲

乙丙丁即是甲丙爲進汽兩門乙丁爲出汽兩門申申爲進汽管戊戊爲出汽管二分圖爲甲乙二門之側剖面甲門爲上孔進汽之路乙門爲上孔出汽之路甲桿提上汽進孔如己圖之箭形至搆鞴之上面乙桿提上汽通出如庚圖之箭形由戊出汽管至縮櫃

第一百四十八款　櫺柵汽門

此門因像形名之其擅長與哥奴瓦雙開門相同即門

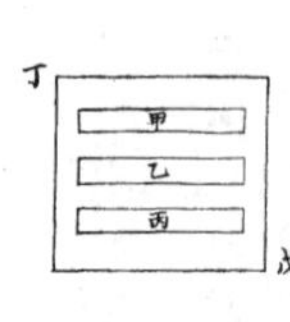

小開而得大孔如圖甲乙丙爲丁戊鐵板內之三汽孔所以欲進汽有間斷另有鐵板大小相同令其三孔相合而汽易出入第二板移動無多則此板之實掩彼板之孔而汽路隔絕此門所開之孔比一孔加大三倍故此各孔之闊不必大於他法三分之一

第一百四十九款　漲門之類

扇門之制又可爲漲門之用如英國兵船壹丁不是也或方形或圓形橫面有桿爲汽管外之曲柄所推曲柄用權或用螺簧所以凸輪抵開之後即自關第一大圖之丙即是

第一百五十款　毛字來旋轉漲門

此門之式與常用之扇門相同見本款後圖所異者在管內旋轉而非往復也用此而得自漲之法如圖呷呷爲圓

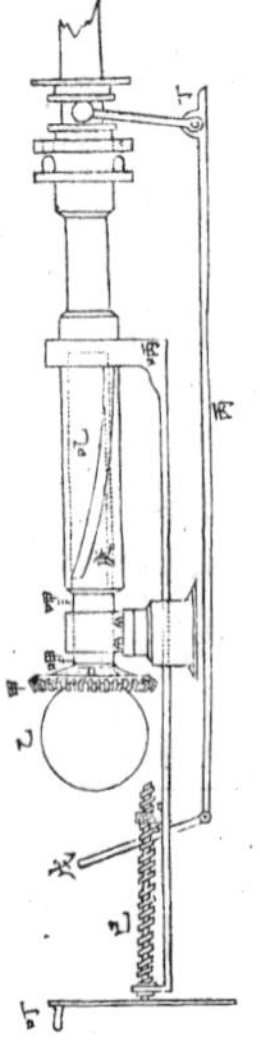

桿庚爲桿旁之槽叱爲空柱右端長於圓桿而連漲門空柱有螺形槽如叱將圓桿與空柱之二槽以釘貫之則漲門閉汽之時可依螺槽爲釘所移而定於呷呷圓桿槽之何處推移之法有螺絲巳爲曲柄叮所轉而推動套環呐環內之釘即貫二槽此釘推向左空柱稍進推向右空柱稍退套環與空柱隨同圓桿旋轉故漲門之閉汽可更改其遲早也按法進退其漲門隨搆鞴之行任在何處皆可隔絕

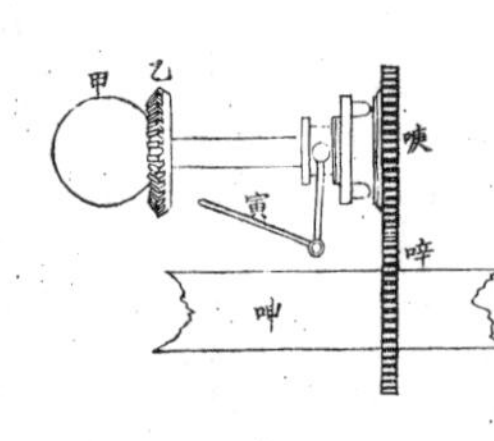

汽路如圖全器皆爲嘆哼二輪所轉動哼輪定於大軸呷嘆輪與哼輪相切全器又與嘆輪相接有柄寅引之可使相離叱軸與大軸平行連漲門之圓桿與之正交兩端各有斜輪矩接而使圓桿同轉丁丙二桿連以戊

柄又可使漲門之桿或接或離此動法也理則其汽隔絕愈早而再進亦愈早難以盡得多漲之利然以門體加厚則旋轉勻而通塞有遲早矣觀圖自明但漲力最大之時須慎察其進汽不在汽罨隔絕汽路之前

第一百五十一款　縮表

此表之理與風雨表同而不能至眞空若風雨表之少洩空氣者然蓋風雨表之理用玻璃管約長三十三寸滿盛水銀將指揜孔倒插水銀杯中移開手指則管內之水銀瀉下杯內之水銀稍滿至管內水銀之重力與管外空氣之壓力相等而止是以管內之水銀約高於杯內水銀面三十寸其高低之差則按每日之空氣而變動矣按此理作縮表必思玻璃管端少有空氣所以助水銀抵外面之空氣故管內之水銀必稍低又管內氣之抵力愈大其水銀必愈短故用此器可知外面空氣之壓力亦可知管內各氣質之漲力此乃以玻璃管之上端開口通縮櫃視水銀之度比空時高低之較則知縮櫃內之空力今則依此理而稍變其法如圖甲丙丁爲鐵管上端甲開口連縮櫃於丁丙爲鐵碗滿盛水銀周繞鐵管庚爲有擋塞門戊己爲玻璃管上端戊不通天空下端己開口套於鐵管甲

丙則甲口近玻璃管上端戊玻璃管口己浸入水銀杯內塞門庚關時玻璃管內水銀不升設縮櫃畧空而開庚塞門則管內之空與櫃內之空必等故外面空氣即壓水銀升於玻璃與鐵二管之間至於二力相等而後止若杯內之水銀不足其重不能當空氣之壓力則常升至鐵管之口有時船或搖擺亦有此事所以鐵管之甲口必用軟木塞之不使水銀入口若軟木不擠實本有竅能通氣否則宜刺小孔

第一百五十二款　量縮表對力之法

對力之意當思櫃內眞空即爲無對力若不空即爲對力十五磅與言空力相反若言空力則以櫃內初空爲初度

天空之壓力每方寸爲十五磅三十寸高之水銀壓力相等故每三方寸之水銀其重一磅有半欲量其對力於玻璃管之邊用尺寸表其表上寸數畧自碗內水銀面起汽機運動時其空改變無幾故在三十寸高之下

數寸內分之如水銀二十八寸縮櫃內對力爲一磅若至二十六寸則爲二磅若至二十四寸爲三磅餘可類推每下二寸爲縮櫃內之對力多一磅

第一百五十三款　上條量空法之差

此法原有兩差一碗內水銀面因空氣常有變然亦不甚多二表上定度之意以碗內水銀面爲初度而水銀上管其面必低故定度不能無差在風雨表常以寸率畧減小遷就之而縮表不能用此法因玻璃管易壞更換之管不能合前之大小又碗內水銀稍傾出亦有此差所以寸率必準常度

第一百五十四款　改上條兩差之法

改免第一差有二法其一視風雨表之高低加減縮表之度則其差無幾而可用其二設有風雨表在無空氣壓力之處今作表以下端彎上通縮櫃適與同意其管內未成空之前水銀之高與風雨表之原度等卽杯內水銀面有空氣壓力之度既成空卽去杯內水銀面之壓力而管內水銀必低故用此器管內之水銀愈短則縮櫃之空愈眞與常用之縮表相反以圖明之第一圖甲爲水銀杯以乙戊管連縮櫃乙爲有擋塞門丙丁爲短管連杯甲上端丙不通天

空黑處爲水銀乙戊管內漸成空則甲面上壓力漸小至不能當水銀之重則水銀必低而上端成眞空卽顯縮櫃之空力此器之用不過得其短空其上端雖長無益不妨作短也改免第二差可用行表代定表如第二圖甲乙爲寸表凡表常定於機架此表必與架稍離相連有粗鐵線乙丙其長短與寸表有定比例下端有箭形丙看表度之時移行表使丙點與水銀面平作小柄如甲便於上下移行

第一百五十五款　添油諸器

銅碗盛油潤滑汽機運動諸件其意使油漸添不息法於碗內作管上與碗口畧平下通碗底用線數條上端通管口而下浸油內因線有吸油之性故碗內之油能緣線進管口而滴下管之下端插於軸枕之小孔碗內之油不斷運動之處常潤吸油之性乃流質之緣力

第一百五十六款　凸輪諸件

安置漲門諸件則用凸輪開關西瓦特所造之汽機其推引汽韝間亦以凸輪代兩心輪故可省用漲門諸件此輪能令開關迅速乃兩心輪所不及見上款知兩心輪開關汽孔俱慢因開關之時通汽之孔漸狹漸闊也

若欲得漲力之大益則絕斷汽路愈早愈佳漲門以桿戊連己己二桿二桿之端有滑輪庚輪上加簧令切於凸輪凸輪者定於大軸而非全圓其周凸出約以寸數輪相壘而爲次第階級如乙乙名爲合凸輪自左至右凸周漸長第二圖子爲平視之式丑卽第一圖丙丙二環輪之平式大軸轉時滑輪庚切於凸輪之乙則己己二桿動漲桿戊而漲門卽開凸處轉過漲門卽關另有柄壬可使滑輪任切何輪所以制閉絕進汽之久暫隨定於韝韛行路之幾分其行路之大分閉絕謂之小級自漲級數之多少不同多者七箇少者二箇造機者當用下法爲之設韝韛之路爲六尺用漲力之最大爲第一級則韝韛行過一尺卽閉絕第二級韝韛行過二尺而閉絕餘可類推至汽甑能自隔絕卽爲定漲力司機者不能爲主也凡學司機應親見此漲力諸件若未經目覩非解說所能明晰矣

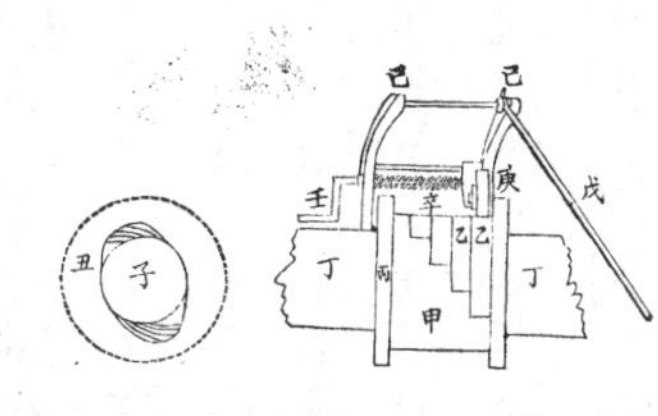

第一百五十七款　鍋爐之添水器

鍋爐之水沸時常常化費故必另有添水之源令水添入鍋爐之內手運之器固亦可用然欲節省人工必用汽機帶動機每一轉水進一次名曰添筩其所添之水宜甚多於化汽之水與吹出之水常以三四倍爲率所以鍋爐洩漏之時仍有餘水可補其不足添水器用推水之法如圖有推水柱甲有萍門乙名爲進水門推水柱上時令水入筒內另有萍門丙名爲出水門推水柱下時令水通至丁管名添水管卽引進鍋爐此管近鍋爐處有塞門能制進水之多少水已足用此塞門自可暫閉當有別路以分餘則另作萍門己名爲餘流門門上有簧或有權令定於本處若水不通鍋爐則推柱之力卽抵此門之下面而開水則通辛管回至熱井或出船外矣餘流門桿不洩水有輭墊曰如壬推水柱亦不可稍洩有輭墊曰如子所添之水來自熱井比海水較淡且熱因有凝水在內之故其熱常有百度也又餘流門上之重必大於鍋爐內之漲力塞門開時水始易進嘗有添筩不用實柱而用起水盤與恆升車同制此僅有提理而無推理矣古時邊桿機其推水柱爲恆升橫擔所引此當隨宜可不拘也若速行汽機之添水器必作氣泡

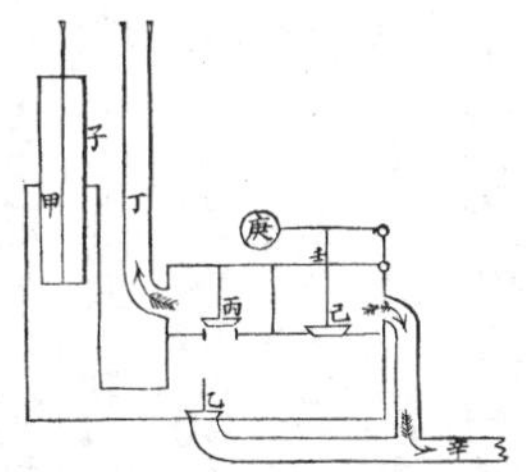

以免急撞。

第一百五十八款　戽斗

船底雖無漏水之處而汽筩殼與通水諸門並汽機停時吹通尾舌門俱有多水漏出積爲艙水故各汽機必有抒水之器方可去盡艙水也此器與添水器同類而

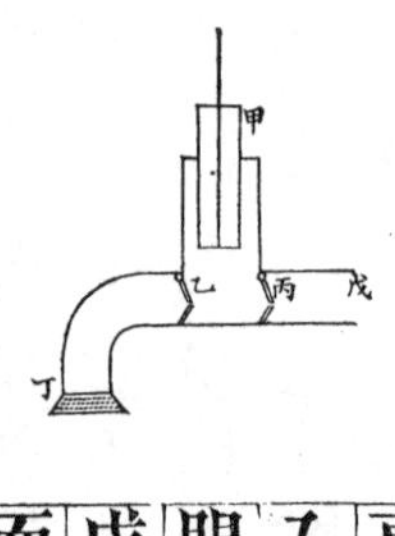

更簡易名曰戽斗如圖甲爲戽柱乙爲進水門丙爲出水門丁爲多眼漏浸艙水內乙丁爲吸水管丙戊爲出水管常用恆升橫擔帶動而在添水器之對面有管通水至熱井後用管通水至船外其法比前法較好若通熱井不無有木屑麻絲起上將門阻礙則熱井之水反還至艙水之內最爲不便蓋水通船艙必壞船內貨物嘗有船水已滿上棧及鍋爐之風門人尚未知其故也若以艙水抒出船外管口應比水面多高否則船入水或深及有時搖擺水進管口亦必至艙水之處不得已而管近水面其管口須用舌門庶可斷絕海水也凡戽斗之吸管與艙水內無論何管俱用紅銅製造其接環用黃銅捎釘必用紅銅若用鉛管多致壓癟而塞滯也

第一百五十九款　推船之法

汽機推船分爲兩法一用行輪一用螺輪。行輪即明輪螺輪即暗輪

第一百六十款　行輪

常用之行輪最爲簡易其理一見可知常人不通別機此機亦能通曉如英國兵船皮午午爲大軸出於船舷之外戴以大鐵輪輻端有長方板名爲輪葉此板以輪周平分置之其方向正對輪心凡輪之全徑約八倍曲拐之長視其全徑之尺數約作葉數曲拐轉大軸行輪亦轉則輪葉抵水生對面之力所以即能推船輪正轉令船前行反之令船退行其葉用鉤捎定於鐵輻自可隨時拆卸葉則用整板爲之亦有時直分爲二或分爲三分板之法在輻之對面遠心近心夾之所以每輻如層級其進水之時下板在輻之面上板在輻之背此輪名擺綫輪因每輻之板合擺綫置之如此法葉之各分進水之處畧同凡兵船常用兩機則連兩機之軸名爲聯軸戴行輪之軸名爲大軸

第一百六十一款　活葉

常用行輪之外尚有活葉之法其意令輪葉進水出水之時畧合垂線可免斜入水之糜力

第一百六十二款　收葉

設輪在水內過深其葉當移近輪心此事名爲收葉蓋船之入水深淺不同而葉之進水自宜常常相等令以

收葉還就之究屬紛繁如有簡易之法作此方爲行輪之益處也

第一百六十三款　拆卸行輪

輪船有時可不用汽機而行必須拆去行輪免得輪葉擋水之對力造機者各出心裁惟有一法爲多用因造機人之名卽名爲白拉位卸帶下款細論

第一百六十四款　拆卸行輪數法

一毛字來法此法行輪大軸連曲拐俱向外移出至曲拐與拐軸脫離行輪聽其自轉若用此法輪轂必須加寬以爲移過地步二西瓦特法曲拐內面作另件連拐軸如欲拆卸有小桿可轉過放脫叉法曲拐內面有槽拐軸之端有梢將拐軸行槽移近大軸之處有小孔將梢在孔內拔出則拐軸自能抽出行輪卽可自轉三白拉位法欲明此法須思曲拐爲圜輪以大軸之心爲輪心外包鐵環能運轉聯軸兩端之曲拐如常式其拐軸固連鐵環鐵環放鬆行輪自轉若以鐵劈梢緊輪環則行輪必與汽機同轉其劈半在輪內半在環內同於曲拐與大軸之鑲法但此法圜輪與外環轉磨其面阻力甚大連屬之時又難梢緊不免杌動

第一百六十五款　行輪進水之理

行海輪船其輪進水應六分徑之一內河之船其最下葉之上邊應與水面相平此法以鍋爐生汽之力相當設不相當視鍋爐之本力改作輪葉以就之總以不勉强鍋爐之用碟而量用其所生之汽所以放出之汽不可過多鍋爐內之漲力亦不甚少

第一百六十六款　行輪之阻

常用之阻爲阻帶用法使帶壓緊於大軸但此法未善在大海更難不如用劈以螺釘釘固在行輪之外圈與船艙之間

第一百六十七款　螺輪

行輪用於兵船最爲大病蓋行輪大軸必比水面多高連此軸之汽機亦隨之而高所以不能藏汽機於水面之下以避礟彈船邊旣爲輪轂所占不能多置大礟且大軸高出船面爲拖移大礟之阻礙時遇逆風輪轂又生對力適減風帆全利所以巧思者細思推船之理特出新法名爲螺輪螺輪者數鐵葉斜定於大軸亦爲汽機所運動凡葉之式當思大軸轉時其軸面之垂線直行向後所成如圖甲乙爲大軸（行動時大軸合地平線今圖作垂線爲便於言論）設甲巳線起行甲乙恆與軸面成直角行時

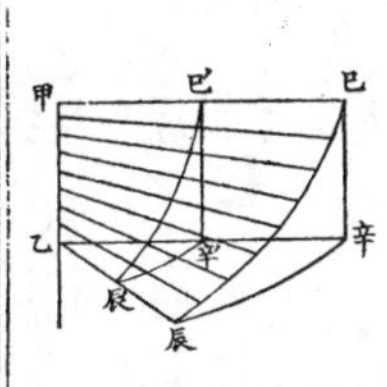

繞軸而自甲至乙若巳未行過辛乙辰角則巳仍在辛今則不在辛而行至辰故甲巳繞行之跡即成螺葉之式也若甲乙軸轉之速與甲巳直行之速有恆比例名爲四美螺輪若甲巳直行爲平速軸轉不平速名爲活特各螺輪英國兵船多用雙線螺輪第二葉在圖所言之對面如風磨篷之式若船入水不深三線螺輪亦有益用於大海則更妙見三百二十七款

界說

第一百六十八款　螺長　螺葉所占甲乙大軸面之路名爲螺長

第一百六十九款　螺角　螺葉之外邊辰巳與螺徑之周線辰辛所成巳辰辛角名爲螺角上款四美螺輪此角恆同若巳點繞行漸減而直行平速則螺角漸大螺距先密後疏

第一百七十款　螺距　甲巳以平速行大軸而大軸全轉一周則甲乙又名爲螺距軸轉六分周之一或五分周之一其甲乙短若全轉一周則甲乙長

第一百七十一款　螺縻　設螺輪行於定質內則每轉前行必與螺距等但行於水內則不然故一時實行之里數不及定質內當行之里數以實行之里數減當行之里數其較名爲螺縻此較以船行速率之里約之得螺縻之比例以一百乘之得一百內幾分之比例

第一百七十二款　螺積　螺輪之積即螺葉面冪之數常以方尺言之見附表

第一百七十三款　螺線　螺輪之線即螺葉之外界如圖辰巳爲螺線

第一百七十四款　螺徑　螺輪之徑依輪轉之迹爲圓柱即橫截柱面之圓徑如圖甲巳爲螺輪之半徑而倍甲巳爲螺徑

螺輪之對抵力不但以葉之面積乃爲全徑與角度之函數船尾有方空在柁之前內安螺輪大軸甲乙與船平行大軸出船尾處用輭墊曰使不通水大軸函於枕而內連汽機亦有船再用齒輪相接若大船則不用接輪而徑以汽機轉大軸螺葉與軸俱在水面之下視葉之式即知有斜抵水之力然必與大軸同其方向乃爲水對面抵力始成推船之力所以輪轉之速率大而巳辰辛角小則螺縻亦小其理其用亦皆相合但得此事甚難須用數倍之接輪以加大其速率又當知大軸磨枕之熱以爲速率之限也至螺距之小更有益處其方空與輪架俱可收小矣

第一百七十五款　拆卸螺輪

螺軸與大軸拆開有兩法其一大軸移開則螺輪自轉其二螺軸之端如T大軸之端有槽螺輪放下以T式行槽內槽內有擋合定原處若欲提上合大軸之槽合垂線放下時亦然其擋取脫則螺輪提出水面

第一百七十六款 提上螺輪

提上螺輪有數法其常用者輪架之上邊有兩滑輪內通兩繩至他滑輪或通至轆轤或用別法引之有船在輪架之內用長螺絲提起之有船用水抵力提起之其器與拔喇麻壓器之理相同又有船用此法移動其大軸離開螺軸

第一百七十七款 螺輪船內之汽制

此器之理與陸路汽機相同其用可任意制汽扇門也有立軸與汽機連轉以兩桿下各懸球上端俱有斜屬於立軸立軸轉時其兩球自生離心力離心之距與速率有比例故配合懸球之桿及引動汽扇門之桿須長短得宜則汽機愈速而球之離心愈遠門乃愈關汽機若稍慢兩球必稍近門又稍開矣入水不深之船用此汽制船或攧簸適能減少進筩之汽蓋輪在船尾攧簸之時輪轉空中汽機所任對面之力忽輕進汽若不減少勢必大速飛轉輪再進水忽然而慢爲汽機之大害所以配合之法準汽機常行之率約多十分之四爲最大速率使門自關再不進汽則汽機之速率減小而兩球離心之力亦減小

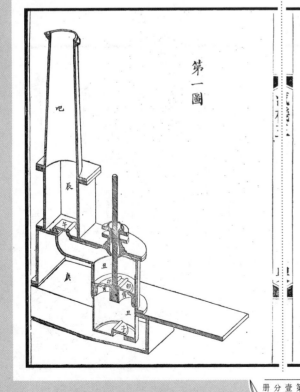

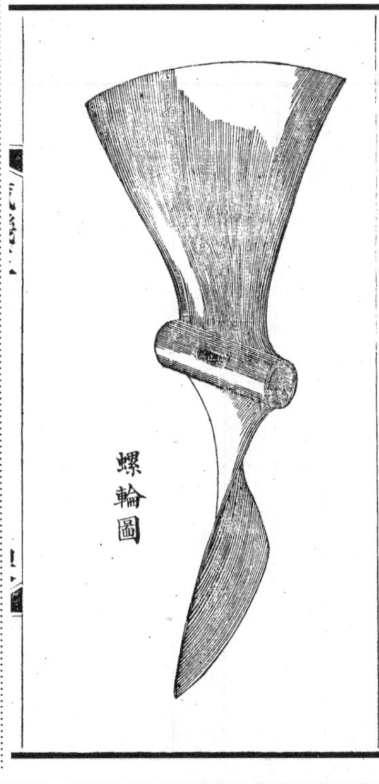
螺輪圖

第一圖

江南製造局

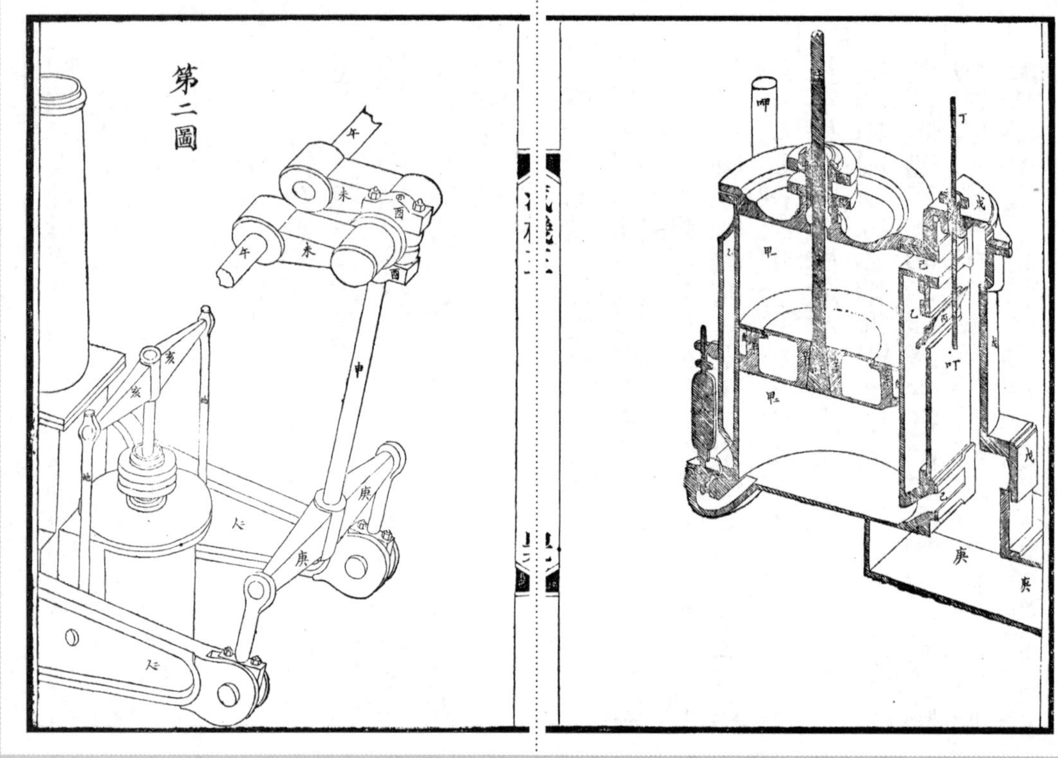
第二圖

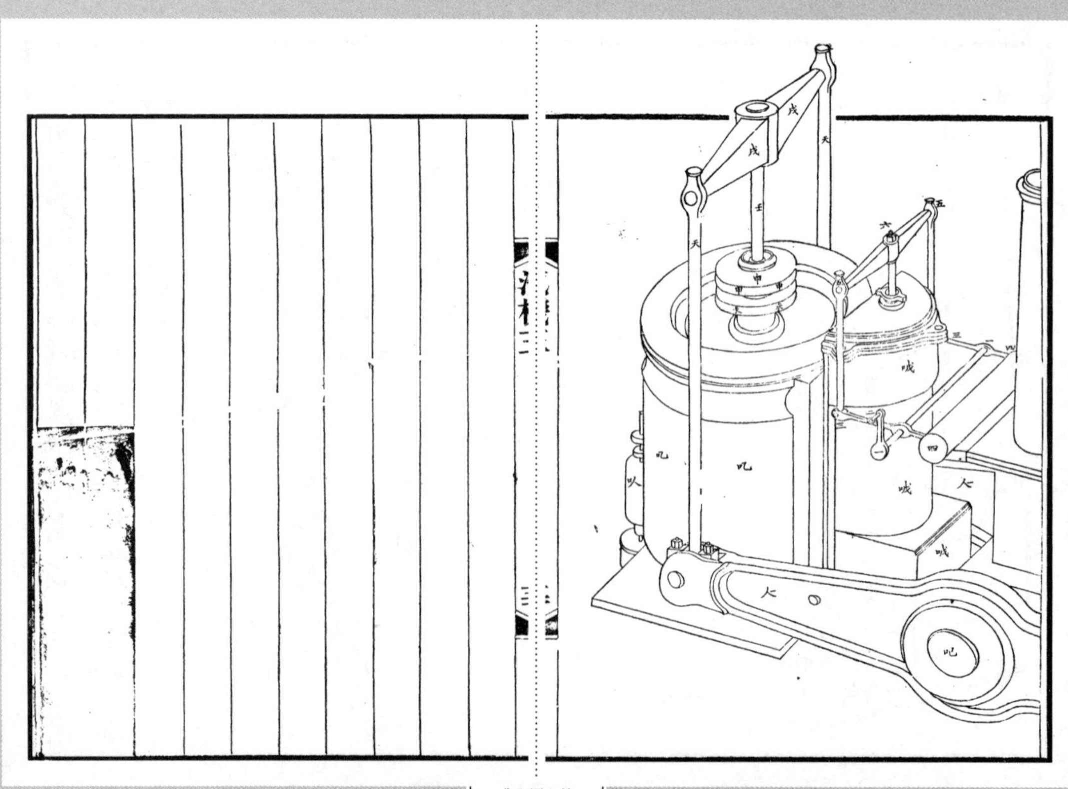

汽機發軔卷四目錄

汽機分類

汽機四 目錄

汽機發軔卷四

英國美以納 白勞那 合撰
英國 偉烈 口譯
無錫 徐壽 筆述

汽機分類

第一百七十八款　正行汽機

正行機者其挺搖桿徑接曲拐而不用邊桿或槓桿也此類體制繁多而各件之位置且多不同故罕有兩機相似者然比別類最為多用故特詳論令學者得明其制如英國兵船所用之名類有果愬機有非盤機有雙筩機有搖筩機有空挺機皆配行輪亦有變制以配螺輪者其大異之處則以汽筩平臥而令韛韝之力徑加螺輪之軸或中間再以齒輪遞接之至於機之內藏與邊桿機無不相同如汽使韛韝往復而行與縮櫃之凝水恆升車之吸水是也若論外貌各有不同如韛韝之力傳至曲拐及諸件之位置是也造機大旨總在體裁緊密結構堅緻使全機團聚為佳此類汽機搖桿固自縮短故能盡藏水面之下以避礮彈先論常式行輪之機後論螺輪之機

第一百七十九款　果愬汽機

圖為機之對中直剖面覽而可知造機之理各件止繪

英國兵船所用此機之名加拉度克非白弄奇塞果愬本挨羅白潑羅米特西頓司的書

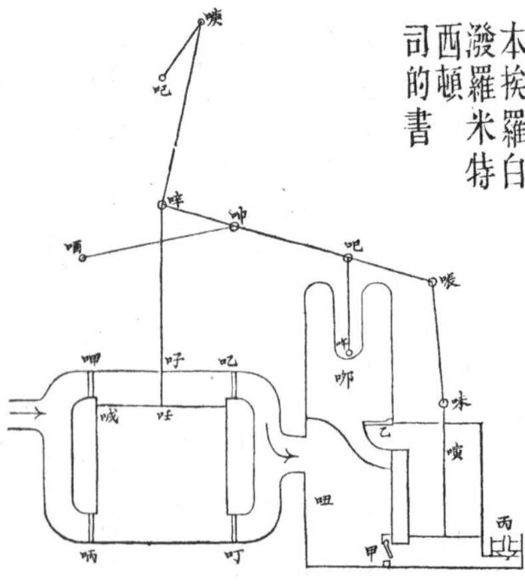

單線者取醒目也呷吃呐叮為汽筩吃為大軸之中心正對汽筩之中線故名（卽挺搖桿徑接曲拐之故）為正行機哇哦為韛韝之剖面哇啐為挺桿密行於轅墊曰呼之內啐咦為搖桿咦吧為曲拐韛韝上下則搖桿推動曲拐而轉大軸全機俱動吜為凝水櫃（卽縮櫃）嗔為恆升車咖為熱井甲為底舌門乙為出舌門丙為尾舌門此機之要事有二卽汽衖與平行動也汽之進出如呷吃呐叮四汽衖呷呐二衖司進汽吃叮二衖司出汽至凝水櫃吜（此事詳論已見前卷）其平行動之法啐唳為平移桿（卽前卷之長撑桿）左端連挺桿之上端直行點啐吧咋為豎架亦名搖架下端有定點咋而可搖動故上端吧點繞咋成弧線此弧甚短可作直線觀哂呻為半徑桿（卽前卷之短撑桿）哂卽定點連於機架呻為弧迹點活接於平移桿數桿盡合比例則啐點行動必合垂

線下款專詳此例也其平移桿引長至㖸又以帶動恆升車之用惟升提桿㖊之上下全依蓋孔制令直行

第一百八十款 果懇機平行諸桿之度

如圖哂呻爲半徑桿啐吧爲平移桿吧爲連搖架之點呻爲連半徑桿之點故呻吧爲哂呻啐呻二線之中率即哂呻與呻吧之比若呻吧與呻啐之比㊀若求哂呻呻啐呻吧三線之眞度

已知哂呼啐吧二線按例則得

$$哂呻=\frac{哂呼\perp二啐吧}{(啐吧\perp哂呼)^{二}} \quad ㈡$$

$$呻啐=\frac{哂呼\perp二啐吧}{啐吧^{二}} \quad ㈢$$

$$呻吧=\frac{哂呼\perp二啐吧}{啐吧(啐吧\perp二哂呼)} \quad ㈣$$

可求得半徑桿之度與呻點之處見二百八十四款

求其證設

$哂呻=甲$ $呻啐=乙$ $呻吧=丙$ $呻味=天$ $啐咳=人$

則

$$哂味=\sqrt{哂呻^{二}丅呻味^{二}}=\sqrt{甲^{二}丅天^{二}}=甲丅\frac{二甲}{天^{二}}$$

爲粗式又

$$呻咳=\sqrt{啐呻^{二}丅啐咳^{二}}=\sqrt{乙^{二}丅人^{二}}=乙丅\frac{二乙}{人^{二}}$$

爲粗式故

$$哂呼=哂味丅咳呻=甲丅乙丅\frac{二甲}{天^{二}}\perp\frac{二乙}{人^{二}}$$

爲粗式惟 $哂呼=甲丅乙$ 因𩌏𩎖在半路時啐點與呼點相合故也故

$$\frac{二甲}{天^{二}}丅\frac{二乙}{人^{二}}=○$$

即 $\frac{人^{二}}{天^{二}}=\frac{乙}{甲}$

又依相似三角形之例 $\frac{乙}{人}=\frac{丙}{天}$

故 $\frac{人}{天}=\frac{乙}{丙}$ 又 $\frac{人^{二}}{天^{二}}=\frac{乙^{二}}{丙^{二}}$ 所以 $\frac{乙^{二}}{丙^{二}}=\frac{乙}{甲}$ 即 $丙^{二}=甲\times乙$ 故又 $呻吧^{二}=哂呻\times呻啐$ 故哂呻與呻吧之比若呻吧與呻啐之比即㊀題之證又式 $啐吧=寅$ $哂呼=卯$ 此即已知之數故

$乙\perp丙=寅$ ---- (角)

又 $甲丅乙=卯$ ---- (亢)

依上之證 $丙^{二}=甲乙$ ---- (氐)

故依(角)(氐)二式 $乙\perp\sqrt{甲乙}=寅$ 即 $\sqrt{乙}(\sqrt{乙}\perp\sqrt{甲})=寅$

又依(亢)式 $(\sqrt{甲}丅\sqrt{乙})(\sqrt{甲}\perp\sqrt{乙})=卯$

故 $\frac{\sqrt{甲}丅\sqrt{乙}}{\sqrt{乙}}=\frac{卯}{寅}$

所以 $卯\sqrt{乙}=寅\sqrt{甲}丅寅\sqrt{乙}$

故 $\sqrt{乙}=\frac{寅\perp卯}{寅}\sqrt{甲}$

即 $\sqrt{乙}=\frac{(寅\perp卯)^{二}}{寅^{二}甲}$

惟 $甲丅乙=卯$

故 $甲丅\frac{(寅\perp卯)^{二}}{寅^{二}甲}=卯$

卽

$$\frac{(寅\perp卯)^{二}}{甲(卯^{二}\perp二寅卯)}=卯$$

故

$$甲=\frac{卯\perp二寅}{(寅\perp卯)^{二}}$$

卽

$$哂呷=\frac{哂呼\perp二哱吧}{(哱吧\perp哂呼)^{二}}\quad ㈡$$

又

$$呷哱=乙=\frac{(寅\perp卯)^{二}}{寅^{二}甲}=\frac{卯\perp二寅}{寅^{二}}=\frac{哂呼\perp二哱吧}{哱吧^{二}}\quad ㈢$$

又

$$呷吧^{二}=呷哱\times呷哂=\frac{(哂呼\perp二哱吧)^{二}}{哱吧^{二}(哱吧\perp哂呼)^{二}}$$

故

$$呷吧=\frac{哂呼\perp二哱吧}{哱吧(哱吧\perp哂呼)}\quad ㈣$$

第一百八十一款　非盤汽機

此機特異之處在平行動然亦與果㹜機畧相似如圖虛線爲果㹜機之諸桿哱吧哌爲平移桿哱點爲搖挺兩桿活接之處吧爲搖架所連之點是機動法以搖架吧吽顚倒之自架外之吽點倒掛而下前言果㹜機之平移桿哱吧引長至哌卽以哌點帶動恆升車是機則以半徑桿呷哂引長至哌點而哌哂爲帶動恆升車之桿汽之進出用半圓汽韛爲兩心輪所推引而其妙處以汽箭汽韛凝水櫃恆升車湊合爲方形故占地甚小

第一百八十二款　毛字來雙箭汽機

前言正行機之搖桿本自短於邊桿機然韝韛行至中處所加於搖桿之力其斜抵必更暴於用長者按曲拐之全轉每受韝韛往復所出之全力然以曲拐爲半徑而變往復爲循環則有周徑之比例故拐軸受力之中率爲韝韛全力十一分之七以算式明之設吧爲韝韛所出之全力吽爲拐軸受力之中率則式內

$$吧\times二丑=吽\times二周未$$

丑爲韝韛之行路未爲曲拐之長故

$$吽=\frac{周未}{丑}\times吧$$

惟

$$丑=二未$$

故

$$吽=\frac{周}{二}吧=\frac{二二}{七}吧$$

此爲粗式

短搖桿旣有斜抵之暴恐或損壞汽機且曲拐之度比行輪之半徑又甚短若海面大浪撼船而曲拐轉至頂點則比長搖桿與長曲拐停機更易然正行機不能作長搖桿者因大軸至船底相距不遠其汽箭曲拐搖桿三事之長短必皆相配也毛字來深鑒此弊刱思雙箭之制二汽箭並扛一搖桿如圖呷呷爲二汽箭甲甲爲二挺桿其上端有乙丙

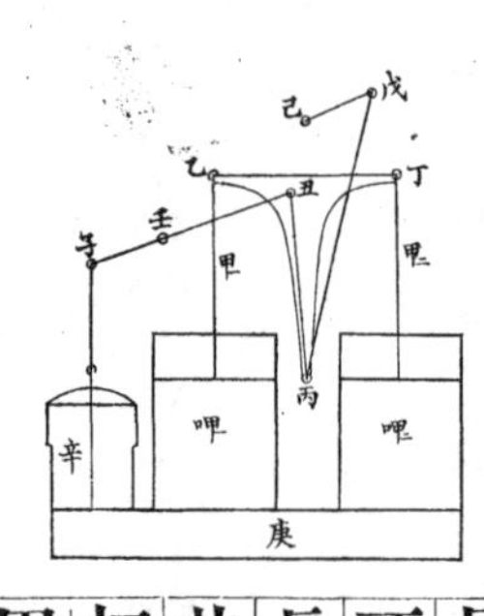

丁曲板相連因象形名爲丁板丁板之下端丙與搖桿丙戊活接搖桿與曲拐戊己活接凝水櫃庚居汽筩之下同時進汽於二韝韛之下則韝韛齊上而扛丁板與搖桿同上反之亦同下如此運動之理殊屬易明惟汽之如何同時進出自宜詳論第二圖爲此機之平剖形申爲圓汽韝形與常用半圓汽韝有別所以汽筩之汽孔不平而爲凹面始與圓汽韝之柱體相合有上下二環形面密切呷呷二汽筩之四汽孔汽韝上下時二韝韛上下之汽同時進出辛爲恆升車其起水盤爲子丑桿轉壬心所帶動汽韝既爲圓柱形可用簡易之鐵輭墊與韝韛之制同

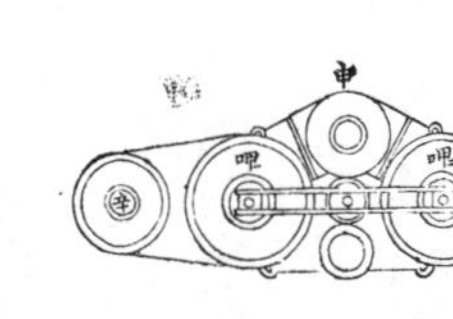

英國兵船用此機之名　地之推順　米低亞　司各者　待里白　奧司本

第一百八十三款　瓦特汽機

此類汽機其凝水櫃介於二汽筩之間櫃端即安恆升車起水盤用彎桿帶動彎桿之定點著於凝水櫃之上一端接以小桿爲聯軸上之曲拐所帶動有孔管領挺桿之上端使行垂線

英國兵船用此機之名　孫刀　肥拉果

第一百八十四款　拉分希汽機

凡汽機縮體之妙無小於此類者其汽筩之長不過略多於徑凝水櫃介於兩汽筩之間恆升車又容於其內故全機所有生鐵諸件皆密聚在一處起水盤亦爲聯軸上之曲拐帶動

英國兵船用此機之名　猗蠟爹陀　落撒抪

第一百八十五款　搖筩汽機

此類汽機不用搖桿如圖挺桿甲乙徑接曲拐甲丙若不審其所以必疑挺桿彎折將欲覓柔韌之物作挺桿矣幸補救有法於汽筩之兩旁作大耳而空其中即以爲樞如丁而安於枕所以曲拐旋繞大軸汽筩能隨之搖擺其腰圍環抱空帶與空樞相通汽自汽管至空樞入空帶經汽韝而進汽筩之內程功放出則自對面之空樞進凝水櫃有二恆升車皆斜置而其爲聯軸上曲拐所帶動小汽機之恆升車用兩心輪帶動升提桿有孔管領使不欹斜汽韝亦如常法用兩心輪推引韝桿直行用鍵轄而又循行於弧架之槽推引桿不與韝桿相接

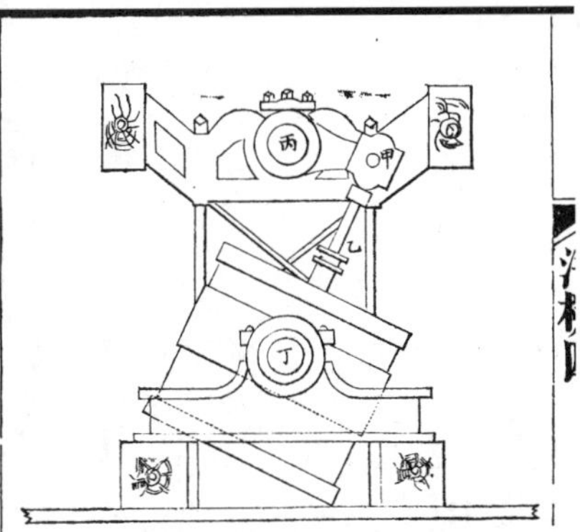

而另接進退弧以帶動弧架其弧架夾於大軸架二柱之間而能上下移行弧架之心與汽筩之空樞同心可免汽筩與兩心輪之動差（罨桿之端循行弧架之槽弧架不合空樞爲心之圓界動差由此而生）

英國兵船用此機之名　安提洛　辨詩　排西力克　黑鷹　阿皮倫　司非英司　脫來屯　肥肥特　非利　明克司　腑尼司　來福曼司　瓦司不維　多利亞爾北　老獬要　亞爾北打

第一百八十六款　螺輪汽機

此類汽機有二種一汽筩竪立二汽筩平卧其竪立者以曲拐另轉一軸運動大齒輪而接以螺軸之小齒輪故能增多螺軸之速率其平卧者螺軸即爲曲拐所轉動故挺桿之行比用接輪者加速其位置大率平卧於大軸之兩邊恆升車等件亦然又恐韝鞴之重下壓而磨壞汽筩之下面故作長挺桿出於汽筩之底外（間有不用者）並用輭墊臼於底孔以制挺桿後端之進出此機位置不易經營蓋容機之處已小若置機於近底更形狹窄汽筩必致逼近螺軸所以爲正行機之難事也推引汽罨約用雙兩心輪爲多行船進退賴以便捷螺輪船之於此事比行輪船爲更要矣

第一百八十七款　四筩螺輪汽機

此類汽機多用於兵船如圖申爲螺軸之横剖面甲乙丙丁爲二汽筩平置螺軸之兩旁戊己爲二韝鞴戊庚辛己爲二挺桿庚丑丑辛爲二搖桿其連於曲拐申丑若汽在汽筩內之甲戊丙己二處則曲拐之轉軸如箭向此機共有四汽筩軸之兩旁各置兩箇若共止二箇則宜用二曲拐不當如圖之共轉一曲拐也（圖以明理不作全形）設共轉一曲拐恐必挺至直線而不動矣其汽筩宜置於距軸最遠之適當處則搖桿可以畧長恆升車藏於大軸之下而爲大軸之曲拐帶動汽罨用空腹之制（見一百二十七款）以雙兩心輪推引之（見一百四十款）

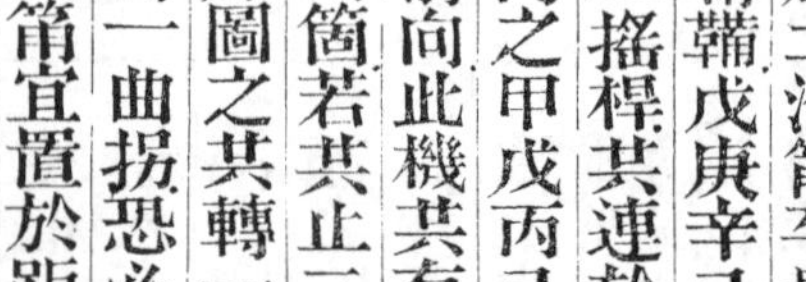

英國兵船用此機之名　哀茶克司　白來南　岡弗利　待潑賴　百辣　壹丁不　何克　何賴首者　末瓦得　尼日　美其賴　佛干　以上皆用四汽筩者

安非恩　亞折　格勒西　脫來盆　白令稅老獬　以上皆用二汽筩者

第一百八十八款　間齒輪螺輪汽機

此類汽機觀圖自明戊己爲平卧之汽筩甲爲韝鞴甲乙爲挺桿乙丁爲搖桿轉動曲拐丁辰其軸有大齒輪子庚與小齒輪子辛錯接故大小兩輪之轉向相對如箭形而轉螺軸丙此機與行輪正行機同類特汽筩平

臥及大齒輪代行輪爲異耳用間齒輪以增螺軸之速率所以韝韝之動可不甚速而螺輪之轉數已足矣宜配小徑細距螺輪之用

英國兵船用此機之名活令頓公 唐得勒士 海弗來 漢尼巴

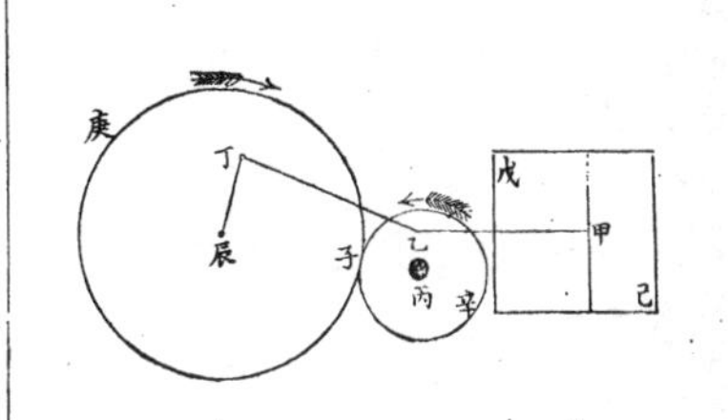

第一百八十九款　平臥搖筩汽機

此機亦用四汽筩每曲拐共連兩挺桿與四筩螺輪汽機相同如圖甲乙爲二汽筩置於螺軸之兩旁丙爲螺軸之心汽筩亦以空樞搖動甲丁丁乙爲二挺桿兼有搖桿之用共轉曲拐丙丁恆升車自大軸帶動與正行機相同但斜置而不平臥故可爲一曲拐所帶動

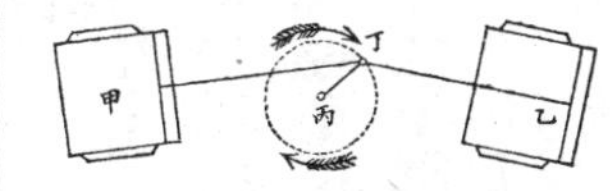

第一百九十款　畚氏空挺汽機

此機之汽筩係平臥搖桿徑推曲拐亦正行機也作空挺桿甲乙丙丁進退於呷叱呐叮汽筩之中而兩端出於呷叱呐叮二蓋之外蓋孔俱有輭墊臼與壓蓋使不漏洩空挺之外腰緊束於韝韝圖內之黑處即是空挺內之中心哦即挺鍵之類連搖桿哦吧以推轉曲拐吧㖟韝韝之體作環形而空挺內空之徑足容搖桿之擺動故雖不用挺桿而功用相埒也汽筩用空腹之式有雙兩心輪推引可以進退如志全機密聚於最低之處在水面之下愈低愈佳恆升車平臥與汽筩相對升桿戊己庚通汽筩之二蓋而爲韝韝所牽推如圖人視此機常以大管爲進汽管而不知實爲出汽管即餘汽所由至凝水櫃也恆升車之理詳下款不但此種機所用也

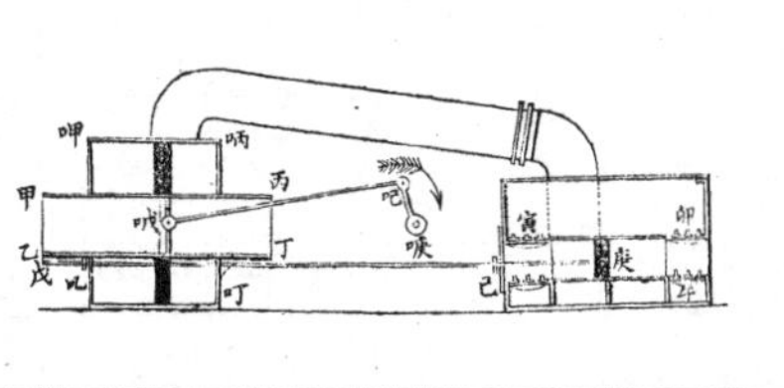

英國兵船用此機之名米諾到 諾東北蘭

第一百九十一款　雙行恆升車

此器用實體韝韝庚平臥而行如前圖戊庚爲升桿己午爲二箇底舌門寅卯爲二箇出舌門下方爲凝水櫃上方爲熱井設韝韝在左端向右起行則庚右之水必推開卯舌門至熱井己舌門同時並開凝水櫃之水吸進於庚左俟韝韝返行而推開寅舌門至熱井午舌門

亦隨開而水又至庚右矣此器來往程功故曰雙行其韝鞴之面積準常用者之半而足用也凡螺輪機皆用此法間有略變其制置凝水櫃於車體之上而熱井在下者

第一百九十一款續　訥白爾空推水柱汽機

如圖呷吘為汽筩呐叮為韝鞴有二挺桿甲乙丙丁其外端連空推水柱辛之兩耳乙丁而進退於車體之內車體之下為凝水櫃上為熱井寅為底舌門卯為出舌門空柱進退水即推開二舌門與常用雙行恆升車同恆升車既用空柱之法則搖桿之後端可藏於空處而連於辛點而辛點即當空挺中心之戌點焉所以搖桿與曲拐之轉軸同於常法

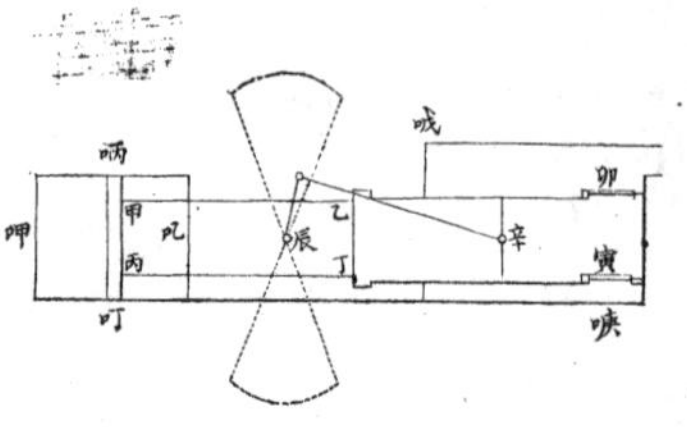

第一百九十二款　毛字來返摺搖桿汽機

此機特異之制以挺桿前端回折而接搖桿之後端而搖桿藏於挺鏈與汽筩之間與常法相反故名返摺每韝鞴亦有二挺桿第一圖為汽筩蓋之面見挺桿二壓蓋丙丙中心作窪形庚所以讓曲拐之轉行辛辛為二空腹筩之橫剖面此類汽機皆如是第二圖係平剖面甲甲為汽筩乙乙為韝鞴丙丙為二挺桿一在大軸上一在大軸下戊戊為挺鏈之類與軸成斜角而中間之頭則與大軸平行丁為搖桿運動曲拐及螺軸己己觀此體裁其搖桿比別種平臥機可以加長蓋汽筩既逼近曲拐而挺桿任長無妨也

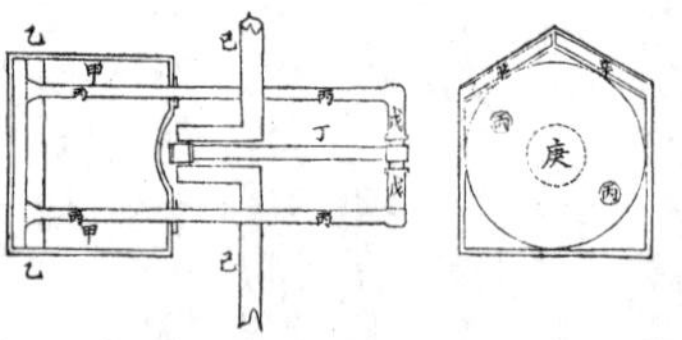

第一百九十三款　亨弗利汽機

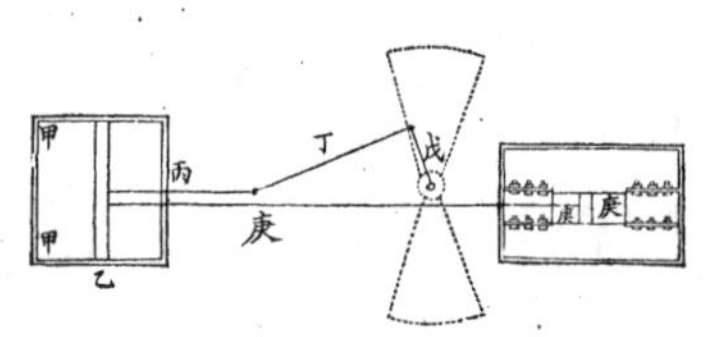

如圖甲甲為汽筩乙乙為韝鞴丙為挺桿丁為搖桿戊為轉螺軸之曲拐庚為另一桿亦為韝鞴所帶動即雙行恆升車庚庚之升桿也恆升車之制已詳一百九十一款

第一百九十三款續一　亨弗利商船繁汽機

汽機商船屢用此制，其大旨能避臥汽筩之難事，又能得自漲之倍功法，以鍋爐原漲力之汽先進小韝鞴呷之上面，推行汽筩之小分，所餘大分以自漲力推足。若論常法，此汽當放縮櫃，今則另作汽門，使入於大韝鞴吃之下面以助退行。其小韝鞴呷之下面同時再進新汽，推足之後又入於大韝鞴吃之上面。此汽一用再用，故得倍功，然後放至縮櫃，漲力已是大減，凝水更易。觀圖自明。此類汽機，其汽筩正在軸丙之上，搖桿下連曲拐，且多用外面凝水及重加熱汽之新法。

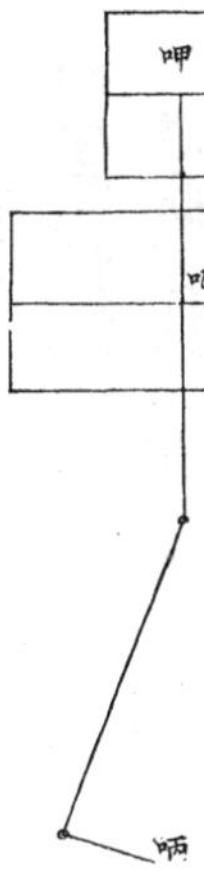

第一百九十三款續二　亨弗利兵船繁汽機

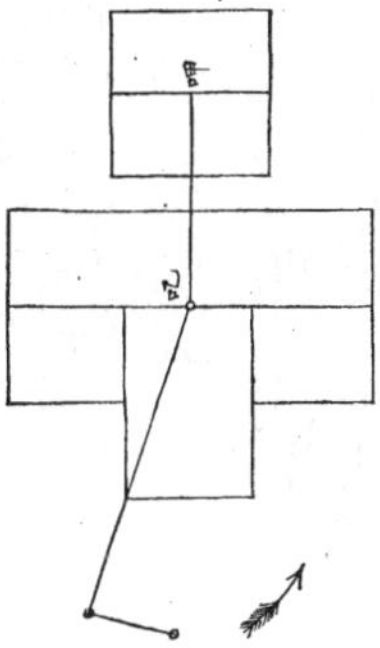

此機之式與前款略同，但其妙處全機盡藏水面之下，故汽筩呷與吃皆作平臥。然此餘地無多，則在近軸之大韝鞴上作空挺以藏搖桿之後半，是則大軸至船邊之距雖小，而搖桿儘可加長矣。

汽機發軔卷五目錄

整理汽機條例

汽機發軔卷五

英國美以納　白勞那　合撰　英國偉烈　口譯
無錫徐壽　筆述

整理汽機條例

第一百九十四款　鍋爐盛水法

盛水於鍋爐先開吹水門與景敦門水即自進鍋爐之內然恐鍋爐內之空氣壓住水面水不得進宜開測水塞門空氣自然通出而水漸進矣若欲暢進再開放汽萍門大放空氣大減壓力水乃通流與船外之水相平而止船若入水甚深水必過多則關先所進水之門而爇火不妨也船或入水甚淺尙未足用而水已停流則用人運添水器以足之欲知水之流進與否可將手或燭火近測水塞門相試蓋萍門已關水進必有氣出水停而氣無出矣以上所言乃司機者未諳此事故爲纔細言之若屢次習試而至嫺熟自知應歷幾時而水滿鍋爐且船內裝載之輕重使船入水之深淺並可因此算得

第一百九十五款　吹水塞門之開關

塞門之端預作深槽與內路平行槽横於管爲關槽縱於管則開

第一百九十六款　盛水之度

鍋爐初盛水時以漫過曲管或煙管之上而爇火始免鍋爐之危且得生汽甚速故曲管或煙管纔淹於水即可加煤熾火矣若至滿上二寸許則添水器可略停片時自流進者亦宜隔絕待水將沸再添滿足蓋火爐未熱而傳火之熱太多則火之本熱不給所傳而火乃不旺矣此即多添冷煤而火熄滅之理人人共知者也

第一百九十七款　盛煤爇火之法

煤未預盛即於進水時盛之常例煤膛刮除潔淨之後即盛以煤法將生煤鋪於柵面前後普徧以免冷氣自灰膛之後潛通煙管務使所進之氣盡經煤鏬爲要煤已盛訖在火門近口堆積木柴及油紗舊麻而後爇火此時緊閉風門則風氣盡自火門透入使柴煤並熾於門口已熾之焰又被風氣推進生煤之上頃刻而滿柵延燒乃風氣直透火面煽動火焰熱氣充滿爐內故延燒甚速也至火盡熾乃開風門飽受風氣再關火門

第一百九十八款　生汽加速之法

急欲生汽宜盡開機艙之窗門使多進風氣然後燃料與養氣化合多且速矣所以生汽之遲速全賴風氣之溼燥與風力之大小也

第一百九十九款　生汽時所宜檢點之事

一萍門　熱火已後人常開其萍門以爲水內所含之氣受熱散出壓於水面致水難沸所以開門放出然非妙法若使此氣通至汽管汽箭以傳其熱則更佳

二汽管扇門　熱火片時試開汽管扇門恐門體受熱而有漲大難開之弊嘗有失檢此事而急欲用汽司機者用力勉開此門致柄摧折船不得行

三添油器　汽機未動之前添油諸器逐一加滿若汽機一動棘手之處過半不免浪費多油故於停機之時先爲此事

四運動諸件　汽機將動之前愼察礙機之物迫近船體之處更宜加愼如修機時常用木料墊於重物之下或忘取去必遺後患若汽箭之蓋有容挺鏈之凹處易聚阻礙之物急宜取去凡在冷地恆升車內宜防結冰添水器與牘水器並通水諸管皆然汽機將動之時及已停之後若天時甚冷必須吹盡所有之水起水盤上有水不得盡出可遲遲轉機使歸熱井

五煙通絆鏈　爐火已熾須察煙通絆鏈之鬆緊大凡前次停船之後熄火放汽鍋爐已冷煙通縮短且鍋爐之頂略爲汽所抵上汽出即回原式由是絆鏈寬鬆常例必收緊以爲整齊收緊而又熱火自必遇熱再漲故宜解鬆至汽足之時又須收緊設煙通高而繫處不遠又當收緊二次因熱火已久煙通之熱漸傳至絆鏈而絆鏈亦漲長變鬆也（絆鏈下端繫在遠處則熱氣上升而散不甚漲長）若煙通漸漸漲長之時未暇解鬆絆鏈漲極必致扐斷或繫處脫離常見舊煙通有凸出之處即知犯此無疑然此尚屬小事曾有繫接絆鏈上端之圈斷絕煙通下倒幾至傷人者船行大浪之中船舷繫接絆鏈下端之鏨間或拔出乃下端太近煙通之故當頭之絆鏈更甚因船之簸盪首尾低昂煙通常有後倒之勢也宜將鏨鼻正交牽力之方向自無拔出之弊矣煙通高而遇大風另加絆鏈於煙通之半名爲腰絆或名穩絆傳遞文書之兵船絆鏈之繫處甚近尤宜用此

第二百款　噴水孔阻塞

鐵身輪船噴水管之孔最易阻塞乃久浸鹹水之內面生海苔之故又銅皮包裹之船久泊亦生此病春季更甚因海苔同於草類春暖滋長尤速也如有此病不可開尾舌門與餘水平門乃開噴水塞門與吹汽平門則汽能吹通噴孔矣所以不可使汽分洩於尾舌門與餘水平門者可將噴水管內結聚之海苔專藉漲力吹盡

也凡船擱陸地之後管口或爲沙泥阻塞用上法亦可吹出或言恐非通法噴水管口既甚低汽之漲力不足抵外水之壓力也此未必然蓋今之汽機汽與空氣較餘之漲力罕有小於十磅者凡水高二尺壓力一磅入水雖至十六尺其漲力尚勝壓力而可用設漲力爲十二磅則入水可至二十尺也惟入水愈深得漲力之用愈小耳設已爲汽之漲力甲爲噴水管口入水深淺之數水高三十四尺之壓力與空氣之壓力皆十四磅七五而相等則三十四與十四七五之比若甲與○四三四甲之比略近故深數以○四三四乘之得汽勝水之數卽可用之漲力爲甲四三四丁已又設甲＝四三四/已則其力爲○

木船入水深者管口兼近船脊難用上法若其孔爲冰所阻塞上法尚亦可用昔英國達迷斯河有一船適在冰中而停因無水噴進也蓋彼時鍋爐內之漲力減小又無噴水故不能行乃吹汽於管中鎔其冰水卽噴進幸此船不大故管口入水不深汽之漲力能勝水之壓力也或有難知其管之通塞者因汽之漲力抵水之入誤會其孔未通則關吹汽平門用手摸試管外自船邊起其管若冷則隨摸之忽覺有熱卽爲水與汽相敵之處水必緩緩通進若將冷水澆於管與縮櫃之外水通更速

第二百一款　汽機轉動之處存置堅物

冰界之時機內之水堅凍爲汽機之患如添箱戽箱之推水柱下結冰若不預爲除去則推水柱下時必撞去箱底故添水器則關餘水平門與尾舌門而開汽吹鎔其冰恆升車內結冰亦此法若在戽斗與鍋爐無關須在外面加熱矣又船擱淺灘沙泥泛進機內亦屬難事如恆升車內沙泥積聚於底致起水盤不得下而汽機必停且損壞故汽機船擱淺於沙灘萬不可多轉行輪强使船行因轉動之時必衝激泥沙上浮也所以輪轉數次而船仍不動以後更難行矣

第二百二款　尾舌門

作尾舌門於縮櫃之底旁所以推出水與空氣也此門卽通膛水凡推出之物皆至膛水之內有小汽機不用此門則櫃內之水與空氣吹進熱井通餘水管而外出矣初生汽時欲令縮櫃成空而遇尾舌門洩漏卽有空氣通進而爲韝韛之對力若因雜物夾於門縫可將冷水傾澆門上自能衝去或爲麻絲所纏繞則非水能衝去矣此等弊端雖屬小事竟生大患乃預料所不及者

也今制尾舌門作於恆升車之底旁偶忘不關則底舌門之一邊有空氣壓力噴水既成縮櫃之空起水盤提上底舌門不開而水不能運出必聚於縮櫃而溢入汽筩以致停機且必損壞鑒此可知因小事而生大患語誠不誣矣昔蘇格蘭曾有一船其尾舌門下秪有海苔一絲竟致汽機受害

第二百三款　全機變熱底舌門不關

底舌門阻塞之故或吹汽過多或汽櫃洩汽或吹汽門洩汽全機因之變熱時或縮櫃內噴水多而已成眞空恆升車內有不能凝水之汽以致抵住底舌門而不開與上款所言略同昔嘗於縮櫃另置塞門稍進空氣使與恆升車內之抵力均平但自汽筩用放水門以來不用此塞門矣

第二百四款　初起運動汽機

第一視其機爲何種汽櫃若爲長半圓形乃提上而進汽於韝韛之上推下而進汽於韝韛之下若爲西瓦特之式其法相反次視汽櫃與推引桿如何配接如二大圖推引桿與小搖拐鉤接另有進退柄若使推引桿脫離而用手扳柄可推提汽櫃審察明了洞悉肎綮然後扳動汽櫃使曲拐移至適當之處以待號鐘一振立刻起行此際再無暇思索矣簡法不必注意韝韛與汽櫃秖須專視曲拐轉動之方向能與相連汽櫃諸件同否也推引桿未鉤接時其汽櫃用手推提數次使汽全通以抵韝韛至汽櫃爲兩心輪所帶動汽卽不能全通因有餘平面故也人手運動之時設汽筩內有水能自汽孔放出凡運動汽櫃而進汽於汽筩應開噴水塞門使水進縮櫃否則機動必甚慢間有汽機關此門而竟不能轉動者所以初起動時略開汽管扇門則生汽漸多船行漸速噴水亦宜遲遲而進恐水多而溢進汽筩致汽機慢行恆升車不足程其功也

第二百五款　用單機起動

汽機爲單兩心輪而機艙之人不多可用此法如彼此兩汽筩彼筩之汽櫃定在半路卽二汽孔並關之時此筩之汽櫃放脫小搖拐而用手推提進汽則彼筩內亦必隨而進汽因汽櫃將開汽孔之故然此秖宜於順行若欲退行則二機必皆放脫

第二百六款　試動汽機

生汽將足船尙未行先須用手運動汽機二三次試知各件靈活與否若爲單兩心輪者宜審自能轉動於大軸否時或滯澀於兩擋之中路則推引桿鉤接以後汽機卽停因汽孔當開不開也視第三卷所論安置汽櫃

之法,卽知輪擋使汽於適當之時進筩,但有滯澀,則汽當進而不進,如原造不合法者無異,其滯塞之故,或因船板漏水滴下,致兩心輪生鏽,或軸枕發熱,用水淋潑,則相近諸件之油必爲衝去,亦致兩心輪生鏽,又或停船以後,兩心輪之合環時或收緊,則推引桿必爲帶起而尾端上捽,此乃面阻力使然,試動之時,其弊可除。

第二百七款　生汽未足先可緩行

此事全賴泊船之處,若鍋爐內汽尚未足,而水路寬廣,或在大海,或船少之海口,並無碰撞者,則不必漲力之足而先可緩行,設漲力之足爲八磅或十磅,未至此限之時,視測汽管之水銀上升二三寸,卽可吹通,此事已畢,再待漲力之稍復,而後開汽轉機,然於此時須度漲力果能漸足,乃可起行,否則已後所需比所生者更多,機將不久自停汽乏之故也,預防此事,啟閉漲門宜用小級或無諸級凸輪,則必少開汽管扇門也,初起運動用汽必不可多者有數故:一因水下層所沸之熱,大半分傳於上層;一因傳熱於鍋爐之全體;一因欲使水面漸高而添水必較多,並能費熱而汽不多生,然依上法阻汽而緩行,必能漸增至漲足也,船若不必急行,此法可以不用,惟最急時用之,亦得常速三分之二,倘比汽足而行,遲延時刻者稍勝,蓋汽足起行,其漲力初亦稍減耳。

第二百八款　初起行時河道狹隘

輪船起行,偶遇狹隘之路,或天氣陰霾,欲走上風,必待汽足而起行,若不審察汽扇門與漲門諸件,貿貿而行,恐鍋爐之汽將減少,欲用最大漲力之際,汽已不足,必致停機,且多危險,故當於未行之時,轉機數次,使諸機皆熱,以待汽足,又稍吹出鍋爐內下層之水,使上層之熱水補之,添水暫停片刻,再用預防之法,其汽自可漲足。

第二百九款　兩鍋爐之漲力一大一小而開通之弊

此弊與前二百七款同意,因冷鍋爐適當熱鍋爐之縮櫃而汽盡凝爲水,不能再進汽筩,上所言漲力小而行隘路,推之二船將撞之際,亦然,蓋忽欲退行,而漲力甚小,則船前行之勢不得驟消也。

第二百一十款　初運動時汽水共出

汽機初運動時,汽水共出,因忽減鍋爐內之汽,而水面之壓力驟輕,所以汽能暴沸,此外尚有雜質調和水內,如河水汚濁,而河底生氣,其泥沙泛上至水面,此則所有雜質阻汽不得上通汽櫃,故爲汽所推而合水上衝,若水內再有滑膩之質此弊更甚此水乃深灣海口潮汐定期之處海苔與爛草所成又行船出鹹水進淡水與出淡水進鹹水亦生此弊或以爲淡水之沸界小於鹹水鍋爐之熱度已大而換添淡水其沸更暴然與出淡進鹹尚屬費解故不能爲確理也欲除此弊常以牛羊油加入於鍋爐然有用此法而共出反甚者總之此弊之由乃汽櫃之式非制與大小之度不合非舟師及司機所能爲故此款不論略言之若汽櫃更大火更慢鍋爐內之水面稍寬似爲較可故用哥奴瓦之汽機者本不知有此事也

第二百十一款　初生汽時救止汽水共出

鍋爐盛用淡水而初生汽時汽水共出宜關煙通扇門再將煤火推進或用人運添水器或添水小汽機多添冷水以止其沸庶可免共出之弊若鍋爐易犯此弊者常宜加慎法須密閉阻汽門不使驟沸而突進汽箭起行時乃稍開

第二百十二款　預防汽水共出

預防汽水共出之法入牛羊油於鍋內此事有用水箭者有在添水器另置塞門油壺推入者又有附汽機推入者若汽之漲力減小可由反平門或測水玻璃管吸進也間有在鍋爐內近汽管處前後置多眼鐵板二塊其眼不宜直對汽管之路而二板之眼亦不對則水通前板之眼必遇後板而止又加大其汽櫃亦可除其出之弊法在鍋爐之頂作空桶形桶下之原鐵板鑽通多孔以通汽又有法於初運動時略開其阻汽門以當攔激板之用亦能阻水不進汽箭今又刱思另作一器承受其水故共出之時水可不至汽箭之內

第二百十三款　火遇冷面不旺

鍋內之水未熱生汽不速其故有二一水爲容熱甚多之質故使水熱必費時二火遇冷鐵其焰之熱必分傳故火不能速旺可試其據將小棉線浮於油面燃之用冷鐵圈圍於外其火立熄所以必用蓄火之法

第二百十四款　蓄火

蓄火乃省煤之意如汽機暫停片時又須再行則用此法事無急促可停一二時之久則於初停之時熄火密閉阻汽門任水漸冷待欲再行而爇火亦得省煤之利（合辯屢試此事得其確據）扭關煙通扇門設無此門或有而不密則關風門所存漲力之多少必視事之緩急與風力水力之大小及風勢變向之遲速而酌定之若汽已減少漸至等於空氣

之壓力而再欲生汽全在煤之美惡及空氣之冷熱故必需時二十分至三十分也凡蓄火之事不特專爲省煤或有停船之時適遇大風猛浪以及潮水洶湧亦須存汽收放錨鏈也

第二百十五款　推火向後

停船不久卽行則關扇門或關風門而將火煤稍推往後亦可省煤若欲起行汽機立能運動汽亦不甚減小於極大漲力若煙管鍋爐則開煙門而生汽卽停設鍋爐之水減淺亦當推後火煤而開煙門免致損傷鍋爐

第二百十六款　蓄火不開泙門

蓄火之時或開泙門洩汽以舒鍋爐之力但此法未善蓋放汽出外鍋爐之水必漸鹹又須添換之繁若常使所生之汽不過漲權之限未必危險故不用此法而弃關阻汽門以全存鍋爐之汽量蓄火所生之熱與鍋爐發散之熱相等則事簡而收全利矣汽雖漸生而鍋爐亦已稍冷必凝水落下弃於原水之內水亦不致變鹹

第二百十七款　詳察水銀漲表

新換司機未諳本機舊例必於初次生汽之時首察漲表細試水銀之面果與浮表相切否漲表變例間有使浮表所指之度數小於鍋爐內之實漲力所以視若力小而程功已大此法將浮表截去數寸用輭木塞中心作孔塞至近水銀面浮表之球卽置其上水銀未升不切浮表之球因不在起度處也故浮表初動已有漲力二三磅浮表任指何度欲核其實必外加此二三磅也此爲新司機之要事

第二百十八款　汽筩殼不可畱水

汽筩有殼而阻汽門不關則生汽時須出盡殼內之水否則所畱之水必凝所進之汽又運動汽機之時殼之塞門亦宜常開與前同理司機者偶忘此事則汽凝爲水而積於殼內必溢進鞴匣而至汽筩矣

第二百十九款　新司機者宜察汽管扇門及吸水塞門

新司機者難知汽管扇門之開關因無記號可見也前已言生汽時此門必略開見一百六十八款法以扇門之柄往復推動至兩極之處然後置於兩極之間夫一極爲關而又一極必爲開則二者之間必爲半開矣汽機未動之前如此已足至漲力滿限則開吹汽平門而移扇門之柄至一極以驗汽路之通塞汽路若塞卽作識爲關乃於對面作識爲開吹水塞門若無記號亦用此法別其開關又視大軸之凸輪可知漲門之開關其滑輪切軸爲關切輪爲開

汽機發軔卷六目錄

行船條例

汽機發軔卷六

英國 美以納 白勞那 合撰

英國 偉烈 口譯
無錫 徐壽 筆述

行船條例

第二百二十款 鍋爐

鍋爐爲動力之本且受熱最多司機者常宜注意否則生變甚烈於他件水若減淺是爲首害煙管鍋爐之水面既小於曲管鍋爐所以更欲留心測水玻璃管乃準的也然恐壅塞而水面之高低不眞測水塞門可以常常開試其事兩相濟也

第二百二十一款 測水玻璃管壅塞

鍋爐若用濁水易生此事設上孔塞而下孔不塞則管內上半之汽爲空氣所凝其下半之水必上升而高於鍋爐內之水面且至水面漸低而不覺必致上層之煙管或曲管之頂被火所損壞若下孔壅塞或上下並塞則鍋爐內之水面與管內之水面兩不相關而此管爲虛設矣前已言測水玻璃管之制可用汽吹通其泥垢見八十四款

第二百二十二款 運動汽機吹換鹹水

輪船行海宜以吹出鹹水爲先務免得鍋爐內積鹽而結皮常法一小時約吹鹹水五六寸若欲求其的數必依鍋爐之容積與含鹽之定率後附丁表可檢也鹹水聯門之比例相合不必另用吹出矣然吹水塞門亦不可棄置不理聯門或見獘端仍欲用之也故亦頻頻試吹以免阻塞水面恆吹之法固爲最妙但不無意外之虞此定吹之法乃補救之一用耳水內所含消融之質如鹽之類水化汽而質盡留餘水漸至極鹹之率設新添淡水等於化汽之水其含鹽之率自若也若係海水其含鹽雖少於鍋爐內所含之率然其添進必甚多於化汽之水始得鍋之含鹽仍如未化汽之前如此則添水之數必核計自含鹽之數與化汽水之數及所欲存含鹽之率添水既多鍋爐內必致充滿自當定期吹放卽爲行海定吹之法故以添水之數等於化汽之水與吹出之水之和

設呷爲鍋爐內水面之面積天爲吹出水之寸數地爲化汽水之寸數故天⊥地爲等於添水之寸數甲爲海水含鹽之數乙爲鍋爐水含鹽之數故

$$\text{呷甲}(\text{天}\perp\text{地})=\text{呷乙天}$$

又

$$\text{天}\perp\text{地}=\frac{\text{乙丅甲}}{\text{乙地}}$$

卽

$$(\text{乙丅甲})\text{天}=\text{甲地}$$

$$\text{天}=\frac{\text{乙丅甲}}{\text{甲地}}$$

後附丁表首列含鹽四率爲鍋爐所用初限至極限次

列添水與吹出水化汽水之比例末列失熱之數即費煤之意以算例明之設含鹽之率為三十三分之三而加熱於水使盡化為汽必自一百度起至一千二百十二度即實加一千一百十二度若吹出水之熱為二百四十三度五則失熱一百四十三度五其添水與吹出水之體積為一與半之比則所用之熱與所失之熱之比若一千一百十二與七十一七五之比又所失之數與全數之比若七十一七五與一千一百十二加七十一七五之比即一千一百八十三七五亦即〇〇六〇六與一之比又即六〇六與一百之比餘詳末卷船行之速率任是

幾何欲考添水之足用則停止添水待化汽而至略淺視玻璃管之水面低下若干即命為寅乃起添水與前化汽之歷時等視水面高出若干命為卯則有式

$$\frac{化汽}{添水}=\frac{寅}{寅\perp卯}$$

以此數檢丁表即知所添之水可合含鹽之何率

第二百二十三款　鍋爐含鹽之限

鍋爐內含鹽之數必有法試而知之若吹出之鹽少於添進之鹽則鹽雖略去而水仍必漸鹹考水含鹽之率有二法一用寒暑表一用量水表第一卷已言水依含鹽之率而沸界有高低視下表可知含鹽諸率之證海水所含鹽質等約三十三分之一乃次於淡水再次者三十三分之二乃倍鹹於海水推之至三十三分之十二即為含鹽之極限若過此限鹽再不能消融於水內矣然水所當含定質之比例亦不過三十三分之四蓋沸界未至二百二十六度其鹽固不沈下而結皮之質已自三十三分之四而漸起矣故又以二百十六度為結皮之限也

沸界寒暑度	水內含鹽之率
二一二	〇
二一三·二	$\frac{一}{三三}$
二一四·四	$\frac{二}{三三}$
二一五·五	$\frac{三}{三三}$
二一六·六	$\frac{四}{三三}$
二一七·九	$\frac{五}{三三}$
二一九	$\frac{六}{三三}$
二二〇·二	$\frac{七}{三三}$
二二一·四	$\frac{八}{三三}$
二二二·五	$\frac{九}{三三}$
二二三·七	$\frac{一〇}{三三}$
二二四·九	$\frac{一一}{三三}$
二二六	$\frac{一二}{三三}$

欲驗列表之率取鍋爐內含鹽之水少許盛於長銅器內其深足容寒暑表之長視表之時水必極沸所用之寒暑表宜詳考極準者試置於沸淡水中準風雨表三十寸高視其沸界正在二百十二度最妙用特造之寒暑表於沸界以上之度分詳細密畫與測高之表相似量水表者其式有空球呷或玻璃或金類為之下有小權叱或玻璃小泡盛水銀少許使浮立於水中沈下幾許視空球上小管呷呐乃依流質之本重而刻畫度分故可測驗含鹽之率惟測驗之法尚當參詳微旨因水質之輕重既與含鹽相準又與寒暑俱關故含鹽大率而兼寒

暑之高度水質且輕於含鹽小率而在寒暑之低度矣驗之將量水表浸於淡水中而熱以火表必漸沈也若係常用之表則不至沸界已全沈没必於表管所畫度分之對面作識爲此表沈於淡水所當寒暑度之限故用此表微有不便蓋其所指之寒暑甚低若在熱地取驗鍋爐之水不能冷至低度即在冷地取驗之水必久久方至低度所以用表必費時圖識如吻即量水表沈於淡水當用寒暑度之限其餘度乃準含鹽之率與相關之寒暑度列表如左以便檢用

水冷至六十四度量水表之度	一二	二〇	二五	三〇	四〇	五一
水冷至二百度量水表之度	即吻	六〇	一一	一六	二四	三五
鹹水沸界之度	二一三	二一四	二一五	二一六	二一七	二一八
含鹽之率	$\frac{一}{三三}$	$\frac{二}{三三}$	$\frac{三}{三三}$	$\frac{四}{三三}$	$\frac{五}{三三}$	$\frac{六}{三三}$

此表尚非密數再當詳叅歷試以期精密若賴司機者隨用隨試更爲得之但試用之時尤宜視風雨表之高低蓋作表者準風雨表三十寸之高淡水沸界適當二百一十二度而鹹水之沸界恆不過二百一十六度也所以鹹水冷至二百度表在水中沈至一十六度若冷至六十四度則浮起而在三十度

第二百二十四款　測鹹器

此爲銅器與鍋爐相通內容量水表與寒暑表無論何時視表可知水之寒暑度與含鹽率

第二百二十五款　灰膛清除灰滓禁止潑水

輪船常例汽機運動至本速每四小時灰膛內必清除一次無論煤未燒盡及任用何等煤皆然若灰滓過多亦能積熱而收空氣中之養氣不特煤膛內需用之養氣減少且佔去空處而阻進風故又以常常取出爲妙鍋爐內化汽之力不足餘燼不宜重燒隨便出諸船外嘗有愚妄火夫用水潑入灰膛以冷其灰不久而膛底損壞因水化汽而去鹽則留積鐵遇之而生鏽也甚有一二年而即欲換底職此故耳在昔常有其事司機者未深考也且潑水於熱燼之上所化之汽不能上通爐柵則自風門而出衝動細灰停積於汽機初次添油必流入軸枕之內矣所以熱燼使熄應取攤於火艙之墊板用多眼水桶緩淋之可化汽不暴而揚塵亦少灰膛潑水尚有一弊因發出之氣遇爐柵下面而冷水凝鐵上鏽成皮而脫剝也

第二百二十六款　添煤之例 後附煤料表及論說爲倍式白來非二人所考定當與此款叅看

運動汽機之節省獨賴添煤之得宜全收利益又在諸

鍋爐之不同與煤類之各異，而消息之如火爐吸取風氣甚大，則比風氣小者積煤宜厚。英國威勒士煤，不似英國北境煤之能凝結。威勒士煤爲硬煤，北境煤爲輭煤。硬煤宜厚積，輭煤宜薄攤，一定之法也。若兼用兩煤，則宜厚薄適中。所合厚薄之比例，以輭煤爲三分之一，硬煤爲三分之二。總法，爐柵向後鋪層宜薄，使風氣易進煤膛之後，生火自速。若獨用硬煤，爐柵須排列稍疏，以通風氣。

第二百二十七款　煤膛勤除黝渣

燒煤歷久，爐柵必結黝渣，急宜除去。黝渣爲煤中之泥與矽養等質，爲火所分出，鎔流而下，結於爐柵。此黝渣乃依傍煤之無力者凝結成塊，蓋於爐柵，阻礙風氣之入。除去之法，俟將欲添煤之時，用火鏟隨爐柵插入，使之脫離，再用火扒勾出。或久不取出，而積大至難出火門，惰可知，害可見矣。欲取之時，必先推進其旺煤，取過之後，扒出鋪勻，再加新煤。然黝渣取盡之後，應關火門，清除灰膛之灰，而後添煤，以免碎煤落下，雜於灰中，浪費可惜。灰若淨盡，則落下之煤猶可再用也。此時爐內之火力衰弱，漲力必減小，又有冷氣進門，亦能減火之熱，其漲力減小之多少，在鍋爐化汽之遲速，尤關汽櫃之大小。汽櫃寬大，存汽自足，不甚覺漲力之減小，化汽雖略遲，所容之汽尚能補用也。

第二百二十八款　酌量添水

鍋爐添水，慎毋太高太低。此事有添水塞門與添水舌門可制之。水若太高，則流入汽管而至汽箭，必致停機，且有汽水共出之弊，因水高而容汽之處減小也。水若太低，則煙管或曲管必有燒壞之患。所以鍋爐水面之限，必以的合爲要也。然鍋爐之制，各式不同，有以水高而生汽合宜者，有以水低而生汽合宜者。大抵煙喉大者，以水高爲宜，蓋火距煙喉之路既直，則煙喉必熱，周圍之水受熱可多也。煙喉小者反是。

第二百二十九款　吹水塞門滯澀

運動汽機時，吹水塞門滯澀，而不能轉開。若無引鹹水器或吹出鹹水之別法，則水必漸鹹，故必設法使鹹水放入臢水，而以耳斗引出之。若有引鹹水器而一并滯澀，則以添水器或附汽機反用之，乃不用之添水入而用之吸水出也。此附汽機引出鹹水之法，英國兵船待里白已試用矣。

第二百三十款　船體簸盪汽自暴出

行海鍋爐大不同於陸地之鍋爐，因水面不能合地平也。船體之簸盪已甚也，首忽昂而尾忽低，水乃前後衝激汽則奔騰不定水急衝於後而前爲之虛後汽爲所擠實不及急補前虛即抵萍門而暴出矣再兼萍門之重又以船之傾側而減輕傾側之甚雖漲權加重尚不及平穩時之壓力也欲知實徵可以算理求之置原壓力以萍門桿與垂線所成角之餘弦（餘弦之數即垂線之數）乘之即得試再言其極如船簸盪而至直立則萍門所蓋之平面變而爲垂面（餘弦之數在初度）漲權之重任爲幾何毫無壓力其力向與垂面平行也

第一百三十一款　汽機慢行少吹鹹水

輪船或遇逆風逆潮或拖帶別船或用小級自漲吹出之鹹水不必如速足時之多因需用之汽較能有餘則所化之汽可少而所留之鹽亦少也間有所用之煤不佳或遇他故欲其生汽不減小不得不停止添水添水停而吹出亦停歷時既久存鹽必多水遂甚鹹如是而船或再遇慢行之事必乘機多放留積之鹹水依總法其含鹽之率賴添水與化汽水之比例乃恆吹也而今所吹出爲鍋爐留積之餘水

第一百三十二款　準汽機之速率酌用鍋爐之數

英國兵船常法事有不須速行則用所有鍋爐之半速率亦隨之而減此爲省煤之意以算理言之每時所用之煤如速率立方之比每里所用之煤如速率平方之比（詳見第九卷）設一船有四鍋爐全用之其速率爲十里用其二則速率爲八里設每鍋爐所用之煤一千磅全用鍋爐使速足而行則用煤四千磅船行十里用煤二千磅船行五里若用二鍋爐而慢行止須用煤二千磅船已可行八里矣依此法每煤二千磅船可多行三里也所以船行愈慢用煤之數等行里之數必多但此理乃並無風潮阻逆而能全用其力則然耳若逆風逆水而行（風水之勢欲退行須消盡其勢之行率）則以用煤之最節省者令船前行比退行之速多一半（即消盡風水行率之餘）如船在內河溯流而上河水自流四里其速率應爲六里始得向前實行二里也由今細思或因用火之法再有省煤之理設用二鍋爐而行八里試用三四代其二而速亦不過八里煤則較省（嘗查法國兵船名乂力慢所呈之案言已考驗用三鍋爐代二速率如原覺有省煤之益故再細試得三鍋爐所用之煤歷二十四小時爲六萬六千六百七十九磅二鍋爐所用者爲七萬三千五百五十八磅省得一千分之九十三）用此法司機者必慎之使火稍慢蓋慢火本能省煤也凡已知哥奴瓦鍋爐生汽之法則能明悉此理慢火緩燒使火焰散布於多管故火切面更大可略得用法之益矣然哥奴瓦鍋爐不合行海之用因火切面雖大而占地亦大也英國兵船名阿份治嘗

亦試驗上法，但歷時不久，未詳其數，初用二鍋爐啟行，火力足旺，如常法，繼用三鍋爐而慢其火力，行走仍如原速，因火切面加大，易於化汽，所用之煤甚省矣，如此法而或恐化汽太多，則每鍋爐可使一二煤膛任煤滓阻塞，關其風門，且可將落下餘燼重燒數次，盡為煤滓而後已，凡大自漲運動向以少用鍋爐為節省，然兩鍋爐並列之間無有不傳熱之物隔之，則熱必分散至空鍋爐，尚不及全用其鍋爐之節省也。

第二百三十三款　重加熱器

首卷已言重加熱汽之理，此特言其法，乃用煙喉內之

餘熱加入汽中也，如圖，呷呷為鍋爐之上層，叱叱為煙喉，呐呐呐為汽通之小管，管外周圍皆為火氣，叮叮為二箱，叮為進汽，叮為出汽，咦為大汽管，有虛線為塞門，所以隔絕汽而不依常法通機，乙乙亦為二塞門，若欲不用重加熱之器亦可隔絕，此為一鍋爐所獨用，若欲數鍋爐共用之，則每鍋爐必另作出管進管以相通，此火切面每汽機一馬力，配二平方尺有半至三平方尺。

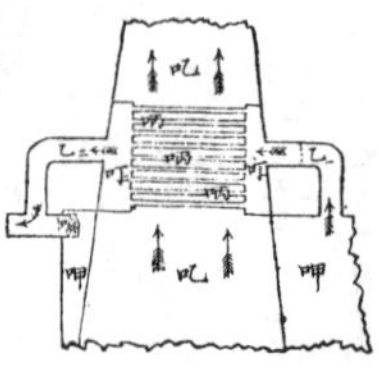

第二百三十四款　熱燼生煤衝出煙通

熱燼與生煤自火中推上，曲折衝出煙通，落於船面，或致延燒，此事由於鍋爐之病，急宜移置火壩之位，使稍向前，以減小煤膛，未必有累生汽之力也，若煤膛至煙管之路本太小，則移置之後反有益於鍋爐矣，不用此法，可將煙扇門略關，使風氣減小，而火稍不旺，若已移火壩而生汽不足，則用自漲諸件，或用汽扇門，不得已而船欲急行，則仍忍前病，但減少汽機一二轉，前病亦可稍減，且能省煤，速率亦不甚異也，凡有熱燼上衝，煤必浪費，乃火熱不為鍋爐所用，而由煙通散出空中也，簡法以煙管之口在煙箱一端者，塞圈減小。

第二百三十五款　淡藍焰透出煙通

首卷已言成火必有三事，一為燃料，一為空中之養氣，一為寒暑之高度，缺其一，即不能燃，所以鍋爐之制不佳，而煙通無甚熱氣，則煤膛得空氣不足而難燃，若煤膛已接空氣，而熱度已多，依化學之理，必生焰，爐柵之上，煤若太厚，則養氣與切爐柵之炭質化合而成炭養二，隨通煤之上層，分出養氣若干，變為炭養，反為料燃，此料之燃，即成淡藍色之焰，火焰將清之時，常見此色，有時煙通之上口亦見之。

第二百三十六款　火賴吸氣

火爐吸取風氣太少汽難存足此事或由鍋爐之病或由機艙之病無論何病可作小管自汽櫃通至煙通管有塞門即能大減其病此管與陸機之推氣管同理其推氣之益勝於失汽之損特煙通內易生鏽耳吸氣多賴天空氣之鬆緊空氣之緊吸氣更善所以風雨表在高度之時鍋爐之汽比他日更足又空氣壓力抵於萍門每日有變

第二百三十七款　鍋爐水淺

鍋爐之水時或減淺如吹出之後其吹水塞門不得速關或未關則有此事切不可添水蓋碟膛或煙管若甚熱將紅而遇冷水必生汽甚多致萍門放出不及所生之速鍋爐幸不碟裂而倏忽變冷必裂爲細坼或生鏽而減薄爲異日碟裂之由然不用變冷之法而洩其熱則汽之漲力抵於火爐之頂必致下凸雖頂上稍有淺水而淺至不足傳去其熱猶有此病也要法將火推後或扒出使鍋爐自冷稍輕漲權以減汽之漲力惟鍋爐偶然水淺尚不至現出煙管水宜速添或加第二添水器或用附汽機若有吹水塞門與別鍋爐相連之制又可開通且略開萍門汽稍放出使水易入

第二百三十八款　鍋爐忽進多水漲力減小

如上言添進多水則汽之漲力必減可知因鍋內變冷汽不能速化也故於漲力未復原限之時必用汽扇門或用自漲運動不然必用盡鍋爐之汽而機自停且可慮者或反萍門不靈以致鍋爐擠癟

第二百三十九款　慎察噴水門

汽之漲力忽大忽小機之轉動忽遲忽速必注意於噴水門恐縮櫃水太滿而停機反之則水太少而生熱中國之緯度行走輕船縮櫃之寒暑度以稍小於一百爲最宜但欲省碟全賴三事一噴進水之寒暑度二縮櫃低於海面之數三出汽至縮櫃之餘漲力此三事任有一數增大則縮櫃內之熱度亦大故離眞空亦增多在海水甚熱之地如阿非利加之海邊或東印度西印度諸海道又如大兵船內推出餘水遇外面水抵力甚大又如汽鞴之進餘面小汽推鞲鞴行足而餘漲力尚大因此皆能增大縮櫃之熱度其理詳論於第九卷中設遇暴風大浪噴水門尤宜加慎大抵縮櫃過熱之弊小於過冷船行海面輪翼之任力有時忽輕而轉動加速則出箭進櫃之汽必更多噴水門若已稍關則不變全空而生對力適能免轉動之太速若噴水仍多其轉動亦仍速矣如此而輪翼之任力忽重則又水勝於汽機

乃猝停凡行程遥遠總以省煤爲要務縮櫃自宜稍熱然有不用收熱器者則以縮櫃之稍熱爲更要也如在熱地所用之噴水與造機本處之多少等則依此水之寒暑再加三十九度爲略得縮櫃相宜之熱度

凡噴進水之寒暑大於造機者所定之例則依本款可求縮櫃應得之寒暑度設噴水爲六十度縮櫃之寒暑爲一百度乃依首卷三十一款之理

○○＝物丄物／一二一二物丄六○物

故

一○○物丄一○○物＝一二一二物丄六○物

即

四○物＝一一一二物

物／物＝四○／一一一二＝五／一三九

設

汽機原造之制使噴水之重爲五分汽重之一百三十九故噴水之比例若甚增多則恆升車所加程之功多至汽機不得行所以可設比例之限爲三十又設噴水寒暑爲酉之時凝水之寒暑爲天故

天＝（一丄物／物）／（一二一二丄物／物酉）＝一丄三○／一二一二丄三○酉＝三一／一二一二丄三○酉＝三一／一二一二丄酉

爲粗式

＝三九丄酉

如此噴水之寒暑高時加三十九度則略爲縮櫃應得之度

機停以後而噴水門不關縮櫃速滿冷水若汽箱有出虧面而汽孔不掩汽箱亦必滿水雙箱之機而一遇此事一仍轉動易生弊端蓋放水門不及出盡汽箱之水而使曲拐强轉汽箱之底蓋必危縮櫃亦難保無虞若噴水門或恆升車漏水汽機雖暫停亦當屢屢吹通恐水漸滿縮櫃汽不得推動鞲鞴也但吹通必慎若因吹通而使縮櫃甚熱又生無空之病即等多水之病且甚熱而無空必抵噴水不入矣若噴水塞門甚漏其海塞門止可略開須有人俟於門旁聽命機動即開機停即關則雖甚漏無妨矣兩噴水門各有管通海管口各作海塞門今制也昔有汽機用大管橫置船底兩端各作海塞門兩縮櫃各再以管通之此法比今較勝一門阻塞一門尚能通水二機仍可不停

第二百四十款　海塞門

海塞門爲諸通水管近海之門今常用景敦塞門之制但景敦門最易自關故於推開之後隨手定之否則噴水門忽開凝水櫃成空其門爲進水所擠而自關嘗有船偶遇此事縮櫃久無噴水人尚不知何故也景敦門又易滯澀宜常常活動

第二百四十一款　凝水汽機以大抵力運動

事在急迫縮櫃有故而不得用其船亦可行動用煙管鍋爐汽之漲力既甚大即可專藉以運動英國有阿尼司味味特二兵船其行之本速爲十四里用此法代之尚行九里惟今之添水器引取熱井之水故當時必用杼水器或附汽機添水前者斯的司自葡萄牙國里司本海口至英國俾樂物海口時其一機亦用大抵力運動

第二百四十二款　膹水代噴水

船體破漏即用膹水噴進縮櫃可去膹水甚多不費汽機之力縮櫃本以水程功也試思立方一寸之水化汽需用寒暑平度之水三十立方寸凝之則可知所用膹水之多矣英國兵船名皮之汽機係十馬力每小時用凝汽之水約一萬八千磅推之至大汽機用水自必更多約言之每馬力每小時可以一千五百磅爲率凡用膹水噴進應令人立於噴水管旁謹防木柹麻絲等竄入管內若已入必吸進縮櫃而至恆升車阻礙舌門以致不能起水縮櫃水滿而機停英國兵船名敦特波在好望角擱淺之後即用前法適遇大風爲水擊去船內之隔艙板所有艌縫之麻絲漂於膹水吸入縮櫃雖能用法補救亦甚危矣近時又有兵船名胇尼司因螺軸之輭墊曰有病水即大漏過比斯加灣時漏進之水雖耳斗勤抒每小時船內加深一尺遂用膹水噴進而無害若通膹水之噴水管阻塞難免沈海而沒

第二百四十三款　汽箱洩漏

汽箱拆卸重裝初起運動而成空之時聽得外氣透進固難知其漏在何處然以覓得爲要因路程遙遠可省煤多多也有人思汽箱漏氣入害輕於漏汽出此說謬甚蓋汽出而至機艙有目必見氣若漏入非細聽不聞覓漏之法以燭火循縫遲遲移過至漏處則火焰斜趨別處則否若預防則將欲起動生汽必先半小時始得有病而早修也備齊起動諸事首先吹通縮櫃以待縮櫃漸冷若進汽孔之邊有漏則進汽時可見因汽必放出至機艙若關餘水平門而吹汽其出汽邊有漏亦可見汽出否則成空之後以燭火試之或意上面有漏傾水其上試之水必滲進於隙漏隙已得用羊毛線或長麻沾以鉛粉油漆暫艌其隙隙小則用輭羊毛沾漆塞之上法不便於用如汽箱蓋在汽孔上之縫二螺釘相距略遠縫易開闔鉛漆既無凹凸力不能隨縫之大小宜用麻辮漬透鉛漆緊塞之縫開而麻辮能凸也用之於漲力小時而旋緊螺釘後則漲力雖大無妨矣相切

之二面不平者麻辮更見其妙所以鍋爐之進人孔出沙孔門蓋之縫俱用之惟面之平者稍粘稀鉛漆足矣此外如鐵絲布相宜可用

第二百四十四款　汽甑洩漏

汽甑若漏非特可用小級自漲且可用第一級自漲爲最宜由此汽甑之掩孔與漲門自關同時而汽再不得漏進縮櫃於是掩汽孔至開漲門之間所欲通縮櫃之汽反不通而省

第二百四十五款　凝水櫃或恆升車洩漏

汽機舊者恆升車底舌門之銅及船底之銅釘因臟水之溼成電氣之力縮櫃之底必爲侵蝕恆升車之底亦然昔時瓦特所造之槓桿汽機恆升車與縮櫃以底舌門之路相通門體既屬銅質乃流通電氣而引養氣也又恆升車底之大孔車光裏面所留之孔用板作蓋其釘歷久侵傷板乃脫下且船適行海無論縮櫃與恆升車其底有病最難修理因極近船底故也若內面無從措手用急救之法割去船之樑木此木與脊木平行而高出即在其間橫船側置二隔板一在前一在後所有小孔細縫艌塞緊密再自噴水管或熄灰管作管通水於隔板間令滿若能作塞門更佳如此則能隔絕外氣之竄入漏隙縮櫃成空外氣壓於隔板之水面而推水進隙即當噴水之用漏隙若大略關其噴水門恐水太多也輪船常制樑木之上面比縮櫃之底稍高所以作此隔板水可浸護櫃底其水應滿而溢常常自換縮櫃之底藉以稍冷任水溢至臟水處無妨且使臟水處潔淨若縮櫃之底高於樑木則必四面圍板方能存水此法略近陸機之本意蓋陸機凝水之器四面皆浸冷水也泊船之後隔板內之水必須取出否則爲銅所變而臭路程尚遠縮櫃之底可敷松香膏以護銅釘之冒若櫃底偪近船底不容敷膏之器則多鎔灌之務使充滿即能隔絕電氣傳引之路也

第二百四十六款　添水器

運動之時應屢視添水器恐相連諸件寬鬆也若添水僅需一器其副器雖備而不用亦須常常察視水面忽然減淺如交戰時彈入鍋爐或別有漏隙或吹出太多或添水太少或船體簸盪皆是不但煙管變熱而損壞亦恐忽然生汽而有礫裂之危船若簸盪水雖不淺而似淺故必使水面稍高於平穩之時其添水器之力或不任此乃副器之所由設也

第二百四十七款　煙扇門與風門

行船逆風逆浪汽機之轉數必減明輪則更甚若鍋爐化汽之力不減小汽必由萍門放出故宜略關風門與煙扇門然必詳愼如風氣過少而火將熄火夫徒多扒弄而費碟鑒此則知風門與煙扇門所關太多

第二百四十八款　退擊

汽機轉動之處配合失宜一以不動性平轉一則常加力忽減故倏忽分離蓋原動力減小歷時必稍慢原動力不減歷時自稍速後動反阻前動則相擊有聲名爲退擊螺輪之接輪可明此理如大齒輪以平速轉動小齒輪亦平速隨轉則齒常相切若大輪忽慢小輪以不動之性平轉則前齒分離後齒相切相切甚速乃成相擊有時汽機慢行其兩心輪亦有此事乃兩心輪函於大軸太鬆則每轉必有離有合相擊不已（即兩擒離合相擊）此故因後權輕重不稱其偏重處轉至向下時而加速也欲消此病可將汽罨輭墊加緊或在兩心輪損益其後權若螺輪汽機用雙兩心輪俱爲鐵劈所定則無論前行退行此病可無有矣

第二百四十九款　軸枕生熱

螺軸任推船之全力故軸頭與軸枕之面阻力甚大旋轉加速陡生大熱銅襯銷鎔而粘於軸頭者有之欲思

諸法終未盡善今所用者名爲推枕如圖呷叱爲螺軸之頸有距等陽圈甲乙等環繞嵌入銅枕之距等陰圈寅卯內幷合諸圈之側面積數加大所以螺軸旋運諸圈相抵而分任其力面阻力因抵力而生相切之面積既大則每點所任之力必減小而磨盪之熱亦小矣此外如枕蓋太緊亦必滯澀而生熱若太鬆則鯨伉而相擊與其太緊而見諸弊（或澆水變冷或因熱而損傷或熱甚不可轉動）莫如略鬆爲妙則雖生熱猶可容其稍漲也推枕之伏兎（即枕蓋）體大而重故以螺釘制其下壓之勢否則壓下而阻滯矣不用螺釘應墊堅木凡軸枕並宜細看正行之機更須加愼如大簸盪時或多用風帆時諸軸之或樞或頸宜愼添油有時用油而軸枕仍然生熱則必用水但用水須早而用時又宜遲遲蓋所生之熱已至極甚忽遇冷水恐致碟裂曾有大汽機船見此弊端矣冷水減熱之性較勝於油者因沸界之度比油甚少故能化汽而散隱熱（見首卷第二十八款）然有無益之處因水性澀而油性潤面阻力最忌澀性也總之已成之熱用水冷之將生之熱用油止之故凡生鐵與銅最熱之時必欲用水可先澆熱水使漸減至沸界之度再用冷水無妨

若硬銅而忽澆冷水亦易磔裂倭鉛太多之銅則更易油內雜以硫黃其變冷之性與水略同蓋硫黃之鎔界比水無多不過二百二十六度而熱即散去

第二百五十款　輭金類作襯

輭金類爲三物配合而成其分劑用銻十九錫十九紅銅九鎔合而爲軸頸之襯任磨不壞外用銅邊函之不使壓扁欲免磨盪生熱之事此爲最妙因能依軸頸而變式頸有凸處輭金讓而受之故面阻力亦能減小所用之厚約四分寸之一

第二百五十一款　自漲力運動

今人皆知自漲之益勝於汽扇門者乃韝韝行足汽筩內汽雖充滿而漲力能極小其未絕汽路以前初進汽筩之漲力比關汽扇門甚大也至汽扇門之略關比諸直用鍋爐之全力固已節省行動雖稍遲統計其用煤除暴風猛浪外而行路已遠矣惟此自漲力之運動或撞別船或有他故汽機必停已停而欲再動應卸自漲諸件蓋汽機用小級自漲之時其兩機皆連自漲諸件曲拐之勢適使兩漲門皆關也所以然者韝韝行四分路之一汽即隔絕其一韝韝在半路又一韝韝將行足此時之兩漲門使汽俱不能進筩雖用手推移其汽櫃機亦不得運動矣又若退行亦須先卸自漲諸件因造凸輪之制不合退行之用也

第二百五十二款　汽環

行海輪船必與風帆合用英國武弁名來特剏造新法如直行向港口而遇逆風逆水已覺船內之煤不敷收港之用則必獨用風帆鍋爐則熄火蓄火任便法將所存之煤核計能行之里數置海圖展規合其里以港口爲心作圓界名爲汽環再自船所在處以船因逆風而斜行若干度之限向汽環之二邊作切線即此知用帆行幾何里而至可以用汽之界此界即汽環之界自可張帆至此界

第二百五十三款　積煤自燃及溼煤之法

煤箱之內謹防自生之火驗得確徵速用多水灌入若非進水之煤口其餘煤口切不可開風氣透入火必更熾也預防之法置管通至煤箱中滿盛以水生熱之時熱水必上升屢察此管即知煤箱內之寒暑度不必至沸煤已將燃矣若鍋爐化汽之力甚大而所用之煤或細碎應先澆溼用威勒士煤此法可以節省若細碎者所省更多蓋細煤加入火上其大分欲化爲炱粘附於煙管阻塞而隔熱且既細碎如沙又必窴塞透風之罅

而火不熾若疎通之則盡落於爐柵之下與灰相雜同為棄物所以溼碟之法必能節省而存汽亦大在威勒士碟用水與泥作塊焚燒甚佳

第二百五十四款　停機預備

輪船將欲遲行或將停泊卽可省碟以最甚者明之英國大兵船名待里白全用其鍋爐共有二十四碟膛設並添碟每碟膛每次約三四鏟約計二十磅並添之碟以二十乘二十四卽四百八十磅若纔添齊而忽命停機浪費可知且既添入必化鍋爐之水為汽其汽又必放出放汽且發暴聲以致耳不能聞舟師之命其弊不止費碟矣所以司機者當預知此事而斟酌其間然此事之要在舟師與司機相約使自主之更佳若舟師臨時出命恐亦有弊蓋船面之人不知爐內火力如何火夫聞命自宜遵行若火力已小而船不卽停則所用多於所生汽之漲力必減小雖可卽停再欲退行一二轉而不能矣在多船之處最宜留意也凡汽機將停必須先命機艙執事齊集備用大汽機船用人手轉機故司機與衆執事先當各如其位則停機之際庶不忙亂誤時若用單兩心輪之機則於未停之時先卸連接汽罨諸件至船已泊定隨命熄火因司機者不知有事與否必如尚欲起動者然所以船可久停而後行必預命之卽可推後其火而關煙扇門亦為省碟之一端若暫停不過二小時必用蓄火之法見二百十四款在煙管鍋爐尚有一弊因水化汽甚速也

汽機發軔卷七目錄

兵船要事

汽機發軔卷七

英國美以納 白勞那 合撰　英國偉烈口譯　無錫徐壽筆述

兵船要事

第二百五十五款　將戰時齊備修理汽機諸器

需用之器，司機者應隨宜排列於機艙謹避礮彈易擊之處。諸器之目，即全副螺起，諸式鋼椎，圓捶，平鑿，大小各鋸，厚布，篷布，熟鐵板，紅銅皮，麻帚，羊毛線，長短各木撐，煙管塞，餘篷布，挂牀，檢點無遺，而更有暇，則於汽櫃之四圍用袋盛滿碎碟堆護之，以防敵礮向下而擊。

第二百五十六款　將戰之前考察諸機

汽機整理之後，本無疑義，設因別故而有疑，則應先時查考，更宜連接運賸水之戽斗，又細察噴進賸水諸件，查考諸機之後，所用之器仍還本處，以備再用。

第二百五十七款　機艙謹防失火

船內之附汽機與抒水器，所以備失火之事，其通水皮管，預爲旋連，又有船用管從添水器通水至船面，此法甚妙，特爲敵所擊而逼近之時，則汽機自運之熱水可自此管噴射於船外。

第二百五十八款　交戰時司火

司火必因其事之何如，若欲追敵，或避敵之追，或奉使移汎，或奉調載兵，或拖別船，一切緊急，必用汽機全力，則無論何事，其汽必略至極足。然若用船擊城，如英國擊俄國阿特撒城，不過往來行駛，以眩敵人，或同諸船排列大戰，或停泊不移而覘敵，如此諸事，無庸速率之足，當先期預命，使汽之漲力漸小，至略大於空氣抵力爲要。蓋礮彈擊入多汽之鍋爐，則或汽或水或合二者迸裂暴噴機艙，致大忙亂，害非淺尠。若漲力幾等於空氣，則擊損之處補綴較易也。惟汽小至等於空氣，測水塞門爲無用，若鍋爐內之水面低於船外之水面，鹹水不能吹換，所以舟師定約，其汽以略近空氣抵力爲限。然宜加慎，將碟聚堆火上，使火力微弱，至欲用之時，疏撥其碟，即可倏忽而熾，不過片刻而能運動矣。次要爲反萍門，前已言汽之漲力甚小於空氣之抵力，反萍門自開而空氣進鍋爐，夫漲力小至如此，而欲運動其機，如須移泊等事，則其力專賴凝水之空，空氣已進鍋爐，乃氣汽交和而妨成空，此事正行機比槓桿機更宜留意，因等空氣之汽進鞲韛之下，必須全力推上鞲韛，如遇逆風逆水則尤甚，故此時反萍門應加重水銀漲表之浮表，宜換長者，司機可考汽之如何，以酌火候，而免鍋爐內空新法漲表其水銀不爲空氣之抵力推進鍋爐因管之内口另接一管上至汽櫃之内反萍門加重之數使外面之抵力較内面大至四磅即自開又法或較前法更好熾火自旺開萍門使汽放出至等於空氣之抵力惟汽櫃小者用此法運動恐空氣欲進萍門蓋通汽管之内口近萍門者汽從此處進汽箭近管口處必略空而空氣入補其虛若汽放出之後有此事其萍門必略闗以免空氣進鍋爐

第二百五十九款　交戰時易遇之患

交戰之時易爲礮彈所擊者惟有行輪但亦偶有之事自昔至今雖船體常常被擊未有一次擊壞行輪而致不得行者蓋行輪雖被擊而猶能轉而猶可行所以擊去木葉鐵輻二三行動不甚異曾有船在阿非利加海邊其兩行輪之葉數各缺三分之一亦仍行動此因已用風帆而忽欲用汽追別船其葉不及裝全也若被擊而梗阻於輪轂必礙機之運動速宜卸脫獨用一輪轉行卸輪之後其船之行率約得全速率三分之二拆卸之時司機率領巧匠指示椎鑿交戰時機艙内應另備一汽機鐵匠一鍋爐匠今英國至西印度島之信船用此例近時造汽機船多用鐵此項工匠常不敷用僱覓不便故另定例以備其缺即使火夫之頭目一等人充當

第二百六十款　煙通爲礮彈所擊

汽機之速率未足鍋爐之力限有餘煙通雖爲礮擊壞亦不足恐昔常言煙通有彈孔必出火燄船令熟思之而知其未必如此蓋氣質爲熱所漲而上升冷氣且爲入煙通之孔此事已在英國兵船屢各有明證惟孔内進冷氣則火爐之風氣必稍減然亦不至大變船之行率若彈力已盡而拋來或大木自高墜下撞擲於煙通而斷折爲害較大因風氣不進於火爐濃煙瀰漫船面妨人作事也而燒船之患則未見此事英國提督沙特已將兵船皮試得其據去其煙通所減速率約五分之一最可畏者彎曲之患大減吸氣之力而使汽不易生且必與放汽管同彎阻塞餘汽之放出務在未截煙通之前先截此管使萍門得用汽機正在運動則更善因汽纔生即能用盡以免閉蓄於鍋爐之内而釀大患所以汽機不動之時管孔阻塞餘汽無路可出急切無法開通倏急而致礫裂矣故鋸截之外必另有捷法不使餘汽多積或有遏熄其火而致意於爐中之碟謬甚蓋碟經挑動少傾更熾反生多汽且妨已後生汽因火力枉費也其時當開吹水塞門船若入水不深則加重於尾舌門而開吹汽平門汽即通恆升車至熱井自餘水管放出船外如是而察測汽表之漲力尚多汽箭蓋之油塞門及放水門皆應開而移汽罨使

進汽在鞲鞴之上，又反萍門亦可加重，或爲倒置，卽撐起，此等皆所以紓鍋爐之力，若有命啟行，適可以本力運動，而用盡其汽，但自餘水管放汽，恐縮櫃過熱，噴水不進，則將冷水澆於櫃外，噴水門不闗，使船緩緩而行，若鍋爐之漲力仍多，其加重已至十磅，最爲危急，速用大抵力運動，洩盡其所溢之汽，以救之，船若不準離遠則前行退行，以就之，

第二百六十一款　礮彈擊通鍋爐急救之法

礮彈擊通鍋爐盛水之處，熱水必暴噴，須開火艙地板諸口，使水瀉入艙水，隨取船面預備之鐵槅墊於火艙以便添碟，若止擊損一鍋爐，而漲力大於空氣之抵力，則使放出萍門，再開吹水塞門，爐火用推後之法，而闗煙扇門與風門，至放盡鍋爐之汽，自不推水暴噴，而遲遲流出，其流出之力，依水面在孔上之高低，不過潺湲而已，若彈進鍋爐容汽之所，設漲力僅等於空氣，則機艙無恙，惟漲力比空氣抵力甚大，則有傷人之患，修補之法，可用板一塊，蓋其孔，以撐木對船邊撐之，板與鍋爐之罅，用厚布漬透鉛漆墊之，

第二百六十二款　將戰時諸鍋爐宜皆生汽

鍋爐不必盡用，然皆生汽爲佳，其不用者，蓄火以待，雖

無一彈盡壞諸鍋爐之理，而偶然一二者有之，且緩急難知，忽有欲用全力，則甚便也，

第二百六十三款　暫補鍋爐破損

前言預備鐵板，卽是此事需用，鐵板之式有凹形，因礮彈通進之邊必內凸，所以與之密合也，板之中心作一二眼，用螺捎與橫擔，同穿螺蓋，旋緊與進人孔出沙孔之門相同，而反其式，此外如厚布鉛漆，照例爲之，顧礮彈既能擊入鍋爐，必有進出兩邊，進處惟置橫擔於孔內爲難，餘俱易易，其所出之邊，碎鐵棘立，先有椎鏨之煩，且彈孔向外周圍翹起，又有進孔決裂之碎鐵重擊此面爲大小孔無數，然亦惟有多用厚布遷就之，再加鐵圈於螺蓋之下，以省工，

第二百六十四款　進汽管或添水管被礮彈所擊

礮彈擊破汽管，宜立闗阻汽門，用銅皮包其破處，罅隙墊以厚布，將羊毛線捆綁，若擊添水管，而附汽機靈活卽用之添水，而卸脫受傷諸件，但或附汽機已壞，而鍋爐有通管者，則用所未壞之又一添水器，添水於彼鍋爐而開其通管，若兩鍋爐無此通管，或吹水門與鼎鼓門通者，暫可借用，遂不添水，而運動至水極少之限，放出其汽，蓋兵船鍋爐必低於船外之水面，開通吹水門

而鍋爐之水可足用矣。如此屢屢借用，至添水管補好而止。補法並與前同。若餘水管擊破，則運動可不用空力，而關噴水門。破處能容人工作者，則於船之內邊隨管釘堅木，再用木條數根插入木與管之間，內寘鉛漆，包以篷布，外用羊毛線捆紥而夾護之。海塞門之管折斷，亦用此法補之。

第二百六十五款　礮彈擊壞汽機之半

雙筩汽機而半邊被擊，尚可獨用一筩行船。恐曲拐難過頂點低點之直線（如為正行機之行輪則更難），速宜拆去曲拐近直線處之輪葉。輪有雙葉，如擺線輪，則於易停之處所進水之諸葉每輻各去其一。若單板之葉（凡用單板者，造時分之為二，即不拆裂，亦更易拆卸），則用收葉之法。擺線輪用此法亦可。皆能減小鍋爐之任力，運動倍速，而用盡其所溢之汽也。又法，曲拐近直線處之進水出水數葉對面移進，成一擔圓形更妙。若風勢不善，或為敵船所追，或有別急事，不暇為此，而欲使半機易轉，則於初起運動時回走順風，以助其力，至轉率已足，然後返走欲往之路。其正行汽機既難轉過頂點，少可移下汽罨，而上端不用引汽，韝鞴乃易上矣。凡行海汽機，或拖船，或寄信，或交戰，必當使韝鞴之速不小於本速，且能略多為善。設出汽邊有漏，恆升車速能取盡其水。如抒水器之起水盤漏，必更速運水，其意正同也。

第二百六十六款　螺輪被擊

螺輪之汽機使全機盡低於水面為妙，所以免礮彈之害，故於前言防備之法不甚相涉。設有不幸，急救之法仍同。若夫螺輪偶有擊壞之事，則在船首尾簸盪之時，其患比行輪更大。折去一塊而尚能轉動，汽機固可不停，但葉之面積既減小，則機之速率必加多，徒費鍋爐之汽。免此病，必用自漲運動以減汽機之力。若擊彎而未折去，礙於容輪之方孔，則無法可言，專賴司機之智，視其損壞之式，揆度時事而補救之。

第二百六十七款　船體漏水

船體漏水，可以拆卸輪葉而接連其戽斗，專用汽機之力運出船內之水，且用臢水噴進縮櫃，能比凝水所需者更多，因汽機運動加速，恆升車自得取出也。若為正行汽機，去其輪葉，即當飛輪之用，曲拐難過直線，可略放長其罨桿，則韝鞴下時汽礡必先於常例，而進汽亦略早，免得下行之力太猛，且使向上之路進汽更長。

第二百六十八款　船體被擊擱淺修理

擱淺修理之事，宜使船入水更深，則能早擱於河底，修

理完備而欲起動易自輕浮故水必滿其鍋爐至頂臘水處亦使外水灌進進水之妙法開其噴水塞門而任水通出於尾舌門

第二百六十九款　煙管爲礮彈或別事所破損

煙管木塞本是多備用塞漏水煙管之兩端使水暫時不漏至煙櫃若有數管同時破損或破損極多而不得修則熄此鍋爐之火

第二百七十款　被敵追趕

兩船同行一路我船略快於彼船如一小時多三里乃慢船或在快船之後左後右近至覺爲快船之水浪所引則快船不能逃脫兩船同行恆見如是此時當用巧法易其行路之方向使後水之浪紋變易在未引慢船之前則疊浪橫撼敵船之首而敵自遠

第二百七十一款　戰後修補煙通之礮彈孔

此孔易於修補作薄鐵板如孔之形邊有雙簧一在裏一在外一塊掩一孔不甚密合無妨或謂恐有煙火透出之處然觀煙門之合處亦不甚密並無煙火透出也前言交戰時暫修鍋爐之破損在戰畢後亦可用之但更當加工耳若其破損能便用撑木之處或另能壓緊鐵板使密合更好又或盡去鍋爐之水掩鐵板於內面使漲力自行抵緊而不洩汽視出沙孔之門其理自明

第二百七十二款　整理挺桿彎曲

挺桿彎曲而直之必進火加熱使輭然鐵質加熱而遇空氣必鏽蝕落衣用木柴燒火鏽蝕較少挺桿之外尚有數件可同理推之如曲拐之拐軸或大軸之頸尤不可落衣恐與所函之處太鬆也若有木炭則更佳

第二百七十三款　汽筩無益運動

筩葢損傷速卽去之上汽孔用木塞滿其木之式不合空氣抵向汽鞴墊以厚布使木與汽孔密合而不洩汽在汽筩近口用木抵住塞孔之木不爲汽所抵出塞孔之後進汽專在鞲鞴之下面其上面止爲空氣所抵（此書常以上面下面論鞲鞴乃言豎立之汽筩平卧者則以上下爲前後）夫汽之漲力既甚大於空氣則鞲鞴爲汽力所推敵空氣之壓力而上既而鞲鞴之下面成空爲空氣抵下欲其平動縮櫃不必大空如漲力多於空氣十磅則有推上之實力十磅其抵下之力亦以十磅爲稱惟空氣之壓力爲十五磅所以鞲鞴之下面應存不凝水之汽與五磅相當卽離眞空之界爲縮表之十寸眞空既當三十寸之高此時應高二十寸也然近時試知尚可不必此精到惟輪轉顯有斷續之狀則然耳如此運動其速率得本速三分之二

若爲西瓦特汽櫃不過卸脫其上端之進汽出汽二機所有之鑽自能抵緊二櫃令密切而不洩此法已在英國來那船試用有效

汽機發軔卷八目錄

泊船餘事

汽機發軔卷八

英國 美以納 白劳那 合撰

英國 偉烈 口譯
無錫 徐壽 筆述

泊船餘事

第二百七十四款　吹出鍋爐之水

舊時常法進港以後卽吹出以盡鍋爐之水今亦大概如此但吹水之管多用薄銅變冷而縮使管體泄漏此管用鐵爲要嘗有船其管鐵皮之厚止十六分寸之三用至八年未壞所以俟水漸冷而用抒水器吸出然不若盡存其水尤能保護鍋爐今定新例非欲洗刷鍋爐亦不去水若去之卽宜揩淨保護鍋爐之理或恆乾或恆水然恆乾甚難當以恆水爲善故又須添高其水面因氣水之際生鏽亦多然此但指本有之水若已盡出其水而用海水盛滿非其旨矣蓋未沸之水所含氣質甚多更易生鏽惟沸水氣乃發出也

第二百七十五款　去盡餘水過熄餘火

停泊之末一事應吹通出水使恆升車與縮櫃內淨盡亦可用縮櫃底之塞門爲之以免水溼之鏽蝕又能免一大害如前言在冰界時恆升車起水盤及抒水器結冰之類此事有暇不爲至運動時必有鎔冰費時之煩冰設不盡恆升車葢損壞至熄火之法必盡出其碟而澆水使溼有船不爲此事致鐵地平紅熱延燒木類至於碟箱危險之極竟將船體鑽通沉船於水

第二百七十六款　用油之法

鍋爐之水吹出揩擦汽機諸件乘熱作此油滯易去油不浪費船欲久泊凡所有之輾墊已盡出其輾墊不令電氣侵傳或不取出可用鎔化之牛羊油傾於壓葢之窪以免塵穢竄入罅隙磨壞挺桿而兼壞輾墊至運動之時去其污油而易以淨者取出之油不可棄去重鎔之塵穢自沈又停港之時所有銼磨光亮之鐵件將出海時必用白鉛粉和油遍敷一層能免鹹水之害再進港時不過揩去其油仍若先時之光亮

第二百七十七款　添油諸器

進港以後添油器之積穢者必用沸水洗淨油質穢雜洗滌宜勤若用巴頓添油器則每進港後應重易羊毛線久則油垽稠凝卽阻緣附之力

第二百七十八款　諸軸樞

拆開軸樞有時見襯內如刻痕此因添油不善之故下銅襯或作油槽穢垽不久卽滿且變硬致刻軸樞成痕若本有槽可用輾金寘之油槽之用止在上襯所以引油下行也凡軸樞不必屢屢拆開易生弊端拆開重裝

而螺旋太緊樞必變熱若太鬆則軈伉而不安槓桿之中樞及與挺搖桿相接之樞其展動之角度不大面阻力多在樞之上下兩處久則變爲橢圓故必重整爲圓形但無暇修整則旋緊其螺釘然宜加愼蓋橫橢圓轉動於竪橢圓中幾若方圓之不合矣若太緊恐函樞之銅襯開裂

第二百七十九款　行輪軎

軎爲輪之外樞其合銅之處常因鹹水之侵而生鏽故必常潤以油油孔亦必通暢已有英國二兵船外樞變熱而生火延燒輪轂又有油孔內雜物塞滿油不漏下雖未生火而已極熱

第二百八十款　挺桿壓盇

挺桿輭墊臼之壓盇應高而適不與挺鍵相礙因所墊愈多則輭處愈深可以夾輔挺桿使行直線搖桿或短而平行諸桿或不準深輭墊之功亦不少也

第二百八十一款　機架螺槼

船初進港卽宜視定機之大槼若覺略鬆乘汽未放盡而旋緊之其鬆之故或遇大風汽機震盪使然若不藉汽之用恐有阻礙而人力轉機不易難至彼處工作也旋緊之法齊緊二斜對者鬆緊與高低皆宜相等祗在一邊旋緊必有不正之弊斜板船與鐵體船旋緊此槼極宜留意凡已擱淺或在船塢此事尤應考檢間有擱淺之時其槼屢致自斷者汽機有旁搭則進塢時或擱淺時應放鬆外邊既無水力相濟船體必稍開大

第二百八十二款　汽韛與輭墊

汽韛平面往來磨擦則中間磨去比外邊必多故平面變爲凹面而輭墊環繞韛背之所亦必變凹如是而汽韛在或上或下時旋緊其輭墊則在中處必鬆若在中處旋緊則上下必更緊適欲退行恐阻礙而不能如命矣故拆開檢視用直尺上下演比若覺稍凹磋其凸處使平或反使凹處稍凸以備後日消磨磋好之後加工光滑免傷輭墊（此韛爲半圓形若爲空腹韛則以汽爲輭墊無有此病）韛背之病已修再視面與汽孔此處若不密切進汽必通於出汽修之必先平汽韛之面乃用丹油薄敷而合於汽孔之面上下移動取開視之可知汽孔之凸處所凸不多卽可刮平多則用磋平之若在上孔可用曲柄平磋下孔用長柄磋在磋之下端再用一人按平上下將近眞平則用丹油極薄始見不平之處若在暗處用馬口鐵或白紙返照回光二面俱已密切以極細寶砂調油敷之磨擦上下數次以光之但不可久磨恐有粗砂積於凹

處也由是重修輭墊之麻辮汽機用已日久則甕背輭墊之孔必大於初造之時麻辮之式宜與孔相等在後面比旁面須更厚否則必漏汽且麻辮之二端或壓緊於汽孔阻汽不進汽筩而通至出汽之邊輭墊若得棉花布比羊毛布更佳因凹凸力大又能耐久故用蓬布亦佳此處熱則易壞非若別處之輭墊也後面須厚之意如搖汽筩之樞亦如此蓋原爲正圓久而變橢故其輭墊若四面之厚薄皆等必不合作麻辮之法先將羊毛線搨以輭肥皂而打成辮可免電氣之患現今修整汽甕必比昔時更勤所用煙管鍋爐大約汽櫃小水面窄汽水共出比昔更多水內之汚穢爲汽帶出著於汽甕因汽之熱變爲硬質使汽甕難動而壞輭墊與汽甕之面

第二百八十三款　求推機路之度

韝韛在上端足處用木尺抵於汽筩之蓋而齊橫擔作點又在下端足處亦齊橫擔作點兩點之距卽路之長

第二百八十四款　修整平行動

其一　邊桿汽機　此機當行海之時覺橫擔之動不準垂線則知平行動有病宜於此時修整其難處有二一覓病二施治先置韝韛於半路如上款已知其度然後詳察諸件設吧吶唇爲邊桿之半唇爲中心叮吧爲挺搖桿𠮙吶爲平行桿咦𠮙爲長撐桿呷𠮙爲短撐桿卽半徑桿夫韝韛既在半路咦呷𠮙三點應在一線圖不在一線欲顯呷𠮙線之迹咦𠮙吶吧應成平行四邊形咦𠮙等於吧吶咦吧等於𠮙吶卽是不合此法須墊其所短惟宜注意吧點恐挺桿因墊而高韝韛有撞擊筩蓋之危也此平行邊形既合法而平行動尚有差則知半徑桿呷𠮙之度不合諳算學者可以下式知之$\frac{\text{呷𠮙}}{\text{吶唇}}=\frac{\text{叮吧}\times\text{吶唇}}{\text{𠮙吶}\times\text{吧唇}}\text{丅一}$見一百十四款推其式以𠮙吶與吧唇相乘爲實以吶唇與叮吧相乘爲法約之所得減一再以約吶唇卽得半徑桿呷𠮙之眞長如算學不熟則必轉其汽機使曲拐至高低二點測叮點向左則半徑桿呷𠮙太短若向右則太長嘗有汽機之作此平行動呷點之左右可按法遊移諸桿之長短可相宜襯墊又有汽機不然所以修整爲難設挺桿在半路已準垂線則下足時之點改好而已可上足時雖稍差無妨挺桿盡出汽筩之外雖有偏欹無大害於墊臼也挺桿下足而有差則斜牽之力強掣墊臼而累及半徑桿之樞軸間有粗淺之司機視咦呷𠮙三點能在一線以爲足矣

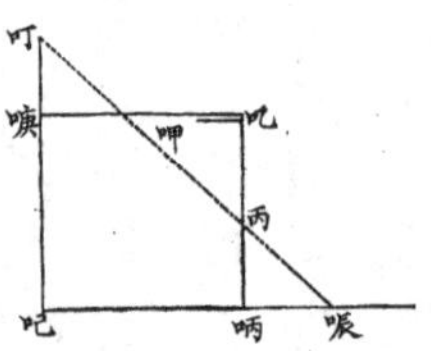

殊不知半徑桿呷吃長撐桿噢吃之度更為要也。凡平行動有差而叮點不行直線者，其故因邊桿與挺搖桿之樞襯消磨至擊汽筩，此事必在挺搖桿下端之樞襯補墊使鞲鞴略高，然此易致平行動有差，因挺搖桿上升時，半徑桿之前樞與平行桿一同上升也。若墊大搖桿下端之樞襯，其理亦同。至妙之法，補墊挺搖桿之上端，則平行動依然不變（此為修整毛字來之平行動，若用瓦特之平行動，則補墊其挺搖桿不論上下皆差）。挺搖桿磨襯之力比平行桿甚大，蓋專任挺桿之全力也。平行桿止扶直挺桿之行，設欲補墊宜比挺搖桿甚少。

其二　果悉汽機　第一事須考搖架之樞襯，若有消磨，則鞲鞴在半路時使半徑桿（即短撐桿）與平移桿（即長撐桿）哂啐呻三點不在一線。觀此機之式，可知其平行動易致生差，蓋搖桿之樞襯磨去，即升上其挺桿橫擔而搖架與半徑桿之樞襯雖亦消磨，終不及搖桿磨去之多也。此類汽機其機之總架改變，乃延累於平行動。如機架之木收縮，必旋緊其架兩邊，旋而不齊，則移半徑桿之定點而不易汽筩之位置，實覺平行動參差矣。其諸件之真長，後款詳論。

第二百八十五款　以幾何理求邊桿機半徑桿之度

唇吧為邊桿之半，吧叮為挺搖桿，呐吃為平行桿，吃噢為長撐桿，使邊桿唇吧展移至唇吧，及唇吧使吧點成吧吧吧弧線，而呐點成呐呐呐二弧線，作吧吧通弦，平分其矢線於辰點，自辰點作辰叮線正交唇吧線，即叮點直行辰叮線內。設唇吧為唇吧之位，即曲拐在低點，引長辰叮線作叮點，使吧叮等於吧叮，則鞲鞴上足，其挺桿之上端必在叮，自呐作吃呐線等於吃呐，而與叮吧平行，又同法推得鞲鞴下足時呐吧叮吃四點，與呐吧叮吃四位皆相合。由是半徑桿之弧迹點歷合吃吃吃三點，以此三點求心，得半徑桿之定點為呷，則半徑桿之長為呷吃。

第二百八十六款　修整輪軸使合直線

行輪與軸體大質重，恆致磨下枕襯，而推船全力勢又前趨，所以消磨之處必與原位成角度，故宜先試輪軸之內端，法置曲拐於頂點，乃將矩尺如圖略短於拐之長，置甲端於聯軸之心，先於對面之曲拐（即行輪軸內端）擦以石粉，而以矩尺之乙端作第一圓界次轉曲拐行九十度再作第二圓界再轉九十度至低點作第三圓界又轉九十度作第四圓界輪軸之心與聯軸之心果在一線則四圓界盡合若第一圓界之距心遠於第三圓界則輪軸落下第二與第四可知輪軸之前趨次考輪軸之外端其外端因行輪之重更易落下而前趨之勢亦更多仍置曲拐在頂點如圖設呐呷與呷叱爲聯軸與曲拐吙吧與叮吙爲輪軸與曲拐外端吧落下至吧'即所求之距差在二曲拐之中線度叱叮之距轉過半周再度咦啐之距轉軸之時不可遊移進出若叱叮等咦啐則呐呷與吙吧皆在一線叱叮大於咦啐則知吧端下至吧'差未甚大將銅襯前後調換或調換其上下惟所差過大則必補或墊高其枕襯（造機之時因大軸外端恆落下故作曲拐所函拐軸之孔不甚緊又或用鐵擔連拐軸而大軸曲拐在聯軸曲拐之前）求吧點應補之厚薄以量得之叱叮距減去咦啐距所餘半之再以曲拐至外樞之長乘之以曲拐之長約之即得所求吧吧'之距

吧吙與呷吙在一直線時設叮'啐'爲叮啐之位故叮'啐'與叱咦平行叮叮'等啐啐'又咦啐'等叱叮'

又 咦啐=咦啐'丄啐'啐 又 叱叮=叱叮'丅叮叮' 又因 啐'啐=叮叮' 故 咦啐丄啐'啐=叱叮'丅叮叮'=叱叮'丅啐'啐 所以 二啐'啐=叱叮'丅咦啐' 即 $啐'啐=\frac{二}{叱叮'丅咦啐'}$ 又依相似三角形之例 $\frac{吧吙}{吧吧'}=\frac{叮吙}{叮叮'}=\frac{叮吙}{啐啐'}$ 即 $吧吧'=\frac{叮吙}{吧吙}\times啐'啐=\frac{叮吙}{吧吙}\times\frac{二}{叱叮'丅咦啐'}$ 以實數明之設吧吙爲十二尺六寸叮吙爲一尺九寸叱叮爲七寸咦啐爲六寸又八分寸之七則叱叮丅咦啐爲八分寸之一故 $吧吧'=\frac{一·七五}{一二·五}\times\frac{一六}{一}=\frac{二八}{一二·五}$ 即略小於半寸所以可用半寸之厚補之

若大軸平行低下必先修其內端之差螺輪之軸同法推之

第二百八十七款　安置軸擋使汽韛得宜

是款皆言成全之汽機所以原造之推引桿小搖拐韛提韛桿之長短位置皆無差惟輪擋與軸擋恆致磨壞故必修改然位置失宜引汽大變蓋此處有一分之差則引汽或致加倍或致全無也安置汽韛而欲正對汽孔必置韛韛於足處即是合曲拐於直線所以槓桿汽機先置曲拐於低點使汽韛正對上汽孔正行汽機先

置曲拐於頂點亦使汽罨正對上汽孔如船之脊木合地平汽筩與脊木成直角者即求拐軸之徑半之爲半徑乃於曲拐之內面擦以石粉以軸心爲心將半徑作圓界以線繫錘垂附於此然後轉軸至垂線遇拐軸而切圓界則韝鞴必至足處矣或有脊木不合地平線仍作圓界如前次備長木二條其直中繩相連成直角以爲大矩尺之用○矩尺求作直角之法另用板一塊度取長十七寸乃將西匠常用二尺長之摺尺展開以兩端指十七寸之兩界則摺尺二股之相交略爲直角蓋摺尺之二股各爲十二寸則十七寸爲三角形之底按幾何原本卷一·四十七題 $\sqrt{一二^{二}丄一二^{二}}=\sqrt{二八八}=一六.九七$ 即略等十七又法取五寸之線以二界各對摺尺自交點起至一股之三寸又一股之四寸則亦略成直角蓋 $三^{二}丄四^{二}=九丄一六=二五=五^{二}$ 故也○若爲槓桿汽機先去恆升車之蓋即在上口橫置大矩尺之一股又一股亦遇拐軸而切圓界則韝鞴亦必在足處正行汽機可用汽筩之上口當恆升車之用設不去其蓋任於蓋上比視恐蓋體厚薄不勻所得不真終不如上口之密合準繩也又邊桿汽機可轉曲拐至直線處於挺桿之上下二點作識即得推機路上下足處自是以後即可安置汽罨使上汽孔之引汽正合運動之理次轉兩心輪至推引桿適鉤接於小搖拐之軸乃在聯軸上就置其擋密切兩心輪之擋再轉曲拐至頂點使汽罨同行以試下汽孔之引汽若太少必移長其罨桿以合之即略減上孔之引汽以增下孔之引汽（依司機者之意收放推引桿之長短亦合但此不佳常妨汽罨之運動）置退行之擋以推引桿脫離小搖拐之軸不動汽機而退轉兩心輪視推引桿再鉤接於小搖軸亦即就置其擋然後同轉一切細察二汽孔之引汽必與順行相等爲善槓桿汽機之引汽上下恆同約爲八分寸之一惟正行汽機下孔多於上孔此亦移長其罨桿大約下孔爲四分寸之一强上孔十六分寸之一弱所以當韝鞴本體之重下足之時無有猛撞之弊且再略增上孔出汽邊之引汽以緩之所謂出汽邊之引汽上大於下卷三已言之矣其酌定引汽之法全依輪轉之速率陸路之機與速率極大之機韝鞴既速引汽必多至於行海汽機慢轉之輪無庸防韝鞴之行勢試以人力運動汽罨使汽機行動輪轉必極慢行勢必極小不必有引汽也故韝鞴行動愈慢引汽可愈

少也然此乃謂進汽之引汽尚有在出汽邊者即韝韛未足而即開縮櫃之路所以此法之全歷有三事一汽之進孔二進汽隔絕而用自漲三韝韛未足開通縮櫃之路末一事能大減韝韛之行勢不必待新進之汽當之矣此乃割短汽韛二平面之上下進汽之孔未開彼孔已稍出汽毛字來之正行汽機上孔出汽邊之引汽大下孔進汽邊之引汽亦大其理正同也以上皆言新造之汽機或全行新修者若已用至三四年而重整汽韛則韛桿與推引桿亦必重修因稱軸與韛提諸銅襯常爲滯力消磨使汽韛低下減少上孔之引汽而下孔增大又兩心輪與合環久亦消磨推引桿不減而短汽韛乃或上或下矣小搖拐在稱軸之下汽韛落下在稱軸之上汽韛提上此一弊或與前低下之弊相消或更與相長然又當視小搖軸與推引桿鉤口之磨壞如何蓋汽韛行足而返回之際諸桿常常撞擊即兩心輪之兩心在直線前後雖轉而不推汽韛磨壞既多撞擊更甚凡此諸弊若不修理得宜必失應有之引汽因汽韛動差十分寸之一即大變引汽也欲明推引桿長短之大旨先使汽韛在半路

第二百八十八款　汽韛在半路

汽韛取去時將木界尺緊切汽孔平面依汽孔之界用刀尖作識即得汽孔之闊與二孔之距再將界尺切於汽韛之面使餘面蓋上下二孔相等即知汽韛餘面之多少亦即知出汽邊或爲餘面或爲虧面汽韛在半路時若小搖拐與推引桿成直角而二孔之引汽皆相等則二孔進汽邊之餘面必相等

第二百八十九款　推引桿

置汽韛於半路而推引桿不鉤接於小搖拐之軸以兩心輪之兩心與推引桿在直線將規展開一尖點於搖軸之心又一尖在推引桿作短界乃轉兩心輪半周使兩心再與推引桿在直線其鉤口必過搖軸之心又將規以原度如前於推引桿之對面作界鉤口之中心應在二界之正中若不在正中則推引桿必須修改修改必在推引桿接連合環之處或墊鐵圈使長或磋桿端使短

第二百九十款　增損餘面

前論汽韛之用未言汽韛之體然增損餘面之事不可貿貿爲之當思餘面依鍋爐之量而作不知其量而忽欲增多進汽則汽或用盡必勉強熾火以足之費煤將不貲矣惟行輪汽機而用自漲者其進汽制於漲門削盡餘面無妨事偶緊急大漲力之汽或欲使進全路也

何也汽機之任重加多必減少輪之轉數如逆風逆水拖船等事鍋爐之化汽如常不能盡進於汽筩自必放出於萍門餘面既長雖用自漲之大級汽孔不得多開其如急事何故不如損其餘面汽且不枉費而得分外之功如救船出危避敵逃險是也此言進餘面也進汽邊之餘面改短出汽邊之餘面亦宜短不然未凝水之汽對力太多其或增或損聯軸之擋亦必改餘面增擋須進前餘面損擋須退後由是汽韆亦必重安置矣此乃兵船若非稟明船部或輪船公會帶兵官不得擅為此事無論司機

第二百九十一款　鍋爐鏽皮

鍋爐之內空處甚小鏽皮厚結人力難施若在稜角之處則尤難往往常致留積留積既多熱力不能傳水必壞鍋體且為後生皮之根作合宜之器如平鏟插入鏽皮之下並鑿碎其大塊進水出水之處搜剔淨盡俱自出沙孔取出鍋爐之底搭撐叢立固屬棘手然不可遇難而止留作後生皮之根洗刷潔淨之後詳察吹水管之通塞此管正在鍋爐之底鏽皮易進管口應開塞門使水推出而再收取故必於進人孔之門未關時為之凡船停泊而搖盪常致吹水管阻塞此乃吹水未盡其水左右衝激碎皮一同往來遇孔即入也昔有船泊於西拔司點海灣彼處波浪洶湧前鍋爐吹水管阻塞幸後鍋爐亦有吹水管且另有通管相連賴此可自後鍋爐添水吹換蓋四鍋爐如一鍋爐而分為四分也欲免此弊宜用抒水器吸出餘水若不能盡再開出沙門以放盡之吹水管口應加漏罩以止大塊鏽皮進管用鐵皮兩條正交相連彎作半球之式頂上旋以螺釘罩於管口螺釘抵住火爐之底使不移動如圖呷呷為火爐之底叱為吹水管哂哂為鍋爐之底吰吰為漏罩之鐵條叮為螺釘吰吰之徑大於吹水管之徑而切於鍋爐之底漏罩之質必與鍋爐之質同類免生電氣嘗有用銅為之不久而吹水管自斷考其故知管質變化刀可切割鐵已變為筆鉛也

第二百九十二款　艌塞鐵板漏縫

鍋爐有漏縫用鐵屑與淡輕四綠及硫黃調和艌入縫內乾則結硬汽氣皆不洩

第二百九十三款　鍋爐釁隙附修管

鍋爐釁隙大約因腫而生腫因鐵皮軋時有夾層未粘合之處初覺有隙則在隙之二端鑽眼而旋螺釘隙不

再長若再長必多用螺釘旋之然後窴塞其隙即可不漏窴塞之法或青鉛或堅木或粉漆毛線便宜爲之釁隙旣大必補所鑿之孔不可折角若有角鐵板易於開裂補處若在火爐應貼於內面免太熱也二百六十九款已言漏管用木塞口此僅爲暫時之用如欲恆用可寬管徑稍小者入漏管之內用尖形棱侈其口使與外管密合即不漏水然此爲船內所備之管用盡而言

第二百九十四款　修補鍋爐

修補鍋爐之鐵板毋作凹形恐下面所化之汽不得上升而留於凹處也夫汽爲氣質之類不易傳熱見第二十款鐵板必太熱而至燒壞此專言灰膛之底向下視之略似下凸爲佳若爲平者尚不合法因熱在上水在下上必甚熱於下冷熱之驗上面之漲多於下面不久而將上凸矣上凸則如前之弊所以圓底之灰膛比平者更好昔瓦特所作皆如此使汽易於通上也

第二百九十五款　鍋爐搭撑

鍋爐舊制在碟膛之頂用搭撑固之其式爲長孿如雙鉤∽汽偶用盡而反萍門不自開搭撑自有凸力如簧能敵空氣之壓力漲力過大搭撑又以牽力制之其體之彎直不甚相關蓋鐵質稍彎而欲使直非極大之力引之不能也然今亦皆爲直者矣

第二百九十六款　萍門增重

萍門若欲增重則汽筩之放水門與添水器之餘流門其重亦必合比例而同增權之常制用鐵若欲體小青鉛爲妙

第二百九十七款　玻璃測水管

新試輪船覺玻璃管內之水不能安靜下端之水沸甚以致汽水交和故水面之高低不定即宜修理自上端引一管至純汽之處下端亦引一管至下層水沸略停之處所以置管不可近在火爐之上受熱過多應略對船脊之上適宜之處測水塞門亦然因船之左右搖擺此處最小若首尾簸盪則鍋體與船體相比爲甚短而水之上下無幾矣

第二百九十八款　添水管

添水管宜在水面之極下不然汽必透入管內設添水器之舌門不緊管內自生磕撞之聲且添進之水近於水面妨水之沸所以管不深入而再遇汽水共出之鍋爐即爲司機者最難之事

第二百九十九款　測汽管即水銀漲表

測汽管常宜潔淨因接連鍋爐之一端水進管口而生鏽內孔自必變大所指之磅力不眞所以然者此端之

低一寸。彼端之高多於一寸。表升一寸。其較不至三寸。鍋爐內之漲力。小於浮表所示矣。

設原管孔之半徑爲未。鍋爐一端之孔因鏽變爲求。水銀低下之路爲天。卽又一端升高一寸。則有式 $一求周＝天求周$ 卽 $求＝天求$

$天＝\frac{求}{未}$

$天\perp一＝\frac{求}{未\perp求}$

$\frac{三}{天\perp一}＝\frac{二求}{未\perp求}$

惟 $天\perp一$ 爲表升一寸水銀面之較。故 $\frac{二}{天\perp一}$ 等於當升一寸者漲力之磅數。所以表升一寸。其漲力較之磅數爲 $\frac{二求}{未\perp求}$ 作式以數明之。設未爲三 求爲

$\frac{三}{二\perp\frac{二六}{二一}}＝\frac{二六}{九}$ 故

$\frac{二求}{未\perp求}＝\frac{二\times\frac{二五六}{八一}}{\frac{四}{一}\perp\frac{二五六}{八一}}$

$＝\frac{一六二}{六四\perp八一}＝\frac{一六二}{一四五}$

等於磅八九

第三百款　爐柵

爐柵之位置。其邊柵應逼近火爐之體。以免熾煤積於爐柵與鐵板之間。蓋此處火力太猛。必推水離鐵板。而鍋體坼裂。用威勒士煤更宜留意。因熱力專聚於煤膛。非若輭煤所發之熱。散在煙管之內也。

第三百一款　煙通

掃刷煙管之後。煙通亦應掃刷。能與空洞內同法更佳。煙通內多積煙炱。固不甚妨吸氣。然或暴雨而上口不蓋。其所結之硬皮。必爲淋鬆。以後熱火出煙。盡爲帶出而落於船面矣。故若無暇掃刷。則用鳥鎗在內開放。可衝去甚多。至於外面應敷吧嗎油。以護之。用碟吧嗎油者。但美觀而不久。須常常添敷斯德哥摩卽菜吧嗎油稍和松香油。比碟者耐久。初敷斯德哥摩色不美觀。惟乾則變黑如漆極佳。以此油和碟吧嗎油等分亦佳。停港時用蓬布蓋於口上。免爲雨淋而致煙喉與煙櫃生鏽。或用鐵蓋而周圍放濶。且高擎於上。爲四分口徑之一。煙易放出。

第三百二款　煤箱

煤箱之內襯以鐵皮。若用銅。則船邊內鐵撑之處。漸爲電氣所毁。而煤箱卸開甚則積煤盡卸至機艙。故用橫撑爲不善。且易爲大塊煤所擊彎。今用稜鐵爲之。任力多而更堅固也。天氣晴明。進煤之口開去蓋板。使煤所發之氣質外散。其氣大約爲炭輕氣。卽煤礦內自生火之溼氣。亦卽點燈之煤氣。

第三百三款　收煤

煤箱內餘存舊煤。應先運至門口。以備先用。蓋久存箱

內失去火力因所存之處發熱也收藏新煤愈乾愈佳威勒士煤占處小於北邊之輭煤行程爲遠二種和用則生火時用柴少而化汽更速獨用威勒士煤須用多柴生火也又二種和者其鋪層可薄故測地之船與屢泊之船用北邊之輭煤爲佳因任推後扒前所賸之灰較少惟煙管鍋以煙炱多積爲嫌則輭煤略少如四分之一即可矣

第三百四款　修鍋爐後檢取遺物積穢

開視鍋爐禁止火夫等將雜物攜進鍋爐作棧狼籍於煙管之間而忘取留爲積穢之根阻水不切鍋體或至鍋爐之底阻塞於吹水管所以鍋爐內事畢之後須詳察一切盡自出沙孔取出如麻棉之類更宜慎取因水內之灰質易與粘合也火夫有時將污衣置於鍋爐內煑淨此必嚴禁或致阻塞通水管也

第三百五款　鍋爐內惡氣

取去進人孔之門使人入內先開測水塞門與放汽萍門否則惡氣結聚不久而所用之燈火將熄即人不可吸之徵

第三百六款　螺軸諸輪

螺輪汽機所有相接之諸輪宜常視其齒斷缺與否或有鬆者可將細蓬布插入鉛粉漆以固之若久用而磨壞則必重修齒心之距宜試其合法否螺軸之頸磨寬輪齒必將齟齬

第三百七款　齒輪加油

牛羊油潤於齒輪有結硬之弊又遇別物難以擦淨故用輭肥皂和筆鉛粉潤滑更佳磨擊之聲亦小遠勝於牛羊油矣

第三百八款　行輪葉

輪葉用兩鐵片夾之一在後面襯於輪輻一在前面用鉤架以螺蓋旋緊如不用鐵片螺蓋緊時必損木板其鉤架之鉤不太長所以令蓋退旋不多而拆開葉與架蓋相連取下如欲再裝架蓋仍在否則必有遺失以致忽忙費工可惜其螺蓋之大小須相等螺起可共用一件此數者皆當先事檢點可免臨時忙亂也

第三百九款　平時保護鍋爐

鍋爐不用之時或極乾或滿水皆保護法也蓋溼氣喜侵鐵質其最烈者通汽管與添水管之銅質消化被溼氣帶至鍋爐之底積聚而生電氣所以乾燥則氣無由生水滿則散佈而淡也若用乾法爇火焔之再以煤吧嗎油紅鉛粉牛羊油等遍敷內面以免電侵但此有難

到之處不如滿水之法將輭肥皂鎔於熱淡水內傾入空鍋爐乃開吹水塞門進水漫過煙管之上使膩質散粘於各處亦免電侵每水一噸用肥皂三磅如汽櫃煙喉等處應用胡麻油和輭肥皂敷內面每油一駛倫用肥皂二磅於水未滿之前敷之水已滿足沸之散去其氣氣質最易侵鐵也

第三百十款　出沙門

鍋爐出沙孔之門間有貼於外面者然以內面為佳可藉漲力之助固數年前英國兵船密調自日巴拉大回國出沙門之螺橥自斷因初漏旋緊之而使然也幸門在內尚無大害若在外面者不但放水至機艙之害船必停泊多時矣此書初成之時倫頓一螺輪船適遇大害乃門在外面初覺洩漏司機者旋緊螺橥自斷頃刻脫落沸水暴出司機燙死

第三百十一款　平時生汽

汽機停泊有暇即宜生汽以運動其汽機若久泊生鏽而運動不但磨壞汽機且滯澀而用煤亦多此事必在海口之內或平穩之處為之鍋爐之水不必如常用之多鍋爐不必盡用火亦不必甚旺生熱足使別鍋爐乾燥為度關煙扇門以緩火力水可盡傳其熱此法有二益一用煤無多一出煙甚少免汚蓬檣且可用碎煤不過運動汽機數轉即止若停至二三月而不生汽費煤必十倍矣又冬令嚴寒及有鬱蒸之氣鍋爐生火船內盡覺有益蓋袪除溼氣與惡氣人身自能爽快且乾艙水處櫰木之溼以保船體但此乃預備啟行故一生汽而立刻運動若仍在久停則開鍋爐與汽機之諸門使氣自乾足矣將欲運動必於十小時之先檢點進人孔出沙孔諸門汽鞲若已取去須重置並及鞲桿與挺桿諸輭墊惟最要者汽機不可久停而不易動若不生汽必用人力轉輪

第三百十二款　人力轉輪

槓桿汽機所須之力不多用數人加力於輪輻之端足以動之惟正行汽機須用轆轤繩索但不可盡轉出前在水內之輪葉

第三百十三款　轉機輪

螺輪汽機皆有此器運動全機在大軸上定一齒輪接以螺絲運此螺絲有桿撥其桿全機盡皆運動齒輪與螺絲之比例使撥桿之力足動其機

第三百十四款　轆轤提起汽筩葢

此為提開筩葢之常法提力既大安置轆轤之處必使

足任大力或暫用別法懸掛切不可在下作事最易遇害若以木桿抵住韛鞴再捆於挺桿以擊之似能較穩也凡緊合筩蓋之螺槼稍長則筩邊之下宜墊鐵圈旋其螺蓋始可壓緊

第三百十五款　汽筩蓋用汽開合

邊桿汽機之運動一切無病整理完備之後而欲閉合筩蓋則於此筩之韛鞴上在足處縛蓋於橫擔吹通兩機而使縮櫃成空夫此韛鞴在足處彼韛鞴必在半路用手移動彼筩之汽毬稍開出汽孔則空氣之壓力加於韛鞴而推下至足處此筩之韛鞴乃在半路矣再以同法下至足處但須緩緩而下毋令擊撞若欲提開筩蓋則以韛鞴在下足之時亦縛蓋於橫擔彼韛鞴正在半路進汽於上面而使下須防筩蓋上跳故進汽宜緩若祗專提一蓋竟進汽於此韛鞴之下面推起至上足之界而止今欲提起二蓋則此韛鞴上至半路應縛彼筩之蓋此韛鞴既至上足彼韛鞴又上在半路矣行輪之軸有阻滯者可至上足處而藉以停之近有極大之汽機即於筩蓋作進入孔可開去其門以修韛鞴然此僅爲行輪之汽機螺輪汽機之韛鞴乃在汽筩之後端爲之也

第三百十六款　韛鞴泄漏

汽機所程之功不合原制必是韛鞴不能密切於汽筩此面之汽未程功而漏至彼面也則於將泊之時考而知之開其下汽孔而進汽並開筩蓋之油塞門果係泄漏汽必出於油碗汽機停時雖小亦見

第三百十七款　挺桿不緊

挺桿裝於韛鞴之中本屬甚固然有時正在行走而稍鬆萬不能停機修整法以通汽管之扇門稍關減少初進之汽以免猛撞之力若欲收緊而打進鐵劈慎毋用力過度而太緊以致韛鞴坼裂已屢見此弊端矣凡用螺絲螺蓋者不必慮此旋之愈緊愈佳

第三百十八款　拆卸鏽結

生鏽凝結之處欲使脫離必用熱力法以木炭烘之若不足則用沙泥圍其外鎔鉛傾其內或用塊鐵燒熱炙之亦可

第三百十九款　吹汽平門

推引汽毬先開汽孔之一待汽滿汽筩乃反動其汽毬使汽進汽筩之彼端如此則初進汽筩之汽必通至縮櫃遇櫃內所存之冷水漸能凝水故初運動時不能程功累次進汽水必漸熱至不能凝汽爲水即推出縮櫃

之空氣與吹通之意同此乃遲延時刻實爲鈍法然吹汽門壞而不能開則無奈矣

第三百二十款　汽管結冰

氣候極冷汽與空氣之寒暑大異則汽自鍋爐至汽管已凝爲水英國兵船曾遇此事汽久不通汽筩人以爲阻汽平門未開實則當時之寒暑度甚低而汽管之溼氣結冰於內也夫餘汽萍門雖加重至七磅而餘汽管汽多吹出然一出鍋爐卽速凝水將手摸試通汽管外卽覺冰未鎔盡之處有分明之界冷熱顯然後覺汽漸勝冰將及汽筩殼汽卽暴進而機忽動其管若已用氈包裹卽無此弊

第三百二十一款　螺輪雜說

螺輪轉動之時水之抵力與船脊之方向參直故亦與螺軸平行搖桿前端之銅襯函於拐軸而抱束甚密若不用接輪而曲拐徑接螺軸者曲拐與拐軸雖短而固然亦稍有凹凸力而欲微彎則必軋銅襯之邊矣故必在汽機之後當此螺軸之推力其弊可免也凡螺輪汽機自噴進海水之處應有諸管引至各樞之上以冷所生之熱所以推杭有近在船尾者易引外水也油質冷物之性不如水質之多因油之沸界比水多至百餘度故水能散軸樞之熱爲隱油則但取其潤滑硫黃之鎔界比諸水沸無多其冷物之性亦能相埒故可融和於油中代水之用也螺輪小船入水不深者在海面大浪之中三葉之輪爲善輪葉不致盡出水面不如雙葉者遇船首尾攧簸而卽讓去推力惟在靜水與入水甚深之大船則雙葉爲佳因無分水之弊也螺輪船初起運動其輪進水不多者應先用少汽運動待船行漸速用汽漸多否則螺縻甚大徒費多碟船固不能陡速也鐵路上之汽車略同此理車之行勢未足輪乃滑而不前螺輪船尾柱之前應有不漏水之隔板軸頸之輭墊或漏水不通至艙水之處英國兵船老撟亞爾北無此隔板幾至失事隔板內應另置一抒水器停泊在港抒盡其水近底亦應置一管管作塞門一端通於縮櫃汽機運動縮櫃可用爲噴水而省抒水之煩螺輪機之汽筩平臥者停泊之時應常乾否則水必留於下面而生鏽將爲圓者不圓矣且韛韛之重壓在下面也故停泊以後必加牛羊油於汽筩與汽韛防水之害若有暇應開螺軸之伏兔以免結定久而不開卽有此弊此外檢點挂上螺輪其挂法牢固否

汽機發軔卷九目錄

汽機發軔卷九

英國 美以納 白勞那 合撰
英國 偉烈 口譯
無錫 徐壽 筆述

第三百二十二款　汽機之致用

致用者彼有重而我起之彼欲靜而我動之乃依定限之時生發能力以致其用也事有相因物宜適就故即以彼面言之限以定時將彼事彼物之對重與起動之高遠相乘使汽機之能力足與相當所以設吧為對重之磅數亥為一分時或高或遠之尺數則吧乂亥亦為汽機程功之能力矣惟略大之汽機詳此式必以繁數實之然衍數繁多猝不易曉所以瓦特以其數用大數約之殊屬簡而易明也瓦特輩初造汽機汲引煤礦之水以代馬力故汽機所程之功與馬相比以匹馬能起之磅數與一分時起高之尺數相乘定為三萬三千自是以來凡汽機致用之限為$\frac{吧乂亥}{三三〇〇〇}$即馬力之率近時英國胡立遮船廠工師亞特頓作書言此馬力之率在行海汽機實不足為準故今行海汽機所論馬力不能定汽機運動全力之限蓋近時汽機之能力多有三四倍於其馬力矣特設新常數以代三萬三千法將最精行海汽機

船數隻摘取程功之中數再以諸號馬力之中數約之所得之數減百分之十五卽爲十三萬二千以此代前之三萬三千也

第三百二十三款　汽機之功率

功率者用定限之磼所得功効之成數何以言之卽用磼若干而得實馬力幾何故陸地汽機之功率以實馬力數爲實將用磼數約之也如代數式則 $\frac{實馬力}{用磼}$ 爲準用磼而得實馬力若行海汽機乃倒用其法則 $\frac{用磼}{實馬力}$ 爲準實馬力而得用磼兩式各適所用也惟功率與能力之大異者因能力依時而定功率依磼而定所以汽機運動或一時或一日或一月其功率恆同而能力則與時有比例也此功率獨論汽機與鍋爐之優劣而不論其大小然尤重在鍋爐相涉乎汽機者無幾

第三百二十四款　求汽機之實馬力

汽機運動之時用指力表測驗最爲眞確是能知鞲鞴上下漲縮之均力以運動全機之滯力減之卽爲淨均力故設吧爲鞲鞴面積與淨均力相乘亥爲鞲鞴之速率則 吧亥 爲汽機所得之能力惟依重學之理 吧亥二吧亥 而汽機之實馬力爲 $\frac{吧亥}{三三〇〇〇}$

第三百二十五款　求汽機之號馬力

上款之法乃汽機落成之後而初起運動所用惟欲擬造一機必須略言其力而預爲定章否則造機之人與用機之人兩無證據也所以製造兵船之立約以每方寸之漲力定爲七磅而計速率如下表之列數

一分時鞲鞴速率	一分時行輪轉數	推機路
尺	轉	尺寸
一八〇	三〇	三
一八九	二七	三六
一九六	二四 $\frac{一}{二}$	四
二〇四	二二 $\frac{一}{二}$	四六
二一〇	二一	五
二一六	一九 $\frac{二}{七}$	五六
二二二	一八 $\frac{一}{二}$	六
二二六	一七 $\frac{三}{五}$	六六
二三一	一六 $\frac{一}{二}$	七
二三六	一五 $\frac{二}{三}$	七六
二四〇	一五	八
二四四	一七 $\frac{七}{六}$	八六
二四七	一三 $\frac{一}{三}$	九

英國水師兵部準表而定號馬力之法有螺輪機之實馬力六餘倍其號馬力號馬力 $\frac{七\times七八五四\times丁^{二}\times速率之尺數}{三三〇〇〇}$ 卽 $\frac{丁^{二}\times速率之尺數}{六〇〇〇}$ 卽號馬力若用指力表測驗汽機之淨均力所得之數應大於此式之數

第三百二十六款　依化汽之數推算實馬力

此款略記西紳旁部氏推算之例卽用其例以對數立法用此法者須知鍋爐歷時幾何能化純汽幾何然又

必依鍋爐化汽之力而審添水之數以求化汽實數始可爲推算之則凡汽機所用之汽恆雜水點故不能得自漲力之實且汽機常依所當之對力而汽不純一所以體積與自漲力之比例甲表附後不能確合蓋汽愈純則自漲力愈足而功効愈大也然其理其法皆準甲表以驗運動之數故依例所得化汽之數以後算式必用之大旨雖原始於旁部氏之例再爲詳加參考而廣推焉惟不自漲運動所得之數不甚有用因汽機雖不用自漲諸件而鞲鞴未至行足汽筩已隔絕其汽路而亦有自漲之力也依此考察諸式列論常用諸法

第一法　已知化汽率與鞲鞴速率及鞲鞴之面積推算馬力

其一　不自漲運動　將一分時化汽立方尺數之對數加常對數六五一〇三八六以此相和之對數檢得眞數命爲呷又常對數二七四七七五〇加鞲鞴一分時所行尺數之對數又加倍鞲鞴徑尺數之對數以此三對數相和之數檢得眞數命爲叱以叱減呷之餘數卽爲汽機能力之數置此數以三萬三千約之所得爲馬力

其二　自漲運動　將化汽率之對數加常對數六五三一四七五檢附後戊表首行自漲之級數所對第三行內之對數再加於前對數以此三對數相和之數檢得眞數命爲呷如前推得其叱而減之得數亦以三萬三千約之卽爲馬力

第一式　有行海汽機每一小時所用之汽二百八十四立方尺鞲鞴之徑爲八十寸其速率一分時得二百二十尺求其馬力

此式得

呷＝$\frac{六〇}{二八四}$＝四七三三

卽一分時用汽之立方尺

丁＝$\frac{一二}{八〇}$＝六六六六

卽汽筩徑尺數

亥＝二二〇

則

對呷＝·六七五一三六

常對＝六·五一〇二八六

對一五三二六〇〇〇＝七·一八五四二二

常對＝二·七四七七五〇

對二二〇＝二·三四二四二三

對六·六六六＝·八二三八六五

對六·六六六＝·八二三八六五

對五四六九〇〇〇＝六·七三七九〇三

呷＝一五三二六〇〇〇

叱＝五四六九〇〇〇

九八五七〇〇〇

三三〇〇〇 / 九八五七〇〇〇

略近二百九十九馬力

凡汽機必有一適中之速率其程功可大於諸速率者始可得能力最大也極言之設汽機所任之重增多至速率減小而運動艱慳則以其重數與速率相乘所得之數必恆小反言之減少其任重而使速率加大甚至

運轉飛舞而無所事於程功因力已用盡於自轉而幾無餘力也所以在此二極之間必有適中之速率以得最大之能力依旁部氏之說以鍋爐化汽最慢之際而使汽機盡用之即為所求能力最大之速率是則汽筩內汽之漲力略近於鍋爐內汽之漲力此兩處之漲力終不能真相等惟愈近最慢之際為愈佳此時而機之運動若更慢則汽抵萍門而出矣故盡用之意當使稍有餘而不甚多常見汽微出於萍門為要也凡行海汽機之理其任重與速率有平方之比例若欲減小其速率須加大其輪徑輪徑加大鍋爐生汽尚足敷用而稍餘亦得能力最大之速率旁部氏以此理為本而列常用諸法

第二法　求汽機能力最大之速率

其一　不自漲運動以鍋爐內一方尺漲力之對數加常對數〇五六九九八二以此相和之對數檢得真數加四二二七再以此真數相和之數檢得對數加倍韝鞴徑尺數之對數其和命為對呷又以一分時化汽立方尺數之對數加常對數五〇八三七二〇而以對呷減之所餘數即為最大能力速率之對數

其二　自漲運動如前求得對呷乃以一分時化汽立方尺數之對數加常對數五一〇四九〇九又以附後戊表首行自漲級數所對第二行內之對數加之三對數相和以對呷減之其餘數即為最大能力速率之對數

第二式　以第一式內汽之漲力多於空氣十磅求能力最大之速率

此式內

巳＝二五磅

對巳＝一·三九七九四〇

常＝〇·五六九九八二

對九二·八八〇＝一·九六七九二二

四·二二七

對九七·一〇七＝一·九八七二五〇

對徑＝·八二三八六五

對徑＝·八二三八六五

對呷＝三·六三四一九八

對呻＝·六七五一三九

常對＝五·〇八三七二〇

五·七五八八五六

對呷＝三·六三四一九八

對一三三·＝二·一二四六五八

故能力最大之速率為每一分時總行一百三十三尺

第三法　凝水汽機已知韝鞴之徑與馬力及韝鞴速率求實化汽數

其一　不自漲運動以常對數二七四七七五〇加倍韝鞴徑尺數之對數與韝鞴速率尺數之對數將此相和之真數加入能力之數（即馬力乘三萬三千之數）再以此相和之對數內減去常對數六五一〇二八六其餘即為一分時化汽立方尺數之對數

其二　自漲運動以常對數六五三一四七五加附後戊表首行自漲級數所對第三行內之對數以此相

和之數代前節之常對數六五一〇二八六用之所得爲一分時化汽立方尺數之對數。

第三式　有二百馬力之汽機，其轆轤徑六十寸，轆轤速率二百十尺，求不自漲運動之實化汽數。

此有

徑＝六〇寸

＝五尺

馬力＝二〇〇

故

能力＝六六〇〇〇〇〇

轆轤速率＝二一〇尺

乃依第一法第一節得

常對＝二.七四七七五

對徑＝.六九八九七〇

對徑＝.六九八九七〇

對速＝二.三二二二一九

對一九三七〇〇〇　六四六七九〇九

能力六六〇〇〇〇〇

對九五三七〇〇〇＝六.九七九四一二

常對＝六.五一〇二八六

對二九四五＝.四六九一二六

故其實化汽立方尺數爲二九四五

第四法　已知實化汽數，求汽筩內汽之漲力。

其一　不自漲運動。以化汽之對數加常對數五。八三七二〇，此和數命爲對呷，又倍轆轤徑尺數之對數，加轆轤速率之對數，以此和數減對呷，將餘對數之眞數以四二二七減之，再將此餘眞數之對數以〇五六九九八二減之，檢此餘對數之眞數，卽汽筩內每方寸汽之漲力。

其二　自漲運動。以化汽數之對數加常對數五一〇四九〇九，又檢附後戊表首行自漲級數所對第二行內之對數加之，此和數爲對呷，餘如前推之。

第四式　如上式求汽筩內汽之漲力。

對化汽＝.四六九一二六

常對＝五.〇八三七二〇

對呷＝五.五五二八四六

對徑＝.六九八九七〇

對徑＝.六九八九七〇

對速＝二.三二二二一九

三.七二〇一五九

對六八〇二＝一.八三二六八七

四二二七

對六三七九三＝一.八〇四七五三

常對＝.五六九九八二

對一七一七＝一.二三四七七一

故每方寸之漲力爲十七一七磅

第五法　已知鍋爐化汽之力，及轆轤速率，求汽筩徑。

其一　不自漲運動。以化汽數之對數加常對數六五一〇二八六，此相和之眞數，以能力數減之，卽馬力能力數乘三萬三千之數，此餘數之對數命爲對呷，又以轆轤速率尺數

之對數加常對數二七四七七五〇以相和之數命爲對吃以對吃減對呷所餘半之卽得汽筩徑尺數之對數

其二　自漲運動　以化汽尺數之對數加常對數六五三一四七五又以附後戊表首行自漲級數所對第三行內之對數加之此三對數相和之眞數以能力數減之其餘數之對數命爲對呷餘如前條推之

第五式　有一百馬力之汽機其鍋爐每分時化汽一立方尺有半轆轤速率一百八十尺求汽筩之徑

對一五 ＝ 一七六〇九一
常對 ＝ 六五一〇二八六
對四八五七〇〇〇＝ 六六八六三七七
三三〇〇〇〇〇＝ 能力
對一五五七〇〇〇＝ 六一九二二八九＝對呷

又

對一八〇 ＝ 二二五五二七二
常對 ＝ 二七四七七五〇
五〇〇三〇二二＝對吃
六一九二二八九
五〇〇三〇二二
二)一一八九二六七
對二三九二 ＝ 五九四六三三

故徑爲三九三二尺

卽四十七一八四寸

推自漲運動之式　汽機之馬力同上一分時化汽十分立方尺之九轆轤在半路時隔絕進汽求其徑

此式

對〇九 ＝ 一九五四二四一
常對 ＝ 六五三一四七五
檢附表 ＝ 一九一七三〇
對四七五八二五四＝ 六六七七四四七
三三〇〇〇〇〇＝ 能力
對一四五八二五四＝ 六一六三七五七＝對呷
如前　五〇〇三〇二二＝對吃
二)一一六〇七三五
對三八〇五＝ 五八〇三六八

故徑爲三八〇五尺

卽四十五六六〇寸

如上二式之汽機求汽筩內汽之漲力

其一

對一五 ＝ 〇一七六〇九一
常對 ＝ 五〇八三七二〇
對呷 ＝ 五二五九八一一
對丁 ＝ 〇五九四六三三
對丁 ＝ 〇五九四六三三
對速 ＝ 二二五五二七二
三四四四五三八
對六五三五一 ＝ 一八一五二七
四二二七
對六一一二四 ＝ 一七八六二一一
常對 ＝ 〇五六九九八二
對一六四五 ＝ 一二一六二二九

故漲力爲十六四五磅

其二

對○九 = 一九五四二四二
常對 = 五一○四九○九
檢附表 = ○二五九五九四
對呷 = 五三一八七四五
對丁 = ○五八○三六八
對丁 = ○五八○三六八
對速 = 二二五五二七二
三四一六○○八
對呷 = 五三一八七四五
對七九九九三 = 一九○二七三七
四二二七
對七五七六六 = 一八七九五三一
常對 = ○五六九九八二
對二○三九 = 一三○九五四九

故漲力為二十三九磅

此二式所得之數當詳思其微旨蓋二汽機之能力同其速率亦同故其程功亦無不同惟彼機之化汽一分時為一立方尺有半此機為十分立方尺之九則二機所用之碟如十五與九之比矣此事由於彼機所用十六四五磅之漲力乃直抵鞲鞴行全路此機雖用二十三九磅之漲力而祇抵鞲鞴至半路也由是知筩徑無論大小總以用大漲力而使自漲為有益

第六法　已知鞲鞴速率與鞲鞴之徑及汽之漲力求鍋爐內化汽之力

其一　不自漲運動　以倍徑尺數之對數加速率尺數之對數此相和命為對呷又檢附後甲表汽之漲力所對汽體積之對數加常對數○八三七二○此相和命為對吧以對吧減對呷所餘對數之眞數為化汽之率

其二　自漲運動　如前求得對呷乃以附後甲表汽之漲力所對汽體積之對數加附後戊表第一行自漲級數之對數又加常對數一○四九○九三對數之和命為對吧以減對呷所餘對數之眞數為化汽之率

第一式　英國汽機船皮汽筩之徑為二十寸用小級自漲運動即五分推機路之一其轉數為三十推機路為二尺汽之漲力多於空氣十磅求實化汽數此漲力二十五磅附後甲表所對汽體積之倍數為一千○四十四

對一○四四 = 三○一八七○○

又檢表得

對丑五/五 (= 五/一) = 六○二○六○

所以

對丁 = 二二二一六七五
對丁 = 二二二一六七五
對亥 = 二○七九一八一
對呷 = 二五二二三三一
對一○四四 = 三○一八七○○
由表 = 六○二○六○
常對 = 一○四九○九
對吧 = 三七二五六六九
對呻 = 一二七九六六二

故呻為○六二七

第二式 依第一式之汽機求實馬力數.

對呷 = 三七九六八六二

常對 = 六五三一四七五

由表對 = 三四九二七七

對四七六五〇〇 = 五六七七六一四

常對 = 二七四七七五〇

對速 = 二〇七九一八一

對徑 = 二二一六七五

對徑 = 二二一六七五

一八六三〇〇 = 五二七〇二八一

呷 = 四七六五〇〇

吮 = 一九六三〇〇

能力 = 二九〇二〇〇

馬力 = 八八

第三式 如第一式之汽機以汽殼隔絕進汽其馬力如上式所得之數求實化汽數.兵船皮之汽殼在鞲鞴行三分路之二隔絕進汽.

依第三法二節得

= 六五三一四七五

= 一一二〇九〇三

由表對 六六五二三七八

常對 = 二七四七七五〇

對徑 = 二二一六七五

對徑 = 二二一六七五

對速 = 二〇七九一八一

對一八六三〇〇 = 五二七〇二八一

二九〇二〇〇 = 勢

對四七六五〇〇 = 五六七八〇六三

常對 = 六六五二三七八

呷對 一〇六一 = 下一〇二五六八五

第四式 汽殼隔絕進汽及馬力與汽筩並同前求汽筩內汽之漲力.

對呷 = 下一〇二五六八五

常對 = 五一〇四九〇九

由表對 = 一四八九一一

四二七九五〇五

二五二二五三一

對五七一四 = 一七五六九七四

四二三

對五二九一 = 一七二三五三八

常對 = 五六九九八二

對一四二四 = 一一五三五五六

對速 = 二〇七九一八一

對徑 = 二二一六七五

對徑 = 二二一六七五

二五二二五三八

故汽之漲力爲十四二四磅.

以上諸式爲學者之門徑第一第二兩式詳自漲運動者第三第四兩式詳用汽扇門者在後二事欲使其轉

數同於自漲故必用汽扇門隔絕汽路以自漲運動者其汽在自漲以前之全抵力每方寸爲二十五磅而實化汽每分時爲立方尺〇六二七若用汽扇門者其速率與馬力皆與相同惟汽筩內之全抵力止爲十四二四磅實化汽爲一〇六一故此事用大抵力之汽而使自漲與用汽扇門之比其所省如六百二十七與一千〇六十一之比

鍋爐汽櫃內之汽（切水面之汽）與另盛別器之汽（不切水面之汽）兩性不同蓋不切水面之汽可加熱可減熱若束小其體積能增大其漲力以後再使自漲則與別種氣質之自漲同例惟切水面之汽則不然因加熱則水又化汽幷入於原汽若減熱則原汽凝水也屢經考驗以汽之漲力與體積相比立法然所立之法尚嫌未能精確嘗有度浪阿拉果色特倫得來果數人設諸空式以驗寒暑度與漲力相比之理惟算式甚繁不便常用旁部氏先列諸式而言其益處後立己法與實事相合足爲常用而考驗之時亦簡易矣

設 呻爲一分時化汽之水

　咳爲化得已漲力之汽

則 呻咳爲水與已漲力汽體積之比例而

$$\frac{呻}{咳}=\frac{甲丄乙巳}{一}$$

其式內

甲＝·〇〇〇〇四二二七

乙＝·〇〇〇〇〇〇二五八

甲爲常數

乙爲汽漲力之倍數

又設呷爲鞲鞴面積之數

卯爲一分時推機之次數

丑爲推機路之尺數

丙爲汽隙之尺數

亥爲一分時鞲鞴總行之尺數

則 呷(丑丄丙) 爲推機一次所用之汽故推機卯次所用汽之體積爲 卯呷(丑丄丙) 惟 $卯=\frac{丑}{亥}$ 其汽之體積既爲咳則

$$咳=\frac{丑}{亥呷(丑丄丙)}$$

所以

$$\frac{呻}{咳}=\frac{呻丑}{亥呷(丑丄丙)}$$

惟

$$\frac{呻}{咳}=\frac{甲丄乙巳}{一}$$

故

$$\frac{呻丑}{亥呷(丑丄丙)}=\frac{甲丄乙巳}{一} \quad ㊀$$

夫 巳即汽筩內汽之漲力在汽機之平動者與鞲鞴彼面之對重適等其對重爲數事相合而成

一 設味爲致用之任

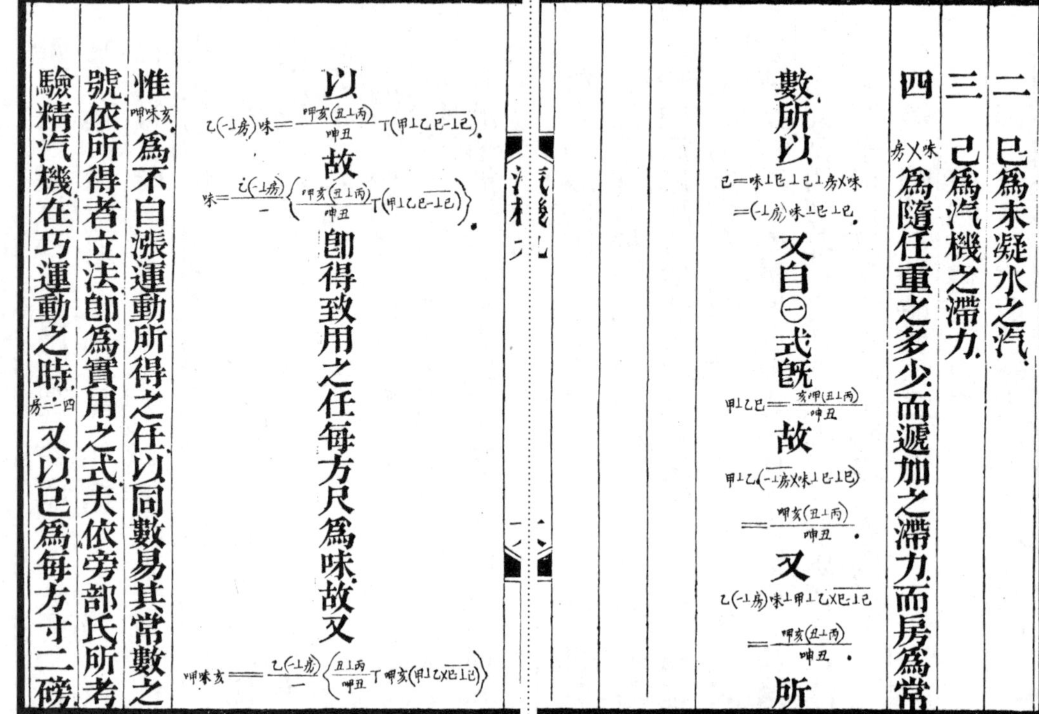

二 巳為未凝水之汽。

三 己為汽機之滯力。

四 房乂味為隨任重之多少而遞加之滯力，而房為常數，所以

$$\text{己}=\text{味}\perp\text{巳}\perp\text{己}\perp\text{房}\times\text{味}=(\text{一}\perp\text{房})\text{味}\perp\text{巳}\perp\text{己}。$$

又自㊀式既

$$\text{甲}\perp\text{乙巳}=\frac{\text{亥呷}(\text{丑}\perp\text{丙})}{\text{呻丑}}$$

故

$$\text{甲}\perp\text{乙}(\overline{\text{一}\perp\text{房}\times\text{味}\perp\text{巳}\perp\text{巳}})=\frac{\text{呷亥}(\text{丑}\perp\text{丙})}{\text{呻丑}}。$$

又

$$\text{乙}(\text{一}\perp\text{房})\text{味}\perp\text{甲}\perp\text{乙}\times\overline{\text{巳}\perp\text{己}}=\frac{\text{呷亥}(\text{丑}\perp\text{丙})}{\text{呻丑}}。$$

所以

$$\text{乙}(\text{一}\perp\text{房})\text{味}=\frac{\text{呷亥}(\text{丑}\perp\text{丙})}{\text{呻丑}}\top(\text{甲}\perp\text{乙}\overline{\text{巳}\perp\text{己}})。$$

故

$$\text{味}=\frac{\text{乙}(\text{一}\perp\text{房})}{\text{一}}\left\{\frac{\text{呷亥}(\text{丑}\perp\text{丙})}{\text{呻丑}}\top(\text{甲}\perp\text{乙}\overline{\text{巳}\perp\text{己}})\right\}。$$

即得致用之任每方尺為味。故又

$$\text{呷味亥}=\frac{\text{乙}(\text{一}\perp\text{房})}{\text{一}}\left\{\frac{\text{丑}\perp\text{丙}}{\text{呻丑}}\top\text{呷亥}(\text{甲}\perp\text{乙}\times\overline{\text{巳}\perp\text{己}})\right\}$$

惟呷味亥為不自漲運動所得之任，以同數易其常數之號，依所得者立法，即為實用之式。夫依旁部氏所考驗，精汽機在巧運動之時房＝˙一四，又以巳為每方寸二磅

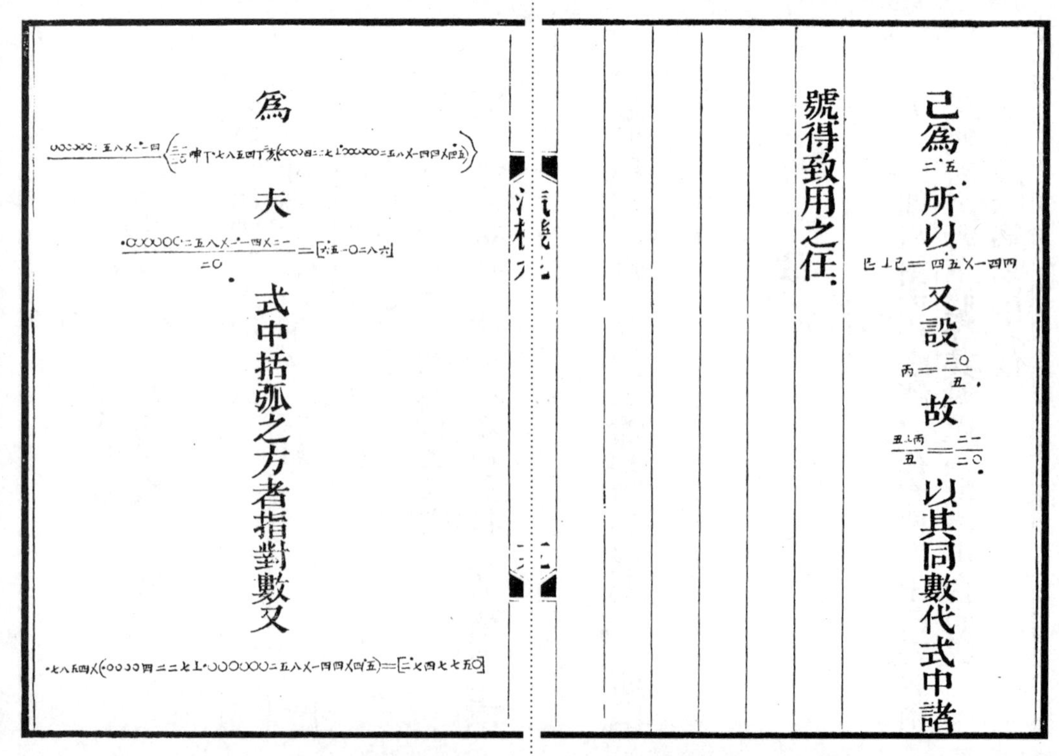

己為二˙五，所以

$$\text{巳}\perp\text{己}=\text{四˙五}\times\text{一˙四四}$$

又設

$$\text{丙}=\frac{\text{二〇}}{\text{五}}。$$

故

$$\frac{\text{丑}\perp\text{丙}}{\text{丑}}=\frac{\text{二一}}{\text{二〇}}。$$

以其同數代式中諸號，得致用之任，為

$$\frac{\text{〇〇〇〇〇二五八}\times\text{一˙一四}}{}\left\{\frac{\text{二一}}{\text{二〇}}\text{呻}\top\text{˙七八五四}\top\text{亥}(\text{〇〇〇四二二七}\perp\text{˙〇〇〇〇〇二五八}\times\text{一四四}\times\text{四˙五})\right\}$$

夫

$$\frac{\text{˙〇〇〇〇〇二五八}\times\text{一˙一四}\times\text{二一}}{\text{二〇}}=[\text{六˙五一〇二八六}]。$$

式中括弧之方者指對數。又

$$\text{˙七八五四}\times(\text{˙〇〇〇四二二七}\perp\text{˙〇〇〇〇〇二五八}\times\text{一四四}\times\text{四˙五})=[\text{三˙七四七七五〇}]$$

故馬力爲 $\frac{三三〇〇〇}{〔六.五一〇二八丑〕呻丅〔三.七四七七五卯〕丁亥}$ （甲）

自此數得本款第一法第一節之理

若汽機以自漲運動者則

設 丑爲自漲以前蘛蘛所行之路

巳爲自漲以前汽之漲力

巳爲自漲任何處之漲力

天爲蘛蘛行過之路

申爲化汽滿此汽箭之水

則 $\frac{申}{呷(丑丄丙)}=\frac{甲丄乙巳}{一}$ 又 $\frac{申}{呷(天丄丙)}=\frac{甲丄乙巳}{一}$ 故 $\frac{天丄丙}{丑丄丙}=\frac{甲丄乙巳}{甲丄乙巳}$ 故 $甲丄乙巳=(甲丄乙巳)\frac{天丄丙}{丑丄丙}$ 又 $巳=(\frac{乙}{甲}丄巳)\frac{天丄丙}{丑丄丙}丅\frac{乙}{甲}$ 所以蘛蘛面所受之總力既爲 巳呷 則得 $巳呷=(\frac{乙}{甲}丄巳)呷\frac{天丄丙}{丑丄丙}丅\frac{乙}{甲}呷$ 以 丁天 微路之漲力爲

不變而行路時所程之功爲 $巳呷丁天=(\frac{乙}{甲}丄巳)呷(丑丄丙)\frac{天丄丙}{丁天}丅\frac{乙}{甲}呷丁天$ 又自漲所程之功爲 $(\frac{乙}{甲}丄巳)呷(丑丄丙)禾\frac{天丄丙}{丁天}丅\frac{乙}{甲}呷巳丁天$ 此式內禾爲積之省文其積數以 天＝丑 與 天＝丑 爲同數之二限

$=(\frac{乙}{甲}丄巳)呷(丑丄丙)對_{訥}\overline{天丄丙}丅\frac{乙}{甲}呷天丄改$ 以 （天＝丑） 則 $=(\frac{乙}{甲}丄巳)呷\overline{丑丄丙}對_{訥}\overline{丑丄丙}丅\frac{乙}{甲}呷丑丄改$ 以 （天＝丑） 則 $=(\frac{乙}{甲}丄巳)呷(丑丄丙)對_{訥}(丑丄丙)丅\frac{乙}{甲}呷丑丄改$ $=(\frac{乙}{甲}丄巳)呷(丑丄丙)對_{訥}\frac{丑丄丙}{丑丄丙}丅\frac{乙}{甲}呷丑丄\frac{乙}{甲}呷丑$ 此式以自漲以前所程之功并之即得推機一次所程之全功惟自漲以前所程之功爲 巳呷丑 故一次所程之全功

爲

$\left(\frac{乙}{甲}\perp 巳\right)呷(丑\perp 丙)對_{訥}\frac{丑\perp 丙}{丑\perp 丙}\top\frac{乙}{甲}呷丑\perp\left(\frac{乙}{甲}\perp 巳\right)呷丑$

$=\left(\frac{乙}{甲}\perp 巳\right)呷\left(\overline{丑\perp 丙}對_{訥}\frac{丑\perp 丙}{丑\perp 丙}\perp 丑\right)\top\frac{乙}{甲}呷丑$

$=\left(\frac{乙}{甲}\perp 巳\right)呷(丑\perp 丙)\left(對_{訥}\frac{丑\perp 丙}{丑\perp 丙}\perp\frac{丑\perp 丙}{丑}\right)\top\frac{乙}{甲}呷丑$

省文以㖶代

$對_{訥}\frac{丑\perp 丙}{丑\perp 丙}\perp\frac{丑\perp 丙}{丑}$。

則一次所程之功爲

$\left(\frac{乙}{甲}\perp 巳\right)呷(丑\perp 丙)㖶\top\frac{乙}{甲}呷丑$

又起動對重之中率既與自漲以前相同即

$(\overline{一\perp 房}味\perp 巳\perp 已)呷$。

故

$(\overline{一\perp 房}味\perp 巳\perp 已)呷丑=\left(\frac{乙}{甲}\perp 巳\right)呷(丑\perp 丙)㖶\top\frac{乙}{甲}呷丑$

夫免用巳數則每推機一次

$呷(丑\perp 丙)$

所占之處即滿巳漲力之汽故若化汽之水爲呻推機次數爲卯。

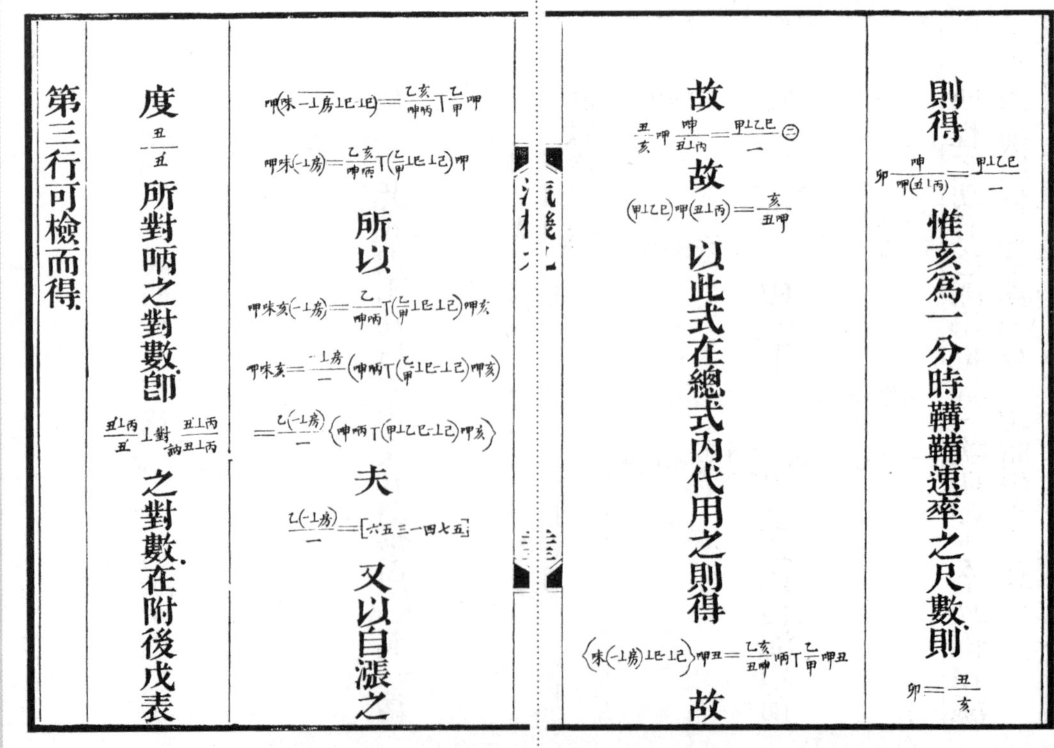

則得

$卯\frac{呻}{呷(丑\perp 丙)}=\frac{甲\perp 乙巳}{一}$

惟亥爲一分時轔轔速率之尺數，則

$卯=\frac{丑}{亥}$

故

$\frac{丑}{亥}呷\frac{呻}{丑\perp 丙}=\frac{甲\perp 乙巳}{一}$ ㊁

故

$(甲\perp 乙巳)呷(丑\perp 丙)=\frac{亥}{丑呻}$

以此式在總式內代用之則得

$\{味(一\perp 房)\perp 巳\perp 已\}呷丑=\frac{乙亥}{丑呻}㖶\top\frac{乙}{甲}呷丑$

故

$呷(味\overline{一\perp 房}\perp 巳\perp 已)=\frac{乙亥}{呻㖶}\top\frac{乙}{甲}呷$

$呷味(一\perp 房)=\frac{乙亥}{呻㖶}\top\left(\frac{乙}{甲}\perp 巳\perp 已\right)呷$

所以

$呷味亥(一\perp 房)=\frac{乙}{呻㖶}\top\left(\frac{乙}{甲}\perp 巳\perp 已\right)呷亥$

$呷味亥=\frac{一\perp 房}{一}\left(呻㖶\top\left(\frac{乙}{甲}\perp 巳\perp 已\right)呷亥\right)$

$=\frac{乙(一\perp 房)}{一}\left\{呻㖶\top(甲\perp 乙巳\perp 已)呷亥\right\}$

夫

$\frac{乙(一\perp 房)}{一}=[六五三一四七五]$

又以自漲之度

$\frac{丑}{丑}$

所對㖶之對數即

$\frac{丑\perp 丙}{丑}\perp 對_{訥}\frac{丑\perp 丙}{丑\perp 丙}$

之對數，在附後戊表第三行可檢而得。

所以

$$馬力=\frac{三三〇〇〇}{[六五三一四七五]呷呷丙[三七四七七五]丁亥}\quad(乙)$$

以此數得本款第一法第二節之理。

求能力最大之速率

前已言汽機之速率其能力最大者則汽筩內之漲力略近於鍋爐內之漲力惟若巳為汽筩內之漲力則汽機不自漲運動時依㊀式

$$\frac{呷丑}{呷亥(丑\perp丙)}=\frac{甲\perp乙巳}{一}$$

若以 丑/丑 級數之自漲運動則依㊁式

$$\frac{丑呷}{亥呷(丑\perp丙)}=\frac{甲\perp乙巳}{一}$$

所以若以巳為鍋爐內之漲力則依此二式可得能力最大之速率依㊀式

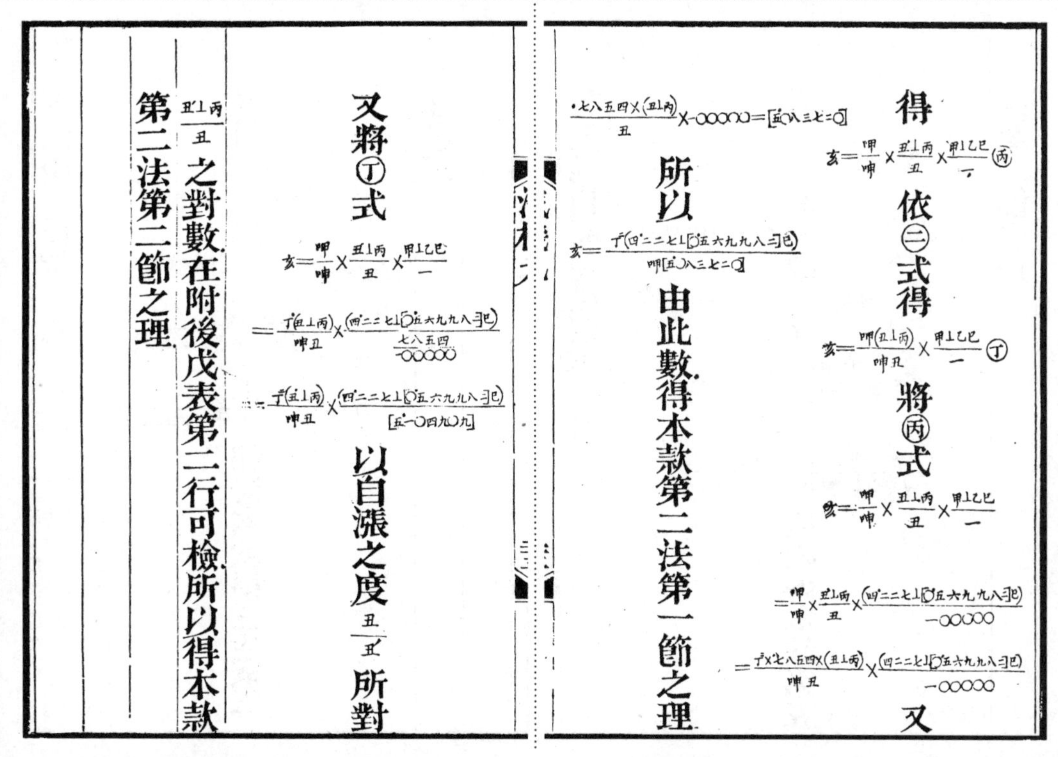

得

$$亥=\frac{呷}{呻}\times\frac{丑\perp丙}{丑}\times\frac{甲\perp乙巳}{一}\quad(丙)$$

依㊁式得

$$亥=\frac{呷(丑\perp丙)}{呻丑}\times\frac{甲\perp乙巳}{一}\quad(丁)$$

將㊅式

$$亥=\frac{呷}{呻}\times\frac{丑\perp丙}{丑}\times\frac{甲\perp乙巳}{一}$$
$$=\frac{呷}{呻}\times\frac{丑\perp丙}{丑}\times\frac{(四二二七\perp[〇五六九九八]巳)}{一〇〇〇〇〇}$$
$$=\frac{丁\times七八五四\times(丑\perp丙)}{呻丑}\times\frac{(四二二七\perp[〇五六九九八]巳)}{一〇〇〇〇〇}$$

又

$$\frac{\cdot七八五四\times(丑\perp丙)}{丑}\times一〇〇〇〇〇=[五〇八三七二〇]$$

所以

$$亥=\frac{丁(四二二七\perp[〇五六九九八三]巳)}{呷[五〇八三七二〇]}$$

由此數得本款第二法第一節之理

又將㊉式

$$亥=\frac{呷}{呻}\times\frac{丑\perp丙}{丑}\times\frac{甲\perp乙巳}{一}$$
$$=\frac{丁(丑\perp丙)}{呻丑}\times\frac{(四二二七\perp[〇五六九九八]巳)}{\frac{七八五四}{一〇〇〇〇〇}}$$
$$=\frac{丁(丑\perp丙)}{呻丑}\times\frac{(四二二七\perp[〇五六九九八]巳)}{[五一〇四九〇九]}$$

以自漲之度 丑/丑 所對 丑⊥丙/丑 之對數在附後戊表第二行可檢所以得本款第二法第二節之理

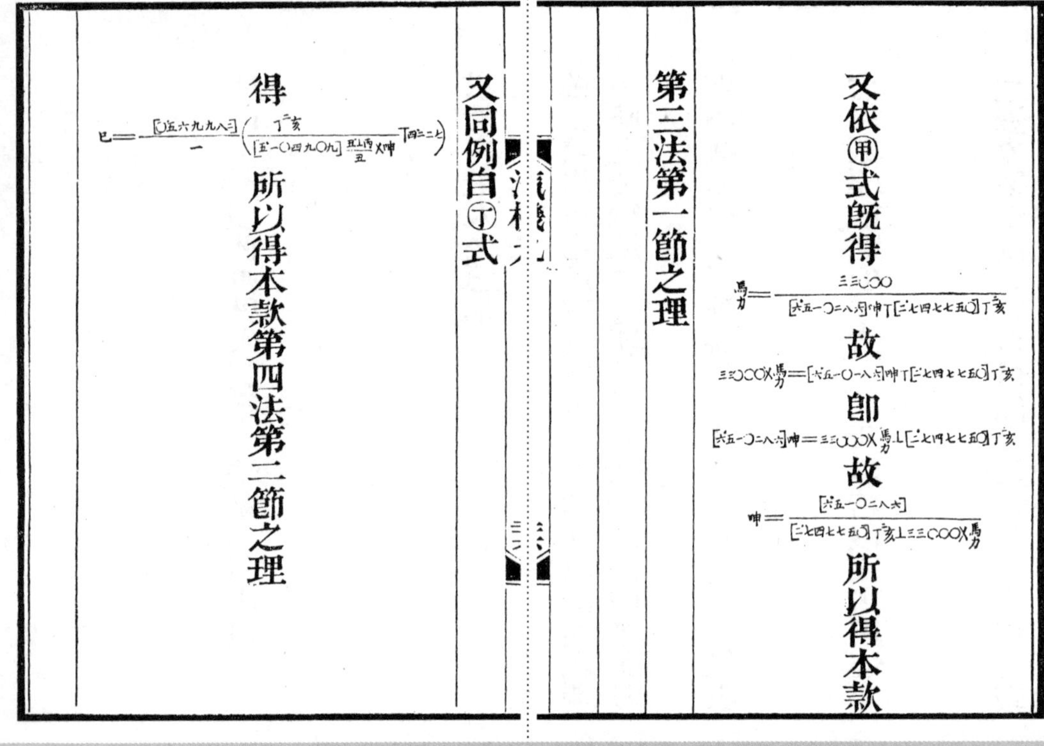

又依㊙式既得

$$\text{馬力}=\frac{\text{三三〇〇〇}}{[\text{六五一〇二八六}]\text{呻}\top[\text{二七四七七五〇}]\text{丁}^{\text{二}}\text{亥}}$$

故

$$\text{三三〇〇〇}\times\text{馬力}=[\text{六五一〇二八六}]\text{呻}\top[\text{二七四七七五〇}]\text{丁}^{\text{二}}\text{亥}$$

卽

$$[\text{六五一〇二八六}]\text{呻}=\text{三三〇〇〇}\times\text{馬力}\perp[\text{二七四七七五〇}]\text{丁}^{\text{二}}\text{亥}$$

故

$$\text{呻}=\frac{[\text{六五一〇二八六}]}{[\text{二七四七七五〇}]\text{丁}^{\text{二}}\text{亥}\perp\text{三三〇〇〇}\times\text{馬力}}$$

所以得本款第三法第一節之理

又同例自㊦式得

$$\text{巳}=\frac{[\text{〇五六九九八三}]}{\text{一}}\left(\frac{\text{丁}^{\text{二}}\text{亥}}{[\text{五一〇四九〇九}]\frac{\text{丑}\perp\text{丙}}{\text{丑}}\times\text{呻}}\top\text{四二二七}\right)$$

所以得本款第四法第二節之理

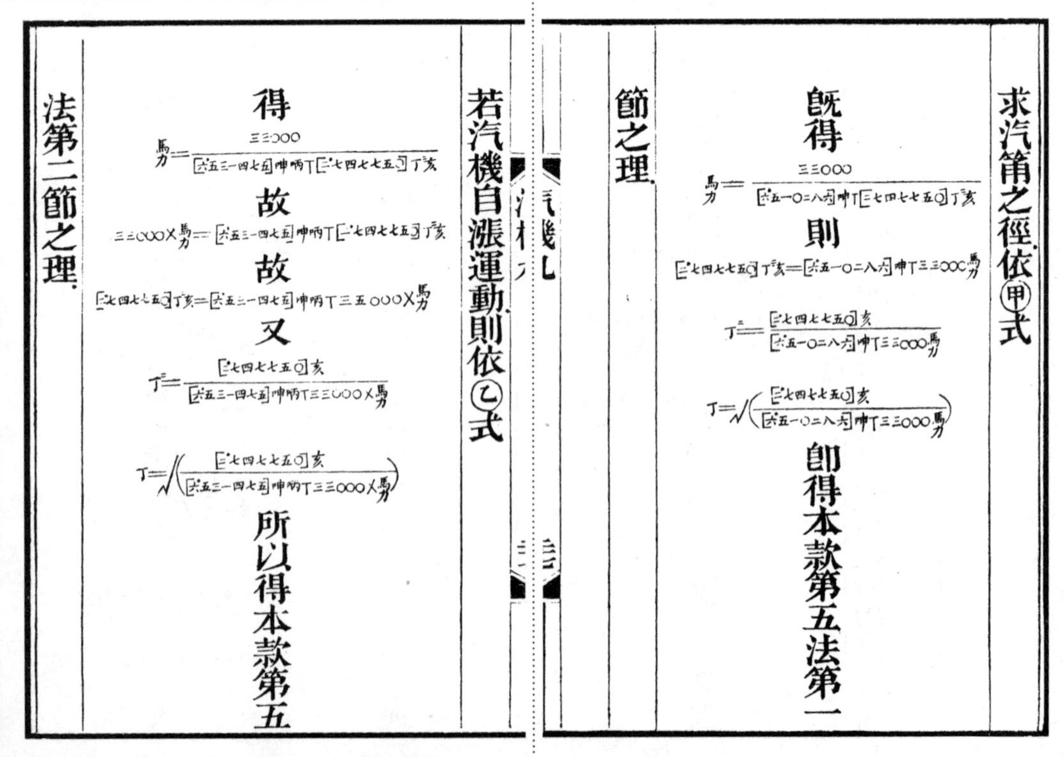

求汽筩之徑依㊙式

既得

$$\text{馬力}=\frac{\text{三三〇〇〇}}{[\text{六五一〇二八六}]\text{呻}\top[\text{三七四七七五〇}]\text{丁}^{\text{二}}\text{亥}}$$

則

$$[\text{三七四七七五〇}]\text{丁}^{\text{二}}\text{亥}=[\text{六五一〇二八六}]\text{呻}\top\text{三三〇〇〇馬力}$$

$$\text{丁}^{\text{二}}=\frac{[\text{三七四七七五〇}]\text{亥}}{[\text{六五一〇二八六}]\text{呻}\top\text{三三〇〇〇馬力}}$$

$$\text{丁}=\sqrt{\left(\frac{[\text{三七四七七五〇}]\text{亥}}{[\text{六五一〇二八六}]\text{呻}\top\text{三三〇〇〇馬力}}\right)}$$

卽得本款第五法第一節之理

若汽機自漲運動則依㊚式

得

$$\text{馬力}=\frac{\text{三三〇〇〇}}{[\text{六五三一四七五}]\text{呻}\text{炳}\top[\text{三七四七七五〇}]\text{丁}^{\text{二}}\text{亥}}$$

故

$$\text{三三〇〇〇}\times\text{馬力}=[\text{六五三一四七五}]\text{呻}\text{炳}\top[\text{三七四七七五〇}]\text{丁}^{\text{二}}\text{亥}$$

故

$$[\text{三七四七七五〇}]\text{丁}^{\text{二}}\text{亥}=[\text{六五三一四七五}]\text{呻}\text{炳}\top\text{三五〇〇〇}\times\text{馬力}$$

又

$$\text{丁}^{\text{二}}=\frac{[\text{三七四七七五〇}]\text{亥}}{[\text{六五三一四七五}]\text{呻}\text{炳}\top\text{三三〇〇〇}\times\text{馬力}}$$

$$\text{丁}=\sqrt{\left(\frac{[\text{三七四七七五〇}]\text{亥}}{[\text{六五三一四七五}]\text{呻}\text{炳}\top\text{三三〇〇〇}\times\text{馬力}}\right)}$$

所以得本款第五法第二節之理

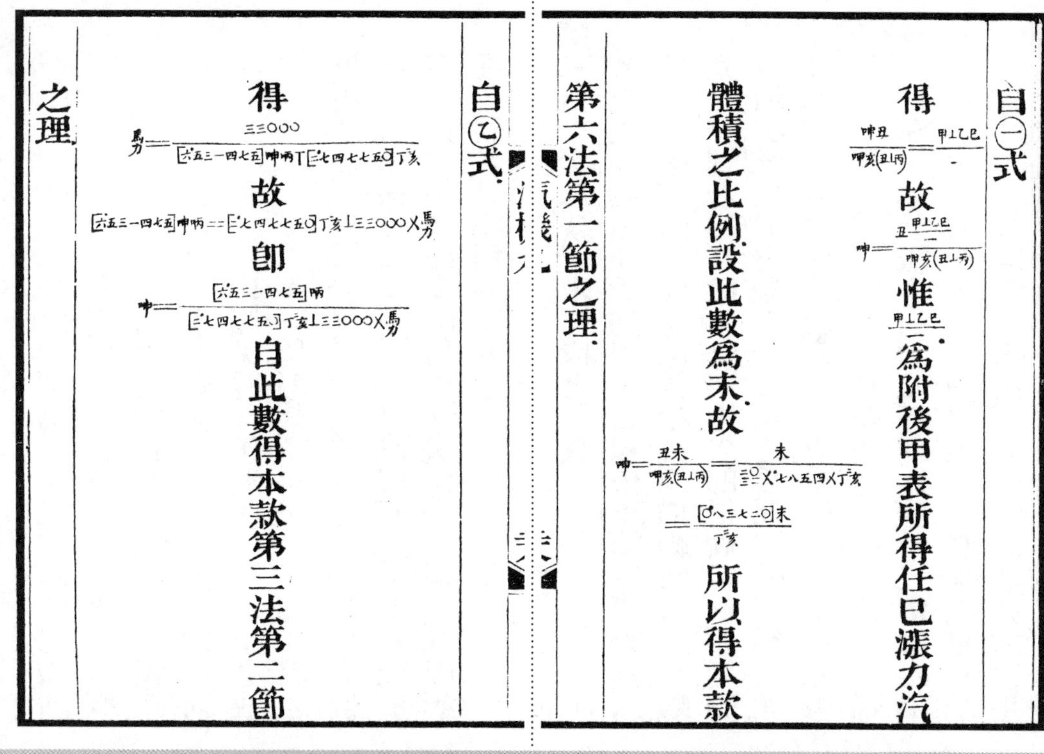

自(一)式

得

$$\frac{\text{呷丑}}{\text{呷亥}(\text{丑}\perp\text{丙})}=\frac{\text{甲}\perp\text{乙巳}}{\text{一}}$$

故

$$\text{呷}=\frac{\text{丑}\frac{\text{甲}\perp\text{乙巳}}{\text{一}}}{\text{呷亥}(\text{丑}\perp\text{丙})}$$

惟 $\frac{\text{甲}\perp\text{乙巳}}{\text{一}}$ 爲附後甲表所得任巳漲力汽體積之比例。設此數爲未。故

$$\text{呷}=\frac{\text{丑未}}{\text{呷亥}(\text{丑}\perp\text{丙})}=\frac{\text{未}}{\text{三二}\times\text{七八五四}\times\text{丁}^{\text{二}}\text{亥}}$$

$$=\frac{\text{〔〇八三七二〇〕未}}{\text{丁}^{\text{二}}\text{亥}}$$

所以得本款第六法第一節之理。

自(乙)式

得

$$\text{馬力}=\frac{\text{三三〇〇〇}}{\text{〔六五三一四七五〕呻呐}\top\text{〔三七四七七五〇〕丁}^{\text{二}}\text{亥}}$$

故

$$\text{〔六五三一四七五〕呻呐}=\text{〔三七四七七五〇〕丁}^{\text{二}}\text{亥}\perp\text{三三〇〇〇}\times\text{馬力}$$

即

$$\text{呻}=\frac{\text{〔六五三一四七五〕呐}}{\text{〔三七四七七五〇〕丁}^{\text{二}}\text{亥}\perp\text{三三〇〇〇}\times\text{馬力}}$$

自此數得本款第三法第二節之理。

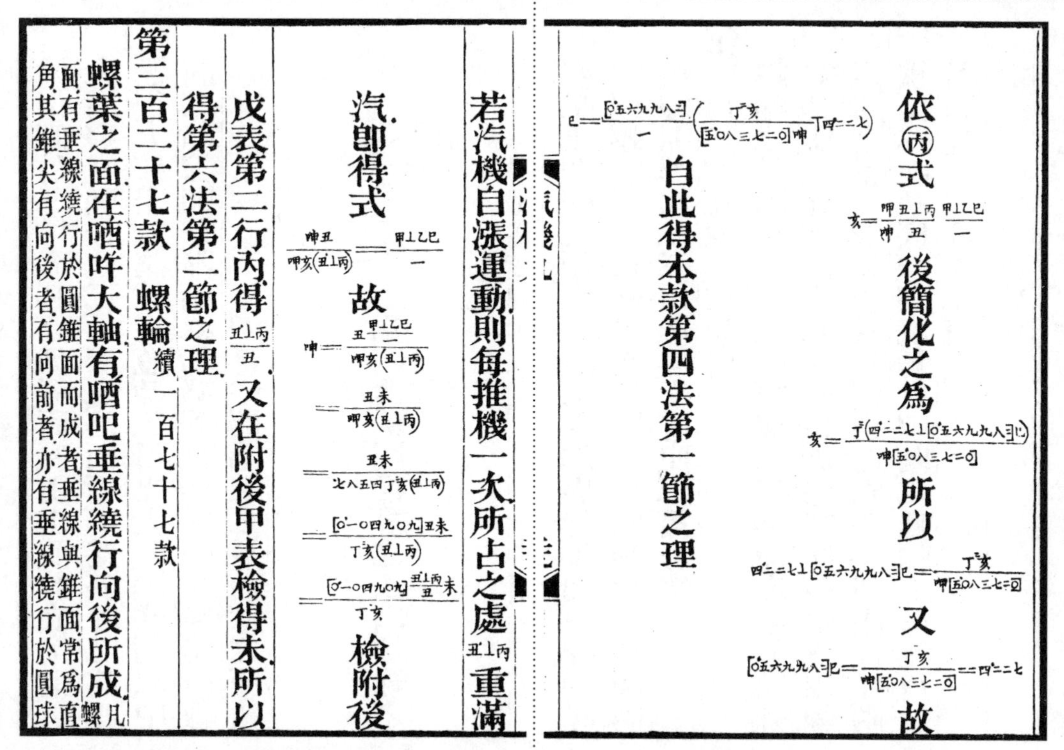

依(丙)式

$$\text{亥}=\frac{\text{呷}}{\text{呻}}\,\frac{\text{丑}\perp\text{丙}}{\text{丑}}\,\frac{\text{甲}\perp\text{乙巳}}{\text{一}}$$

後簡化之爲

$$\text{亥}=\frac{\text{丁}^{\text{二}}(\text{四二二七}\perp\text{〔〇五六九九八三〕巳})}{\text{呻〔五〇八三七二〇〕}}$$

所以

$$\text{四二二七}\perp\text{〔〇五六九九八三〕巳}=\frac{\text{丁}^{\text{二}}\text{亥}}{\text{呻〔五〇八三七二〇〕}}$$

又

$$\text{〔〇五六九九八三〕巳}=\frac{\text{丁亥}}{\text{呻〔五〇八三七二〇〕}}\top\text{四二二七}$$

故

$$\text{巳}=\frac{\text{〔〇五六九九八三〕}}{\text{一}}\left(\frac{\text{丁}^{\text{二}}\text{亥}}{\text{〔五〇八三七二〇〕呻}}\top\text{四二二七}\right)$$

自此得本款第四法第一節之理

若汽機自漲運動。則每推機一次所占之處 $\text{丑}\perp\text{丙}$ 重滿汽。即得式

$$\frac{\text{呻丑}}{\text{呷亥}(\text{丑}\perp\text{丙})}=\frac{\text{甲}\perp\text{乙巳}}{\text{一}}$$

故

$$\text{呻}=\frac{\text{丑}\frac{\text{甲}\perp\text{乙巳}}{\text{一}}}{\text{呷亥}(\text{丑}\perp\text{丙})}$$

$$=\frac{\text{丑未}}{\text{呷亥}(\text{丑}\perp\text{丙})}$$

$$=\frac{\text{丑未}}{\text{七八五四丁}^{\text{二}}\text{亥}(\text{丑}\perp\text{丙})}$$

$$=\frac{\text{〔〇一〇四九〇九〕丑未}}{\text{丁}^{\text{二}}\text{亥}(\text{丑}\perp\text{丙})}$$

$$=\frac{\text{〔〇一〇四九〇九〕}\frac{\text{丑}\perp\text{丙}}{\text{丑}}\text{未}}{\text{丁}^{\text{二}}\text{亥}}$$

檢附後戊表第二行內得 $\frac{\text{丑}\perp\text{丙}}{\text{丑}}$。又在附後甲表檢得未。所以得第六法第二節之理。

第三百二十七款 螺輪 續一百七十七款

螺葉之面在哂吽大軸。有哂吧垂線繞行向後所成。凡螺面有垂線繞行於圓錐面而成者。垂線與錐面常爲直角。其錐尖有向後者。有向前者。亦有垂線繞行於圓球

面而成者此兩類之意皆欲減小水之離心力也　則哂吘㖘吧為所成之面即名螺葉哂吘名螺長吧㖘啐角名螺角若哂吧繞行全周則哂吘名螺距吧㖘名螺線夫吧㖘啐既為常角則以吧㖘啐三角形平鋪於紙上必成平三角形其螺長吧啐為高外周之㖘啐為底㖘吧為弦又若吧㖘啐為又一圓柱面周包哂吘線所成亦為平三角形其高吧啐等於螺長而底㖘啐則更小故吧㖘啐角更大矣由是知螺距等而螺徑不同者其螺角亦不同也

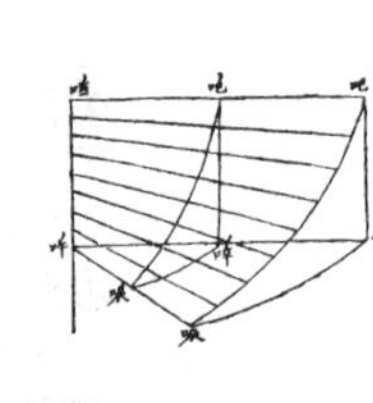

第三百二十八款　求螺積之粗數

螺葉之面密布曲線如吧㖘之類依下法可略得其面積以吧㖘吧㖘哂吘等諸線相并而以線數約之為螺葉之中濶乃以吘㖘（即葉之半徑）乘之即得面積已相近而可用矣惟欲取吧㖘吧㖘等線之長則以前螺綫之理任在吧㖘線之何處與底線之倚度恆相等所以吧㖘啐為直角三角形周包一圓柱而能平鋪於紙上如圖吃呷呐為直角三角形吃呐等吧啐亦等螺長哂吘呷吃等㖘吧呷呐等啐㖘若考曲面內㖘吧啐則如前言平

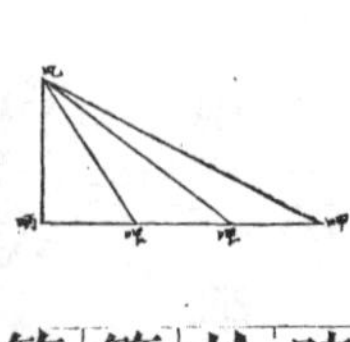

鋪作直角三角形其高仍等而底更小而其底角則更大所以吃呐作此三角形之高而呷呐為底呷吃為吧㖘線夫作吧㖘諸線之意乃欲得吧㖘與哂吘兩線中間之諸線則分呷呐線為諸等分作吃呷'吃呷''諸直線即得中間諸線之長而葉之面積為

$$\frac{吧哂\times(呐吃+呷''吃+呷'吃+呷吃)}{四}$$

繪圖推算之法以螺線之度㖘吧即呷吃作直線以兩端為界作半圓線呷呐吃次以螺長之度自吃點在半圓內作吃呐線末作呷呐底線則呷呐吃三角形與㖘啐吧三角形等

第三百二十九款　求螺角

螺輪之角即葉之外邊螺線與橫截垂面之邊線（輪轉之迹之周線）所成如前圖之吃呷呐角仍以呷吃直線為螺線以所度得之螺長依其比例自吃點在半圓內作吃呐線又作呷呐底線則底角吃呷呐為螺輪之角此角可用器度之或可推算而得

設　甲為呷吃即㖘吧

丑爲叱哂，則叱呷哂角正弦爲$\frac{\text{甲}}{\text{丑}}$，可檢八線表而得其角度矣。

第三百三十款　求螺距

已知螺輪之徑，而求得其周，任作直角三角形，以周爲底，而底角等於上款所求之螺角，則其高爲螺距，依三百二十七款自明。

$$\frac{\text{螺周}}{\text{螺距}}=\text{正切叱呷哂}$$

又

$$\text{螺距}=\text{螺周}\times\text{正切叱呷哂}=\text{三·一四一五九}\times\text{螺徑}\times\text{正切叱呷哂}$$

依此式推得壬表。表內爲徑一尺之螺輪，故檢表所得之數，以今有螺輪之徑乘之，即得螺距。

第三百三十一款　已知螺輪一分時之轉數及一小時當行之里數，求螺距。

設　天爲螺距之尺數

卯天爲一分時當行之尺數

六〇卯天爲一小時當行之尺數

卯爲一分時之轉數

甲爲螺輪一小時當行之里數

$\frac{\text{六〇八〇}}{\text{六〇卯天}}$爲一小時當行之里，故

$$\frac{\text{六〇八〇}}{\text{六〇卯天}}=\text{甲}$$

即

$$\text{天}=\frac{\text{六〇}}{\text{六〇八〇}}\times\frac{\text{卯}}{\text{甲}}=\frac{\text{三　卯}}{\text{三〇四甲}}$$

略等

$$\text{一〇一}\times\frac{\text{卯}}{\text{甲}}$$

第三百三十二款　已知船行速率與螺縻之比例，及螺輪之轉數，求螺距。

設　甲爲螺輪當行之里數。

乙爲船實行之里數。

寅爲螺縻之比例，乃依上款之代號列式。

$$\frac{\text{六〇八〇}}{\text{六〇卯天}}=\text{甲}$$

惟

$$\frac{\text{甲}}{\text{甲丅乙}}=\frac{\text{一〇〇}}{\text{寅}}$$

故

$$\text{一〇〇甲丅一〇〇乙}=\text{寅甲}$$

$$(\text{一〇〇丅寅})\text{甲}=\text{一〇〇乙}$$

$$\text{甲}=\frac{\text{一〇〇丅寅}}{\text{一〇〇}}\text{乙}$$

$$\frac{\text{六〇八〇}}{\text{六〇卯天}}=\frac{\text{一〇〇丅寅}}{\text{一〇〇乙}}$$

故

$$\text{天}=\frac{\text{六卯}}{\text{六〇八〇〇}}\times\frac{\text{一〇〇丅寅}}{\text{乙}}$$

第三百三十三款　求螺積之密數

設　申爲唇吧（圖見三百二十七款）

亢爲啐吘唇

丑爲吘唒

角爲吧唇啐

甲爲吘啐，故

$$\text{唇啐}=\text{甲亢}$$

$$\text{吧啐}=\text{甲亢正切角}$$

使等於乙亢

設　斗爲吧唇啐

未爲吘啐，所以吧啐既等

$$\text{唇啐}\times\text{正切斗}$$

$$=\text{未亢正切斗}$$

$$\text{吧啐}=\text{唇啐正切角}$$

$$=\text{甲亢正切角}$$

故

$$\text{未正切斗}=\text{甲正切角}=\text{乙}$$

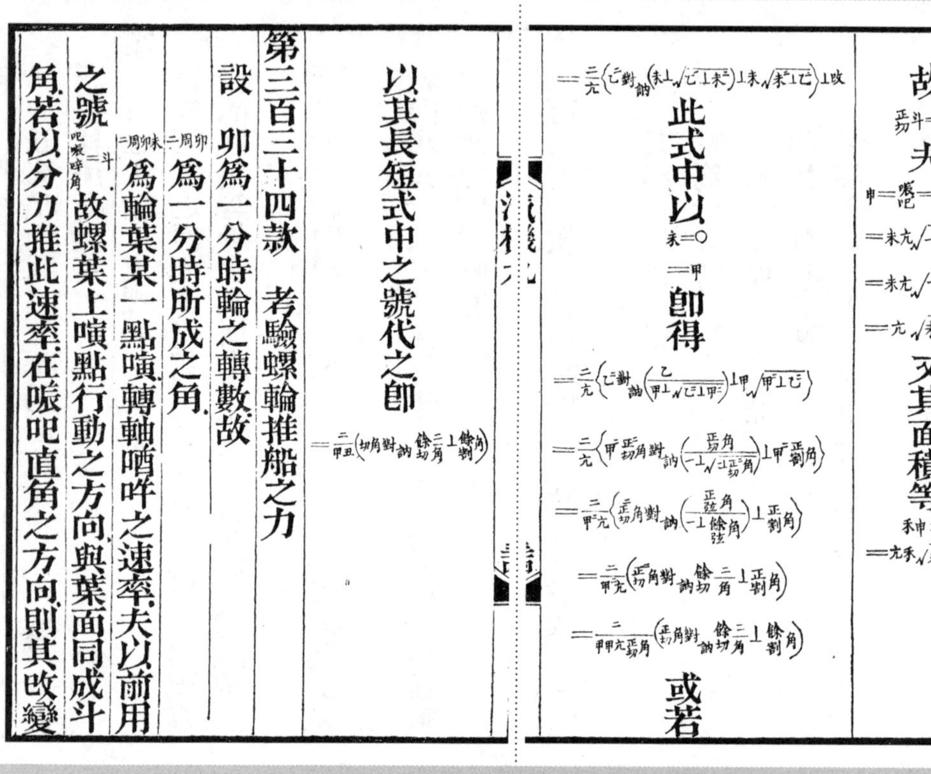

故 $正切斗=\frac{未}{乙}$ 夫 $申=\frac{嘁}{吧}=\frac{嘁}{啐}正割斗$ $=未亢\sqrt{一丄正切^{二}斗}$ $=未亢\sqrt{一丄\frac{未^{二}}{乙^{二}}}$ $=亢\sqrt{未^{二}丄乙^{二}}$ 又其面積等 禾申徕 $=亢禾\sqrt{未^{二}丄乙^{二}}徕$

$=\frac{二}{亢}\left\{乙^{二}對訥\left(未丄\sqrt{乙^{二}丄未^{二}}\right)丄未\sqrt{未^{二}丄乙^{二}}\right\}丄改$

此式中以 $未=〇$ $=甲$ 即得

$=\frac{二}{亢}\left\{乙^{二}對訥\left(\frac{乙}{甲丄\sqrt{乙^{二}丄甲^{二}}}\right)丄甲\sqrt{甲^{二}丄乙^{二}}\right\}$

$=\frac{二}{亢}\left\{甲^{二}正切^{二}角對訥\left(\frac{正切角}{一丄\sqrt{一丄正切^{二}角}}\right)丄甲^{二}正割角\right\}$

$=\frac{二}{甲^{二}亢}\left\{正切^{二}角對訥\left(\frac{正弦角}{一丄餘弦角}\right)丄正割角\right\}$

$=\frac{二}{甲^{二}亢}\left(正切^{二}角對訥餘切\frac{角}{二}丄正割角\right)$

$=\frac{二}{甲甲亢正切^{二}角}\left(正切^{二}角對訥餘切\frac{角}{二}丄餘割角\right)$

或若以其長短式中之號代之即 $=\frac{二}{甲五}\left(切角對訥餘切\frac{角}{二}丄餘割角\right)$

第三百三十四款　考驗螺輪推船之力

設卯為一分時輪之轉數故 $=二周卯$ 為一分時所成之角。$=二周卯未$ 為輪葉某一點嗊轉軸哂吽之速率。夫以前用之號 $吧嘁啐角=斗$ 故螺葉上嗊點行動之方向與葉面同成斗角。若以分力推此速率在嗁吧直角之方向則其改變

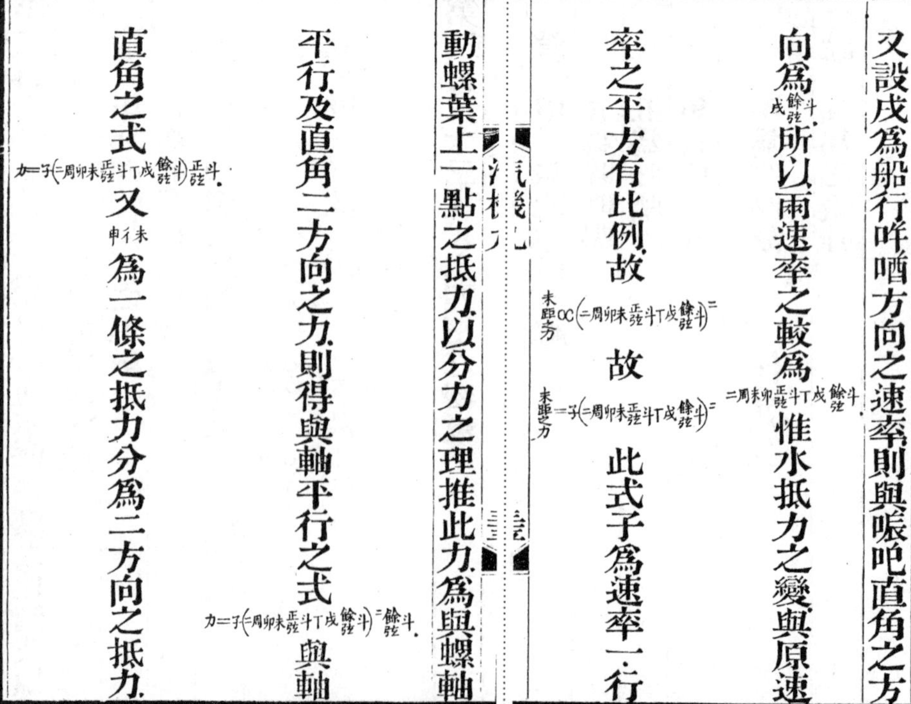

方向速率之式為 $=二周卯未正弦斗$。

又設戊為船行吽哂方向之速率則與嗁吧直角之方向為 $戊餘弦斗$ 所以兩速率之較為 $二周未卯正弦斗丅戊餘弦斗$ 惟水抵力之變與原速率之平方有此例故 $未距方\propto(二周卯未正弦斗丅戊餘弦斗)^{二}$ 故 $未距方=子(二周卯未正弦斗丅戊餘弦斗)^{二}$ 此式子為速率一行動螺葉上一點之抵力。以分力之理推此力為與螺軸平行及直角二方向之力則得與軸平行之式 $力=子(二周卯未正弦斗丅戊餘弦斗)^{二}餘弦斗$。與軸直角之式 $力=子(二周卯未正弦斗丅戊餘弦斗)^{二}正弦斗$。又 申彳未 為一條之抵力分為二方向之抵力。

得

$$子(二周卯未正弦斗丅戊餘弦斗)^{二}餘弦斗申徠$$

及

$$子(二周卯未正弦斗丅戊餘弦斗)^{二}正弦斗申徠$$

夫設吧為韛韛所受之全抵力。

咳為韛韛之速率，則

$$吧咳 = 子未二周卯未(二周卯未正弦斗丅戊餘弦斗)^{二}正弦斗申徠$$

設

$$二周未 = 柳$$

又既有

$$正切斗 = \frac{未}{乙}$$

則

$$正弦斗 = \frac{\sqrt{未^{二}丄乙^{二}}}{乙}$$

$$餘弦斗 = \frac{\sqrt{未^{二}丄乙^{二}}}{未}$$

$$申 = 亢\sqrt{未^{二}丄乙^{二}}$$

故

$$吧咳 = 子柳禾未\left(柳\frac{\sqrt{未^{二}丄乙^{二}}}{未乙}丅\frac{\sqrt{未^{二}丄乙^{二}}}{戊未}\right)^{二}\frac{\sqrt{未^{二}丄乙^{二}}}{乙}\times亢\sqrt{未^{二}丄乙^{二}}徠$$

$$= 子柳亢禾\frac{(未^{二}丄乙^{二})}{未^{二}}\times(柳乙丅戊)^{二}乙徠$$

$$= 子柳乙亢(柳乙丅戊)^{二}禾\frac{未^{二}丄乙^{二}}{未^{二}}徠$$

以

$$未 = 〇$$

$$= 甲$$

即設得

$$= 子柳乙亢(柳乙丅戊)^{二}呷$$

又設戊為船之行率。

呠為船體中腰橫剖之面積，則船推水之抵力為

$$子呠戊^{二}$$

惟螺輪中

$$申徠$$

一條上與船脊平行之水抵力為

$$子(二周卯未正弦斗丅戊餘弦斗)^{二}餘弦斗申徠$$

$$= 子\left(柳\frac{\sqrt{未^{二}丄乙^{二}}}{未乙}丅戊\frac{\sqrt{未^{二}丄乙^{二}}}{未}\right)^{二}\times\frac{\sqrt{未^{二}丄乙^{二}}}{未}亢\sqrt{未^{二}丄乙^{二}}徠$$

$$= 子亢(柳乙丅戊)^{二}\times\frac{未^{二}丄乙^{二}}{未^{二}}\times徠$$

故全抵力為

$$子亢(柳乙丅戊)^{二}禾\frac{未^{二}丄乙^{二}}{未^{二}}\times徠$$

此式自

$$未 = 〇$$

至

$$未 = 甲$$

得

$$子亢(柳乙丅戊)^{二}呷$$

所以

$$子哖戌^{二}=子亢(柳乙丅戌)^{二}呷$$

故

$$哖戌^{二}=亢呷(柳乙丅戌)^{二}$$

卽

$$\sqrt{哖}戌=\sqrt{亢呷}(柳乙丅戌)$$

惟柳乙爲船向前之行率，卽船脊方向之速率，設爲亥，則

$$\sqrt{哖}戌=\sqrt{亢呷}(亥丅戌)$$

卽

$$(\sqrt{哖}丄\sqrt{亢呷})戌=\sqrt{亢呷}\times亥$$

設

$$\frac{亥}{亥丅戌}=呻$$

卽螺縻，故

$$呻=一丅\frac{亥}{戌}=一丅\frac{\sqrt{哖}丄\sqrt{亢呷}}{\sqrt{亢呷}}$$

$$=\frac{\sqrt{哖}丄\sqrt{亢呷}}{\sqrt{哖}}$$

又

$$吧咳=子柳乙(柳乙丅戌)^{二}呷$$

$$=子亥亢(亥丅戌)^{二}呷$$

$$=子亥亢(亥呻)^{二}呷$$

$$=子亢呻^{二}亥^{三}呷$$

所以同此船同用此螺輪，其指力表馬力之變如亥^{三}，卽如本船行率立方之比。又

$$哖戌^{二}=亢呷(亥丅戌)^{二}$$

$$=亢呷亥^{二}呻^{二}$$

故

$$吧咳=子哖戌^{二}亥$$

若用此船而易其螺輪，則馬力與行率之變如行率之平方以螺輪速率乘之之比，所以指力表之馬力恆得與船行率之平方、螺輪之轉數、螺距之尺數皆連乘得數之比例。

第三百三十五款　依螺角與螺徑之大小求螺縻之數

$$呻=\frac{亥}{亥丅戌}=\frac{\sqrt{哖}丄\sqrt{亢呷}}{\sqrt{哖}}$$

惟

$$呷=\int_{未}\frac{\sqrt{未^{二}丄乙^{二}}}{未^{二}}彳未$$

$$=二\left(未^{二}丄乙^{二}對_{訥}\overline{未^{二}丄乙^{二}}\right)丄攺$$

此式以未$=〇$、$=甲$，卽爲

$$=二\left(甲^{二}丄乙^{二}對_{訥}\frac{甲^{二}丄乙^{二}}{乙^{二}}\right)$$

$$=\frac{二}{甲^{二}}\left(一丄正切^{二}角對_{訥}\frac{一丄正切^{二}角}{正切^{二}角}\right)$$

$$=\frac{二}{甲^{二}}\left(一丄正切^{二}角對_{訥}正弦^{二}角\right)$$

$$=\frac{二}{甲}\left(一丄正切^{二}角對_{訥}\overline{一丅餘弦^{二}角}\right)$$

$$=\frac{二}{甲^{二}}\left\{一丅正切^{二}角\left(餘弦^{二}角丄\frac{二}{餘弦^{四}角}丄\frac{三}{餘弦^{六}角}\cdots\cdots\right)\right\}$$

$$=\frac{二}{甲^{二}}\left(一丅正弦^{二}角丅正弦^{二}角\overline{\frac{二}{餘弦^{二}角}丄\frac{三}{餘弦^{四}角}丄\cdots\cdots}\right)$$

$$=\frac{二}{甲^{二}}\left(餘弦^{二}角丅正弦^{二}角\overline{\frac{二}{餘弦^{二}角}丄\frac{三}{餘弦^{四}角}丄\cdots}\right)$$

$$=\frac{二}{甲^{二}餘弦^{二}角}\left(一丅正弦^{二}角\times\overline{\frac{二}{二}丄\frac{三}{餘弦^{二}角}丄\cdots\cdots}\right)$$

$$=\frac{二}{甲^{二}餘弦^{二}角}\left\{一丅\overline{一丅餘弦^{二}角}\left(\frac{二}{二}丄\frac{三}{二}餘弦^{二}角丄\frac{四}{二}餘弦^{四}角丄\cdots\cdots\right)\right\}$$

$$=\frac{二}{甲^{二}餘弦^{二}角}\left\{一丅\frac{二}{二}丅\frac{三}{二}餘弦^{二}角丅\frac{四}{二}餘弦^{四}角丅\cdots丄\frac{二}{二}餘弦^{二}角丄\frac{三}{二}餘弦^{四}角丄\cdots\right\}$$

$$=\frac{二}{甲^{二}餘弦^{二}角}\left(\frac{二}{二}丄\frac{六}{二}餘弦^{二}角丄\frac{一二}{二}餘弦^{四}角丄\cdots\right)$$

$$=\frac{四}{甲^{二}餘弦^{二}角}\left(一丄\frac{三}{二}餘弦^{二}角丄\frac{六}{二}餘弦^{四}角丄\cdots\right)$$

所以甲增大，$\frac{亢}{呷}$亦增大，角增大，$\frac{亢}{呷}$則減小，亢增大，$\frac{亢}{呷}$亦增大，惟螺縻常等 $\frac{\sqrt{啐}丄\sqrt{亢呷}}{\sqrt{啐}}$，故$\frac{亢}{呷}$減小，螺縻增大，反此理同。

若輪轉之速率等，又得公例數條：

一、螺角減小，螺縻亦減小；

二、螺徑增大，螺縻亦減小；

三、螺長增大，螺縻亦減小。

前例不計螺葉切水之面阻力，若葉面增大則面阻力之比例亦愈大而變第三例之得數。

第三百三十六款　船行或溯流或逆潮最利用之速率

設亥爲船行逆水之速率，

天爲逆水流行之速率，

天丅亥爲一小時實行之路，夫船之馬力或一小時所用之碟∝$天^{三}$，卽設爲$甲天^{三}$，則$\frac{天丅亥}{甲天^{三}}$爲每一小時實行用碟之數，所以$\frac{天丅亥}{甲天^{三}}$爲極小之等數，若以微分法推之得

$三天^{二}(天丅亥)丅天^{三}＝〇$

故

$三天丅三亥丅天＝〇$

$二天＝三亥$

$天＝\frac{三}{二}亥$

約言之，船當行之速率應比水流行之速率加半。如後有一船欲追及之，其速率爲亥，同法考之，其得數亦同，則後船之速率應加半於前船之速率，卽最省用碟之例。

第三百三十七款　明輪船駛行平水

明輪縻之比例，卽輪轉速率與船行速率之較以輪之速率約之所得是也。

設

咳爲船以咳速率而行船體所當水之對力，

味爲輪以哦速率而轉輪葉所當水之對力，若運動平者則$味＝味$，夫味與船首之式與船速率之平方攸關，故$味＝呷咳^{二}$，此式內之呷爲船入水不變者之常數，又$味＝吃^{二}(哦丅咳)^{二}$，此式內之吃爲輪葉之進水與大小之常數，故

$呷咳^{二}＝吃^{二}(哦丅咳)^{二}$

卽

$\sqrt{呷}咳＝吃(哦丅咳)$

又

$\overline{\sqrt{呷}丄吃}咳＝吃哦$

卽

$哦＝(一丄\frac{\sqrt{呷}}{吃})咳$　（一）

又設吧爲全抵力所受之實漲力，咳爲其速率，汽機之運動既平，則

$吧咳＝味哦$

$＝吃^{二}(哦丅咳)^{二}哦$

$＝呷咳^{二}哦$

$＝呷咳^{二}(一丄\frac{\sqrt{呷}}{吃})咳$

$＝\frac{\sqrt{呷}}{吃}(\sqrt{呷}丄吃)咳^{三}$

夫$\frac{吧咳}{三萬三千}$爲汽機之能力，此數以三萬三千約之得馬力，所以馬力$∝\frac{\sqrt{呷}}{吃}(\sqrt{呷}丄吃)咳^{三}∝咳^{三}$　（二）

又既有$吃咳＝巳呷亥$式內

巳爲每方寸汽之漲力．

呷爲韛鞴之面積．

則 $呷亥$ 爲巳漲力一小時汽之體積．

$吧咳$ 爲一小時用汽之數故亦可測某時用碟之數

所以某時所用之碟如汽機速率或船行率立方之比

例．

設 哂爲一小時所用之碟．

唧爲船行甲路所歷之小時數．

則 $哂唧$ 爲全用之碟．

又 $哂唧\propto咳^3\times唧\propto咳^2\times咳唧$ 惟 $甲=咳唧$ 故 $哂唧\propto咳^2甲$ ㊁ 卽船行甲路所用之碟如 $咳^2甲$ 之比例而

咳爲船行率．設 $哦=未咳$．而未爲明輪與韛鞴二者速率之比

例故視汽機之何式或用收葉之法或韛鞴與輪之中

間接以齒輪增大韛鞴與輪速率之比例如拖帶別船．

則未減小夫既有

$$吧咳=吃^2(哦\top咳)哦$$
$$=呷咳^2哦$$
$$=呷咳^2\times未咳$$

故

$$吧=未呷咳$$

卽

$$咳=\sqrt{\frac{未呷^2}{吧}}\ ㊃$$

又依㊀式得

$$哦=\left(一\perp\frac{吃}{呷}\right)咳$$

故

$$哦=\left(一\perp\frac{吃}{呷}\right)\sqrt{\frac{未呷^2}{吧}}$$
$$=\frac{呷吃}{呷\perp吃}\sqrt{\frac{未}{吧}}\ ㊄．$$

又

$$吧=未呷^2咳^2=未呷^2\frac{\left(一\perp\frac{吃}{呷}\right)^2}{哦^2}$$
$$=未呷^2\frac{\left(一\perp\frac{吃}{呷}\right)^2}{未^2咳^2}．$$

故

$$吧=\frac{(呷\perp吃)^2}{未^2呷^2吃^2}咳^2．$$

卽

$$咳=\frac{呷吃}{呷\perp吃}\sqrt{\frac{未^3}{吧}}\ ㊅．$$

若以未變爲未'．咳變爲咳'．咳'變爲咳''．其餘諸數仍不變則

$$咳=\sqrt{\frac{呷未}{吧}}．$$

及

$$咳'=\sqrt{\frac{呷未'}{吧}}．$$

故

$$\frac{咳'}{咳}=\sqrt{\frac{未'}{未}}．$$

又

$$咳'=\frac{呷吃}{呷\perp吃}\sqrt{\frac{未'}{吧}}$$

及

$$咳''=\frac{呷吃}{呷\perp吃}\sqrt{\frac{未''}{吧}}．$$

故

$$\frac{咳''}{咳'}=\sqrt{\frac{未'''}{未''}}=\frac{咳'''}{咳''}\ ㊆$$

爲明輪縻． 凡船與輪葉之入水皆不變其船之速率如輪速率之比例則任何速率輪縻恆爲常數見註㊀式．

第三百三十八款　用碟比例

明輪船之馬力與速率立方爲比例故或一日或一小時或一旬所用之碟亦如船速率立方之比例其理見註㊂式凡船在海中前路尚遠而碟不足用若催促船行使速至海口乃昧於省碟之理矣所以風水平靜而汽機行動愈慢則行路等而用碟省但不可使汽自萍門放出再用自漲運動則更省也然有逆風逆水則省碟而不前甚或退行是爲無益故以常行之速率加半

於逆風逆水使船退行之率。爲至少之限。如風水有退行四里之力。則汽機應有前行六里之力。方得實行二里。若退行爲六里。則應前行九里。餘可類推。所以汽機有時用全力之速率爲節省者。

第三百三十九款　行路用煤

依註㊂式知用煤如船行率之平方乘行路之數之比例。所以速率爲咳里數爲甲。而用煤爲哂。又以速率爲咳里數爲甲。而用煤爲哂。則得哂與哂之比若 $甲\times咳^{二}$ 與 $甲_{一}\times咳_{一}^{二}$ 之比。

第三百四十款　收葉增多輪轉之率

明輪轉率依葉之徑。惟用盡鍋爐所化之汽。則船之行率不關輪葉徑之大小。故已能全用其汽。則減小輪葉之徑爲無益。徒增輪磨與用煤。而船之行率不及其比例。反言之。使輪慢轉至於微汽由萍門放出。則依註㊃㊅二式用收葉之法。即減小未而船之行率庶得增大。因鞲鞴速率增大之故。此乃輪之速率依輪徑之比。鞲鞴之速率亦依輪徑之比。所以收葉者。即減小輪之實徑數而鞲鞴行動得加速。使汽機得全用所化之汽。而爲推船之實力。然收葉而使下葉之上邊出於水面。則又無益。徒減輪葉之面積。而速鞲鞴船之行率不增也。

惟葉面太濶者宜之。凡中間接以齒輪。或收葉。或刖法。增大船與鞲鞴之速率。則依註㊆式知鞲鞴之速率如船速率立方之比例。

第三百四十一款　汽機船行路之數

設　呷爲汽機船中腰入水橫剖面積。

亥爲其速率。則抵力之數 $\propto 呷亥^{二}$。抵力積數 $\propto 呷亥^{三}$。又所用之煤。依指力表之馬力。既可略計。則煤所當程之功爲 $\frac{旺}{呷亥^{三}}$。此式中旺爲指力表之馬力。惟若叮爲船之入水體積數。丑爲船之長。則爲同式之船得 $叮\propto丑^{三}$。故 $丑\propto\sqrt[三]{叮}$。又 $呷\propto丑^{二}$。及 $丑\propto\sqrt{呷}$。所以 $呷^{三}\propto叮^{二}$。即 $呷\propto\sqrt[三]{叮^{二}}$。故所求之數爲 $\frac{旺}{\sqrt[三]{叮^{二}}\,咳^{三}}$。然此式在異式之船不合。或同船而螺輪異。或自漲之級數異。比較皆不密合。

第三百四十二款　知鞲鞴距行足之數。求曲拐轉過之角度。即離頂點之數。

哌吧爲曲拐之方向

吧呷爲大搖桿

吃呷爲鞲鞴與行足吃之距

設　甲爲㖔吧

丙爲吧呷

天爲叱呷

斗爲吧㖔呷角

則 $\frac{\text{㖔}}{\text{叱}}=\text{丙丅甲}$ 又依三角之例

$$\text{餘弦}\frac{\text{二}}{\text{斗}}=\sqrt{\frac{\text{四}\times\frac{\text{㖔}}{\text{吧}}\times\frac{\text{㖔}}{\text{呷}}}{\left(\frac{\text{㖔}}{\text{吧}}\text{丄}\frac{\text{㖔}}{\text{呷}}\text{丄}\frac{\text{叱}}{\text{呷}}\right)\left(\frac{\text{㖔}}{\text{吧}}\text{丄}\frac{\text{㖔}}{\text{呷}}\text{丅}\frac{\text{呷}}{\text{吧}}\right)}}$$

$$=\sqrt{\frac{\text{四甲}(\text{丙丅甲丄天})}{(\text{甲丄丙丅甲丄天丄丙})(\text{甲丄丙丅甲丄天丅丙})}}$$

$$=\sqrt{\frac{\text{四甲}(\text{丙丅甲丄天})}{(\text{二丙丄天})\text{天}}}$$

所以已知丙甲天，卽可求得 $\frac{\text{二}}{\text{斗}}$，亦可求得斗。

第三百四十三款　大搖桿之下端有恆不變之抵力，求曲拐轉半周時所程之功

設　斗爲曲拐㖔吧任何方向與垂線成吧㖔呷角

參爲吧呷㖔角

甲爲㖔吧

丙爲吧呷

吧爲呷點之向上抵力

味爲大搖桿方向之力，以味力分爲地平與垂線之二力，卽得 $\text{味}\,\text{餘弦參}=\text{吧}$ 而轉曲拐力之重速積爲 $\text{味甲}\,\text{正弦}\overline{\text{斗丄參}}$ 故

$=\text{吧甲}\frac{\text{餘弦參}}{\text{正弦}\overline{\text{斗丄參}}}$ 轉 彳斗 角時所程之功爲 $\text{吧甲}\frac{\text{餘弦參}}{\text{正弦}\overline{\text{斗丄參}}}\text{彳斗}$ 故曲拐向上時所程之功爲 $\text{吧甲禾}\frac{\text{餘弦參}}{\text{正弦}\overline{\text{斗丄參}}}\text{彳斗}$ 此式中以 $\text{斗}=〇$ 與 $\text{斗}=\text{周}$ 爲二限，其中間任何同數計之，故

$$\text{物}=\text{吧甲禾}\frac{\text{餘弦參}}{\text{正弦斗}\,\text{餘弦參}\text{丄}\text{餘弦斗}\,\text{正弦參}}\text{彳斗}$$

$$=\text{吧甲禾}\left(\text{正弦斗丄}\frac{\text{餘弦參}}{\text{正弦參}}\text{餘弦斗}\right)\text{彳斗}$$

惟 $\text{參}=\frac{\text{丙}}{\text{甲}}\text{正弦斗}$ 故

$$\text{物}=\text{吧甲禾}\left(\text{正弦斗丄}\frac{\sqrt{\text{一丅}\frac{\text{丙}^{2}}{\text{甲}^{2}}\text{正弦}^{2}\text{斗}}}{\frac{\text{丙}}{\text{甲}}\text{正弦斗}\,\text{餘弦斗}}\right)\text{彳斗}$$

$$=\text{吧甲}\left(\text{丅餘弦斗丅}\frac{\text{甲}}{\text{丙}}\sqrt{\text{一丅}\frac{\text{丙}^{2}}{\text{甲}^{2}}\text{正弦}^{2}\text{斗}}\right)\text{丄收}$$

式中 $\text{斗}=〇$ 至 $\text{斗}=\text{周}$ 卽得 $=\text{吧二甲}$ 所得者如無有曲拐而力全行於垂線無異，以實速率之理推之，卽可捷得其數，或以爲曲拐有費力之意，故爲詳考於此。

第三百四十四款　求邊桿機半徑桿之度

呷叱爲半徑桿

叱哂爲平行桿

哂㖔爲邊桿之一端

㖔卽中心定點

設　天爲呷叱

甲爲叱丙

乙爲㖪丙
地爲㖪唇
斗爲叱呷叱角
鬼爲㖪丙㖪角
參爲㖪唇㖪角

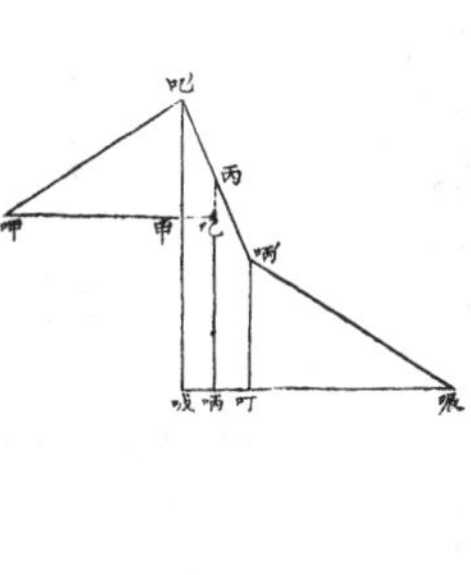

有
天餘弦斗丄甲正弦鬼＝天㈠
又
地餘弦參丄乙正弦鬼＝地㈡
及
天正弦斗丄(甲丄乙)
＝(甲丄乙)餘弦鬼丄地正弦參㈢

㈠式中設斗鬼參爲三小角卽合半徑桿長之事乃由此諸式得

天(一丅$\frac{二}{斗^{二}}$)丄甲鬼＝天
卽
甲鬼＝$\frac{二}{天斗^{二}}$
又
地(一丅$\frac{二}{參^{二}}$)丄乙鬼＝地
卽
乙鬼＝$\frac{二}{地參^{二}}$
及
天斗丄(甲丄乙)
＝(甲丄乙)丄地參
卽
天斗＝地參
所以
$\frac{乙}{甲}$＝$\frac{地}{天}$×$\frac{參^{二}}{斗^{二}}$
及
$\frac{參}{斗}$＝$\frac{天}{地}$
故
$\frac{乙}{甲}$＝$\frac{地}{天}$×$\frac{天^{二}}{地^{二}}$
＝$\frac{天}{地}$
卽

呷叱與㖪唇之比若㖪丙與丙叱之比㈡式中以斗爲大角鬼參皆爲小角卽合半徑桿短之事乃如前

天餘弦斗丄甲鬼＝天
又
地(一丅$\frac{二}{參^{二}}$)丄乙鬼＝地
及
天正弦斗丄(甲丄乙)＝(甲丄乙)丄地參
故
天餘弦斗＝天丅甲鬼
又
乙鬼＝$\frac{二}{地參^{二}}$
及
天正弦斗＝地參
故
天餘弦斗＝天丅$\frac{乙}{甲}$地$\frac{二}{參^{二}}$
故
天^{二}(正弦斗^{二}丄餘弦斗^{二})
＝天^{二}丅$\frac{乙}{甲}$天地參^{二}丄$\frac{乙^{二}}{甲^{二}}$地^{二}$\frac{四}{參^{四}}$丄地^{二}參^{二}
所以
$\frac{乙}{甲}$×$\frac{地}{天}$＝一丄$\frac{乙^{二}}{甲^{二}}$×$\frac{四}{參^{四}}$
$\frac{地}{天}$＝$\frac{甲}{乙}$丄$\frac{乙}{甲}$×$\frac{四}{參^{四}}$

惟邊桿所展之角約以二十度爲限所以
參＝$\frac{九}{周}$
及
$\frac{四}{參^{四}}$＝$\frac{三二四}{周^{四}}$＝·〇三〇四
故
$\frac{地}{天}$＝$\frac{甲}{乙}$丄·〇三〇四$\frac{乙}{甲}$

卽初略近得數之比爲〇三〇四$\frac{乙}{甲}$

第三百四十五款　求恆升車一往復所程之功不論滯力

其一　車體上端有出舌門而不洩空氣起水盤上下皆空

設
叱爲起水盤之面積
辛爲其行路之長
乙爲車內水面與蓋之距
辛丅乙爲起水盤上水面之高
昴爲水之重率
物爲所起水之重

卽
＝昴(辛丅乙)叱
此水提起過乙路則出舌門自開

設
丑爲恆升車之蓋低於船外水面之數
子爲空氣壓力所當水之高故出舌門已開之後起水盤面之壓力

爲 $昴叱\left(丑丄子丄\frac{二}{辛丅乙}\right)$ 所過之路爲 $辛丅乙$ 故全功爲

$$昴(辛丅乙)叱乙乙丄昴叱\left(丑丄子丄\frac{二}{辛丅乙}\right)(辛丅乙)$$
$$=昴(辛丅乙)叱\left(丑丄子丄\frac{二}{辛丅乙}丄乙\right)$$
$$=物\left(丑丄子丄\frac{二}{辛丄乙}\right)$$

卽起水盤往下時不程功。

其二　不用出舌門，起水盤提上時其面上之壓力爲 $昴叱\left(丑丄子丄\frac{二}{辛}\right)$ 所過之路爲辛，故提上時所程之功爲 $昴叱\left(丑丄子丄\frac{二}{辛}\right)辛$ 又往下之時其壓力爲 $昴叱\left(丑丄子丄\frac{二}{乙}\right)$ 至於起水盤遇水面之路爲乙，故向下時其負功爲 $昴叱\left(丑丄子丄\frac{二}{乙}\right)乙$ 所以往復一次之全功爲

$$昴叱\left(丑丄子丄\frac{二}{辛}\right)辛丅昴叱\left(丑丄子丄\frac{二}{乙}\right)乙$$
$$=昴叱(辛丅乙)(丑丄子)丄昴叱\frac{二}{辛丅乙}$$
$$=昴叱(辛丅乙)\left(丑丄子丄\frac{二}{辛丄乙}\right)$$
$$=物\left(丑丄子丄\frac{二}{辛丄乙}\right)$$

如前節所得同。

第三百四十六款　求鹹水定吹所費碟數

設　天爲吹出鹹水之數

地爲化汽水之數

故 $天丄地$ 爲添水數

酉爲添水之熱度

哂爲鍋爐內水之熱度

則 $(一二一二丅酉)地$ 爲化汽所用之熱數，$(哂丅酉)天$ 爲沸此吹水所用之熱數。

故 $(一二一二丅酉)地丄(哂丅酉)天$ 爲總用之碟數，以吘爲吹水所費之碟百分之幾。

則 $\frac{一〇〇}{吘}=\frac{(一二一二丅酉)地丄(哂丅酉)天}{(哂丅酉)天}$ 依此式可推得附後丁表末行之諸數。

第三百四十七款　求凝水櫃內適宜之熱度

櫃內之水熱度適宜者，不特能省恆升車之力，且添水進鍋爐後而使化汽亦更易，故用熱亦省也。

設　酉爲噴進水之熱度。

甲爲汽之容熱，卽一千二百十二度

天爲凝水之熱度

吧爲汽之全抵力

巳爲未凝水汽之對力

故 $(吧丁巳)$ 爲鞲鞴面所受之實漲力

又設呷爲鞲鞴之面積

丑爲推機路之數

$卯丑$ 爲恆升車內起水之高

物爲汽筩滿汽之重

呹爲噴進水之重

故 $(吧丁巳)丑呷$ 爲推機一次汽所程之功

$(物⊥天)卯丑$ 爲恆升車所費之功

$物(甲丁天)$ 爲用熱之數故

$$\frac{物(甲丁天)}{(吧丁巳)丑呷丁(物⊥呹)卯丑}$$

爲實程功之率即

$$\frac{甲丁天}{(吧丁巳)呷丁(物⊥呹)卯}$$

爲實程功之率夫依三十一款

$$天=\frac{物⊥呹}{甲物⊥呹酉}$$

故

$$呹=\frac{天丁酉}{物(甲丁天)}$$

故

$$\frac{甲丁天}{(吧丁巳)呷丁\frac{天丁酉}{物(甲丁酉)}卯}$$

爲實程功之率所以用微分法推之

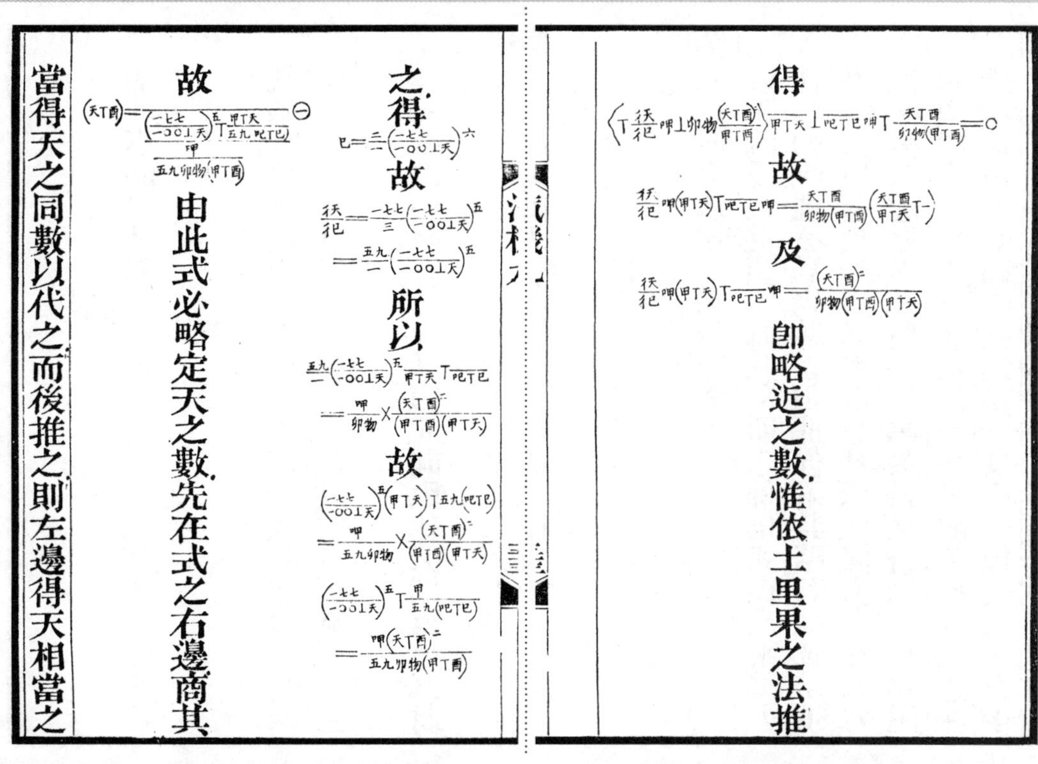

得

$$\left\langle 丁\frac{祆}{祀}呷⊥卯物\left(\frac{天丁酉}{甲丁酉}\right)\right\rangle 甲丁天⊥吧丁巳呷丁\frac{天丁酉}{卯物(甲丁酉)}=○$$

故

$$\frac{祆}{祀}呷(甲丁天)丁吧丁巳呷=\frac{天丁酉}{卯物(甲丁酉)}\left(\frac{天丁酉}{甲丁天}丁一\right)$$

及

$$\frac{祆}{祀}呷(甲丁天)丁吧丁巳呷=\frac{(天丁酉)^{二}}{卯物(甲丁酉)(甲丁天)}$$

即略近之數惟依土里果之法推之得

$$巳=\frac{二}{三}\left(\frac{一七七}{一○○⊥天}\right)^{六}$$

故

$$\frac{祆}{祀}=\frac{一七七}{三}\left(\frac{一七七}{一○○⊥天}\right)^{五}=\frac{五九}{一}\left(\frac{一七七}{一○○⊥天}\right)^{五}$$

所以

$$\frac{五九}{一}\left(\frac{一七七}{一○○⊥天}\right)^{五}甲丁天丁吧丁巳=\frac{呷}{卯物}\times\frac{(天丁酉)^{二}}{(甲丁酉)(甲丁天)}$$

故

$$\left(\frac{一七七}{一○○⊥天}\right)^{五}(甲丁天)丁五九(吧丁巳)=\frac{呷}{五九卯物}\times\frac{(天丁酉)^{二}}{(甲丁酉)(甲丁天)}$$

$$\left(\frac{一七七}{一○○⊥天}\right)^{五}丁\frac{甲}{五九(吧丁巳)}=\frac{呷(天丁酉)^{二}}{五九卯物(甲丁酉)}$$

故

$$(天丁酉)=\frac{\left(\frac{一七七}{一○○⊥天}\right)^{五}丁\frac{甲丁天}{五九(吧丁巳)}}{\frac{呷}{五九卯物(甲丁酉)}} \quad ㈠$$

由此式必略定天之數先在式之右邊商其當得天之同數以代之而後推之則左邊得天相當之

同數視式自明若初以同數太大則得數必太小反之理同所以知其眞同數必在二界之間故將二得數之中數推得愈近之數如此累推愈多愈密夫(一)式中物爲汽筩滿汽之重惟汽筩滿水之重爲$\frac{\text{一四四}}{\text{六二五}}\text{丑呷}$卽磅數式中呷爲方寸數依旁部氏之法

$$\text{物}=\frac{\text{一四四}}{\text{六二五}}\text{丑呷}(\text{甲丄乙巳})$$

其巳爲鞲鞴行足時所受之漲力所以

$$(\text{天丁酉})^{\text{二}}=\frac{\left(\frac{\text{一七七}}{\text{〇〇丄天}}\right)^{\text{五}}\text{丁}\frac{\text{甲丁天}}{\text{五九}(\text{吧丁巳})}}{\frac{\text{一四四}}{\text{六二五}\times\text{五九}}\text{卯丑}(\text{甲丄乙巳})(\text{甲丁酉})}$$

卽

$$\text{天}=\text{酉丄五〇六一}\sqrt{\frac{\left(\frac{\text{一七七}}{\text{一〇〇丄天}}\right)^{\text{五}}\text{丁}\frac{\text{甲丁天}}{\text{五九}(\text{吧丁巳})}}{\text{卯丑}(\text{甲丄乙巳})(\text{甲丁酉})}}$$

又卯丑爲恆升車面上壓力略等水柱高三〇丄辛空氣之壓力等水柱高三十四尺凝水櫃之對力可等水柱高四尺以辛爲恆升車底至船外水面之高故

$$\text{天}=\text{酉丄五〇六}\sqrt{\frac{\left(\frac{\text{一七七}}{\text{一〇〇丄天}}\right)^{\text{五}}\text{丁}\frac{\text{甲丁天}}{\text{五九}(\text{吧丁巳})}}{(\text{三〇丄辛})(\text{甲丄乙巳})\times(\text{甲丄酉})}}$$

依二百三十九款之總理所言其適宜之熱度賴辛巳酉三數將一式明之設酉爲六十度辛爲四巳爲十四天爲一百度則得天爲八十三．二五故取中數

$$\text{中數}\ \frac{\text{八三．二五}+\text{一〇〇．〇〇}}{\text{二})\text{一八三．二五}}=\text{九一．六二}$$

又以此同數代天則得$\text{天}=\text{八六．五九}$又將

$$\text{中數}\ \frac{\text{九一．六二}+\text{八六．五九}}{\text{二})\text{一七八．二一}}\quad\text{天}=\text{八九．一〇}$$

第三百四十八款　碟質優劣

以下論說爲英國水師兵部所示係倍式白來飛二人在倫頓測地公局考驗者但此僅論其略若欲細求須觀二人所著兵船用碟實錄也凡碟之優劣全在火力然必久久歷試始知所長何事蓋各種各擅其長功用迥異設有一種力能速化汽而燒不耐久發火甚急在急欲化汽之時固以此爲第一又有一種化汽之力少

遜而所化之汽實多總計之比前種更貴設又一種能兼兩事之長惟體質鬆酥故搬移時或船搖動時大塊摩擦而小且碎爲屑在汽機船亦不合用惟有速化汽耐久燒不易碎三事兼長是爲最優然揀選之法尚有多端不可不究否恐無益於汽機

第三百四十九款　煤之質體

煤之種類其質之輕重與體之形式有別欲占地之省而專依重率猶不足爲據因形式有不同也所以化汽之力等質輕者所占之處反有小於質重者其差有十分之四間有十分之六若論常例殊難合用又有兩種其體積差十分之三則一種容八十噸而一種可容百噸化汽之力亦同也以質體兩事細考如此特不能暫試而得故未可以一事之長而用之

第三百五十款　煤餅

諸種煤餅業已試驗得數列於下表其式如磚輪船收用之時有暇堆砌方能省處因重率既小所占之處比別種煤必多也然兵船及信船非在本國海口啟行常無暇爲此矣凡以煤屑和吧嗎煤類之質作餅或用水或用別質和而結之瓦勒煤之餅爲駃來果拉或立所定煤屑一噸用水約十六駃倫與煤吧嗎油十六駃倫相和而成荷蘭餅之料如下諸分共爲一噸

石灰　一百　石膏　一十七

白礬　一十七　鹽　一十七

有礬之泥　二十八　牛加司煤屑　二千二百四十

凡煤餅雜糅別質者多生黝滓與灰另有煤餅五種其化汽之力比已試用之煤更大但不易生火且多發黑煙而多積煙炱造機名家屢言煤之化汽全賴炭質之多少故英國水師兵部令人用輭硬兩種相和作餅即在威勒士算西瓦勒煤餅作坊內試燒益處無多不合汽機之用蓋輭煤內之吧嗎油雖在火爐內略變炭質然若燎毛甚速於慢燒之硬煤所以輭煤忽盡硬煤之賸者尚多或聚於爐柵阻隔風氣或細碎而落下若以重堆於火上則更阻風氣而減火力也不如前法相和之餅炭質殊多而化汽之力亦多其理或因成餅之後略近於硬煤之式故能如此今以爲常用之例

第三百五十一款　藏煤所生變端

藏煤而久遇溫熱之空氣宜防變端或漸漸自壞而致無用或化散氣質而生危險收煤於鐵櫃內者久爲溼氣所感鐵必生鏽有海水進櫃則特甚因煤之炭質與鐵相切即生電氣而成陰陽增減之效分出溼氣內之

養氣而侵鐵生鏽也所以鐵水管之內有炭質一塊不易融化者一遇鹹水鐵面上即聚水點而生鏽正此理也若因鐵質之本性如此易鏽而防之用法保其外面已可或用羅馬膏敷之或用木板護之或用易乾之油塗之近時考驗煤所化散氣質之內常有炭養與淡氣所以知變壞之由必與空氣內之養氣化合也

第三百五十二款　煤質變壞之理

煤在空氣中變壞常發熱所化散之氣質首爲炭養即極害動物之氣若在溫熱之空氣變壞更速故於熱地爲多溼氣之變壞亦速既壞之後僅能燃而無焰矣凡煤變時其內若多硫黃或青礬即鐵養硫養則爲生熱之媒二物皆備能使自焚若硫黃或青礬甚多則一物已足自焚預防其患收藏時務視實爲極乾又宜揀選難受以上諸變者

第三百五十三款　輪船合用各煤之長

一　化汽欲速須有速旺之性

二　須有多化汽之力始能煤少而汽多

三　兵船所用須有硬煤之狀否則欲潛跡時發多煙而爲敵所窺

四　結力須大以免擱簸時擠軋細碎

五　疏密率與形體須易藏於小處凡化汽力相同之各種間有差至十分之二者

六　質內之硫黃宜少並宜無漸壞之狀此二事易致自焚

歷試各煤未有一種而能兼此諸長者如硬煤其化汽力雖大然火不易熾不合速化汽之用體質雖團結堅固而搬移不碎但燒時不能鎔結倘有大風而船搖動在火爐內簸揚不定發煙固少而火性甚烈致爐柵與鍋體受大熱而生鏽此種雖有數長而其短處亦不少所以竟不可用以下爲恆用之表可檢各種長處之比較然其數尚非密率不如用煤實錄之精確也

煤表第一

產煤地名 卽用爲煤名	一磅煤化三百十二度水爲汽之水數	堆藏一立方尺之磅數	疏密率一立方尺之磅數	一噸煤占地之立方尺數	結力之率	限時化汽運速之水數	一噸煤所生滓渣之磅數
	磅	磅	磅	尺		磅	磅
威勒士							
阿孛拉曼墨跌	一〇.七五	四八.九	八一.九一	四五.八〇			一三.三
愛部飛而	一〇.二一	五三.三	七八.八一	四二.二六	四五.〇	四六〇.三	
多馬墨跌	一〇.一六	五三.〇	八三.三九	四二.二六	五七.五	五二〇.八	三九
度弗林	一〇.一四	五三.三三	八二.七二	四二.〇九	五六.二	四〇九.三	
尼順墨跌	九.九六	五一.七	八二.二九	四三.三二	六四.五	五一一.四	五.七
柄尼阿	九.九四	五七.〇八	八一.三五七	三九.二四	五一.二	四八六.九五	
倍特瓦司	九.七九	五〇.五	八二.六	四四.三二	五四.〇	四七六.九六	
歇勒孛里莫跌	九.七五	五二.二	八四.七八	四三.七四	六四.〇	五三一.六	七.五
阿倍大墨跌	九.七三	四九.三	八一.七三	四五.四三	七四.五	四八九.五	九.八
茄特利 九尺層	九.五六	五四.八	八三.一六	四〇.八七	七六.〇	五一七.三	六.〇
立所分	九.五三	五八.六六	八二.三五四	三八.一九	三五.〇	三九〇.二五	
密妮牛未特	九.五二	五六.三三	八一.七三	三九.七六	五三.七	四七〇.六九	
阿孛而甘	九.四七	五〇.三	八三.二二	四四.五三	五四.五	四八〇.〇〇	二〇〇
安脫拉碎特 卽硬煤講亢	九.四六	五八.二五	八五.七八六	三八.四五	六八.五	四〇九.三七	
華而火皮	九.四〇	五七.四三	八三.八五	三九.〇〇	四六.五	五二九.九〇	
埿色阿倍	九.三八	五九.三	八三.五七	三七.七七	五〇.〇	五四六.一	二九.二
合來果	九.三五	六〇.一六六	八一.一〇七	三七.二三	四九.三	四四一.四八	
茄特利 四尺層	九.二九	五一.六	八二.七九	四三.四一	六八.五	四〇〇.〇	一一.六
馬很羅克皮	九.二三	四八.一	八〇.九一	四六.五六	五二.五	四八八.七五	一二.四
倍起革羅物立搿來果	九.二三	五一.〇	八四.八五	四三.九二	五九.〇	五〇七.五〇	二八.六
林微	九.一九	五三.三	八〇.三五	四二.〇二		三九九.五〇	三六.〇
克獨克司等	八.九七	五八.一	八五.九七	三八.五五		三四四.一六	三四.七
揾而加司 火皮	八.九四	五〇.九一六	八〇.四二	四三.九九	五七.七	四六四.三〇	
肥肥恩子密而袪	八.九二	四七.九	八一.〇四	四六.七六	五四.〇	四二一.二五	一八.〇
蘭近納許	八.八六	五六.九三	八一.八五	三九.三四	五三.五	三七三.三	
特利瓜得羅克皮	八.八四	五六.三八八	八三.六〇	三九.七二	五二.七	四八六.八六	
本得立把	八.七二	五七.七二	八一.七三	三八.八〇	四六.五	三八一.五〇	
公弗路得羅克皮	八.七〇	五五.二七	七八.二九九	四〇.五二	七二.五	三七九.八〇	
公難的搿路	八.四二	五六.〇	七九.八五九	四〇.〇〇〇	五五.七	四〇四.一六	
孛令蒲美納	八.三六	四七.〇	八一.一〇	四七.六五		四三五.八三	二〇.七
肥肥恩子羅克復而	八.〇八	四八.九	八一.一六	四五.八〇	七〇.五	四九二.五〇	三〇.一
可勒失勒	八.〇	五三.〇	八〇.四八三	四二.三六	六二.〇	四〇六.四一	
孛令蒲二碼	七.八五	四七.九	八〇.〇四	四六.七六	七九.五	四四一.六六	一九.五
羅克復勒	七.六八	五五.〇	八〇.二一	四〇.七二	六五.五	三九七.五	三八.〇
薄脫磨勒	七.五三	五三.三	八六.七二三	四二.〇二	六二.〇	三四七.四四	
旁的補勒	七.四七	五五.七	八三.三五	四〇.二一六	五七.五	三五〇.四〇	
本脫勒弗令	六.三六	六六.一六六	八四.七二六	三三.八五	五二.七	二四七.二四	
牛加司							
活令頓	九.九五	五三.三	七九.八七	四二.一〇	四三.〇〇		七.〇
安得烈何司但非特	九.二九	五二.一	七八.八六	四二.九九		三五一.三	三.三
抱屯克羅司	九.三八	五〇.六	七九.八七	四四.二六	三八.五		六.六
哈司韋勒瓦心特	八.八七	四七.四	八〇.二三	四七.二五	七三.〇	四一一.六六	三.五
牛加司哈得來	八.二三	五〇.五	八〇.二七	四四.三五	七八.五	三〇八.〇	一七.〇
海特來哈得來	八.一六	五二.〇	八一.七九	四三.〇七	八五.五	三〇〇.八	一四.四
倍得司韋司哈得司	八.〇四	五〇.八	七八.一七	四四.一三	六九.五	四〇六.八	一.四
韋司哈得來美恩	七.八七	四八.九	七八.八六	四五.八〇	七九.〇	四五七.五〇	二.八
蒲特勒韋司哈得來	七.八二	五〇.六	七七.一一	四四.〇九	八〇.〇	四一三.三	五.九
海司丁哈得來	七.七七	四八.五	七八.〇四	四六.一八	七五.五	四〇四.五	一.七
加而哈得來	七.七一	四七.八	七八.二三	四六.八六	七七.五	三四四.三	五.〇
待肥孫韋司哈得來	七.六一	四七.七	七八.三六	四六.九六	七六.五	四〇二.九	二.一

煤表第一　三

煤名	一磅煤化二百十二度水為汽之水數（磅）	堆藏一立方尺之磅數（磅）	疏密率一立方尺之磅數（磅）	一噸煤占地之立方尺數（尺）	結力之率	限時化汽遲速之水數（磅）	一噸煤所生渣滓之磅數（磅）
諾脫北西哈得來	七．五七	四九．一	七八．二九	四五．六二	六○．○○	四二三．五	七．八
哈士韋勒公會瓦心特	七．四八	四九．五	七九．三六	四五．二五	七九．五五	二九一．八	九．八
待混得瓦得哈得來	七．四三	五○．四	七八．七九	四四．四四	六三．三五	四五一．一	二八．三
孛路密歇勒	七．三	五二．五	七七．九八八	四二．六七	六五．五七	三九七．七八	
掗利器拿哈得來	六．八三	四九．一	七七．九八	四五．六二	八○．○○	四二八．四	一○．一
口本昔特內哈得	六．七九	四七．九	七八．六七	四六．七六	七四．○○	三五○．四	三．七
德比							
沸子韋令伯愛西加	八．五三	四七．二	八○．八五	四七．四五	七七．○○	四一二．七○	六．六
毀蘭公會特愛西加	八．○七	四八．二	八二．一六	四六．四七	八二．二五	三七二．九一	一．七
沸子韋令伯巴克戳脫	七．九三	四七．○	八一．七九	四七．六五	七八．○○	三九三．七五	無
拔塔來公會巴得蘭	七．九二	四七．一	八一．一六	四七．五五	八九．○○	四八七．○八	一○．三
拔塔來公會淚來	七．八○	四七．八	七八．八六	四六．八六	八四．五五	三九八．六九	一○．○
司對勿來	七．二六	四九．九	七九．七九	四四．八八	八八．五五	四六六．二	一二．六
落司果　軜	六．八八	四四．八	八○．一七	五○．○○	六二．○○	四九九．○六	八．四
落司果　硬	六．三三	四五．九	七九．六○	四八．八○	八六．○○	四三一．四二	八．五
蘭加斯德							
因司何里阿立	九．四七	四七．六	七九．三六	四七．○五	七三．五五	四八七．二九	一○．七
海道克立得特非	九．一三	四四．九	七八．四二	四九．八八	六六．六五	五三二．九一	九．六
孛加力司阿立	八．八三	五○．五	七八．一七	四四．三五	七六．○○	四五四．一	一一．○
孛辣來歇司脫	八．八一	四八．○	七八．九○	四六．六六	六五．○○	五○○．八	一二．三

煤名	一磅煤化二百十二度水為汽之水數（磅）	堆藏一立方尺之磅數（磅）	疏密率一立方尺之磅數（磅）	一噸煤占地之立方尺數（尺）	結力之率	限時化汽遲速之水數（磅）	一噸煤所生渣滓之磅數（磅）
因司何里並孛頓牙特	八．七八	四八．○	八四．一○	四六．六六	七五．五	四六一．二五	一○．八
海道克勒收石巴克	八．七四	四九．三	八二．五四	四五．四三	七七．○	四六一．六六	七．八
毛司何里並孛頓　四尺	八．五二	四七．三	七八．四八	四七．三五	七一．五	四八○．○○	七．一
海道克海而弗羅鼇達	八．三九	四九．五	七五．九九	四五．二五	七四．○	四六七．五○	一三．三
因司何里並孛頓　四尺	八．三四	五一．八	七九．六○	四三．二四	七四．五	四九七．三九	二．二
孛拉克孛羅克立德特弗	八．二九	五一．○	七八．一六	四三．九二	六一．五	四四○．四	無
經	八．一七	五○．八	八一．一○	四四．○九	七八．五	三九五．四二	四七．一
勒石巴克美恩	八．○八	四七．○	八○．○四	四七．六五	六七．○	四一九．一	二．七
孛拉克孛羅克勒石巴克	八．○二	五五．三	八○．一五	四○．五○	八○．五	四八一．二	一
長孫活丁頓勒石巴克	八．○一	五○．○	八○．一○	四四．八○	六九．○	四五四．五	八．六
辣法克辣失皮巴克	七．九八	五二．六	八四．○七	四二．五八	七五．五	四三五．○	五．一
孛加力司亥牙待	七．九○	五○．八	八○．一○	四四．一三	八○．○	三九八．三	二六．四
海道克佛羅鼇達美恩	七．八三	四八．○	七九．○四	四六．六六	八一．五	四二二．五○	九．○
韋安　四尺	七．七七	五三．四	七五．四九	四一．九四	七五．○	四一四．七九	三七．六
因司何里本孛頓　五尺	七．七二	五一．八	七九．一七	四三．二四	七一．五	四九五．二○	二○．四

煤表第一　四

煤名	一磅煤化二百十二度水為汽之水數（磅）	堆藏一立方尺之磅數（磅）	疏密率一立方尺之磅數（磅）	一噸煤占地之立方尺數（尺）	結力之率	限時化汽遲速之水數（磅）	一噸煤所生渣滓之磅數（磅）
干奴韋安	七．七○	四八．三	七六．八○	四六．三七	九五．○	三八一．一	二一．一
因司何里公會反內司皮	七．四七	四九．三	八一．九八	四五．四三	七一．五	四三五．二三	二五．三
孛加力司令者	七．四四	五一．一	七八．六一	四三．八三	七○．○	四三一．五	二二．三
高特韋列唐孫辣失皮巴克	七．三四	四七．五	七六．二九	四七．一五	七六．○	四四九．七九	五．一
孛加力司　五尺	七．二一	四九．○	七九．一一	四五．七一	四四．五	四八九．五	二一．八
毛司何里並孛頓　五尺	七．一三	四八．三	八○．○四	四六．三七	七八．五	四一七．一八	三一．六
毛司何里公會牛曼納	七．○四	四八．四	七九．七三	四六．二八	七六．五	四二二．○八	三四．二
高特韋列唐孫海而特弗	六．八五	四八．四	七九．四八	四六．二八	七七．○	四八四．二八	三八．六
長孫活丁頓算約翰	六．三三	五一．六	八一．七三	四三．四一	八二．○	三六○．七	三四．四
蘇格蘭							
瓦心特埃勒近	八．四六	五四．六	七八．六二一	四一．○二	六四．○	四三五．七七	
韋勒武特	八．二四	五二．六	七九．七八	四二．五八	八○．○	四三八．五	二八．五
達勒及各落內申條	七．七一	五一．六六	七八．六二一	四三．三六	八八．二	三七○．○八	
給麻納司不令得	七．六六	四四．七	七七．四二	五○．一一	六三．五	四七○．八三	六．四
福待利司格令頓	七．五六	五五．○	七八．六二一	四○．七二	六三．○	四六四．九八	
蔣蘭者臭的	七．四○	五四．二五	八○．四八	四○．一三	六九．七	三八○．四	
愛蔣令頓	七．三七	五○．○	七九．八四	四三．○七	七九．五	四○六．二	八．二
達勒及如而條	七．○八	四九．八	七九．六七三	四四．九八	八五．七	三五五．一八	
阿爾蘭							
昔里瓦達阿爾蘭安脫拉碎特	九．八五	六二．八	九九．五七	三五．六六	七四．○	四七三．一八	

煤名	一磅煤化二百十二度水為汽之水數（磅）	堆藏一立方尺之磅數（磅）	疏密率一立方尺之磅數（磅）	一噸煤占地之立方尺數（尺）	結力之率	限時化汽遲速之水數（磅）	一噸煤所生渣滓之磅數（磅）
散種煤							
可勒失勒公會巴其特美恩	八．三三	四九．六	七九．一七	四五．一六	七九．○	四六一．二五	五．七
由羅	七．○二	五○．四	七九．五四	四四．四四	八四．○	三六三．九五	四．四
壹孛司道克	六．九一	四七．三	八○．五四	四七．三五	六二．○	四五四．六	一四．一
立特內頓林	八．五二	五四．四四	八○．○四六	四二．一四	五五．○	四八七．一九	
公塞桑倍智利	五．七二		八○．五四			四二五．○	四四．五
煤餅							
瓦勒餅	一○．二六	六九．○五	七二．三四八	三二．四四		四五七．八四	
立分頓　汽餅	一○．○三	六五．六	七三．八六	三四．一四		四八三．九五	二八．二
來因餅	九．五八	六一．一	七四．七三	三六．六六		四○九．一	三八．七
惠蘭	八．九二	六五．○八	六八．六二九	三四．四一		四一八．八九	
倍里	八．五三	六五．三	七一．一二四	三四．三○		五四九．二一	
荷蘭餅令	七．五九	六四．八	八一．三三	三四．五六		四七○．○	八七．六

煤表第二

產煤地名	重率	炭質	輕氣	淡氣	硫黃	養氣	灰	爐
	所含各質俱取中數							
威勒士								
阿孛拉曼墨跌	一·三〇五	九〇·九四	四·二八	一·二一	一·一八	〇·九四	一·四五	八五·〇
愛部飛而	一·二七五	八九·七八	五·一五	二·一六	一·〇二	〇·三九	一·五〇	七七·五
多馬墨跌	一·三〇	九〇·一二	四·三三	一·〇〇	〇·八五	二·〇二	一·六八	八六·五三
度弗林	一·三三六	八八·二六	四·六六	一·四五	一·七七	〇·六〇	三·二六	八四·三
尼順墨跌	一·三一	九〇·二七	四·一二	〇·六三	一·二〇	二·五三	一·二五	七九·一一
柄尼阿	一·三〇四	八八·六六	四·六三	一·四三	〇·三三	一·〇三	三·九六	八八·一〇
倍特瓦司	一·三二	八〇·六一	六·〇一	一·四四	三·五〇	一·五〇	六·九四	七一·七
歇勒孛里莫跌	一·三五	八八·四九	四·〇〇	〇·四六	〇·八四	三·八二	二·三九	八二·三五
阿倍大墨跌	一·三一	八八·二八	四·二四	一·六六	〇·九一	一·六五	三·三六	八五·八三
茄特利 九尺層	一·三三	八六·一八	四·三二	一·〇九	〇·八七	二·二一	五·三四	八六·五四
立所分	一·三二	七九·三三	四·七五	一·三八	五·〇七	和灰中	九·四一	八三·九
密妮牛未特	一·三一	八四·七一	五·七六	一·五六	一·二一	三·五二	三·三四	七四·九八
阿孛而甘	一·三三四	八一·二六	六·二一	·七七	一·八六	九·七六	二·〇四	六八·四
安脫拉碎特 即硬煤講𠃌	一·三七五	九一·四四	三·四六	〇·二一	〇·七九	二·五八	一·五二	九二·九
華而火皮	一·三四九	八七·八七	三·九三	二·〇二	〇·八三	和灰中	七·〇四	
泥色阿倍	一·三一	八九·〇四	五·〇五	一·〇七	一·六〇		三·五五	六一·四二
合來果	一·三〇	八四·八七	三·八四	〇·四一	〇·四五	七·一九	三·二四	八五·五

五

煤表第二

產煤地名	重率	炭質	輕氣	淡氣	硫黃	養氣	灰	爐
	所含各質俱取中數							
牛加司								
活令頓		八六·六一	四·九六	一·〇五	〇·八八	五·三二	一·〇八	七二·一九
安得烈何司但非特	一·二六	八五·五八	五·三一	一·二六	一·三三	四·三九	二·一四	六五·一三
抱屯克羅司		八四·九二	四·五三	〇·九六	〇·六五	六·六六	二·三八	六九·六九
哈司韋勒瓦心特	一·二八六	八三·四七	六·六八	一·四二	·〇六	八·一七	〇·二〇	六二·七〇
牛加司哈得來	一·二九	八一·八一	五·五〇	一·二八	一·六九	二·五八	七·一四	六四·六一
海特來哈得來	一·三一	八〇·二六	五·二八	一·一六	一·七八	二·四〇	九·一二	七二·三一
倍得司韋司哈得司	一·二五	八〇·六一	五·二六	一·五三	一·八五	六·五一	四·二五	
韋司哈得來美恩	一·二六四	八一·八五	五·二九	一·六九	一·一三	七·五三	二·五一	五九·二〇
薄特勒韋司哈得來	一·三三	八〇·七五	五·〇四	一·四六	一·〇四	七·八六	三·八五	
海司丁哈得來	一·二五	八二·二四	五·四三	一·六一	一·三五	六·四四	二·九四	三五·六〇
加而哈得來	一·二五	七九·八三	五·二一	一·一七	〇·八二	七·八六	五·二一	六〇·六三
待肥孫韋司哈得來	一·二五	八三·二六	五·三二	一·七二	一·三八	二·五〇	五·八四	五九·四九
諾脫北西哈得來	一·二五	八〇·〇三	五·〇八	〇·九八	〇·七八	九·九一	三·三二	五七·一八
哈士韋勒公會瓦心特	一·二七	八三·七一	五·三〇	一·〇六	一·二一	二·七九	五·九三	六一·三八
待混得瓦得哈得來	一·二六	七八·〇一	四·七四	一·八四	一·三七	一〇·三一	三·七三	五四·八三
孛路密歇勒	一·二五	八一·七〇	六·一七	一·八四	二·八五	四·三七	三·〇七	五九·二〇
挻利器拿哈得來	一·二五	八一·一八	五·五六	〇·七二	一·四四	八·〇三	三·〇七	五八·二三

產煤地名	重率	炭質	輕氣	淡氣	硫黃	養氣	灰	爐
茄特利 四尺層	一·三二	八八·五六	四·七九	〇·八八	一·二一		四·八八	八八·三三
馬很羅克皮	一·二九七	七一·〇八	四·八八	·九五	一·三七	一七·八七	三·八五	六五·二二
倍起革羅物立掰來果	一·三六〇	八四·二五	四·一五	·七三	·八六	五·五八	四·四三	八五·一
林微	一·二八一	八七·一八	五·〇六	〇·八六	一·三三	二·五三	三·〇四	七二·九四
克獨克司等	一·三七八	八七·七一	四·三四	一·〇五	一·七五	一·五八	三·五七	八二·〇
挻而加司 火皮	一·二八九	八七·六八	四·八九	一·三一	〇·〇九	三·三九	二·六四	七九·六
肥肥恩子密而法	一·二九九	八二·七五	五·三一	一·〇四	·九五	四·六四	五·三一	六七·一
蘭近納許	一·三一二	八五·四六	四·二〇	一·〇七	〇·二九	二·四四	六·五四	八三·六九
特利瓜得羅克皮	一·三四	七五·一五	四·九三	一·〇七	二·八五	五·〇四	一〇·九六	六二·五
本得立把	一·三一	八八·七二	四·五〇	〇·一八		三·二四	三·三六	八二·五
公弗路得羅克皮	一·二五五	八二·三五	五·八四	二·一一	一·三三	三·五八	六·〇〇	六八·八
公難的掰路	一·二八	七八·三六	五·五九	一·八六	三·〇一	五·五八	五·六〇	六五·六
孛令蒲美納	一·三〇〇	七七·八七	五·〇九	·五七	二·七三	九·五二	四·二三	五五·四
肥肥恩子羅克復而	一·三〇一	七九·〇九	五·二〇	·六六	二·四一	八·三四	四·三〇	五八·六
可勒失勒	一·二九	七三·八四	五·一四	一·四七	二·三四	八·二九	八·九二	五六·〇
孛令蒲二碼	一·二八三	七八·一三	五·五三	·五四	一·八八	八·〇二	五·九〇	五六·二
羅克復勒	一·二九	七七·九八	四·三九	〇·五七	〇·九六	八·五五	七·五五	六二·五〇
薄脫磨勒	一·三九	七四·七〇	四·七九	一·二八	〇·九一	三·六〇	一四·七二	六三·一
旁的補勒	一·三二	八〇·七〇	五·六六	一·三五	二·三九	四·三八	五·五三	六四·八
本脫勒弗令	一·三五八	八五·五二	三·七二	稍有迹	〇·一二	四·五五	六·〇九	八五·〇

六

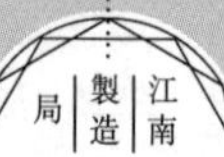

產煤地名	重率	炭質	輕氣	淡氣	硫黃	養氣	灰	爐
口本昔特內哈得	一·二六	八一·三〇	五·一〇	一·六九	〇·七一	七·九七	三·三三	五八·五九
德比								
沸子韋令伯愛西加	一·二九六	八一·九三	四·八五	一·二七	〇·九一	八·五八	二·四六	六一·六
毀蘭公會特愛西加	一·三一七	八〇·〇五	四·九三	一·二四	一·〇六	八·九九	三·七三	六二·五
沸子韋令伯巴克戲脫	一·三一一	八〇·〇七	四·九二	一·一五	二·一一	九·九五	一·八〇	六一·七
拔塔來公會巴得蘭	一·三〇一	八〇·四一	四·六五	一·五九	〇·八六	一一·二六	一·三三	六〇·九
拔塔來公會浪來	一·二六四	七七·九七	五·五八	〇·八〇	二·一四	九·八六	四·六五	五四·九
司對勿來	一·二七	七九·八五	四·八四	一·三三	〇·七二	一〇·九六	二·四〇	五七·八六
落司果頓	一·二八五	七七·四九	四·八六	一·六四	一·三〇	一一·四一	三·三〇	五二·八
蘭加斯德								
因司何里阿立	一·二七二	八二·六一	五·八六	一·七六	〇·八〇	七·四四	一·五三	六四·〇
海道克立得特非	一·二五七	七九·七一	五·一六	〇·五四	〇·五二	一〇·六五	三·四二	五八·一
孛加力司阿立	一·二六	八三·五四	五·二四	〇·九八	一·〇五	五·八七	三·三三	六二·八九
孛辣來歇司脫	一·二六	八二·〇一	五·五五	一·六八	一·四三	五·二八	四·〇五	五七·八四
因司何里並孛頓牙特	一·三四八	八〇·七八	六·二三	一·三〇	一·八二	七·五三	二·三四	六〇·六
海道克勒收石巴克	一·三二三	七七·六五	五·五三	〇·五〇	一·七三	一〇·九一	三·六八	五九·四
毛司何里並孛頓 四尺	一·二五八	七五·五三	四·八二	三·〇五	二·〇四	七·九八	六·五八	五五·七
海道克海而弗羅蘿達	一·三一八	七七·三三	五·五六	一·〇一	一·〇三	一二·〇二	三·〇五	五一·一
因司何里並孛頓 四尺	一·二七六	七七·〇一	三·九三	一·四〇	一·〇五	五·五二	一·〇九	五七·一
孛拉克孛羅克立德特弗	一·二六	八二·七〇	五·五五	一·四八	一·〇七	四·八九	四·三一	五八·四八

煤表第二

產煤地名	重率	炭質	輕氣	淡氣	硫黃	養氣	灰	爐
	所含各質俱取中數							
經	一·三〇八	七三·六六	五·三〇	一·六八	一·五八	九·〇六	八·七二	六二·四
勒石巴克美恩	一·二八	七七·七六	五·二三	一·三三	一·〇一	八·九九	一·六九	五六·六六
孛拉克孛羅克勒石巴克	一·二七	八一·一六	五·九九	一·三五	一·六二	七·二〇	二·六八	五八·一〇
長孫活丁頓勒石巴克	一·二八	七九·五〇	五·一五	一·二一	二·七一	九·二四	二·一九	五七·五二
辣法克辣失皮巴克	一·三五	八〇·四七	五·七二	一·二七	一·三九	八·三三	二·八二	五六·二六
孛加力司亥牙待	一·二八	八二·二六	五·四七	一·二五	一·四八	五·六四	三·九〇	六六·〇九
海道克佛羅蘿達美恩	一·二六七	七七·四九	五·五〇	一·二七	〇·八八	一二·八四	二·〇二	五四·四
韋安 四尺	一·二〇九	七八·八六	五·二九	〇·八六	一·一九	九·五七	四·二三	六〇·〇
因司何里本孛頓 五尺	一·二六九	六八·七二	四·七六	二·三〇	一·三五	一八·六三	一四·三四	五六·五
干奴韋安	一·二三	七九·二三	六·〇八	一·一三	一·四三	七·二四	四·八四	六〇·三三
因司何里公會反內司皮	一·三一四	七四·七四	五·七一	一·五八	〇·九六	一三·五二	四·〇四	五八·四
孛加力司令者	一·二六	八三·六〇	五·六六	一·四〇	一·五一	五·五三	二·〇〇	五七·八四
高特韋列唐孫辣失皮巴克	一·二七一	七六·一七	五·四六	一·〇九	〇·九一	一四·八七	一·五〇	五八·七
孛加力司 五尺	一·二六	七四·二一	五·〇三	〇·七七	二·〇九	八·六九	九·二一	五五·九〇
毛司何里並孛頓 五尺	一·二八三	七六·一六	五·三五	一·二九	一·〇五	一〇·一三	六·〇二	五六·一
毛司何里公會牛曼納	一·二七八	七七·五〇	四·八四	〇·九八	一·三六	一二·一六	三·一六	五七·七
高特韋列唐孫海而特弗	一·二七四	七五·四〇	四·八三	一·四一	二·四三	九·九八	五·九五	五四·二

產煤地名	重率	炭質	輕氣	淡氣	硫黃	養氣	灰	爐
長孫活丁頓算約翰	一·三一	七二·八六	四·九八	一·〇七	一·五四	八·一五	一一·四〇	五六·一五
蘇格蘭								
瓦心特埃勒近	一·二〇	七六·〇九	五·三三	一·四一	一·五三	五·〇五	一〇·七〇	五八·四五
韋勒武特	一·二七	八二·二六	六·二八	一·五三	一·五七	六·三七	二·八九	五九·一五
達勒及各落內申條	一·三一六	七六·九四	五·二〇	稍有迹	〇·三八	一四·三七	三·一〇	五三·五
給麻納司不合得	一·二四一	七九·八二	五·八二	〇·九四	〇·八六	一一·二一	一·三五	四九·三
福待利司格令頓	一·三三	七九·五八	五·五〇	一·一三	一·四六	八·三三	四·〇〇	五二·〇三
爵蘭者莫的	一·二六	七九·八五	五·二八	一·三五	一·四二	八·五八	三·五二	五六·六
愛爵令頓	一·二五	八〇·〇八	六·五〇	一·五五	一·三八	八·〇五	二·四四	五四·九四
達勒及如而條	一·二七七	七四·五五	五·一四	〇·一〇	〇·三三	一五·五一	四·三七	四九·八
呵爾蘭								
昔里瓦達呵爾蘭安脫拉碎特 散穜煤	一·五九	八〇·〇三	二·三〇	〇·二三	六·七六	和灰中	一〇·八〇	九〇·一
可勒失勒公會巴其特美恩	一·二六九	八八·四八	五·六二	二·〇二	一·三六	〇·八六	一·六二	五五·八
由羅	一·二七五	八〇·九七	四·九六	一·一〇	一·四〇	八·二〇	三·三七	五四·五
壹孛司道克	一·二九一	七四·九七	四·八三	〇·八八	一·四五	一一·八八	五·九九	五〇·八
煤餅								
瓦勒餅	一·二五	九〇·〇二	五·五六		一·六二	和灰中	二·九一	八五·一
立分頓 汽餅	一·一八四	八六·〇七	四·一三	一·八〇	一·四五	一·〇三	四·五二	
來因餅	一·一三	八六·三六	四·五六	一·〇六	一·二九	二·〇七	四·六六	

煤表第二

產煤地名	重率	炭質	輕氣	淡氣	硫黃	養氣	灰	爐
	所含各質俱取中數							
惠蘭	一·二〇	七九·九一	五·八九	一·六八	一·三五	六·六三	四·八四	六五·八
倍里	一·二四	八七·八八	五·三三	〇·八一	〇·七一	〇·四二	四·九六	七一·七
荷蘭爵令	一·三〇二	七〇·一四	四·六五	一·一五			一三·七三	
萬地曼蘭								
所得該不		六三·四〇	二·八九	一·二七	〇·九八	一·〇一	三〇·四五	
毛得尼各拉孛力格揑待		五七·三七	三·九一	一·一五	〇·九〇	九·一〇	二七·五五	
丁菰而		五七·二一	三·三八	一·二〇	一·三三	七·八〇	二九·〇九	
耶路撒冷		六八·一八	三·九九	一·六三	一·一二	五·八九	一九·二〇	
度格辣立佛衣司得可司得		七〇·四四	四·二〇	一·一一	〇·七〇	九·二七	一四·三八	
大司曼本因所拉		六五·五四	三·三六	一·九一	一·〇三	一·七五	二六·四一	
賞頓愛倫特		六四·〇一	三·五五	〇·九四	〇·八五	三·三八	二七·一七	
灰勒士海特所得該不		六五·八六	三·一八	一·一三	一·一四	七·二〇	二一·五〇	
哀特文多勒倍		八〇·二三	三·〇五	一·三六	一·九〇	四·八〇	八·六七	
恐德尼新南威勒士		八二·三九	五·三三	一·三三	〇·七〇	八·三三	二·〇四	
婆羅洲拉叉安種	一·二八	六四·五二	四·七四	〇·八〇	一·四五	二〇·七五	七·七四	
婆羅洲 三尺層	一·三七	五四·三一	五·〇三	〇·九八	一·一四	二四·三三	一四·三三	
婆羅洲 十一尺層	一·三一	七〇·三三	五·四一	〇·六七	一·一七	一九·一九	三·三三	

臺灣	一.二四	七八.二六	五.七〇	〇.六四	〇.四九	一〇.九五	三.九六
萬古福島		六六.九三	五.三三	一.〇二	二.三〇	八.七〇	一五.八三
立特内脫特尼答		六五.二〇	四.二五	一.三三	〇.六九	二一.六九	六.八四
智利							
公塞桑倍	一.二九	七〇.五五	五.七六	〇.九五	一.九八	一三.三四	七.五三
包悅法民		六四.一八	五.三三	〇.五〇	一.〇三	二七.七五	六.三二
車利克		三六.九八	四.〇一	〇.五八	六.一四	一三.三八	三六.九一
拉來度倍		五八.六七	五.五三	〇.七一	一.一四	一七.三三	一六.六三
打加拿奴倍		七〇.七一	六.四四	一.〇八	〇.九四	一三.九五	六.九二
巣克拉倍		七八.三〇	五.五〇	一.〇九	一.〇六	八.三七	五.六八
巴他崀尼							
山立倍 第一		六二.三五	五.〇五	〇.六三	一.一三	一七.五四	一三.四〇
山立倍 第二		五九.六三	五.六八	〇.六四	〇.九六	一七.四五	一五.六四

煤表第三

各地產煤總數 所立各率俱取各煤相和中數	一磅煤化三百十二度水為汽之水數 磅	限時化汽運連之水數 磅	堆藏一立方尺之磅數 磅	一噸煤占地之立方尺數 尺	結力之率即成塊大小之比例	所含硫黃之數
威勒士 共三十七種	九.〇五	四四八.二	五三.一	四二.七一	六〇.九	一.四二
牛加司 共十七種	八.三七	四一一.一	四九.八	四五.三	六七.五	〇.九四
蘭加司德 共二十八種	七.九四	四四七.六	四九.七	四五.一五	七三.五	一.四二
蘇格蘭 共八種	七.七〇	四二一.四	五〇.〇	四九.九九	七三.四	一.四五
德比 共八種	七.五八	四三三.七	四七.二	四七.四五	八〇.九	一.〇一

煤表第四

各地產煤總數 所立各率俱取各煤相和中數	重率	炭質	輕氣	淡氣	硫黃	養氣	灰	爐
威勒士 共三十六種	一.三一五	八三.七八	四.七九	〇.九八	一.四三	四.一五	四.九一	七二.六〇
牛加司 共十八種	一.二五六	八二.一二	五.三一	一.三五	一.二四	五.六九	三.七七	六〇.六七
蘭加司德 共二十八種	一.二七三	七七.九〇	五.三三	一.三〇	一.四四	九.五三	四.八八	六〇.二三
蘇格蘭 共八種	一.二五九	七八.五三	五.六一	一.〇〇	一.一一	九.六九	四.〇三	五四.二三
德比 共七種	一.二九二	七九.六八	四.九四	一.四一	一.〇一	一〇.二八	二.六五	五九.三三

漲力三事表甲

汽水體積倍數	寒暑度	方寸漲力磅數	汽水體積倍數	寒暑度	方寸漲力磅數
倍	度	磅	倍	度	磅
七四七	二六二三	三六	二〇九一一	一〇三〇	一
七二八	二六四〇	三七	一〇八九〇	一二六〇	二
七一一	二六五六	三八	七四四六	一四一〇	三
六九四	二六七二	三九	五六九〇	一五二二	四
六七八	二六八八	四〇	四六二〇	一六一四	五
六六三	二七〇二	四一	三八九九	一六九二	六
六四九	二七一七	四二	三三七八	一七五九	七
六三五	二七三二	四三	二九八四	一八二〇	八
六二二	二七四六	四四	二六七五	一八七四	九
六〇九	二七六〇	四五	二四二六	一九二四	一〇
五九七	二七七四	四六	二二三二	一九七〇	一一
五八五	二七八八	四七	二〇五〇	二〇一三	一二
五七四	二八〇一	四八	一九〇三	二〇五三	一三
五六四	二八一四	四九	一七七七	二〇九〇	一四
五五四	二八二七	五〇	一六六九	二一二九	一五
五四三	二八四〇	五一	一五七三	二一六三	一六
五三三	二八五二	五二	一四八八	二一九六	一七
五二五	二八九四	五三	一四一一	二二二七	一八
五一六	二八七六	五四	一三四三	二二五六	一九
五〇七	二八八八	五五	一二八一	二二八四	二〇
四九九	二九〇〇	五六	一二二五	二三一一	二一
四九二	二九一二	五七	一一七三	二三三八	二二
四八四	二九二四	五八	一一二六	二三六三	二三
四七六	二九三六	五九	一〇八三	二三八六	二四
四六八	二九四八	六〇	一〇四三	二四〇九	二五
四六二	二九五九	六一	一〇〇六	二四三二	二六
四五五	二九七〇	六二	九七二	二四五三	二七
四四八	二九八一	六三	九三九	二四七四	二八
四四二	二九九二	六四	九一〇	二四九四	二九
四三六	三〇〇二	六五	八八二	二五一三	三〇
四三〇	三〇一二	六六	八五六	二五三二	三一
四二四	三〇二三	六七	八三二	二五五一	三二
四一八	三〇三三	六八	八〇九	二五七一	三三
四一三	三〇四三	六九	七八七	二五八九	三四
四〇七	三〇五三	七〇	七六六	二六〇六	三五

物質熱限表乙

	萬千百十度
同治武測熱表極限	三二二七七
生鐵鎔足	二〇五七七
生鐵初鎔	一七九七七
鍛粘熟鐵大限	一三四二七
鍛粘熟鐵小限	一二七七七
純金鎔	五二三七
純銀鎔	四七一七
瑞顛國純紅銅鎔	四五八七
黃銅鎔	三八〇七
日中鐵見紅色	一〇七七
黃昏鐵見紅色	八八四
火熱初限	七九〇
暗中鐵見紅色	七五二
白鉛鎔	七〇〇
水銀沸	六六〇

	百十度
錫鉍等重相和鎔	二八三
硫黃鎔	二二六
極鹹水沸	二一八
純水沸	二一二
鉍五錫三鉛二相和鎔	二一二
鉍八錫三鉛五相和鎔	二一〇
醇沸	一七四
蜜蠟鎔	一四二
鯨魚油鎔	一一二
人血熱	九六
牛羊油鎔	九二
橄欖油結冰	三六
純水結冰	三二
海水結冰	二八
酒結冰	二〇

西國漆油	六〇〇
鉛鎔	五九四
磨光純鋼見深藍色	五八〇
松香油沸	五六〇
鉍鎔	四七六
磨光純鋼見糙米色	四六〇
錫鎔	四四二
松香油結冰	一四
醇一水三相和結冰	七
次醇結冰	〇
醇水等重相和結冰	下七
水銀結冰	下三九
醇變稠	下一三二

加熱漲長表丙

定流兩質俱準寒暑表三十二度以一〇〇〇〇〇〇〇爲率

加熱至二百十二度漲長如後表

生鐵	一·〇〇一一一一一一
鋼條	一·〇〇一一四四七〇
鑄鋼淬水未退火	一·〇〇一〇七八七五
淬水鋼退火變黃色	一·〇〇一三六九〇〇
淬水鋼退火變藍色	一·〇〇一二三九五六
鐵	一·〇〇一一八二〇三
打鍊熟鐵	一·〇〇一二二〇四五
純金	一·〇〇一五〇〇〇〇
純銅	一·〇〇一九一〇〇〇
模鑄黃銅	一·〇〇一八七五〇〇
純銀	一·〇〇一八九〇〇〇
錫	一·〇〇二八四〇〇〇
鉛	一·〇〇二八四八三六

附丙表

白鉛	一•〇〇二九四二〇〇
玻璃	一•〇〇〇八六一三〇
玻璃二百一十二度至三百九十二度	一•〇〇〇九一八二七
玻璃三百九十二度至五百七十二度	一•〇〇一〇一一一四 以上定質
水銀	〇•〇一八〇九九
水銀二百一十二度至三百九十二度	〇•〇一八一八四
水銀三百九十二度至五百七十二度	〇•〇一八八七〇
水三十九度至二百一十二度	〇•〇四三三二〇
醇至一百七十四度	〇•一一〇〇
定質油	〇•〇八〇〇 以上流質

十三

附丁表

添進百度熱之水命為百分所失之熱	含鹽之水外加十磅壓力之沸界	含鹽之水在空氣內之沸界	添進水 準含鹽之數與化汽水之數	放出水 以定添進水放出水之數	化汽水	水內含鹽之數
一一•三五	二四二•四	二一四•四	二	一	一	三三/二
六•〇六	二四三•五	二一五•五	二/三	二/一	一	三三/三
四•一五	二四四•六	二一六•六	三/四	三/一	一	三三/四
三•一八	二四五•九	二一七•九	四/五	四/一	一	三三/五

附戊表

自漲以前轆轤行路即 丑/丑	丑丄丙/丑 之對數	丑丄丙/丑 丄 對數 丑丄丙/丑丄丙 之對數
•一〇	〇•八二三九三〇	〇•四一七一三九
•一一	〇•七九五八八〇	〇•四〇九七六四
•一二	〇•七六九五二五	〇•四〇二四三三
•一三	〇•七四四七六二	〇•三九五三二六
•一四	〇•七二一二三三	〇•三八八四五六
•一五	〇•六九八九七〇	〇•三八一六五六
•一六	〇•六七七七八九	〇•三七四九三二
•一七	〇•六五七六二九	〇•三六八四七三
•一八	〇•六三八二八九	〇•三六一九一七
•一九	〇•六一九八二三	〇•三五五六四三
•二〇	〇•六〇二〇六〇	〇•三四九二七七
•二一	〇•五八五〇〇九	〇•三四三〇一四
•二二	〇•五六八六七一	〇•三三七〇六〇
•二三	〇•五五二七九〇	〇•三三〇八一九
•二四	〇•五三七五六七	〇•三二五一〇五
•二五	〇•五二二八三五	〇•三一九一〇六
•二六	〇•五〇八六六四	〇•三一三六五六
•二七	〇•四九四八五〇	〇•三〇七九二四
•二八	〇•四八一四四三	〇•三〇二三三一
•二九	〇•四六一四九五	〇•二九六六六五
•三〇	〇•四五五九一〇	〇•二九一一四七
•三一	〇•四四三七三二	〇•二八五七八二
•三二	〇•四三一八四六	〇•二八〇五七八
•三三	〇•四二〇二八六	〇•二七五〇八一
•三四	〇•四〇八九一八	〇•二六九九八〇
•三五	〇•三九七九四〇	〇•二六四八一八
•三六	〇•三八七二一二	〇•二五九五九四
•三七	〇•三七六七五九	〇•二五四五四八
•三八	〇•三六六六一〇	〇•二四九四四三
•三九	〇•三五六五九九	〇•二四四二七七

十四

自漲以前轆轤行路即 丑/丑	丑丄丙/丑 之對數	丑丄丙/丑 丄 對數 丑丄丙/丑丄丙 之對數
•四〇	〇•三四六七四四	〇•二三九五五〇
•四一	〇•三三七二五九	〇•二三四五一七
•四二	〇•三二七九七二	〇•二二九六八二
•四三	〇•三一八六八九	〇•二二四七九二
•四四	〇•三〇九八四三	〇•二二〇一〇八
•四五	〇•三〇一〇三〇	〇•二一五三七三
•四六	〇•二九二四七八	〇•二一〇五八六
•四七	〇•二八三九七九	〇•二〇五七四五
•四八	〇•二七五七七二	〇•二〇一一二四
•四九	〇•二六七六四一	〇•一九六四五二
•五〇	〇•二五九五九四	〇•一九一七三〇
•五一	〇•二五一八八一	〇•一八七二三九
•五二	〇•二四四二七七	〇•一八二七〇〇
•五三	〇•二三六五三七	〇•一七八一一三
•五四	〇•二二九一七〇	〇•一七三四七八
•五五	〇•二二一九三六	〇•一六九〇八六
•五六	〇•二一四五七九	〇•一六四六五〇
•五七	〇•二〇七六三四	〇•一五九八六八
•五八	〇•二〇〇五七七	〇•一五五六四〇
•五九	〇•一九三九五九	〇•一五一三七〇
•六〇	〇•一八七二三九	〇•一四六七四八
•六一	〇•一八〇四一三	〇•一四二三八九
•六二	〇•一七四〇六〇	〇•一三七九八四
•六三	〇•一六七六一三	〇•一三三八五八
•六四	〇•一六一〇六八	〇•一二九三六八
•六五	〇•一五五〇三二	〇•一二五一五六
•六六	〇•一四八九一一	〇•一二〇九〇三
•六七	〇•一四二七〇二	〇•一一六六〇八
•六八	〇•一三六七二一	〇•一一二二七〇
•六九	〇•一三〇六五五	〇•一〇七八八八

附戊表 十五

丙上一/丙 丑′/丑 對數上 丙上丑′/丑′ 之對數	丙上丑′/丑′ 之對數	自漲以前鞲鞴行路即丑/丑′
〇.一〇三四六二	〇.一二四八二〇	.七〇
〇.〇九九三三五	〇.一一九二五六	.七一
〇.〇九三四二二	〇.一一三六〇九	.七二
〇.〇九〇九六三	〇.一〇七八八八	.七三
〇.〇八六七一六	〇.一〇二四三四	.七四
〇.〇八二七八五	〇.〇九六九一〇	.七五
〇.〇七八〇九四	〇.〇九一六六七	.七六
〇.〇七四〇八五	〇.〇八六三六〇	.七七
〇.〇七〇〇三〇	〇.〇八〇九八七	.七八
〇.〇六五九五三	〇.〇七五九一二	.七九
〇.〇六一四五二	〇.〇七〇七七六	.八〇
〇.〇五七二八六	〇.〇六五五八〇	.八一
〇.〇五三四六三	〇.〇六〇三二〇	.八二
〇.〇四八八三〇	〇.〇五五三七八	.八三
〇.〇四四九三一	〇.〇五〇三八〇	.八四
〇.〇四〇九九八	〇.〇四五七一四	.八五
〇.〇三六六二九	〇.〇四〇九九八	.八六
〇.〇三二六一九	〇.〇三六二二〇	.八七
〇.〇二八一六四	〇.〇三一四〇八	.八八
〇.〇二四〇七五	〇.〇二六九四二	.八九
〇.〇一九九四七	〇.〇二二四二八	.九〇

附己表

物質容熱表己

物質	以水為準
純水	一.〇〇〇〇
冰	.九〇〇〇
橄欖油	.七一〇〇
醇	.七〇〇〇
西國漆油	.五二八〇
松香油	.四七二〇
煤	.二七七七
西國火石白皮	.二七〇〇
鹽	.二三〇〇
硫黃	.一九〇〇
煤灰	.一八五五
筆鉛	.一八三〇
愛而姆木灰	.一四〇二
鐵	.一三〇〇
淬水堅鋼	.一一三〇
退火輭鋼	.一二〇〇
熟鐵	.一一九〇
黃銅	.一一六〇
紅銅	.一一四〇
白鉛	.一〇〇〇
炭灰	.〇九〇九
銀	.〇八二〇
錫	.〇七〇四
白色鉛粉	.〇五七〇
金	.〇五〇〇
鉛	.〇四二〇
水銀	.〇三三〇

物質重率表庚

質名	重率比例	立方一尺之重（磅）	方一寸之結力（噸）
空氣	.〇〇一二二八	〇.〇七六八	
純水	一.〇〇〇	六二.五〇	
海水	一.〇二七	六四.一八	
水銀在三十二度	一三.六一九	八五一.一八	
水銀在六十度	一三.五八〇	八四八.七五	
鉍模鑄	九.八一〇	六一三.八七	.三二五〇
黃銅模鑄	八.三九九	五二五.〇〇	一.七九六八
黃銅絲	八.五四四	五三四.〇〇	
鋼模鑄	八.六〇七	五三七.九三	一.九〇七二
鋼皮	八.七八五	五四九.〇六	
鋼線	八.八七八	五六〇.〇〇	六.一二二八
鋼條			四.八〇〇〇
鋼熟者	七.七八〇	四八六.二五	一二.〇〇〇〇
鋼剃刀堅刃	七.八四〇	四九〇.〇〇	一五.〇〇〇〇

附庚表一 十六

質名	重率比例	立方一尺之重（磅）	方一寸之結力（噸）
熟鐵英國所鍊	七.七〇〇	四八一.二〇	二五.之
熟鐵搥打者			三〇.
熟鐵條	七.六〇〇至七.八〇〇	四七五.五〇至四八七.〇〇	二五.之
熟鐵俄國條			二七.
熟鐵瑞顛國條			三二.
熟鐵英國線徑十分寸之一			三六.至四三.
熟鐵俄國線徑二十分寸至三十分寸之一			六〇.至九〇.
鐵皮縱剖之條			一四.
鐵皮橫剖之條			一八.
鍊條橢圓圈大徑六寸條體徑半寸			三一.之
鍊條白倫頓中徑有橫撐			二五.

附表二　十七

生鐵　加倫所出　二號冷風	七.○六六	四四.一六二	一.六六八三
生鐵　加倫所出　二號熱風	七.○四六	四四.○三七	一.三五○五
生鐵　加倫所出　三號冷風	七.○九四	四四.三三七	一.四二○○
生鐵　加倫所出　三號熱風	七.○五六	四四.一○○	一.七七五五
生鐵　的温所出　三號冷風	七.二九五	四五.五九三	
生鐵　的温所出　三號熱風	七.二二九	四五.一八一	二.一九○七
生鐵　白弗立　一號冷風	七.○七九	四四.二四三	一.七四六六
生鐵　白弗立　一號熱風	六.九九八	四三.七三七	一.三四三四
生鐵　可達倫　二號冷風	六.九五五	四三.四○六	一.八八五五
生鐵　可達倫　二號熱風	六.九六八	四三.五五○	一.六六七六
生鐵　可達倫　三號冷風	七.一九四	四四.九六二	
生鐵　可達倫　三號熱風	六.九七○	四三.五六二	
生鐵　愛而西加　一號冷風	七.○三○	四三.九三七	
生鐵　密而頓　一號熱風	六.九七六	四三.六○○	
生鐵　慕格而格　一號冷風	七.一一三	四四.四五六	
生鐵　慕格而格　一號熱風	六.九五三	四三.四五六	
鉛　英國所鑄	一一.四四六	七一.七四五	.一八二四
鉛　鞣成皮者	一一.四○七	七一.二九三	.三三二八
鉛　抽線	一一.三一七	七○.五一二	.二五八一
銀	一○.三一二	六四.四五○	四.○九○二
錫　模鑄	七.二九一	四五.五六八	.五三二二
白鉛	七.○二八	四三.九二五	
槐木	.六九○至.八四五	四三.一二至五三.八一	一.七二○七
檀木	.八五四至.六九○	五三.三七至四三.一二	一.五七八四至一.七八五○
樺木　英國	.七九二	四九.五○	一.五○○○
樺木　花旗國	.六四八	四○.五○	
黃楊木　乾	.九六○	六○.○○	一.九八九一
楠木　加賴達　新者	○.九○九	五六.八一	一.一四○○
楠木　加賴達　乾者	○.七五三	四七.○六	
栗木	○.六五七	四一.○六	

附表三　十八

松木　幾斯底安　中等者	○.六九八	四三.六二	一.二四○○
松木　末末鵝　中等者	○.五九○	三六.八七	
松木　嗹國　名司普魯司	○.三四○	二一.二五	一.七六○○
松木　英國	○.四七○	二九.三七	.七○○○
松木　愛而姆　乾者	○.五八八	三六.七五	.三四八九
松木　新英	○.五五三	三四.五六	
松木　里茄	○.七五三	四七.○○	一.一五四九至一.二八五七
松木　油	○.六六○	四一.二五	.七八一八
松木　紅	○.六五七	四一.○六	
松木　米利堅　黃	○.四六一	二八.八一	
生木　西國果名	一.二二○	七六.二五	一.一八○○
紅木　司班牙	○.八○○	五○.○○	一.六五○○
麻栗木　英國	○.九三四	五八.三七	一.七三○○
麻栗木　加拿他所産	○.八七二	五四.五○	一.○二五三
麻栗木　淡郎	○.七五六	四七.二四	一.二七八○
麻栗木　亞得亞所産	○.九九三	六二.○六	
麻栗木　阿非里加　中等	○.九七二	六○.七五	
新加坡木　乾者	○.六五七	四一.○六	一.五○○○
核桃木	○.六七一	四一.九三	.八一三○
煤　威勒士　冶爐所用	一.三三七	八三.五六	
枯煤　威勒士	一.○○○	六二.五○	
煤　阿爾夫敦	一.二三五	七七.一八	
煤　白脫勒	一.二六四	七九.○○	
白脫勒　枯煤	一.○○○	六八.七五	
石煤　威勒士	一.三六八	八五.五○	
石煤之枯煤　威勒士	一.三九○	八六.八七	
石板形煤　威勒士	一.四○九	八八.○六	
煤　德比千奴	一.二七八	七九.八七	
煤　幾給尼	一.六○二	一○○.一二	
枯煤　幾給尼	一.六五七	一○三.五六	
石板形煤　幾給尼	一.四四三	九○.一八	

煤 盆賴婦面	一·四三六	八九·七五	
枯煤 盆賴婦面	一·五九六	九九·七五	
煤 考其	一·四〇三	八七·六八	
枯煤 考其	一·六五六	一〇三·五〇	
煤 斯達佛	一·二四〇	七八·一二	
煤 算西	一·三五七	八四·八一	
煤 維安	一·二六八	七九·二五	
煤 哥拉斯哥	一·二九〇	八〇·六二	
煤 牛茄索	一·二五七	七八·五六	
煤 干奴 灰色者	一·二三二	七七·〇〇	
石板形煤 干奴	一·四二六	八九·一二	
火石外皮 西國	二·七八四至 一·八六九	一七四·〇〇至 一一六·八一	
瓦石 威勒士	二·八八八	一八〇·五〇	一·二八〇〇
泥	一·九一九	一一九·九三	

周徑面冪表辛

徑	周	面冪
一	三·一四一六	·七八五四
二	六·二八三二	三·一四一六
三	九·四二四八	七·〇六八六
四	一二·五六六四	一二·五六六四
五	一五·七〇八〇	一九·六三五〇
六	一八·八四九六	二八·二七四三
七	二一·九九一一	三八·四八四六
八	二五·一三二七	五〇·二六五五
九	二八·二七四三	六三·六一七三
一〇	三一·四一五九	七八·五三九八
一一	三四·五五七五	九五·〇三三二
一二	三七·六九九一	一一三·〇九七三
一三	四〇·八四〇七	一三二·七三二三
一四	四三·九八二三	一五三·九三八〇
一五	四七·一二三九	一七六·七一四六
一六	五〇·二六五五	二〇一·〇六一九
一七	五三·四〇七一	二二六·九八〇一
一八	五六·五四八七	二五四·四六九〇
一九	五九·六九〇三	二八三·五二八七
二〇	六二·八三一九	三一四·一五九三
二一	六五·九七三四	三四六·三六〇六
二二	六九·一一五〇	三八〇·一三二七
二三	七二·二五六六	四一五·四七五六
二四	七五·三九八二	四五二·三八九三
二五	七八·五三九八	四九〇·八七三九
二六	八一·六八一四	五三〇·九二九二
二七	八四·八二三〇	五七二·五五五三
二八	八七·九六四六	六一五·七五二二
二九	九一·一〇六二	六六〇·五一九九
三〇	九四·二四七八	七〇六·八五八三
三一	九七·三八九四	七五四·七六七六
三二	一〇〇·五三一〇	八〇四·二四七七
三三	一〇三·六七二六	八五五·二九八六
三四	一〇六·八一四二	九〇七·九二〇三
三五	一〇九·九五五七	九六二·一一二七

徑	周	面冪
三六	一一三·〇九七四	一〇一七·八七六〇
三七	一一六·二三八九	一〇七五·二一〇一
三八	一一九·三八〇五	一一三四·一一四九
三九	一二二·五二二四	一一九四·五九〇六
四〇	一二五·六六四〇	一二五六·六三七〇
四一	一二八·八〇五三	一三二〇·二五四三
四二	一三一·九四七二	一三八五·四四二四
四三	一三五·〇八八八	一四五二·二〇一二
四四	一三八·二三〇四	一五二〇·五三〇八
四五	一四一·三七一七	一五九〇·四三一三
四六	一四四·五一三三	一六六一·九〇二五
四七	一四七·六五四九	一七三四·九四四五
四八	一五〇·七九六四	一八〇九·五五七四
四九	一五三·九三八〇	一八八五·七四一〇
五〇	一五七·〇七九六	一九六三·四九五四
五一	一六〇·二二一二	二〇四二·八二〇六
五二	一六三·三六二八	二一二三·七一六六
五三	一六六·五〇四四	二二〇六·一八三四
五四	一六九·六四六〇	二二九〇·二二一〇
五五	一七二·七八七六	二三七五·八二九四
五六	一七五·九二九二	二四六三·〇〇八六
五七	一七九·〇七〇八	二五五一·七五八六
五八	一八二·二一二四	二六四二·〇七九四
五九	一八五·三五四〇	二七三三·九七一〇
六〇	一八八·四九五六	二八二七·四三三四
六一	一九一·六三七二	二九二二·四六六六
六二	一九四·七七八八	三〇一九·〇七〇五
六三	一九七·九二〇四	三一一七·二四五三
六四	二〇一·〇六二〇	三二一六·九九〇九
六五	二〇四·二〇三五	三三一八·三〇七二
六六	二〇七·三四五一	三四二一·一九四四
六七	二一〇·四八六七	三五二五·六五二四
六八	二一三·六二八三	三六三一·六八一一
六九	二一六·七六九九	三七三九·二八〇七
七〇	二一九·九一一五	三八四八·四五一〇

徑	周	面冪
七一	二二三·〇五三一	三九五九·一九二一
七二	二二六·一九四七	四〇七一·五〇四一
七三	二二九·三三六三	四一八五·三八六八
七四	二三二·四七七九	四三〇〇·八四〇四
七五	二三五·六一九五	四四一七·八六四七
七六	二三八·五六一一	四五三六·四五九八
七七	二四一·九〇四七	四六五六·六二五七
七八	二四五·〇四四三	四七七八·三六二四
七九	二四八·一八五九	四九〇一·六六六九
八〇	二三一·三二七五	五〇二六·五四八二
八一	二五四·四六九一	五一五二·九九七八
八二	二五七·六一〇六	五二八一·〇一七二
八三	二六〇·七五二二	五四一〇·六〇七九
八四	二六三·八九三八	五五四一·七六九四
八五	二六七·〇三五四	五六七四·五〇一七
八六	二七〇·一七七〇	五八〇八·八〇四八
八七	二七三·三一八六	五九四四·六七八七
八八	二七六·四六〇二	六〇八二·一二三四
八九	二七九·六〇一八	六二二一·一三八九
九〇	二八二·七四三四	六三六一·七二五一
九一	二八五·八八五〇	六五〇三·八八二一
九二	二八九·〇二六六	六六四七·六一〇〇
九三	二九二·一六八二	六七九二·九〇八七
九四	二九五·三〇九七	六九三九·七七八二
九五	二九八·四五一三	七〇八八·二一八四
九六	三〇一·五九二九	七二三八·二二九五
九七	三〇四·七三四五	七三八九·八一一三
九八	三〇七·八七六一	七五四二·九六四〇
九九	三一一·〇一七七	七六九七·六八七四
一〇〇	三一四·一五九三	七八五三·九八一六

螺輪表壬

分	一四度	一五度	一六度	一七度	一八度
〇	•七八三三	•八四一八	•九〇〇八	•九六〇五	一•〇二〇七
一	•七八四三	•八四二八	•九〇一八	•九六一五	一•〇二一八
二	•七八五二	•八四三七	•九〇二八	•九六二五	一•〇二二八
三	•七八六二	•八四四七	•九〇三八	•九六三五	一•〇二三八
四	•七八七二	•八四五七	•九〇四八	•九六四五	一•〇二四八
五	•七八八一	•八四六七	•九〇五八	•九六五五	一•〇二五八
六	•七八九一	•八四七七	•九〇六七	•九六六五	一•〇二六八
七	•七九〇一	•八四八六	•九〇七七	•九六七五	一•〇二七八
八	•七九一一	•八四九六	•九〇八七	•九六八五	一•〇二八八
九	•七九二〇	•八五〇六	•九〇九七	•九六九五	一•〇二九八
一〇	•七九三〇	•八五一六	•九一〇七	•九七〇五	一•〇三〇九
一一	•七九四〇	•八五二六	•九一一七	•九七一五	一•〇三一九
一二	•七九四九	•八五三六	•九一二七	•九七二五	一•〇三二九
一三	•七九五九	•八五四五	•九一三七	•九七三五	一•〇三三九
一四	•七九六九	•八五五五	•九一四七	•九七四五	一•〇三四九
一五	•七九七九	•八五六五	•九一五七	•九七五五	一•〇三五九
一六	•七九八八	•八五七五	•九一六七	•九七六五	一•〇三六九
一七	•七九九八	•八五八五	•九一七六	•九七七五	一•〇三七九
一八	•八〇〇八	•八五九四	•九一八六	•九七八五	一•〇三九〇
一九	•八〇一八	•八六〇四	•九一九六	•九七九五	一•〇四〇〇
二〇	•八〇二七	•八六一四	•九二〇六	•九八〇五	一•〇四一〇
二一	•八〇三七	•八六二四	•九二一六	•九八一五	一•〇四二〇
二二	•八〇四七	•八六三四	•九二二六	•九八二五	一•〇四三〇
二三	•八〇五六	•八六四四	•九二三六	•九八三五	一•〇四四〇
二四	•八〇六六	•八六五三	•九二四六	•九八四五	一•〇四五〇
二五	•八〇七六	•八六六三	•九二五六	•九八五五	一•〇四六一
二六	•八〇八六	•八六七三	•九二六六	•九八六五	一•〇四七一
二七	•八〇九五	•八六八三	•九二七六	•九八七五	一•〇四八一
二八	•八一〇五	•八六九三	•九二八六	•九八八五	一•〇四九一
二九	•八一一五	•八七〇三	•九二九六	•九八九五	一•〇五〇一

先得螺角度分視此表縱橫交處螺距數也其螺徑以一尺爲例設今有螺徑若干即以乘檢得螺距之數即爲今有螺距之數

分					
三〇	•八一二五	•八七一二	•九三〇六	•九九〇五	一•〇五一二
三一	•八一三四	•八七二二	•九三一六	•九九一五	一•〇五二二
三二	•八一四四	•八七三二	•九三二五	•九九二五	一•〇五三二
三三	•八一五四	•八七四二	•九三三五	•九九三五	一•〇五四二
三四	•八一六四	•八七五二	•九三四五	•九九四五	一•〇五五二
三五	•八一七三	•八七六二	•九三五五	•九九五五	一•〇五六二
三六	•八一八三	•八七七一	•九三六五	•九九六五	一•〇五七二
三七	•八一九三	•八七八一	•九三七五	•九九七五	一•〇五八三
三八	•八二〇三	•八七九一	•九三八五	•九九八五	一•〇五九三
三九	•八二一三	•八八〇一	•九三九五	•九九九五	一•〇六〇三
四〇	•八二二二	•八八一一	•九四〇五	一•〇〇〇六	一•〇六一三
四一	•八二三二	•八八二一	•九四一五	一•〇〇一六	一•〇六二三
四二	•八二四二	•八八三一	•九四二五	一•〇〇二六	一•〇六三三
四三	•八二五二	•八八四〇	•九四三五	一•〇〇三六	一•〇六四四
四四	•八二六一	•八八五〇	•九四四五	一•〇〇四六	一•〇六五四
四五	•八二七一	•八八六〇	•九四五五	一•〇〇五六	一•〇六六四
四六	•八二八一	•八八七〇	•九四六五	一•〇〇六六	一•〇六七四
四七	•八二九一	•八八八〇	•九四七五	一•〇〇七六	一•〇六八四
四八	•八三〇〇	•八八九〇	•九四八五	一•〇〇八六	一•〇六九五
四九	•八三一〇	•八九〇〇	•九四九五	一•〇〇九六	一•〇七〇五
五〇	•八三二〇	•八九一〇	•九五〇五	一•〇一〇六	一•〇七一五
五一	•八三三〇	•八九一九	•九五一五	一•〇一一六	一•〇七二五
五二	•八三四〇	•八九二九	•九五二五	一•〇一二七	一•〇七三五
五三	•八三四九	•八九三九	•九五三五	一•〇一三七	一•〇七四六
五四	•八三五九	•八九四九	•九五四五	一•〇一四七	一•〇七五六
五五	•八三六九	•八九五九	•九五五五	一•〇一五七	一•〇七六六
五六	•八三七九	•八九六九	•九五六五	一•〇一六七	一•〇七七六
五七	•八三八八	•八九七九	•九五七五	一•〇一七七	一•〇七八六
五八	•八三九八	•八九八九	•九五八五	一•〇一八七	一•〇七九七
五九	•八四〇八	•八九九八	•九五九五	一•〇一九七	一•〇八〇六

分	一九度	二〇度	二一度	二二度	二三度	二四度
〇	一•〇八一七	一•一四三四	一•二〇五九	一•二六九三	一•三三三五	一•三九八七
一	一•〇八二七	一•一四四五	一•二〇七〇	一•二七〇三	一•三三四六	一•三九九八
二	一•〇八三八	一•一四五五	一•二〇八〇	一•二七一四	一•三三五七	一•四〇〇九
三	一•〇八四八	一•一四六五	一•二〇九一	一•二七二五	一•三三六七	一•四〇二〇
四	一•〇八五八	一•一四七六	一•二一〇一	一•二七三五	一•三三七八	一•四〇三一
五	一•〇八六八	一•一四八六	一•二一一二	一•二七四六	一•三三八九	一•四〇四二
六	一•〇八七九	一•一四九六	一•二一二二	一•二七五六	一•三四〇〇	一•四〇五三
七	一•〇八八九	一•一五〇七	一•二一三三	一•二七六七	一•三四一一	一•四〇六四
八	一•〇八九九	一•一五一七	一•二一四三	一•二七七八	一•三四二一	一•四〇七五
九	一•〇九〇九	一•一五二七	一•二一五四	一•二七八八	一•三四三二	一•四〇八六
一〇	一•〇九一九	一•一五三八	一•二一六四	一•二七九九	一•三四四三	一•四〇九七
一一	一•〇九三〇	一•一五四八	一•二一七五	一•二八一〇	一•三四五四	一•四一〇八
一二	一•〇九四〇	一•一五五九	一•二一八五	一•二八二〇	一•三四六五	一•四一一九
一三	一•〇九五〇	一•一五六九	一•二一九六	一•二八三一	一•三四七五	一•四一三〇
一四	一•〇九六〇	一•一五七九	一•二二〇六	一•二八四二	一•三四八六	一•四一四一
一五	一•〇九七一	一•一五九〇	一•二二一七	一•二八五二	一•三四九七	一•四一五二
一六	一•〇九八一	一•一六〇〇	一•二二二七	一•二八六三	一•三五〇八	一•四一六三
一七	一•〇九九一	一•一六一〇	一•二二三八	一•二八七四	一•三五一九	一•四一七四
一八	一•一〇〇一	一•一六二一	一•二二四八	一•二八八四	一•三五三〇	一•四一八五
一九	一•一〇一二	一•一六三一	一•二二五九	一•二八九五	一•三五四〇	一•四一九六
二〇	一•一〇二二	一•一六四二	一•二二六九	一•二九〇六	一•三五五一	一•四二〇七
二一	一•一〇三二	一•一六五二	一•二二八〇	一•二九一六	一•三五六二	一•四二一八
二二	一•一〇四三	一•一六六二	一•二二九〇	一•二九二七	一•三五七三	一•四二二九
二三	一•一〇五三	一•一六七三	一•二三〇一	一•二九三八	一•三五八四	一•四二四〇
二四	一•一〇六三	一•一六八三	一•二三一二	一•二九四八	一•三五九五	一•四二五一
二五	一•一〇七三	一•一六九四	一•二三二二	一•二九五九	一•三六〇五	一•四二六二
二六	一•一〇八四	一•一七〇四	一•二三三三	一•二九七〇	一•三六一六	一•四二七三
二七	一•一〇九四	一•一七一四	一•二三四三	一•二九八一	一•三六二七	一•四二八四
二八	一•一一〇四	一•一七二五	一•二三五四	一•二九九一	一•三六三八	一•四二九五
二九	一•一一一四	一•一七三五	一•二三六四	一•三〇〇二	一•三六四九	一•四三〇六

附壬表

分	二五度	二六度	二七度	二八度	二九度	三〇度
〇	一•四六六四九	[illegible]	[illegible]	[illegible]	[illegible]	[illegible]
一	[illegible]	[illegible]	[illegible]	[illegible]	[illegible]	[illegible]
二	[illegible]	[illegible]	[illegible]	[illegible]	[illegible]	[illegible]
三	[illegible]	[illegible]	[illegible]	[illegible]	[illegible]	[illegible]
四	[illegible]	[illegible]	[illegible]	[illegible]	[illegible]	[illegible]
五	[illegible]	[illegible]	[illegible]	[illegible]	[illegible]	[illegible]
六	[illegible]	[illegible]	[illegible]	[illegible]	[illegible]	[illegible]
七	[illegible]	[illegible]	[illegible]	[illegible]	[illegible]	[illegible]
八	[illegible]	[illegible]	[illegible]	[illegible]	[illegible]	[illegible]
九	[illegible]	[illegible]	[illegible]	[illegible]	[illegible]	[illegible]
一〇	[illegible]	[illegible]	[illegible]	[illegible]	[illegible]	[illegible]
一一	[illegible]	[illegible]	[illegible]	[illegible]	[illegible]	[illegible]
一二	[illegible]	[illegible]	[illegible]	[illegible]	[illegible]	[illegible]
一三	[illegible]	[illegible]	[illegible]	[illegible]	[illegible]	[illegible]
一四	[illegible]	[illegible]	[illegible]	[illegible]	[illegible]	[illegible]
一五	[illegible]	[illegible]	[illegible]	[illegible]	[illegible]	[illegible]
一六	[illegible]	[illegible]	[illegible]	[illegible]	[illegible]	[illegible]
一七	[illegible]	[illegible]	[illegible]	[illegible]	[illegible]	[illegible]
一八	[illegible]	[illegible]	[illegible]	[illegible]	[illegible]	[illegible]
一九	[illegible]	[illegible]	[illegible]	[illegible]	[illegible]	[illegible]
二〇	[illegible]	[illegible]	[illegible]	[illegible]	[illegible]	[illegible]
二一	[illegible]	[illegible]	[illegible]	[illegible]	[illegible]	[illegible]
二二	[illegible]	[illegible]	[illegible]	[illegible]	[illegible]	[illegible]
二三	[illegible]	[illegible]	[illegible]	[illegible]	[illegible]	[illegible]
二四	[illegible]	[illegible]	[illegible]	[illegible]	[illegible]	[illegible]
二五	[illegible]	[illegible]	[illegible]	[illegible]	[illegible]	[illegible]
二六	[illegible]	[illegible]	[illegible]	[illegible]	[illegible]	[illegible]
二七	[illegible]	[illegible]	[illegible]	[illegible]	[illegible]	[illegible]
二八	[illegible]	[illegible]	[illegible]	[illegible]	[illegible]	[illegible]
二九	[illegible]	[illegible]	[illegible]	[illegible]	[illegible]	[illegible]
三〇	[illegible]	[illegible]	[illegible]	[illegible]	[illegible]	[illegible]
三一	[illegible]	[illegible]	[illegible]	[illegible]	[illegible]	[illegible]
三二	[illegible]	[illegible]	[illegible]	[illegible]	[illegible]	[illegible]
三三	[illegible]	[illegible]	[illegible]	[illegible]	[illegible]	[illegible]
三四	[illegible]	[illegible]	[illegible]	[illegible]	[illegible]	[illegible]
三五	[illegible]	[illegible]	[illegible]	[illegible]	[illegible]	[illegible]
三六	[illegible]	[illegible]	[illegible]	[illegible]	[illegible]	[illegible]
三七	[illegible]	[illegible]	[illegible]	[illegible]	[illegible]	[illegible]
三八	[illegible]	[illegible]	[illegible]	[illegible]	[illegible]	[illegible]
三九	[illegible]	[illegible]	[illegible]	[illegible]	[illegible]	[illegible]
四〇	[illegible]	[illegible]	[illegible]	[illegible]	[illegible]	[illegible]
四一	[illegible]	[illegible]	[illegible]	[illegible]	[illegible]	[illegible]
四二	[illegible]	[illegible]	[illegible]	[illegible]	[illegible]	[illegible]
四三	[illegible]	[illegible]	[illegible]	[illegible]	[illegible]	[illegible]
四四	[illegible]	[illegible]	[illegible]	[illegible]	[illegible]	[illegible]
四五	[illegible]	[illegible]	[illegible]	[illegible]	[illegible]	[illegible]
四六	[illegible]	[illegible]	[illegible]	[illegible]	[illegible]	[illegible]
四七	[illegible]	[illegible]	[illegible]	[illegible]	[illegible]	[illegible]
四八	[illegible]	[illegible]	[illegible]	[illegible]	[illegible]	[illegible]
四九	[illegible]	[illegible]	[illegible]	[illegible]	[illegible]	[illegible]
五〇	[illegible]	[illegible]	[illegible]	[illegible]	[illegible]	[illegible]
五一	[illegible]	[illegible]	[illegible]	[illegible]	[illegible]	[illegible]
五二	[illegible]	[illegible]	[illegible]	[illegible]	[illegible]	[illegible]
五三	[illegible]	[illegible]	[illegible]	[illegible]	[illegible]	[illegible]
五四	[illegible]	[illegible]	[illegible]	[illegible]	[illegible]	[illegible]
五五	[illegible]	[illegible]	[illegible]	[illegible]	[illegible]	[illegible]
五六	[illegible]	[illegible]	[illegible]	[illegible]	[illegible]	[illegible]
五七	[illegible]	[illegible]	[illegible]	[illegible]	[illegible]	[illegible]
五八	[illegible]	[illegible]	[illegible]	[illegible]	[illegible]	[illegible]
五九	[illegible]	[illegible]	[illegible]	[illegible]	[illegible]	[illegible]

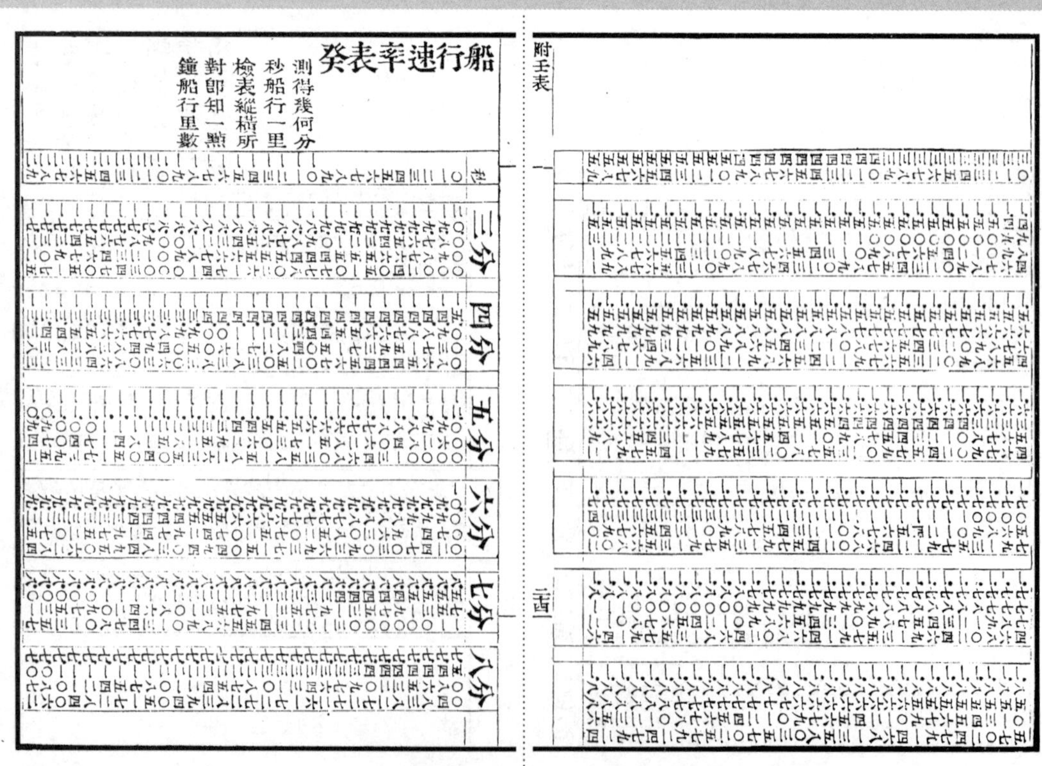

附壬表

船行速率表 癸表

測得幾何分秒船行一里檢表縱橫所對即知一點鐘船行里數

秒	三分	四分	五分	六分	七分	八分
〇	[illegible]	[illegible]	[illegible]	[illegible]	[illegible]	[illegible]
一	[illegible]	[illegible]	[illegible]	[illegible]	[illegible]	[illegible]
二	[illegible]	[illegible]	[illegible]	[illegible]	[illegible]	[illegible]
三	[illegible]	[illegible]	[illegible]	[illegible]	[illegible]	[illegible]
四	[illegible]	[illegible]	[illegible]	[illegible]	[illegible]	[illegible]
五	[illegible]	[illegible]	[illegible]	[illegible]	[illegible]	[illegible]
六	[illegible]	[illegible]	[illegible]	[illegible]	[illegible]	[illegible]
七	[illegible]	[illegible]	[illegible]	[illegible]	[illegible]	[illegible]
八	[illegible]	[illegible]	[illegible]	[illegible]	[illegible]	[illegible]
九	[illegible]	[illegible]	[illegible]	[illegible]	[illegible]	[illegible]
一〇	[illegible]	[illegible]	[illegible]	[illegible]	[illegible]	[illegible]
一一	[illegible]	[illegible]	[illegible]	[illegible]	[illegible]	[illegible]
一二	[illegible]	[illegible]	[illegible]	[illegible]	[illegible]	[illegible]
一三	[illegible]	[illegible]	[illegible]	[illegible]	[illegible]	[illegible]
一四	[illegible]	[illegible]	[illegible]	[illegible]	[illegible]	[illegible]
一五	[illegible]	[illegible]	[illegible]	[illegible]	[illegible]	[illegible]
一六	[illegible]	[illegible]	[illegible]	[illegible]	[illegible]	[illegible]
一七	[illegible]	[illegible]	[illegible]	[illegible]	[illegible]	[illegible]
一八	[illegible]	[illegible]	[illegible]	[illegible]	[illegible]	[illegible]
一九	[illegible]	[illegible]	[illegible]	[illegible]	[illegible]	[illegible]
二〇	[illegible]	[illegible]	[illegible]	[illegible]	[illegible]	[illegible]
二一	[illegible]	[illegible]	[illegible]	[illegible]	[illegible]	[illegible]
二二	[illegible]	[illegible]	[illegible]	[illegible]	[illegible]	[illegible]
二三	[illegible]	[illegible]	[illegible]	[illegible]	[illegible]	[illegible]
二四	[illegible]	[illegible]	[illegible]	[illegible]	[illegible]	[illegible]
二五	[illegible]	[illegible]	[illegible]	[illegible]	[illegible]	[illegible]
二六	[illegible]	[illegible]	[illegible]	[illegible]	[illegible]	[illegible]
二七	[illegible]	[illegible]	[illegible]	[illegible]	[illegible]	[illegible]
二八	[illegible]	[illegible]	[illegible]	[illegible]	[illegible]	[illegible]
二九	[illegible]	[illegible]	[illegible]	[illegible]	[illegible]	[illegible]

秒	九分	一〇分	一一分	一二分	一三分	一四分
[illegible]	[illegible]	[illegible]	[illegible]	[illegible]	[illegible]	[illegible]

附發表

船名	馬力	工師姓名	汽筩徑	推機路	一分時轉數	螺距	螺徑	雜說
	千百十四		寸	尺寸	轉	尺寸	尺寸	
挨部幾而	四〇〇	舂氏子	五八	三三	六〇	一八〇	一七〇	凡汽機用空挺者所記汽筩之徑爲外周大徑而非實面冪之徑
押吉里司	一二五〇							
袁特文多勒	四〇〇	福碎得	四五	三〇		二三七	一七二	
挨德納	二〇〇							
挨成可得	一三五〇							
挨愷孟嫩	六〇〇	舂氏子	七〇四/三	三六	六〇	二〇六	一八〇	
袁躂克司	四五〇	毛自來費而特	五五	二〇	四八	一八〇	一六〇	
挨拉克肋的	二〇〇	辣分希賽該得	四五	二〇	八六	一六〇	一一〇	
挨肋皮恩	四〇〇							
挨辣得	一〇〇	辣分希賽該得	三三	二〇	七五	一二〇	一〇〇	
阿爾及林	八〇							
阿爾及	六〇〇	毛自來費而特	七六	三六	四五	二五六	一八〇	
亞馬孫	三〇〇							
安孫	八〇〇	毛自來費而特	八二	四〇	四五	二七六	一九〇	
亞折	二〇二	辣分希賽該得	五四	三〇	四一	七三	九〇	
押利多舍	五〇〇							
阿里挨特尼	八〇〇	毛自來費而特	八二	三八	五〇	二七六	二〇〇	

船名	馬力	工師姓名	汽筩徑	推機路	一分時轉數	螺距	螺徑	雜說
愛利碣爾	六〇	辣分希 賽該得	二五½	一九	八一	一〇九	九〇	
阿羅干脫	三六〇	春氏 子	五五	三〇	六一	一五二	一五六	
阿書蘭司	二〇〇	辣分希 賽該得	四五	二〇	八七	一六〇	一一〇	
阿得蠟色	八〇〇	毛自來 費而特	八二	四〇	四五	二七六	一九〇	
奧羅辣	四〇〇	同上 同上	六四	三〇	五〇	二二六	一七〇	
拔干低	六〇〇	同上 同上	七六	三六	四五	二五六至二八六	一九四	
拔羅撒	四〇〇							
皮	一〇	毛自來 費而特	二〇	二〇	四〇	五〇	四〇	皮兼有行輪
孛里辣分	一〇〇〇							
孛而物地辣	六〇〇							
鼻脫倫	一五〇							
孛蠟克白合司	一二五〇	春氏 子	一〇四½	四〇	五四	二四六		
孛來奶南	四五〇	西瓦特	五二	三〇	四三	二〇〇	一六〇	
孟買	四〇〇							
別立司恪	二五〇							
孛立司多	六〇〇							
不倫瑞克	四〇〇	辣分希 賽該得	六四	三〇	五五	二〇七	一七〇	
白法羅	八〇							
部勒瓦克	八〇〇							
該撒	四〇〇	春氏 子	五八	三三	六〇	一八〇	一七〇	

船名	馬力	工師姓名	汽筩徑	推機路	一分時轉數	螺距	螺徑	雜說
	千百十四		寸	尺寸	轉	尺寸	尺寸	
解得磨	四〇〇	春氏 子	五八	三三	五八	二三六	一六〇	
解立杜尼阿	一〇〇〇							
解米亮	二〇〇	毛自來 費而特	四五	二〇	七五	一五〇	一二四	
孫多亮	四〇〇	辣分希 賽該得	六四	三〇	五四	二一〇	一七一	
茶直倫	四〇〇	春氏 子	五八	三三	六七	二三六	一六〇	
山的克立	二〇〇							
解立孛地	四〇〇	辣分希 賽該得	六四	三〇	五〇	二六〇	一六〇	
舍蘇勒	七〇							係工作坊
質撒比克	四〇〇	毛自來 費而特	六四	三〇	五〇	二三六	一七〇	
格畧	四〇〇	辣分希 賽該得	六四	三〇	五〇	二六〇	一六〇	
可合武特	四〇〇							
果羅所司	四〇〇	春氏 子	五八	三三	六〇	一八六	一七一	
果羅被恩	一五〇							
岡弗利	四〇〇	西瓦特	四六½	二〇	六四	二〇〇	一三七	
岡司單斯	五〇〇							
公該羅	五〇〇							
各改脫	二〇〇	辣分希 賽該得	四五	二〇	八二	一六〇	一一〇	

船名	馬力	工師姓名	汽筩徑	推機路	一分時轉數	螺距	螺徑	雜說
告地略	一五〇							
告摩蘭脫	二〇〇	訥白爾	四五	二〇	八六	一六〇	一一〇	
告恩搖力耆	二〇〇	春氏 子	三〇½	二六	一〇三	九六	一二〇	大抵力
可沙	二五〇	毛自來 費而特	五一	三三	六四	一六七	一二一	
格勒西	四〇〇	同上 同上	六四	三〇	五五	二一〇	一七〇	
果辣可	六〇	倫尼	二八	二〇	五三	六九	九〇	
克路日	三五〇	毛自來 費而特	五七½	二九	六四	二〇一	一四二	
剋留	六〇	同上 同上	二七	二〇	五三	八一	九〇	
西格納脫	八〇	訥白爾	三三	一六	一〇六	一一四	九〇	
大得	八〇	同上	三三	一六	一〇六	一一四	九〇	
大得母司	五〇〇							
唐得勒士	五八〇	訥白爾	八四	四〇	三一	一六四	一四九	倍數二三至二
敵分司	六〇〇							
敵法焉司	八〇〇	毛自來 費而特	八二	四〇	四五	二七六	一九〇	
待潑賴	四〇〇	同上 同上	五五	三六	三四	一四〇	一三〇	
待匪屯	八〇〇	同上 同上	八二	四〇	五四	三一至三三〇	一八〇	
杜尼茄爾	八〇〇	春氏 子	八二	四〇	五二	二八六	一九〇	
杜里司	八〇〇	同上	八二	四〇	五三	三〇〇	二〇〇	
特羅米大里	一〇〇							
特來夜特	六〇〇							

船名	馬力	工師姓名	汽筩徑	推機路	一分時轉數	螺距	螺徑	雜說
	千百十四		寸	尺寸	轉	尺寸	尺寸	
特來特果特能	七〇〇	訥白爾	六三⅞	四六	三〇	一六三	一八〇	
同干	八〇〇	春氏 子	八二	四〇	五五	二六〇	一九〇	
乙格立不司	二〇〇	訥白爾	四五	二〇	八六	一五六	一一〇	
愛特茄爾	六〇〇	毛自來 費而特	七六	三六	四五	二六〇	一八〇	
壹丁不	四五〇	同上 同上	五五	二六	五四	一八九	一六〇	
愛墨拉特	六〇〇	辣分希 賽該得	七六	三六	四五	二八〇	一八〇	
恩岡德	三六〇	春氏 子	五五	二三	八二	一六九	一二〇	
恩特氏	五〇〇							
恩德不來司	一六〇							
愛力孛司	二〇〇	訥白爾	三二	三二		一三六	八〇	大抵力
愛司克	二五〇	司高脫 羅塞勒	五〇	二九	六八	一七一	一三三	
愛司不匪	八〇							
有羅達司	二〇〇	春氏 子	三〇½	三六	一〇〇	二二〇	一〇〇	大抵力
有利阿羅司	四〇〇	同上	五八	三三	五七	二一〇	一七〇	
愛克司毛得	四〇〇	毛自來 賽該得	六四	三〇	五三	二一〇	一七〇	
非利	一二八	春氏 子	四二	三〇	四〇	八〇	六六	倍數五與一
法而公	一〇〇	辣分希 賽該得	三三	二〇	八〇	一一九	一〇〇	

船名	馬力 千百十四	工師姓名	汽筩徑 寸	推機路 尺寸	一分時轉數 轉	螺距 尺寸	螺徑 尺寸	雜說
非佛來得	四〇〇							
福納	一〇〇	辣分希賽該得	三二	二〇	七五	一二〇	一〇〇	
來應非詩	三五〇	毛自來費而特	五三	三三	八二	二〇六	一一〇	
福的	四〇〇							
佛的	二〇〇	春氏子	三〇四/一	二六	一一〇	一〇〇	一三〇	大抵力
福克司	二〇〇	辣分希賽該得	四五	二〇	七五	一二〇	一三一	
福克司侯恩特	二〇〇	很弗利丁雞脫	四二四/一	一九	九三	一四三	一一〇	
非特里維廉	五〇〇	毛自來費而特	六六	三六	五〇	二一〇	一八〇	
茄辣替挨	八〇〇	春氏子	八二	三八	五八	二八六	二〇〇	
茄內脫	一五〇	辣分希賽該得	三九	二〇	七五	一四六	一〇〇	
日巴拉大	八〇〇	毛自來費而特	八二	四〇	四五	二七六	一九〇	
哥拉司格	六〇〇	辣分希賽該得	七六	三六	四五	二六〇	一八〇	
珂利亞	四〇〇	春氏子	五八	三三	六五	一八六	一七〇	
脟來侯恩	二〇〇	辣分希賽該得	四五	二〇	七五	一四六	一二〇	
脟立分	八〇	訥白爾	三二	一六	一〇六	一一四	九〇	
哈利巴	四五〇	高司脫星格來爾	七一四/一	四〇	二七五	一二六	一七〇	倍數未知
哈利棍	二〇〇							
哈利而	一〇〇	很弗利丁雞脫	三四	一九	九三	一〇〇	一〇〇	
海司丁斯	二〇〇	毛自來費而特	三〇	二六	七八	一二三	一二〇	
好克	二〇〇	春氏子	三〇	二六	八〇	九六	一二〇	

十九

螺輪兵船表

船名	馬力 千百十四	工師姓名	汽筩徑 寸	推機路 尺寸	一分時轉數 轉	螺距 尺寸	螺徑 尺寸	雜說
黑格道而	八〇〇							
希羅	六〇〇	毛自來費而特	七六	三六	四五	二六六	一九〇	
司百	一二〇							
海弗來	二五〇	毛自來費而特	五五四/一	二六	五〇	九八	一三〇	
希麻拉夜	七〇〇	春氏子	七七四/三	三六				
何克	四五〇	西瓦特	五五二/一	三〇	四七	二一一	一六一	
湖特	六〇〇	毛自來費而特	七六	三六				
何賴首	二五〇	西瓦特	五四	三〇	四一	一三〇	一四〇	
湖內脫	一〇〇	蒲而頓瓦特	三八	二〇	七一	一三六	一〇〇	
侯	一〇〇〇	春氏子	九二二/一	四〇	五四	二八〇	二〇〇	
衣蓋路司	一五〇	很弗利丁雞脫						
衣幕打利待	六〇〇	毛自來費而特	七六	三六	四五	二五六至二九六	一九五	其螺距漸大
因背利與士	三六〇	春氏子	五五	三〇	六八	一六〇	一六〇	
因特司得利	八〇							
因得勒比特	三五〇	毛自來費而特	五八四/一	二三	七七	二一三	一一〇	
乙力西司的白	四〇〇	春氏子	五八	三三	六六	一七〇	一七〇	
衣司得	五〇〇							

船名	馬力 千百十四	工師姓名	汽筩徑 寸	推機路 尺寸	一分時轉數 轉	螺距 尺寸	螺徑 尺寸	雜說
者末瓦得	六〇〇	蒲而頓賽該得	三二	三〇	五四	二四四	一七〇	
耶孫	八〇	辣分希賽該得	六四	三〇	五〇	二六〇	一六〇	
蘭特來爾	八〇	很弗利丁雞脫	三二	一四		九六	九〇	
蠟有因	二〇〇	辣分希賽該得	四五	二〇	三五	一五七	一一〇	大抵力
亮特	四〇〇							
利	八〇	訥白爾	三二	一六	一〇六	一一四	九〇	
里分	八〇							
立飛	六〇〇	春氏子	七〇四/一	三六	五七	二五六	一八〇	
立利	二〇〇	訥白爾	四五	二〇	八六	一六六	一一〇	
來恩	四〇〇	春氏子	五八	三三	四三	一八〇	一七〇	
里味不	六〇〇	很弗利丁雞脫	七六	三三		二三六	一八〇	
倫頓	五〇〇	春氏子	七一	三〇	五〇	二〇〇	一八〇	
羅特哥來的	一〇〇〇							
羅特瓦肫	一〇〇〇							
來拉	六〇	辣分希賽該得	二五二/一	一九	八〇	二一〇	九〇	
麻直司跌克	四〇〇	毛自來費而特	六四	三〇	五〇	二三〇	一七〇	
麻刺甲	二〇〇	春氏子	二八八/三	二六	三七	一一〇	一三六	大抵力
麻尼辣	七〇							
麻勒婆羅	八〇〇	毛自來費而特	八二	四〇	五〇	二六九	一九一	
麻士	四〇〇	同上同上	六四	三〇	五八	二一〇	一七〇	

二十

螺輪兵船表

船名	馬力 千百十四	工師姓名	汽筩徑 寸	推機路 尺寸	一分時轉數 轉	螺距 尺寸	螺徑 尺寸	雜說
米挨尼	四〇〇	春氏子	五八	三三	六二	一九〇	一七〇	
美其賴	三五〇	倫尼	四九二/一	二〇	七四	一六〇	一四六	
美薄米尼	六〇〇	春氏子	七〇四/一	三六	五九	二五六	一八〇	
密奈	四〇〇							
美塞	一〇〇〇	毛自來費而特	九二	四〇	四五	三一六	二〇〇	
米諾到	一三五〇							
密蘭特	二五〇	訥白爾	五六四/三	三九	二八	一一六	一二〇	
墨力脫	八〇	同上	三三	一六	一〇六	一一四	九〇	
母丁	二〇〇	毛自來費而特	四五	二〇	八二	一五〇	一三四	
那昔所司	四〇〇	辣分希賽該得	六四	三〇	五〇	二一〇	一七〇	
拿騷	二〇〇							
內而孫	五〇〇	辣分希賽該得	七一	三〇	五〇	三三六	一八〇	
內必通	五〇〇	同上同上	七一	三〇	五〇	一九九	一八〇	
牛加司	六〇〇	同上同上	七六	三六	四五	二六〇	一八〇	
牛瓜得	八〇							
尼日	四〇〇	毛自來費而特	四二四/一	二〇	七〇	一七五	一二六	
尼羅	五〇〇	西瓦特	四七八/五	三六	二六	一六〇	一七六	

船名	馬力（千百十匹）	工師姓名	汽筩徑（寸）	推機路（尺寸）	一分時轉數（轉）	螺距（尺寸）	螺徑（尺寸）	雜說
寓孛勒	八〇							
寓羅	一七五	毛自來　費而特	五八½	三三	七〇	二〇六	一二〇	
諾東北蘭	一三五〇							
諾得司打	四〇〇							
掗相	一〇〇〇							
屋克過肥雅	五〇〇	毛自來　費而特	六六	三六	五〇			
屋來司低司	四〇〇							
屋來恩	六〇〇	舂氏子	七〇¼	三六	六三	二三〇	一八〇	
屋蘭道	一〇〇〇	同上	九二½	四〇	五二	三二六	二〇〇	
屋蘭低司	五〇〇							
輿司不來	二〇〇	毛自來　費而特	四五	二〇	七五	一六〇	一一〇	
巴來司	六〇〇							
板杜拉	八〇							
板打龍	一五〇							
卑勒	四〇〇	舂氏子	五八½	三三	五〇	二三六	一六〇	
卑立干	二〇〇	辣分希　賽該得	四五	二〇	七五	一四六	一二〇	
卑羅	四〇〇	同上　同上	六四	三〇	五〇	二六〇	一六〇	
本不羅	二〇〇	毛自來　費而特	三〇	二六	八二	[illegible]二〇	一二〇	大抵力
本羣	八〇	訥白爾	三二	一六	一〇六	二一四	九〇	
卑西掗司	二〇〇							

船名	馬力（千百十匹）	工師姓名	汽筩徑（寸）	推機路（尺寸）	一分時轉數（轉）	螺距（尺寸）	螺徑（尺寸）	雜說
卑得勒里	一五〇							
費蝢	四〇〇	蒲而蝢　瓦特						
費羅墨勒	八〇	訥白爾	三二	一六	一〇六	一一四	九〇	
費皮	五〇〇	同上	六五	三〇	六〇	一三〇	一八〇	
卑掗尼爾	三五〇	辣分希　賽該得	五五	二六	八二	二〇六	一一〇	
不辣佛爾	八〇	訥白爾	三二	一六	一〇六	一一四	九〇	
不隆孛	六〇	同上	二七	二〇	四三	六〇	六八	倍數未知
白令司亞北	五〇〇							
白令司岡所得	一〇〇〇							
白令司里成得	五〇〇							
白令司輿夫威勒士	八〇〇	舂氏子	八二	四〇	五〇	二六〇	一九〇	
白令稅老懈	四〇〇	同上	六四	三〇	五八	二四六	一七一	
卑拉地司	三五〇	同上	五五	三〇	六二	一八六　二〇〇	一五九	
圭恩	五〇〇	毛自來　費而特	六六	三六	六六	二至三六	一八〇	
來司好司	二〇〇	訥白爾	四五	二〇	八六	一六〇	一一〇	
來塞	一五〇	很弗利　丁雖脫	四〇	一八	九九	一三六	一〇〇	
拉空	四〇〇	辣分希　賽該得	六四	三〇	五八	二六〇	一六〇	

船名	馬力（千百十匹）	工師姓名	汽筩徑（寸）	推機路（尺寸）	一分時轉數（轉）	螺距（尺寸）	螺徑（尺寸）	雜說
來恩地爾	二〇〇							
來恩直	八〇	倫						未試行
拉比特	一五〇							
蠟得勒	二〇〇							
蠟得司內克	四〇〇							
來那特	二〇〇	很弗利　丁雖脫	四二¼	一九	九四	一四三	一一〇	
利男恩	八〇〇	舂氏子	八二	四〇	五四	二八〇	九〇	
利波司								
利四者	二〇〇							
利失四擔司	六〇〇							
利支直	八〇〇	毛自來　費而特	八二	四〇	四五	二七六	一九〇	
來富蠻	一〇〇〇	辣分希　賽該得	三四	二九	三五	八五	九〇	倍數未知
利那杜	二〇〇	很弗利　丁雖脫	四二¼	三三		一四〇	一二〇	未試行
令達夫	二〇〇	辣分希　賽該得	四五	二〇	八四	一五九	一一〇	
落特內	五〇〇	毛自來　費而特	六六	三六	五〇	二一〇	一八〇	
羅孛克	一一七五	辣分希　賽該得	五五	二六	七〇	二〇五	一一〇	
羅若畧								
老要阿爾北	五〇〇	舂氏子	六四¼	三四	六〇	一九二	一七〇	
老要阿弗特	八〇〇							
老要直爾日	四〇〇	同上	五八	三三	六二	一七至一八〇	一七〇	螺距漸大

船名	馬力（千百十匹）	工師姓名	汽筩徑（寸）	推機路（尺寸）	一分時轉數（轉）	螺距（尺寸）	螺徑（尺寸）	雜說
老要力司得	一五〇							
老要屋克	八〇〇							
老要索物令	八〇〇	毛自來　費而特	八二	四〇	四五	二六至二八〇	一九〇	
老要維廉	五〇〇	訥白爾	六五	三〇	六〇	二三〇	一八〇	
羅塞勒	二〇〇	舂氏子	三〇	二六	九一	九六	一二〇	
省不來	四〇〇	蒲而頓	四二½	三〇	五〇	一六〇	一六〇	
殺跌來特	四〇〇	舂氏子	五八	三三	六三	二三六	一六〇	
司高脫	四〇〇	同上	五八	三三	六三	二三六	一六〇	
昔辣	四〇〇	同上	五八	三三	六三	二三六	一六〇	
西好司	二〇〇	同上	三〇¼	二六	一一二	二〇〇	一二〇	大抵力
塞本得	二〇〇	訥白爾	四五	二〇	八六	一六四	一一〇	
塞威內	五〇〇	毛自來　費而特	六六	三六	五〇	二一〇	一八〇	
山能	六〇〇	舂氏子	七〇¼	三六	五六	二五三	一八一	
沙伯書得	二〇二	辣分希　賽該得	四六	三〇	三八	九一一	八一〇	倍數未知
舍瓦特	一五〇							
西摩末	四〇〇	蒲子毛得官廠	六二½	二六	五五	二〇七	一六〇	
司來內	八〇	毛自來　費而特	一八	一六		八〇	六六	

螺輪兵船表

船名	馬力 千百十四	工師姓名	汽筩徑 寸	推機路 尺寸	一分時轉數 轉	螺距 尺寸	螺徑 尺寸	雜說
司內格	一六〇	春氏子	三五¼	一八	一二二	一〇〇	一一〇	
司內不	八〇	訥白爾	三三	一六	一〇六	一一四	九〇	
司巴羅	八〇	同上	三三	一六	一〇六	一一四	九〇	
司巴羅好克	二〇〇	很弗利 丁難脫	四二¼	三三	九二	一四三	一一〇	
司比特章力	八〇							
司打爾	二〇〇	訥白爾	四五	二〇	八六	一六六	一一〇	
司戴地	八〇	同上	三三	一六	二〇六	一一四	九〇	
扇直爾日	五〇〇	辣分希 賽該得	七一	三〇	五〇	二〇〇	一八〇	
扇人大克	六〇〇	春氏子	七〇¼	三六	六一	二一八	一八〇	
所不來	八〇							
所不來士	二〇〇	辣分希 賽該得	四五	二〇	八八	一六〇	一一〇	
塞得來日	五〇〇	毛自來 費而特	六六	三六	五〇	二一〇	一八〇	
司瓦羅	六〇	辣分希 賽該得	二五½	一九	八〇	一〇〇	九〇	
昔肥亞	二〇〇							
大馬	五〇〇							
韃靼	二五〇	毛自來 費而特	五一	三三	六五	一六六	一二〇	
得麻干脫	三一〇	保子磨官船廠	六二½	三六	五五	二〇〇	一六〇	
得羅	二〇〇	訥白爾						大抵力
頓特	一五〇	辣分希 賽該得	二五½	二〇	一三八	一四〇	六二	大抵力
頓特蒲脫	二〇〇	同上 同上	三二	二〇	一〇八	一二〇	八〇	大抵力
杜巴士	六〇〇	毛自來 費而特	七六	三六	四五	二五至二八六	一九四	
道浙	八〇	訥白爾	三三	一六	一〇六	一一四	九〇	
得拉法茄爾	五〇〇	毛自來 費而特	六六	三六	五〇	二一〇	一八〇	
得利遂	三〇〇	同上 同上	五五	二六	六七	一七七	一四一	
得辣司低	一五〇	辣分希 賽該得	二五½	二〇	一〇八	一四〇	六〇	大抵力
脫得利	二〇							
土衣特	六〇〇							
恩唐跌特	六〇〇	辣分希 賽該得	七六	三六	四五	二六〇	一八〇	
爾成得	四〇〇	毛自來 費而特	六四	三〇	五九	二三四	一七〇	
凡利恩脫	八〇〇							
肥脫爾	三五〇	辣分希 賽該得	五五	二六	八二	二〇六	一一〇	
肥脫爾以馬內里	六〇〇	毛自來 費而特	七六	三六	五五	二六二	一八二	
維多利亞	一〇〇〇	同上 同上	九二	四〇	四五	二五至三〇〇	二〇〇	螺距漸大
肥治蘭脫	二〇〇	同上 同上	四五	二〇	八四	一六〇	一一〇	
非不勒	八〇	同上 同上	四〇½	二〇	八七	一四二	一一〇	
物克孫	一六〇							
物干	四〇〇	同上 同上	六四	三〇	五〇	二三六	一七〇	
彎特勒	二〇〇	同上 同上	四五	二〇	八三	一六〇	一一〇	
瓦立爾	一二五〇	春氏子	一〇四¼	四〇	五四		二四六	
瓦司不	一〇〇〇	辣分希 賽該得	三四	二九	五三	一三六	一一〇	
詠所爾加司爾	五〇〇	春氏子	六四⅖	三四	一八	一八六	一七〇	
控爾物林	四〇〇							
蘭拚勒	一六〇	毛自來 費而特	四〇¼	二〇	八三	一五〇	一一〇	
外	一〇〇							
外墳	三五〇							
入羅司	八〇〇							
入孛辣	二〇〇	很弗利 丁難脫	四二¼	三三		一二〇	一四〇	未試行

行輪兵船表

船名	馬力 千百十四	工師姓名	汽筩徑 寸	推機路 尺寸	一分時轉數 轉	輪徑 尺寸
鴨特而	一〇〇	蒲而頓 瓦特	三九½	三六	二九	一四〇〇
鴨特倍司	一〇〇	同上 同上	三九½	三六	二七	一四〇〇
阿爾北	一六〇					
亞立克杜	二〇〇	西瓦特 加北勒	五三½	四六	一四	二一一
安得樂	二六〇	春氏子	六四	四六	二六	二〇〇〇
挨定脫	二〇〇	西瓦特	五三	四六	一八	二〇〇九
挨而果司	三〇〇	春氏子	六四	六〇	一六	二三〇五
挨司不	五〇	蒲而頓 瓦特		二六	三三	一〇〇〇
挨文	一六〇	同上 同上	四八½	四六	一六	
辦	八〇					
巴辣過得	三〇〇	春氏子				
巴西力克	四〇〇	辣分希	七四	六〇		
皮兼有螺輪	一〇	毛自來 費而特	二〇	二〇	四〇	〇八〇四
孛蠟希而	二六〇	春氏子				
孛蠟特侯恩特	一五〇	訥白爾				
蒲勒道格	五〇〇	倫尼		五六	一六	
拔司勒	一〇〇					

行輪兵船表

船名	馬力 千百十匹	工師姓名	汽筩徑 寸	推機路 尺寸	一分轉數 轉	輪徑 尺寸
孛撒特	三〇〇		六四	六〇		
加拂度克	三五〇	西瓦特 加北勒	七五	四四	二四	
高未脫	一八〇	蒲而頓 瓦特	三五½	三六	二八	一三〇六
岡非因司	一〇〇	毛自來 費而特	四〇	四〇	三三	一四〇〇
哥羅曼特勒	一五〇					
各古	一〇〇	蒲而頓 瓦特	三九½	三九	二七	一四〇六
達失而	一〇〇	西瓦特 加北勒	四〇½	三四	二八	一六〇〇
第	三三〇	毛自來 費而特	五四	五〇	一八	二〇〇〇
地乏司推順	四〇〇	同上 同上	五四	六〇	一八	
扯物而	九〇	福碎得	三八	三〇	二八	一三〇六
愛哥	一四〇	毛自來 費而特	四四½	四六	一八	一八〇六
愛勒分	四〇	倫尼	二七	二六		一一〇四
費而勒司	七六	蒲而頓 瓦特	三五½	三三	三三	一二〇〇
非白弄	四一〇	西瓦特 加北勒	七五½	五九	一八	二六〇六
非而弗來	二二〇	毛自來 費而特	五五½	五〇	二二	二〇〇〇
非而圭恩	一二〇	訥北爾	六〇	三九	三二	一六〇三
夫利	五一五	利格比	八四	五九	三一	二五〇六
其任	二八〇	西瓦特	六三	五三	一八	二六〇六
孛來地哀到	四三〇	辣分希	七八¼	五九	二三	二六〇〇
可懇	三二〇	西瓦特	六四	五六	一八	二六〇〇

三五

行輪兵船表

船名	馬力 千百十匹	工師姓名	汽筩徑 寸	推機路 尺寸	一分轉數 轉	輪徑 尺寸
哈貝	二〇〇	訥白爾	四九	四〇	三三	一六〇〇
哈的	一〇〇					
希葢脫	二四〇	司高脫 星格來爾	六〇	五九	一六	二五〇〇
希里岡	二五〇					
海特拉	二二〇	蒲而頓 瓦特	五六	五〇	一七	二四〇〇
因物司低戤脫而	三四					
夜高勒	一五〇	訥白爾	四八	四〇	三一	一八〇〇
勒巴而特	五六〇	西瓦特 加北勒	九一½	六八	一七	三二〇〇
來得寗	一〇〇	毛自來 費而特	四〇	四〇	二五	一七〇九
利撒特	一五〇	訥白爾	四八	四〇	二二	一五〇四
羅格司得	一〇〇	毛自來 費而特	四〇	三六	二七	一六〇〇
路西佛	一八〇	同上 同上	四八	四六		
麻直西恩	四〇〇	沓氏子	七二	七〇		二七〇四
米參	三五〇	毛自來 費而特	五〇	五三		
麥地拿	三一二	福碎得	六四	六〇	一九	一四〇六
麥杜撒	三一二	同上	六四	六〇	一九	二四〇六
孟幾	一三〇	蒲而頓 瓦特	三五½	三六	二七	一四〇〇

船名	馬力 千百十匹	工師姓名	汽筩徑 寸	推機路 尺寸	一分轉數 轉	輪徑 尺寸
墨米頓	一五〇	同上 同上	四八	二六	二四	一七〇〇
墨得利	五〇	同上 同上	三〇	四〇	三四	一九〇九
拯比倫	二六〇	倫尼	六一	五〇	二一	二一〇〇
拯司本	四三〇	毛自來 費而特	五四	六〇	一九	三三〇〇
與塔	一二〇	蒲而頓 瓦特	四四½	三六	二八	一四〇〇
必格密	一〇〇	福碎得	三五	三六	二七	
倍克	五〇		三〇½	二六	三三	一〇〇〇
抱久柄	一三二	毛自來 費而特	四六½	四〇		一五〇六
白令塞司挨里司	一二〇	同上 同上				
白羅司不羅	一四四	西瓦特	四六	四〇		一四〇九
悉幾	二五〇					
立克路得	一六〇					
勒特蒲勒	一六〇					
拉大曼多司	二二〇	毛自來 費而特	五五½	五〇	一八	二〇〇〇
撒拉曼特而	二二〇	同上 同上	五五½	五〇	一八	二一〇〇
撒拉密司	二五〇					
司各者	四二〇	毛自來 費而特	五四	六〇	一八	二八〇〇
司非恩司	五〇〇	沓氏子	八二½	六〇	一七	二八〇〇
司貝得福勒	二八〇	司高脫 星格來而	六二	六〇	一六	一六〇〇
司必得飛而	一四〇	拔塔來公會	四四½	四六	二四	一七〇六

三六

行輪兵船表

船名	馬力 千百十匹	工師姓名	汽筩徑 寸	推機路 尺寸	一分轉數 轉	輪徑 尺寸
司不來得里	一〇〇	蒲而頓 瓦特	三九½	三六	二七	一四〇六
司得薄里	二八〇	訥白爾	六三	六〇	一六	二五〇〇
司低客司	二八〇	西瓦特	六三	五三	一六	二四〇〇
待里白	八〇〇	毛自來 費而特	七二	八〇	一四	三四〇〇
道而直	一五〇	西瓦特 加北勒	四九	三九	二四	
脫來屯得	三五〇	同上 同上	七一	五〇	二四	一七〇〇
脫來頓	二六〇	蒲而頓 瓦特	六四	四六		
乏羅路司	四〇〇	沓氏子	七二	七〇		
維蘇威	二八〇	訥白爾	六三	六〇		二五〇〇
維多利亞爾北	六〇〇	沓氏子		七〇	二四	
肥拉果	三〇〇	蒲而頓 瓦特	六六½	五〇	一七	二四〇九
肥肥特	一六〇	沓氏子	四九½	四〇		
伏而嵌奴	一四〇	西瓦特 加北勒	四五	四四	二一	一九〇〇
瓦來司	一〇〇					
威塞而	一六〇					
威傳	九〇		三八	三二	二六	一三〇九
威特飛而	七六		三五½	三〇	二七	一二〇〇

塞貫而	一〇〇
蒲而頓 瓦特	三九½
	三六
	二七
	一四〇〇

碼船表

船名	馬力 十四	船名	馬力 十四
阿勒巴高而	六〇	海衣那	六〇
阿米畧	六〇	因索倫得	六〇
安格勒而	二〇	邪克道而	六〇
安脫	二〇	者好司	四〇
辦脫勒而	六〇	如畧	六〇
倍脫而	六〇	格司得來勒	四〇
孛來失而	六〇	拉克	六〇
孛落松	二〇	勒物勒脫	六〇
旁色而	六〇	林內脫	六〇
薄克色而	六〇	路衣撒	六〇
孛來佛	六〇	買格內脫	六〇
孛里土馬而	六〇	買弗裏而	六〇
蒲勒弗羅格	六〇	密司勒多	六〇
孛司打而特	六〇	納得來	六〇
茶爾日而	六〇	納得勒	二〇
車倫	六〇	內丁畿勒	六〇
起而夫勒	二〇	屋孽格司	二〇
浙羅幾	六〇	屋薄松	六〇

幾羅孛	六〇	輿而韋勒	六〇
出孛	二〇	比告格	六〇
格令格而	六〇	卑得	二〇
格老納	四〇	佛散脫	六〇
高加脫來司	六〇	必轉	六〇
閣格車弗而	六〇	孛羅格立司	六〇
公丰特	六〇	連蒲	六〇
格羅墨而	六〇	蘭孛勒而	六〇
待西	二〇	來分	二〇
達伯而	六〇	來特來司脫	六〇
敵來脫	六〇	來特平	六〇
敵各衣	二〇	勒布勒	六〇
道得力勒	六〇	落格脫	六〇
道孛	六〇	羅司	六〇
特來格	四〇	路皮	六〇
爾內司脫	六〇	三特弗來	六〇
爾納	六〇	西告勒	六〇
愛司可而得	六〇	西卑	六〇
凡西	六〇	山羅格	六〇
分內拉	四〇	失力得拉格	六〇

碼船表

船名	馬力 十四	船名	馬力 十四
弗分脫	六〇	失伯邪克	六〇
弗墨	六〇	司該拉克	六〇
弗來墨而	六〇	司捺伯	六〇
伏墨	六〇	司捺伯爾	六〇
伏勒司得	六〇	司板格爾	六〇
伏而瓦特	六〇	司比地	六〇
格特弗來	二〇	司背特而	六〇
格利納而	六〇	司打令	六〇
果特分詩	六〇	司單詩	六〇
果司好克	六〇	司道克	六〇
格辣不勒而	六〇	疎利	六〇
格拉立司好不而	六〇	算	六〇
格來不而	六〇	得拉失爾	六〇
格羅勒而	六〇	得勒孛里	六〇
喊地	四〇	得林久羅	六〇
哈地	六〇	戴廉	六〇
海司低	六〇	物揑來脫	六〇
好低	六〇	瓦直福勒	四〇

名	數
哈伏克	六○
黑倫	六○
黑令	六○
海蘭特而	六○
海恩特	六○
很得而	四○
韋佛	六○
微士利	六○
惠丁	六○
韋撒而特	六○
武特各	四○

江南製造局科技譯著集成

機械工程卷

第壹分冊

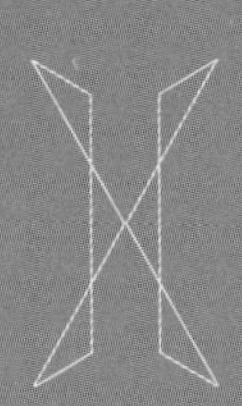

汽機必以

《汽機必以》提要

《汽機必以》十二卷，首一卷，圖一卷，又名《汽機問答》，英國蒲而捺（John A. Bourne）譔，英國傅蘭雅（John Fryer, 1839–1928）口譯，無錫徐建寅筆述，新陽趙元益校字，上海曹鍾秀摹圖，同治十一年（1872年）刊行。底本爲《A Catechism of the Steam Engine》1865年版。

此書卷首概論與蒸汽機相關的熱力學原理、機械原理及其應用等，如高壓、膨脹、螺桿引擎、平衡閥、軸承、鍋爐、船用蒸汽機、蒸汽火車、真空、自由落體、重心、旋轉、摩擦、材料强度等等；卷一論述鍋爐、引擎、船用蒸汽機、螺桿引擎、機車引擎等；卷二從熱、燃燒、蒸汽等方面論述蒸汽機之熱力學原理；卷三論述蒸汽漲力、閥門的功用；卷四論述與蒸汽機功率相關之知識及測量；卷五論述與鍋爐性能相關之知識及計算，如火切面、爐栅面、量熱率、放熱率、船用及機車鍋爐、鍋爐炸裂等；卷六論述與蒸汽機性能相關之知識及計算，如空氣泵、冷凝器、飛輪、船用蒸汽機與機車引擎等；卷七論述船用蒸汽機與蒸汽機鍋爐之構造，如閥門、冷凝器、通水管、螺旋槳、船槳等；卷八論述與船用蒸汽機航行相關之知識，如阻力、船槳之結構、螺旋槳之結構，以及船槳與螺旋槳之比較，不同螺旋槳之比較等；卷九論述搖擺式蒸汽機引擎、直動螺旋引擎、機車引擎；卷十論述各種移動式、固定式陸地用蒸汽機及其功用、效率等；卷十一論述與各種鍋爐製造相關之知識；卷十二論述各類蒸汽機之製造、裝配與管理方法；附卷論述一些新式蒸汽機。

此書內容如下：

總目

卷首　論造機公法

汽機必以

儀徵諸炳星書

江南製造總局鋟板

汽機必以總目

汽機必以卷首

英國 蒲而捺譔
英國 傅蘭雅 口譯
無錫 徐建寅 筆述

汽機分類

大抵力機凝水機之別 一節

大抵力機之汽推送韛韝行足而放出天空故其功力爲汽之全抵力與空氣壓力之較凝水機之汽推送韛韝行足而放入凝水櫃內即眞空處也其功力爲韛韝此面全抵力與韛韝彼面對力之較彼面果屬眞空而無對力則爲汽之全抵力推韛韝矣其全抵力乃萍門漲權所制之

力加以空氣壓力也

凝水機分類 二節

凝水機有直行者有轉行者有圓面者直行之制不用曲拐而但使上下起水機是也轉行之制以曲拐轉大軸船汽機磨汽機是也此乃變往復爲循環也圓面之制或即以汽生轉動或亦以韛韝生轉動亦不用曲拐然此法未嘗得大利故以直行轉行二類爲適用之器也其餘如吹空氣入冶爐者用雙行而不用曲拐亦非常用之器不足爲一類總之不用曲拐者謂之直行類可也

單行汽機雙行汽機之別 三節

單行汽機乃一面受汽漲力而往以對面之重力使復也雙行汽機則二面互受漲力而往復也間有雙行而不用曲拐者則以運動上下二面皆能起水之器有數處起引礦內之水用之但不用曲拐者單行爲多久已習用成式也所以不用曲拐之機即謂之單行者矣

曲拐受力不平轉動能勻　四節

轉行之機常有飛輪消息其動或用二汽筩運動一軸而二曲拐配成直角雖有不平之處亦已畧自相消故不用飛輪如船汽機車汽機是也惟紡織之機必得轉動極勻昔以飛輪爲要器近設精法亦可不用飛輪矣

眞空功用

眞空之義　五節

淸虛無物謂之空一切氣質俱無者即謂眞空眞空之力與空氣壓力相較而生非眞空自能有力也空氣能壓氣內之物即如水能壓水內之物設韝鞴之二面皆有水則上面之水不能壓韝鞴向下因上下抵力相等如天平之兩端等重也取去此端之重則彼端之重立顯其力而下墜同於去韝鞴下面之水而上面之水始顯抵力也故韝鞴之一面進汽而一面去其汽則抵力亦顯去其汽即眞空也眞空所顯之力並非自有之力乃因彼面有實力此

面無有對力所生也所以眞空不能自動汽機

空氣入眞空之速　六節

空氣衝入眞空之中其行之速正與重物自空氣盡界墜至地面之末速等然空氣有厚薄此墜物之全路設以上下等厚者言之設水箱底旁作孔使水流出出口之速亦與重物墜於箱外自水面至箱孔之末速等蓋水之各點各有重力層層相壓而下墜即如重物在空中下墜同空氣衝入眞空亦即此理空氣衝入眞空之速亦依上層空氣之高數故有一立方寸之重數並在地面之壓力（即十五磅）可設將空氣重十五磅作一平方寸底之空氣柱所應得

之高此高必爲二萬七千八百十八尺重物墜過此高其末速每秒必得一千三百三十八尺空氣衝入眞空之速同此數

凝水汽機得眞空　七節

汽筩內程功以後之汽放入凝水櫃內冷水噴射汽凝爲水落於櫃底即得眞空其噴射之水乃恆升車所取出所有空氣隨水而入亦隨水而出也水雖積於櫃底而眞空則在水面之上不論水之多少無害於眞空蓋聚於櫃底即與櫃體相同

凝水櫃內稍不眞空　八節

凝水櫃內水面上之空處稍有不真因噴進之冷水爲汽傳熱而生微汽是謂對力約得水銀高三寸設風雨表三十寸時以真空之端通櫃內而水銀祇高二十七寸也空之不真非特水生微汽尚有空氣少許蓋水內常含空氣噴入櫃內而無壓力此氣之力卽現若無恆升車以抽出之則漸漸積多其對力必至與天空氣等故恆升車雖爲起水而設更能兼吸此氣也

測驗諸器 九節

測真空者名縮表能顯縮力之數通於凝水櫃者也測漲力者名漲表能顯漲力之數通於鍋爐者也看鍋爐內水

之高低其法有二一用數塞門上下勻列於鍋爐之面一用玻璃管直立兩端各鑲銅管與塞門俱通鍋爐之內玻璃管內之水面卽鍋爐內之水面也兼用二法則更妙

凝水機以小於空氣壓力之汽行動 十節

汽機起動以後雖汽之漲力小於空氣之壓力亦能運動而初動之時如此則甚難因將動之前必用汽吹去縮櫃內之空氣如汽漲力甚小則不能吹通也惟起動以後不欲汽機生全力則可漸減至小於空氣壓力然亦終非善法試開看水塞門非但不能噴水反致空氣竄入兼有漸積之質亦不能吹出也此事每以二小時開放大塞門一

次藉汽之漲力吹出船外或因鍋爐之力不足而汽漲力有小於空氣壓力者卽應稍關汽管扇門以減進汽筩之汽而增鍋爐內之漲力汽機之速率亦不致甚減也

重物墜行之速與行動之重力

物墜之速 十一節

重物下墜而無空氣阻力其行之速恆等試將金羽二物置於真空之玻璃罩而使同時下墜必同時至底也惟逐秒下墜之速則依定率漸增若知墜過之全路卽可推其末速將墜路尺數之平方根以八〇四一乘之爲以末速而行一秒時所應得之尺數也物因地攝力而下墜第一

秒得十六尺又十二分尺之一第二秒得六十四尺又十二分尺之四第三秒得一百四十四尺又十二分尺之九第四秒得二百五十七尺又十二分尺之六餘可類推設第一秒所墜之路爲一列表如左

秒	一	二	三	四	五	六
路	一	四	九	十六	二十五	三十六

準此表知物墜所過之路與所歷時之平方有比

物之下墜因地攝力 十二節

地心之攝力爲平加力故物墜第一秒中所受之攝力與以後諸秒中所受之攝力並同然而行速漸增者因歷時

之漸多也

逐秒增速之故　十三節

第一秒中下墜十六尺又十二分尺之一尙爲中速而非末速以第一秒之末速計之已不止十六尺又十二分尺之一應得三十二尺又六分尺之一至第二秒之末時乃加三十二尺又六分尺之一所以第二秒末時全速得六十四尺又六分尺之二第三秒末時全速得九十六尺又六分尺之三第四秒末時全速得一百二十八尺又六分尺之四餘亦類推凡此各數之排列爲一二三四等卽下墜所得之各速與所歷之時有比亦卽與物受地攝力之

時有比也各末速皆與歷時有比全路與歷時之平方有比則全路必與末速之平方有比也物墜之力與所墜之路有比故動力與行速之平方亦有比如有等重二球第一球之行速倍於第二球之行速則第一球之力較第二球之力必爲四倍所以飛輪之速二倍其力則四倍也此動力必依物墜所得此速之路度之

重力之義　十四節

重力者重速積力也兩力相抵而定者名之曰力力而生動名曰重力定者不可以度動者故力不可以度重力也欲度重力之數必以力與其行路相乘之數

重力已成永不泯沒　十五節

力而未動者尙可以滅若已動而成重力則永不泯沒矣如二物相擊而物質有凹凸力者相擊之時雖暫停後必仍以原速相離若無凹凸力者則變其形而停重力則化爲熱或爲電氣而熱與電氣之力必與原重力等也

重力之源在日　十六節

重力之源在日日曬地面使水發气气凝成雨雨集成河而急流轉輪水力也日曬空氣使各處厚薄不同而成風推送船帆風力也植物受日之光熱卽能暢茂動物食之而生力人畜之力也太古之植物無有動物戕害故能積

久而成煤今用以熱火使水化汽而動機實乃千萬年前所收太陽之熱力也

飛輪重力　十七節

飛輪牙應有之重力必能消耩耩一往所生不平之力汽機以常速運動者飛輪牙所積之重力應與耩耩一往之能力爲二五至四與一之比大小不一者依汽機所運之機能積之力也然此僅可用於常事若欲運動極平者必加大至六與一之比

陸汽機飛輪生鐵牙之積數　十八節

常法以輪牙之中徑與每分時之轉數相乘再以得數自

乘爲法次置汽機之實馬力以鞲韛每分時往復次數約之再以二百七十六萬乘之爲實以法約實卽得飛輪生鐵牙之立方尺數

蒲頓華德定飛輪生鐵牙之橫剖面 十九節

先以推機路之尺數與四萬四千相乘再以汽筩徑之寸數自乘而乘之得數爲實次以每分時之轉數自乘而以飛輪徑之尺數自乘再乘而乘之得數爲法以法約實卽得飛輪牙橫剖面方寸數

諸心力

離心向心二力 二十節

離心力者重物繞行恆欲離所繞之心變直行而向外之力也向心力者使繞行之物漸近所繞之心之力也正與離心力爲相對如汽制之二重球懸於豎柱柱轉而二球相離轉停而二球相近卽離心向心之別也然向心力實爲地心之攝力於柱無關

離心力與轉速相比 二十一節

繞行之速均平者離心力與繞軌之徑有比設二飛輪之重數等每分時之轉數等而此輪之徑與彼輪之徑有二與一之比則大輪之離心力與小輪之離心力亦爲二與一之比又設一輪而轉速不等則離心力與轉速之平方有比卽轉動加速至二而離心力必至四也

有物重數繞行圓軌徑數繞行速數求離心力 二十二節

已知物重并繞行圓軌之徑與速由此可推離心力置每秒時繞路之尺數以四〇一約之得數自乘卽得物墜至等於繞行之速其所墜過路尺數之四倍再以繞行圓軌之徑約此數卽得離心力與物重之倍數而以物之重數乘之卽得離心力之數又法將每分時之轉數自乘以圓軌徑之尺數乘之而以五八七約之再以物之重數乘之亦得離心力之數

有離心力數物重數繞行圓軌徑求繞行速數 二十三節

已知物重並繞行圓軌之徑與離心力可求繞行之速置離心力之數以物之重數約之而以圓軌徑之尺數乘之得數開平方再以四〇一乘之卽得每秒繞行之尺數

離心力牽斷生鐵條求繞行之速 二十四節

生鐵條之橫剖面一方寸牽力斷界一萬五千磅今用生鐵條橫剖面有二方寸自可任牽力三萬磅而斷設有二球連於十尺之條卽以中點爲定心而使飛轉極速至條爲牽斷則一球與半條之離心力必得三萬磅若一球與半條共重四十九磅四八卽將此數約三萬磅得六百〇六·三爲離心力與重之倍數依前法將此數以十乘之得

六千〇六十三開平方得七十八再以四〇一乘之得三百十二七八即臨斷之時球體每秒繞行之尺數

生鐵飛輪轉速之穩界　二十五節

生鐵橫剖面一方寸其久任牽力之穩界爲二千磅設飛輪徑十尺牙之橫剖面共二方寸其半重亦爲四十九磅四八則如前法置四千磅以四十九四八約之得八十〇八以十乘之得八百〇八開平方得二十八四再以四〇一乘之得一百十三八八四爲輪牙每秒轉行之尺數即轉速之穩界惟因離心力乃四圍向外故以此速而行輪牙之任力尙少於二千磅若半周與徑之比即一五七〇八與一之比

熟鐵汽車輪轉行之穩界　二十六節

熟鐵條橫剖面一方寸之穩界爲四千磅設輪牙之橫剖面一方寸輪徑七尺則以其周二十一尺九九一乘熟鐵十二立方寸之重三磅四得七十四磅七六半之得三十七磅四依法置熟鐵橫剖面二平方寸之牽力八千磅以三十七四約之得二百十三九即離心力與重之倍數再加徑與半周之比即以畧數一五乘之即二百十三九乘一五再以輪徑七尺乘之得二千五百九十五九五開平方得五十一以四〇一乘之得二百二十四尺即汽車之熟鐵輪牙每秒行速之尺數即一小時行一百五十英里也熟鐵任牽力之穩界橫剖面一方寸在汽機內以四千磅爲極限則汽車之輪一小時行一百五十里倘嫌太速必多減此速方在穩界之內或有將輻裝入鐵箍內作輪者殊不堅固必與輻相連者爲善又有厚大其輪牙以敵離心力者亦非善法蓋牙體加重離心力亦加多也

重心之義　二十七節

重心者物體內全重所聚之心也此心恆欲往最低之處試在物體之重心繫之則任何方向皆可相定

繞行重心　二十八節

繞行重心者物體繞行而重力所聚之心也設汽制之球爲行直線則繞行重心與本體重心相合令球繞柱而行其遠柱質點之行必比近柱質點之行較速所以繞行重心不與本體重心相合而遠於本體重心之距柱也

擺動重心　二十九節

擺動重心者物體擺動而重力所聚之心也與前繞行重心畧同擺長之度必準此點與懸點相距之數設物體之重盡聚此點則擺動次數亦毫不改變此心必在懸點與本體重心之直線外

擺與汽制球

擺動次數　三十節

擺動次數依懸梗或線之長（此長以擺動重心與懸點相距爲度）其重心所行弧迹雖有長短而次數終無改變如弧迹或得圓周百分之四或百分之二十五而次數畧等也若擺能行眞擺線則次數毫無異矣所以時辰鐘之擺常使行短弧取其與眞擺線不甚差也

有擺長求動數　三十一節

擺動一次之時等於物墜過擺長乘周率平方之半之時所有擺梗之長各不等者則同時中擺動之次數與各擺長之平方根有比

有秒擺之長求一分動幾次之擺長　三十二節

先以秒擺長數之平方根與六十相乘再以每分之次數約之得數自乘即擺長之數設作一擺在英國京都之緯度每分動七十次則依法得

$$\left(\frac{\text{七〇}}{\sqrt{\text{三九.一三九}}\times\text{六〇}}\right)^{\text{二}}=\left(\text{五.三六三}\right)^{\text{二}}=\text{二八.七五寸}$$

即擺長之寸數也

擺動次數因擺長之理　三十三節

擺之長數所以定擺行弧迹之彎直凡物溜下大角斜面比小角斜面必更速此乃地攝力之故而擺之往復全因地攝力蓋重物下墜其漸積之力與所墜之路有比而物墜所生之速散於長線必遲其遲數又與線之長有比所以擺之長數可定弧迹之彎直亦可定若干時中擺動之次數

一秒時物墜之路與秒擺之長爲比　三十四節

擺動次數全依物墜之速故一秒時物墜之路則與秒擺長數爲比如英國京都之緯度而高等於海面則擺長三十九寸一三九三恰得一秒動一次有此數即可求物墜一秒所過之路矣因擺動一次之時等於重物墜過擺長乘周率平方之半之時所以物在擺動一次時中所墜之路等擺長乘周率平方之半周率平方即九八六九六半

之得四九三四八即一與四九三四八之比若三十九寸一三九三與重物在擺動一次時中所墜之路之比即三十九寸一三九三與四九三四八相乘得十六尺又十二分尺之一爲重物以地攝力下墜一秒中所過之路也

汽制圓球之轉與懸擺之動同理　三十五節

汽制圓球之轉與懸擺迭更加正交方向之力而動同理故一轉之時等於與圓錐形高同長之擺動二次之時（圓錐形者汽制球二桿繞行所成之跡也）

汽制圓球帶動於汽機　三十六節

汽制圓球帶動於汽機故其轉速與汽機轉速爲比二球

旋轉相離即帶動扇門漸阻氣進汽使汽機不致太速

圓錐形高之平方根與轉之時有比　三十七節

汽制圓球二桿之角不改則轉一周之時與桿長有比惟轉愈速則二球愈離開二桿所成圓錐形之高必愈短圓錐形之高恆與每轉之時動二次之擺長等故已定二球之距與二桿之長以及圓錐形之高則汽制球每分時中轉數之半必等於與圓錐形高等長之擺每分時之動數故以圓錐形高寸數之平方根與常數○三一九八六相乘而得每轉之秒數若轉數與懸桿之長數已定而欲求二球心之相距置常數一百八十七五八以每分時之轉

數約之得數自乘即圓錐形高之寸數自乘而與桿長自乘數相減開平方二乘之而得二球心之相距

以向心力求汽制球轉數　三十八節

置球距柱之數以圓錐形之高數約之則得向心力與重之倍數將此數與七萬○四百四十相乘再以二懸桿長（以球繞行重心至懸點計之）寸數約之得數開平方則得每分時之轉數凡桿之長數並二球心之距數已定（即二球轉行二桿所成之角）則依此法可定其轉數使離心力恰成此角

球作輕重與轉速無涉　三十九節

球體之輕重與前論各事無涉蓋球體爲無數質點相合

而成各質點各顯其重力故球體雖重其向心力自加而離心力亦同例而加所以球體無庸甚重也惟過輕則不能勝扇門與各處之滯力

助力器

助力器之義　四十節

助力器者能將長路之小力變爲短路之大力也重學諸書常以助力器分爲若干種各種各具一理實乃諸法皆歸一理可以不必强分也蓋以速行之小力可變爲遲行之大力計其重速積數毫無增損故凡助力諸器不過爲變力之用非能增力也

增力謬法　四十一節

未明助力器之理者偶見起重轆轤與壓水櫃俱能以小力起極大之重即欲以小汽機動此器而使動大船不知力雖增大速則減小二事適相當也設能使汲水輪轉動之力加十倍歷時相同其所行之路必爲十分之一總之無論何法力與速不能同增也更謬者竟有欲用桿輪曲拐等無自動力之物作永動器也

變力總理　四十二節

變力之理無論何器俱各相同設有大桶滿盛以水在底作分徑之孔以洩之或作寸徑或尺徑之孔以洩之洩水

雖有遲速而於桶之容積無關惟孔愈大則放出之水多而自初放至將盡其時自短用槓桿之理亦不過如是力更大路必更短也起重一磅至百尺之高所用之能力與起百磅至一尺之高無異也所以汽筩之制無論乎小而長與大而短其所出之力恆相等惟長者能運小重至長路而短者能起大重於短路耳

曲拐無有縻力　四十三節

人常謂曲拐有縻力者以其行至直線二點之處無力也此因誤混往復之速與環繞之速而然也不知在此二處固亦未嘗費汽既不費汽自無縻力設以若干平行距等

線橫分拐軸心所行之圓軌則拐軸心任自何一線與圓軌相交之點至次線與圓軌相交之點所費之汽並所生之能力恆皆同因此線所分之圓軌雖長短不勻而所分之徑則勻也曲拐過直線二點環繞之路雖長而所費之汽不加多所增之路恰合所減之力故任行平行線所分圓軌之何分所現之重速積力必等也

面阻力

面阻力之理　四十四節

面阻力即滯力又名磨力係二物之面相磨而生也此力之生或因物質之攝力或因二面質點之凹凸相錯所以相磨之時二面之質內生動由動生熱所生之熱必等於生此滯力之能力測得滯力所生之熱令水一磅加熱一度所用之力能起一磅之重高至七百七十二尺此名熱力率若二物之面為異質滯力自能減小或謂同質者其質點之排列相同故相錯密合而滯力大也

磨面加大滯力不增　四十五節

相磨之面加大而抵力不加則滯力亦不增相磨之時不多發熱不多消磨則抵力與滯力畧有比所以相磨之面無論何質愈大愈佳不但滯力不增且可久磨不消也磨面過小相磨不久即消

滯力與磨速比例　四十六節

滯力與相磨速率之比例以路而計之相磨雖速滯力不加此言定質而不及流質流質見第八卷以時而計之則滯力與相磨之速為比例設轆轤一分時往復二十次或四十次其每次之滯力必等統而計之一分時四十次者其滯力比二十次者得二倍雖一往復之滯力不改而一分時之總滯力必得二倍矣故以時論之其滯力與速恆有比例惟每轉之滯力則無論行之遲速必恆相等然此不過以平常之速而言未知速之極者亦同法否也

滯力與抵力比例　四十七節

滯力之大小因面質之不同稍擦以油而又指淨二面皆鐵者其滯力爲抵力十分之一一銅一鐵者其滯力爲抵力十一分之一然機器內相磨之處常用滑質一層所以滯力必減小而得前數三分之一卽爲抵力三十三分之一也此中數也尙有小於此者色頓曾測輪磨石之滯力爲壓力四十分之一烏德曾測汽車之軸多用滑質者其滯力僅爲壓力六十分之一理尼曾測大軸壓力一擔至五擔用牛羊油爲滑質其滯力爲壓力三十九分之一用軟肥皂水爲滑質其滯力爲壓力三十四分之一蓋滯力之率專依所用之滑質故有用甚稠之滑質而滯力反大

於不用滑質者凡最精之器如鐘表等其軸頸必須甚小而所用之油必極稀因軸頸雖小然合大機器之比例已大矣

滑質稀稠 四十八節

汽機之軸頸軸枕當考任受之壓力量用滑質之稠稀壓力大者宜用稠質用滑質之理卽以免二面緊切而消磨也然或太稠則雖能免消磨而粘力甚大故滯力亦加大所以必依磨面之方寸數及壓力之大小配以何等滑質若爲流質油則每平方寸受壓力九十磅其滯力爲最小惟相磨之面過小而壓力過大則滯力增多而易於消磨

法國摩蘭測得滯力 四十九節

摩蘭所測各數與前測各數無大異其法二面相磨一用生鐵一用黃銅微潤以油用布揩淨測得滯力〇·一〇七卽畧爲壓力十分之一又一用生鐵一用堅木得數同前若多留油質於二面則無論木在上金在下金在上木在下或上下皆木或上下皆金其滯力皆依滑質之性如豬油與橄欖油相和則滯力爲壓力十二分之一至十四分之一亦有二十分之一者

磨面甚大水作滑質 五十節

磨面甚大而壓力甚小水亦可作滑質如螺輪軸在船尾

長管之內相磨必作孔使水流入管內則軸恆溼而不必用別種滑質矣

相磨生熱受壓力之限 五十一節

相磨生熱雖因遲速而異然軸頸若用流質油爲滑質則直剖面每方寸受力過八百磅轉雖甚遲油必壓出而生熱矣

以轉速定壓力之限以壓力定轉速之限 五十二節

此率屢經實測大小各種軸遲轉速轉而得之法以軸頸磨面每分時轉速之尺數約七萬卽軸頸直剖面一方寸受力最宜之磅數以軸頸直剖面一方寸受力之磅數約

七萬即軸頸磨面每分時轉速最宜之尺數所謂軸頸直剖面者以軸頸之長與徑相乘非與周相乘也與周相乘即爲軸頸磨面

沙泥水内二面相磨之滯力。五十三節

色磨士曾測二面皆用黃銅在鹽水内相磨之滯力其事爲海口之閘啟閉之力所作銅面刨平而未磋光者得數如左

磨面之方寸數	八	八	八	八	八	八
磨面壓力磅數	五六	一一二	一六八	二二四	三三六	四四八
沙泥鹽水内之滯力磅數	二五	四四	六二五	八八五	一四〇五	一四〇七五

所試之磨面如第一圖爲平視面第二圖爲橫剖面不動之面式相配而長三四倍表内各數乃歴測八次所得之中數每次在沙泥之鹽水内相試器雖不甚精而所得之數畧合各事之用矣得此各數知粗面之滯力與光面之滯力有比例蓋二者之滯力皆與壓力同增也

第一圖

第二圖

材料之結力並機件任受各力。

汽機任力之理。五十四節

堅固得宜必以任受之力與材料之結力相稱汽機之任力分言之爲牽力擠力扭力折力剪力合言之爲擠力牽力材料之結力以任此二力之界度之

生鐵熟鐵之斷屈界。五十五節

牽力與擠力之斷界各物不同最精之熟鐵條每橫剖面一方寸牽力斷界爲六萬磅生鐵每橫剖面一方寸牽力斷界爲一萬五千磅生鐵擠力屈界每橫剖面一方寸約得十萬磅熟鐵擠力屈界每橫剖面一方寸僅得二萬七千磅倘或不及此數兩事相較熟鐵之牽力斷界比生鐵爲四倍而生鐵之擠力屈界比熟鐵爲三倍有餘熟鐵之牽力斷界比擠力屈界爲二倍生鐵之牽力斷界得擠力屈界六分之一。

鋼銅牽力斷界。五十六節

上等鑄鋼與泡面鋼之牽力斷界每橫剖面一方寸得十三萬磅密鐵與此畧同比諸熟鐵爲二倍餘汽機軸襯之磢銅每橫剖面一方寸牽力斷界爲三萬六千磅搥打之紅銅每橫剖面一方寸牽力斷界爲三萬三千磅模鑄之紅銅每橫剖面一方寸牽力斷界爲一萬九千磅

鋼之牽擠二力。五十七節

鋼之擠力二倍於牽力如堅鋼作搥恰能搥穿熟鐵板厚等於搥徑蓋剪力界與牽力界相等若所穿孔周皮積與

牽斷熟鐵條之横剖面等則所用之力亦必等凡揰穿一寸厚之鐵板孔周皮積等於三寸一四一六與板厚一寸相乘得三平方寸一四一六即剪斷之面積而揰端面積爲平方寸七八五四則擠屈鋼條之力比牽斷熟鐵條之力爲四倍而擠屈鋼條之力比牽斷鋼條之力爲二倍也此各等數皆以實測而得

熟鐵凹凸力界 五十八節

熟鐵條受牽擠二力而變長變短同於極勁之螺絲簧其長短與所受之牽擠二力有比加力不過定界而即去之必復原形若過定界質已受傷雖去其力不復原形即如

簧之受力過大也此定界名凹凸力界凡熟鐵之凹凸力界每横剖面一方寸可受牽力一萬七千八百磅尚不受傷鐵之精者竟可受十頓其受牽力而加長則横剖面一方寸受力一頓長約萬分之一

生鐵凹凸力界 五十九節

常用之數每横剖面一方寸牽力得一萬五千三百磅然嫌過大中等熟鐵恆不及此況生鐵乎若與熟鐵條同受擠力若干其縮短之數比熟鐵縮短之數爲二倍然熟鐵條每横剖面一方寸受擠力過十二頓則短漸多而屈生鐵條每横剖面一方寸長十尺者受擠力一萬磅縮短十

分寸之一熟鐵條與之等徑等長而使縮短十分寸之一必加擠力二萬磅而二鐵條各受擠力至十二頓其縮短之數畧等過此則熟鐵條之縮短反增矣生鐵條加牽力至將斷之界長六百分之一加相等之擠力則短八百分之一

汽機各件受力之穩界 六十節

金類所作汽機之動件大半用熟鐵常以横剖面一方寸不過四千磅爲穩界生鐵則不可過此數之半然汽車鍋爐每横剖面一方寸間有過六千磅者已入險道矣

槓桿任受折力 六十一節

任受折力之桿莫如大槓桿其上下二邊爲全力所聚之處無論鞲鞴抵力大小桿之受力必依桿體長與闊之比桿之二邊一因牽力而斷一因擠力而屈故上下二邊可設爲二柱一受牽力一受擠力如桿之長闊相等者其二柱之受力與三邊形桿之邊同理蓋三邊形桿之邊以定點主力重二點爲二柱也若受力之邊往復之路等於推機路則所受之力必等於鞲鞴之抵力如往復之路爲推機路之半（即闊爲長之半）則所受之力必倍於鞲鞴之抵力故無論何等機件其所受之力與速之比若原動之力與速之反比如動速比鞲鞴之速小則受力必比鞲鞴之抵力大

動速比鞲鞴之速大則受力必比鞲鞴之抵力小凡受力與行速恆有反比例也故其邊必能任牽擠二力而薄處不過連屬二邊使不變形而已

急力與常力相等器體所任受者倍重 六十二節

驟加之力與移動之力其數雖等於常定之力而器之任受之者已覺倍重任受常定力之器堅固宜比斷界多三倍故任受移動之力如鐵路鐵橋等其堅固必比斷界多六倍

急力增重 六十三節

長細之桿定其二端中點之下有柱托之上加重物而忽

去其柱則所成之彎必大於原重緩緩而加之彎此因物重與桿重相并下墜而增重速積力也繼而桿力有餘則爲桿所彈上且必數次上下而止即定於本重所應彎之點桿若僅能任物重而不能任所增之重速積力則必斷矣汽機內即以汽之抵力爲物重而桿任抵力必并任桿重所增之重速積力若桿成彎甚大而速則所增之重速積力亦甚大如起水機汽筩之蓋汽若突然而入則成彎甚大於原抵力所成之彎可見倏忽成彎者不惟其彎之多而力亦增多也其加急力使桿成彎所增物動之重速積力之比若物重與其速之平方爲比故若干時中因彎

而受增多之力亦與所彎之數爲比

永靜性減少成彎永動性增多成彎 六十四節

成彎之減少增多實測而知不甚以所加重之大小與桿之牢固而以桿體之重與所加重之緩急久暫也設將甚重之桿忽加重於其上而忽去之則桿之永靜性必能敵此重力而減少成彎即如二物相擊畧同若所加之重久留足至本重所應彎之點則桿之永靜性且變爲永動性不但不減少成彎更能增多成彎矣

生熟二鐵受折力成彎 六十五節

鐵桿之受力或以對面迭更之力而二邊成彎或以一面

迭更之力而一邊成彎其成彎而斷比一次使彎而斷之力甚小曾試生鐵條以凸輪使彎至恰斷之彎之半未過九百次即斷又以凸輪使彎至恰斷之彎三分之一能至十萬次而未斷汽機各件常受突然振動及水入汽筩而受大力等事故生鐵各件之牢固必須大於斷界六倍也惟熟鐵條而使彎至不能還原之彎之半雖一萬萬次尚無傷損

長細之柱受擠力 六十六節

桿或柱任受擠力之數與徑之立方以長之平方約之之數有比曾測生鐵空柱將內徑之三五五方與外徑之三

五五方相減餘數以長數之一七方約之卽任受擠力之數熟鐵空柱將內徑之三五九方與外徑之三五九方相減餘數以長之平方約之卽任受擠力之數此在橫剖面一方寸受八頓至九頓以內若受十二頓至十三頓則不合矣或有空柱每橫剖面一方寸受擠力十五頓至十六頓者究非穩事也

空柱受擠力　六十七節

極薄之金類如金箔錫箔作管不惟不能任力且不能自立曾試厚寸五二五之熟鐵管每橫剖面一方寸任受擠力十九頓一七厚寸二七二者任受擠力十四頓四七厚

寸一二四者任受擠力七頓四七任受擠力在橫剖面一方寸受九頓至十二頓以內則擠力畧與厚數之立方有比詳言之卽與厚數之二八七八方有比過此則受力二倍其厚必加二倍至三倍矣

帽釘搭連之管受急力　六十八節

搭釘之管受急力極易損傷所加急力雖止恆加力五分之一而接處已壞矣然器之大者如鐵船鐵橋等俱以搭釘而成因本體之永靜性能勝急力故亦不受傷也

生鐵難任急力　六十九節

生鐵堅而甚脆者緩力雖大亦能任受若加急力雖小亦

斷鎔過多次之生鐵卽有此性橫鑄甚小之物亦然曾試生鐵橫剖面一方寸任受擠力四十二頓者能受急力七百零六鎔過十二次後任受擠力七十頓能受急力一百五十三鎔至十八次則任受擠力八十三頓而受急力僅得一百四十九

横桿兼用生熟兩鐵　七十節

生熟兩鐵堅韌相濟故以兼用爲佳卽生鐵爲內骨熟鐵爲外邊也其式宜闊而薄處作鏤空閒能任力空則體輕外邊以熟鐵爲箍緊束全體若用熟鐵作橫樑上下二邊之橫剖面可相等鋼者則下邊橫剖面大於上邊二倍生

鐵者則下邊橫剖面大於上邊六倍

新陽趙元益校字

上海曹鍾秀摹圖

汽機必以卷一

英國　蒲而捺譔

英國　傅蘭雅　口譯
無錫　徐建寅　筆述

鍋爐

陸機外火鍋爐　七十一節

汽機皆有鍋爐故言汽機者必自鍋爐始蒲頓華德初造汽機之時其鍋爐之式名曰外火鍋爐雖爲舊式今時單行汽機亦常用之且欲明新制尤當先知舊法其式頂圓而底平爇火在爐下四圍用磚砌成曲路使火環繞各處而爐內並不通火如第三圖剖去磚所砌火路之一角幷

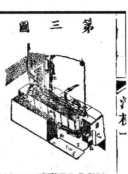

第三圖

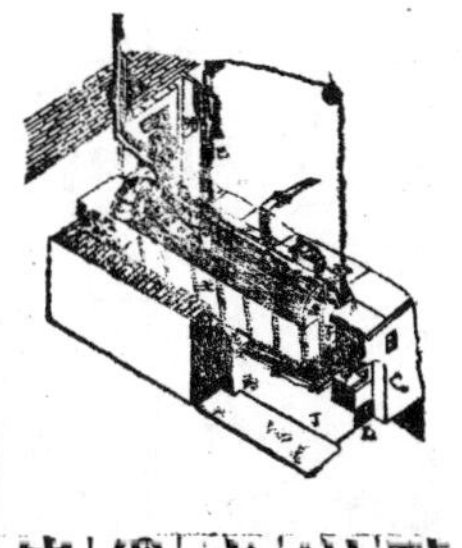

磚所砌之鍋架及鍋之上半皆以見內形也甲爲火門卽進煤之門乙爲風門卽出灰之門丙爲爐栅向後斜下約二十五度使煤易推向後丁爲灰膛其大小足使空氣通入戊爲火壩火過此壩卽自鍋爐之底至後端折而向前由辛過壬至子再折而至鍋爐之又一邊往後而入煙通此名環包之法因火環包鍋爐之四圍也間有加空筩於鍋爐之內使火至鍋之後折進空筩至子而分繞鍋爐之二邊向後而入煙通此名分火路之法

鍋爐相連各件　七十二節

鍋爐之頂前端爲桶形者卽容汽之所亦名汽櫃上面有蓋用螺釘旋緊洗滌鍋爐之內開此而入可進出此蓋之上又有內開之門名曰空氣萍門若鍋內成空而外受壓力此門卽能自開後有曲管名曰進汽管汽卽由此進汽筩此管之後爲餘汽管萍門所放之汽由此而出放汽萍門藏於箱內箱在鍋爐之上萍門必以鉛鐵重物壓之而有定限漲力過限門卽自開而汽得放出

節制水火之法　七十三節

水面有浮物（圖內方形者卽是）連直桿直桿又連橫桿橫桿連高

直管管之上端有箱能容多水浮物下則桿抵開塞門水卽由管流入鍋爐又其管內水之高與汽漲力有比管內亦有浮物用鍊連煙通閘門汽漲力大則浮物上而閘門下火卽小

果泉書鍋爐　七十四節

陸鍋爐有作圓形者如第四圖第五圖乃英國西南果奴

第四圖

第五圖

瓦地所用內有空筩筩內前端置爐栅火壩之後有圓管直通至鍋爐後端在火壩之後有管通此管於空筩之底在鍋爐後

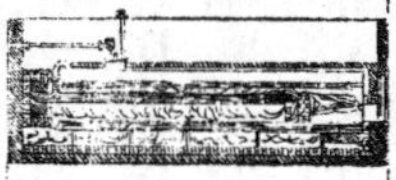

端有管通此管於空箭之上火自空箭內繞至鍋爐之旁與底而後入煙通外用磚砌不使熱散

船機鍋爐　七十五節

船鍋爐有二種一爲曲管鍋爐一爲煙管鍋爐曲管鍋爐者其火分路曲繞鍋爐內之曲管最後各路相會而至煙通第六圖是前視形

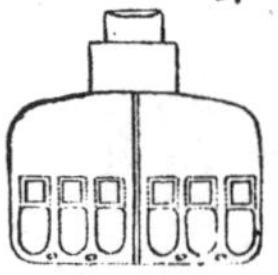

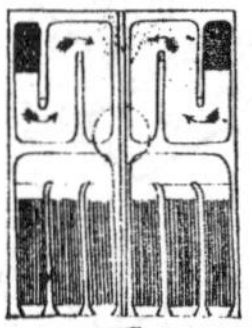

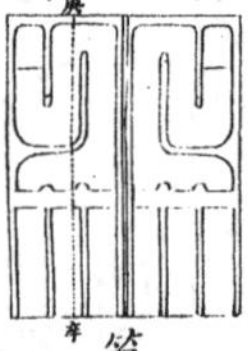

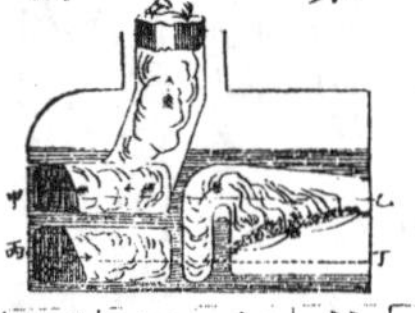

第六圖

第八圖

第七圖

第九圖

見各火門與灰膛第七圖是第九圖過甲乙線之橫剖面第九圖是過第八圖庚辛線之直剖面可旁視鍋爐內形曲管內之火先自下層向後折至上層再折向上而至煙通

煙管鍋爐　七十六節

煙管鍋爐者火爐之火直透多小管即煙管而至煙通煙管以銅或鐵爲之長約六七尺徑約三寸第十圖是直剖面第十一圖是前

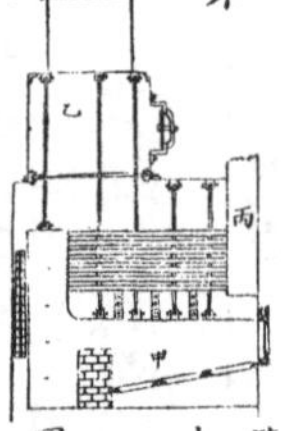

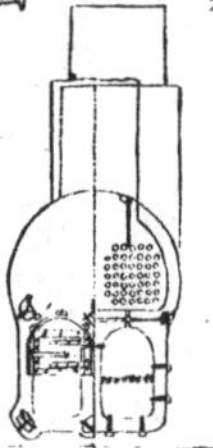

第十圖

第十一圖

端左半爲外形右半爲內形上突者爲汽櫃容汽以備汽箭之用若汽水共出能在此畧停而水不上矣汽櫃之制船鍋爐大半有之甲爲火爐乙爲汽櫃丙爲煙櫃上通煙通櫃前有門名煙門煙管內炱已積多可開此門掃出之

汽機

汽機分類　七十七節

汽機分爲四大類其一單行陸機爲起水所用其二轉行即雙行陸機爲磨器及機器所用其三轉行船機爲駛船所用其四轉行車機爲鐵路引重所用惟車機用大抵力餘者多用凝水法轉行陸機亦有用大抵力者

單行汽機　七十八節

單行陸機常作大槓桿中點爲定樞桿之前端連鞲鞴後端連起水柱柱體甚重自能下墜與鞲鞴迭更上下而成往復也

雙行汽機　七十九節

雙行陸機乃瓦特所初造其立視形如第十二圖丙爲汽箭己爲鞲鞴兩面皆有出入之汽推動而成往復鞲鞴中心樹挺桿上端連於大槓桿癸辛之前端辰爲搖桿上端連於大槓

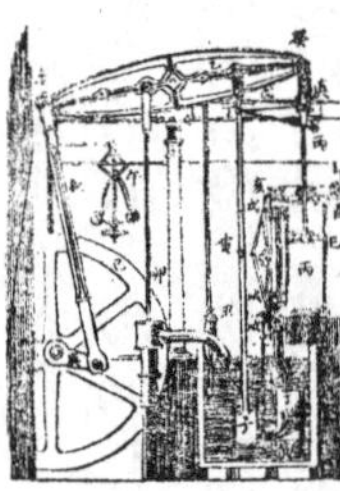

第十二圖

桿之後端下端連於曲拐庚巳爲飛輪鞲鞴一往復飛轉一周汽機全力恆積於飛輪其鍋爐之汽由進汽管申而經扇門酉以至汽筩扇門之柄與汽制球午相連其制視圖即知二球之中柱與飛輪同轉其速與飛輪之轉速有比汽進過多飛輪之轉必過速球即相離而開亦與其速有比所連之桿即使扇門稍闔以減所進之汽而飛輪之速自減若進汽不足球轉必遲而相近則所連之桿使扇門稍開以增所進之汽而飛輪之速自加

凝水櫃 八十節

凝水櫃在冷水池內櫃旁之噴水管辰噴進冷水以凝汽

有門以制噴水之多少櫃底與恆升車相通有底舌門寅恆升車亦在冷水池內恆升車之升挺桿連於橫桿起水盤內又有門使水不下洩恆升車之上端與熱井子相通添水筩丑即取熱井之水入鍋爐又有起水筩卯吸起泉井之水入冷水池

平門汽卷動法 八十一節

亥戌咳哦四平門同連一桿寅此桿連於升挺桿而與之同上下寅桿下時即開上出汽門戌與下進汽門咳並闔上進汽門亥與下出汽門哦寅桿上時反此

雙行汽機動法 八十二節

鞲鞴上行至路端橫桿將升挺桿提上則亥哦二汽孔開而咳戌二汽孔闔汽進於鞲鞴之上面鞲鞴下面之汽即放入凝水櫃遇噴進之冷水而立凝爲水所噴冷水之多少以塞門制之所以鞲鞴之下面得真空而鞲鞴上面之之汽因無力對之故能抵鞲鞴下行至路端升挺桿又將汽卷帶上則各汽孔之開闔與前相反而成往復

縮櫃內水出之處 八十三節

汽筩出汽至縮櫃噴進水收其熱而變爲熱水即爲恆升車所取出起水盤上時下面成真空所變之熱水即由底舌門流過恆升車起水盤下時水爲底舌門所隔即透至

起水盤之上遂將此水提上送至熱井添水筩即取熱井之水添入鍋爐

鞲鞴往復不洩汽法 八十四節

鞲鞴轉邊之外徑等於汽筩之內徑轉邊以上則徑稍小四圍有空處用麻實滿麻外護鐵環以蓋壓緊密合汽筩之內而分汽筩爲二處毫不洩汽如第十二圖乙爲上汽卷匣內有二平門分之爲三上孔亥通進汽管申乙爲下汽卷匣內有亦二平門分之爲三下孔戌通出汽管

挺桿往復不洩汽法 八十五節

挺桿進出汽筩蓋之孔加臼形口外作闊環臼內墊塞軟

物故名軟墊臼孔徑比挺桿畧大軟物用麻瓣之類臼上有蓋蓋亦有闊環與臼口之環等名曰壓蓋用螺釘旋合而壓緊之軟墊密切於挺桿與蓋孔之空隙挺桿雖往復而汽不洩其與槓桿相連不能直接因槓桿之端行弧線若以挺桿直接槓桿必致拘彎故必另用搖桿承接其間而可搖動

挺桿往復不偏倚法　八十六節

扶正挺桿有二法一用鍵輔一用平行動 鍵輔法詳後

平行動　八十七節

平行動者用數桿以活節相連挺桿無論行至何處各桿動之方向能將槓桿所行之弧相消而使挺桿端恆行直線挺桿端有楗如庚連挺搖桿庚癸在挺桿兩邊另有小橫擔連二挺搖桿之下端小橫擔之中有孔以容挺桿而升挺桿亦有搖桿乙丁連於槓桿另有二桿丁庚連乙丁與癸庚二桿此各桿無論運動如何常得平行故名平行桿另有二桿丙丁連前二桿於丁點其丙端連於定釘其丁端順乙丁桿之下端行動此二桿名半徑桿丁點繞丙心所成弧與庚點繞丁心所成弧相對故丁庚桿被丁點所成弧平引向後之矢線等於庚點所成弧之矢線故庚點必行直線矣 圖見七十九節

升挺桿往復不偏倚法　八十八節

升挺桿連於升橫擔之中心而升橫擔之二端連於升搖桿之中點大槓桿中樞至乙點之長等於丙丁桿 即半徑桿 之長所以升搖桿上端之乙點行弧迹而下端丁點行相等之弧迹則升搖桿之中心必行直線矣

曲拐變挺桿之直行為轉行　八十九節

鞲鞴將近路端曲拐能漸緩其行速以槓桿機而論曲拐將至低點之時鞲鞴行近汽筩之上端拐軸幾若橫行故循環之路雖多而鞲鞴之行甚少因拐軸之循環依平速故鞲鞴行近路端必甚緩而無擊撞之患

曲拐轉行平速　九十節

曲拐所受抵力雖不平賴有轉動各件之重以均之故轉行幾若平速也蓋飛輪轉速之時不能驟緩驟急曲拐自頂點至橫線其力自小而漸大恰至橫線之時為最大過此而至低點其力由大漸小恰至低點之時為最小飛輪之重所以容大力而助小力曲拐藉此行平速

瓦特汽機與近時汽機之別　九十一節

瓦特之制與近時者大致相同惟近時轉行陸汽機作兩心輪以推引汽瓮又有不用槓桿之法各種機件昔用生鐵為多今則多用熟鐵此不過工作之改變而運動之原

總歸一理能明瓦特汽機之動法今時各汽機之動法亦易明矣

船汽機

船機總說　九十二節

行船汽機有二類一用明輪一用螺輪明輪者翼用多平板且輪有二一在船之左一在船之右大軸與船正交螺輪者其翼或二或三四皆合螺絲而在船尾之下螺軸與船平行此爲二大類其分支又有數種運動之力凝水機爲多間有用大抵力機者

明輪汽機要式　九十三節

明輪之類以邊桿汽機搖筩汽機爲最要此外如空挺機環形機果𡖖機塔形機雖有其制而不多用夫明輪汽機無論何種必以熟鐵爲大軸橫臥船面二端各連一輪輪翼俱用螺鈎定於各輻共輳於轂盤如尋常之水力輪又有活翼之法每翼之背有一小軸連於輻而活動使出水入水之時略合垂線此二種常以二汽筩運動二曲拐之相交成正角運動之時輪翼激水向後而軸向前行與盪槳同理明輪之運動大概如是

邊桿汽機　九十四節

邊桿汽機即變陸機大槓桿之式使與船內合宜故於汽機之左右作二桿名邊桿置於極低之處挺桿上端戴以橫擔稍長於汽筩之徑橫擔之二端各接挺搖桿而下端連於邊桿之後端二邊桿之前端各連大搖桿下端之橫尾大搖桿之上端搖曲拐以轉輪蒲頓華德所造未得路發與細底臾幹荅比里二船之汽機甚爲精緻如第十三圖即鍋爐與汽機之對中直剖形天天爲安置鍋爐與汽機之木樑汽機以大螺釘直穿船底而旋緊之鍋爐則以本重定於其上申爲進汽管通汽櫃內之汽而進於罨匣丙再進上下二汽孔而迭更出入乙爲凝水櫃戊爲恆升車以升橫擔與升搖桿連於二邊桿而帶動子爲邊桿之

第十三圖

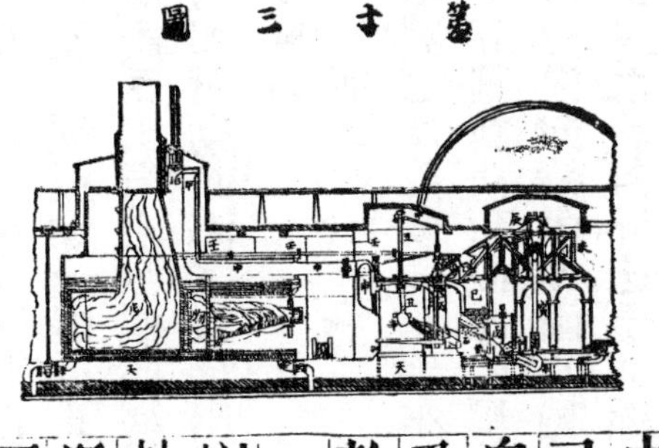

中樞橫穿凝水櫃而二端外出已爲熱井以添水筩吸取其水自進水管壬壬添入鍋爐之內丑爲挺桿以橫擔與挺搖桿連於二邊桿辛辛虛線爲邊桿之一寅爲大搖桿任受邊桿之力以搖曲拐而轉大軸辰未爲大軸之架甲甲爲平行動桿推引汽櫃之兩心輪函於大軸外有兩心環圈之環旁連推引桿能

往復而動汽罨即與曲拐同理也物與戌爲鍋爐內之曲管地爲萍門辛辛爲鹹水塞門因船行大海必恆放鹹水恐水漸積漸鹹而損鍋爐也

搖筩汽機 九十五節

搖筩汽機之大軸明輪軸與前同惟邊桿搖桿橫擔皆不用其汽筩在大軸之下挺桿直接曲拐汽筩中腰有兩耳即爲搖動之樞而代搖桿之用兩樞中空汽自此樞入汽筩程功之後即自彼樞放出也帶動恆升車之曲拐在大軸之正中立尼所造比得哈夫輪船之汽機如第十四圖即汽機之立視形第十五圖是旁視形用單恆升車斜置

第十四圖

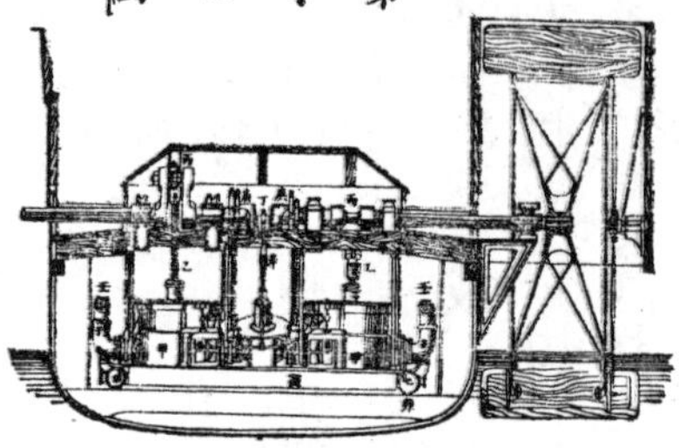

第十五圖

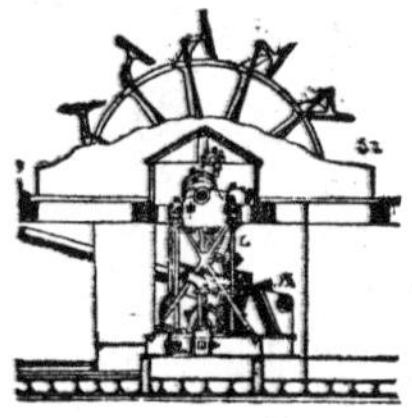

於二汽筩之間另以曲拐帶動甲甲爲汽筩乙乙爲二挺桿丙丙爲二曲拐丁爲帶動恆升車之曲拐已

已爲汽罨庚庚爲帶動汽罨之兩心輪辛爲進退柄扭之可使汽機或進或退或止壬壬爲進汽管子爲進汽之空樞寅爲出汽之空樞卯爲添水筩連於汽筩汽筩搖動之時即帶動而添水辰爲出水管恆升車取出之水由此推出船外

活翼明輪 七十六節

活翼之法能使輪翼出水入水之時皆可畧合垂線如第十五圖翼背有樞連於輻端能活動樞後有柄柄連於桿各桿俱向輪內連兩心輪之合環其兩心輪定於船艕故輪轉之時各桿迭更伸縮也

螺輪汽機要式 九十七節

螺輪汽機有二大類一爲接輪汽機一爲直接汽機每類又有數種凡螺輪之螺軸其轉甚速於明輪之大軸若曲拐之轉率相同者必以齒輪相接始能使螺軸之轉加速也曲拐之轉率甚速者亦可不接齒輪矣

接輪螺輪汽機 九十八節

接齒輪之機大半與明輪陸汽機畧同以搖桿搖曲拐曲拐轉大齒輪而接以小齒輪螺軸之轉即小齒輪之轉也大輪之齒用木小輪之齒用鐵大小二輪皆如多輪累疊而齒乃前後參差其意分齒爲多分輪轉得以均勻也其

式有用槓桿動搖桿者有汽筩橫臥者有直立空挺者有直立搖筩者

直立搖筩汽機　九十九節

奄氏所造者如第十六圖其船名大英其機與司非英司明輪戰船者畧同所不同者惟用齒輪以接螺軸各件之名詳前圖汽筩徑八十二寸半推機路六尺號馬力五百一號馬力鍋爐內之火切面十七方尺有半船之容積三千五百噸入水深十六尺時入水體積二千七百九十噸螺徑十五尺半螺長三十二寸螺距十九尺螺輪係三翼相接之大小二齒輪爲一與三之比故搆𢱢一往復而螺輪得三轉

第十六圖

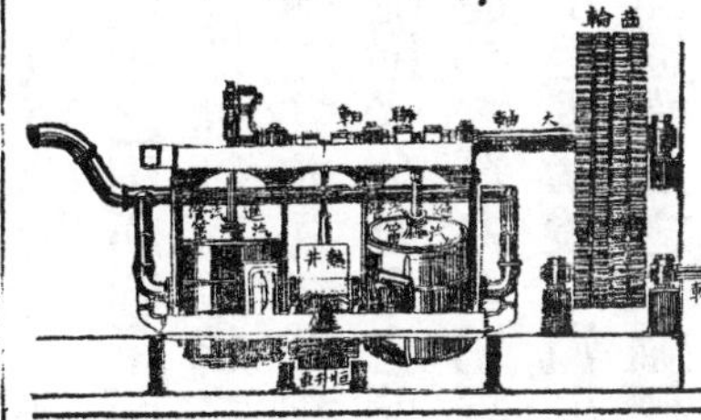

螺距　一百節

螺輪之式即長螺絲截下之一節此節既短不能全見一絲螺距者即第一絲至第二絲之相距也雖不全見一絲而必仍以二絲之相距爲準至於螺輪之翼數有二翼三翼四翼之不同即二絲三絲四絲之螺絲也而螺距之數仍以一絲爲準故其全形盡合一絲之角度

直接螺輪汽機　一百一節

此機之制昔有用四汽筩兩兩相對而橫臥者近時以爲繁用二汽筩橫臥一邊有搖筩者有空挺者有返摺搖桿者有二汽筩相對而斜置者均不用齒輪而曲拐直連螺軸

橫置空挺汽機　一百二節

第十七圖

如第十七圖汽筩橫臥而用空挺空挺者汽筩內有大圓管通過汽筩之底蓋空挺外腰連搆𢱢搖桿後端接於空挺內之短軸前端即搖曲拐恆升車藏於凝水櫃內而吸水盤兩面取水名雙行恆車升挺桿直接汽筩之搆𢱢吸水盤不用舌門而恆升筩之二端各有進出二門一通凝水櫃一通熱井

車汽機

汽車總說　一百三節

汽機車之用所以牽引重車行於鐵路其鍋爐爲圓柱形而橫置煙管以銅爲之二汽筩橫臥以挺桿接搖桿而搖行輪之二曲拐二曲拐正角相交一曲拐在直線一曲拐適能橫受全力車之前行皆賴行輪牙與鐵路緊切之阻力運動之汽力不用凝水而用大抵力因車上不能多載冷水也程功後之汽引放於煙通之內以其噴出甚速能助煙通吸風之力爐栅面因可減小而鍋爐化汽之力亦增大

第十八圖

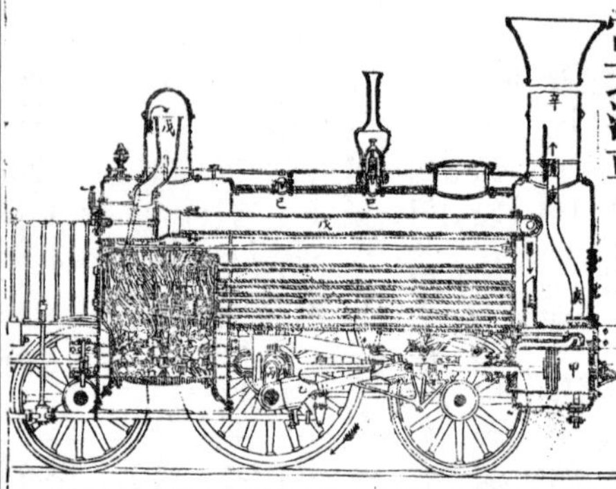

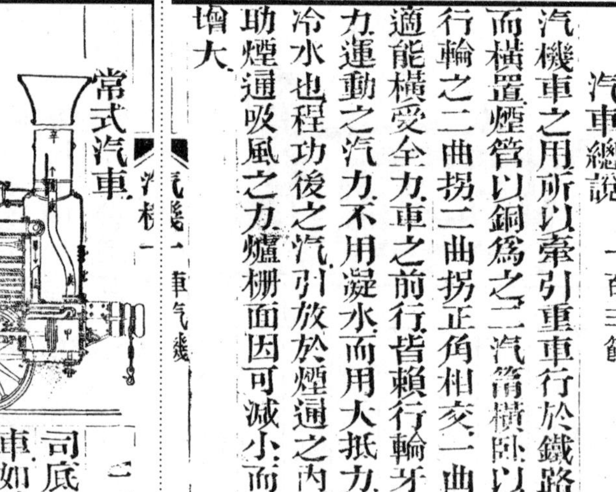

常式汽車

一百四節

司底分孫所造六輪汽車如第十八圖雖非極新之式亦不爲過舊甲爲汽筩乙爲搖桿丙爲曲拐丁爲兩心輪戊戊戊爲通汽管此管在火爐之後端有門又有曲柄通至火爐之前可開可關以制進汽之多少已巳爲放汽萍門有簧壓之庚庚爲出汽管程功後之汽由此至煙通辛虛線爲鍋爐內水面之高各件皆繪一邊又一邊可想而知汽筩徑十二寸推機路十八寸行輪徑五尺若行遠路車後另牽一車以載枯煤與水

近時汽車　一百五節

第十九圖

第二十圖

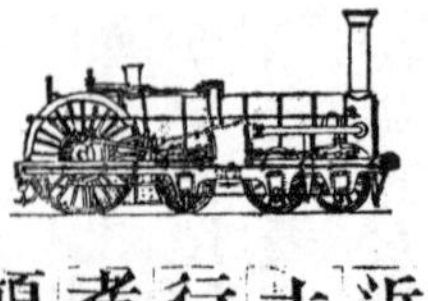

近時汽車形式畧如第十八圖英國顧知所造行走極速用於闊鐵路者如第十九圖格闢布頓所造行走極速用於狹鐵路者如第二十圖顧氏者汽筩徑十八寸推機路二十四寸行輪徑八尺火櫃內即爐之火切面一百五十三平方尺煙管徑二寸共三百零五箇管內火切面一千七百九十九平方尺共得火切面一千九百五十二平方尺一小時能化水三百至三百六十立方尺引重二百三十六噸一小時行四十里若引重一百八十一噸則一小時能行六十里汽車本體共重二十一噸煤水車本體重八噸半載滿之時共重五十噸格氏之汽車名立法鋪者汽筩徑二十四寸推機路十八寸行輪徑八尺爐栅面二十一平方尺半火櫃內之火切面一百五十四平方尺煙管

外徑二寸又十六分寸之三共三百箇管內火切面二千一百三十六平方尺共得火切面二千二百九十平方尺鍋爐內滿水時與車體共重三十五噸前十九年二汽車俱在英國博物院比試當時以此二車之力爲最大然其體太重常致壓損鐵軌或思新法欲用多輪分任其重可免壓損之弊然重既分任行輪之滯力亦減必致游滑不能引重此外尚有一難英國鐵路大半窄狹兩條相距僅四十八寸半所以鍋爐之徑不能過大煙管亦不能過多欲行速者必大力欲力大者必多火切面欲多火切面者必多小煙管且必徑小而長既小而長風力必大否則火

力不能至管末前八年英國博物院與前三年法國博物院皆有汽車更重於前者力亦更大然恐不能適用若欲用之必用鋼條作路行輪亦必用鋼又須整塊製成爲佳若欲鍋爐能任受大力者必須粘桿而成或整塊打成比諸搭釘者甚固每平方寸能任漲力一百六十餘磅近時汽車有燒煙煤者又美國有用煤油作滑質而自添至各相磨處及汽筩內者人可不必經意

新陽趙元益校字

上海曹鍾秀摹圖

汽機必以卷二

英國 蒲而捺譔 英國 傅蘭雅 口譯

無錫 徐建寅 筆述

熱

隱熱之義 一百六節

隱熱者隱於物內而不顯之熱也寒暑表所不能測然能使物質變形如氷鎔爲水水化爲汽所收外熱甚多而以寒暑表測之並不增熱故曰隱熱如言水能隱熱若干即三十二度之氷若干盡鎔爲三十二度之水所用之熱若干也汽能隱熱若干即二百十二度之水若干盡化爲二

百十二度之汽所用之熱若干也豈非不顯熱度而能變形耶

汽之隱熱 一百七節

汽之隱熱即使二百十二度之水若干盡化爲二百十二度之汽所用之熱與使等重之水加熱幾度所用之熱兩事相比如汽之隱熱畧爲一千度即若干重之汽所隱之熱能使與汽等重之水設不化汽加熱一千度亦即一千倍汽重之水加熱一度水之沸界二百十二度氷界三十二度相較得一百八十度故使三十二度之水一磅盡化爲汽所用之熱多於使水一磅加熱一度所用之熱一千

一百八十倍卽沸水一磅盡化爲汽所用之熱等於三十二度之水五磅半熱至沸界所用之熱因五五乘一百八十得九百九十畧言之爲一千也

汽之隱熱在各熱度不等　一百八節

汽之隱熱在各熱度其數不等而容熱之在各熱度其數亦不等西人來閣細測汽之性知汽之容熱與全抵力同增而隱熱則遞減列表如左

一平方寸之全抵力	熱度卽顯熱	容熱	隱熱
十五磅	二百十三	一千一百七十六九	九百六十五八
五十磅	二百八十一	一千一百九十九	九百十八六
一百磅	三百二十七八	一千二百十三九	八百八十六二

汽機二　二

將一百磅全抵力之汽而使自漲至其力減至十五磅則所容之熱比使水卽化爲十五磅全抵力之汽所用之熱多三十五度所謂餘熱也餘熱同於重加熱

容熱率　一百九節

容熱之率乃物質若干加熱若干度所用之熱數也此事如各物以水較重同理物質若干能容熱若干卽如若干立方尺內能容物重若干也水銀之與水體積若等其重必不等熱度若等其所容之熱數亦不等故各物之容熱必以一物相比而得其率

以水爲主定各物之容熱率　一百十節

定各物之容熱率以水爲主而命爲一各物容熱率之或大或小皆可與水相比將任物與水各一磅同加熱至若干度若此物所用之熱數得水所用熱數之半卽此物容熱率之數得水容熱率數之半水之容熱率爲一空氣之容熱率爲○二三七七卽水之容熱率大於空氣容熱率四倍二○七故將水一磅加熱一度所用之熱能使空氣一磅加熱四度二○七

燒

燒之義　一百十一節

汽機二　三

燒者物質化合之猛烈也卽二相反電氣相滅而成如煤得大熱度卽與養氣有大愛力而能化合極猛所生之熱不特能存原有之熱度且能驟加至極大以適於用

空氣之原質　一百十二節

空氣乃養氣與淡氣相和而成每養氣一磅有淡氣三磅二九每煤一磅燒盡需用養氣二磅六六所以燒煤一磅必有淡氣八磅七五經過火中然燒時所過之養氣不能盡與煤化合餘賸之數約三分之二故必用空氣十六磅至十八磅空氣十八磅得三百四十立方尺

煤之原質　一百十三節

煤內大半是炭尚有數種別質而又各煤不同英國之煤每一百分含炭八十分至九十分餘爲土質與能化散之質如輕氣淡氣養氣硫磺之類而硬煤與煙煤又各不同硬煤百分含炭九十一分又七分爲能化散之質二分爲土質即灰也上等煙煤百分含炭八十三分又十四分爲能化散之質三分爲土質

燒煤需用空氣之數　一百十四節

硬煤一百磅含炭九十一磅四四含輕氣三磅四六使炭一磅盡成炭養氣必用養氣二磅又三分磅之二故九十一磅四四計用養氣二百四十三磅八四使輕氣一磅成

水必用養氣八磅故三磅四六計養氣二十七磅六八兩數相幷得二百七十一磅五二始得燒盡硬煤一百磅而空氣百分養氣居二十三分三二欲得養氣二百七十一磅五二必需空氣一千一百六十四磅不冷不熱之空氣每一百立方尺計重七磅五所以燒煤一百磅必有空氣一萬五千五百二十四立方尺此乃養氣盡與煤化合之數然養氣之不盡化合者常有三分之一二故需用之空氣多至二萬四千二百立方尺也間有多至三萬二千立方尺者其多少之數依火爐之式

燒煤化汽之水數　一百十五節

測得燒炭質一磅使所生之熱全容於水內能使一萬四千磅之水加熱一度亦即十四磅之水加熱一千度如將六十度之水化爲十五磅全抵力之汽必容熱一千一百十八度九以一千一百十八九約一萬四千磅得十二磅五一二即炭質一磅能化六十度之水爲十五磅全抵力汽之水數然而實有之數恆不及此因各種煤之火力不同而與所含之炭畧有比煙煤之力不及硬煤好硬煤一磅能使沸水九磅半至十磅盡化爲汽好煙煤一磅能使沸水八磅半盡化爲汽次煙煤一磅能使沸水六磅半盡化爲汽美國人曾測好煤一磅之力等於松木二磅半至

三磅則松木一磅能使沸水二磅半盡化爲汽若極節省則松木一磅能使沸水四磅半盡化爲汽別有未成之煤比松木之力稍多者枯煤之力與最好之硬煤相等或有更勝者化水之多少不但在煤之美惡尤在鍋爐之形式中等之鍋爐燒煤一磅化水六磅至八磅瓦特所造中等陸地鍋爐每燒上等煙煤八十四磅化水十立方尺○八爲汽即一磅煤化水七磅半爲汽也果泉書鍋爐燒煤一磅能化沸水十一磅爲汽即一担一百十二磅爲一担能化沸水二十一立方尺爲汽

鍋爐燒煤節省之法　一百十六節

煤須打成小塊以少許頻頻添入煤膛鋪於爐柵宜勻薄其厚薄之度依吸風之大小凡中等陸機鍋爐或船鍋爐吸風之力小者鋪層宜薄汽車鍋爐有汽噴入煙通吸風之力甚大鋪層宜厚若風力小而煤層厚則炭養氣至上面再與煤內之炭化合成炭養氣詳見化學費熱必致甚多若風力大而煤層薄則冷風過煤衝入爐內而減熱無論鋪層厚薄總宜極勻若有空處必致冷風竄入燒木柴者宜比燒煤加厚六寸又有一種未成之煤宜比木柴加厚三寸至四寸設用此物須低其爐柵使遠距鍋爐之頂

煤宜緩燒　一百十七節

緩燒為省煤之法乃實測而得因養氣與炭化合歷時愈久化合愈全也然中等鍋爐常不能緩燒若能緩燒不特省煤且能盡皆化合而不成煙炱果臬書鍋爐燒煤甚緩煙炱極少且用威勒士煤此煤發煙更少如製造大廠雖燒煙煤而鍋爐之火切面甚大鋪層合宜故亦可以不生煙也又如船機鍋爐火路內之火切面亦大雖緩燒而火爐內熱不甚大亦能多收其熱非若車機鍋爐火路內須有極大之熱方能多收熱也蓋一小時化水一立方尺為汽車鍋爐之火切面不過五六平方尺而船鍋爐之火切面有十平方尺至十二平方尺故船鍋爐之熱火可緩也

燒煙剏始　一百十八節

英國曼知司塔數十里之地盡係紡織棉布之所其器俱用汽機運動煤煙蔽空人蓄受害故將火爐改作甚大使煤緩燒而能燒盡不生煙炱法將煤堆於近火門處少頃即成枯煤而甚熱乃推後使近火壩煙經此處即燒盡而不結炱

空氣燒煙　一百十九節

添進空氣於火路之內以燒煙殊非善法因煙常忽有忽無爐內忽遇冷氣忽遇熱煙不久生鏽而滲漏漲力大者每致爍裂且放入空氣之數又不能適配生煙之數煙少

而空氣過多必費熱而費煤也如放入之空氣果能適配生煙之數始可省煤百分之十至百分之十二

燒煙各法　一百二十節

燒煙之法雖多然大半為添進空氣入火路之內而使煙再過火內或使過極熱之燒料又有燒去煤內能燒之氣不使與不能燒而成炱之質相合者然此各法究無大益弊竇多端即如衞廉士所造空心火爐亦非善法蓋恆進空氣於火爐而火爐不恆發煙故無用也惟普里度之制咸稱有益因添進之空氣配準所生之煙不生煙時不添空氣也如第二十一圖為火爐之門關時之式如第二十

第二十一圖

第二十二圖

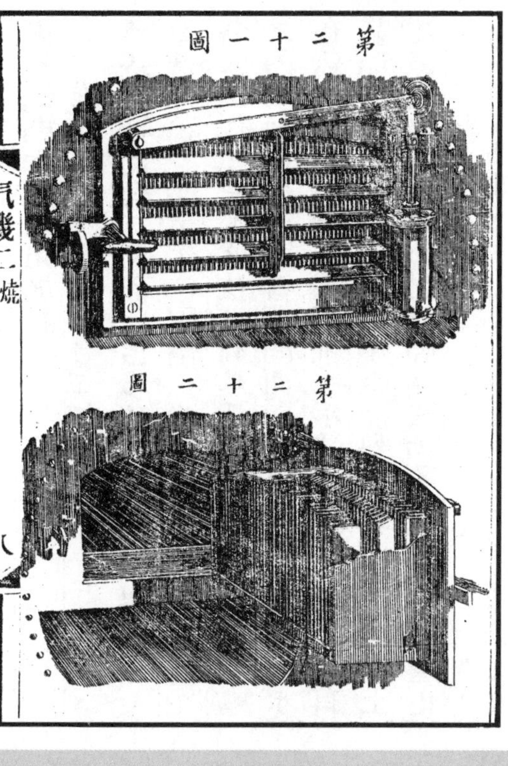

二圖為開時之式以鐵作百頁窗共連橫桿提起即開放下即關添煤之時橫桿為火門帶上添煤之後百頁窗盡開空氣過多層百頁片而至火路其氣已熱能燒煙內所有能燒之質而不能傷鍋爐之體後煙漸少空氣亦能少進旁置小筩內有韛韝漸漸落下而橫桿亦漸下以關百頁窗韛韝落下之遲速即百頁窗關之遲速筩旁有塞門消息之開大則速關小則遲又有瓦特燒煙之多法皆為添煤近火門使所生之煙經過熱火而燒盡俟已成枯煤而不發煙乃推後而再添新煤於前如煤緩燒而能漸成枯煤則甚善於另添空氣之法也近人仿用瓦特之法作

爐柵並定板向內斜下甚多使煤易推向後如蒲頓華德所作三十馬力之陸汽機鍋爐爐柵與定板共長四十寸斜置三十度此法常常用之間有用轉動之爐柵以燒煙而不用定板者有時用自添煤者

用自添煤法兼能燒煙　一百二十一節

爐柵作平輪之式煤箱內之煤漸落於輪上之一方煤漸燒而輪漸轉漸帶已燒之煤轉入幾及一周盡成灰而落於灰膛初落於輪上之煤燒時所生之煙經過已燒之煤上而燒盡此陸機之鍋爐也若用於船機更有大益因大風時及天氣炎熱時添煤平鋪爐柵之上甚為難事若以汽機運動使自添不特不畏炎熱簸盪且可省人工之費惟平輪爐柵之外尚有別法皆有利有弊一法爐柵作螺絲形漸轉而煤漸循螺紋以入一法爐柵在火門之端相間迭更上下煤自溜入一法乃久客司所造如第二十三圖為爐柵之立視形節節相連如鏈環繞於火爐前後之輪輪轉甚慢恆帶爐柵向內而行將火門口之煤漸漸移

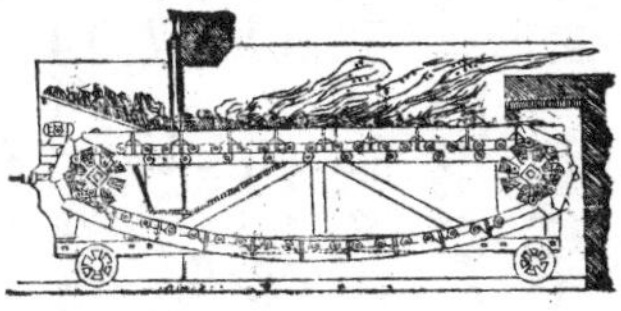

第二十三圖

進至過後輪之時卽傾入灰膛一法乃磨特色利所造爐柵爲空管而橫置爐內每根之端有小齒輪在旁共接一長螺旋帶轉各齒輪盡轉而空管爐柵卽將煤滾進以上諸法未必盡善備述於此以俟采擇而能變通者

二層爐柵 一百二十二節

有自添煤法或可將燒料先在火爐燒成炭養氣以炭養氣再燒亦屬有益而近時鍊金類之煤氣火爐法或亦可變通用於船內則可用二層爐柵且船內窄狹爐柵恆不能大用二層爐柵固是甚善但恐下層爐柵之火所生之汽被上層灰膛內所進之冷風傳冷而費熱若用煤氣燒

火之法則火爐任可加長

燒烟廣法 一百二十三節

諸法之外尚有 何而 古步蘭 各得生 羅由生 司低分孫 哈色丁 因治 步里司多 阿脫胡特 各人俱作重燒煙之法又有爐柵作空管兩端皆通鍋爐之內而斜置使火過各管間而向下管內通水火愈大水在管內流愈速此法或善前三年法國京都博物院內有替而里所造之鍋爐將汽燒至極熱有管斜置火門之上使汽斜噴於火中總之燒煙諸法皆不若燒枯煤之善也

汽

汽漲力與熱度相當 一百二十四節

色得捺詳測汽之各事而得此法可求汽之各熱度相當之漲力將汽之熱度加五十一度三檢其對數以一三五七之對數二·一三三二七九四○減之再以五·一三乘之得數檢其眞數再加常數○·一卽得現有熱度之漲力使水銀升高之寸數若已知水銀升高之寸數而求汽之熱度將此寸數以常數○·一減之檢其對數以五·一三約之再加對數二·一三三二七九四○檢其眞數再以五十一·三減之卽得現有漲力之熱度法國博物會及美國博物會亦俱用大器實測得數與色得捺者無甚差故凡造汽機者

多用色得捺法

求闊實測之數 一百二十五節

法國人求闊精心詳測各全抵力之熱度所得之數似能更確然瓦特與色得捺之法亦無甚差故各國通用而不改也求闊嘗言設有汽重若干其全抵力之數增則容熱之數亦稍增所以汽之隱熱與顯熱不能爲定數若汽之全抵力等於空氣壓力卽一平方寸有十四磅七則顯熱得二百十二度隱熱得九百六十六度六容熱得一千一百七十八度六若有九十磅之全抵力則顯熱得三百二十度二隱熱得八百九十一度四容熱得一千二百十一度可見水重

若干化爲等空氣之汽與化爲九十磅全抵力之汽其容熱少三十三度

水化爲汽體積漲大之數 一百二十六節

水一立方寸能化爲等空氣之汽一立方尺（即一千七百十八立方寸）若化爲全抵力大於空氣壓力之汽則體積與全抵力有反比例蓋凡氣質其體積與全抵力皆有反比例也水一立方寸化爲汽一立方尺其全抵力等於空氣壓力若擠爲半立方尺則全抵力爲空氣壓力之二倍再擠至三分之一則全抵力爲三倍所謂大抵力汽者卽束小汽之體積也體積束小之比卽全抵力加大之比

全抵力有大小汽重相等容熱數亦畧等 一百二十七節

汽之全抵力有大小其顯熱之度雖隨之大小而容熱之數所差無多若汽與水面相離而再加以熱名爲重加熱汽不在此例蓋可增其全抵力（卽增其容熱）而不增其重也尋常汽機重加之熱不甚大故汽之全抵力無論幾何其重若等則容熱亦畧等蓋顯熱度雖與漲力同增而隱熱度則畧以同比而減顯熱與隱熱相并之容熱其數畧不改也顯熱之度雖極大而容熱之度僅稍增也

汽之全抵力大小而顯熱度亦大小之故 一百二十八節

容熱不甚增大而顯熱增大之故如微溼之海絨放鬆之時不甚溼擠之極緊則甚溼汽亦與此相似鬆則熱度不甚大緊則熱度甚大也海絨或鬆或緊所容之水不異而汽或鬆或緊所容之熱亦不異故將空氣擠之極緊卽生大熱能使煙炱燒燃

物質之容熱與顯熱同變 一百二十九節

加熱於物質而不改變其形則顯熱之度加容熱之數亦同比而加重加熱汽卽同此例

重加熱汽漲大之例 一百三十節

漲大之例同於空氣卽體積之漲大與熱度之加大有比每加熱一度其體積漲大爲三十二度時之體積四百五十九分之一設三十二度之空氣一百立方尺加熱至二百十二度則體積之漲大共得一百三十六方尺七三不切水面之汽已有熱度若干重加熱度若干漲力不加而求體積漲大之數則將二熱度各加常數四百五十九而以小數約大數再以小熱度之體積數乘之卽得體積漲大之數空氣並同

有用汽之體積求用水之體積 一百三十一節

鍋爐內每化等於空氣壓力之汽一立方尺必添水一立方寸若汽之全抵力或大或小於空氣壓力則將汽熱度加常數四百五十九而以三七三乘之再以每平方寸汽

全抵力之磅數約之卽得化汽一立方尺用水之立方寸數。

添水筩之容積　一百三十二節

添水筩之添水必須甚多於前數因有鍋爐洩漏並水隨汽共入汽筩故所添之水應比當得之數加多二倍有半如凝水機汽筩雙行而添水筩單行者則添水筩之容積得汽筩之容積二百四十分之一庶爲合用稍大則更好

大抵力機添水筩之容積　一百三十三節

大抵力機之添水筩非前數可定因同一汽筩容滿大抵力汽所用之水甚多於容滿小抵力汽所用之水也故添水筩之容積必與汽之全抵力爲比且添水筩之各萍門恆有洩漏而費水或運動甚速萍門不及速關水又竄出若爲船鍋爐則行海之時又須放出鹹水又或添水甚熱則不能起水甚高柱費必多所以添水筩必當更大也尺寸詳後卷

新陽趙元益校字

上海曹鍾秀摹圖

汽機必以卷三

英國　蒲而捺譔

英國　傅蘭雅　口譯

無錫　徐建寅　筆述

自漲力

用自漲力運動汽機之義　一百三十四節

配合進汽之門使鞲鞴未至路端汽路閉絕其已進汽筩之汽再行自漲而推鞲鞴至路端名曰用自漲力運動汽機此能省汽而增汽之功力然功力雖增而汽機之能力則稍減因自漲力必遞小於原抵力也故同程若干功汽筩之容積必加大而所用之煤則可減少設鞲鞴至半路而閉絕汽路則用汽惟半而其功力必多於半因已在汽筩內之汽而再現自漲力此力未費鍋爐之汽則亦未費燒料也

自漲力推鞲鞴至路端時汽之全抵力　一百三十五節

鞲鞴至半路而閉絕汽路則至路端時汽之全抵力爲閉絕以前全抵力之半若鞲鞴至四分路之一而閉絕汽路則至路端時汽之全抵力爲閉絕以前之全抵力四分之一此因凡有漲力之氣質其漲力與體積有反比例也如空氣一立方尺壓至半立方尺其抵力必二倍而一平方寸得三十磅若鬆至二立方尺其抵力必減半而一平方

寸得七磅半無論何等氣質熱度相同皆同此例

一百三十六節 韝鞴至各處之全抵力並一往之全功力

如第二十四圖戊爲汽箭癸爲韝鞴甲爲進汽管丙爲上汽路已爲下汽路丁爲進汽管戌爲平門汽罨庚爲出汽罨寅爲汽箭殼卯爲汽箭蓋辰爲軟墊臼乙爲挺桿吧爲汽箭底任

第二十四圖

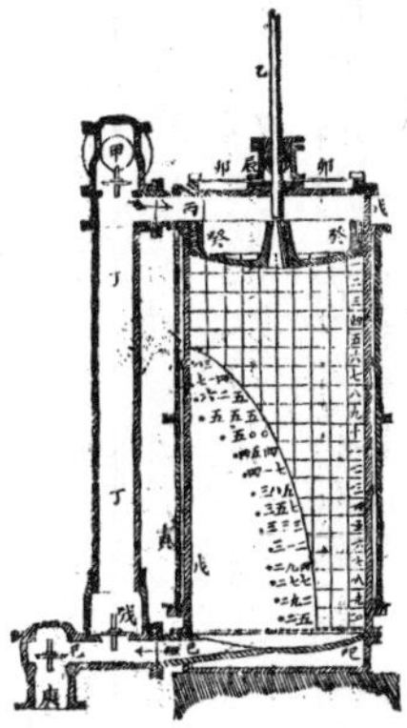

將汽箭之長平分爲二十分卽將推機路分爲二十平分

也又將徑平分爲十分卽以顯韝鞴面所受之全抵力分爲十平分也各作縱橫直線若韝鞴至第五分而閉絕汽路則汽箭內之汽以自漲力推韝鞴向下經過各分使所過各分之自漲力數等於各橫線之長恰合諸分級數設未絕汽路之全抵力爲一〇〇〇則韝鞴行至第十分之全抵力數爲〇.五〇行至第二十分之全抵力數爲〇.二五在各橫線依此數作諸點再作一線聯諸點卽成對數雙曲線線外之面積卽韝鞴一往之全功力數線內之面積爲韝鞴至四分路之一閉絕汽路而用自漲力推韝鞴至路端與不絕汽路統用全抵力推韝鞴至路端之較力核

計未絕汽路之方格得五十卽汽滿汽箭四分之一之總力已絕汽路之方格得六十九卽四分之一之汽自漲之總力并之卽全功力數

一百三十七節 用自漲力增汽之功力減汽機之能力

汽之功力增大而機之能力減小者設汽在汽箭內漲大四倍其全功力得二倍有餘而韝鞴一推之能力則比同一汽箭用汽四倍而不用自漲者幾減半故汽機欲用自漲力者汽箭之容積必加大或使韝鞴之行加速加大加速之數必與欲用若干自漲力有比若知未絕汽路時之全抵力數及韝鞴行幾分路之一而閉絕汽路則可求韝

鞴行至路端之全抵力數又可求初絕距路端中間各全抵力數將諸全抵力數列表而取其中數卽韝鞴至幾分路之一閉絕汽路所得均抵力數此各數俱自眞空起算非與空氣壓力較餘之數也

一百三十八節 自漲力所增功力之數

置閉絕汽路以後韝鞴行路之數以閉絕汽路以前韝鞴行路之數約之得數檢其雙曲線對數卽得所增功力之數設汽若干重不用自漲力而充滿汽箭其功力爲一〇〇若將此汽放入倍大之汽箭則推韝鞴至半路功力同前閉絕汽路而再以自漲力推韝鞴至路端其功力加至

一六九若將此汽放入三倍大之汽筩則功力加至二一○放入四倍大之汽筩則功力加至二三九放入五倍大之汽筩則功力加至二七九放入七倍大之汽筩則功力加至二九五放入八倍大之汽筩則功力加至三○八然至八倍已無甚大益蓋汽筩之容積已過大韛韛之行率已過速行率既速磨力必多而縮櫃內之對力亦多若鍋爐內汽之漲力果能極大或可得益也然平常汽機恆不能得自漲力之全益若欲全得必用汽筩殼等法使熱不外散設有散熱之弊則燒煤相等而用自漲力所程之功反有不及不用自漲力所程之功者因汽筩加大散熱之

面亦加大散熱之損多於自漲力之益也如車機之汽筩外露者螺輪機之四汽筩者散熱之面既甚大自漲力之益必甚少

汽罨

汽罨之義　一百三十九節

汽罨者所以制汽之進出於汽筩也成式頗多長半圓罨如第二十五圖空腹罨如第二十六圖以銅或鐵為之密蓋於二汽孔腹內空虛通汽外出或入縮櫃其

第二十五圖

第二十六圖

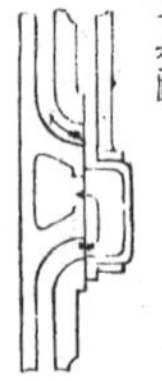

腹內之長恆能蓋一進汽孔與出汽孔以兩心輪推引往復使汽更番進出汽筩程功以後之汽自出汽孔放出而鍋爐內之汽同時放進由進汽孔至韛韛之彼面如此更番進出韛韛往復程功矣又有韛韛未至路端兩心輪之方向已能使汽罨行過中點出汽因此而早韛韛返回之時自無對力名曰出引汽

汽罨動法　一百四十節

汽罨與韛韛之往復有若相反亦若相隨韛韛自此端一往至彼端汽罨則自中點往而復於中點兩心輪與曲拐正交而稍成鈍角略同共連一軸之二曲拐相交成正角

也船汽機有籍彼汽筩之機帶動者亦有即於此汽筩之搖桿帶動者車汽機之汽罨亦有籍彼汽筩之機帶動者

引汽　一百四十一節

韛韛在路端起行之時先開進汽孔之闊數為引汽之數即韛韛未至路端已開對面之進汽孔也此孔先開之大小以兩心輪與曲拐相交鈍角之大小制之

汽罨餘面　一百四十二節

汽罨之平面在進汽邊加闊以早掩汽孔使韛韛未至路端閉絕進汽而已在汽筩之汽即現自漲力若引汽過大則在出汽邊亦作餘面而不使汽出過早惟出汽邊之餘面

恆少於進汽邊之餘面而出汽邊無餘面者居大半且有出汽邊反作虧面者則汽罨在中點出汽邊不能掩滿二汽孔

定汽罨往復路之長 一百四十三節

汽罨往復之路其長應作二倍於汽孔之闊此乃進出兩邊皆無餘面而平面之闊等於汽孔之闊者也若餘面有若干即平面加闊若干而汽罨往復之路比二倍於汽孔之闊亦加若干配之

已定自漲力數求作餘面數 一百四十四節

汽罨往復路之長其數先知然後置推機路之長減去閉

絕進汽以前鞲鞴行路之長而以推機路之長約之得數開平方再以汽罨往復之半長乘之得數減去引汽數之半即餘面之闊數

求出汽孔臨關時鞲鞴距路端之數 一百四十五節

置進餘面之闊加引汽之闊而以汽罨往復路之半長約之得數檢正弦之度爲甲再置出餘面之闊而以汽罨往復路之半長約之得數檢正弦之度爲乙甲乙相并檢餘弦之數即以此數減一而以推機路之半長乘之即得汽罨適關出汽孔時鞲鞴距路端之數

求出汽孔臨開時鞲鞴距路端之數 一百四十六節

置進餘面之闊加引汽之闊而以汽罨往復路之半長約之得數檢正弦之度爲甲再置出餘面之闊而以汽罨往復路之半長約之得數檢正弦之度爲乙以乙減甲檢其餘弦之數即以此數減一而以推機路之半長乘之即得汽罨適開出汽孔時鞲鞴距路端之數以上二法皆以寸計所得者亦是寸數

出引汽之益 一百四十七節

汽機行速者如車汽機等以鞲鞴未至路端先開出汽孔爲最要因可免對力也昔時作者不知此理故糜力甚多近時將汽罨作餘面使汽自漲因知鞲鞴未至路端而先

開出汽孔亦有大益也未用此法之時汽車每行一里燒枯煤四十磅者用此後每行一里僅燒枯煤十五磅

汽罨作餘面以得自漲力之限 一百四十八節

汽罨作餘面以得自漲力以三分推機路之一爲限即鞲鞴行三分路之二而進餘面閉絕進汽也再欲多得自漲力必減小其進汽之路使汽推鞲鞴至速處而漲力已減小

漲力減小自漲力多得之故 一百四十九節

設半關汽管扇門使鞲鞴行至三分路之二而閉絕進汽則鞲鞴初動之時纔得漲力之全後則行動漸速因汽路

小而進汽不多故漲力漸減至將近路端行已緩而進汽仍如前漲力反將增大然此時汽罨餘面已掩進汽孔汽不能再進而漲力不能加矣所以餘面雖同而自漲力可得二倍餘面雖亦以鞲鞴至三分路之二而閉絕進汽所用之汽與鞲鞴至三分路之一而閉絕進汽者同

漲門之用　一百五十節

早絕進汽以得自漲力之法有另作漲門以凸輪帶動之者如果臯書汽機有欲鞲鞴行十二分路之一而閉絕進汽者必用此法平常轉行汽機則不必用若有進退弧者將弧移過幾分即能減短汽罨往復之路幾分減短往復

之路同於增多餘面亦能多得自漲力故亦不必另作漲門也若欲自漲力甚多者則又以漲門為要器因半關汽管扇門而減小進汽必稍縻汽之功力蓋進汽遲慢總不如忽進多汽而忽絕之善也惟不欲自漲力甚多而餘面本是不多則以減小進汽為善而漲門為可有可無者矣

各式漲門　一百五十一節

運動汽罨不用進退弧者其自漲力之多少不能任意加減故必另作漲門而以凸輪動之有用轉行扇門者此門能轉動而不切外殼又有一種用於緩行汽機及果臯書汽如第二十七圖外殼之內作短圈圈內有平板平板定

第二十七圖

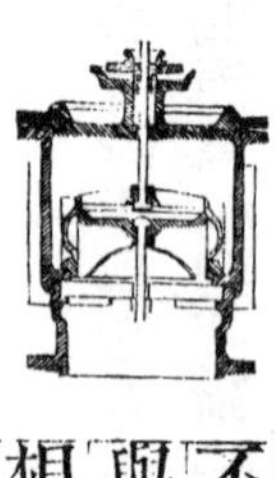

而短圈可上下平板有架扶之使不偏倚短圈放下則上端之內邊與平板相切而下端之外邊與殼相切俱不洩汽提上則開通汽路因平板定而短圈動故不為漲力所抵而易開有用閘門在汽罨匣之或背或旁或在汽罨之背者則用兩心輪運動

凸輪動漲門之法　一百五十二節

凸輪常為二半緊合於大軸用螺釘扁栓使固定不移另用曲桿聯屬一端切於凸輪之外一端連於漲門之柄凸

輪之高界與桿端相遇則漲門自開高界轉過而漲門自關桿端必挂重權使與凸輪緊切若速行之汽機又須用簧代重凸輪之高界可定鞲鞴行幾分路之一而閉絕進汽即高界之長有若干漲門能開若干時也凸輪常作數層每層之高界各有長短之級而惟起處相齊另有柄可移曲桿之端使切於何級之輪即得何級自漲力惟汽機轉行甚速者曲桿之端必與凸輪相擊而驟離故必用簧以代重權或用象皮相疊或用真空小筩皆簧意也簧之妙處其質阻力甚少於重權又有以凸輪之高界合準拋物線者則桿端自內向外同於重物下墜自可減小其相

擊

車汽機得自漲力之法　一百五十三節

車汽機用司底分與賈百利之法俱是減短汽鞴往復之路而得各級自漲力不用凸輪

司底分孫雙兩心輪進退弧法　一百五十四節

司氏以兩心輪二箇一主汽機順轉一主汽機退轉各作餘面與引汽之角度另有進退弧二端各與推引桿相接弧中有長槽活含鞴桿之楗而可移動將弧移至順轉之推引桿正對鞴桿則汽機順轉反此則退轉移至中節而機停如第二十八圖戊爲汽鞴桿桿端之楗含於弧槽其

弧以曲桿巳巳移動之鞴桿專主往復而不偏倚庚爲曲

第二十八圖

桿之軸丁丁爲推引桿是卽順轉之式辛辛虛線爲進退弧又一端正對鞴桿卽退轉之式丑丑虛線爲進退弧正對鞴桿卽停機之式

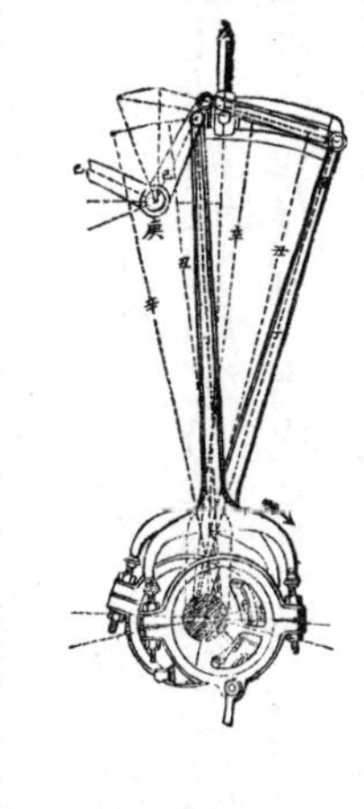

賈百利單兩心輪直槽法　一百五十五節

賈氏則以推引桿端之楗移於直槽之內其直槽之一端爲定點而又一端接於鞴桿將推引桿端移近定點則汽

鞴往復之路長移遠定點則反是故可任得自漲力之何級此法用單兩心輪而活含於大軸者

新式汽機得自漲力之法　一百五十六節

新式汽機得自漲力之法無論船機與車機有進退弧者卽得自漲力任可多少視指力器所畫之均力圖可顯其數故不必用凸輪與自漲門也又稍關汽扇門之法近時亦用之

新陽趙元益校字
上海曹鍾秀摹圖

汽機必以卷四

英國　蒲而捺譔　英國　傅蘭雅　口譯
無錫　徐建寅　筆述

馬力

馬力之義　一百五十七節

馬力者一馬力能於一分時起重三萬三千磅高至一尺也此數爲瓦特所定乃英國京都大馬之力有此定率各汽機之能力皆可籍此度之其義因昔時多用馬以程功後易以汽機故汽機之力仍與馬力相比也

馬力沿爲號馬力　一百五十八節

在瓦特之時所言某汽機有二百馬力卽二百馬之每馬力能於一分時起重三萬三千磅高至一尺也而今則不然矣乃近人改汽機之制而汽之漲力加大也故言二百馬力之汽機其能力大於瓦特時二百馬力之汽機而所稱馬力變爲號馬力僅以言汽機之大小而不能計其能力也

號馬力之能力甚大於實馬力　一百五十九節

今時汽機一號馬力於一分時起重至一尺之高常多於三萬三千磅有能起五萬二千磅至一尺高者有起六萬磅者有起六萬六千磅者竟有比號馬力大至八倍者故

欲比較二汽機之能力必求其實馬力也

求實馬力法　一百六十節

求實馬力必用指力器指力器與均力圖詳後測汽筩內每方寸之均力而後將均力之磅數減去運動全機之滯力及恆升車之縻力共一磅半得淨均力數以此數與鞲鞴面積方寸數相乘再與鞲鞴每分時總行之尺數相乘得數是爲能力之數以三萬三千除之卽得實馬力之數又法將汽筩全徑自乘之方寸數與淨均力數相乘再與每分時鞲鞴總行之尺數相乘得數以四萬二千零十七除之得數與前同

定號馬力法　一百六十一節

定號馬力可以任意設法若依瓦特之法定凝水機則將汽筩全徑自乘之方寸數以鞲鞴每分時總行之尺數乘之以六千除之卽得號馬力數蓋瓦特之法以每方寸均力爲七磅故不必再以七乘而徑用六千除之也然必用瓦特所定推機路之數與鞲鞴速率之數列表如下

推機路卽鞲鞴一往之數	鞲鞴速率卽一分時總行尺數
二尺	一百六十尺
二尺半	一百七十尺
三尺	一百八十尺

三尺半	一百八十九尺
四尺	二百尺
五尺	二百十五尺
六尺	二百二十八尺
七尺	二百五十六尺

表內韝韛速率之數依推機路之數而遞加其遞加之法約與推機路之立方根爲比所以推算號馬力時徑可將推機路之立方根數當韝韛之速率何者推機路之數與韝韛速率之數繁而難記不若此法之簡而易明也設欲算凝水機之號馬力則將汽筩全徑自乘之寸數與推機

路之立方根數相乘以四十七除之卽得號馬力之數矣但此法常以韝韛面每方寸有均力七磅入算昔瓦特測得四馬力之汽機韝韛面之均力六磅八汽機愈大均力稍加若一百馬力之汽機可至六磅九四故大小各機總以七磅入算爲最便按彼時推算汽機馬力原不分號實而用其法定今時汽機則所得乃號馬力也惟小機與大機縮力之比例小者更小若小機之鍋爐內漲力加大則可相補蓋小鍋爐受汽漲力稍大無妨也

求大抵力機實馬力 一百六十二節

大抵力機之實馬力與凝水機相同亦視指力器所繪之圖汽車不引重時在鐵路上之縻力每韝韛面一方寸有一磅另有汽機之滯力磅一四無恆升車之縻力然入算之時亦減一磅半爲較便其法亦以汽筩全徑自乘方寸數與淨均力數相乘又與韝韛速率之尺數相乘以四萬二千零十七除之得數卽實馬力之數

定大抵力機號馬力 一百六十三節

定大抵力機馬力之法從未有人言及今以凝水機之實馬力與號馬力相比而推至大抵力機之實馬力與號馬力亦使有相比也則凡汽機有若干號馬力可以無論大抵力機凝水機其程功俱同矣將汽筩全徑自乘之方寸

數與推機路之立方根數相乘以一五六除之卽得大抵機之號馬力準此法則號馬力爲等體凝水機之三倍蓋大抵力機之號均力常爲二十一磅而凝水機之號均力爲七磅也又韝韛速率之號尺數與凝水機亦同俱用推機路之立方根數以一百二十八乘之此可不必運算檢汽機信度之表卽知

速行汽機定號馬力別法 一百六十四節

推機路立方根乘一百二十八不過平常汽機韝韛每分時總行之尺數而車汽機韝韛之行則甚速於平常汽機又近來輪船凝水機有每分時韝韛行七百尺者韝韛行

至如此之速恆升車各門必有擊撞之弊故用厚象皮作門再作揣以制之且行動既速必須加大汽孔汽路及稱重之重力汽之小半又在恆升車內凝水則眞空雖足而門之撞擊可減有能速至四倍者既能加速則汽筩可減小而占處亦得減小若用此等速行之機以運動轉行起水器及轉行扇風器亦爲最便其飛輪反可減輕因轉既速每次所積之力雖少而加力之次數則密幾同長加也凡汽機加速四倍而汽若恆足則能力亦必四倍其號馬力必視鞲韛總行之實尺數而求之英國戰船汽機推算號馬力卽用此法

英國戰船部定號馬力法　一百六十五節

將汽筩全徑自乘之方寸數與鞲韛速率之尺數相乘以六千除之卽得號馬力數設汽筩全徑四十二寸推機路三尺半每分時往復八十五次求其號馬力若干卽以往復一次七尺乘八十五得五百九十五又以四十二自乘得一千七百六十四與五百九十五相乘得一百零四萬九千五百八十以六千除之得一百七十五卽號馬力之數

號馬力與實馬力之別　一百六十六節

實馬力爲推算汽機能力之數號馬力爲度量汽筩容積

之數二事本不相涉故雖先知其號馬力不能算得其實馬力猶之先知實馬力亦不能算得其號馬力也此事須知號馬力爲造機時之量數買賣汽機俱用此數同於度量之法不能以實測之法考究須有權者定之如定度量相同實馬力乃實測之數如重學之理以某重致某遠須某時故必先知均力之數與鞲韛速率之實數始可推算既得實馬力卽可考汽機之功率

測實馬力之別法　一百六十七節

一分時起重三萬三千磅高至一尺爲一實馬力雖有別法可測而其總功必同如一立方尺水在一小時內盡化

爲汽或一分時用等空氣之汽三十三立方尺或一分時起水五百二十八立方尺高至一尺皆是一實馬力也

鍋爐與汽機之功率

功率之義並求功率之法　一百六十八節

功率者卽燒煤若干與程功若干之相比欲知其數必先知程功之數如平時磨汽機或船汽機不可預定必視指力器方能計所程之功因其用力常不均也惟有起水汽機所起之重常均故視挺桿每分時往復若干次與所起水之數卽可計所程之功次以燒煤若干得程功若干定其功率其燒煤之數常以一籃煤爲率計燒煤一籃能起

若干重高一尺卽爲汽機功率之數然英國南陲哥奴瓦以燒硬煤一籃重九十四磅定功率之數而北陲牛卡司里則以燒烟煤一籃重八十四磅定功率之數故欲比較諸汽機之功率必以言明何處之籃

以實馬力求功率　一百六十九節

確知每小時內一實馬力燒煤若干亦可求其功率以每實馬力一小時內燒煤之磅數除一萬六千六百三十六二萬（此數係六十乘三萬三千再乘八十四而得）卽得功率之磅數設已知功率之磅數欲求每實馬力一小時內燒煤之數則將功率之磅數除一萬六千六百三十二萬亦得每實馬力一小時燒煤之磅數若算汽車之功率則以鐵路上引一噸重至一里用枯煤若干但此法不甚確因同燒枯煤一磅同引若干重汽車之行走愈速而功率愈小其遲速與功率之比尙未考定

精汽機之功率　一百七十節

汽機之功率各類不同卽同類者亦有不同轉行之凝水機（卽平常船汽機）每號馬力一小時燒煤十磅此種汽機之實馬力比號馬力約二倍故一實馬力一小時祇燒煤五磅至六磅若用多自漲力者燒煤更省如英國南陲果臯書起水機平日程功用硬煤九十四磅能起六千萬磅高至一尺則每實馬力一小時僅用煤三磅一矣又有數種汽機每實馬力一小時止用煤一磅七四則用煤九十四磅而功率之數爲一萬萬磅高一尺矣車汽機化立方一尺之水爲汽需燒枯煤八磅至十磅凡一小時化水一立方尺卽爲車汽機之一實馬力若不用自漲力者此數亦爲凝水機之一實馬力車汽機而多用自漲力則每一馬力引一噸重至一里之遠其用煤與水自必更少故今時車汽機多作餘面以得自漲力

車汽機化水爲汽全籍鍋爐合法　一百七十一節

鍋爐合法各類汽機皆然惟車上之鍋爐則以尺寸爲尤要也爐栅之面積宜小則煤膛內之熱度自能增大而煤亦可省車鍋爐爐栅面每一方尺應須總火切面八十方尺每一小時應燒枯煤一百十二磅煤膛之熱度增大其熱自能速傳於水蓋熱體傳熱與冷體其速爲冷與熱相較之平方數所以煤膛之熱度能甚大其熱在煤膛之時大分已傳於水內膛下無幾乃自煙管分傳熱度若小則熱之大分須至煙管而傳故必加多煙管之火切面方能盡收其熱也一方尺之爐栅面每小時應化水十六立方尺而每小時化水一立方尺應火切面五方尺此數比諸船鍋爐與陸鍋爐之火切面減少一半車鍋爐之火切面

可減少者因煤膛之熱度甚大而傳熱甚速也乃與多加火切面相同

測驗諸器

漲表量汽縮表量空　一百七十二節

縮表以玻璃管爲之管內盛水銀與凝水櫃相通櫃內成空水銀縮上漲表則用小鐵管爲之一端通鍋爐而下垂再彎而上通空氣亦盛水銀鍋爐內之汽現漲力必將水銀壓下此端壓下彼端必上升二端水銀面高低之較數卽漲力之數一端上升一寸則二端相較得二寸而水銀二寸等於每方寸之漲力一磅也鐵管不能見水銀故用

小木浮於水銀之面再加竹絲爲表水銀升時將表浮上指明寸數此外尚有數式今所多用者係蒲頓所剏之法其外面如時辰表內用扁銅管彎作玦形或加抵力於內或加抵力於外加力有大小其開闔隨之而多少一端固定於通汽之處爲定端又一端以開闔而指其所受之力近人又加度面而在動端用象限齒輪接遊針使針轉動以指面上之度分取其視之易明也又有尚克所作之式如寒暑表而泡爲扁形汽抵扁泡之內水銀自能上升

指力器圖說　一百七十三節

前言汽機之實馬力用指力器考知卽以剏此器人之名命之曰麥拏德如第二十九圖爲中心直剖形旁有立柱甲環包以紙外用薄銅片如叉形夾紙之兩端下有樞

第二十九圖

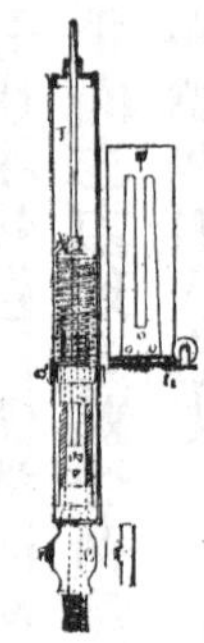

活裝於架乙可旋轉樞下用發條舒卷所以引柱退轉柱周用小繩回繞所以引柱進轉此繩繫於汽機行動之處汽機每轉則引繩而使立柱進退旋轉立柱進退旋轉自可知汽機之均力如圖戊爲螺簧丁爲挺表有孔安鉛筆速有活節不用可收之用則張之使筆尖著於立柱之紙內爲小鞲鞴在筩內密切而能上下筩之上端通空氣巳

爲塞門下與汽筩相通鍋爐之汽進汽筩則抵小鞲鞴上行汽進凝水櫃而得真空則空氣壓小鞲鞴下行設不開塞門則汽機帶動立柱左右旋轉而筆不上下所畫者止爲橫線名曰空氣線卽界線也設爲凝水機則所繪之形約半在上而半在下大抵力機則全形在上故卽以空氣線爲底線又設挺表上下而立柱不轉則所畫止一直線屢次不改在空氣線上之長等汽之漲力在空氣線下之長等於空氣壓力惟汽機往復一次而帶動立柱亦旋轉一次挺表亦上下一次故能畫成方形曲線名爲均力圖視圖卽知汽機所有之均力

均力圖各形　一百七十四節

作均力圖時若挺表忽然上行極速上則停而不動待立柱進轉一周忽然下行又停於下而不動待立柱退轉一周則所成之圖必爲平行四邊形其形之高卽漲與縮之全力亦卽推韝韝之全抵力也然今時汽機概用自漲力其挺表必非忽而上又雖已上鉛筆亦不久停柱端汽路通時鉛筆上行因漲力均平故能略停繼則汽路忽絶漲力漸小而鉛筆漸漸下降所以繪成之圖不爲直線正四邊形而爲曲線斜四邊形矣若此形與正四邊形愈相近則均力愈大而用汽亦多故何次所畫之圖卽顯何次之均力皆以形內之面積計之

以形內面積求均力之法　一百七十五節

平分均力圖旁之直線卽磅力線等於全抵力之磅數自分點作諸橫線皆與界線平行又平分界線等於推機路分數自分點作諸縱線皆與直線平行而成諸方格卽可將形內面積截長補短更爲同底之長方形其更形之高卽汽機之均力也是以先知均力之磅數與韝韝面積之方寸數並每分時總行之尺數卽以求汽機之實能力而知實馬力

均力圖說　一百七十六節

如第三十圖甲乙丙卽大抵力機所繪之曲線形呷叱爲空氣線開通塞門筆升至甲大抵力機既無縮力故全在空氣線之上旁有磅力尺呷以識汽之漲力此圖之機其漲力有六十餘磅韝韝行四分之一而閉絶汽路漲力漸小筆漸向下至與空氣相等而筆停於乙點待立柱轉行至丙而筆再向上乃指韝韝之對力矣此對力卽韝韝將至路端汽未盡出汽路已絶被壓而緊也

第三十圖

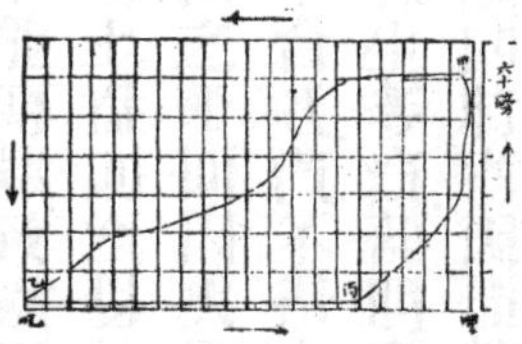

車汽機指力器　一百七十七節

顧志栩造新式指力器專爲汽車之用比前法更妙如第三十一圖辛爲小筩係橫置甲爲小韝韝壓以二弓簧壬乙卽通連大汽筩之管丙爲掩門當前法塞門之用丁爲管可吹出所凝之水挺表之端接一橫桿桿有定點在大分小分之間大分上端安一鉛筆筆之行路比挺表之行路必長數倍但其界不作直線而爲弧線也表有二柱一爲鉛筆所畫之用一爲捲紙之用故可連畫數圖不必需人每次換紙所以更妙也此圖

第三十一圖

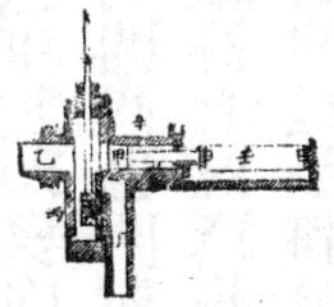

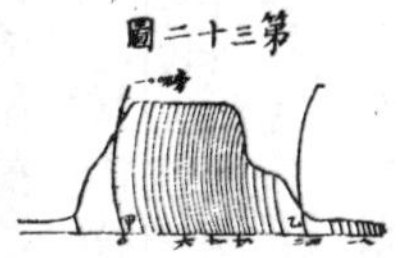

雖屬弧形然可改爲方形如第三十二圖爲弧線形第三十三圖即前圖更爲方形之法然以弧線作直線觀理亦易明殊可不必更改也

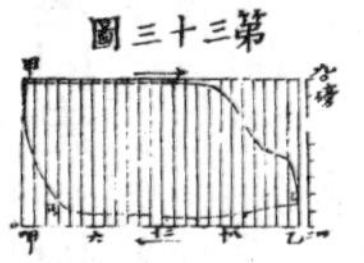

第三十二圖

第三十三圖

記數表　一百七十八節

記數表可記挺桿往復之次數式與時辰鐘內之機略同挺桿往復一次表面之針指過一數汽機每分時若干轉一望即知此器之末輪作順逆齒有活閘連於汽機往復之處汽機一往帶動活閘撥進一齒汽機退時有定閘使

順逆輪不退順逆輪遞接數輪各輪之齒數配針所指之位數若末輪以螺絲連於轉動之處更好因在往復之處有時不及推進一齒也又有愛列所作之表用螺絲動二輪而二輪同穿一軸首輪比次輪多一齒視二輪轉之較即知汽機之轉數

稱力器　一百七十九節

稱力器可稱汽車引重之力及船行之力汽車所用者有二平簧二端相連引重之時其簧相離若干即知用力若干簧中接針指面上之度分視之更爲顯明二簧之間作小筩如汽筩之式旁有小孔筩內滿盛以油簧已相離而

力忽減小筩中之油自小孔噴出始得相近可免二簧相擊欲知明輪行走之力將稱力器繫於大桅在船尾曳繩以引之視其度分即知其力若干稱螺輪推船之力如平常之稱相似稱簧之力不甚大可稱螺輪推船甚大之力有鉛筆連其上另有器將紙推過筆畫其上可見每轉之力而取其中數所指之數若爲明輪則將推力與輪徑之大小定之因小輪之推力大於大輪也若爲螺輪則將推力與螺距之大小定之因螺距小則推力大與螺絲入定質同理

看水玻璃管　一百八十節

看水管與看水塞門與浮表俱可知鍋爐內水之高低看水管者以玻璃長管爲之二端俱通鍋爐之內望之即知水面高低因水面恆平也管之上下各有塞門可使吹通不致積穢糢糊其制宜易於裝拆玻璃管或破碎隨可更換上端用管通至極上汽內下端用管通至極下水內水沸之時不致混亂鍋內之水面應在玻璃管之上半

看水塞門　一百八十一節

看水塞門者在鍋爐之面作數塞門而高低不一處任開一門視其或水或汽即知水面所在此因玻璃管或有穢積不通故預備此製但鍋內汽漲力若甚小則用玻璃管

便因閞塞門反有空氣入鍋內也試開此門其最低者應必有水流出最高者應必有汽吹出

浮表　一百八十二節

浮表者用於陸地汽機有細桿出鍋爐之上視其桿之升降即知水之高低細桿下端連沈物在水面之下以鐵或石爲之另有物對其重而不使離水面與舊法之浮木同理或將其桿接連於進水門水高則桿升而閉低則降而開陸汽機所用之水由水箱添來有管通至鍋爐之內管內水之長短以對汽之漲力

凝水機之噴水門　一百八十三節

噴水門者能制起水機之遲速即噴水器之塞門也有一小鞲鞴在筩中可上下置於大水箱內一面有掩門向內開故水可自大水箱入筩對面有塞門小鞲鞴墜下則水自塞門噴出起水大桿即帶小鞲鞴相連之提桿同上水即自掩門流入提桿上足即與大桿相離自有重力墜下壓水噴出塞門而入縮櫃之內汽機生力而動此門若閉則小鞲鞴不下墜水亦不噴而汽機亦停若少開則下墜遲遲水亦漸漸噴入汽機亦遲遲而動矣所以開塞門之大小汽機運動之遲速隨之故噴水門能制凝水機之遲速也

測鍋爐之能力　一百八十四節

鍋爐之能力以化水爲汽而知之有量水器鍋內所用之水全由此器流入觀器可知流過水之數因知化汽若干又有量凝水櫃所用之水亦可知化汽若干

新陽趙元益校字

上海曹鍾秀摹圖

汽機必以卷五

英國　蒲而捺譔
英國　傅蘭雅　口譯
無錫　徐建寅　筆述

鍋爐空體尺寸總說

製造鍋爐要事　一百八十五節

鍋爐之尺寸有要事數端其一爐栅面必依化若干水所燒之煤當用之風氣得以暢通其二火切面必能盡收所有之熱不致外散其三火路及煙通之容積必能使火足得其當有之風力其四鍋內必能多容水與汽以防忽然多用而不足且免汽水共出其五鍋爐之重與體俱不可

過大且宜作易開之門人可進內收拾其六最要在堅固足任大抵力

鍋爐尺寸綱領　一百八十六節

設造一鍋爐使船或車行若干速或使機器程若干功欲求其尺寸必先知所當動之阻力並知欲動此阻力以何速即可定若干時內需用若干漲力之汽若干立方尺再定火切面爐栅面使在若干時內能化水若干立方尺而得若干漲力之汽若干立方尺

鍋爐生力之度　一百八十七節

鍋爐之力以化水爲汽而定之惟號馬力本無一定之數

不能爲用汽之比例故已有汽機而欲配鍋爐尺寸之數當用欲得實馬力之數爲率

以化水爲汽定鍋爐生力之度　一百八十八節

欲定鍋爐生力之度先依號馬力求汽筩之容積次定鞴鞴行幾分路之一而用自漲力即知一小時內用汽之體積再依欲得實馬力之數而求當用若干全抵力之汽即可知一小時內當化水之體積故但依汽機之號馬力不能配用汽之數也尋常船汽機之實馬力恆配多於號馬力三倍可以加大火切面三倍或用自漲力而得汽之功力三倍又或合此二事以得三倍一小時內化水一立方

尺爲汽配火切面九方尺即爲一實馬力若不用自漲力而欲三倍之能力必有火切面二十七方尺若用自漲力而得三倍之能力必以鞴鞴行七分路之一閉絕進汽則火切面又可不加設定鞴鞴行三分路之一而閉絕進汽則用火切面十三方尺亦能三倍之能力此即二事合用之理也其理以自漲力可用若干即用若干而尚不足三倍者再加火切面以補之

以程功定鍋爐生力之度　一百八十九節

固志汽車在泰西鐵路實測汽車煤水車客車共重一百噸一小時行五十里阻力得三千磅每噸得三十磅即行

輪之周現滯力須三千磅而汽機之力必更大方能勝此而動故轆轤面之力與輪周力之比必如倍推機路與行輪周之比行輪徑五尺半其周十七尺二七八推機路十八寸倍之得三尺轆轤面之力必大於行輪周之力爲三與十七二七八之比計一萬七千七百二十八磅以轆轤面之方寸數除之卽得一方寸之均抵力磅數再定轆轤行幾分路之一而用自漲力卽可推用汽之立方尺數並鍋爐內當得漲力之磅數再推一小時用水之立方尺數由用水之立方尺數卽可用後各數定鍋爐之尺寸至船鍋爐之理法與此盡同必先知船行之速數並水阻力之數

並靡力之數以推用汽之數再定鍋爐之尺寸

一小時化水一立方尺等於一實馬力之據 一百九十節

起重三萬三千磅能於一分時內高至一尺等一實馬力係瓦特所定嘗測所造四十實馬力之汽機不用自漲力時計一實馬力鍋爐內一分時化水立方尺六四七四恰得一小時內一實馬力化水一立方尺此汽機之汽筩徑三十一寸半推機路七尺一分時往復十七次半略得用汽一千三百二十立方尺九二計一實馬力一分時用汽三十三立方尺又法置三萬三千以六九二爲法約之得四千七百六十八卽一實馬力一分時起高一尺所當配轆轤面之平方寸數以高十二寸乘之得五萬七千二百十六立方寸卽三十三立方尺亦爲一實馬力一分時所用之汽數然一分時用汽三十三立方尺卽一小時用汽一千九百八十五立方尺多於一立方尺水所化之汽凡水一立方尺能化等空氣之一千六百六十九立方尺其所差者爲三百十一立方尺因汽筩內上下有汽隙須減靡汽十分之一所用得力之汽爲一千八百七十二立方尺故汽機不用自漲力則一小時內化水一立方尺與一實馬力不甚差也凡外火曲管二鍋爐化水一立方尺必用煤八磅而配火切面九方尺又阿比恩地磨汽機不用

自漲力之時化水一磅爲汽能起重二萬八千四百八十九磅高一尺故水六十二磅半（卽一立方尺）在一小時內化汽卽能起重一百七十八萬〇五百六十二磅半高一尺以一分時計則起重二萬九千六百七十二磅高一尺再加汽筩二端之靡汽十分之一（近時汽機不必此數）得汽之實能力爲一分時內起重三萬二千六百四十三磅高一尺略等一實馬力間有汽機一小時內化水一立方尺爲汽所生之能力更大於一實馬力

火切面與爐栅面

化水一立方尺之火切面 一百九十一節

果臯書鍋爐一小時化水一立方尺爲汽配火切面七十方尺外火鍋爐與船鍋爐配八方尺至十方尺車鍋爐配五方尺至六方尺

爐栅面一方尺之火切面　一百九十二節

果臯書鍋爐爐栅面一方尺配火切面四十方尺外火鍋爐配十三方尺至十五方尺車鍋爐配五十方尺至九十方尺然常以八十方尺爲得宜

一馬力之火切面　一百九十三節

外火鍋爐每一馬力配總火切面火爐與火路各處九方尺此爲大鍋爐各面俱能收熱者用之若小鍋爐之火切面必宜

加大如蒲頓華德所造二馬力之外火鍋爐火切面共三十方尺即每馬力十五方尺又造四十五馬力之外火鍋爐火切面共四百三十八方尺即每馬力九方尺半凡船汽機之鍋爐火切面之數與此略同磨得色利所造泰西輪船之原鍋爐每號馬力之總火切面十方尺此以能切火之面而計之又造勒得利布身輪船之鍋爐其體大於泰西之鍋爐而火切面則反小蒲頓華德所造之船鍋爐一小時化水一立方尺爲汽配總火切面九方尺同於陸鍋爐火切面之數近時之船汽機號馬力之能力甚大於實馬力之能力所以蒲頓華德造鍋爐每號馬力常作火切面多於前數且止以曲管或煙管之上與兩旁爲火切面而下不爲火切面故陸汽機外火鍋爐仍用瓦特原定之數即不分實馬力與號馬力也其數以鍋爐一實馬力一小時能化水一立方尺爲率

一馬力之爐栅面　一百九十四節

蒲頓華德之鍋爐一號馬力配爐栅面一方尺六四然而船鍋爐之爐栅面或不便大至此數如泰西輪船之原鍋爐一號馬力爐栅面僅半方尺漲力不欲甚大且用自漲力者此數爲最宜已用此數造過多汽機矣此各尺寸近時不甚用近時所用之尺寸見附卷

爐栅面一方尺燒煤之數　一百九十五節

爐栅面一方尺燒煤之數各鍋爐不同外火鍋爐爐栅面一方尺一小時燒煤十磅至十三磅果臯書鍋爐燒煤三磅半至四磅車鍋爐燒煤八十磅至一百五十磅然常以一百十二磅爲最宜

量熱率與放熱率

一馬力之曲管橫剖面　一百九十六節

蒲頓華德之船鍋爐一號馬力火墻上孔之面積有十九方寸曲管橫剖面有十八方寸一號馬力曲管之橫剖面名量熱率置此爲實以曲管之長數爲法約之即得放熱

率以放熱率為法約之亦得曲管之長數曲管船鍋爐之最精者其放熱率以二十為小鍋爐之數以二十五為大鍋爐之數而曲管橫剖面向煙通漸小蒲頓華德常以此法製造而別廠所造者二號馬力配爐栅面十分方尺之六曲管近煤膛端之橫剖面為爐栅面七分之一近煙通端之橫剖面為爐栅面十一分之一（其向煙通漸小者因煙內之熱漸散而體積減小也）配曲管內之火切面十四方尺至十六方尺道煙管鍋爐亦皆用此法

曲管煙管外火三種鍋爐相比 一百九十七節

蒲頓華德所定船汽機之曲管煙管二鍋爐與外火鍋爐火路之尺寸不同而其理則無不同外火鍋爐火路之周所能傳熱之處與全周如一與三或一與二.五之比所以火路有橫剖面若干其長必比全周能傳熱者為二倍半或三倍否則傳熱不足而此放熱率與前放熱率必為一與二.五或三之比即得外火鍋爐之放熱率為八至十一也煙管鍋爐之量熱率半於曲管鍋爐即諸煙管共橫剖面一號馬力得八方寸至九方寸然大於此數而稍關風門使風得盡過各管最善

外火鍋爐火路橫剖面 一百九十八節

蒲頓華德所造四十五馬力外火鍋爐火路之橫剖面每

馬力得十八方寸若鍋爐減小則橫剖面必增多如二馬力之外火鍋爐每馬力得八十方寸（因鍋爐之式等而有大小則小者自短而火路之橫剖面不得不大也且鍋爐小而火路加大內面易於收拾）而配火切面三十方尺火路高十八寸闊九寸十二馬力之外火鍋爐配火切面一百十八方尺火路高三十六寸闊十三寸設二馬力者與此同比其闊止可六寸半若此則二鍋爐每方尺火切面所配之火路橫剖面相同而二馬力者火路應長十九尺半十二馬力者火路應長三十九尺即火路之長數與高數以同比而增也

曲管船鍋爐善式 一百九十九節

蒲頓華德所造桒利船之汽機為一百十號馬力用鍋爐二座每鍋爐有五十五馬力曲管高六十寸中闊十六寸半橫剖面九百九十方寸即每馬力得十八方寸長三十九尺放熱率二十一.六鍋爐大者以此數為最宜蘇加得所造知的輪船之鍋爐宣苦留所造蘇而葦輪船之鍋爐每馬力之量熱率九方寸七二蓋而得所造以固輪船之鍋爐每馬力之量熱率十一方寸九磨得色利所造德密司與密德韋二輪船之鍋爐每馬力之量熱率十一方寸四又有諸種鍋爐每馬力之量熱率皆不過十三方寸船汽機大半用自漲力故鍋爐化水之力可小

蒲頓華德之鍋爐與汽機相比極大。 二百節

蒲頓華德與別廠之制稍有異同，大概蒲頓華德所造之鍋爐同配一汽機，其力極大於別廠所造者，而鍋爐各處之比例則與別廠者亦略同，惟與汽機之比例則有不同。如知的與蘇而章二船之鍋爐曲管橫剖面有一千二百九十六方寸，德客司之鍋爐曲管橫剖面一千一百三十四方寸，曲管長五十七尺，放熱率二十二五。又如有以固船之鍋爐曲管橫剖面有一千五百四十八方寸，曲管長六十尺，放熱率二十五。又如密得章船之鍋爐曲管橫剖面亦有一千一百三十四方寸，曲管長五十二尺，放熱率

二十一。以固船與奈利船鍋爐之放熱率相等，而各尺寸之比例亦略等，即九百九十與一千五百四十八之比，略如三十九與六十之比。然若蒲頓華德造以固船之鍋爐則必加大也。

鍋爐化水之力與火切面有比。 二百一節

曲管或煙管之長與徑同比而增減，則化水之力與其橫剖面積有比；若長數同而徑有增減，則化水之力與其橫剖面積之平方根有比。凡化水之力全依火切面之數，故曲管火切面之數皆與其長數及橫剖面積之平方根數及各式之常數三者相乘有比。又煙管之長數與橫剖面積平方根（即煙管徑）有比，故煙管火切面之數與橫剖面積亦有比。設風力極等，則經過之熱氣依曲管或煙管之橫剖面積，故經過熱氣之數與火切面之數亦必有比。若欲化水之力大四倍，則火切面與火路橫剖面俱應大四倍。火路作同式者，則徑與長各加二倍，曲管橫剖面為長方形者，則長高闊三者皆加二倍。火路之徑數與長數以比例增減者，則以徑數或橫剖面積之平方根為實，長數為法，約之得數皆應相同。若不相同，即火路之式不依比例。如外火鍋爐，則火路不在鍋爐之內，故以火路高之寸數為實，而以火路長之尺數為法，約之得數略為一。其火路橫

剖面積之平方根，可用火路周能傳熱與水之一分代之。火路若同式而同風力者，則無論大小，以能傳熱於水周之一分之數為實，而以長數為法，約之得數亦應相同。

火路之式不同，火切面當依定率。 二百二節

火路之橫剖面積相等，若改變其式而加多其周，則其長數可減；若減少其周，則其長數必加，否則火切面不能相配。茲列蒲頓華德所造船鍋爐火路橫剖面積比例之數，俱以火切面一方尺為率：二馬力者，火路橫剖面五方寸四；三馬力者，火路橫剖面四方寸七四；四馬力者，火路橫剖面四方寸三五；六馬力者，火路橫剖面三方寸七五；八

馬力者火路橫剖面四方寸三三十馬力者火路橫剖面三方寸九六十二馬力者火路橫剖面三方寸六三十八馬力者火路橫剖面三方寸一七三十馬力者火路橫剖面二方寸五二一四十五馬力者火路橫剖面二方寸〇五若四十五馬力之鍋爐每馬力以火切面九方尺計之則得火路橫剖面十八方寸

火路之周加則長可減　二百三節

火路之周加多則長數可減故曲管變爲煙管周必甚多管亦可甚短如奈利船鍋爐之曲管設改爲圓形其徑得三十五寸半而長四十七尺又四分尺之三則火切面已

可足用若能收盡火熱而風力不改則雖分作多小管其徑與長之比例亦與此同

煙管長與徑之比　二百四節

煙管長與徑之比可依曲管推之其理相同如奈利船有五十五馬力之鍋爐二座各有火切面四百九十七方尺以火切面全能傳熱而計則每馬力得火切面九方尺其曲管爲方形橫剖面九百九十方寸若改作圓管而橫剖面積相等則得徑三十五寸而長五十三尺四即六百四十寸八亦得火切面四百九十七方尺而管之長與徑爲十八與一之比如風力不改而分作多小管無論管徑之

大小其長與徑之比例恆同如每馬力火路之橫剖面爲十八方寸而煙管徑三寸則長不可過四尺半因量熱率與管徑依此數則火在管內行過四尺半其熱已盡傳於水內也

船鍋爐煙管之長　二百五節

船鍋爐煙管恆長於四尺半則量熱率當小於十八方寸而得此數三分之二煙管之量熱率減小有二益因量熱率過大火不能全經各管或風力減小管內必多結煙炱也以上所言者俱爲號馬力號馬力與用汽原無一定之數而用之定鍋爐尺寸固是不足取法然爲俗所常用故

仍之也

近時船鍋爐車鍋爐善式

新式船鍋爐　二百六節

新式船鍋之爐柵小於瓦特之制瓦特鍋爐每火切面九方尺配爐柵面一方尺新式者火爐內之熱度甚大一小時化水一立方尺配火切面比諸舊者可減少如蒲頓華德新造之式化水一立方尺配以火切面八方尺爐柵面七十方寸曲管橫剖面十三方寸煙通橫剖面六方寸火壩上橫剖面十四方寸曲管橫剖面積與爐柵面積如一與五之比煙管鍋爐化水一立方尺配以火切面九方尺

爐柵面七十方寸火墻上橫剖面十二方寸煙喉橫剖面十方寸煙管共橫剖面十方寸煙通橫剖面七方寸煙管徑與長之比如一與二十八至一與三十容水處之容積六立方尺有半容汽處之容積一立方尺有半

新式車鍋爐 二百七節

車鍋爐之制因有餘汽噴入煙通故風力大而燒煤速若陸地鍋爐之煙通甚高而甚熱者亦與車鍋爐略同左表爲新造車鍋爐之各尺寸

機件之名	英國	巴拉士	蛇	司底分司
汽箭徑	十八寸	十五寸	十寸四二	十八寸
推錢路	二十四寸	二十寸	二十寸	二十四寸
行輪徑	八尺	六尺	六尺半	五尺
火櫃內長	五十三寸	五十五寸	四十一寸半	四十四寸
火櫃內闊	六十三寸	四十二寸	四十三寸四二	三十九寸半
爐柵距火爐頂	六十三寸	五十二寸	四十八寸半	五十五寸半
爐柵根數	二十九		二十三	十六
爐柵厚	四分寸之三	一寸又四分寸之三	八分寸之五	二寸
煙管根數	三百〇五	一百三十四	一百八十一	一百四十二
煙管外徑	二寸	二寸	一寸八一七	一寸八一
煙管長	十尺三寸	十尺六寸	十尺三寸半	十四尺三寸四二

機件之名	英國	巴拉士	蛇	司底分司
煙管間相距	半寸	四分寸之三	半寸	
煙管襯圈內徑	一寸二六/九	一寸半	一寸二六/五	一寸八/一
煙通徑	十七寸	十五寸	十三寸	十五寸半
風門孔高	五寸半	四寸八/五	四寸半	四寸四/三
爐柵面積	二十一平方尺	十六平方尺〇四	十二平方尺四四	十二平方尺五六
爐柵孔面積	十二平方尺四	四平方尺〇八	五平方尺四四	五平方尺
煙管共橫剖面	五平方尺四六	二平方尺四	二平方尺八	二平方尺九六
襯圈孔之共面積	四平方尺	一平方尺六四	二平方尺	二平方尺〇四
煙通面積	一平方尺七七	一平方尺三三	一平方尺九二	一平方尺三三
風門孔面積	二十三平方尺一六	十六平方尺八	十四平方尺六八	十七平方尺七
煙管內火切面	一千一百七十平方尺	六百八十六平方尺	八百三十二平方尺	八百六十四平方尺八

鍋爐吸風之力

車鍋爐風力與別種鍋爐相比 二百八節

車鍋爐之風力與別種鍋爐不同如陸鍋爐之最好者煙通之吸力等於水柱高一寸半至二寸半車鍋爐之煙通其吸力大者等於水柱高十二寸至十三寸平常者亦等於水柱高三寸至六寸

餘汽吹力與吸風力相比 二百九節

吸風力之數各汽機不同依煙管之橫剖面等事而異如車汽機之餘汽有水銀高一寸之抵力即煙櫃有水柱高

一寸之吸力為中數無論吸力大小而此比例不改故煙櫃內有水柱高六寸之吸力必得餘汽等於水銀高六寸之抵力即等餘汽管口一平方寸有抵力三磅

配吸風力大小之法　二百十節

吸風力之大小以餘汽管口徑之大小定之吸風力欲大必減小管口之徑但減小管口鞲鞴反面之對力必加大故風力若已能足用則管口不必多減二汽筩之餘汽管通入煙櫃而向上會為一管相會處宜近煙通使在煙通內有單管十二寸至十八寸若單管太短則二管之汽迭更斜噴而風力減小且煙通易壞單管不可向上漸小宜

上下同徑至近口截然而弇

車鍋爐加煙通之高與徑風力不加　二百十一節

煙通之高與徑恆為五與一之比雖再加長所得之風力仍同嘗測汽筩徑十七寸者其煙通徑原為十七寸半後改為十五寸又四分寸之一所得風力反大所以煙通橫剖面積應得煙管口襯圈內總橫剖面積之半餘汽管橫剖面積應得煙通橫剖面積十分之一煙管口襯圈內橫剖面積宜大不用襯圈者所過之風氣能多四分之一煙櫃一端有襯圈者比二端皆有者所過之風氣多十分之一

車鍋爐火櫃與煙櫃兩吸力之較　二百十二節

實測得中等汽車火櫃內之吸力得煙櫃內吸力之半然依煙管橫剖面之大小而異又實測煙管四十七根外徑一寸又四分寸之三長十三尺十寸爐栅面九方尺半而車行無論遲速煙櫃之吸力與火櫃之吸力恆為三與一之比煙櫃之吸力等於水柱高十二寸火櫃之吸力等於水柱高四寸可見吸風使過爐栅之間須水柱高四寸之抵力使過煙管之內須水柱高八寸之抵力

鍋爐吸風力與化水之比　二百十三節

車鍋爐及別種鍋爐化水之數必與所進鍋爐內風氣之

數有比所進風氣之數與吸力之平方根有比吸力數四倍而得化水數二倍實測所得之數略同

鍋爐不同吸風力與化水不能有比　二百十四節

設鍋爐之爐栅面及煙管橫剖面太小者則煙通之吸力與所進風氣之數不能有比故必加大煙通之吸力而所進風氣始得足用也若以一鍋爐而論則煙通吸力所進風氣及化水之數俱如前言之比例

制吸風力大小之各法　二百十五節

稍關煙通扇門即可減小煙通之吸力減小餘汽管口之徑即可加大煙通之吸力減餘汽管口徑之法有多人刱

設而以司低分孫者爲最妙用錐形短管在餘汽管口之內推引上下而餘汽管口之內亦作尖圈配合短管之外其徑小於短管之大端而大於小端短管推上則大端密切尖圈之口而汽自短管之小口噴出其力自大短管引下則汽過短管之內外而自餘汽管尖圈之口噴出其力自小

車鍋爐煙管之徑 二百十六節

柏利所造之汽車其汽箭徑十四寸煙管九十二根外徑二寸又八分寸之一長十尺六寸司低分孫所造者汽箭徑十五寸煙管一百五十根外徑一寸又八分寸之五長

十三尺六寸煙管既長故吸風之力必甚大否則近煙通之端不能得熱而糜熱必多然加長若此吸風之力雖加大而所加火切面之數仍不能配所加化水之數管徑小者常有煤屑阻塞之病幸吸力甚大尚屬可用

車鍋爐煙管與船鍋爐曲管相較 二百十七節

車鍋爐因吸力大而火煙經過速若其熱傳過管體與曲管同速則車鍋爐之煙管必甚長否則不能全收其熱如柰利輪船之汽機有一百十號馬力鍋爐二座各有一曲管而不相通故一曲管之火切面等於五十五號馬力而其實馬力與號馬力爲一百六十二與一百之比若不用

自漲力則一曲管所化之水必等八十九實馬力惟此汽機恆用自漲力故一曲管所化之水等於八十實馬力其曲管橫剖面有九百九十平方寸即一實馬力得十二平方寸三司低分孫所造車鍋爐用煙管一百五十根外徑一寸又八分寸之五一小時化水二百立方尺此爲極大之數即等二百實馬力而一實馬力得煙管橫剖面一平方寸一一三六則車鍋爐之量熱率爲曲管鍋爐一千一百十一分之一百所以吸風之力亦必大至十一倍一一而煙管長與徑之比亦必爲十一倍一一此以曲管之質與煙管之質傳熱同速而論也設柰利船鍋爐之曲管作圓形即

得徑三十五寸半而長四十七尺又四分尺之三若車鍋爐吸風之力與曲管鍋爐同而煙管之長與徑與此同比則徑一寸又八分之三長得二十二寸一九惟車鍋爐吸風之力大於曲管鍋爐十一倍一一所以煙管宜長二百四十六寸五五即約二十尺半平常車鍋爐煙管之長常比此數減短三分之二而一實馬力之火切面自十平方尺減至九平方尺然依此數而減短尚不便用故製造者稍增其量熱率而減吸風之力必更好

陸鍋爐煙通尺寸 二百十八節

煙通內吸力之數即風氣行動之速數而煙通之橫剖面

必使風氣依此速行動而一小時所過者足燒若干煤如燒煤一磅用空氣二百立方尺（二百五十立方尺更確）以一號馬力一小時燒煤十磅計之則必用空氣二千立方尺又必加因熱而漲大之數平常陸地鍋爐煙通之吸力等於水柱高半寸凡厚流質流入薄流質之速等於重物墜過二流質依其抵力所成之二柱相較之高之末速若已知煙通內之抵力與空氣抵力之較數即知其二氣柱相較之高數（法將置抵力較數以空氣重率約之即得）即可知空氣入煙通之速其煙通之橫剖面即足容以此速行動之空氣二千餘立方尺經過也然由此理所求之尺寸不足恃因求得之數與有名工師已造之煙通而合用者相去甚多故知有謬誤也

蒲頓華德之法 二百十九節

蒲頓華德定陸地鍋爐煙通之法將鍋爐內一小時燒煤之磅數與十二相乘以煙通高之平方根約之得數爲煙通最小處橫剖面方寸數尋常二十號馬力之鍋爐煙通高八十尺一號馬力配煙通橫剖面二十平方寸一號馬力一小時合燒煤十五磅而二十號馬力之鍋爐一小時共燒三百磅依法將三百與十二相乘得三千六百再以高數之平方根九約之得四百即煙通最小處之橫剖面積若增其高而不增其橫剖面積或增其橫剖面積而不增其高俱非法也又將一小時燒煤磅數與五相乘以煙通高之平方根約之得爐柵間空處之面積

船鍋爐煙通尺寸 二百二十節

蒲頓華德所造者一實馬力配橫剖面八方寸半今制一實馬力配六方寸至七方寸亦有用汽吹入煙通而較少於車鍋爐可助風力之不足但爲凝水汽機則又枉費多汽况船上用此發聲甚大又帶火星噴出落於船面焚燒

鍋爐容汽積數並論汽水共出

陸鍋爐容汽容水積數 二百二十一節

蒲頓華德所造二號馬力之陸機外火鍋爐一馬力得容汽積數八立方尺又四分尺之三容水積數十八立方尺半二十號馬力之陸機外火鍋爐一馬力得容汽積數五立方尺又四分尺之三容水積數十五立方尺再加大至三十四十五十號馬力者其容汽積數反加至略近六立方尺

船鍋爐容汽積數 二百二十二節

蒲頓華德初時所造者其容汽積數大於汽筩容積十六倍若用二汽筩者則大於二汽筩之共容積八倍此數與前言陸鍋爐每號馬力有五立方尺略同設有汽筩徑二十三寸推機路四尺即得十八號馬力四而汽筩橫剖面

爲四百十五方寸四七六以推機路寸數四十八乘之得汽筩容積一萬九千九百四十二立方寸八四八再以八乘之得十五萬九千五百四十二立方寸七八四卽九十二立方尺三以號馬力數十八四約之得一號馬力五立方尺惟韝鞴一往自始至末鍋爐生汽微有不勻蓋生汽之數依鍋爐內漲力之數而變韝鞴初動用汽多而鍋爐內之漲力減小其時生汽必多韝鞴行近路端汽路已絕不須用汽鍋爐內之漲力增大生汽必少凡汽出鍋爐甚平勻者則容汽積數可小如二汽筩之汽機其二曲拐相交成直角者及速行之車汽機等又如汽櫃高而水不隨汽至進汽管

者進汽管之端入鍋爐內甚長而有多小孔者用大抵力汽而兼用自漲力者有此三法容汽積數皆可減小近時船內煙管鍋爐備有諸事故以一小時化水一立方尺配容汽積數一立方尺至二立方尺

車鍋爐容汽積數　二百二十三節

車鍋爐一小時化水一立方尺配容汽積數五分立方尺之一因汽櫃之頂高於水面數尺而進汽管在鍋爐內之端有多孔汽櫃又居鍋爐之中段故容汽處雖小而汽水共出之弊亦不多

汽水共出之病　二百二十四節

鍋爐內之水沸騰之極而發多泡噴濺水點隨汽而出乃汽機之大病必減汽機之功力且使汽筩鍋爐生危險蓋熱水至凝水櫃則櫃內難得眞空致極升車之縻力加多汽機之速自減或水入汽筩而無放水門者韝鞴必遇水而忽停因未至路端汽罨之餘面已閉出汽之路水不能出忽停之時汽機必有受傷之處水旣隨汽而出鍋爐之水必虧少添水筩不及補足曲管與煙管之上面必致燒壞

汽水共出之故　二百二十五節

汽水共出之故多端一因容汽積數太小汽體忽緊忽鬆

二因水面太小汽泡叢聚三因管間相距太小汽之上升不暢水之下降不速四因鍋爐內汚濁水質稠膩凡鍋爐新者其弊更多於舊者船自海內入江其弊亦更多於常用海水與常用江水者或因淡水沸界小於海水沸界也又有忽開放汽萍門亦見此弊萍門若近進汽管口者水點亦隨汽而入汽筩所以車鍋爐之放汽萍門與進汽管口宜極遠雖稍開而水點不入汽筩

補救汽水共出　二百二十六節

司機者見有入水汽筩可稍闔房門使汽少進汽筩閉絕噴水門使水不入縮櫃開火門而使汽慢生減少水點若

因容汽處太小者可使鍋爐內漲力加大而多用自漲力在鍋爐與汽距之間作多孔鐵板水點上至此板自能回下或另作一汽櫃在原汽櫃之上而作多小孔相通若因鍋內污濁者水沸之時污濁必浮於水面可用器撈去或在水面放出之若因水太淺或煙管間相距太近者可加管於鍋爐之外上端通水面下端通水底使水由此下降而煙管間止有上升之汽與水自得暢通同於管間放大也凡火切面之位置宜使添水進於最低之處漸升漸熱至水面而化爲汽其進汽管必通鍋爐最高之處

鍋爐實體尺寸

鍋爐任力之限　二百二十七節

鍋爐鐵質之任力與別種鐵器同理橫剖面每方寸任受牽力五萬磅至六萬磅爲其斷界然至此數三分之一鐵質巳傷故鍋爐之任牽力每橫剖面一方寸不得過四千磅又常有生鏽等事其數更當減少

銅鐵冷熱牽力斷界　二百二十八節

前數年美國有公會詳測鍋爐任受牽力斷界之數知熱度愈大鐵質之任力亦可愈大至五百五十度爲限熱再大而任力又必減小以橫剖面一方寸任牽力至斷界爲率在三十二度任力五萬六千磅熱至五百七十度任力六萬六千五百磅熱至七百二十度任力五萬五千磅熱至一千零五十度任力三萬二千磅熱至一千二百四十度任力二萬二千磅熱至一千三百零十七度止任九千磅有人誤致鍋爐過熱覺任四萬五千磅巳至斷界又測銅質任受牽力熱度愈大任力愈小其熱度加大之立方與任力減小之平方有比熱在三十二度橫剖面一方寸能任牽力三萬二千八百磅熱大而力小依比例推之又測鐵板順紋剪開之條任受牽力大於橫紋剪開之條一百分之一鐵質屢次摺疊燒紅捶打使黏合則堅固亦加大若用數種幷合則不合法鐵板搭釘者其任力比整塊

者減三分之一以上各數與英國非而奋所測之數略同

非而奋所測鍋爐鐵板牽力斷界之數　二百二十九節

非而奋測得鍋爐之鐵板整塊者橫剖面一方寸任受牽力二十三噸爲斷界若用二行搭釘者橫剖面一方寸任受牽力十六噸爲斷界即約三萬六千磅若用一行搭釘者橫剖面一方寸任受牽力十三噸爲斷界即約三萬磅故作圓箭鍋爐必用二行搭釘使可多任牽力然欲恆任力而不傷當在一萬二千磅以內

圓箭鍋爐任力之數　二百三十節

車鍋爐每平方寸恆受漲力八十磅鐵板厚十六分寸之

五鍋爐徑三十九寸，每長三寸二得鐵板橫剖面一方寸，而所任牽力之數爲長三寸二乘徑三十九寸再乘每平方寸之漲力八十磅，得九千九百八十四磅，而圓筩二邊各有橫剖面一方寸，所以二邊各任四千九百九十二磅，若過此數則不穩。此數未計二端平底所增之固與搭釘孔所減之固。嘗有車鍋爐徑四尺，鐵板厚八分寸之三，每方寸受漲力二百磅，此乃取禍之道，不可爲法。

圓筩鍋爐鐵板之厚數　二百三十一節

圓筩鍋爐之熟鐵板定其厚數，將鍋爐內徑寸數與二·五五四相乘，再以鍋爐內每圓寸所受最大漲力之磅數乘之，再以一萬七千八百約之，得鐵板厚之寸數。設用此法核算前節車鍋爐鐵板厚數，則以三十九乘二五五四，再乘六八·八三二（卽一平方寸抵力八十磅，改爲一平圓寸抵力之磅數。）得六千二百二十四·二三七九，再以一萬七千八百約之，得〇·三四九，卽鐵板厚寸數。惟前之厚爲十六分寸之五，卽寸三一二五，尚嫌太薄。若用每平方寸漲力磅數立算，其法甚簡，將鍋爐內徑寸數與鍋爐內每平方寸漲力磅數相乘，再以八千九百約之，亦得鐵板厚之寸數。此法所得之數，爲鐵板任牽力之凹凸力界四分之一，卽橫剖面一方寸得四千四百磅。若陸機圓筩鍋爐，則以六千代八千九百爲法，得鐵板每橫剖面一方寸任受牽力三千磅。

平面鍋爐任力之法　二百三十二節

船鍋爐平面之處較多，故全恃牽條以爲固。牽條橫剖面一方寸任力不可過三千磅，因常與水相遇生鏽而減小也。凡船鍋爐所任之力，宜甚小於車鍋爐所任之力，因內外面皆易生鏽也。所用牽條宜小而多，大則兩端難免漏洩，漏洩則鍋爐外面易鏽。凡鍋爐製成，須用壓水器試之，使任抵力大於後日常任之抵力二三倍，用至日久亦宜再試，恐有生鏽已傷，猝然遇患也。

船鍋爐牽條　二百三十三節

煙管鍋爐每平方寸常任漲力二十磅，卽每平方尺得二千八百八十磅，準牽條橫剖面一方寸任力不可過三千磅，則鍋爐平面無論上下四旁，每方尺內必有牽條橫剖面一方寸，不及此數往往不固。火爐內之牽條徑須一寸又四分寸之三，外端螺蓋旋緊，各條之端排列之位置如鍋爐柵之斜勢，俱在爐柵之下，不致爲火燒壞。爐柵以上者能愈高而愈遠火爲佳，距火能遠亦免燒壞也。火爐頂之上面或用橫樑而再加短條牽固火爐頂於橫樑，如車鍋爐之式；或用長條牽固火爐頂於鍋爐之頂，而用螺蓋旋於火爐之內，此條專爲牽固火爐頂之用。若鍋爐之頂不可恃此爲固倘須另加牽條也間有牽條不用螺蓋而將條端打成冒者其法不善因鐵多受捶打質變顆粒甚脆其冒每致脫落故有當時卽脫者亦有完功後而脫者若遇此事不能在外而修理必將鍋爐內拆卸大空甚爲費事也

牽條相距之度　二百三十四節

鍋爐內漲力每平方寸有二十磅至三十磅則平面之處牽條相距可一尺或十八寸煙管之間不能用圓條橫過以連兩旁可用角鐵釘於兩旁之內面如鐵船內肋條之狀再用極固之扁條橫過煙管之間兩端釘連於角鐵凡長牽條宜固定於鍋爐如與鍋爐整塊者相若有用長劈劈連者恐易鏽壞而致脫落必有危險圓筩鍋爐有孔之處亦必用條橫過牽連使其堅與無孔相同煙喉內二面鐵板不平行者可用短條順其方向以代長條

鍋爐礫裂

鍋爐礫裂之故　二百三十五節

漲力過大鐵板過薄爲礫裂之首事又有曲管或煙管外無水而燒熱至紅或放汽萍門不靈或牽條鏽壞若水淺而致曲管燒紅則爲漲力抵進而成小礫最可畏者外體之大裂然有時小礫亦爲危事因司機者常以此受傷也

有時外體大裂而曲管或煙管同時小礫危險之極此二事所以同時者因煙管燒紅之際添水筩忽添多水漫至管上驟生多汽萍門不及放出鍋爐外體因此亦裂又有曲管不合式汽不得上水不得下汽積於下致鐵板甚熱大曲管之下面因火衝撞每有此病鐵板受熱而軟漲力抵之而上凸則汽易積聚也又有水內鹽類結皮於曲管之面不能傳熱致鐵板紅熱而皮忽離亦成小礫

水切紅熱金類不能速化汽　二百三十六節

水切於紅熱之金類不能忽然化汽必先成小球在金類之面滾動而相離金類之熱雖大小球之熱不過二百零五度化汽甚遲若金類之熱漸減則小球漸合而與金類相切化汽甚速試將銅瓶燒至紅熱以水傾入而塞之並不發汽俟瓶漸冷至四百度以下化汽極多塞必彈出

預防鍋爐礫裂　二百三十七節

各鍋爐各作放汽萍門與漲表所以免漲力過大之病不全恃萍門者恐門或生鏽或門桿彎曲或漲力過大而鍋爐頂之形式改變以致萍門阻滯不能自開故必以漲表相輔自可一望而知漲力幾何也設有過大之事速開鍋爐外通之各門並過熄其火以減漲力凡置放汽萍門宜直通鍋爐不可通於汽扇門之外恐汽扇門偶或阻滯而

汽不得放間有在放汽管之內置錐形管以收汽所帶出之水然錐形管偶然脫落塞於放汽管之口汽亦不得暢放

預防礫裂別法　二百三十八節

預在鍋爐作孔用易鎔之金類密塞之漲力既大熱度亦大此金即鎔而仍爲孔汽得放出然此法雖巧尚不合用因易鎔之質以水銀爲主難得勻和日久而水銀爲汽抵出所留者仍然難鎔必致誤事又有車鍋爐在火爐之頂作鉛塞頂若露出水面鉛鎔即報危險

汽水共出亦致礫裂　二百三十九節

設見水隨汽而出多於添水筩所添入者鍋內之水必漸淺而曲管或煙管將致甚熱離患不遠司機者見水已淺而知尚未紅熱若不及將火取出可速開火門澆潑冷水數筩於火爐雖不能滅火而亦不再熱人宜躲於門旁免致汽噴受傷若火爐之頂已紅熱切不可添水進鍋尤不可取出爐內之火宜速開各處放水塞門或各處出沙孔以放盡其汽與水使漲力甚小則雖已紅熱不致抵進

鍋爐結鹽亦致礫裂　二百四十節

船鍋爐內常有此事司機者刻刻留意方能免患水已過鹹則所有火切面之內必結鹽一層隔水不能傳熱而鐵板漸漸紅熱漲力雖不甚大鐵板自能彎凸

鍋爐內面結皮生鏽　二百四十一節

船鍋爐常用含泥含鹽之水以致內面結皮一層與煮水器內結皮同理若用海水則其結皮之質大半爲食鹽因水化汽而鹽留下留者甚多水不能消化則結而沈下愈熱愈硬與海濱煮海爲鹽同理

結成之質淡水不全消　二百四十二節

結成之皮置諸淡水之內不能全爲消化因水化汽時各質依次結成多有鈣養硫養鈣養炭養二質而此二質已結則不能消化於水也故鍋爐內有遺留棉花布木者久

後取出必變成石結皮若厚其層累亦如石

結皮之病　二百四十三節

昔時船行大海常因鍋爐內結成厚皮致不能行遠故有以爲輪船必有數處之海不能行者後有人測知各海水含鹽之率不甚差且無論含鹽多少如小抵力機俱用吹換鹹水之法即可免結皮之病故火切面上之皮雖結亦甚薄也若結鈣質之皮過厚而壞者則爲司機之過

鹹水沸界　二百四十四節

海水含鹽三十三分之一而受空氣壓力沸界得二百十三度二含鹽三十三分之二沸界得二百十四度四含鹽

三十三分之三沸界得二百十五度五含鹽三十三分之四沸界得二百十六度七含鹽三十三分之五沸界得二百十七度含鹽三十三分之六沸界得二百十九度含鹽三十三分之七沸界得二百二十度二含鹽三十三分之八沸界得二百二十一度四含鹽三十三分之九沸界得二百二十二度五含鹽三十三分之十沸界得二百二十三度七含鹽三十三分之十一沸界得二百二十四度九含鹽三十三分之十二沸界得二百二十六度若過三十三分之十二鹽必分出而結漲力大於空氣壓力沸界之熱度亦增淡水而受空氣壓力沸界爲二百十二度設用

淡水而漲力大於空氣壓力十五磅則沸界得二百五十度若用鹹水而含鹽爲三十三分之四則沸界必加四度七而得二百五十四度七尋常鍋爐內之沸界卽爲此數

鍋爐內水含鹽合用之限　二百四十五節

鍋爐內之水含鹽之率不可過合用之限有人測得含鹽不過三十三分之二則永不結皮海水含鹽三十三分之一半化爲汽卽得含鹽三十三分之二故鍋爐吹出之鹹水得添進海水之半則含鹽不能過三十三分之二卽約十磅水內含鹽半磅也

海水重率　二百四十六節

海水之重率各處不同卽以準含鹽之多少今以二百七十七立方寸二七四計之淡水重十磅波羅的海水重十磅一五阿爾蘭海水重十磅二八地中海水重十磅二九而以重十磅二五爲海水之中數若含鹽二倍必重十磅五而含鹽三十三分之二者必重十磅六二五因海水十磅含鹽有八分磅之五也所以鍋爐內水每十磅含鹽不過半磅至八分磅之五則不結皮因此而知以鹽消化於水其體積毫不加大惟加重而已

吹出鹹水費熱不多　二百四十七節

吹出鹹水費熱不多蓋鍋爐內之水含鹽三十三分之四

尙屬可用而淡水化汽之容熱爲一千二百十二度添入鍋爐之水熱已一百度其實容之熱爲一千一百十二度若含鹽三十三分之四則加二度二三（此二度二三卽含鹽三十三分之四之沸界所增之熱四度七與其容熱率○·四七五相乘也）故水化爲汽所用之熱爲一千一百十四度二三若去○·二三而以三乘之（因水四分之三化爲汽而四分之一吹出也）得三千三百四十一度其吹出鹹水之一分容熱爲一百五十四度以鹹水之容熱率○·八五乘之得容熱一百三十四度九五以此數爲法約三千三百四十二得二十六卽吹出鹹水之含鹽爲三十三分之四而費熱不過二十六分之一若吝費而不將鹹水吹出則結皮

而熱難傳所費之熱反不止二十六分之一矣況多危險乎惟三十三分之四即每水十磅含鹽一磅已屬太多稍不謹慎將過此數而有危險故必以三十三分之二爲限也

收回費熱　二百四十八節

有人剏法使熱鹹水吹出之時經過多小管之內而使添入鍋爐之水先經此小管之外以收其熱然小管往往阻塞且用此法常以起水筩吸出鹹水管已阻塞而起水筩仍似吸水司機者每爲所誤而致失事

鹹水定吹恆吹　二百四十九節

常法使鍋爐內之水在一二小時內稍高後開吹水塞門使鹹水吹出至水面低下數寸即關塞門此爲定吹或用小塞門使鹹水恆吹或起鹹水筩恆吸出無論何法必用量鹹水表連於鍋爐若含鹽過多一望而知即可補救測驗含鹽之法甚多大半以浮量爲主又有用小器盛淡水置鍋爐內亦有漲表以此漲表之磅數與鍋爐漲表之磅數相較即知含鹽之數

鹹水必自水面吹出　二百五十節

沸水內若有定質熱必稍小於沸界而已能化汽細察之見汽似在定質內發出者定質之粒若甚小則所發之汽

泡能托小粒上浮至水面汽則散去粒乃下沈故在鍋爐之內即結於火切面之上若小粒浮至水面而即放出之則不沈下而結矣

放出上浮定質　二百五十一節

有西人名藍剏法用輕物浮於水面而使與吹水門相連水面高則門大開吹水自多出不致過高而溢入汽筩若不用浮物人宜留意水面之高低以開塞門之大小又法用漏斗置鍋爐之內收成所結之定質其底之管通出鍋爐而至船外漏斗之口稍高於水面周圍多作三角形孔使水能通入水內所結之定質爲汽托至水面因漏斗中

不甚沸故能隨水聚入其內而由底管吹出矣凡在水面吹出者吹水可少而費熱亦少若混濁者則浮於水面之水泡亦俱吹出而不入於汽筩

船鍋爐外面生鏽　二百五十二節

船鍋爐外面生鏽之故有數端近汽櫃處之生鏽因船面滴下之水底之生鏽因船內積水漫上灰膛口之生鏽因用海水澆潑退出之火灰此三事皆可預防鍋爐頂鋪氊一層氊外蓋鉛皮一層銲連接縫第一事可免安置鍋爐底用油膏第二事可免以鐵板一層蓋於灰膛之口螺釘旋定鏽則重易第三事亦免

船鍋爐內面生鏽　二百五十三節

船鍋爐內面生鏽常在汽櫃之內其故極難明曉若言鐵遇海水而鏽則火爐之上面及切海水諸處俱不甚鏽用汽凝之淡水添入鍋爐而汽櫃內仍生鏽鍋爐用至五六年已覺鏽傷即用此種鐵造作同大陸地鍋爐可用十八年至二十年之久若陸地鍋爐恆用鹹水其所用之年數與用淡水亦同船鍋爐在水內之面不生鏽用之既久拆出細視之鐵面椎痕尚在蓋因所結之皮護之也然鍋爐各處之生鏽不能預定有二鍋爐同在此處一已鏽壞而一者毫不傷損又有一鍋爐之內汽櫃之此邊鏽壞而彼邊毫無損又或生黑鏽可以層層剝下如樹葉或有似浸於強水內之鏽若在鍋爐外包氈一層則內面生鏽更速內面結厚皮比結薄皮者生鏽亦更速煙通經過汽櫃中者汽櫃內面之生鏽亦更速覽此各事而細思其理知內面生鏽各事皆因重得熱之汽所致其理足可破疑鍋爐外包氈熱不易散汽必重得熱結厚皮者必因水甚鹹鹹則沸界大汽能重得熱煙通經過汽櫃之中汽亦重得熱俱致內面生鏽要之凡能省煤之法即是鍋爐內速生鏽之法乃其據也

重得熱汽侵鐵之徵　二百五十四節

重得熱汽與鐵相切其養氣易與鐵化合取輕氣之法即其徵也試將鐵管盛鐵屑燒至紅熱以汽自管端噴入經過紅熱之處而輕氣散出此即汽重得熱而養氣與鐵化合也養氣合鐵即鐵鏽也鍋爐內汽之重得熱雖不及紅鐵之大而此性必有矣有此性而時日積久雖少亦多矣所以火切面甚大及曲管將至煙通先過鍋爐底之冷水管在汽內之一段內砌火磚一層不使熱傳於汽生鏽亦少故煙喉不可過汽櫃之中必自水面下旁出外若使添入鍋爐之水噴其外更好煙喉經過汽櫃中者近時多不用矣

各鍋爐相通之管　二百五十五節

輪船大者必用鍋爐數座皆於汽櫃之處以大管相通管內有門又可阻絕而不通門上連桿出管外亦用輭墊使汽不洩桿外再連桿挂重物以稱其重汽出能自動此桿通至機艙而連一柄以便司機者時扯其柄使活動若久不動則生鏽而欲闢不得矣

放汽萍門　二百五十六節

諸鍋爐必各有放汽萍門相通之門阻塞而不得開可以各放其汽不致生禍有時鍋爐受大抵力而改形萍門不得自開若各有門則不改形者仍可開也

限制添水　二百五十七節

添水之多少用塞門或螺絲開闔之平門制之然用塞門爲便因螺絲之平門易壞且不準也無論何法各鍋爐必各作一門又有依水面高低而自能限制者常法用浮物但船鍋爐水常搖動而不準故用銅球上連一桿置於管內管通於鍋爐水雖搖動管內仍靜桿端與限制塞門之柄相連

添水管通鍋爐之處　二百五十八節

添水管宜通鍋爐旁之近底處則添入之冷水先遇曲管與火爐之底而傳其熱且不遇化出之汽致復凝水可以

省煤或使冷水先經煙通之外收其熱而入鍋爐法作水箱圍煙通之外添水入此下有管通至鍋爐另有管放出餘水凡火切面不足而煙通內熱過大者宜用此法

餘水萍門　二百五十九節

添水管近筩之端作支管內有活平門汽機行動之時限制添水之門忘開管亦不致礫裂因水抵力過大活門即自開水由支管放出進水之管亦必有塞門可以限制進水之多少

副添水筩　二百六十節

汽機不動之時另有添水筩以人力運動或以附汽機運

動因停船稍久餘汽放出必有此器以補水之不足筩外通連數管與塞門以取海水入鍋爐或噴水沖洗船面或救火或取出積水

新陽趙元益校字

上海曹鍾秀摹圖

汽機必以卷六

英國　蒲而捺譔

英國　傅蘭雅　口譯
無錫　徐建寅　筆述

汽機空體尺寸

放汽萍門面積　二百六十一節

放汽萍門面積以平圓寸八配一號馬力卽平圓一寸配一號馬力又四分之一漲力無論大小此數皆合用推算之法將汽筩徑寸數自乘再以鞲鞴每分時總行尺數乘之爲實另將每平方寸漲力磅數與三百五十七相乘爲法以法約實卽得萍門孔面積之方寸數鍋爐化水之力與汽機用汽之數相配者可用此法車汽機及各種大抵力機皆可用之但今作此門之制尚未一定有大於此數者有小於此數者因製造者各存己見也如柏利所造汽車不論鍋爐之大小萍門徑皆作二寸半門上加以稱桿桿末用螺簧壓之其桿之定點至倚點倚點至重點若五與一之比因門之面積爲五方寸視螺簧之磅數卽知每平方寸漲力之磅數萍門有一箇者有四箇者然用二箇者爲多車鍋爐則常用二箇

萍門漲權　二百六十二節

車鍋爐萍門之權不用重物鎮壓而用螺簧之稱若用重物車體振動而跳躍汽卽放出陸鍋爐與船鍋爐之漲權皆以重物爲之然行海之船或遇大浪萍門每有自開者

車鍋爐放汽萍門面積　二百六十三節

門徑有四寸者得面積十二方寸有一寸又十六分寸之三者得面積一方寸漲權之制多用螺簧與稱桿稱桿長短二端之比常爲門孔面積與一之比如門孔面積十二方寸則螺簧至倚點之長比倚點至定點爲十二倍故視簧稱之磅數卽知每平方寸漲力之磅數惟稱桿既爲十二與一之比而螺簧之伸縮不多萍門難得大開故有作弓形簧多層相疊卽壓萍門之上或二萍門兼用兩式爲更好

進汽管橫剖面積　二百六十四節

緩行汽機進汽管之橫剖面積常爲汽筩橫剖面積二十五分之一卽徑爲汽筩五分之一汽筩之長與徑略等者一號馬力得進汽管橫剖面積一方寸鞲鞴每分時行二百二十尺者用此數爲合宜出汽管之面積宜稍大若漲力大而再用自漲者宜更大尋常凝水汽機漲力大於空氣壓力四磅至八磅者進汽管橫剖面每號馬力不可小於一平圓寸將號馬力數以〇八約之得數開平方卽得此種汽機進汽管內徑之寸數

進汽管橫剖面積之理 二百六十五節

進汽管之面積必使汽箭內之抵力與鍋爐內之漲力無甚差出汽管之面積亦以此爲則若已知汽箭之徑及鞲鞴速率即可知汽管內汽行之速率因汽箭橫剖面積若大於汽管橫剖面積二十五倍即汽管內汽之行速大於鞲鞴之行速二十五倍而汽行之速即汽管二端抵力之較所生也欲知二端抵力較數先求成此行速需配汽柱之高數而與汽之重率相乘即得抵力之較然尋常汽機進汽管內稍有凝水故必稍過此數

鞲鞴速率與汽孔面積同增減 二百六十六節

汽孔之面積必依鞲鞴之速率車汽機汽孔面積常爲汽箭面積十分之一至八分之一間有六分之一者凡甚速之汽機汽孔面積宜加大而汽罨之往復宜加長汽孔之開得更速推算新式汽機將汽箭面積方寸數與鞲鞴一分時總行尺數相乘以四千約之即得汽孔面積方寸數行動不緩不速之凝水汽機依此法一號馬力得汽孔面積一方寸稍餘然以多餘爲更好行動甚速者一號馬力汽孔面積必大於一方寸甚多車汽機之出汽管口藉以吹汽而增煙通吸風之力故口作甚小使汽之吹力更大其面積爲汽箭二十二分之一此爲極小之數稍大爲佳

速行汽機必用出引汽 二百六十七節

汽機行動甚速者必於鞲鞴未至路端汽已放出謂之出引汽否則鞲鞴返行對面之汽不及盡放而生對力蓋鞲鞴將至路端行動已慢汽雖先放而推機之力不甚減也迨鞲鞴返行出汽孔大開汽得放盡自無對力矣昔時車汽機不用此法更兼煙管之共橫剖面甚小出汽管之吹力必甚大因此二事枉費汽機能力之半新式車汽機煙管共橫剖面積與出汽管口皆加大又鞲鞴行至路端出汽孔早已全開故磨力甚少

出引汽加大得益之據 二百六十八節

初造之時出引汽尙甚少略同當時之陸汽機前五十八年蒲頓華德已言餘面之理前三十八年各處造陸汽機者俱明此理而用之前三十七年嘗有人製造輪船名曼洽司塔仿用其法而得大益嗣後諸輪船以次仿用再後車汽機亦用之因用餘面則兩心輪必與曲拐成鈍角鞲鞴未至路端出汽孔已開即成出引汽而免鞲鞴彼面之對力其益更大於用餘面而得自漲力之益也前三十年立發鋪鐵路之汽車改爲進汽邊餘面得一寸出汽邊虧面亦一寸汽罨復往路一寸又四分寸之一未改之時每行一英里燒枯煤三十六磅三已改之後每行一英里燒

枯煤二十八磅六計省四分之一後又將煙管共橫剖面加大爐栅排列加密故所需吸風之力可小而出汽管之口亦得改大每行一英里燒枯煤不過十五磅可謂曲盡其妙矣

恆升車凝水櫃容積　二百六十九節

瓦特汽機恆升車之徑與起水盤行路俱得汽筩之半而容積爲汽筩八分之一凝水櫃之容積等於恆升車新式汽機漲力加大故恆升車之容積亦必加大宜作恆升車徑爲汽筩徑十分之六而往復路仍爲推機路之半凝水櫃之容積亦與恆升車相等如能加大更善至於雙行恆

升車之容積可爲單行恆升車之半而稍餘蓋單行恆升車惟起水盤提上時吸水與空氣雙行恆升車則往復皆吸水與空氣也雙行者筩之二端皆有進水出水之門而起水盤內無門單行者筩之下端有進水門上端有出水門而盤內亦有門新式直接螺輪機多用雙行者別種汽機俱未多用

恆升車進出二門　二百七十節

門孔之面積宜得筩體橫剖面積四分之一出水管徑宜得汽筩徑四分之一而橫剖面積稍小於門孔之面積此爲緩行汽機所用若速行汽機而起水盤與鞲鞴同速者

則門孔面積與出水管橫剖面積必等於恆升筩橫剖面積且筩之容積亦必加大因行動甚速功用必有幾分糜去如直接螺輪汽機是也

縮櫃噴水之數　二百七十一節

瓦特測得熱井內水之熱以一百度爲最宜設汽之熱度爲二百十二度隱熱爲一千度則容熱爲一千二百十二度減熱井之熱一百度得一千一百十二度若噴水之熱五十度則自此五十度至一百度必能收熱五十度惟所欲減之容熱能使等於汽重之水加熱一千一百十二度卽能使一千一百十二倍汽重之水加熱一度亦能使此

水五十分之一卽二十二倍二四汽重之水加熱五十度所以一立方寸之水化爲汽必用五十度熱之水二十二立方寸二四噴之方能使盡凝而得一百度熱之水二十三立方寸二四瓦特之法鍋爐內化水一立方寸凝水櫃噴水二十八立方寸九

縮櫃吸力　二百七十二節

縮櫃內之熱度減小則吸力加大而汽機之能力亦大然瓦特常使熱井之熱不小於一百度者因欲減小熱度必須多噴冷水而此冷水必以勝過空氣壓力之力取出之恆升車之費力必多故減小熱度而加大之吸力不能補

恆升車之費力惟噴水之熱果能小於五十度而使櫃內之熱不及一百度則爲兩得

噴水孔面積　二百七十三節

推算噴水孔之面積必先知凝汽當用之水數並水噴入縮櫃抵力數縮櫃內之吸力（卽水噴入之抵力）恆等水銀高二十六寸卽等水柱高二十九尺四將二十九四開平方再以八〇二二乘之得四十三尺一五卽重物自二十九尺高墜下近地之時一秒時內之速數亦卽水入縮櫃每秒所行之尺數惟一小時內化水一立方尺爲汽等於一實馬力而此汽復凝爲水必用噴水二十八立方尺九卽一秒

時噴水十三立方寸九五也噴水孔之面積必能容此水在一秒時以四十三尺一五之速經過（卽一秒行五百十七寸八）故置一秒噴水之立方寸數十三九五以一秒行之寸數五百十七八約之得噴水孔面積之方寸〇二六八五又有人測得水過薄板孔而逕擠其速爲依理推得之數十分之六噴水孔之面積必依此比例而加得平方寸〇四四七五略爲一實馬力配二十二分平方寸之一又必加噴水管內之面阻力故一小時化水一立方尺配噴水孔之面積十五分平方寸之一爲合用之數

外冷凝水法　二百七十四節

此法用甚大甚薄之銅板作凝水之器汽入其內而外面以冷水流過汽遇冷面卽凝爲水而不與冷水相和謂之外冷之法瓦特曾用此法後因其器過大且冷水混濁結皮一層以致不能傳熱所以改用噴水之法卽縮櫃也瓦特用此法之前乃用冷水噴入汽箭以凝汽瓦特以後有何而者挪外冷器使汽噴入小管之內而外用冷水流過至今已不多用惟漲力甚大之汽機必用此法

添水箭之容積　二百七十五節

小抵力機鍋爐內之漲力多於空氣之壓力五磅者（卽得全抵力二十磅）則添水箭之容積爲汽箭容積二百四十分之一惟

將此汽擠之更密卽爲大抵力汽故添水箭之容積雖與汽箭容積相比亦必與漲力爲比全抵力若得四十磅則容積必爲汽箭容積一百二十分之一推算之法將汽箭容積之立方寸數以一平方寸全抵力之磅數乘之（卽放汽門每平方寸抵力加十五磅）再以四千八百約之卽得雙行汽機單行添水箭容積之立方寸數若俱爲雙行或俱爲單行者祇用此數之半此數核計縻費在內故雖行動甚速亦已足用

起水箭之縻力　二百七十六節

起水箭實起之水甚不及箭之容積與次數相乘所當得

之水中等者糜去一半下等者糜去五分之四其所以糜費之故因起水柱上升甚速水有永靜之性而不及同上故柱之下面成眞空起水柱下降亦甚速則門外之水遇擊而卻退起水柱復上水尚不及返回而成空更多由是起上之水甚少於容積當得之數喊奴法地有人實測此事用轉動塞門上連一管管上通大水箱塞門旋轉水乃斷續放出水柱高十七尺每分時塞門八十轉放水九十四磅半一百四十轉放水五十四磅二後在近塞門處作氣泡每分時八十轉放水一百二十九磅一百二十轉放水一百八十二磅八故速行起水筩亦宜在進水之處作

氣泡進水管尤宜極短

陸地汽機冷水筩　二百七十七節

一立方寸之水化汽必用冷水二十八立方寸乃始可復凝爲水冷水筩之糜力同於添水筩則必加大二十八倍九惟添水筩格外加大以補鍋爐之洩漏及萍門之放汽故冷水筩之容積二十四倍於添水筩爲合用推算之法將汽筩容積立方寸數以一平方寸之全抵力磅數乘之（卽萍門上一平方寸抵力加十五）以二百約之卽得雙行汽筩單行冷水筩容積立方寸數

汽機實體尺寸

汽筩　二百七十八節

凝水汽機不甚大者汽筩之厚宜爲筩徑四十分之一漲力大於空氣二十磅則筩體之質每橫剖面一方寸任受牽力四百磅搖汽筩空樞之厚宜爲筩徑三十二分之一其長宜爲樞徑之半大抵力機汽筩之厚宜爲筩徑十六分之一漲力大於空氣八十磅則筩體之質每橫剖面一方寸任受牽力六百四十磅大抵力搖汽筩空樞之厚宜爲筩徑十三分之一其長亦宜爲樞徑之半蓋汽筩之厚不特任受漲力並欲任用時振動之力且欲製造時車鉋而不致變形凡汽筩徑愈大其厚與徑之比可稍減小筩

徑四十寸者厚爲一寸而徑八十寸者厚可少於二寸也徑若不及四十寸者其厚依此比而稍加如春氏所造十二馬力汽機筩徑二十一寸半厚十六分寸之九徑四十寸之汽筩厚一寸里本與布點甲與烟都司三輪船其搖汽筩機筩徑七十六寸厚一寸又十六分寸之十二

挺桿　二百七十九節

挺桿之徑常得汽筩徑十分之一卽橫剖面爲汽筩橫剖面一百分之一車汽機及速行之船汽機此數不合用車汽機挺桿之徑爲筩徑七分之一凡轆轤上抵力甚大者挺桿必加大

陸地槓桿汽機之挺搖桿　二百八十節

挺搖桿之橫剖面爲汽箭橫剖面一百十三分之一其長爲推機路之半

陸地槓桿汽機之生鐵大搖桿　二百八十一節

生鐵大搖桿之橫剖面常爲十字形每象限之通弦爲桿長二十分之一中節之橫剖面積爲汽箭面積二十八分之一二端之橫剖面積爲汽箭橫剖面積三十五分之一長爲推機路三倍半然此大搖桿用熟鐵者爲佳其各尺寸可與船汽機相同

瓦特汽機之大搖桿　二百八十二節

有用鐵者有用木者木桿之尺寸將汽箭寸數自乘以推機路尺數乘之以二十四約之得數開三乘方即得厚之寸數鐵桿則以五十七六代二十四餘法俱同

陸地汽機大槓桿二端之軸　二百八十三節

小抵力機大槓桿二端之軸用生鐵者其徑爲汽箭徑九分之一熟鐵者其徑爲汽箭徑十分之一依此數每橫剖面一平圓寸任力五百磅倘屬太小宜再加大則銅襯不易消磨彎撍亦不因銅襯變形而斷以上各數及下節之數俱以鞲鞴面一平圓寸受力十八磅

大槓桿之生鐵中軸　二百八十四節

任受本體之重與汽機全力之磅數相併以長與徑之相比數乘之以五百約之得數開平方即得徑之寸數

瓦特大槓桿之中軸　二百八十五節

軸之中節爲方形推算其徑將所任重力之和以二枕相距之寸數乘之以三百三十三約之得數開立方即得徑之寸數

陸汽機之大槓桿　二百八十六節

鞲鞴面一平圓寸受全抵力十八磅則槓桿中節必合鞲鞴面每平圓寸受力三十六磅推算中節尺寸之法將中節合鞲鞴面一平圓寸受力磅數以二百五十約之以槓

桿半長之尺數乘之爲泛數若厚數已定則將厚之寸數爲法約之得數開平方即得闊之寸數二端之闊爲中節之闊三分之一小抵力機槓桿中節之闊等於汽箭徑其長爲推機路之三倍厚之中數爲長一百零八分之六而邊之厚爲薄處三倍因任力全在此處也新式汽機鞲鞴面每平圓寸全抵力多於十八磅

瓦特汽機之大槓桿　二百八十七節

大槓桿用木所作而橫剖面爲長圓形者則厚與周爲一與五八之比闊與周爲一與二五之比若爲正方形則將汽箭徑與推機路相乘得數開立方即槓桿闊之寸數爲即

深數依此法十六尺長之槓桿任力時成彎八分寸之一三十二尺長者任力時成彎四分寸之一若用熟鐵所作將汽筩徑自乘再以槓桿之半長乘之得數即闊之平方與厚相乘之數

桿軸任力之數　二百八十八節

桿體任折力而物質之堅固同者則其任力與厚乘闊之平方有比軸體任扭力而物質之堅固同者則其任力與徑之立方有比

生鐵軸徑　二百八十九節

實測而得加扭力於生鐵軸其加力之半徑爲六寸則將

軸徑寸數之立方以八百八十乘之即爲扭斷之磅數故將汽筩徑之寸數以曲拐二心相距之寸數乘之得數開立方以〇三〇二五乘之即得生鐵軸最小處徑之寸數

瓦特所定軸徑　二百九十節

鞲鞴面任受全抵力十二磅而加力之半徑以一尺爲定率故無論汽機大小將鞲鞴面總受之全抵力磅數依曲拐之二心距改就一尺半徑之磅數將此數以三十一四約之開立方即得軸頸徑之寸數又法將鞲鞴一往復用汽之立方尺數以十三七乘之得數開立方亦得軸頸徑之寸數

輪齒　二百九十一節

推算生鐵輪齒之尺寸置齒心界徑之寸數以一分時之轉數乘之爲實將輪所傳之實馬力與二百四十相乘爲法以法約實爲泛積若已知齒心距而欲求齒闊則以齒心距寸數之平方爲法約泛積即得齒闊之寸數若已知齒闊則以齒闊寸數約泛積得數開平方即得齒心距之寸數以齒心距數八分之五爲齒之長數齒心界之行速一分時至二百二十尺者大輪必用木齒尺寸如常可耐消磨最小之輪齒數至少以三十

飛輪　二百九十二節

先知汽機一推之能力及使飛輪得常速所須之推數即可定輪體之尺寸以全力推飛輪而不別用者尋常飛輪所容之重力爲一推之力二倍半至六倍即二推半至六推能得常速也若輪體之重等於鞲鞴面之抵力則輪轉之速必等於重物自二倍半至六倍推機路之高下墜之末速若欲轉動極勻必作輪體更重或轉更速

蒲頓華德作飛輪　二百九十三節

生鐵輪牙之橫剖面將汽筩徑寸數自乘再以四萬四千乘之又以推機路尺數乘之爲實將飛輪每分時轉數之平方與輪徑尺數之立方相乘爲法以法約實即得飛輪

生鐵牙橫剖面方寸數

船汽機車汽機實體尺寸

汽機各件實體尺寸依全抵力之大小　二百九十四節

陸汽機鞲鞴面每方寸任受全抵力恆得十二磅至十三磅而船汽機與車汽機則有數倍於此者設每方寸之全抵力加二倍則各件實體之尺寸必合二倍大之汽機故可設公法依全抵力之大小而定汽機各件實體之度鍋爐內一方寸之漲力與縮櫃內一方寸之縮力相并卽鞲鞴面一方寸之全抵力縮力一方寸略得十五磅

挺桿　二百九十五節

置鞲鞴面每方寸全抵力之磅數開平方以汽筩徑之寸數乘之以五十約之卽得挺桿徑之寸數其任力得凹凸力界七分之一

大搖桿　二百九十六節

置鞲鞴面每方寸全抵力之磅數開平方以○·○一九乘之再以汽筩徑之寸數乘之卽得大搖桿二端徑之寸數將大搖桿長之寸數以○·○○三五乘之加一再以鞲鞴面每方寸全抵力之平方根乘之再以○·○一九乘之再以汽筩徑之寸數乘之卽得大搖桿中節徑之寸數其任力得凹凸力界六分之一

挺搖桿　二百九十七節

置鞲鞴面每方寸全抵力之磅數開平方以○·○一二九乘之再以汽筩徑之寸數乘之卽得挺搖桿二端徑之寸數將挺搖桿長之寸數以○·○○三五乘之加一再以鞲鞴面每方寸全抵力磅數平方根乘之再以汽筩徑之寸數乘之卽得挺搖桿中節徑之寸數其任力得凹凸力界六分之一

熟鐵曲拐　二百九十八節

置鞲鞴面每方寸全抵力之磅數以一·五六一乘之再以曲拐長之寸數以兩心距爲度乘之寄左另將汽筩徑寸數之平

方以○·○○四九四乘之再以鞲鞴面每方寸全抵力磅數之平方乘之兩數相并開平方爲實將曲拐長之寸數開平方與七五·五九相乘爲法以法約實得數以汽筩徑之寸數乘之得數自乘而再開立方再加大軸端徑之寸數卽得熟鐵曲拐大端外徑之寸數將鞲鞴面每方寸全抵力之磅數開平方以○·○二五二一乘之再以汽筩徑之寸數乘之加拐軸徑之寸數卽得曲拐小端外徑寸數

熟鐵曲拐薄處　二百九十九節

置汽筩徑之寸數自乘以○·○○四九四乘之再以鞲鞴面每方寸全抵力之磅數乘之寄左另以曲拐長之寸數

自乘以一·五六一乘之兩數相并開立方以汽筩徑之寸數自乘而乘之再以鞲鞴面每方寸全抵力之磅數乘之以九千約之開立方卽得熟鐵曲拐薄處引至大軸中心厚之寸數將鞲鞴面每方寸全抵力之磅數開平方以○·○二二乘之再以汽筩徑之寸數乘之卽得曲拐薄處引至拐軸中心厚之寸數曲拐薄處引至大軸中心之闊與厚爲二與一之比引至拐軸中心之闊與厚爲三與二之比將鞲鞴面每方寸全抵力之磅數開平方以○·○三七五乘之再以汽筩徑之寸數乘之卽得曲拐小端厚之寸數大端之厚等於大軸之徑

熟鐵大軸 三百節

置鞲鞴面每方寸全抵力之磅數以汽筩徑之寸數自乘而乘之又以曲拐長之寸數自乘而乘之得數開立方再以○·○八二六四乘之卽得明輪熟鐵大軸頸徑之寸數軸頸之長與徑爲五與四之比裝入曲拐大端之徑等於頸襯之外徑熟鐵螺軸之各尺寸宜與前數爲三與二之比此節與前節之任力得凹凸力界六分之五以鐵質橫剖面每方寸任受牽力一萬七千八百磅

拐軸 三百一節

置鞲鞴面每方寸全抵力之磅數開平方以○·○二八三六乘之再以汽筩徑之寸數乘之卽得拐軸徑之寸數長與徑爲九與八之比常任之力得凹凸力界三分之二在極大之力等於凹凸力界

橫擔 三百二節

橫擔之長與汽筩徑爲一·四與一之比置鞲鞴面每方寸全抵力之磅數開平方以○·○二八二七乘之加中節孔徑之寸數再以汽筩徑之寸數乘之卽得橫擔中節外徑之寸數置鞲鞴面每方寸全抵力之磅數開平方以○·○九七九乘之再以汽筩徑之寸數乘之卽得橫擔中節闊之寸數置鞲鞴面每方寸全抵力之磅數開平方以○·○

一七一六乘之再以汽筩徑之寸數乘之卽得二端樞徑之寸數樞長與徑爲九與八之比置鞲鞴面每方寸全抵力之磅數開平方以○·○二四五乘之再以汽筩徑之寸數乘之卽得薄處引至中心厚之寸數置鞲鞴面每方寸全抵力之磅數開平方以○九七八乘之再以汽筩徑之寸數乘之卽得薄處引至中心闊之寸數置鞲鞴面每方寸全抵力之磅數開平方以○·○一二二乘之再以汽筩徑之寸數乘之卽得薄處引至樞端厚之寸數置鞲鞴面每方寸全抵力之磅數開平方以○·○一○三乘之再以汽筩徑之寸數乘之卽得薄處引至樞端闊之寸數薄處

任力與凹凸力界爲一·〇〇與二·二五之比樞之任力與凹凸力界爲一·〇〇與二·三三之比若任力全在樞之外端則與凹凸力界爲一·〇〇與一·六五之比

邊桿中軸　三百三節

置鞲鞴面每方寸全抵力之磅數開平方以〇·〇三六七乘之再以汽筩徑之寸數乘之卽邊桿熟鐵中軸頸徑之寸數頸之長與徑爲三與二之比任力得凹凸力界二分之一

長劈與扁栓　三百四節

置鞲鞴面每方寸全抵力之磅數開平方以〇·〇三五八乘之再以汽筩徑之寸數乘之卽得橫擔上長劈扁栓共闊之寸數置鞲鞴面每方寸全抵力之磅數開平方以〇·〇〇七乘之再以汽筩徑之寸數乘之卽得厚之寸數置鞲鞴面每方寸全抵力之磅數開平方以〇·〇一七乘之再以汽筩徑之寸數乘之卽得鞲鞴上長劈扁栓共闊之寸數置鞲鞴面每方寸全抵力之磅數開平方以〇·〇〇七乘之再以汽筩徑之寸數乘之卽得厚之寸數

汽機實體尺寸總論　三百五節

以上推算各件尺寸之法乃著名工師所定屢經實用洵可爲法然各件任力之數與凹凸力界之比尙有不同不

無少有過不及之差故常有要處忽然自斷者是必體制之太小抑或材質之不佳若能選擇最佳之料而準前法爲之可保永無誤事且造汽機者當知易消磨易生熱之病制度有準而得佳料不特不易消磨亦可不易生熱也如拐軸宜大而長任力得散於大面而熱自不生橫擔兩端之樞亦然其轉動雖不大而滑質難進磨面常受擊撞之力雖進又易擠出力散於大面此病可免也

新陽趙元益校字

上海曹鍾秀摹圖

汽機必以卷七

英國 蒲而捺譔

英國 傅蘭雅 口譯

無錫 徐建寅 筆述

起水汽機

縮櫃用水 三百六節

近處無通水之道即在地面掘池深三四尺甎石築砌使不漏洩縮櫃內吸出之水積於池內冷而再用或使吸出之水向上噴散而速冷亦可再用然噴散之時多收空氣再入縮櫃難得眞空

鞲鞴不洩汽 三百七節

舊法用白麻線六十根打成方緶兩端作尖小鐵椎打平而稍闊緊繞於鞲鞴之外槽木椎四圍打緊將牛羊油煮鎔以灌其隙再打入白麻線一層闊約半寸共闊五六寸合以壓蓋螺釘旋緊麻緶宜鬆然過緊則滯力又大初用之時油必多加久後汽筩內已光油可少用近時起水汽機之鞲鞴亦以金類作圈代麻緶名曰襯環環內有空容麻或簧抵環向外貼切汽筩其式同於用麻緶者

汽機起動 三百八節

進汽管內已得漲力三磅汽筩殼已熱試開放水塞門見有多汽噴出即關進汽𨷲使汽吹出汽筩縮櫃內之空氣

與水歷時數分而關之縮櫃內之汽爲櫃外之冷水所凝而稍成眞空汽筩內之汽與空氣即入縮櫃亦凝爲水再吹再關如此數次至縮力等於水銀三寸即稍開噴水門而隨關之數次之後同時開進汽出汽噴水三門如汽機不動必再如前吹汽一次至自能起動若起水筩內無水則汽扇門與進出二汽𨷲俱不可多開恐鞲鞴有擊撞之弊起水已多而汽筩內之抵力尚小亦不可大開進汽𨷲往復三四次後果覺太遲方可多開初動之時必使鞲鞴每次行足暫停之時宜關噴水塞門又宜置鞲鞴於極上使汽筩內積水自能流出因上面積水再起動而多費汽

也單行汽機必須遲速皆宜十分時往復一次可一分時任復十次亦可始爲無病不能如此即須修理

瓦特以後之制 三百九節

果臯書汽機漲力大而用自漲有時用大小二汽筩使汽先入小汽筩推鞲鞴至路端再放入大汽筩即用自漲力推大鞲鞴至路端放入縮櫃然亦無甚大益且事件甚繁又用生鐵柱任槓桿而不用甎砌之牆槓桿在汽筩之端長於起水筩之端起水盤可以緩行而不致消磨汽筩則收小而使速行雖用大抵力各件亦不必甚大也

深井起水 三百十節

推水之法用之最宜設起水盤洩漏雖行動時亦可修理惟進水管仍用吸水之法并若再深可以接長水或漲高起水箭尚不致淹入水中仍可收拾進水出水之門并甚深者此門易壞因水高則壓力大而每次擊撞也補救此弊厥有數法以哈皮回司得者爲佳其法略如第二十七圖之相定汽門式似小箭二端皆通中心有桿連一圓板圓板定而小箭可上下放下則箭內切於圓板之邊而阻塞壓力爲圓板所當而箭易上下箭之上端密切於平板之孔內平板連於外殼相切之處皆作圓錐形哈氏箭內之門即仿此法故水之壓力雖大而門不擊撞又作下端

稍大於上端使能自開下端襯木一層亦以減小擊力此門雖不甚擊撞惟使開闔必用大力并若甚深者其水抵上之力恆不大故仍未盡善近又用鉛錫鎔和墊於門下覺有益或用象皮平板爲門擊撞可減然亦易壞近時之法進水出水兩處俱作容氣之泡吸水之管亦減短因長則水有上衝之力也

轉行起水車　三百十一節

轉行起水車以阿布得所造者爲最好以多翼湊於軸藏於外殼內而旋轉激水使由管內而上向來僅爲灌田之事與起水不高之用起深井之水不多用若用此法必廢

單行汽機矣

單行機與轉行機之相比　三百十二節

單行汽機是初刱之式原不靈便至今尚有用之者因人之習慣也果臬書汽機即單行汽機形體甚大而製作不精工料多而程功少故不如轉行者之體小而製精價亦不甚大也或以爲果臬書汽機行動緩可省煤殊不知省煤者以多得自漲力而非動之緩也轉行機體小而動速者亦可多得自漲力而省煤也

船汽機

明輪汽機首式　三百十三節

明輪船內以搖箭汽機爲最好乃春氏所刱因佔處小而事件不繁易於修理體輕而牢固惟聯軸上運動恆升車之曲拐欲其牢固甚難必用曲形之鐵板三塊相疊鎔粘打成庶得牢固板面宜凸打時滓易擠出而能粘合燒煅之時熱不可過大恐鐵之外面燒壞而內層之熱尚不足難以粘合也或用兩心輪運動更好但必甚厚使磨力散於大面方免生熱

搖箭汽機之益　三百十四節

搖箭汽機初造之時人皆不信或言汽箭必變橢圓空樞必生大熱轉節必易洩漏空樞既任大力箭體之兩旁必

凹凸大軸忽轉忽停汽筩必裂挺桿必彎惟深知汽機者則以爲未必然已有搖筩機用過多年其汽筩與軟竇臼內所變腨圓極微較諸邊桿機所用年數相同者所變之腨圓甚少此因樞頸之滯力小而筩體搖動甚易也邊桿汽機平行諸件稍有不準韛韝必偏於汽筩之一邊易致消磨此機空樞之內汽常經過故能不生大熱空樞與汽管相接襯麻合法不得洩汽設有洩漏而在出汽邊者則在軟墊臼口接空筩其長爲軟墊臼三分之一或四分之一筩內盛水則水入而空氣不入縮櫃之內吸力不致減小汽筩體尺寸合法亦可無凹進凸出之病拐軸與曲拐相連自有活動之法船體雖振動不傳至聯軸汽機各件不受强拗之力

明輪汽機次式　三百十五節

明輪船內稍次之式爲空挺桿汽機乃立尼所剏其式之精巧與用之便益略同搖筩機挺桿爲大圓管通過韛韝之內而相連牢固圓管進出於汽筩二端之蓋而不洩汽搖桿連於圓管之中而搖動故名空挺桿惟桿周皮積甚大每進出一次遇空氣而稍冷必凝汽爲水內空亦大常常散熱凝水更多故費汽不少惟此遜於搖筩者耳若直立者空挺內可盛以油能免內面散熱之病

螺輪汽機首式　三百十六節

螺輪船內以返折搖桿汽機爲最好英國戰船始用此種

第三十四圖

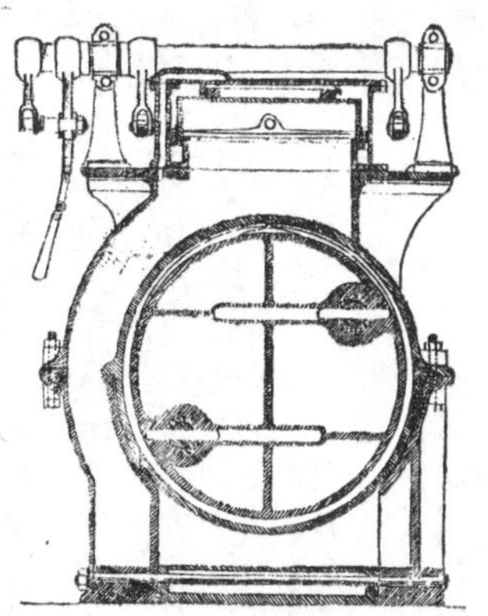

汽筩橫卧於船旁一韛韝有二挺桿甚長直通至對面共連一挺鍵行於鍵轄之內挺鍵爲兩曲中連搖桿返折至船之中心以搖曲拐二挺桿連於韛韝如第三十四圖一在大軸之上一在大軸之下挺鍵正對汽筩心而平置二端有曲臂以接二挺桿之端升挺桿添水筩桿戽筩俱連此曲臂

直接螺輪　三百十七節

製作合法行動雖甚速亦能無弊但比緩行者更須堅緻相磨之面亦須加大尤必有重權連於大軸與曲拐成對面相稱以平往復各件之重力簡法將生鐵鑄成圓盤固抱於大軸之端一邊偏重而在輕邊置拐軸以代曲拐則偏重者適與韛韝各件之重相稱凡用單汽筩者體制簡易散熱少而可省煤然惟橫卧者爲宜

汽筩韛韝汽卷

汽筩殼。 三百十八節

果臬書汽機進汽先入汽筩外殼而再入汽筩或作螺絲路環遶汽筩之外引一火路之熱入其內俱使汽筩內不冷之意瓦特初時未用此法殊覺費煤故後亦補用近時汽筩之有殼者實測而知其燒煤恆省昔有以爲汽筩殼大於汽筩散熱之面更大必無省煤之意近有人名朱里細考其理知汽筩內汽之熱度能不減小則所增之力能甚大故有筩殼之外再裹以氊用木條圍抱而鐵箍束緊者有不用外殼而獨用氊木圍包者果臬書汽機有在汽筩底蓋亦作殼者蓋上軟墊作甚深或用銅環作墊而通

汽入內雖有漏洩所入汽筩內者非空氣而爲汽不減其吸力搖汽筩蓋上軟墊亦作甚深使軟墊雖受挺桿之拗力亦不致損韝韛也

汽筩。 三百十九節

汽筩不與罨匣鑄連者其合縫之處宜鉋磋甚平以金類密切不可用生鏽之法使不漏洩大汽機用長汽罨而罨匣長者則罨匣與汽筩合切之處宜用活節之法否則汽入匣內將匣抵開或致拗裂汽筩也汽筩非搖動者吹氣門之殼可鑄連於罨匣汽筩二端作放水平門螺簧壓定汽筩有水爲韝韛所擠則能抵門使開而水放出用管引

之不使噴射傷人軟墊難於加緊者須作甚深亦可不漏有用銅圈切挺桿再在圈外塞麻縺者平行動不差則耐用而省油蓋用銅作圈能使挺桿得光滑遠勝於麻縺也邊桿船汽機汽筩連固處之面積常太小而搢邊亦太厚搢邊太厚反不固因筩體薄而邊厚者鐵質漲縮不勻而易裂故連斜牽條之面宜薄而大螺釘帽切邊之處宜鑽刨極平若難於鑽平可用鋼螺釘不用帽而根作倒尖搢邊厚而可用方釘者其方段必同穿二孔俱用熟鐵箍固束汽筩口以防開裂

韝韛 三百二十節

大汽機之韝韛外襯金類圈謂之護環環之接處作方筍相錯或另用金類長塊順環鑲入環端或環端斜而相錯外面皆光平俱使汽筩內面不消磨而留高脊環內用簧抵環貼切汽筩搖汽筩則不用簧而用麻縺塞緊環邊之內角稍圓小汽筩之韝韛用二環並列而兩端亦斜錯其斜之方向二環相反則不致消磨筩體爲橢圓

護環 三百二十一節

先作整圈大於汽筩之徑車刨圓平而截去一段强入汽筩之內用小椎於環內多打以增其簧力取出夾於韝韛之內再車刨之使更圓而光滑環之側邊用磋刮之法密

切韝鞲之槽內若二環者則二環相切亦礤刮密切環之側邊作數釘與韝鞲穿連使不轉移孔須稍長以備環體消磨仍可抵出環內之簧抵力不可過小其式如弓須用多根周圍勻抵各簧中段皆用螺釘連於韝鞲簧式甚多無論何式而護環或單或多俱宜用桿稱準簧環二者向外之共抵力

畚氏韝鞲　三百二十二節

畚氏搖汽筩用罩護環環端作方筍相錯環內用麻纓塞緊上邊襯以黃銅皮之狹圈則麻纓可高於環而得壓緊環之下邊密切韝鞲之邊內作圓角韝鞲之壓蓋壓緊環

內之麻纓又切環之上邊

挺桿連於韝鞲　三百二十三節

韝鞲中心之孔極作尖錐形其二面口徑之相較宜大則能當挺桿拔出之力韝鞲不致礫裂挺桿之端車成圓槽數圈以緊繞麻纓而入韝鞲之孔內用長劈穿固有在挺桿作螺絲用螺蓋壓緊者螺蓋作六角形有半作圓形而嵌入韝鞲內者鏽則往往不能拆開辣分希作此螺絲一面直一面斜如鋸齒之式任力之面加大又無劈開螺蓋之力邊桿汽機挺桿連於橫擔兼用長劈與螺蓋今以定式為例挺桿徑七寸螺絲徑五寸入橫擔孔之圓柄長一

尺五寸半其徑自五寸半漸大至六寸又十六分寸之十三此為極合宜之式小端之徑若更大折卸甚難

相定汽罨　三百二十四節

大汽機之汽罨以畚氏相定之式為最好背上鑄成凸圈另用一圈車刨圓正圍於凸圈之外上切罨匣之蓋內而不洩汽圈內面積等於汽罨之平面圈下有槽圈托之槽圈有四耳用螺釘抵於汽罨之背槽內襯以麻纓將螺釘退出則抵圈切匣蓋圈內有管通凝水櫃可放出漏入圈內之汽匣蓋有四孔正對槽圈之螺釘以螺絲塞之槽圈之螺釘作開輪用匙入背內旋退之可知同過幾齒而四

邊高低等此種汽罨汽筩之放水門必甚大因汽罨不能離汽筩平面也車汽機亦多用此式即空腹汽罨

汽罨加挺簧　三百二十五節

相定汽罨再加挺簧用之有效前速夫螺輪船之汽罨其背圈在八角板而罨背有八角孔容之板下有彎平簧水或偶入汽筩汽罨能離汽筩之平面水得自放汽管而出

新式相定圈　三百二十六節

前一十三年蒲而捺初作相定圈連匣蓋之內面後立尼常仿用之勝於舊法汽機行動之時在罨匣之外可旋緊抵圈之螺釘如第三十五圖螺釘即抵襯圈如第三十六

第三十五圖

第三十六圖

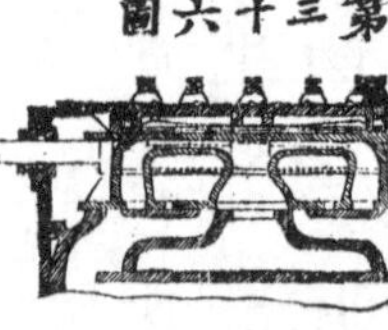

圖另有簧在螺釘之下若汽筩內有水汽猶自能離開汽孔之平面此二式俱爲櫺栅汽瓩其汽孔分爲數窄孔各孔能同時開闔故汽瓩之往復無多而汽孔之面積已大開新式直接螺輪大汽機多用此節之法

兩心輪　三百二十七節

船汽機無論螺輪明輪若緩行者恆作單兩心輪活舍於

大軸而可轉動用權以稱其偏重輪用生鐵鑄成二半相合之處有槽筍再以倒尖根之螺釘穿固釘根與輪周相平若用方帽之釘可無劈開輪體之病勝於倒尖根者或另作擋邊而用螺絲穿固者兩心輪之擋在第一釘處恆易折斷故在擋面之前亦必作釘或作擋連於整圈者末上曲拐先套此圈或作擋連於二半圈而合於軸上陸汽機之兩心環多用礟銅所鑄環上鑄連油杯下有受盆以受滴下之汚油推引桿鉤接瓩桿樋之凹內宜鑲以鋼始免消磨若有消磨汽瓩之動法必差且致凹與釘難於脫離或用礟銅代鋼亦不消磨且可更換直接螺輪之汽機

則用雙兩心輪而固定於軸上

恆升車凝水櫃　三百二十八節

恆升車

新式船汽機恆升車之起水盤與門俱用銅車筩之內亦襯銅先將外筩車圓而以銅皮作筩置其內在內多打使緊再車圓之亦有用銅鑄成整筩者升桿用黃銅或礟銅或鐵而外包黃銅在韛韛孔內之枘恆鏽壞故包銅須直至枘端而入韛韛孔內長劈亦宜用銅孔下有銅蓋若桿端所包之銅有小孔水必滲入使鐵桿生鏽用礟銅者勝於黃銅若用黃銅枘之角度宜鈍否則難於拆脫入升橫

擔之枘用長劈穿固兼用螺蓋更好

起水盤護環　三百二十九節

銅作護環非爲善法今不多用惟用麻緶密繞盤周槽內亦用壓蓋以螺絲旋緊亦有用木爲護環者又有即將盤周車至光圓而密切筩體者盤之外周再車深槽數道使槽內積水自可不洩

恆升車各門　三百三十節

汽機緩行者起水盤上或用柱形門或用萍門或用蝴蝶門而底門與出水門常用鉸鏈惟此各式運動時必有擊撞之病栢里所剏者其式如扇門惟中心之軸稍偏使能

自開仿此式而爲底門與出水門較好於今時常用之式出水門有置於恆升車之外者有置於升筩之上口者雖於收拾起水盤可用磨得色利之法將上口加厚而車成槽以門架嵌入門架中心連小筩其上口有摺邊接軟墊臼即爲其底在升筩之上面用螺釘通入旋固之軟墊即箸於小筩之摺邊開升筩之蓋門架亦可取出門用數銅環同心安置謂之環形門惟此環常有斷折之病乃製之不良非法之不善也速行汽機多用象皮作門緩行汽機亦有用象皮圓板或圓環爲門者如第三十七圖即常用之式進水出水二門在升筩之二端與起水盤上之門俱有檽栅爲架象皮門蓋此架上不用直轆而用空提桿以上磨得色利之法與第三十七圖之法稍異愼勿誤視

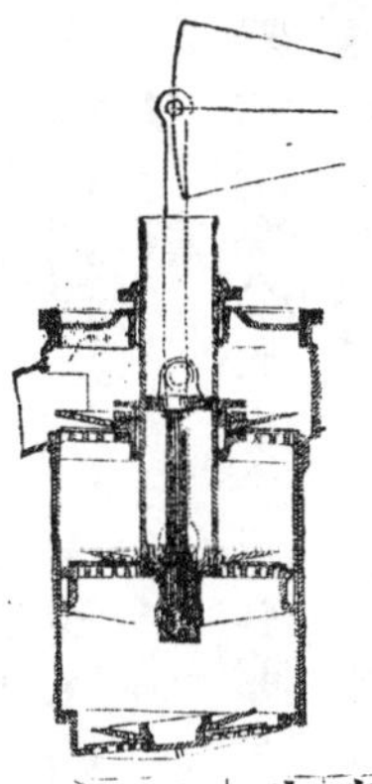

第三十七圖

雙行恆升車各門　三百三十一節

升筩二端各有進出之門如第十七圖俱用象皮作圓板門蓋於栅架之上各門之上有擋以限門開過大如第三十八圖是橫剖面如第三十九圖是平視形係畚氏之式如第四十圖亦是橫剖面係磨得色利之式象皮圓板徑八寸者至少厚一寸上與擋下與架中心用螺釘穿固二端皆用螺蓋螺釘在栅架內之節稍小拆去上端螺蓋而釘不致落下其下端螺蓋旋上後將釘頭打成帽使不自退出上端螺蓋用小釘楗之亦使不自退出栅架之孔亦作螺絲螺釘偶爾斷折即在上另用螺釘旋入以爲暫時之用門擋宜大而低象皮不致反包且得速關而水不回下有一架分作數門者無論各式栅架孔之共面積必等於升筩內之橫剖面積各孔下面俱作斜侈水得易入栅架所任之抵力頗大舊制太薄易壞不足取法今則加厚堅固中心之螺釘亦宜加大且用開尾釘楗定螺蓋所有螺釘蓋開尾釘盡用銅者

第三十八圖

第三十九圖

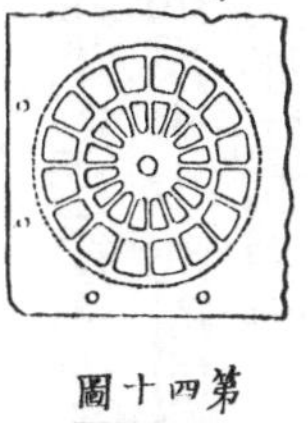

第四十圖

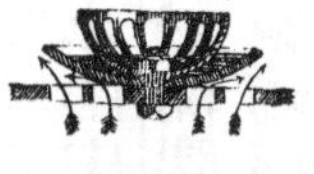

拆卸栅架　三百三十二節

熱井作一孔比栅架之徑稍大可自此孔取出以生鐵作蓋下連足八箇或六箇蓋於孔上密切不洩其足即壓住栅架出水進水之架皆有足使力得分任於蓋栅架宜斜置則水先衝低處而至高處亦是分力之意

恆升車之吸力　三百三十三節

直接螺輪汽機之雙行恆升車或明輪汽機之單行恆升車制作合法吸力相同但雙行者每有弊病因有時抽水忽多有時抽水忽少以致吸力不能常足且各件受急力而易壞曾測糖坊內所用之汽機（煮糖鍋之吸汽筩以汽機運動者）其緩行之時比諸速行之時鍋內眞空反足汽機之恆升車與此相同因各棚架下多積空氣水盤往時空氣擠小水所推出者減少復時則空氣又自漲大仍占空處水所入者亦減少縮櫃內積水漸多而對力漸大爰能推出所積之空氣則恆升車忽抽多水而吸力漸大噴進之水亦多至成眞空之後棚架下再積空氣如前又有空氣自軟墊洩入者則一端能抽水而一端不能抽水要之用象皮門而橫臥之雙行者雖二端俱不洩氣尙不及單行者也

吸力實數　三百三十四節

煮糖鍋內稍添冷水使恰能不沸即縮櫃內噴冷水使恰能凝水其吸力若等水銀高二十九寸則其熱必在一百二十二度用新式橫臥雙行恆升車欲得此數每一分時之往復不可過十二次昔時糖坊用舊制吸汽筩煮鍋內之吸力常得水銀高二十九寸半而熱在一百十四度後換新式每一分時往復七十五次吸力止等水銀高二十八寸半而熱至一百三十度再用熱氣在鍋外加熱而使

水沸一分時仍往復七十五次熱又至一百三十四度一分時往復四十次熱在一百三十二度一分時往復二十次熱在一百三十一度吸力等水銀高二十八寸又四分寸之一速行而吸力減小者略因起水盤二面之空處過大而積空氣也故將木塊連於水盤之二面以占空處則空氣與水盡能推出又在恆升筩二端上面作向外開之門則空氣易出由是新式者之吸力能與舊式相同且能行動平勻凡船內恆升車之二端有向外開之門最爲有益又橫臥者必使起水盤盡能推出二端之水

起水筩塞門通水管

添水筩　三百三十五節

船鍋爐之添水筩或銅或生鐵添水韝韝常用銅添水韝韝與筩底宜相距略遠恐有堅物入筩必將筩底打去船內積水間有即用此筩取出者積水內常有煤或雜物也筩體下旁連腮壺內置萍門三箇外連三管下者通熱井中者通鍋爐上者亦通熱井與添水筩相通之處在中門下門之間添水韝韝提上吸取熱井之水進下門而至筩內添水韝韝推下逼送筩內之水由中門而入鍋爐若稍關添水塞門則添水少進而即抵開腮壺之上門仍回至熱井上門用簧壓定簧力大於鍋爐內之汽漲力此法比

諸用活門連於添水管而另用管引水之船外者更便

各種塞門　三百三十六節

汽機各塞門之外殼皆宜有底及甚深軟墊用銅螺釘四箇壓之若連於鍋爐者壓止塞門不可用單螺釘過外殼底之式因漲力甚大塞若甚尖單釘受大力而或斷或脫塞卽彈出每致傷人塞門俱用銅鑄若甚大者外殼之底宜鑄就有用錫銲連者久遇鹹水錫消去而洩漏或卽脫下塞門之斜度極爲要事斜度過多自必離出難於壓緊沙泥易積其間而致消磨斜度過少必阻滯而難轉亦易消磨久致內外之孔不對定法以每長一寸斜度八分寸

之一卽大端與小端兩徑之較爲四分寸之一若作三分寸之一者亦可用塞底與殼底宜相離有空孔之上下相切之面宜長

鍋爐塞門　三百三十七節

放水門宜貼近鍋爐其間若接以管則或斷或破汽水噴出不能補救故各塞門鑄連一短曲管而接鍋爐之底其殼距鍋爐前面約一寸以便將塞取出修理也每鍋爐宜各有放水門可以各自放水而各鍋爐不必相通常法在機艙地板下橫置總放水管二端俱通船外外口用大塞門近時用景敦之式其塞推出卽開外與船體相齊內管

或塞門傷損提上此門卽可拆下修理

噴水門與餘水門　三百三十八節

船汽機縮櫃上噴水門之式常用閘門然欲易開且不致自關者無如塞門也吹鹹水門同此式而尺寸或稍大明輪船之噴水管必通於輪前蓋輪後之水多藏空氣不便於縮櫃也餘水管自熱井通至船外必以滿載之時其口尙出水面則船停泊時外水不致由管入船內餘水門在管口近船旁之處有用萍門者有用平門者若用平門汽機已動而忘開熱井與管必致磔裂受抵力而能自開者謂之萍門不能自開者謂之平門

看水塞門與看水玻璃管　三百三十九節

看水諸塞門共連一管管之二端皆通鍋爐另用長漏斗受放出之水引至船底或用諸塞門平列各有管通入鍋爐而高低不等看水玻璃管之上下二端連於鍋爐之箇俱作塞門玻璃管偶然破裂卽可關閉下端另有塞門所以放出管內之汚濁凡此諸塞門俱宜有底及軟墊若水自塞底放出者可以不用舊時皆不用底與軟墊然用之不久卽有滲洩又無漏斗受水而噴於鍋爐外面或流至灰膛而生鏽

各管　三百四十節

船汽機各管之料多用紅銅進水管可用生鐵而加厚餘汽管添水管必用紅銅惟餘汽管或可用鉡皮鐵吹鹹水管有用生鐵者但易破裂不如紅銅為佳凡通船外之管及二端皆定之管若忽冷忽熱者必有伸縮活節套接之處車刨圓正惟用活節者必防二端抵開或旋轉也

船體通管 三百四十一節

木船通管之處先將船體鑿孔孔內塗以油膏以尖鉛管一段自內插入即在管之內面多打使漲緊於孔內再在船外加侈口鉛管而與內尖鉛管銲連侈口管外與船孔之間打入油膏極緊用釘釘管口於船體自可滴水不洩

入船體夾層之內然後將所通之管入鉛管孔內用白鉛粉與橄欖油調成膏漬透麻縺在船外打入兩管之間因鉛孔侈口其間外大內小故能愈打愈緊再用環蓋之釘固於船體壓住麻縺若管口在水面下者蓋環必用黃銅餘水管蓋環可用生鐵鐵船通管之處先於船體內面釘連短鐵管再將所通之管入其內而塞緊之在水面下者亦用此法若銅管直接船體之鐵板船體易致鏽壞

螺輪與螺軸

輪軸相連 三百四十二節

軸上作二方槽長與螺輪之轂等轂內對翼之處亦作二

方槽與軸槽相配先用有頭方楗嵌入軸槽楗長為轂長之半楗端貼切槽端隨將螺輪套於螺軸二者之槽相合而成方孔另用方楗打入喀與前楗相遇即於孔口鑿出少許蓋住其楗使不活動再用螺釘旋入軸端螺釘之墊壓於轂端螺輪永無脫離之病

螺軸套管 三百四十三節

船尾螺軸套管外面鑄連凸環數道車至圓正船尾之柱作大孔孔前置木架架上鑲生鐵大方塊中亦有孔與柱孔直對將套管安此孔內則分任螺軸之重而不全壓於尾柱套管外端齊尾柱用大螺蓋旋於管外壓住或用闊

環以螺釘旋於管外之耳壓住套管之內通體車圓而襯極堅之木相磨之面宜大不致消磨

容螺輪之孔 三百四十四節

尾柱後容螺輪之孔用熟鐵作環其大小與孔相等置於孔內必極牢固上角打就鐵掌抱在船尾之下所以分任螺輪之力不使全任於鑲環之釘船外銅皮引至孔邊釘連於環

接連螺軸 三百四十五節

螺軸甚長者必用數節相連各節之兩端打就圓盤用螺梢六根穿固盤面稍凸可稍彎曲遷就

任受螺輪推力　三百四十六節

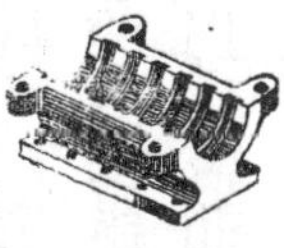

舊法如第四十一圖用圓板數塊疊置極牢固之箱內螺軸抵於此板以任推力油宜多加一板停滯餘板仍轉（按此接齒輪者用之）新法如第四十二圖第四十三圖螺軸外連凸圈數道軸襯內連凹圈數道凹凸相錯分任推力（按此直接者用之）軸枕

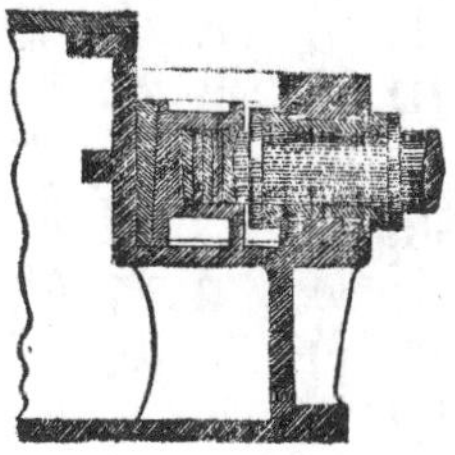

第四十一圖

第四十二圖

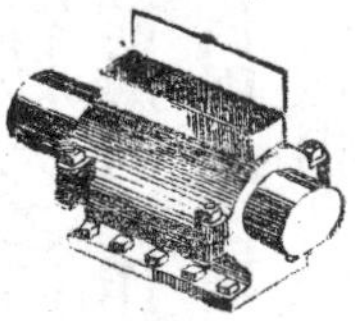

第四十三圖

之座必甚長而極定任力而不搖動搖動則生大熱

提起螺輪　三百四十七節

螺輪須另連於短軸如第四十四圖置於活架內其架可以上下將長軸抽入少許架可提起架上用長螺絲二根上端各有斜齒輪再以斜齒輪旋轉之或用麻索或用鐵鏈繞於轆轤俱可提起架柱之槽內必用齒間索鏈或偶斷不致墜落

第四十四圖

明輪與明輪軸

明輪　三百四十八節

近時有活翼之法詳見搖筩汽機中茲特言定翼之制明輪善法轂作方孔而大軸亦作方枘相入甚寬用大方楔八根打入其間使之緊固再將孔口鑿出蓋住楔端不使自出楔之斜度不差雖舊而鏽鑿去所作之蓋反打之方楔即能退出磨特色利作輪轂之孔車鏇圓正大軸亦作圓枘與孔密合可用單楔固定然新時雖免活動日久難於拆開未為善法輪輻連於轂盤倫頓各坊盤面鑄就凸條輻端嵌於條間再用螺釘穿固固來得江邊各坊轂盤邊作長方深孔而以輻端裝入用方釘楔之每輻之端對面有小孔拆去大軸以鋼捶入其內一打而輻退出勝於倫頓之法

牙輻相連　三百四十九節

輻端必作丁字式用小釘釘連外層牙環輻之中段作十字式釘連內層牙環釘不可過大恐牙環不固有用圓釘者造時若不相配必漸鬆而轉動相磨易壞有在牙環作方孔將輻裝入者然甚難造而有弊病因裝入時雖打之極緊而將輻端打出帽頭不久仍欲鬆動也

輪翼之料　三百五十節

明輪之翼常用榆木或松木行海大船用榆木者厚二寸

半用松木者厚三寸著輻之處二面各襯鐵板一條則輻不陷入翼內而鏽壞翼新裝後必數次旋緊螺蓋緊後鑿一痕於螺梢螺蓋之際則行海時不漸鬆而爲浪擊去螺梢易鏽而宜大螺蓋須大而方雖鏽亦可旋緊數板拼成一翼者可用圓梢在側邊穿固之翼板切不可作口鑲出牙環之外牙外無輻抵托必致落去且口靠牙環又易鏽斷

保護軸枕　三百五十一節

船在浪中搖動偏側軸枕易致受傷有在輪轂之內鑲鋼板以擋大軸之端未爲盡善磨得色利於大軸頸之二肩

連有甚大之圈切於軸枕二旁或於軸頸上造就凸圈數道而襯內亦作數道凹圈相錯如螺軸推枕之法汽機各頸皆用此法更妙也拐軸與曲拐活接之端不作圓柱而作圓球拐孔內鑲成空球受之大軸雖有彎曲斸動拐軸不致拘傷船艇之軸枕襯以軟金大軸雖有振動可以稍讓枕下作小水箱以蓄漏入之水有管引出船外

外枕添油　三百五十二節

明輪軸輪轂之外枕或作油杯然行海日久者必有油杯在輪轂之上用管通至枕中行時亦可添油

連固汽機於船體　三百五十三節

連固汽機於船體用黃銅螺梢爲佳若用鐵梢雖鍍以鋅仍易生鏽有不通船底外而用螺蓋嵌入副脊內者生鏽亦同邊桿汽機之座在大搖桿處與汽筩之處俱用黃銅螺梢四根中段亦用黃銅螺梢四根共計十二根俱通出船底之外二端俱用螺蓋日後進塢修理螺梢可自船內拔出重換而船底距塢底不必甚高也餘梢俱可用熟鐵各梢必有方頸嵌入木內旋緊螺蓋而梢不自轉又有作木螺釘旋入船體而上端用螺蓋亦以連座於船體也連汽筩於座之螺釘與連蓋於汽筩之螺釘根數大小相同易換之處可用鐵者餘用黃銅者

底板連於船體　三百五十四節

底板連於副脊之螺梢宜小而多否則用之日久板下必致不平而搖動又宜用木螺釘多根旋固底板於副脊以助通船底之大螺梢連汽機於底板亦然若鐵船則底板之螺梢不通船底之外而連於副脊之摺邊

螺梢尺寸　三百五十五節

螺紋之深以十二分徑之一爲合法則內徑得外徑六分之五也任力之限用熟鐵牽力之穩界恆爲斷界十五分之一即橫剖面一方寸得四千磅故螺梢外徑一寸當任牽力二千一百八十磅已知轉轆之推力可求螺梢當任

之牽力。然須比算得之數加大爲妙。因欲受螺蓋之壓力，且有鏽傷等故也。

車汽機

引重之力。 三百五十六節

車與鐵路俱合法者，則緩行之車共重一噸，須用引力七磅半，即引力爲所引之重三百分之一。車之極精者，其引力爲五百分重之一。蓋緩行之車引力略勝阻力，即能行走，而阻力大半在軸頸（即滯力），小半在輪周。鐵路甚平者，輪周之阻力不過千分重之一。極平之馬路，引力爲所引重三十六分之一。各數俱是實測而得。

軸頸滯力與引車全力之比。 三百五十七節

引車之力定爲三百分重之一，在輪周者既爲千分重之一，在軸頸者必爲四百二十九分重之一。軸頸與輪徑爲三寸與三十六寸之比，即軸頸之實滯力爲十二乘四百二十九分之一，得四百二十九分之十二，即爲三十五分之一。前言一鐵一銅夾油相磨，滯力爲重三十三分之一，與此略等。

鐵路之滯力。 三百五十八節

鐵路潔淨而全溼或全乾，則滯力爲五分重之一；半乾半溼或稍有油，則滯力爲十分重之一或十二分重之一。有此滯力，始能引重。近時汽車之重常得二十噸或二十五噸，故引力甚大。

汽車之價。 三百五十九節

窄鐵路者中等汽車一輛之價金錢一千九百圓至二千二百圓。上等汽車一平方寸之漲力有一百四十磅至一百六十磅，引重而行一小時能五十里者，金錢二千八百圓至三千圓。此車約重三十噸，而半任於二行輪，嘗有前端置於四輪小車上者，重可分任，而爲最善。

速行緩行之別。 三百六十節

同行若干路，速行者之能力必甚大於緩行者，其故多因空氣阻力與擊撞阻力。次因行速而使鐵路震動成微浪，如車行於浪上者之阻力。若一小時引客車而行三十里者，每引一噸有空氣阻力十二磅（若有橫風則輪之旁面切鐵路而更生滯力。若有橫逆風則又因車旁之大面積爲風所吹而氣阻力尤大。）設鍋爐內一小時化水二百立方尺，即有實馬力二百四。引重一百一十噸而一小時行三十里，一噸重所用之引力七磅半，則一百一十噸爲八百二十五磅。輪徑六十六寸，推機路十八寸，先以輪半周與徑爲比，再以輪徑與推機路爲比，得鞲鞴須推力四千七百五十七磅。放汽管口一平方寸得六磅，設汽車不引重之滯力，以鞲鞴一平方寸爲一磅，鞲鞴徑十二寸，

合計一千五百八十二磅。又引重所加之滯力。爲引力七分之二。實測之數較小於此。計六百七十九磅四。共得七千零十八磅四。一小時行三十里。則一分時轆轆行四百五十七尺八。將此數與前數相乘。得三百二十一萬三千零二十三磅五。即一分時能起此重高一尺也。以三萬三千約之。得九十七馬力三。再加空氣阻力每噸十二磅。一百十噸得一千三百二十磅。等於一百〇五馬力八。兩馬力數相加。得二百〇三馬力一。與二百馬力稍差。空氣阻力常無此之大。此以路之曲彎不平。俱歸空氣阻力計之也。

汽車重車行動之力不同。　三百六十一節

汽車重車雖等重。其行動汽車之力。必大於重車。因汽機自有滯力也。顧志用稱力器實測之數。汽車與重車共重一百噸。一小時行十三里一者。汽車與煤水車每噸全阻力十二磅三八。重車每噸全阻力七磅五六。中數每噸得九磅〇四。一小時行二十里二者。汽車與煤水車每噸得全阻力十九磅。重車每噸得全阻力八磅一九。中數每噸得十二磅二。一小時行四十四里一者。汽車與煤水車每噸得全阻力三十四磅。重車每噸得全阻力二十一磅一。中數每噸得二十五磅五。一小時行五十七里四者。汽車與煤水車每噸得全阻力三十五磅五。重車每噸得全阻

力十七磅八一。中數每噸得二十三磅八。

氣阻力與行速之比。　三百六十二節

空氣阻力與行速之平方有比。若同行若干。則所用之能力。必與行速之立方有比。行動緩者。稍加速。而空氣阻力不甚加。凡行甚速。而鐵路不平者。則全阻力略與速之平方有比。鐵路甚平者。則全阻力略與速有比。如汽車煤水車與重車一小時行十五里。每噸全阻力九磅三。一小時行三十里。每噸全阻力十三磅二。一小時行六十里。每噸全阻力二十九磅二。一小時行一百二十里。每噸全阻力九十二磅二。一小時行二百四十里。每噸全阻力三百四十四磅八。其速自六十里增至一百二十里。爲二倍。而全阻力自二十九磅二增至九十二磅二。略得四倍。再自一百二十里增至二百四十里。亦爲二倍。而阻力自九十二磅二增至三百四十四磅八。亦略得四倍也。尋常鐵路不甚彎曲。已知汽車引煤水車重車時行速之數。求全阻力之磅數。將一小時所行里數自乘。以一百七十一約之。得數加八。即每噸全阻力之磅數。爲鐵路不甚彎而略平者。若路極平滑。全阻力更小。

流質阻力與行速之比。　三百六十三節

定質擊流質。或流質擊定質。其行速與行力。等於重物下

墜之行速與行力卽力與速之平方有比也此因凡流質柱下之抵力與柱高有比抵力卽柱高之重所生流質柱下所生抵出之速同於重物自流質柱等高下墜之末速而物墜之速爲二倍則墜路之高必四倍卽流質柱下抵出之速二倍而柱高必四倍卽抵力亦四倍也故知抵出之力必與抵出之速之平方有比但以時而計或流質或空氣所程之功必與速之立方有比因流質之速二倍則抵力四倍而行路又二倍也故風車轉磨所程之功與風速之立方有比若以行過空氣之數而論則所程之功與速之平方有比

能力與行速之比　三百六十四節

能力之勝阻力與行速之平方有比此以行過同路而計也若以行過同時而計則勝阻力之能力與速之立方有比故汽車受空氣阻力而向前一小時行六十里者每行一里之能力比諸一小時行三十里者每行一里之能力必四倍也又同行一分時則所行之路二倍而能力須八倍也此以空氣阻力言之然行車之總能力略半用於軸頸等之滯力因軸頸之滯力不與速之平方爲比故所加之比例不及如此之大惟行船之總能力幾盡用於水阻力因水阻力與速之平方爲比故使車速行之能力其比例小於使船速行之能力

汽車機件

汽車形式　三百六十五節

鍋爐與汽機同置輿上輿又置於輪軸之上卽名汽車車後另拖一車載煤與水用鐵條牽連二車之間護軟墊以免相撞

汽車之輿　三百六十六節

新式輿制皆在輪之內面舊式者皆在輪之外面今已廢棄凡窄鐵路之汽車輿在輪內若汽筩再欲在輿之內則安置甚難二汽筩若能鑄連爲一自可佔處小而加大筩徑卽能多得自漲力而功率亦大矣輿用熟鐵兩端用橫桿相連挂於輪軸之簧舊式之輿兩旁用堅木二條外包鐵板兩端用橫桿相連中段亦有橫桿則搖桿或推引桿斷折亦不落下至地輪殼用鐵板與輿等長當輪處向上成半圓形輪殼內有生鐵塊連於軸枕

輪簧　三百六十七節

汽車之輪簧略同馬車之輪簧用鐵板數層相疊中段連於軸枕而上板之二端各有一孔用短節連於輿旁或置簧於輪殼之間又有一種上層之簧稍彎於下層二端皆不切而各層之間襯銅板至加重之時逐層相切任重雖

小亦有簧力.

內汽筩與外汽筩. 三百六十八節

外汽筩者汽筩在輿之外,拐軸連於行輪內汽筩者汽筩在輿之內大軸曲成拐軸若以二者相較各有利與外汽筩者車體必左右搖動致有不軌之病其搖動之故因鞲韝推足而有停歇之意也此力離中心愈遠愈大然可在拐軸對面連重物於輪上以稱之若二汽筩俱在輿之中心而以直角方向置之共連一曲拐則毫不搖動或置一汽筩於中心而置二汽筩於二邊同時往復然甚繁而無益.

輪數. 三百六十九節

昔人言四輪汽車極是不穩,一輪若壞車必傾倒然與煤水車相連牢固者雖壞一輪亦可行走但今時車體甚重.若四輪而欲速行必損鐵路,又言六輪者不合汽車之理,較諸四輪者更是不穩因鐵路有水或油而滑司機者不免將行輪簧之螺絲旋緊使重多任於行輪則更損鐵路.且有震動故新式者於各輪輻上各作拐軸用桿連各輪同轉以得各輪牙與鐵路之滯力牽引甚重之車有用八輪者亦用此法.

汽筩. 三百七十節

汽筩內長能容鞲韝之往復更宜二端各有空處半寸車體或震動而簧上下鞲韝不撞汽筩之底蓋二汽筩之位置皆與行輪軸在平面搖桿連於行輪輻之拐軸或連大軸之曲拐汽筩底蓋之厚比汽筩加三分之一皆可拆下.汽孔平面與汽罐相磨處宜凸出因水內有沙而水入汽筩則與汽罐平面相擦而致消磨凸出則易於修整而泥沙又能推於低處汽罐匣鑄連於汽筩匣背有平蓋可開.亦有不鑄連者易致斷折汽筩二端各作塞門以放積水.其四塞門之柄相連爲一,扭一柄而四門俱開外汽筩之式汽筩或有不與大軸俱在平面者.

鞲韝. 三百七十一節

鞲韝之式甚多常法用熟鐵而與挺桿整塊打成在鞲韝外周車成數槽可各用鋼圈嵌於其內或用雙圈共嵌一槽比數塊湊成更好.

挺桿. 三百七十二節

挺桿多用熟鐵而使外皮成鋼或全用泡面鋼打成徑得汽筩徑七分之一舊制挺桿入鞲韝內之端作倒圓錐形用長劈或螺蓋使牢固與陸汽機相同前端有挺鍵用長劈穿固搖桿後端含此挺鍵挺鍵之二端行於鍵轄之內添水筩之桿亦連於挺鍵之旁

鍵輔　三百七十三節

鍵輔之式用鐵板連於輿架上挺鍵之兩端有銅襯夾於鍵輔之內面鍵輔用鋼者更好前端連於橫桿後端連於汽筩蓋之耳中段比二端更宜牢固凡有活動之處宜作外殼封密不通空氣使塵埃不入又宜作各管而用地油通至各活節仍由管匯入箱內可循環用之用地油者因價廉也

搖桿　三百七十四節

搖桿之式爲厚板而兩邊去稜然能長短不變爲最要因汽筩二端之空處無多搖桿若有長短之變必致轇轕擊壞汽筩之底蓋故前端於拐軸者用彎擔以方楗定於其端而在銅襯後以長劈緊之日久向外消磨而變長卽在後端補救之後端接於挺鍵者亦用彎擔銅襯而以扁栓長劈穿固向內消磨可將長劈打進自能減短也兩端之長劈俱用小螺釘定之兩端作油杯杯內有管高於油面用棉紗吸油自管入襯內

行輪軸　三百七十五節

行輪軸用鋼其二曲拐卽相連打就恰合二汽筩相距之數軸端加大所以裝入輪內又作二頸在枕襯內轉動以任車輿打法用鑄鋼大條彎作曲拐粗形後再車鉋而成

若外汽筩者則行輪用直軸而拐軸定於輪輻搖桿前端之襯抱於拐軸之頸使不偏倚搖桿若有偏倚之病必致車體搖動各頸皆作圓球形更無偏倚

軸枕　三百七十六節

軸枕用銅其任力全在上半下半不過以遮隔沙土枕上有油杯用棉紗引油添入司底分孫用生鐵作枕而內襯以銅杯內用定質油相磨生熱油卽鎔而由孔流入襯內有外枕者亦必有內枕定於輿之橫桿枕與軸頸或稍離軸若傷折此枕任力鍵輔亦定於此橫桿

兩心輪　三百七十七節

舊制兩心輪用生鐵如內汽筩者兩心輪在二曲拐之間必作大小兩塊合於軸以螺梢穿固用螺釘定於軸傾鑄之時預留一孔孔內嵌銅銅內入螺絲如外汽筩者則兩心輪鑄成全圓以方楗定於軸司底分孫與何拖捺之法於兩心直線剖爲二半而於中輻作孔孔內入螺絲穿合然不牢固有時鬆而移動近時打連於軸上爲最善之法

兩心環　三百七十八節

兩心環必用熟鐵若用黃銅易於斷折後半環與推引桿打連而前半環合上穿合之螺釘用雙螺蓋始不退出用熟鐵者內必鑲銅如軸襯若全用黃銅爲二環則推引桿

作叉形連於環耳兩邊俱用螺蓋可以遷就桿之長短然不若將桿端之肩切環耳環若消磨可另加一圈墊之卷桿通過其鍵亦有用二螺蓋者可以較準其長短

推引桿與汽卷桿　三百七十九節

未用進退弧連環運動之時推引桿用鋼為之其長即大軸心至汽卷軸心相距之數前端作叉形近時已用進退弧之法汽卷軸連汽卷桿之桿長於連推引桿之桿使汽卷後往之路加長然不用卷軸而進退弧即遠於卷桿為更善卷桿之楗極易消磨故司底分孫在楗外套一銅圈消磨易換且雖稍鬆其汽卷之動不甚差

進退柄　三百八十節

進退柄夾於象限弧內柄下又有小柄小柄連有牙納於象限弧之齒凹將小柄近大柄則牙出齒凹而大柄可移反此即定

進退柄起動汽機　三百八十一節

進退柄或提上或放下則進退弧之一端接卷桿若置中處則中段接卷桿汽卷不能動而汽機即停以進退弧之一端接卷桿汽機即起動而或進或退

較準兩心輪汽卷　三百八十二節

在平板之上作直線取一點為大軸心而作圓線其徑等於汽卷往復之路即以同心再作一圓線其徑等於大軸之徑即以同心又作一圓線其徑等於拐軸心繞行之徑在圓心作線與前直線正交又作一平行線使相距等於汽卷之餘面加引汽而與汽卷往復路為徑之圓線相交交點置曲拐在路端即使兩心輪之心對此交點如推引桿直接卷桿則兩心輪之徑線與曲拐成鈍角若不直接而中間用卷軸者則卷桿之動與推引桿之動相反兩心輪之徑線必與曲拐成銳角總之直接者輪心必先曲拐四分周之一有餘間接者輪心必後於曲拐四分周之一不足汽卷無餘面與引汽者輪心必適在曲拐之或前或後

四分周之一兩心輪已定後將汽卷置其位對準當有之引汽數即可較定推引桿與汽卷桿之長

修理兩心輪　三百八十三節

兩心輪在軸上活動而不準必隨時修理將汽卷置其位對準當有之引汽數即以曲拐轉至路端再轉兩心輪使推引桿之孔與汽卷桿之鍵相對即可緊而定之矣有時難於拆開汽卷匣以見汽卷者則已知餘面及引汽之數並兩心輪之兩心距亦可不必拆開而仍用前法定之

添水箭　三百八十四節

添水箭必以銅為之而推水柱或可用鐵常與挺鍵相連

或用桿連於兩心環其與水車相通之管內作球門一箇通鍋爐之管內有球門二箇切近鍋爐有塞門若球門有病可關此門使水不回出球門有罩罩之用所以使球之起落不過高也罩頂之內爲半空球而旁作孔嘗有頂內作平面者七日後而球已壞此罩之制有數法二管相接之處另作腮壺二管口作闊邊以接之球與罩俱在腮壺之內罩必作螺絲旋緊球內須空擊力可小推水桂連於挺鏈者行動時添水管阻塞若無放水平門挺桿必致彎曲添水管內有不用球門而用平蓋門者但甚易生差此門若能使關時蓄水於罩內則可免擊撞之弊凡平蓋門

而開關甚速者下面宜作圓錐形以減衝激之力門開不可過高恐不及關而水多返回格法德所剏噴水器可代添水筩之用詳見附卷

添水管　三百八十五節

添水管通於鍋爐之中段而近底有通於煙櫃端而稍低於水面者煙內之熱可多傳於水內若汽櫃與通汽管俱近煙櫃者此法不可用因汽遇所入之冷水而凝水也

通水管　三百八十六節

水車與汽車通水之管宜便於裝拆球門兩車間相接之處必可彎曲離合而仍不洩漏其節作球形如節骱則左

右上下皆活動又作套節而用軟墊相接自能伸縮長短凡兩車間之通管其各節俱用此二法

新式煤水車　三百八十七節

近時有將水存於鍋爐之或上或下或旁者此名水櫃汽車此種汽車若無噴水器必有添水附汽機附汽機可添沸水入鍋爐而噴水器則不能也噴水器添入鍋爐之水必在九十度以下如用附汽機添水則用餘汽加熱於水故添入之時已沸也噴水之法亦有用餘汽入噴水器內者

車輪　三百八十八節

英國所作車輪用熟鐵或鋼牽引客車者行輪徑極大於別輪行能速而平穩牽引貨車者行輪徑與別輪相同用桿連接三輪同轉舊法用生鐵爲轂用熟鐵爲輻與牙今則全用熟鐵爲之將各輻作大頭相湊粘打成轂若以生鐵作轂者用鐵條打成輻外端作丁字形而內端相湊置於模內將已鎔之生鐵傾入模內再將丁字形各端打粘成內牙如丁字太短則加劈形之鐵接長之或用熟鐵爲輻而內空如管其牙亦熟鐵而轂爲生鐵將輻端車圓裝入轂外又有輻端不作丁字形打成內牙而作乂形釘連於外牙者今時外牙多用鋼將鋼鑄成圓塊以圓錐在中

心揷作大孔將孔屢次打大至雙軸間軋之再打再軋而成又或用鋼鑄成整輪而不用輻但薄其輻處而曲摺成同心圈形法國博物館有此式者二十二箇又有鋼鑄之汽篇

打造外牙 三百八十九節

已知環徑求所需鐵條之長將鐵條之厚數加環之內徑檢周徑表而得周即是鐵條之長如鐵條側者則用其闊數相加若鐵條之半邊有凸槽者則加厚數於內徑而必再加凸槽之三分之二惟外牙之條打成時正面預將半邊為圓凸而半邊為圓凹背面為平面則不必另加凸槽三分之二蓋雖度凹槽外之闊而已得凹凸之中數也新式外牙多用整塊打成者

外牙緊束內牙 三百九十節

外牙之內徑稍小於內牙之外徑先置輪於平面壓使不動將外牙加熱至紅速即箍上用釘釘固用起重車提起速投水深五尺之池遂又提出再投再提至冷而止後再不必加熱釘帽嵌入牙內無有凸出

外牙舊制 三百九十一節

外牙舊制不全用鋼常於凹邊再作倒凹而鑲鋼條或用數節打入若有壞者可以修補但須釘之極固否則轉速之時每致飛出

車輪新式 三百九十二節

車輪以無輻者為最好有輻者轉速之時必有扇動塵土上飛之病何謂無輻即整塊圓板也其制有二種一用木輻密輳而成相切無間外有鋼牙圍之一為整鋼打成薄處作同心圓摺紋使有簧力轉動平穩又有一種牙之內面有槽槽內有簧亦能平穩要之輪與鐵路能久用不壞全車之重宜勻任於諸輪各輪與鐵路俱作摺紋則簧力更大各輪之輻俱連球形之拐軸而用桿連之使各輪同轉惟欲使汽車能行於極曲之路尚未有善法

清道輭 三百九十三節

車首之兩邊作牛角形桿其端稍離鐵路路上或有阻碍之物輪未至而已撥去矣又有停車之器今制多太緩此器應速於汽機且能止客車之諸輪使少頃即停為好

新陽趙元益校字

上海曹鍾秀摹圖

汽機必以卷八

英國 蒲而捺撰
英國 傅蘭雅 口譯
無錫 徐建寅 筆述

水阻力

船體行水受阻力之例　三百九十四節

船受水阻力略與速之平方有比所以欲船加速其所需之能力略與速之立方有比設令船行速二倍必用力四倍即平方之比也惟行速二倍則同行若干時行過之路亦二倍故必用能力八倍即立方之比也（此以船之首尾入水相等者言之曾測倍利根輪船得數為力與速之二．八方有比其所差○．二八方者恐尾首入水不等也）

平板正交動路受水阻力之率　三百九十五節

平面之板在水內行而成正角者其阻力等於水柱之重此水柱以平板面積為底以重物下墜之末速等於平板之行速所墜過路為高（動水擊板與此同理）板在水內行而不成正角者阻力必減小其斜而阻力減小之數未有定法可求

船體行水之阻力小於平板　三百九十六節

船體行水阻力甚小於入水橫剖面等積之平板故明輪入水翼或螺輪徑之圓面積甚小於船體入水橫剖面積而能使船前行即此理也用力相等而行有遲速者悉依船之形式

船首尖銳阻力減小　三百九十七節

首作銳角則推水可甚遲於首作鈍角者因船首銳角首前行之路已甚多而在同時中劈水橫開可以不必甚遠即船行之速能大於水行之速因阻力既與水行速之平方有比故尖首之船用力小而行能速也

行船之力　三百九十八節

船式巧妙者祇以力之小半用於劈水橫開而以力之大半消去水與船體之磨力所以船體行水之法減小磨力亦為最要也

水切面磨力比例　三百九十九節

水切面磨力與船速之平方略有比一小時行二海里則磨力與速之一．八二三方有比一小時行八海里則與速之一．七三方有比所謂磨力非真為磨擦之力乃為水粘滯船體之力也

船行極速磨力減小　四百節

船行極速者磨力略減小因速極而勝水之粘滯也水有不及粘滯之意也然亦有定率其磨力或言與定質之磨力同理亦無定據未曾實測

海水淡水阻力之別　四百一節

船體同式入水同深行於海水之阻力比行於淡水稍大

因海水重於淡水也然海水浮物之力大於淡水所以船體同式全重相等者阻力亦相等

船體之形　四百二節

船體之形若欲其首尾之阻力最小而不計磨力必將水漸漸劈開初慢漸速繼而漸慢至中腰則停過此而返回亦初慢漸速繼亦漸慢至尾而停有如鐘擺之行迹試用筆相連於擺將紙側立平勻動過就之筆繪於紙所成之線卽為船之平水線依此法所造之船除磨力之外水之阻力極微然比常式合法之船益處亦不甚大蓋船首推水成浪與船尾吸水成空所費之力不若前人所言之大

也可見船受阻力大半因粘力

實測船受水阻力　四百三節

近人實測各船阻力之相比亦有實測阻力之磅數如蒲頓華德等而所測者以能率為要事能率者卽船行若干速與用力之相比也將一小時所行里數之立方以船體入水中橫剖面積乘之又以號馬力約之卽得能率之數

明輪船各種之能率　四百四節

明輪船歷測五種每種並測數隻所測第一種中橫剖面處為方底角平底板共得六隻式俱相同其能率為九百二十五第二種為圓底角平底板共得十二隻其能率一千一百六十第三種為圓底角斜底板共得十二隻其能率一千四百三十第四種七隻其能率一千五百八十第五種四隻其能率二千五百五十

有能率以求速率之法　四百五節

旣得能率以求速率將號馬力與能率相乘以入水中橫剖面方尺數約之得數開立方卽得一小時所行海里數

有速率以求號馬力之法　四百六節

有能率與速率求應配之號馬力數將一小時行海里數之立方與入水中橫剖面之方尺數相乘以能率約之卽得應配之號馬力數其以號馬力定行船之力而不用實

馬力者因前諸船除末一二種外鍋爐內之漲力每平方寸得二磅又四分磅之三至四磅鞲鞴面之淨均力每平方寸得十一磅至十二磅有此各數可由號馬力而計實馬力然獨用號馬力不如兼用實馬力推算者更確

號馬力相配之實馬力　四百七節

前測第一種內有一船名以格利不司號馬力七十六實馬力一百四十四四第二種內有一船名阿路號馬力六十實馬力一百十九五又一船名司比得法而號馬力四十實馬力六十四又一船名夫利號馬力四十實馬力六十五六又一船名阿比恩號馬力八十實馬力一百三十

五四又一船名大得號馬力一百實馬力一百五十二四又一船名好克號馬力四十實馬力七十三又一船名希羅號馬力一百實馬力一百七十一四第三種內有一船名密低掘號馬力一百實馬力一百六十又一船名立末司華得號馬力一百二十實馬力二百○五又一船名華得司不來特號馬力七十六實馬力一百五十七六又一船名多分號馬力一百四十實馬力二百三十八又一船名得臘根號馬力八十實馬力一百三十一第四種內有一船名馬格內得號馬力一百四十實馬力二百三十八又一船名大得號馬力一百二十實馬力二百三十七又一船名弗來馬號馬力一百二十實馬力二百三十四又一船名非而弗來號馬力五十二實馬力八十六六又一船名弗立得號馬力五十二實馬力八十八又一船名麥開客號馬力二百實馬力三百七十八第五種爲近來所造最速之船名來得路法息低掘千脫白利黑而捺圭恩白令司威勒士能率有二千五百五十大至如此者因鍋爐內之漲力甚大故實馬力甚大於號馬力且船之形式合法也此種內有三船即來得路法黑而捺息低掘千脫白利號馬力俱一百二十其來得路法之實馬力爲二百九十四黑而捺爲三百五十四息低掘千脫白利爲三百○六此種常有數船其實馬力大於號馬力更多者所以求此種船之能率必以實馬力而不可以號馬力

用實馬力求能率之數　四百八節

如前言第一種船之實馬力與號馬力爲一六與一○之比第二種船之實馬力與號馬力爲一六七與一○○之比第三種爲一七與一○之比第四種爲一九六與一○○之比惟第五種爲二六五與一○○之比依此比例之數變前法號馬力所得能率之數則第一種爲五百五十四第二種爲六百九十四第三種爲八百三十六第四種爲八百○六第五種爲九百六十二第四種能率之數少於第三種者因其實馬力更大於號馬力也故以實馬力者比號馬力更確

螺輪船之能率　四百九節

實測螺輪船而得能率之數如費利船之能率四百六十四八臬得拉六百七十六八佛浪客福而七百九十二三但此三數以海里而計如以陸里而計則一爲七百○三又一爲一千○三十三又一爲一千二百十二可見螺輪船之能率略同於明輪船此各螺輪船體大於前測之明輪船船體相等者之數見後章

船體有大小速率不相同　四百十節

行船之力與船體合比例則速率不能相同所以行大船

與行小船其力雖準大小之比而大船之行必速於小船如較駛帆船大者必讓小者先行若干路也大船與小船之形式並風帆面積之比例相等其速率之比若船尺寸平方根之比以數船證明此理如費利螺輪船改造依原尺寸大三倍則入水體積大二十七倍入水中橫剖面積大九倍行船能力亦用九倍船體之長得四百三十七尺闊八十三尺四寸半入水深十三尺半入水中橫剖面積七百二十九方尺號馬力一千〇八十因原船與此船尺寸之比爲一與三之比則二船行速之比必爲一之平方根與三之平方根之比卽一與一·三之比英國所造極大

之輪船名大東入水橫剖面積二千方尺實馬力八千一小時行十四海里能率爲六百八十六與費利之能率四百六十四八相較未至其比例故平方根比例之法倘非密率也但依前考能率之法入水中橫剖面七百二十九方尺之船一小時行二十二海里半實馬力三千二百七十九則能率應得二千四百七十一然大東輪船若用全力於螺輪而不兼用明輪且螺輪更伸向後則能速甚多

明輪之制

形式 四百十一節

明輪有二種一定翼二活翼俱爲常用之式定翼者縻力

甚多因出水入水恆斜迤也活翼者無此縻力因出水入水恆直立也無論何式推水之時水必向後而行因水非定質受力必退讓也輪牙之速必大於船行之速卽是此故汽機所用之汽與輪速爲比而汽之功力則與船速爲比

輪翼任力心 四百十二節

活翼在水內時其內外邊之速相等故任力心正在翼之中心定翼之外邊速於內邊任力亦外邊大於內邊故任力心必在內外重力相平之點力既聚於此點故同於活翼中心之功用又因流質之阻力與速之平方爲比設令

各翼盡入水內輪轉而船不動因翼之外邊所行之周大於內邊故翼面無論何處其任力與距輪心之平方有比若僅數翼入水則惟有一翼全在水內而餘翼則否所以翼之無論何處其任力之比較距輪心平方之比稍大也故入水出水翼之任力心常自翼之外邊向內而移惟定翼者不能移至翼之中心

輪轉而船行之理 四百十三節

車行陸地輪周任何點所行之迹爲正擺線周內任何點所行之迹爲鋭擺線周外任何點所行之迹爲鈍擺線鋭擺線近於直線鈍擺線近於圓線船輪行水之理略同車

輪之行陸，輪周之內，無論何點，其繞行之速，等於船之行速者，其所成之圓界，名爲輥圈，猶之車輪行地之周也。此周任何點所行之迹爲正擺線，以內以外之鋭鈍兩線，亦與車輪同理。輥圈點之行速，與翼面任力心行速之較，即動船之力所由生，所以翼面無論何點之任力，與距輥圈之平方有比。此論全在水內之翼也。又因外邊所現之力比內邊更大，而任力亦更大，故入水不深者，則無論何點之任力，與距輥圈之立方有比。入水深者，則與二·五方有比。

推算任力心。四百十四節

依前節之理，將輪之半徑減輥圈之半徑，加輪翼之闊數，求其四次方，而以翼闊數之四倍約之，得數開立方，減輪半徑，加輥圈半徑，即任力心距翼面上邊之數。

推算輥圈徑。四百十五節

置每小時船行之陸里數，以五千二百八十乘之，即變里數爲尺數爲實；另將一分時輪之轉數以六十乘之，即變爲一小時之轉數也爲法，實如法而一，即輥圈周之尺數，以周求徑，即得。又法將一小時船行之陸里數以八十八乘之爲實，再將每分時之轉數以三·一四一六乘之爲法，實如法而一，即得輥圓徑之尺數。用前法求任力心圓界之徑，既有此二者，則

輪之轉速與船之行速，可得相較之數矣。

用前法求已定之數。四百十六節

設有常式之船，汽機二百馬力，一分時二十二轉，一小時行十里六二，求輥圈之徑。將十〇·六二以八十八乘之，得九百三十四·六六爲實；再將二十二以三·一四一六乘之，得六十九·一五二爲法，除得十三·一五二爲輥圈徑之尺數。因輪徑爲十九尺四寸，所以輥圈徑爲輪徑三分之二。此爲尋常所得之數。翼之闊爲二尺，輪徑與輥圈徑之較爲五尺八一三三，半徑之較爲二尺九〇六七。將此數與翼之闊數相加，得四·九〇六七，而求其四次方，即得五百七十九·六四再以翼之闊數四倍約之，得七十二·四五五，開立方得四·一六八九，減輪半徑，加輥圈半徑，得一·二六二三，爲入水淺者任力心距翼面上邊之尺數。因輪半徑爲九尺六六七，又輪心距翼之上邊爲七尺六六七，將此數加一·二六二三，得八尺九二九九，倍之得十七尺八五九八，爲任力心圓界之徑。如一分時轉二十二次，則任力心之速，一秒時得二十尺五七三；一小時能行十里六二，則輥圈之速，一秒時得十五尺五七六，相較得四尺九九七，即水退後之速，乃輪翼之力所生也。因一秒時中重物下墜，能得四尺九九七之速，必自尺三八九之高，將此高數

以一立方尺水重磅數六十二五乘之卽得二十四磅三一爲輪翼直立時一平方尺任力之數其每翼之面積有二十方尺因二邊皆有直立之翼則全任之力得九百七十二磅四

有任力之數與速求均抵力數　四百十七節

設有任力之數卽可求鞲鞴面每方寸均抵力之數二百馬力之船必有二汽筩每汽筩徑約五十寸推機路約五尺鞲鞴之徑五十寸則面積約一千九百六十三方寸五兩鞲鞴之共面積爲三千九百二十七方寸鞲鞴一往復共得十尺一分時往復二十二次得二百二十尺等於一

秒時三尺六六如任力心之速與鞲鞴之速等則直立之翼全任力九百七十二磅四而鞲鞴面必有相等之力對之計每方寸得磅二一因任力心之速一秒時四尺九九七鞲鞴之速一秒時三尺六六則鞲鞴面之均抵力必爲三六六與四九九七之比故每方寸得磅四一由此可見定翼之輪汽機之力大半糜於斜翼

能力多糜於斜翼之理　四百十八節

能力多糜於斜翼者因斜翼之任力大於直翼也直翼所任之力不過船與輪二速之較非若斜翼之初入水者平擊水面所任之力卽輪轉之速也（此以輪入水至輪心而言）無論船行與否此力恆同故輪上任何翼之任力與距直翼有比卽愈遠直翼而愈大惟動船之力則反是卽愈近直翼而愈大也故入水不深者直翼前後相近之斜翼動船之力亦頗大若活翼之輪則入水之翼皆直立而任力必與各翼橫動速之平方有比故橫動之速最大之翼卽動船之力最大之翼也

活翼方向　四百十九節

活翼之輪其諸翼俱爲輪心之曲拐或兩心輪制之所以入水出水時之方向爲斜直之中

輪翼尺寸　四百二十節

輪徑每一尺輪周配一翼船行甚速者翼距宜爲二尺半或再近亦好因愈近而震動愈小也然太近則水留其間而難出太遠則震動甚而糜力多矣推算輪翼面積將汽機之實馬力以輪徑之尺數約之得數爲行海輪船每翼面積之方尺數開平方得數以〇六乘之卽得翼闊之尺數船形尖銳者翼之面積可依此數減四分之一開平方得數而以〇七乘之得闊數但行海之船同時有四翼在水內而行江之船不過二翼或一翼在水內行江之船水之讓輪力（卽糜）多於行海之船惟動船之力則反大因汽機之轉動得以更速也

輪翼要說　四百二十一節

欲汽機轉速而減小翼之面積船亦不能加速惟減小輪徑而使汽機速轉則船能加速且作活翼以免斜推水之磨力爲更得之凡輪之輥圈切不可在水面之下恐出水入水之時必帶多水衝激輪之尺寸合法則水讓之速等於任力心之速四分之一若各件合法水讓能愈少已知汽機之轉速並船之行速即可知輥圈之徑將輥圈徑加水讓數之徑即得輪翼任力心繞行圜界之徑

螺輪之制

形式　四百二十二節

螺輪之式如第四十五圖甲乙爲二翼者之平斜二形丙丁爲二翼者之平立二形而四翼至六翼者亦有之轉動之時其翼所行之路爲螺絲形如螺

第四十五圖

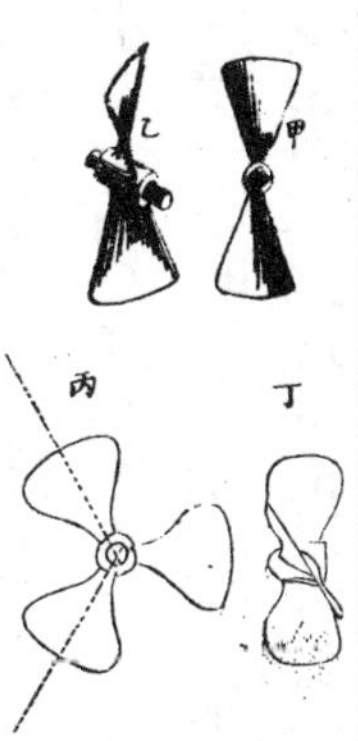

釘旋入木內相同但加旋轉之力而自能進退惟螺釘長而螺輪短試將螺釘截至甚短再將絲截去數處亦左右旋轉而自能進退也螺輪在水內旋轉與此無異初作螺輪其翼在軸繞數周迨後漸減而作一周至今減至六分周之一其安置之法在船尾最窄之處居舵之前此處甚

第四十六圖

窄本不能載貨也如第四十六圖爲常置螺輪之式其翼彎向後者所以阻水之離心動也

螺距　四百二十三節

螺距爲一絲前後之相距將一線繞於短柱而各圈之相距等成爲勻螺旋各圈之相距由密漸疏成爲疏密螺旋又可同繞二三四五六線於柱即爲多絲螺旋柱甚小而繞以側立之帶甚闊在外割去一小行則各絲俱斷若割去一大行使其斷處多而存者少即同螺翼之式螺輪之

一翼即所繞之一絲二翼即所繞之二絲也餘仿此

螺輪推水之力　四百二十四節

螺輪推水之力不在螺翼面積而在螺徑之平圓面積辣得辣輪船螺徑十尺面積得七十八方尺五推力八千七百二十二磅則每方尺爲一百〇八磅半入水中橫剖面三百八十方尺即橫剖面一方尺得推力二十三磅一小時推船行九里二也

船體同式大小不同推力不相比　四百二十五節

船體同式者小船入水中橫剖面一方尺之推力大於大船一方尺之推力如彼里根輪船入水中橫剖面一百〇

九方尺又四分方尺之三入水中橫剖面每方尺得推力三十磅而一小時行九里七明客司輪船入水中橫剖面八十二方尺螺徑四尺半面積十五方尺九其每方尺之推水力二百十四磅入水中橫剖面每方尺得推力四十一磅一小時行八里半徒火法輪船入水中橫剖面六十方尺螺徑五尺八寸面積二十五方尺二二其每方尺之推水力一百〇九磅半入水中橫剖面每方尺得推力四十六磅一小時行九里比諸辣得辣適為二倍可見小船所受阻力不依比例而減故螺輪亦應依比例而加大也

求螺輪推水之力　四百二十六節

置韝鞴面之共淨均力以韝鞴之速率乘之再以螺輪當行之速除之得數減翼面滯力與螺縻四分之一則略為推水之力（理詳蒲而捺螺輪專書）

水讓螺輪退行之速　四百二十七節

螺距乘轉數與船行速率相較即得水讓之速（即螺縻也）螺距乘轉數為螺絲行於定質之速即螺輪當行之數也精巧之輪與船首之阻力相配者螺縻不至十分之一形式不精而螺縻至十分之三者有之且更多者亦有之嘗有最精之船並無螺縻不特無之反有速於當行之數者亦未籍風力也此奇事也然有妙理存焉因螺距甚小於螺徑

者旋轉必甚速故螺輪推水之離心力衝激於翼面之後邊而成劈形同於加大螺距故輪轉相同而實行之路自加又因船行甚速近船之水必隨而前進輪既轉於前進之水內船行必加速矣所加之速籍汽機已現之力並未另費能力也

以重學之理求水退讓之速　四百二十八節

已知螺輪之徑及推水之力即可求得水讓螺輪退行之速數如明克司輪船一小時行八海里四四五螺輪一分時二百三十一轉三二螺徑面積每方尺之推水力二百十四磅一海里為六千〇八十五尺六則輪每一轉船行

三尺七其歷時得秒二六設重物以地攝力在此時內下墜之路必為一尺〇八七又二百十四磅重所受地攝力等於螺輪面積每方尺受二百十四磅之推水力即螺輪一轉時內使重物行動得一尺〇八七之路也今所動之重物即水三立方尺七為螺輪面積一方尺所推出此水之重約二百三十一磅五可見二百十四磅推水之力稍小於水之重故水動之速亦必小於每轉一尺〇八七約每轉為一尺將此數加船前行之數則得螺輪一轉當行之數為四尺七與螺距數相較得一尺一三即翼面橫推水所生也但此數尚有小變螺輪入水加深者抵力加多

因船在深處推動之水柱必帶動面上之水又加此水示靜性之力也明克司船輪上之水不多汽機能力每百分所糜去之力三十五分六三如以此數之半爲水退後之糜力半爲翼橫推之糜力則不甚差

船尾尖狹能增速率　四百二十九節

雷富們輪船入水積四百八十六噸汽機原有二百馬力一小時能行八海里又地率輪船入水積二百九十六噸汽機原有一百馬力一小時能行六海里半後地率汽機移於雷富們船而地率換用四十馬力之汽機將二船之尾俱改尖狹雷富們船之速率仍如前惟地率則一小時

行七里半地率之原汽機移至雷們船內比前多行一里半而船之入水積反略爲二倍地率船新汽機之馬力減少六十而行反多一里此爲造螺輪船者不可不究之事詳螺輪專書

螺輪尺寸

螺徑之數　四百三十節

先求船行水內之阻力數則能知船與螺輪阻力之相比數螺輪之徑愈大愈好因輪徑大則汽機所現之功力亦大螺距與螺徑之比亦大而螺長可小此數事俱有大益今以成式爲例如法國戰船名卑利根初作四翼之輪螺

徑九十寸四二後換一小螺輪亦有四翼螺徑五十四寸命大輪之功力爲一則小輪之功力〇·八二三初作者每小時能使船行十里後換者每小時能使船行八里餘螺距與螺徑之相比在大輪得一·三二在小輪得一·三八四大輪之各翼共螺長爲螺距之〇·二八一小輪之各翼共螺長爲螺距之〇·四五

四翼輪與二翼輪相較　四百三十一節

實測而得四翼者之螺糜固小於二翼者然亦無益因螺糜雖小而翼面磨水之滯力更大也若二翼者之螺距小於四翼者螺糜亦可相等

用卑利根螺輪尺寸爲例　四百三十二節

螺輪之推力與船入水體之阻力相比等於卑利根則螺輪之各尺寸亦必等於卑利根也以螺徑面積方尺數約入水橫剖面積方尺數即得螺輪推力與船入水體阻力相比之數省言阻力相比辣得辣船爲百分之三百八十分即三八

螺輪尺寸表　四百三十三節

阻力相比	二翼螺輪 螺距與螺徑相比	二翼螺輪 各翼共螺長與螺距相比	四翼螺輪 螺距與螺徑相比	四翼螺輪 各翼共螺長與螺距相比	六翼螺輪 螺距與螺徑相比	六翼螺輪 各翼共螺長與螺距相比
二·五	一·〇〇六	·〇五四	一·三四二	·四五五	一·六七七	·七九四

五·		一·〇六九	·四二八	一·四二五	·四二八	一·七七一	·七四九
四·五		一·一三五	·四〇二	一·五一三	·四〇二	一·八九一	·七〇三
四·	尋常大戰船用之	一·二〇五	·三七八	一·六〇七	·三七八	二·〇〇九	·六六一
三·五	中等戰船用之	一·二九七	·三五五	一·七〇五	·三五五	二·一三一	·六二一
三·	極速大戰船用之	一·三五七	·三三四	一·八一	·三三四	二·二六二	·五八五
二·五	極速中戰船用之	一·四五	·三一三	一·九三三	·三一二	二·四一六	·五四六
二·	極速小戰船用之	一·五六	·二九四	二·〇八	·二五四	二·六	·五一五
一·五	極速遞信小船用之	一·六八二	·二七五	二·二四三	·二七五	二·八〇四	·四八一

以上各法俱有成效。理詳螺輪專書。

各式螺輪相比

螺輪要言。　四百三十四節

船尾能容大徑螺輪則尋常二翼者功用同於別式且易於製造若不容大徑者或欲拖別船或欲走大逆風則用螺距漸大之輪為善。

減小螺縻　四百三十五節

近人有減小螺縻各法蓋水之讓輪而退行多因水之離心動甚速也試觀船泊而轉螺輪將水四面扇開船不前行水既成離心之動必往抵力最小之處即水面也輪體入水深者水雖離心難於四散亦難上浮故螺縻可減矣所以螺輪入水愈深螺縻愈少惟入水過深常不便故又

翺思新法數種如船體甚長者船行之力以十分之九帶水向前螺輪行此向前之水內而螺縻亦減船恆遇大逆風者欲螺縻減小則宜置螺輪於船尾向前之處設輪翼不作螺絲形而置於船尾向前之處或在船底之下轉動之時船亦前行因水切於船尾尖殺之處輪在此攪擾使動能成相擠之力推船向前也故螺輪而置於此處螺縻自可不大又有螺翼之式能使水自生向心力以敵離心力者故輪所推之水不作圓錐形而作圓柱形如第四十七圖為顛多捺得此人係英國侯爵於二十七年前所剏其二翼直而向後

第四十七圖

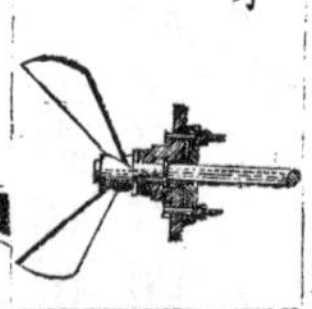

斜又如第四十八圖為哈治生於二十六年前所剏其翼向後彎成拋物線輪轉之時使水向內聚於心如拋物線鏡能聚光於中心也此翼之式即如直翼輪之螺距在翼之中段改變也然比直翼者不甚有益

第四十八圖

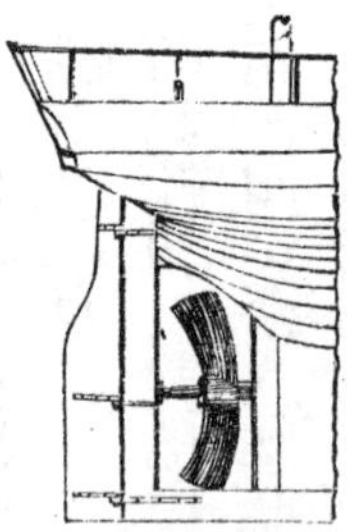

螺距改變　四百三十六節

螺距改變有二法其一螺距由前向後漸大如螺絲梯之每級加高是也其二螺距由心向周漸大如螺絲梯每級之外邊稍厚於心是也由前向後漸大者翼之前邊無擊

水之力因先遇水之邊其速不大於船行之速也由心向周漸大者翼根之速等於船行之速而不使水生離心動蓋動船之力全在翼之外邊也然此二種亦無大益因輪之推水向後水必自輪前而入也所以顧里非書之制反向前彎又有摺紋翼者翼作摺紋亦能阻水不生離心動顧里非書之式在輪心作大球翼端彎向前使所動之水柱加大何密士之式前有數船用之今已不用又有曼經之式爲疊輪以二箇窄翼螺輪同穿一軸前後置之

何密士之式　四百三十七節

螺距之數由前至後忽然加大幾與軸平行翼之外邊彎

向後彎處圓而不方如汁勺之式轉輪之時先遇水之邊毫不擊水能將水直推向後故輪之當行能等於船之實行又因邊彎如鉤水亦不生離心動亦不能自輪周之外流入輪心

比阿蒂之式　四百三十八節

輪置於舵後船尾不震動舵中作長圓孔螺軸由此通過如第四十九圖

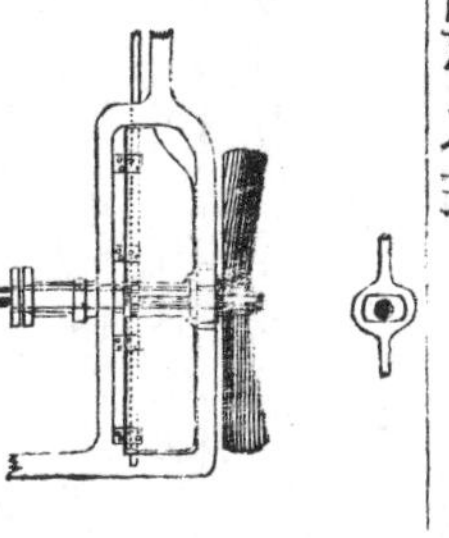

第四十九圖

明輪螺輪相比

各輪之用　四百三十九節

船體入水深者螺輪勝於定翼明輪入水稍淺者不及活翼明輪船體不甚長而入水淺者亦不及定翼明輪故行江之船入水不深水面之下不容螺輪者宜用明輪也

行海大船常用螺輪　四百四十節

行海之船不甚大入水不甚深恆得順風旁風定翼明輪與常式螺輪皆宜船體大而載貨多入水甚深行路甚遠積煤甚多壓船甚重螺輪爲宜蓋螺輪入水深而力大明輪入水淺而力大也

比較用煤　四百四十一節

同式同力之船一用明輪一用螺輪俱對逆風而行則明輪爲勝所勝者不在速而在省煤因明輪船遇逆風則行必慢汽機之轉亦慢燒煤亦由此而省所省之煤與船之減速略有比螺輪船遇逆風其行亦慢惟汽機之轉不甚慢轉數雖不甚減而行亦不加速故尋常之逆風二船之速略相等若遇逆風極大而二船略至不能前進則螺輪又勝於明輪然此爲不常有之事總以尋常而論螺輪船燒煤多而行速與明輪略同蓋定螺長之時原與小逆風相配若遇最大之逆風則阻船之力過大而螺長不足以

勝之輪在水內旋轉不能合螺絲之路必推水奔向兩旁前行之數自減此與停泊之船使輪旋轉而推水向兩旁者相同明輪則無推水向兩旁之弊

比較牽力　四百四十二節

二種船前行之力業經實測辣得辣螺輪船與阿力多明輪船二船同式同力其容積俱八百噸汽機二百馬力奈遮螺輪船與巳西里司明輪船二船亦同式同力其容積俱一千噸汽機四百馬力各於潮平風靜之時在大海用長索連二船之尾相背而行螺輪船能引明輪船退行其所以然者並非螺輪之力大於明輪因螺輪轉甚速之時

水勢泛成大浪衝激船尾而助推船之力也蓋螺輪船有物阻之而仍前行其翼面推水不能成離心之力極大泛起之浪甚猛船之前行大半爲輪之推力小半爲浪之激力反其事以證之仍用前二船以船首相對用索連之而退轉汽機使得退行則二船乃相定又以稱力器測驗二船之能力果屬相等因知螺輪之引退明輪並非力之大也試詳論之凡輪船前行之力等於水阻力與粘力並等於輪翼任力心之力明輪船已知輪之尺寸又知水退速率卽知其力數水退速率加船行速率乘此力數等於鞲鞴共能力螺輪船亦同此理所以鞲鞴有若干抵力而水退

有何速率則二船同式同力者或快行或慢行鞲鞴之抵力既同而水之阻力與粘力並同二船前行之力亦無不同故無風之時同式之船前行同速者則前行之力必同所以二船連尾背行其向前之力亦必同也

詳較行速　四百四十三節

辣得辣螺輪船長一百七十六尺六寸闊三十二尺八寸半容積得八百八十八噸汽機二百號馬力入水深十一尺五寸半時入水中橫剖面三百八十方尺阿力多明輪船各尺寸俱同惟容積僅得八百噸辣得辣容積多八十八噸者因船尾放長十五尺而置螺輪也辣得辣船有稱

力器能測螺輪之推力以求船行之力並螺縻之數二船俱有指力器能知汽機實能力二船同測四次

第一次無風無浪同於早晨四點鐘五十分開行至二點鐘三十分半辣得辣到停泊之處阿力多遲二十分半始到阿力多之速率每小時八里八實馬力二百八十二二辣得辣之速率每小時九里二螺輪之縻力爲百分之十○二指力器所顯之實馬力三百三十四六稱力器所顯螺軸之推力三噸十七擔九十八磅以螺軸推力之磅數與一分時所行之尺數相乘以三萬三千約之得推船之馬力二百四十七八與實馬力相比如一與一三五卽命

汽機之力爲百分。而實用之力七十四分七。

第二次。順風不挂風帆。收去橫桅。阿力多之實馬力二百九十一·七。辣得辣一小時行十里。螺縻每百分十一·二。實馬力三百六十八·八。螺軸之推力四噸四擔二十九磅。推船馬力二百九十○·二。與實馬力相比爲一與一·二七。即命汽機之力爲百分。而實用之力七十八分七。

第三次。辣得辣減少所用之汽。一分時轉轉往復十七次。而得實馬力一百二十六·七。螺軸推力二噸二擔九十八磅。螺軸推船馬力八十八·四。與實馬力相比爲一與一·四四。螺縻每百分得十八·七。汽機之力百分。實用之力六十九分四四。

第四次。逆風逆浪甚大。二船同行七小時。辣得辣一小時行四里二。每分時轉轉往復二十次。因指力器有病。不能用。約爲實馬力三百。螺軸之推力四噸七擔十六磅。螺軸推船馬力一百二十五·九。螺縻爲百分之五十六。汽機之力百分。實用之力四十二分。阿力多一小時行四里二七一。故前於辣得辣半里。其每分時轉轉往復十二次。比前爲減半。而辣得辣往復次數止減十二分之二。

辣得辣螺輪尺寸。 四百四十四節

螺徑十尺。螺長一尺三寸。螺距十一尺。輪若更大。實力必更大。稍得順風。船行功率亦更大。此與減小船身即加大螺輪之意相同也。

風帆汽機相比

汽機專用兼用。 四百四十五節

船不甚大。常遇逆風。自必專用汽力。則以明輪爲善。若可以兼用風力者。則以螺輪爲善。船體甚長者。螺輪可得水已動之力。亦勝於明輪。

螺輪兼風帆。 四百四十六節

螺輪兼用風帆。便於明輪兼用風帆。蓋螺輪深藏水中。船雖欹側。無妨行走。帆索亦無阻礙。且風帆能減船入水體之阻力。同於加大螺輪之徑。有螺輪之助風帆。故風帆更能得力。因風遇已動之帆。而不返回。力必增大也。若遇旁風。而螺輪助其前行。則同行若干時。其得風力之路必能加多。可見風帆能加螺輪之益。而螺輪又助風帆之利。兩相濟也。

專用明輪專用風帆螺輪兼用風帆。 四百四十七節

三事相較。在於用處之適當。船行大洋。常得貿易風者。專用帆。費用節省。風無定向。或水道彎曲者。螺輪兼風帆。費用更省。惟專用明輪者。費用較大。明輪船不用風帆。而容積有一千噸者。汽機必三百五十馬力。可載貨物四百噸。

並載所用之煤足行五百海里歷四十五小時半核計煤與工食及用壞船之分數共費約金錢二百九十圓若風帆兼螺輪之船汽機一百馬力亦可載貨四百噸並行五百海里足用之煤亦四十五小時半所行之里數與前同各費共金錢六十圓可見螺輪兼帆比專用明輪者費約三分之一螺輪兼帆與專用帆者相較如不行大洋則同行若干路螺輪兼風帆者其費得帆船三分之二螺輪汽機之費雖大而歷時則少能省人工之費也

明輪螺輪兼用　四百四十八節

明輪加螺輪之益同於螺輪之兼風帆蓋明輪而得螺輪

之助其所現之力能相濟而俱加大故二輪之靡力俱小於單用一輪者若單用明輪或螺輪而作推水之面甚大則益處亦同於兼用也步倫捺所造大東輪船容積一萬八千九百十五噸兼用二種輪又有兵船名皮亦兼有二種而未嘗同用

兼用二輪行率加速　四百四十九節

鍋爐已壞而欲重易則另加大抵力機動螺輪將所用過之汽再入大汽筩用其凝水之力此法可得二倍之力故燒煤不多而行能加速也其加力二倍而得加速之數必如一之立方根與二之立方根之比卽行速一二五倍若

一小時原行十里者用此法而一小時能行十二里半行路若等則所燒之煤與各費均減四分之一

大抵力汽無危險　四百五十節

司機者果能謹慎可保無虞蓋車汽機恆用大抵力汽機船內亦已有用之者惟汽漲力不可過四十磅而吹換鹹水更宜加慎所進之海水不可偶缺吹出鹹水之管通於鍋爐近水面之處又應作浮物接連門柄以制開門之大小浮物以銅作空球合縫之時球內盛水少許使內外抵力相平而不致洩漏或用石而另以重對之功用同而易造

商船獲利省煤為要　四百五十一節

汽機商船能獲利者最要在節省燒煤然至今尚未得最善之法故汽機船宜設規條以燒煤之多少定司機之優劣煤必甚省前者杲臬書鍋爐用此規條燒煤省至減半但船鍋爐而用大抵力汽必用外冷凝水之法或另用法將水加熱至四十磅漲力之熱度而後添入則所含之石膏已結成而澄去

新陽趙元益校字

上海曹鍾秀摹圖

汽機必以卷九

英國　蒲而捺譔　英國　傅蘭雅　口譯
無錫　徐建寅　筆述

搖箭明輪汽機

畚氏之制　四百五十二節

搖箭汽機雙汽箭者汽箭徑二十一寸半推機路二十二寸每汽箭十二號馬力汽箭置於曲拐之下搖桿上端相連挺鈕以含拐軸恆升車在二汽箭之間置於凝水櫃之內聯軸之上另作曲拐運動之此曲拐與聯軸整塊打成鍋爐之汽自汽箭外邊之空樞入汽箭後自內邊之空樞

放入凝水櫃汽箭之前面有三汽孔與汽罨以制汽之進出後面加稱重以對之今時多在二邊各作一汽罨而不用稱重矣汽機之架有上下二層上曰架樑下曰架座用熟鐵柱八根相連之全機置此二層之間汽箭有二耳即名空樞置於架座之上面而架座置於船之横樑大軸之內外枕置於架樑之上面

機架　四百五十三節

架座之薄處厚四分寸之三中作兩大孔足容汽箭之搖動孔之四圍作摺邊架樑之體內空如空樑豎闊六寸横厚三寸半二旁有小孔所以取出內模體厚十六分寸之

十三上下兩架俱整鑄惟架樑兩旁伸出而托外枕之架另鑄裝配架樑之中有長孔闊三寸其長能容動恆升車之曲拐搖過孔口有摺邊邊有肋條引至聯軸枕之横高脊連架座與架樑之熟鐵柱徑各一寸半下端裝入架座之孔有肩切定孔口之摺邊摺邊高六寸可容長方楗孔之內腔稍大惟二口緊抱柱端上端連於架樑亦如之用螺蓋旋緊架座亦如空樑豎闊七寸在凝水櫃之處其式不同容柱之摺邊高約七寸

凝水櫃　四百五十四節

凝水櫃鑄連於架座形爲橢圓闊二十二寸半長二尺四

寸又四分寸之一上面高於座面九寸共高一尺十寸半底在座面之下二旁凸出架外

恆升車　四百五十五節

恆升車在凝水櫃之內徑十五寸又四分寸之一復往路十一寸底門在恆升車之內其架爲圓板上有長方舌門向上開近箭體處作圓形其門之重有銅權平之使易開合與門體鑄相連此權遇恆升車底處有空凹容之適準門開之限車箭以銅爲之以生鐵接口有孔接管通水至熱井其與凝水櫃相接之面俱爲銅而車鉋甚平故擦鉛粉油而旋緊螺釘即不洩漏起水盤亦以銅爲之盤內之

門托形如碗冷水噴入凝水櫃所過之塞門在筩外之前面升挺桿有直輔使不偏倚直輔之下端固接車筩之口上端連於架樑長孔之邊卽升搖桿通過之孔升搖桿不必甚長上連曲拐而下接升挺桿極升車凝水櫃在架座前邊近於後邊二寸半因架座後於架樑二寸半也

汽筩　四百五十六節

汽筩體厚十六分寸之九空環之闊九寸半最厚處之外面高於筩體約二寸半旁面下距筩底十一寸半上距筩口之邊九寸空樞頸徑七寸又四分寸之一長三寸半厚十六分寸之十一連壓蓋之闊環厚一寸半凸出八分寸之七容軟墊之空處八分寸之五通入樞內之管徑四寸又八分寸之五筩體外空樞之上下各有高脊自空環至汽筩之兩端使牢固汽筩大者通空環之內連有十字形側板使更牢固空樞之內肩高於筩體約二寸半筩口之摺邊厚四分寸之三闊一寸又八分寸之三軟墊白高於筩蓋四寸又八分寸之一外徑四寸又八分寸之三挺桿徑二寸又八分寸之一墊白摺邊之厚一寸又八分寸之一

出汽管　四百五十七節

凝水櫃通汽筩之管卽出汽管在凝水櫃之端侈口如鐘此端須侈口者使進櫃之汽不爲極升車體所阻也軟墊壓蓋之內徑宜大惟近口處稍小甚圓而切管始能壓緊軟墊且易退出不礙管外之大節此壓蓋用四塊合成內加壓環兩半合成壓環向外斜削而藏於空樞之內壓蓋向內斜削螺釘能壓緊軟墊並連其兩半樞孔內段收小其徑等於出汽管之外徑則軟墊不致入空環之內但出汽管與此處相接下面密切上面須留空處三十二分寸之一樞外稍有消磨恰至上面相切管亦不致拘傷與凝水櫃相接之端外周有闊環螺釘之孔向上下爲長圓樞外消磨管可移下尋常搖筩汽機樞頸之消磨極微

汽罨匣　四百五十八節

汽罨匣長十六寸半高於筩體在上端三寸半中處四寸又四分寸之一下端二寸故外面彎而不直闊九寸空環之末加闊一寸使易通汽罨匣與筩體相切之摺邊闊一寸又四分寸之一厚半寸筩體與匣相切之邊厚八分寸之五汽路高於筩體二寸又四分寸之一外闊八寸又八分寸之五汽罨用三孔之式汽筩與汽罨之平面俱爲生鐵

鞲鞴　四百五十九節

鞲鞴以麻爲軟墊壓環必用熟鐵恐生鐵者易斷也汽筩

第五十圖

蓋有四孔以螺絲旋密開之可用匙旋緊壓環之螺蓋其螺蓋之周作順逆齒與簧簡能進而不能退且可聽其聲而知各螺蓋同緊幾齒近時喬氏作大汽機用金類作墊名墊環內塞麻纜以壓環壓緊與不用墊環者同

挺鈕　四百六十節

體制如第五十圖全以銅爲之上若伏兔而下若軸枕中含拐軸下作圓鑿與挺桿相接外徑三寸又十六分寸之五拐軸徑三寸長三寸又八分寸之七孔口之厚一寸長三寸又八分寸之七

上半與下半有耳相連其其長七寸耳闊二寸下半厚等於闊上半厚二寸半穿固之螺釘徑一寸又四分寸之一以下半節作螺絲旋入下半之耳孔上半節須甚圓鈕蓋緊套其上使不移動兩螺釘之心相距五寸蓋上有油杯徑一寸又八分寸之五高一寸又八分寸之一杯內有吸油之管圓鑿正中有長劈之孔闊一寸又四分寸之一厚八分寸之三

升搖桿　四百六十一節

制與挺鈕相同如第五十一圖惟拐軸頸之徑五寸而長三寸孔口之厚四分寸之三中厚一寸又八分寸之一圓

第五十一圖

第五十二圖

凸如龜背耳闊一寸又八分寸之五上下俱厚二寸穿固之螺釘徑一寸下半節作螺絲如前法升搖桿之下端作兩岐如叉以夾升挺桿其楗之兩端引長而行於直轄之內但可往來而不偏倚楗在搖桿孔內有小方楗定之使不轉動升挺桿之上端與此鈕同式如第五十二圖鑿之外徑二寸又八

分寸之一內徑一寸半鑿口距楗心長四寸升挺桿之徑一寸半長劈闊一寸厚十六分寸之五耳闊一寸又八分寸之三厚一寸又四分寸之一兩半共厚二寸半螺釘之徑八分寸之七楗之中段徑二寸兩端厚一寸闊十六分寸之九

曲拐聯軸　四百六十二節

聯軸頸之徑四寸又十六分寸之三輪軸頸之徑四寸又八分寸之三長俱五寸曲拐大端外徑七寸孔徑四寸又八分寸之三小端外徑五寸又四分寸之一孔徑三寸大端之厚四寸又四分寸之一小端之厚三寸又四分寸之

三薄處在大端中心闊四寸在小端中心闊三寸其厚皆爲二寸又八分寸之五聯軸之兩曲拐其間闊三寸半曲拐體厚三寸又十六分寸之十五拐之曲處內外俱作圓角在拐軸之端用螺蓋以連固兩拐

兩心輪推引桿　四百六十三節

兩心輪與推引桿如第五十三圖輪以兩半合於大軸用

第五十三圖

螺釘穿固後權係另鑄厚八分寸之五用二螺釘連於輪後又藉以連固輪之兩半兩心環厚半寸闊一寸又四分寸之一輪之摺邊厚八分寸之三推引桿連於兩心環以螺釘穿過桿端之耳旋入環上之方面又用鐵片襯墊還就桿之長短鉤接之處用小橫桿連直簧使不離其位鉤接之法如平常者同

弧架　四百六十四節

弧架有尾向上另有孔扶使上下直行推引桿鉤接之樋其徑一寸如第五十四圖甲爲弧架乙爲鞴提丙爲鞴桿丁爲鞴桿之中軸弧架用熟鐵所作而外面變鋼中闊二寸又四分寸之三二端闊二寸又八分寸之三厚一寸弧槽闊一寸又十六分寸之五活襯用銅在此槽內移動長

第五十四圖

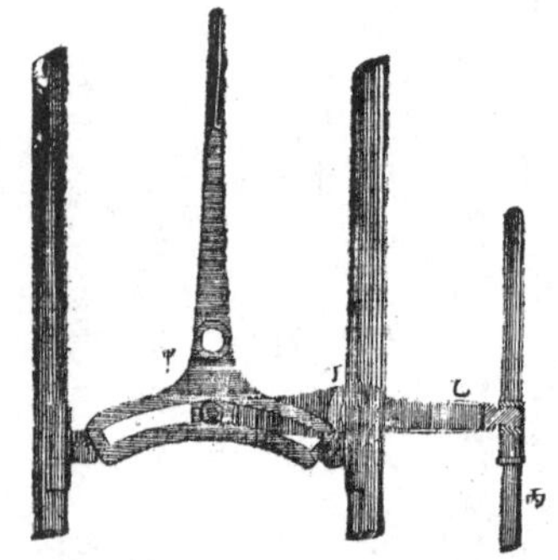

甲 丁 乙 丙

二寸中心有孔以含鞴提後端之樋弧架之尾徑四分寸之三向下漸大俱作八稜中段厚一寸又四分寸之一闊一寸又四分寸之三鞴提前端闊一寸中段闊二寸後端闊一寸又四分寸之一厚俱四分寸之三鞴桿中段有孔含鞴提前端之枘其枘入孔內者闊十六分寸之五在孔外者闊一寸四分寸之三孔外肉之厚八分寸之三孔深一寸又八分寸之一鞴桿之徑四分寸之三有二節用套管相連其套管之長一寸徑一寸又八分寸之一用長劈固定於汽鞴桿在節上引長其徑十六分寸之十一入孔內而使直行弧架之兩端各有半圓銅以螺釘相連而合於直柱螺釘之徑八分寸之三穿連弧架與半圓銅之耳此耳厚八分寸之三弧架弧度之半徑等於空樞中心至活襯樋心之距而以汽鞴在半路時爲準弧架之用所以消去汽箭搖動之差嘗有弧架以二彎條合成兩端墊以方塊日久消磨

可將方塊磋去一層仍還原度

軸枕　四百六十五節

軸枕全用銅略如挺鈕惟底作平面置於架上三耳之間不使移動上蓋易於消磨穿固之螺釘初時雖緊日久必鬆所以釘作甚大而孔作甚深或上蓋與下枕凹凸相合

空樞之枕　四百六十六節

空樞之枕與大軸之枕同穿合之螺絲須用不自退出之法螺蓋下墊一平圈此枕不可與架座鑄連因汽筩爲汽所抵又爲真空所吸空樞日久消磨而二汽筩漸相近若鑄連於架者不能遷就使準也空樞外端之摺邊切於襯

旁宜甚緊而內肩切於襯旁宜稍鬆汽筩熱而漲大枕襯不致抵開

明輪　四百六十七節

輪用活翼徑九尺八寸自翼之外邊計之每翼長四尺六寸闊十六寸半兩輪各作十翼輻有二層而用熟鐵轂以生鐵爲短管兩端作轂盤轂管內徑四寸半外徑八寸轂盤徑二十寸厚一寸又四分寸之一兩盤外邊相距十二寸向外斜如車輪之式輻闊二寸又四分寸之一厚半寸內端作尖殺每輻用三螺釘連於轂盤內牙徑七尺以固各輻輻之外端彎向後彎度合翼背柄之長輻與牙相連之處作二耳用四釘釘固輪殼內有一短軸在大軸前三寸與軸同在平線上短軸套生鐵環環外一定桿使環轉動又連接牽桿如翼數桿徑一寸又八分寸之三牽桿外端俱連翼背之柄柄長七寸與翼背成直角其短軸與大軸之兩心差不足使翼恆依垂線而在斜與垂線之間翼柄樾之徑一寸又八分寸之三兩輻之間有橫檔在輻端與內圈之中所以使輻不撓屈則輻端不致礙翼柄而阻翼之動內轂盤與外輻外轂盤與內輻更作斜交之牽條所以使輻不搖動翼用鐵板翼背各耳與各樾俱用鋼或用鐵而外面變鋼若行海之船樾必用銅而樾孔之內嵌

以木圈圈內內磨面宜大以耐消磨

搖筩汽機又式　四百六十八節

畚氏所造五十馬力者汽筩徑三十四寸推機路三尺筩體厚一寸底厚一寸又四分寸之三外有肋條數道使堅固空樞頸之徑一尺二寸長五寸半又造更大者空樞頸之徑進汽者與出汽者爲三十與三十二之比出汽者之內徑依出汽管之內徑出汽管之內徑爲汽筩徑五分之一然恐太小立尼所造者出汽管之橫剖面積爲汽筩橫剖面積三十二分之一如亞比倫船汽筩徑六十一寸空環之上下筩體厚一寸半空環處厚一寸又四分寸之二

空環亦厚一寸又四分寸之一空環之內闊二尺六寸外高四寸挺桿徑六寸又四分寸之三筩蓋軟墊臼共深二尺四寸壓蓋銅管居十八寸可免汽筩與墊臼消磨成長圓之弊又如不丁立本印度司三船汽筩徑七十六寸推機路七尺筩體厚一寸又十六分寸之十一挺桿徑八寸又四分寸之三軟墊臼共深三尺油杯深四寸壓蓋有甚深之管內亦襯銅管進汽管內徑十三寸進汽空樞頸之徑二十五寸出汽空樞頸之徑二十五寸厚二寸又四分寸之一長十一寸汽筩殼高出八寸空樞內軟墊臼深十寸厚一寸半拐軸徑十寸又四分寸之一長十五寸半各

船俱有煙管鍋爐六座鍋爐長十尺六寸闊八尺各鍋爐有煙管六十二根徑三寸長六尺六寸每鍋爐有二火爐長六尺四寸半闊三尺一寸半

挺鈕 四百六十九節

挺鈕用熟鐵而中襯礮銅上下兩半亦用螺釘穿固

鞲鞴 四百七十節

鞲鞴上下二面俱作摺邊汽筩之底與蓋俱作槽圈以容之則鞲鞴牢固又耐消磨

空樞輭墊 四百七十一節

麻絲打作極緊方緶兩端切齊其長足圍一周置於牛羊

油內煮沸片刻取出用模壓擠模式中為短柱外有短管其間適合緶厚之度上有壓蓋置緶其間用螺絲壓緊然後置於空樞之墊臼內汽自不洩若樞頸在襯或微鬆輭墊必洩汽

大抵力搖筩機空樞軟墊 四百七十二節

用大抵力汽者空樞軟墊但為麻緶久後亦必洩汽宜以黃銅作螺絲之圈抱於汽管之外圈內再墊以麻

返摺搖桿螺輪機

蒲而捺之制 四百七十三節

蒲而捺所造阿勒馬螺輪船容積五百噸單汽筩橫臥其

徑四十二寸推機路四十二寸船之速率一小時十四海里曲拐有稱重用兩鐵盤相對固含拐軸以代曲拐含處緊固大軸之磨力亦得分任拐軸對面作甚重以稱鞲鞴挺桿之重因汽筩橫臥故鞲鞴挺桿無下墜之力汽機已停其對重能令拐軸停在上面再欲轉動自然靈便

機件位置 四百七十四節

汽筩之位置偏在船之一邊有二挺桿直伸至對面共連一挺鍵行於鍵輔之內而搖桿連於挺鍵之中返折以搖拐軸大軸前端出於枕外以套兩心輪全機之架座一邊置汽筩對面置鍵輔挺鍵行於鍵輔槽內

機件尺寸。 四百七十五節

汽筩之座高於架座之面二尺。架座居中置軸枕。其心與鍵輔相平。俱高於汽筩座十寸。全機架座與下面之摺邊。俱厚一寸又四分寸之一。汽筩之下。兩旁俱有摺邊安於座而筩體小半藏座內。汽筩心與大軸心之高相等。鍵輔槽內有長方塊寬六寸長十一寸。名爲鍵襯。鍵輔蓋條中段闊八寸。二端闊四寸。兼作二孔各置油杯。大軸銅襯分爲四塊。上有枕蓋壓緊。左右另用劈形之板置銅襯之背以螺釘旋入抵此劈板。則旁二塊夾緊而任往復之力。劈板之後又有平板取出平板即可取出劈板大軸可以移

動凝水櫃鑄就於架座。恆升車用螺釘旋於架座之旁。即於座體鑄成一路。自凝水櫃通恆升車。此路之內有進出二門。上有蓋以便開出修理。其出水之路與出水管相連。水由此出於船外。

汽筩與鞲鞴。 四百七十六節

汽筩以生鐵鑄成。體厚一寸又八分寸之一。底蓋之厚相等。外有高脊六道。鞲鞴體厚八分寸之五。內有肋條六道。厚四分寸之三。穿二挺桿之孔。係鑄成。其外肉厚二寸。連二孔亦有肋條厚一寸又四分寸之一。鞲鞴之壓蓋。厚八分寸之五。用螺釘十五壓緊墊環。墊環用生鐵環一道。闊三寸半。厚半寸。環內實麻。二端斜相接。又鑲小塊鞲鞴。共厚五寸半。二挺桿之柄皆作倒錐形。入鞲鞴之孔。用螺蓋壓緊。外作順逆齒與簧。間自不鬆退。

汽罨。 四百七十七節

汽罨用三孔之式。置於汽筩之上。進汽孔闊四寸半。長二十四寸。平面之面積既大。滯力亦大。故另用平板置其背以對其力。平板向上之力略等汽罨向下之力。得此相消一手即能推引。平板徑二十一寸。初作平板有二病。其一縮櫃與板背所通之路太窄。其二汽罨與平板相連之楗太小。因此二事。每推引之初。平板必舉汽罨離平面。此乃

出汽管之汽。入於縮櫃而驟減眞空。通至板背之路既太窄。則板背之眞空不能同時相減。所以平板之力勝而提起汽罨也。今已改作而無此病矣。其楗既太小。消磨必甚速。磨面又難添油。更在熱汽之中。故必以大而長者爲佳。平板周圍須有軟墊與汽筩之鞲鞴相同。移動於數寸長之筩內。此筩在汽罨匣之中心。板背有空挺桿板面有連桿。連桿應得之長在空挺桿內消息之。

挺桿搖桿。 四百七十八節

挺桿有二。其徑各三寸。長十二尺十寸。徑尚太小。若仿造者宜加半寸。搖桿亦有二。徑各二寸又四分寸之三。其連

第五十五圖

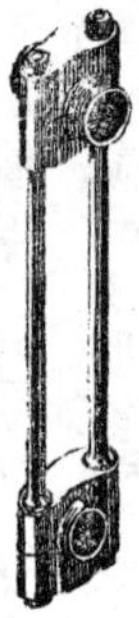

屬之式如第五十五圖

挺鍵。四百七十九節

挺鍵之式爲短軸，如第五十六圖，有二臂套其外，用方樴固定長臂乙帶動恆升車短臂丙帶動添水筩二挺桿連於臂之甲甲二孔與搖桿相接之處如戊徑八寸穿入臂內之處徑七寸二端丁丁之徑三寸長各十二寸以生鐵爲鍵襯往來於鍵輔之槽內高六寸闊十一寸長十四寸內面有摺

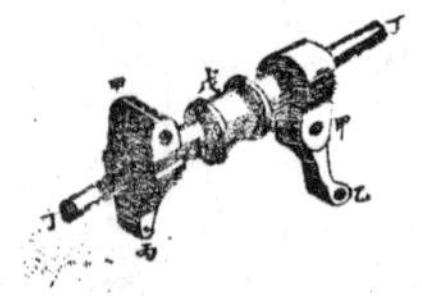

第五十六圖

邊一寸乙臂之小端彎五寸又四分寸之三以接升搖桿其孔心與鍵心距一尺九寸鍵孔外肉之厚二寸高六寸挺桿穿過之處高六寸闊八寸再外高三寸再外高二寸其闊從八寸漸減至升挺桿孔之處得四寸丙臂小端之闊三寸孔心與鍵心距九寸鍵孔外肉之厚與前同挺桿穿於臂孔二面各用螺蓋旋緊可以遷就挺桿之長短。

恆升車。四百八十節

恆升車以銅爲筩，徑十二寸半，往復路四十二寸，厚十分寸之九，起水鞲鞴爲銅圓板，邊厚六寸半，中孔厚七寸，外周作槽三道，容水以代輭墊，進水出水二處以銅爲板形，

厚半寸，背有高脊，每板六孔，另用象皮圓板爲門，徑各七寸，六孔之共面積等於筩內之橫剖面，升挺桿亦以銅爲之，徑二寸半。

曲拐。四百八十一節

曲拐以生鐵鑄成圓盤，徑六十四寸，薄處厚二寸半，邊厚五寸，中心合軸之孔徑八寸半，孔周之厚十寸，外肉厚三寸，拐軸對面之半圓厚十寸，有此偏重，汽機停後能令拐軸停於上面，而鞲鞴適在半路，搖桿與挺桿可以不成直線，拐軸徑八寸半，頸長六寸，頸徑四寸半，頸外連方體之圈，徑十八寸，厚二寸，鑲入圓盤之厚處，用螺釘六個旋緊，

螺釘之徑二寸，帽在外面嵌入圓盤之內，而於拐軸之肩作螺眼，拐軸兩端入圓盤孔內者徑亦四寸半，裝入之後，在外面椎打成帽，拐軸中心作一孔通至兩端，孔徑四分寸之三，頸內再作半徑孔三，與中孔相通，中孔兩端俱連小管，附於圓盤而向軸心，口有小漏斗，大軸枕之油杯內有棉紗吸油，軸每一轉，漏斗口刮棉紗之端而得油，以離心力由小管至拐軸頸之外，故添油不必停機。

螺軸。四百八十二節

螺軸徑七寸半，頸徑八寸半，頸長十六寸，圓盤距頸四寸又四分寸之三，軸在圓盤與頸之間周有圓槽，以讓挺桿

第五十七圖

挺桿一在此節之上一在此節之下如第五十七圖

推枕　四百八十三節

任受螺軸推力者名為推枕軸周作平行方圈七道與枕

襯內之圈相錯各圈厚一寸高於軸面一寸如第五十八圖螺軸拆卸之節如第五十九圖用帆而欲不用汽機可旋脫楗內之螺絲聽輪自轉而汽機不動

第五十八圖

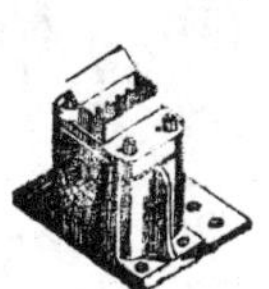

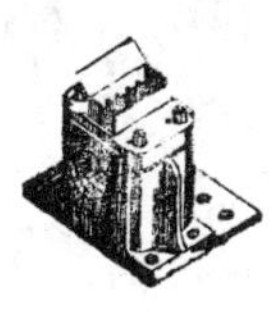

第五十九圖

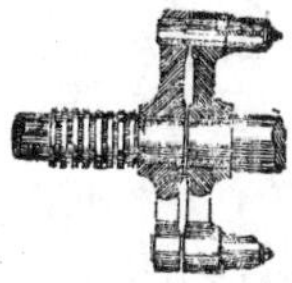

汽櫃各件　四百八十四節

圓盤前面之軸出於軸枕之外徑四寸長四寸半其端另置一輪厚三寸半輪面置一短軸徑三寸半其心距大軸心五寸此軸連一曲拐過大軸之心拐之小端距大軸心

二寸再作短軸徑二寸半兩短軸距大軸之心一遠一近皆連推引桿而動進退弧推引桿闊二寸半厚一寸進退弧亦厚一寸如第六十圖可以上下二十五寸弧槽之內以銅作活襯弧若上下活襯在槽內移動襯中有孔孔中容楗連於汽櫃軸柄之端所以活襯移在進退弧之一端則能動而汽櫃亦動活襯停於進退弧之中點則汽櫃不動而汽孔不開汽機即停將弧挼下輪自進轉弧若提上輪即退轉兩短軸與兩心輪同意惟汽櫃往復路有長短退行之路為前行之半因船退不必

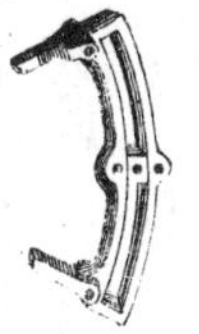

第六十圖

甚速也汽筩前端橫安汽櫃軸二柄直立共連一桿以動汽櫃桿又一柄在軸之下連弧槽內之活襯有進退柄使弧上下進退柄有象限弧制之作簧釘使任定於何處

螺徑螺距　四百八十五節

螺徑七尺螺距十四尺為化曼之式因船體入水不深故徑不能大也一分時汽機往復一百次轆轆速率七百尺因曲拐用圓盤雖速而毫不震動

車汽機

近時新式　四百八十六節

顏志所造行於狹鐵路者名司尼克與長十二尺八寸半

汽筩有二，置於輿外，徑十四寸又四分寸之一。推機路二十一寸。車體共重十九噸。前二輪任八噸，後二輪任五噸，中二輪任六噸。汽筩上下稍斜，以讓前輪。

鍋爐。 四百八十七節

火櫃內闊三尺七寸又四分寸之一，長三尺五寸半。爐柵面積十二方尺四。近火門處比煙管處稍低。爐柵距火櫃頂三尺十寸。火門之上邊距火櫃頂七寸。火櫃內有鐵板所作之空墻，橫分火櫃為二，中有水相通，厚三寸半。中高為爐柵與火櫃頂之距三分之一，兩旁連火櫃處之高為爐柵與火櫃頂之距三分之二。火櫃內層之四旁向下外斜，使汽易升。上小於下二寸。火櫃內外二層之間下寬二寸，上寬三寸。

火櫃。 四百八十八節

火櫃外層用鐵板，厚八分寸之三。內層用銅板，厚半寸。內外二層用鐵牽條連固，徑四分寸之三，各條之心相距四寸。內層之上用橫樑六條，自前至後，多用牽條使火櫃頂與橫樑相連甚固，不為漲力抵下。煙管鑲板厚四分寸之三。爐柵面為長方形。

鍋爐圓筩。 四百八十九節

圓筩之鐵板厚八分寸之三，徑三尺七寸半，長十尺。用帽釘搭釘。釘徑四分寸之三，釘心相距一寸半。煙管用銅，徑一寸又八分寸之七，長十尺，共一百八十一根。二端俱用襯圈使緊切鑲板孔內。煙櫃之端鑲板厚八分寸之五。有鐵牽條八根，徑八分之七，牽連前後二鑲板。煙管之厚在火櫃端如十三號鐵絲之徑，在煙櫃端如十四號鐵絲之徑。灰膛鐵板之厚十六分寸之五。煙櫃鐵板之厚十六分寸之三。

輿架。 四百九十節

輿架用熟鐵板為長方形之匡，下邊有高出之耳，以安輪軸之伏兔。兩旁長邊有雙層，一層接行輪軸，一層接前後輪之軸。內外二層相連之角用角鐵，中間用牽條。內層鐵板厚四分寸之三，闊九寸。外層前半厚與闊並同內層，後半之厚半寸。前輪轂鐵板之厚四分寸之三，用角鐵連於輿旁。後輪轂鐵板之厚半寸，用生鐵柱連於輿旁。輿架前端之橫檔用鐵板，厚四分寸之三，又加堅木橫檔，厚四寸半，闊十五寸。牽鉤連於橫檔，鉤徑二寸。鍋爐圓筩以二牽條連於輿架之內層。煙櫃兩旁各用一角鐵連固。

車輪。 四百九十一節

輻與轂俱用熟鐵，外牙用鋼。行輪徑六尺六寸半，拐軸連於輪輻，徑三寸半。前後輪徑俱四十八寸半。轂內襯銅前

輪軸有墊簧四層用鋼板長三尺闊四寸厚半寸行輪軸打就兩心輪二箇以動添水筩

汽筩 四百九十二節

汽筩徑十四寸半上面鑄就汽罨匣進汽孔長十三寸闊一寸又八分寸之五出汽孔闊二寸半汽罨往復路四寸又八分寸之一進餘面闊一寸引汽闊四分寸之一搆搆用鋼厚四寸壓環用生鐵挺桿後端不作倒錐形而作小圓盤搆搆之力傳於挺桿而能勝任挺桿用熟鐵徑二寸又八分寸之一鍵轄用鋼闊四寸鍵襯之中鑲堅木厚四分寸之一搖桿長六尺以兩端之心相距之數為準以白銅作襯兩心

輪用熟鐵兩心距二寸又十六分寸之一進退弧用熟鐵有定釘挂於架上不可上下與第六十一圖不同另有罨搖桿與弧槽內之活襯相連活襯可移動上下其理同於弧之上下各依汽機之便而用之汽罨平面用銅總汽門用平面閘門之式在通汽管內作多孔徑俱十二分寸之一出汽管用銅口徑四寸又四分寸之一煙管口有掛門如百頁窗之式

放汽泙門 四百九十三節

泙門有二箇形如搆搆徑一寸又十六分寸之三用螺簧壓於上面如第六十一圖

第六十一圖

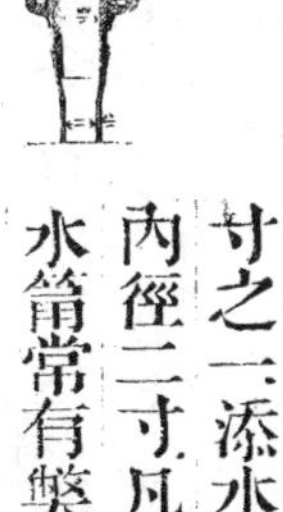

添水筩 四百九十四節

添水筩以銅為之推水柱之徑四寸往復路三寸又四分寸之一添水管亦用銅內徑二寸凡汽車之添水筩常有弊端或因氣洩至筩內而水不得上或因門起太高而推水柱退時不及關水仍返回常法有小塞門與筩相通開之則漏入之氣能放出且可使筩內

第六十二圖

冷而易吸水腮壺內用球門如第六十二圖球門所開之路比昔時甚小

汽車精求省煤 四百九十五節

近製車機雖甚精於昔然再得精求當更能省煤已有成效者用餘汽加熱於添水使至將沸而進鍋爐汽孔加大而多用自漲力外汽筩者用餘汽環繞筩體之外而放出鍋爐亦洌不散熱之法所有重件加以稱重行時不致搖動鍋爐每平方寸必能受汽漲力二百至二百五十磅機件必任極大之力而不傷損各處新造者必比較功率以燒煤少而功用大為首農事汽機業已比較精究用煤之

多少故得甚精下卷詳之

新陽趙元益校字

上海曹鍾秀摹圖

汽機必以卷十

英國 蒲而捺譔　英國 傅蘭雅 無錫 徐建寅

陸汽機致用 四百九十六節

車汽機與起水汽機之外凡紡織磨粉之屬以及一切用大力者並近時農事各機器無不以汽機運動分為二種一行動之機一定處之機

行動陸汽機 四百九十七節

行動之陸汽機其制大同小異鍋爐皆有內火櫃與煙管略同於車汽機汽筩置於鍋爐之上挺桿與搖桿亦同於車機大軸之端有滑輪用皮帶傳力至別器各種式樣雖略同而精粗則迥異宜詳辨之

梁生之制 四百九十八節

第六十三圖汽筩在鍋爐之上其各件尺寸之數並用實測之數而定飛輪重而轉甚勻前輪軸連於鍋爐有半球形之活節故鍋爐靠於三點

汽機能行動者鍋爐不能甚大此圖之汽機鍋爐每平方寸能受漲力六十磅其實能力大於號馬力三倍鞲鞴行甚速故能力大而尺寸可小體亦可輕此種汽機自三號馬力至二十號馬力

古留頓之制　四百九十九節

第六十三圖

第六十四圖第六十五圖舊制之鍋爐甚不堅固或致危險前五十一年古留頓捌造此式鍋爐以後年精一年後表為前二十

第六十四圖

二年至前一十六年逐年更精之數近二三年內竟有每小時每號馬力燒煤僅二磅半者

第六十五圖

年代	號馬力	生火時至四十五磅漲力歷時分數	生火時至四十五磅漲力燒煤磅數	一小時一號馬力燒煤之磅數
前二二	五	四四	三·二二五	一·一八
	七	四五	三·七七五	一·○七八
	九	三七	四·一二七	一·一六六
二一	七	四三	三·六五	·七七七
二○	六	三二	三·五四	·八六三
一九	六	三二·三	二·二七五	·六○
	四	四一	二·九五	·八四
一八	四	四七	一·七七五	·四三二
一七	六	三九		·五一九
一六	八	三四		·四○五

第六十四圖汽筩在火櫃之端第六十五圖汽筩在煙通之端汽筩有外殼放出之煙由殼內經過汽筩常得四百度之熱。

古陸士荀辣之制　五百節

汽機用四木輪行動如第六十六圖火櫃上有柄專司進

第六十六圖

加利得之制 五百一節

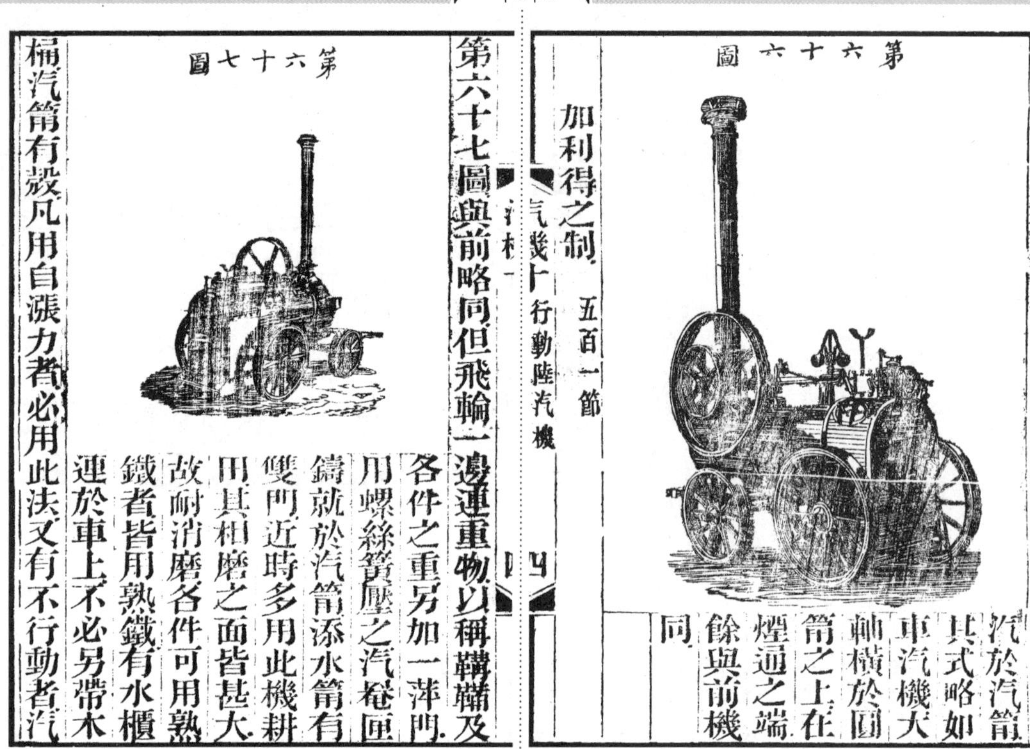

第六十七圖

汽於汽箭其式略如車汽機大軸橫於圓箭之上在煙通之端餘與前機同

第六十七圖與前略同但飛輪一邊連重物以稱轉轆及各件之重另加一滊門用螺絲簧壓之汽卷匣鑄就於汽箭添水箭有雙門近時多用此機耕田其相磨之面皆甚大故耐消磨各件可用熟鐵者皆用熟鐵有水櫃連於車上不必另帶木桶汽箭有殼凡用自漲力者必用此法又有不行動者汽

第六十八圖

脫捺之制 五百二節

箭倒置於架上各件俱在架內又有八客所造者如第六十八圖

第六十九圖

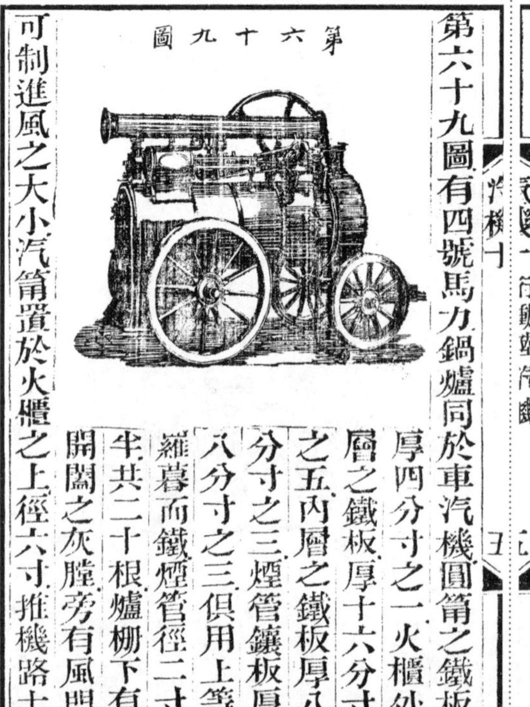

第六十九圖有四號馬力鍋爐同於車汽機圓箭之鐵板厚四分寸之一火櫃外層之鐵板厚十六分寸之五內層之鐵板厚八分寸之三煙管鑲板厚八分寸之三俱用上等羅暮而鐵煙管徑二寸半共二十根爐柵下有開闔之灰膛旁有風門可制進風之大小汽箭置於火櫃之上徑六寸推機路十

寸半進汽管爲短柱形阻汽門與滑門皆在其上又作叉形以托煙通之倒下進汽管兼此三用甚爲簡便鏈輔用熟鐵二條一端連於汽筒蓋一端連於鍋爐上之短鐵柱大軸之枕以熟鐵爲架大軸用熟鐵徑二寸半飛輪徑四尺半即用爲皮帶輪一分時一百四十轉汽之漲力每方寸得四十五磅十小時燒煤三擔化水三千磅運動別機器而程功一日能將麥捆分殼去稭得淨麥三百二十斗每一斗容二千二百十八立方寸一九二即容水八十磅且能揀剔上下兩等把里得所造行動汽機程功亦同此數其數詳後打麥節內

何梟司比之制　五百三節

第七十圖

第七十圖其省煤與別汽機之精緻者略同汽筩置於鍋爐之內八號馬力者重五十八擔每小時每號馬力燒煤約四磅司機者謹愼爲之燒煤祇三磅半

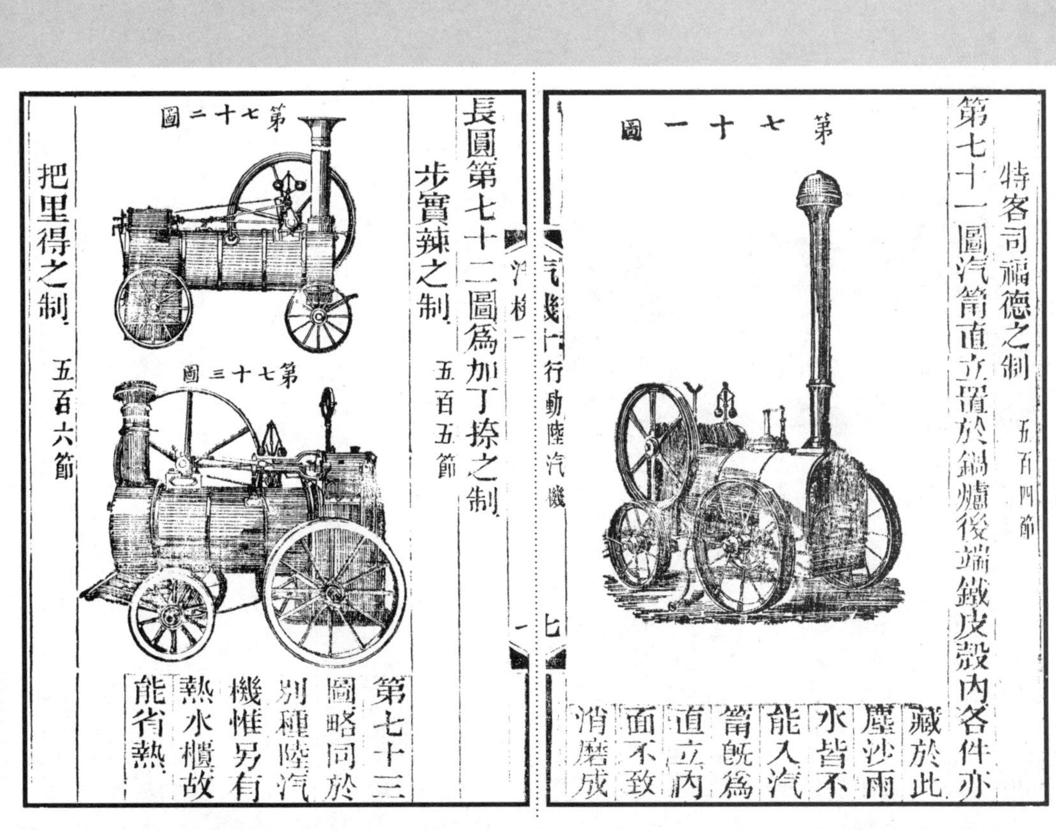

特客司福德之制　五百四節

第七十一圖

第七十一圖汽筩直立置於鍋爐後端鐵皮殼內各件亦藏於此塵沙雨水皆不能入汽筩既爲直立內面不致消磨成長圓第七十二圖爲加丁捺之制

步實辣之制　五百五節

第七十二圖

第七十三圖

第七十三圖略同於別種陸汽機惟另有熱水櫃故能省熱

把里得之制　五百六節

第七十四圖

第七十四圖汽筩置於鍋爐之上其架如馬鞍之式內空而藉以作汽箱可使汽筩得熱更免汽水共出汽筩內或遇結冰則初生汽時冰能先鎔此機之功率見後打麥節內其體輕於別機鍋爐與汽筩用氈與木片包

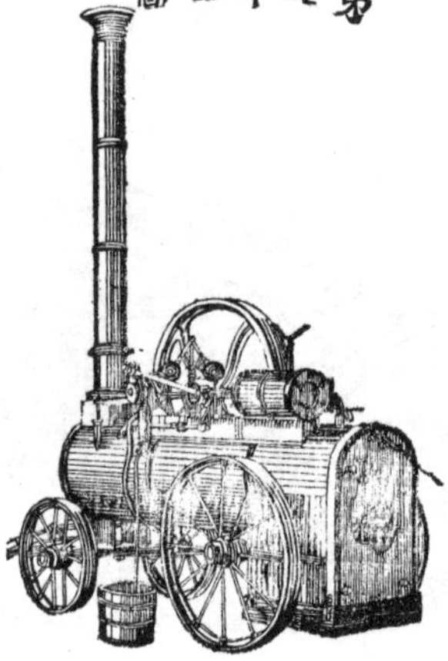

裹鍋爐上有薪門汽制球看水玻璃管看水塞門放汽管泥孔灰膛風門輪軔火鉗煤鍬煙管刷並油衣一套又有栢得林所造者火櫃上有圓汽櫃汽筩橫臥稍高於圓櫃而連其旁

陸機利用　五百七節

歷考以前各機俱價廉費省功率甚大司機甚易工人一教即知體制簡而堅固磨面大而極準可以久用不壞汽用大漲力汽箱多作餘面與引汽汽筩常甚熱又使餘汽及煙之熱傳於添水而至沸爐柵面不過大火爐內聚熱不散煙管得大益四號馬力者每馬力計金錢三十五圓至四十五圓十號馬力者每馬力計金錢二十六圓至三十圓每小時每馬力燒煤不過四磅英國有公會每年齊集各處陸汽機分別等次而獎賞之有一善式立使各處仿造故能逐年更精陸汽機之益處甚大後日必能徧地通行

定處陸汽機　五百八節

汽筩橫臥者槓桿者邊桿者搖汽筩者有邊桿而置於方檯上者有汽筩在上而曲拐在下者汽筩倒安有汽筩在下而曲拐在上者汽筩直立

梁生之制　五百九節

第七十五圖

第七十五圖汽筩橫臥有十二馬力全機置於熟鐵之架挺桿前端有挺鍵行於鍵轍之間而接搖桿凡此坊所造者大至二十五馬力式俱相同過二十五馬力者用二汽筩而共動一軸飛輪在二筩之間二曲拐相交成直角十二馬力以上者另有漲門可使鞲鞴任在幾分路之一而

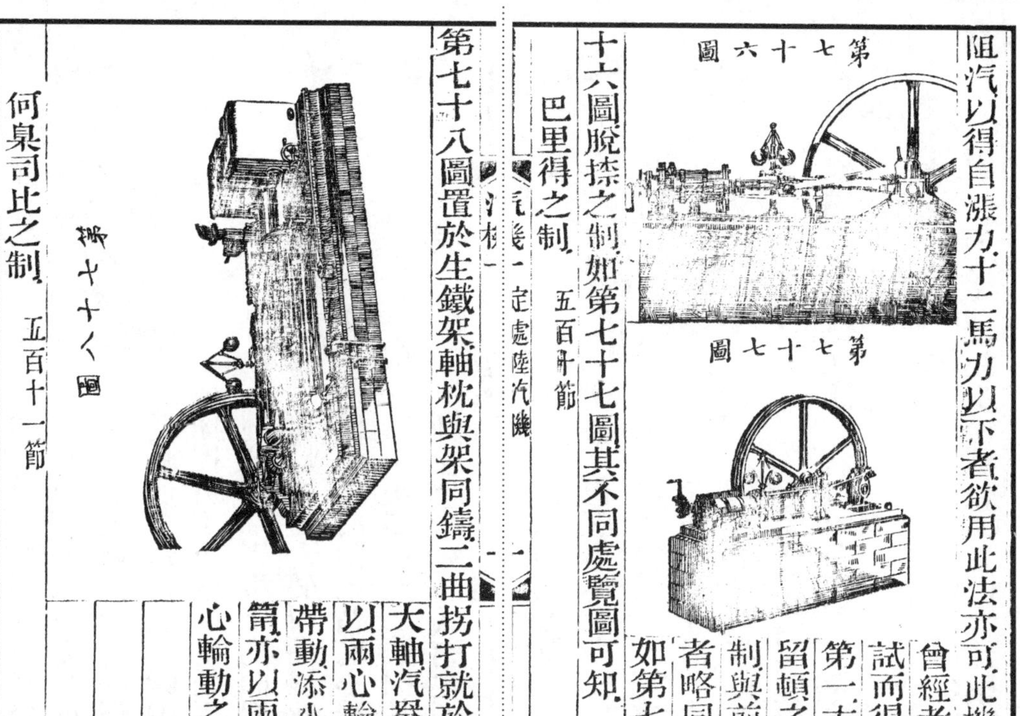
阻汽以得自漲力十二馬力以下者欲用此法亦可此機

第七十六圖

第七十七圖

曾經考試而得第一古留頓之制與前者略同如第七十六圖脫捺之制如第七十七圖其不同處覽圖可知

巴里得之制　五百十節

汽機一　定處陸汽機

第七十八圖置於生鐵架軸枕與架同鑄二曲拐打就於大軸汽筩以兩心輪帶動添水筩亦以兩心輪動之

第七十八圖

何臬司比之制　五百十一節

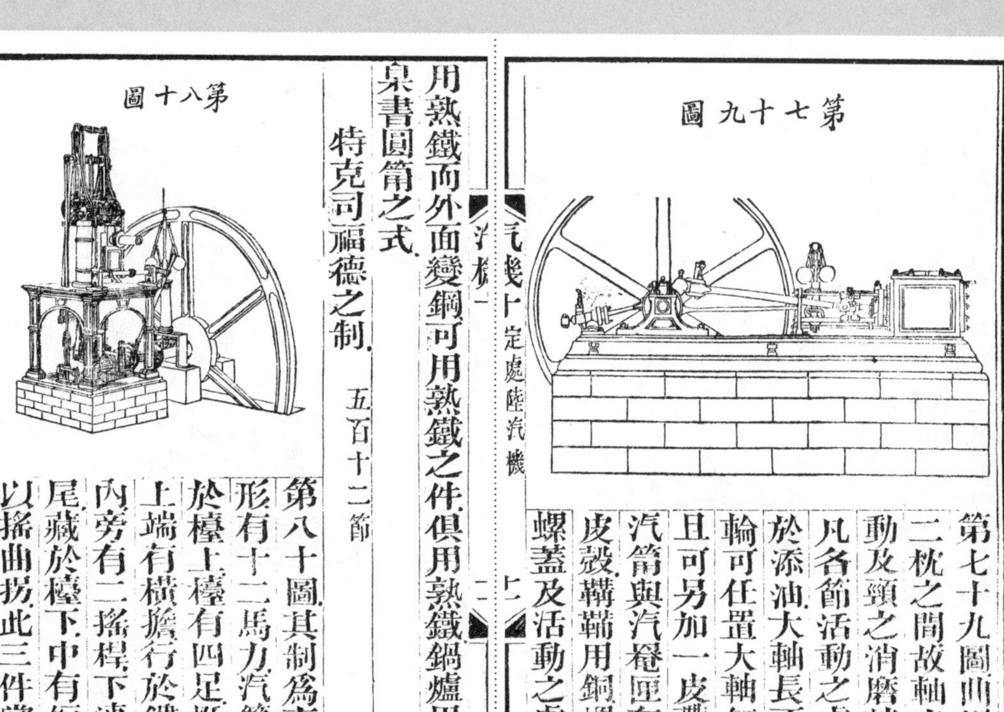
第七十九圖

第七十九圖曲拐在二枕之間故軸之震動及頸之消磨甚少凡各節活動之處易於添油大軸長而飛輪可任置大軸何段且可另加一皮帶輪汽筩與汽箱匣有鐵皮殼鞲鞴用銅螺釘螺蓋及活動之處俱

汽機一　定處陸汽機

用熟鐵而外面變鋼可用熟鐵之件俱用熟鐵鍋爐用果臬書圓筩之式

特克司福德之制　五百十二節

第八十圖

第八十圖其制為方檯形有十二馬力汽筩置於檯上檯有四足挺桿上端有橫擔行於鍵輔內旁有二搖桿下連橫尾藏於檯下中有短桿以搖曲拐此三件當大

第八十一圖

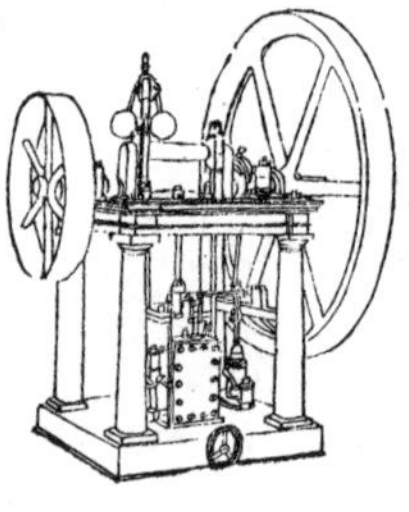

第八十二圖

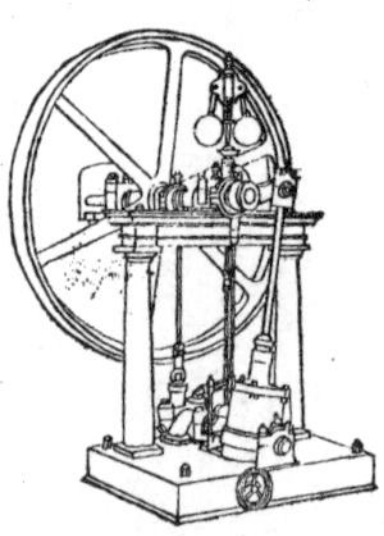

搖桿之用第八十一圖爲六馬力之方檯機亦是此坊所造橫擔與前者同但鏈輔連在汽筩之二旁邊搖桿折下下端在鏈輔而連搖桿搖桿折上搖曲拐拐軸之長大於汽筩徑此機更簡於前者昔時小機器小廠多用此二式因佔地少也近來新式有更便

第八十三圖

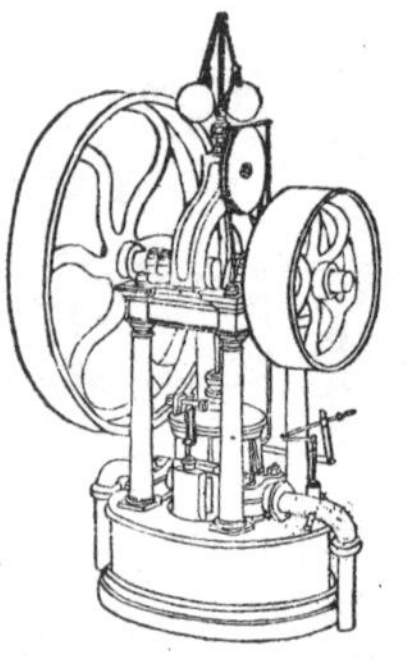

者卽搖筩機也然亦有數事不及方檯形者如第八十二圖爲此坊所造搖筩汽機第八十三圖爲古陸士苟辣所造之搖筩汽機俱以汽筩之搖動藉爲開關汽凴但引汽不足如速行者必另用兩心輪

邊生之制 五百十三節

第八十四圖汽筩直立置於生鐵圓盤之心樹大柱以安

第八十四圖

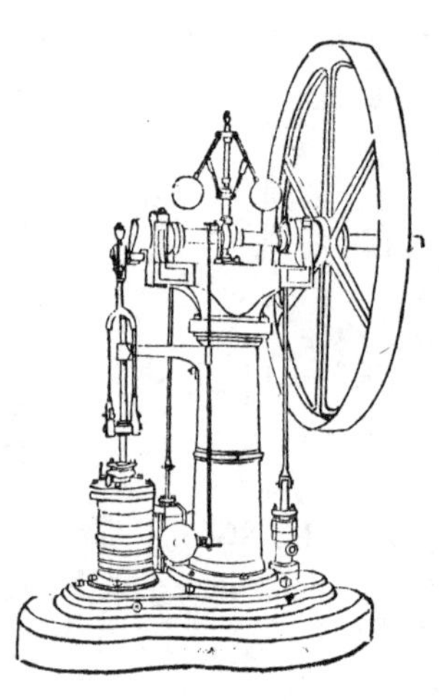

大軸有斜齒輪以轉汽制第八十五圖爲那司密司之制汽筩倒安其式略同

第八十五圖

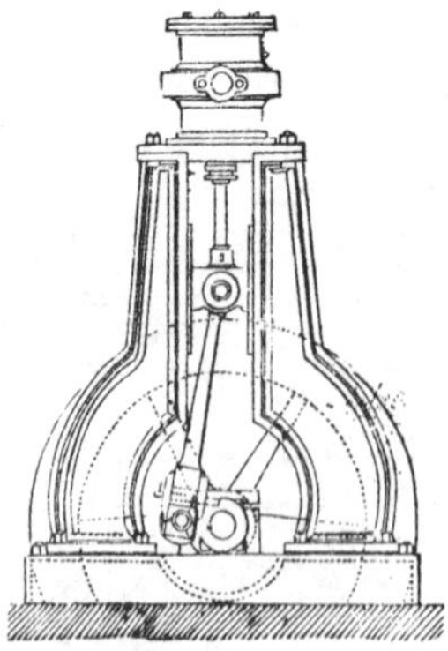

汽櫃而有搖桿與大軸此機價廉而占地小並無誤事

弗來皮之制 五百十四節

第八十六圖汽筩直立大軸橫於大空柱之頂內容飛輪汽筩置於空柱之線汽凴之動有小軸軸端有小拐略同

第八十六圖

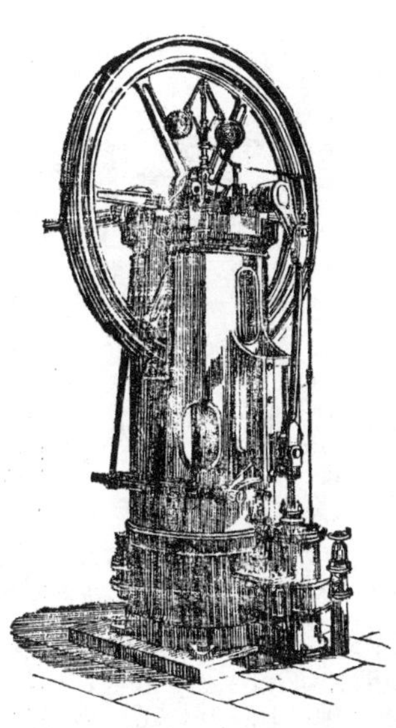

罷提之意空柱之下節爲水箱程功以後

之汽放入此水使熱添水筩以兩心輪帶動另有阻汽門
可使汽自漲

汽機價值　五百十五節

價以汽機之大小而定四馬力者每馬力金錢三十三圓至三十五圓十馬力者每馬力金錢二十二圓至二十七圓三十馬力者每馬力金錢十九圓俱連鍋爐在內

汽機功用　五百十六節

打麥轉磨起水鋸木剪草等機俱可運動更將其餘汽蒸熟牲畜之食並可焐乾各物建造之事常以運動起水打樁掉灰做磚起重等機

汽機耕田　五百十七節

耕田之事近已各處通用機器常法用二汽機分置田之

二邊一汽機將犁牽往即停而移向前又一汽機將犁牽回亦停而移向前犁頭之多少與形式宜準汽機之力與地之堅軟又有奧沙之制用耒輪車以汽機轉耒輪而推車前行圖說如後但未嘗多用

奧沙耒輪汽車　五百十八節

耒輪車之式略如汽車前輪能轉彎可行曲路中輪甚厚自左至右連而爲一雖塗泥不陷後端有橫軸軸上置耒輪起土之深淺另有齒弧限制耒輪與汽機之間接以齒輪故轉動慢而力大如第八十七圖甲甲爲耒輪戊戊爲耒周列三行各耒之端戴以耜每行橫列數耜行過之處

第八十七圖

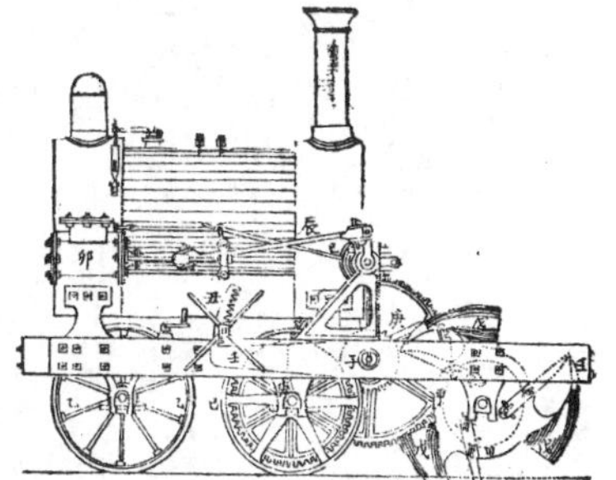

起土甚闊乙乙爲前輪己爲中輪甚厚庚爲中輪之軸卯爲汽筩辰爲搖桿大軸上有小齒輪巳接大齒輪庚子爲大齒輪之軸有小輪連之接中輪之齒輪大齒輪又接耒輪軸上之小齒輪耒輪軸托於壬壬架子爲架之活節丑爲限制耒輪之齒弧因活節與

大齒輪同心故雖上下而未輪相接無遠近

轉行直行之別　五百十九節

直行汽機專可起水而不能借於別用且直行起水之器亦不及轉行起水器因轉行器受汽機之力略無糜費且不用門更能耐久不壞濁水亦無妨礙

直行起水器　五百二十節

直行之善者如第八十八圖汽筩之韝鞴與起水筩之起水盤以挺桿對面相連在挺桿上置一豎撥戊所以撥動汽罨桿之庚庚二擋汽罨後有小韝鞴在小筩丙之內下面有槽小筩與汽罨匣相通罨桿動時小韝鞴牽掣汽罨

第八十八圖

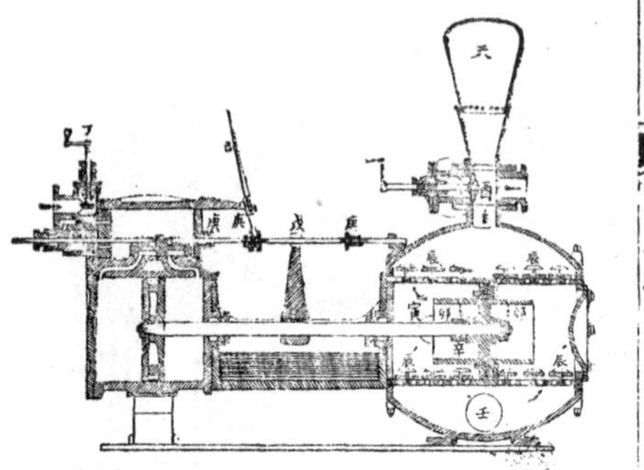

桿不使被擊過遠汽機起動先以巳柄移汽罨丁爲進汽門辛爲起水盤乃雙行者壬爲起水管辰辰爲進水門辰辰爲出水門門以象皮作圓板中心有釘釘上有平帽制之卯卯爲起水盤內數小孔推足之時兩端能相通水既相通可免衝擊另作便門寅恰

容入手以便修理筩內之各門酉爲出水管天爲容氣泡有此可以水出平勻常用添鍋爐之水如有熱水或汽返回之病則起水盤兩端以無孔者爲好兩端忌有停留空氣之處每推必須逼出淨盡

各機配用汽機之力　五百二十一節

各功當用之力不同配用汽機之力無有公法可定所有平常之事設數法於左

打麥　五百二十二節

前言四馬力之汽機汽筩徑六寸每方寸之漲力四十五磅一分時一百四十轉十小時燒煤三擔能得淨麥三百

二十斗但此恐屬過大當以此數三分之二爲中數蓋汽機之用力與麥之美惡相關好者麥多而打出易也把里得所造行動之機其程功與燒煤之數如後表

號馬力數	四	五	六	七	八	十
機體重磅數	四千四百八十	五千○四十	五千六百	六千一百六十	六千七百二十	七千八百四十
十小時得麥斗數	三百二十	四百	四百八十	五百六十	六百四十	八百
十小時燒煤磅數	三百三十六	四百四十八	五百六十	六百七十二	七百八十四	一千○○八
十小時化水磅數	三千	三千八百	四千六百	五千四百	六千二百	七千八百

轉磨　五百二十三節

汽機之實馬力二十三有半能轉麵磨二具其一每分時

八十五轉其一九十轉磨徑俱四尺八寸又能轉雀麥磨二具其一每分時一百二十轉其二一百四十轉徑亦四尺八寸又有搜麩取麵器扇麵器篩麥器篩麵器皆能帶動實馬力二十六有半者能轉麵磨二具每分時俱八十七轉磨徑四尺八寸粗磨一具徑亦四尺八寸雀麥磨一具每分時一百十一轉徑四尺八寸又一具徑三尺八寸搜麩取麵器長七尺六寸小磨與粗麵磨之轉更速每小時得細麵五斗雀麥麵二十斗粗麵五十四斗餘器盡皆行動然同一汽機漲力加大者程功亦加多嘗有汽機初用實馬力八六五之時動雀麥磨一具徑四尺半每分時二百轉麵磨一具徑四尺八寸每分時八十七轉每小時磨麥五斗後加至實馬力十二之時添動麵磨一具徑四尺八寸每分時八十九轉二麵磨每小時俱磨麥六斗又加豆磨一具徑四尺八寸每分時一百五轉再加至實馬力十八之時更添别麩取麵之器徑十九寸每小時别麩二十四斗麵磨之速減爲每分時八十五轉豆磨減爲一百轉每小時所出之麵亦減

軋蔗　五百二十四節

軋蔗之器用大軸二根軸長五尺徑二十八寸者用二十馬力軸長四尺半徑二十六寸者用十八馬力軸長三尺

八寸徑二十六寸者用十六馬力軸長四尺二寸徑二十四寸者用十二馬力軸長三尺十寸徑二十三寸者用十馬力每分時俱爲二轉又三分轉之一軸面之速一分時不可過十六尺過此數蔗汁不能放盡舊制軸轉太速縻者多

紡織　五百二十五節

實馬力一能轉紗錠三百五箇（用人照管者）半紡三十六號之鬆紗每分時四千七百轉半紡三十六之緊紗每分時五千轉或轉紗錠二百三十一箇（不用人照管者）半紡三十六號之鬆紗每分時四千八百轉半紡三十六號之緊紗每分時五千八百轉或轉定紗錠一百四箇紡得之紗爲三十四號每分時四千轉並有相連之機器或動織布機十具半機闊三十七寸織成之布亦闊三十七寸每分時織一百二十三縷每一寸得六十八縷另有將鬆紗作線之器共二十七具每具有定線錠九十六箇每分時線錠二千二百轉錠徑一寸又八分寸之七繞線之處長二寸又八分寸之三又連車牀四具專車木錠磨光木錠之車牀三具車木錠之自行車牀機器二具輪鋸二具繞線之架二十四具轉動以上各器之汽機實馬力二十八有半不動别機而但轉線錠則用實馬力二十一每馬力能轉線錠一

百二十二箇八四

鋸木壓棉花動風箱打舂起泥　五百二十六節

大抵力機汽筩徑十寸推機路四尺每分時三十五轉每方寸漲力九十磅至一百磅圓筩鍋爐徑三十寸長二十尺共三座能動直鋸二具往復路三十四寸每分時鋸開黃松木長三十尺闊十八寸又有大抵力機汽筩徑十四寸推機路四尺每分時往復六十次每方寸漲力四十磅圓筩鍋爐三座徑三十寸長二十六尺爐柵面三十二方尺皆無小煙管能動壓棉花架四具齒輪有六與一之比每架有二螺絲徑七寸半螺距一寸又八分寸之五十二

小時內共壓棉花一千包又有大抵力機汽筩徑十寸推機路三尺每分時四十五轉至六十轉每方寸漲力四十五磅至五十磅壓水櫃有二推柱徑十二寸往復路四尺半水筩徑二寸往復路六寸每小時壓緊棉花三十包又有凝水機汽筩徑五十六寸推機路十尺每分時往復十五次每方寸漲力六十磅𨰝𨰝至四分路之一而閉絕進汽鍋爐六座徑五尺長二十四尺內有雙火路徑二十二寸爐柵面共一百九十八方尺能動風箱徑一百二十六寸往復路十尺每分時往復十五次風抵力每方寸四磅至五磅出風管共面積二千三百平方寸鍊生鐵大爐四

座徑各十四尺藉此吹風每爐七日成猪鐵一百噸又有大抵力機用雙汽筩徑六寸推機路十八寸每分時往復六十次至八十次每方寸漲力六十磅能起大椎二箇每椎重一千磅每分時起落五次直轄之高二十四尺又有大抵力機汽筩徑十二寸推機路五尺每分時二十轉每方寸漲力六十磅至七十磅每分時起泥六桶在水面下三十尺或起十桶在水面下十八尺

新陽趙元益校字

上海曹鍾秀摹圖

汽機必以卷十一

英國 蒲而捺譔
英國 傅蘭雅 口譯
無錫 徐建寅 筆述

陸鍋爐船鍋爐

外火鍋爐　五百二十七節

空筩鍋爐之鐵板其厚多用八分寸之三帽釘之徑八分寸之三至四分寸之三鍋底之釘原帽宜大而在外面因爲火所切也頂上之釘原帽宜在內面各釘之心相距二寸而距板邊一寸板邊相接之處皆宜裁剪平直

鏨擠板邊使不漏洩　五百二十八節

全鍋釘畢之後用鏨靠板鏨擠板邊使密而不洩鏨口厚四分寸之一椎重三四磅一人執鏨一人執椎打之此法乃瓦特所剙甚奇極妙至今遵用後改爲一人左手執鏨右手執椎因曲管之內不能容二人也且有不能用右手執椎而必用左手者

試驗漏洩　五百二十九節

各縫緊密之後滿盛以水見有漏洩之處重加擠鏨隨用人尿消化淡輕綠拭於各縫俟生鏽之後加熱焗乾再用極細乾石粉與胡麻油搗勻如稀漿塗於各縫再加熱使乾以指甲不能刻入成痕爲度慎勿過熱至油燒壞又不可欠熱而未乾

磚砌火路　五百三十節

常受大熱之處必用火磚火泥築砌鍋爐後端轉角之處爲火所環遶宜用鐵板遮護以免燒壞所砌之磚內以鐵條爲骨使不坼裂離火稍遠之處可用最好之石灰石灰遇水欲壞者必加荷蘭石灰砌成之後外塗石灰膏一層使不洩氣所有煙炱積聚之處必作進入孔以便收拾生鐵作門蓋之縫用泥砂封密近煙通處作閘門有槽可啟閉以制吸風力之大小

船鍋爐　五百三十一節

船鍋爐與陸鍋爐略同惟鍋爐外體釘宜雙行釘徑十六分寸之十一釘心相距二寸又八分寸之三雙行之釘任力二倍於單行者煤膛至多用鐵板三塊一爲頂二爲兩旁必用上等羅碁而鐵或寶令鐵或司塔福得西牙鐵煤膛下旁之釘宜在爐栅之下免致燒壞鑲煙管之鐵板其厚八分寸之七亦必用上等羅碁而鐵或寶令鐵外體之鐵板其厚十六分寸之七用上等司塔福得西牙鐵或拖尼固落夫得鐵

忌用角鐵　五百三十二節

鍋爐轉角之處不可用角鐵因其紋直順且造時所受之

力已有圻裂之意也故轉角之處卽以板邊燒紅緩緩圓彎但須極愼庶不致有傷痕且必用上等羅暮而鐵板惟圓箭之端用上等角鐵圈倘屬無妨然能不用更好

鐵板釘孔　五百三十三節

揰孔機器專揰鐵板之孔剪邊機器剪齊四邊二板相搭而釘者各孔皆必正對相切亦無大罅偶有不切之處可用柴炭移就燒紅打使密切斷毋用螺絲硬夾強使相切以及尖揰對孔之法此皆拙匠遷就之事鍋爐未任漲力而釘已先受大力也帽釘亦用上等羅暮而鐵釘畢後各縫施以擠鑿使緊切不洩

安置船鍋爐　五百三十四節

船內安置鍋爐愼勿與船體之銅釘相切因相切則必引金類電氣而切點生鏽成孔鍋爐下襯木板兩層上縱而下橫下層之板厚三寸鐵釘固連於船體釘帽打至陷入板內板縫油麻艌密再鋪稀油灰一層上層板一厚寸半鋪於油灰之上與下層釘固釘帽亦打至陷入板內面上再鋪油膏一層甚平此膏用煆過之泥密陀僧與胡麻油掉和而成卽將鍋爐置此膏上隨用木鑿將膏艌塞極緊使四面空處皆滿再用木條逼近鍋爐四圍釘於底板成圈圈與鍋爐之間亦用油膏塞滿艌之極緊面作向外下

斜鍋爐外淋下之水得以流去不積於底外

油膏　五百三十五節

作膏之料名哈末介購買甚便其製法將沙或碎磁粉三分嫩石粉二分和勻五百六十磅加密陀僧四十磅玻璃粉或火石粉二磅鉛丹一磅灰色鉛養三磅各研細篩和隔用時將前粉六百磅置臼內加植物油如胡麻油核桃油等約五十磅擣極勻至沙內有水之狀卽成成後宜速用否則結成堅塊而無用矣

爐柵　五百三十六節

爐柵之長過六尺大不便於疏挑煤滓然尋常鍋爐多有

長過此而狹者故後邊之火難使合宜若船行遠路或遇大浪爐柵過長者更爲不便且爐柵後邊每有空氣竄入以致化水之力減小嘗有爐柵過長而改短者立見生汽多而用煤仍相等爐柵宜向內斜下則煤易推入每根之兩端必留空處不可抵住爐體若二節者中間之柵架必用雙根爐柵對接之端中間亦留空處使灰燼易落若無空處則遇熱漲長必致彎曲而壞爐柵之端不可抵於牽條之帽因漲長之時必致挺壞也

火墻　五百三十七節

火墻在爐柵之後以火泥磚築砌形似矮牆其用使火入

火路孔之面積減小也或有用鐵板釘成者內空容水上作斜面汽得上升然亦多致坼裂究不若用磚者佳火爐不甚高者火壩必甚近爐頂收拾之時人不得進可置活動之大火磚數塊取去而後進出火壩之益能使化汽加多已有添煤者誤將火壩打倒立見漲力減少此其據也蓋有火壩則火爐內之熱度增大而熱在火爐之時已多傳於水火切面雖稍小化汽亦足

挂壩　五百三十八節

曲管通煙通處有作挂壩者用鐵板自上挂下以蓋曲管口之上半因所出之或火或煙熱者上浮爲此壩所阻而留於內冷者下沈而得放出法之微妙者也量熱率不過大者可以不用恐化汽之力反減小也煙管之挂壩不能用此式必將鐵板作多孔置於煙櫃內各孔皆與煙管口正對放下則阻煙管口之上半又有作百頁門而可開闔者以上兩法今惟車鍋爐用之然煙管鍋爐無論船車陸無不可用

火櫃分隔　五百三十九節

各火爐之火必須各自分入煙管至煙櫃而相會則淸除煤滓等事惟一火爐與其煙管不化汽餘者俱不減熱蓋船內每數小時必淸除煤滓一次自可不累別火爐與煙管之化汽且船行遠路又可更番掃刷各火爐之煙管惟曲管鍋爐不能用此法

免各鐵板燒壞　五百四十節

火爐與曲管之下不可積汽必使易於上升故其式俱宜下面稍闊於上兩旁之鐵板下層宜搭於外否則板口下積汽不得上升靠邊之爐栅緊切於爐旁不使風氣由此透入則近鐵板處火得不旺若火爐高而兩旁直者鐵板外面必有汽一層而水難密切鐵板不免傷損煙管之鑲板上邊向外稍俯亦使汽易上升上邊接連火爐之摺邊宜作圓角不可矩折恐致積聚結鹽而燒壞

煙管鑲口　五百四十一節

船鍋爐之煙管用鐵者多徑三寸長六尺至七尺亦有用銅者徑可稍小銅煙管鑲於板孔或用襯圈抵緊若熟鐵管與厚銅管則將管端打緊孔內而不用襯圈鑲管板之孔在火櫃之端微小於煙通之端孔之外口俱作圓角向外稍侈各煙管皆自煙通端之大孔穿過而至火櫃端之小孔初用小椎打入視各管俱已安入孔內板外止留二三分則用大椎打至留出少許可保鑲板不壞再用小椎勻打管口之內如打帽釘之法使密切板孔且轉管口使出板面甚少後用傘捶入管口內而打其中劈使管口切

板孔與侈口更緊更密矣傘摙之式爲多塊合成之圓柱外式恰合管口之內端有簧圈束之中容圓劈打此圓劈各塊外張此後或用肩槧以其四肩對管口四圍用小椎勻打使其光圓餘法詳車鍋爐可以通用

煙管代牽條　五百四十二節

鍋爐內或用數煙管二端作螺絲用螺蓋壓緊以代牽條雖管口打成之帽已燒壞有此仍能牽固鑲板不致外凸或少用數煙管而用數鐵條徑同於煙管入鑲板孔以作牽條兩板之內外二邊俱用螺蓋俱襯白鉛圈而旋螺蓋各條安好然後再安煙管凡管口之與板孔宜相切極緊

否則管之長者放汽與水時漲長而鑲口必致鬆離銅煙管之大而長者雖用襯圈仍欲鬆離故用銅管徑以稍小爲佳昔用銅管覺生電氣而板孔易鏽此亦相切未至極緊隙內有水滲入也今則絕無生鏽之弊

煙通各件　五百四十三節

行海輪船作煙通之鐵皮長九尺厚十六分寸之三數鍋爐共用一煙通者則在煙通內用鐵板作分隔煙扇門宜在煙喉不可在煙通之內煙通雖因風浪折去而煙扇門仍可關也餘汽管宜與煙通同高以免餘汽所噴之處煙通不久鏽壞餘汽管下端宜有活節大風浪時煙通雖搖

動餘汽管可不損折煙通外宜作箍二道絆以鐵索二層上箍雖斷絕尚不致傾倒因上箍爲餘汽生鏽易斷也汽櫃之上用鐵板作艙而板而以角鐵作梁中作大孔孔內作短管大於煙通以角鐵作圈釘連孔邊煙通下端罩此短管之內短管上有蓋稍大亦用角鐵作圈而釘連於煙通雨水不致淋入火艙引出餘汽管內凝水之管宜通於船外不可引至船內因此管亦有出汽艙內甚爲不便

煙通高低　五百四十四節

行走內河之小輪船常過橋梁之下故將煙通下端作鉸鏈使可後仆亦有作二節者上節可以拆下螺輪船有時

全恃風帆行走則煙通作二節似遠鏡之式可以伸縮如第八十九圖乃達鋪所刱

第八十九圖

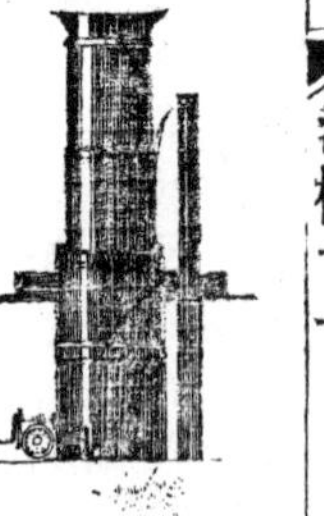

鍋爐餘事　五百四十五節

船鍋爐進人孔與出沙孔之門或蓋於外用多螺釘旋固或蓋於內而外用橫擔以螺梢二根穿固其螺梢之絲距宜大則絲不消磨螺蓋作方形易於旋拆煙管與火爐間之容水處必留空處可容體小之人入內除去所結之皮釘時亦便在內執椎襯擊煙管之排列宜上下直對管間

之距數行留一甚大者各管之相距亦不可太近皆欲其汽易升水易降則化汽加多若煙管與鑲管之板不成直角則更妙因斜則管端切於板孔之面多而更牢固也

車鍋爐

車鍋爐體制　五百四十六節

車鍋爐分爲三大事一爲圓筩內藏煙管二爲火櫃有內外兩層三爲煙櫃上接煙通圓管煙櫃火櫃外層常用鐵火櫃內層或用鐵或用銅煙管多用銅口內加襯圈亦有用鐵者任受漲力之處當用上等羅暮而鐵板或竇合鐵板無論何種宜用質紋長而劃者若質紋短者或亂列者

或成層累者俱不可用

圓筩　五百四十七節

圓筩鐵板之厚十六分寸之五至八分寸之三以板之長順筩周使質紋方向任力合宜筩徑三尺至三尺半帽釘徑十六分寸之十一至四分寸之三釘心距二寸至二寸又八分寸之一若相搭而打粘成圈或打成整圈而各圈搭釘者更好

火櫃　五百四十八節

火櫃有內外二層其間卽盛水之處用條穿固二層內端作帽外端用螺蓋旋緊牽條相距四寸半至五寸有用銅

者有用鐵者然銅者亦未見經久於鐵而堅固則遜於鐵非善法也牽條之外套空管內外二層之下邊用兩曲之鐵板相連火門口之內層向外凸而外層向內凹其間用銅圈厚一寸又四分寸之一闊二寸用長釘直穿內外二層與銅圈釘周釘徑四分寸之三外層若圓形者鐵板厚八分寸之三若方形者厚八分寸之四內層用銅板者厚十六分寸之七用鐵板者厚八分寸之三內層用鐵板而作圓形者亦宜搭粘不可搭釘因釘帽易致燒壞也若作方形者各面俱用整板而接縫在四稜將邊曲過三寸搭釘相連

火櫃頂之牽條　五百四十九節

內層之頂用闊橫梁數條梁端俱微彎切於頂之邊使梁與頂相離用短牽條多根穿固橫梁與櫃頂牽條之外墊以圈橫梁下面惟墊圈之處作平面餘俱作銳口使汽易於上升也

爐柵煙通　五百五十節

車鍋爐之熱度甚大爐柵常因此而層層剝落且熱極而軟爲煤壓彎致斷故必闊而薄上面厚八分寸之五下面厚八分寸之三闊四寸至五寸最爲合宜爐柵有用活架者將架放下煤滓自落然煤滓每鎔而將架膠連致不能

動故以架定而爐柵活者爲好欲去煤滓將爐柵逐根挑起使滓活動即可取出爐柵常用熟鐵則種鍋爐之爐柵亦以熟鐵爲宜熟鐵者可薄而密排小煤不得落下灰膛之鐵板厚四分寸之一深不可少於十寸底高於鐵路九寸煙通之鐵板厚八分寸之一徑與汽筩同且可稍小高於鐵路面不過十四尺

汽櫃　五百五十一節

汽櫃在火櫃之上或作半卵形或作半球形或作方錐形內汽管藏於櫃內管周密作小孔汽入小孔而至進汽管有另作短圓柱形而在圓筩之上者徑二十寸高二尺鐵

板厚八分寸之三頂作半卵形接縫不搭釘而用搭粘下邊外曲釘連圓筩司底分孫初時汽櫃之頂作方錐形因有平面必用角鐵與牽條梢利所作半球形之汽櫃不用牽條與角鐵近時火櫃上有不作汽櫃者或有作甚小者

餘汽支管　五百五十二節

鍋爐上另作餘汽支管通至水車之內汽車暫停可將餘汽放入水中水乃盡收其熱而省煤鐵路經過山谷下行之時用汽極少餘汽亦可噴入水車至上行之時水已熱而化汽速

進人孔　五百五十三節

進人孔者所以便鍋爐內之掃刷修理恆作橢形或作圓形徑十五寸梢利之制在半卵形汽櫃之上其門用平板蓋於內司低分孫之制在鍋爐前平面之下旁無論在何處其門之邊必與孔密切而甚平用紅鉛粉膏少許襯其縫外用橫擔及螺梢旋緊使不洩汽若襯以布不能久耐大抵力汽之熱也凡各相切之處皆必極平但用油灰少許或極密鐵絲布稍鋪紅鉛粉膏壓緊即不洩汽爲佳火櫃平面近底之處必有出沙孔以便取出所積之沙泥火櫃下旁有塞門行走之時亦可放水管口之方向必須避風始不吹水至機件水內或有沙必致消磨也

煙管鑲板　五百五十四節

煙管之鑲板厚八分寸之五至四分寸之三若八分寸之七者更善厚則襯圈打入管口之內不甚變板孔之形管間相距不可少於四分寸之三板孔向外稍侈外口作圓稜使管端在板孔內得牽固用稍殺之襯圈打入管口使緊切於板孔襯圈在火櫃之端用鋼者在煙櫃之端用熟鐵者或二端皆用可打之生鐵者此種生鐵冷時可打薄與熟鐵相同若鋼者必用作簧之鋼英國有一處專做此物若不用襯圈則用圓頭鏨在管口之內以小椎漸打漸移使管漲大而緊切於板孔或再用傘揰置於管口之內

用法使漲大而緊切於板孔此器有數式步陛泰之式爲短圓柱對心分爲六塊或八塊中留一孔爲六面形或八面形孔內容劈如孔之式圓柱之端有凸圈入於管口之內此圈恰對板孔之內口將劈入孔用螺絲抵之則各塊漲開而凸圈將管口之內印成凹槽一道管端與板孔自能相切極緊圓柱外有簧圈束之取出中劈各塊卽自收進可以取出又法將各塊湊成之圓柱半段置圓箭內各塊有活釘連於箭用圓形鋼劈打入中孔又法用鋼管一端分爲數根一端仍相連亦用圓劈打入中孔各根近相連處宜薄而有簧力以防斷折圓劈之頭宜稍似球形以

便退出用椎打劈比用螺絲者速而省工

限制進汽　五百五十五節

限制汽之進汽箭用總汽門常在火櫃之上其式有二類一爲平板一爲圓錐皆有桿可使開關平板之類有數式有扇門者作圓平板板中有軸可轉動轉開則四邊通汽或略如蝴蝶門有司低分孫者作閘門蓋於汽罨匣之上有桿連之過煙櫃至司機處與進退柄平行便於執持又有司低分孫者係窗櫺平移門作二方板一定一活可移動不多而開大孔圓錐之類亦有數式有旋轉之塞門常致滯澀不能開關有而利之式亦爲塞門而稍異此門以

果臬書鍋爐之式爲最好因無大阻力而易開關近時仿用甚多

附打帽釘法

打釘成帽之法將帽釘燒至極熱速入鐵板孔內在背面用十餘磅之大椎一二人執之抵住釘帽在正面有二人各執小椎將釘端打成尖帽四面繞打至冷而止

新陽趙元益校字

上海曹鍾秀摹圖

汽機必以卷十二

英國 蒲而捺譔
英國 傅蘭雅 口譯
無錫 徐建寅 筆述

製造機件

汽筩鐵質 五百五十六節

製造機件首重材料故汽筩之鐵必須兼有堅固韌三者之性當用多種生鐵共置冶爐鎔和掉勻種數愈多質愈密而堅固因各種之質點大小不同和勻之時大小各點湊合而得緊密昔以爲熱風之鐵比冷風者輭今以爲熱風之鐵比冷風者堅也專以一種而論其堅固不與以水

較重相比以水較重之數愈小其凹凸力與結力愈大而以第三號第四號生鐵爲最大圓筩冶爐所鍊者不及空氣冶爐所鍊者傾入綠色沙模內者不及傾入黃沙或泥模內者鎔鑄時之天氣寒暑並燒料俱與鐵質大有相關如用冷風法而冬天鎔鑄者勝於夏天鎔鑄者因冬天之空氣乾於夏天之空氣也若以吹入爐內之風先過鈣綠箱之中則溼氣收去而鐵質自好此法所費無多鈣綠已溼煆而乾之可再用也

汽筩範模 五百五十七節

作汽筩範模之法在中心作轉柱用木板以螺釘連其上

依旋轉之界用磚砌成圈泥沙馬糞掉勻以代石灰砌磚數層間以生鐵圈一層模殼成後用沙泥遍塗內面屢轉屢刮光圓而正次作模心如前法而塗沙泥於外面模心外徑與模殼內徑之差卽筩體之倍厚筩外所有凸出之處如汽路平面等俱用木作式樣於砌磚時同砌於其位切木樣之面遍塗沙泥成後取出若欲多鑄同式者其式樣可用生鐵爲之煏乾模殼之時無庸取出自不走樣砌磚作模與用泥水和沙作模俱用炭粉與稀泥漿掉勻敷於模面厚八分寸之一後用器砑之光平鑄成器面甚光甚平作此模必築於鐵箱以便煏乾鑄成之物式樣不差而更省

工若水和沙作模不煏乾而卽鑄者用極細炭粉包於布袋輕撲其面勻而且多如法砑光成器之後亦甚光平

車治機件 五百五十八節

汽筩鑄成之後而車治內膛必用車牀工夫如徑爲七十四寸則車軸以四分半時轉一周計刀尖之行一分時五尺黃銅之器刀行宜更慢恆升筩內膛常以黃銅爲之刀尖之行一分時三尺速則刀尖消磨其徑初大漸小矣所以鐵汽筩與銅升筩在一汽機所用者車刀之行每分時之轉數可相同恆升筩之徑爲三十六寸半則車軸以三分時一轉汽筩之徑六十寸車軸亦宜三分時一轉恆升筩徑三

十六寸半而為黃銅者車成內膛須六日（即六十小時）鐵者須二十八小時紅銅者須二十四小時熟鐵之軸其徑十二寸又四分寸之三車光外周一分時五轉計刀尖之行一分時十六尺多用肥皂水刀尖行可更速尋常攻治機件之車牀轉動之速必能自六分時行一轉至一分時行二十五轉

車治汽筩先事　五百五十九節

汽筩未上車牀之時先在平處直立求準其心展規作圓界線於筩口以尖鑿隨線琢成數點藉點而顯線痕兩端皆然是後移置車牀必要極平極準二邊用螺絲抵之較

準筩口之圓線必使兩端相對筩體自能圓正均勻大汽筩直立時雖圓而橫臥則為本重所壓稍成長圓即此而貿然車治取下直立反不合正圓矣筩底鑄連者必致近底正圓而上口長圓矣故又捌思新法即以直立而車可免此弊至於橫臥而鉋汽筩平面汽筩亦覺改形以致平面不準宜在內面對徑十字撐住或直立而鉋平面亦更好但汽筩橫臥而變長圓非立刻而成其差由少漸多如筩體甚大而必在車牀上攻治數日者自宜較準而用螺絲抵正

磨光汽筩內膛　五百六十節

工藝平庸者車畢之後即以為內膛已成若精細如眷氏輩則不然畢後仍將汽筩橫置用鉛一塊合其內膛作二柄出筩口之外人執其柄往復而另使汽筩漸漸轉動油調寶沙置其間磨至不見刀痕而顯直光為度作鉛塊法將熟鐵數塊漸近汽筩使漸熱然後鎔鉛傾入即成否則筩體猝遇熱鉛而碟裂

車治搖汽筩空樞　五百六十一節

車治空樞必與汽筩內膛成正角內膛已車圓正而口已車平則將木二塊橫撐於汽筩口與底之內在木上取準中心作點次在二空樞之端各鑲鐵板板心有尖孔以含

車牀之軸尖又有螺絲可將鐵板移動使尖孔適在樞心再將二直尺橫於汽筩之底與口過汽筩之心而平行固定其上另用一直尺比其尖孔而將鐵板之螺旋移就使尖孔對直尺則空樞中心必在直對汽筩心之面而無左右之偏再定上下之位（即與汽筩口平行之面）自口度至尖孔移使兩兩相等則兩空樞之心必與筩口之面平行而無上下之差然後置車牀之上以軸尖抵住鐵板尖孔車圓空樞外之頸再用木作枕夾於頸外而車空樞內盛轉墊之處如多造搖筩機者用四箇軸尖之車牀不必用直尺度之也

鞲鞴各處不洩漏　五百六十二節

鞲鞴各件相切之處舊法將各圈之面磨平使密合今法多用刮刀刮平其面亦有用寶沙與油磨平者將鞲鞴置於轉動之圓檯用橫木阻住其圈使不轉再用木塊勾墊於圈內使圈不離其位然須稍鬆而微可移動否則鞲鞴之邊磨成槽其刮平之器用平面舊磋彎作弓形磋邊磨成方口橫執而削之或將平面舊磋之端磨成方口直執而剷之後用三角磋將角磨快而橫剖之凡刮器必用最好之鋼隨刮隨磨使鋒利

汽箱平面不洩漏　五百六十三節

汽箱平面與汽筩平面先置鉋牀鉋平後用直界尺比而磋之凡鉋末一層之先宜稍放鬆抵壓之螺絲順其性而復其形恐金類有凹凸力之性受抵壓而變形取下之時或致不平也磋刮平面必用平界面比較之法將紅泥調油擦於平界面以所磋者蓋其上相切移之則高處得紅色磋刮使平再比再剖再磋至面上盡得紅色爲略平將平之時蓋於平界面移動比之必須壓至極緊則高處紅色淺而低處紅色深若初時用色大少則惟有最高可見而稍低者不顯并不知所高之多少若末時用色太多則微高者不得顯所有二面相切點之或多或少或盡能相

切各依其用處若何然必各相切之點平分於其面而不可偏多偏少也凡直界尺與平界面俱宜多備尤宜另備一平面爲模各直尺與平面臨用之時先在此模較準

半圓形汽箱之背　五百六十四節

半圓形汽箱之背愼勿與面不平行若不平行輙墊易壞將汽箱覆置於平界面用器度其背之高處磋去使二端中段無微差

修補平面蜂窩　五百六十五節

汽箱與汽筩之平面或別處相切之面鑄時有小孔可用質紋略同之生鐵補之先鑽其孔使圓再用偏心鑽鑽之

使口小而內稍大孔之深約至體厚之半後用生鐵一塊磋圓如孔口而甚緊打入孔內再屢打如打帽釘法外面磋平若作方孔亦宜口小內大同法爲之亦不落出

汽箱汽筩平面材料　五百六十六節

汽箱汽筩平面業經歷試各種無論何料皆有弊惟以二面皆生鐵者爲稍好舊法汽筩釘連礮銅平面而汽箱即用生鐵平面亦有用礮銅作汽箱者又有汽箱用礮銅平面而汽筩爲生鐵平面者如用礮銅作汽箱則面上須橫鉋二槽槽內嵌以硬生鐵否則久後面上消磨成直槽然用礮銅平面久後常磨成直槽若用生鐵作平面必爲汽

之熱溼等所侵，而面變粗毛，初時固不即變，惟在汽孔之角，偶有小塊變起，漸漸蔓延四出，不久而全面粗毛。既有此病，即相磨生熱，又因汽易漏過於凝水櫃，而櫃內必致甚熱。若用紅銅進汽管，則平面之鐵生電氣，更易侵傷。若用熟鐵管者，內面之鏽隨汽而至平面，移動之時易磨平面成槽，倘不如紅銅者好也。又有試用鏡銅與鋼作平面者，亦無大益。

釘連礮銅平面之法　五百六十七節

礮銅作平面，連於汽筩或汽卷者，用礮銅螺釘多許旋入本體。螺釘有斜肩，上有大方頭，用長柄匙旋之極緊，而後

磋平其方頭，有時銅平面格外加厚，而四邊作低層，螺釘旋此低層之上。

艙塞漏縫　五百六十八節

漏縫鏽法，今已不多用，然造汽機者亦宜知之。用淡輕綠一兩，生鐵屑（鑽出者）一磅或十八兩，以水掉溼，待數小時後用之。或加硫磺細粉八兩，並磨鐵之滓少許，用鏨打艙於縫內甚緊，鏨闊四分寸之三，厚四分寸之一。後將縫之螺絲加力旋緊。凡用此法，必去二邊之鐵衣，使鐵質潔淨。若縫罅有油，必用硝強水洗去，再用水洗去硝強水，然艙塞之處常有油流至者，油能漱去其鏽而仍漏，若紅銅有漏縫，則用石灰研細，與卵白或血塊掉成膏，紅銅鍋爐即用此法。

鐵面變鋼　五百六十九節

常法將鐵置鐵箱內，塞以牛角皮屑動物炭等，封蓋固密，入爐內燒紅，變成之厚薄以時之久暫消息之。又法將鐵器置鐵皮箱內，塞以骨粉，封蓋固密，鐵絲捆緊，再護以泥，驟加大熱至紅，半小時後速開箱取出，投諸冷水之內。凡汽機重大之件，則用鉀衰鐵，其功用與動物炭等相同。將鐵加熱至暗紅，以鉀衰鐵粉撒其面，或用大塊擦其面，或將鐵件在粉內磨擦，再入火爐，待數分時取出，投入水中。

或謂其面變鋼不勻，未變成之處，視若有油，然而相磨不多之處，此法已可用也。至於變鋼所用之料，尤宜留意。熟鐵各件本以小塊合成之鐵條為最好。若欲外面變鋼者，則又不可用，因變鋼時必改形也。蓋外面變鋼收炭入內，炭既收入，必稍腫大，而各種鐵收炭之多少各不同，收炭多者腫必多，有時變成鋼後各件不能相配，致有重做者。所以外皮變鋼之器，必用一種鐵為之，如羅碁而或寶令等鐵是也。

銅襯　五百七十節

配合銅襯之料，用銅與錫相合，如紅銅一百十二磅，錫十

二磅半鋅二兩至三兩如用新紅銅錫可用十三磅若欲極堅則用錫一磅半鋅一磅半銅十磅若欲任大重則用銅一磅錫二兩半鋅半兩凡各銅襯體咸宜從厚否則變形而滯力加大

軟金類作襯　五百七十一節

八皮得之法用黃銅一磅銻一磅錫一磅將銅先鎔次加銻次加錫鑵面鋪炭屑一層以隔養氣次將加襯之物件鍍錫一層所有不欲粘錫之處用泥水塗之欲其粘連者用醕潑之撒以淡輕綠加熱至淡輕氣散出隨入已鎔之淨錫內愼勿使錫與養氣化合見面上附錫一層取出置

於水中洗去所留之淡輕質用白泥洗淨待乾加熱至錫鎔之界再加指擦合於鐵模其模與軸頸同式模內作孔徑一寸至一寸又四分寸之三將已鎔之料由此灌入冷後用細沙磨光即可用此襯比常用者更耐消磨滯力亦小然任力太大添油少則生熱而自鎔且有流去者若不用此法而用錫作細粉掉成膏擦於軸頸殊能較勝

配合銅料　五百七十二節

黃銅用紅銅一磅鋅四兩半至九兩管口之接環欲燒銲者用紅銅一磅鋅半兩鉛八分兩之三倜子銅用鋅四十分紅銅六十分黃銅可熱打者用紅銅五十分鋅五十分

至二十九分鐘銅用紅銅一磅錫四兩半至五兩鏡銅用紅銅一磅錫七兩半至八兩半銲藥最老者紅銅三分鋅一分次者黃銅八分鋅一分嫩者黃銅六分鋅一分錫一分又方錫與紅銅等分

裝配汽機

起水汽機　五百七十三節

瓦特之法先繪井形於紙即定起水筩於井之何處而度起水筩心至汽筩心之尺寸以定汽筩之位用汽筩之位爲主而定機房之大小與牆之厚薄然後繪成基址依圖比例而廓充之自井口度起依基址之界掘地數尺如坑

使汽筩底與地面相平或稍低而筩下仍有空處房屋亦可稍低也再挖牆基之深必低於坑底二尺若已至此數而尚覺不穩必再打樁或墊木座或兼用樁與木座牆基最低之處作孔通至井中引出機內漏水與地中滲水若機房建於石上者則鑿石作坑而牆基不必低於坑底坑內砌矮牆數座以任汽筩之木架木架下有空處可以容人作事木架之端砌入外牆再在房中實砌極牢之厚牆以任大槓桿所用石灰鋪層宜薄石灰漿宜隨掉隨用若用石砌牆石塊宜大而長以大面在下而端在外各牆砌至基址之上每甎二層用狹鐵板二條順牆砌於內再上

一尺每距四尺用鐵條一根與前鐵條成直角兩端齊於牆面任槓桿之牆內亦順砌鐵條長十尺至十二尺其端齊屋牆之外面連固兩牆各牆砌至齊汽筩之上端留孔以入木樑壓住汽筩其孔宜長木樑可以斜入又留數小孔用鐵條穿固汽筩上下之架在牆之外面用螺蓋旋緊再砌至高齊槓桿之枕亦如前法縱橫砌鐵條於牆內簧桿或連桿必直通後牆外用螺蓋或扁栓固之簧桿必連於任槓桿之牆用鐵條或堅木或石砌此牆內簧桿連於座亦宜極固若有空處須實築緊

雙筩邊桿機 五百七十四節

汽機已成先在廠內裝配將架座平置用酒準四方較平在上面作中線用尖鏨作小孔爲識再在汽筩位之中心或正對大軸之中心於座面上作橫線與前中線正交次將又一架座如前法作縱橫線與前座並置較平其相距依應得之度而使兩座之橫線直對成一線其餘各心俱依此線作平行線即於全座各角旋緊螺釘架座之面有不平者鏨之置汽筩其上用垂線詳較其四面視其斜迤何方作識取下將底之高處鏨去一層務使勻平再置於本位用垂線與直尺較量筩口之高即在筩口之旁刻一平線以識過高若干取下將架座鏨去一層再置本位比

較其斜迤於何方與斜之多少祇用磋工屢比屢磋正直而止後在座面連接架柱之各處俱鏨平將架柱架樑逐件配上又將雙叉斜股之端連於汽筩底之旁凡配架柱尤宜任重勻均此專言舊式用生鐵爲柱與架者之法近時所造各種汽機亦用此法而更易整齊因各面皆已車鉋平正也

定各件中心 五百七十五節

各件之中心以邊桿中樞爲首定其樞心審視樣圖即知挺橫擔在半路時其中心距樞心平線之高又知挺橫擔中心距汽筩口之高並知汽筩口平線距樞心平線之高

得此數即用直尺置汽筩口之上一端伸至樞心之上向下度之如前數作點橫引此點作地平線隨將座面上之中樞橫線準垂線引上與地平線相交即爲中樞心之點此點已定遂定大軸心之點視座面上之大軸心橫線準垂線引上亦交地平線作點以大搖桿之長自此點向上度之大搖桿若未成即在樣圖內取大軸心距樞心平線之度自平線向上度之即得大軸心之點次求平行動半徑桿之定點以半徑桿之長數爲度自平行桿下樞之心依邊桿樞心之地平線向汽筩心度之作點準垂線引上以挺搖桿之長於垂線作點即半徑桿之定點此以長撐

桿連於横擔上者也大搖桿之長即自邊桿樞心之地平線至大軸心之數挺搖桿之長即自邊桿樞心之地平線至横擔樞心之數長撑桿之長即自横擔樞心至半徑桿前端動點之數皆以轆轤在半路時爲準如是而配其各件可矣若長撑桿不連於横擔而連於挺搖桿者其長數仍同惟後端之動點不可行垂線而必行弧線此弧之正矢與邊桿端弧線正矢之比若横擔樞心距長撑桿相連之點與挺搖桿之長之比

較準平行動　五百七十六節

平行各件裝配之後可用滑車將轆轤上下數次法將架上之木樑置平次將半徑桿定點之枕移就之使挺桿端得行垂線再將轆轤行至上端一次又行至下端一次如見横擔在上下端俱過於推開即知此枕太向外過於收進即知此枕太向內如在一端推開一端收進即知半徑桿之長短不準必改作以就之

安置汽機　五百七十七節

船内安置汽機之法各種不同今亦以邊桿汽機爲例先自船首至船尾連一中線在大軸之處自中線左右至船舷比較中線有差否再在二船舷置軸枕處連一横線將二線相交之點作識用矩尺之句與横線平行正角準對上識以股之下端所指内脊木之處亦作識即下識此識若不在内脊木之中心可將横線左右高低或將上識移以過就之但上識移過則大軸必一端長而一端短須在船舷拼鑲木塊以置軸枕下識既定自此點引向前後刻一線與上直線平行而上識亦引向前後刻一線亦與上直線平行次以上識爲心在前後取相等二點再以此二點爲心在左右各作二短界相交而移横線使適對此二交點以二汽筩中心相距之半自中點度横線作二識自二識作二垂線下對前内脊之處亦各作識再作横線連此二識必與上横線平行即可安置托汽機之底板而對其二識又將下横線與識過其上並作直線於是汽機之位定準矣底板安妥即置汽機之座使大軸之中線對横線而以汽機之中線對直線但此不可用垂線與酒準必用矩尺爲之然後將輪挂於轂内而安軸枕即以大軸穿入用鍵定輪於軸旋轉而較準之再較二軸之直對與否將軸轉向上下與二旁各度二曲拐小端之相距若有不同則將軸枕移而就之其餘一切連絡之事可循序而作矣

搖筩汽機　五百七十八節

搖筩汽機之架以生鐵爲之汽機不甚大者用木或鐵皮爲樣板作諸孔以比準上下二架之諸孔汽機甚大者用

規比定上下二架之諸孔其孔俱係鑄成內膛大而口小孔面之凸圈鑿磋平正柱端之肩車治圓正裝入架座孔內再裝架樑亦如之各柱必須任力均平如有一柱多任力者刮刀刮使平勻凡各頸之襯以及相磨各處俱用刮法使平別法俱不及也

船汽機單兩心輪汽棬　五百七十九節

廠內裝配可用垂線或酒準置曲拐於路端若在船中宜在架座作橫中線與大軸橫中線相對如正行汽機則作橫中線於汽筩之口次在曲拐大端作圓線其徑等於拐軸又在橫中線上度拐軸之半徑作點用直尺對此點與

曲拐大端所作之圓線轉移曲拐使直尺切於拐軸則曲拐亦在路端即置汽棬適合當有引汽數後將兩心輪在大軸轉動使推引桿之鉤凹與汽棬桿之短樾相連即作識於兩心輪之旁與大軸之上如法安定軸擋再將兩心輪轉過比之如前法以定退轉之擋此為裝配汽棬之總法然各種必小有不同法亦當稍變乃依汽棬各桿之位置及汽棬之式也

雙兩心輪汽棬　五百八十節

進退弧二端之動必依兩心輪之式蓋進退弧移動其在各處所動汽棬之引汽各有不同因弧之上下移動有如

單兩心輪繞軸而轉相若也設進退弧不移動而以汽棬桿之樾移於弧槽之內則無論在何處引汽之數不改然二種移動之法餘面雖定汽棬往復之路皆可增多減少往復路既有增減餘面與往復路之比亦必改變故移至各處自漲力之多少不同矣因餘面與往復路相比之數即定自漲力之多少也其用進退弧者裝配時準兩心輪亦與不用進退弧者略同欲定推引桿之長置汽棬於半路而轉兩心輪至二極在推引桿端對進退弧樾作二識則連接進退弧之孔必在此二識之中如有不對則將桿長短以就之其退轉之推引桿亦如之二桿之度既定置

曲拐於路端而將兩心輪在大軸旋轉以合當有引汽之數再定退轉之兩心輪亦如之遂將汽機轉動數次詳視進退二者之無差嘗有二推引桿之長短略異者則弧之方向與行動俱有差故依進退弧而準汽棬必極詳慎汽機必轉動數次方可知汽棬適在其位無論進轉退轉咸宜矣後將進退柄移動進退弧任於何處再試之

司船鍋爐法

定吹鹹水　五百八十一節

鍋爐之水知已鹹開看水塞門放出多許盛於器待稍冷將量鹹水表浮其中可知水內含鹽之數如水十磅含鹽

過八兩則必吹出鹹水若干添以新水至含鹽不過此數而止設量鹹水表偶碎可用直口小玻璃瓶內置重物先浮於淡水視水面之處作識再浮於海水亦作識以此二識之距如數在下再作識若浮於鍋爐之水而鹹過此點則必吹出矣

定吹次數　五百八十二節

曲管鍋爐二小時吹一次煙管鍋爐一小時吹三次方不結皮

除去曲管結皮　五百八十三節

放盡鍋爐之水將木柹置曲管之內成數行前後相連開

薛門用火引燃之曲管之鐵受熱速漲皮則難傳熱而緩漲自能裂而相離可用噴水洗去自出沙孔冲出此法必司機者自爲之切不可使火夫因不明理者必致燒壞也若未結厚用椎擊之亦能脫離或於汽機停火後放去鍋爐之水而不放其汽藉汽之熱與溼能使皮軟而易去愼毋使鍋爐內成眞空須開諸塞門

除去煙管結皮　五百八十四節

煙管鍋爐結皮各處不同多在煙管近火爐之端嘗有鍋爐吹水依常法一年之後見煙管近火爐之端結皮厚至各管相連以致熱水不能上通最宜留意除去之法必用

起錨轆轤與連滑車拔出各煙管三人之力一日可拔五十根至七十根拔出之時其皮自去再應刮淨其面用二舊磋夾於大鉗成叉形將煙管置其間抽之再將管口加熱至一千度插入木屑之內冷後稍軟可打之圓正且易打成帽拔出之時必有管口壞而太短者則爲無用故鑲管之板宜斜而各管有長短管在此孔太短可移於彼孔用之然亦有一病

不吹鹹水免結皮之法　五百八十五節

不吹鹹水而免結皮之法用鹽强水或淡輕綠入鍋爐但此物能侵蝕鐵質隨汽而入汽筩亦使生鏽故新鍋爐依

時吹水不必用此法舊鍋爐已結皮者可用之

掃刷煙炱　五百八十六節

煙管內之煙炱必用圓刷結成黑皮必用圓刮管口有襯圈者圓刮難進所以今時煙管不用襯圈然煙管已拔出而重裝又管厚十分寸之一者俱不得不用襯圈管厚八分之一者始可不用襯圈

修理鍋爐　五百八十七節

曲管或火爐其上面有破損補綴一塊宜在外面如補於內則破處留積別物而不傳熱必致燒壞鐵板有裂縫則在裂處鑽多孔打大帽之釘以蓋其縫曲管或火爐因水

淺而致彎下可用木柴生火將彎處燒熱以螺絲起重器抵出之然不若剜去一塊而補綴者之易也

煙通斷折　五百八十八節

兩船有時相撞煙通倒入海內其事甚屬棘手如見火焰噴出將致燒船急用鐵板蓋於煙喉之口尋覓船上暫可施用之料最好爲磚與泥可以砌成方管或有鐵皮亦可釘成方管此物俱無則將布棚之鐵桿圍立斷折之外以多餘之鐵鏈繞成管高數尺再以煤灰與泥或麥麵與水拌和塗之故戰船常宜另帶短煙通數節原者打去速易以短者再將餘汽噴入雖短亦可暫用

司船汽機法

司機稱職　五百八十九節

船上司機者必恆設想某件偶壞當以何法治之胸中確有成見偶有損壞不致臨時忙亂汽機損傷之患各種不同治法亦異故無公法可言惟首要者必時時留意於鍋爐內水面之高低或添水不足或添水太多或鹹水停吹三事差誤爲司機之過每半小時詳察水內含鹽之數汽機一分時之轉數漲力之數半小時內添煤之數詳悉書記煤若甚碎必加水溼之而後用各節活動磨擦之處常常注目

暫動汽罨　五百九十節

兩心輪之擋或兩心環已壞一時不能修好必將進退柄連於鄰汽筩便於往復之處或連於本汽筩搖桿之件邊桿汽機之進退柄常在斜股之上可用繩過滑輪連於鄰汽筩之邊桿另掛重物壓之使退又法用木條以繩斜繫於受傷者之橫尾與大搖桿另用鐵條或木條相連於進退柄則汽罨亦可往復若爲搖筩汽機可藉汽筩之搖動以動汽罨

拐軸斷折　五百九十一節

明輪雙筩汽機拐軸偶有斷折則用單汽筩轉一邊之輪

船亦可以行走螺輪雙汽筩者而前拐軸斷折亦可單汽筩轉輪若後拐軸斷則與螺軸螺輪斷折彷彿修理甚難

單汽筩行走　五百九十二節

汽罨之引汽甚多而船對逆風逆浪而行鞲鞴將至路端汽力已無不能推曲拐轉過極點必張帆回首順風而行船已行速曲拐能過極點轉船而對當往之向

大軸等件坼裂　五百九十三節

大軸或曲拐見有坼裂而不甚深可減小漲力緩緩行進港口而修理裂若甚深必用大木塊置邊桿之下或別件之下預防鞲鞴打去汽筩之底或蓋汽機各大件無論

生鐵熟鐵見有坼裂俱用此法尤宜常常細視裂處若見漸大或已斷立即停機船行甚速者使汽入韝韝之對面而停機

添油　五百九十四節

船汽機之油杯近時之制比昔時更能省油添進更得均勻油杯之邊有小軸軸上有順逆輪軸端有小擺汽機動而擺亦動即使小軸漸轉帶動小油筩盛油傾入漏斗自漏斗通至相磨之處或用鐵絲連於小軸之上以代小油筩鐵絲轉過必沾一滴入漏斗然汽機緩動者油未至漏斗而已落下不及用小油筩也又法用活塞門在油杯之

下亦用擺動使塞轉動塞內作曲孔每轉放出一孔之油

軸頸生熱之故　五百九十五節

磨面太小或磨處不相配或枕蓋之螺絲太緊或油孔阻塞或油內有膠阻塞引油之棉紗或銅襯內有分油十字槽而致油乾若轉動一周者襯內用十字槽無妨橫桿邊桿等之軸頸不滿一轉者襯內有十字槽軸頸常因此而壞宜作一字橫槽則油在最高處流下皆可得油槽之二端不可通於外通於外油必流法

軸頸生熱治法　五百九十六節

軸頸偶生大熱者先須稍鬆枕蓋之螺絲後使汽機或暫

停或緩轉再將熱水先噴然後繼以冷水隨用硫磺細粉與油和勻如漿添於軸頸之內待冷而仍將螺絲漸緊速行螺輪機此事更宜謹慎初生微熱少頃忽然而大因轉速也故各頸皆宜有引水塞門纔覺生熱即噴水其上又宜用油與水相和添入則油水自能磨勻而成肥皂之性此肥皂不但滑膩且能散熱用油可省惟將停之先必專用油否則停後頸內生銹

司車汽機法

司車汽機之要　五百九十七節

汽車司機之要務不可使所牽之客車受患檢點汽機與

鍋爐爲其次沿路之各號令刻刻留意爲尤要車行之時司機者不可離本位自得隨手推移進退柄吹號柄阻汽柄鍋爐內之水與漲力常宜注視毋使過多過少之弊添水與添煤俱依條例否則必致汽水共出而溢進汽筩或致鍋爐磔裂鍋爐之前有看水塞門三車行時開視上者宜見汽中者宜見水停時則水恰至中者生汽甚速之鍋爐水內多含汽點若添冷水汽點凝而水面忽低若開萍門汽點漲而水面忽高此事惟車鍋爐有之俗名假水汽機有凸輪者則凸輪漲門宜與引動之重相配噴汽管之口宜大汽車偶然暫停宜關風門不使熱散用此各法可

以省煤。

添水添煤　五百九十八節

初起動時並上斜面時俱宜略停添水所以起動之先或至斜面之先水必多添或過此而多添添煤亦然因此時不用多汽也下斜面時減少進汽斜度多者竟可不進路遇彎曲或過不平亦可不用汽若欲暫停必於未停之時多添以水因已停則汽雖有餘亦不便添水也每次添煤不可過多添煤之先暫止添水稍關汽門吹汽管之口可大小者添煤時必開大關火門時即關小則火能速旺火爐內所盛枯煤之厚依進風之力若引極重鋪煤宜厚至

齊火門之下然不可至下層之小煙管口恐阻塞也如火櫃為方形者四角之煤須高火可更猛。

添水筩　五百九十九節

故知添水筩之添水或通或塞試開筩上之小塞門如筩內之平門不動則開此門而可仍動或屢開屢關而使動若有空氣漏入筩內而門不動則開此小塞門而放出矣

水入汽筩　六百節

水入汽筩之故若因水之污濁可放出鍋爐之水若干而換清水如見看水管內沸騰可稍關其塞門鍋爐必每二日將全水放出一次開出沙孔用噴水洗淨內面若恆用

濁水必有水入汽筩之弊。

煙管碎裂　六百一節

補救煙管碎裂必用木塞打入兩端之口鐵塞更佳若有多汽噴出而不能辨為何管則多添以水而減漲力如塞後甚漏見鍋爐內之水面漸低則必放下爐柵使煤盡落於灰膛煙管火櫃方不致受傷

動件斷折　六百二節

挺桿或搖桿折斷長臂或落出或斷折牽引重車甚多而忽退常有此病已斷之件果不能修必拆去之關絕一邊之進汽使單汽筩行走力若不足祇可留下數車或盡留下速馳至換客

之處報明以別汽車往代牽引如汽櫃各件或折或傷亦同此法。

兩車相撞　六百三節

撞車之故多端或因有霧而不見或因兩車之時表不準或旁鐵路之車被風吹至正鐵路或凍冰而路滑輪軔不能阻或輪軔之螺絲自斷或前有病車當路後者速行而往或岐路之活節忘而未正因此誤至別路鑑此各事車上必備火藥包數筒車停之時急攜至前後數十丈將引線置鐵路之上別車來時輪過爆藥包爆裂知有危險即可立停。

車將停時　六百四節

車欲將停必漸關進汽門車體甚重者距停車之處約半里即須全關進汽門後將輪軔之螺絲旋緊以阻輪然不可專靠此螺絲蓋用力過大恐致斷折或路上有冰而滑輪停而車仍不得停也若欲忽停可改進汽而使退行但此甚險非急事不可輕為也要之將至路末進汽門必更早關將停之時水宜有餘而火宜減少

車停路末　六百五節

車停於路末之時進汽門宜關定毋移脫離推引桿之節旋緊煤水車輪軔之螺絲添油杯扭關塞門揩擦各件使

潔淨檢點各件曾否有病各襯銅或太鬆或太緊或生熱展規較量輪徑再用垂線比其正直軸在轂孔鬆緊得宜各軟墊有無漏洩汽罨與兩心輪有無動差掃刷煙管與煙櫃如煙管用黃銅而火櫃用紅銅者水不可用汽吹出皆用鐵者無妨將起行時宜下車細視汽機下面有病否然必先知並無別汽車過此路方可

汽車餘事　六百六節

司機之職書難盡言要以各事宜自留心不可付之添煤者未啟行之先必檢點各料俱全不少一物如水煤火鍬號燈火把火藥包螺絲蓋起子流質油定質油棉紗麻皮

打煤椎打釘椎木塞鐵塞塞壓管者鉗塞之鉗水桶起重螺絲架木劈鐵劈鐵絲銅絲扁栓鏨磋撬桿油壺噴油器繩索鐵鏈大小螺絲釘麻線一切齊備方可啟行

新陽趙元益校字

上海曹鍾秀摹圖

汽機必以附卷

英國 蒲而捺譔

英國 傅蘭雅 口譯

無錫 徐建寅 筆述

十餘年來製造汽機者迭出新裁前書有所未及茲特揭其尤要者而詳述之深明汽機之人玩索而有得焉必能知舊法之尚多缺陷也或以爲既得新裁又何必舊法之津津也余謂舊者不能盡知幷不能知新者矣且巧思者偶有心得必自詡其出奇可用駕乎前人殊不知前人已於此屢屢試驗深知爲無用而棄置者也故欲講求新法更宜博考乎舊制

力熱相配

力熱相配之理爲數年之內格致家深考而得之要事蓋熱能生力力能生熱二物相磨所生之熱等於相磨之力如物重一磅自七百七十二尺之高墜下或七百七十二磅自一尺之高墜下以此墜下所生之力變爲磨力而生熱必能使一磅之水加熱一度設汽機無縻熱即無縻力而全熱所現之力盡變爲磨力則磨力所生之全熱必等鍋爐內所燒之全熱然汽機之最精者不過得煤膛內全熱十分之一相配之力其餘皆爲縻力故若以汽機之力再現磨大則此磨力所生之全熱亦僅等於煤膛內所生全熱十分之一可見鍋爐枉費燒料甚多此因汽機生力之熱度相差不多也有水若干運動水輪所生之力依水落下之高有熱若干運動汽機所生之力依鍋爐與凝水櫃熱度之較其較愈大用熱雖同生力愈多尋常火爐之熱度比諸空氣之熱度約多三千而鍋爐之熱度比諸凝水櫃之熱度不過多二百因鍋爐與凝水櫃相差者即生力之熱度僅得二百而火爐內之熱度乃有三千故縻力必大設汽果能加火爐之熱度而進汽筩後自漲至有凝水櫃之熱度則縻熱幾可無矣但今時汽機之汽不能再使更熱故欲縻熱極少必使燒料與養氣化合不生熱而

直生力有如動物食炭質而生力其炭質之數若同於精汽機所燒炭質之數則所生之力恆甚多熱度則不甚大也又如電氣器所現之力比汽機之縻力可甚少惟鋅與强水之價則甚大故汽機燒煤一磅熱之現於力者雖僅十分之一然比電氣器用鋅一磅所現之力尚得二倍而況煤價又甚賤於鋅價乎若能用煤生電氣則電氣機遠勝於汽機矣

重加熱汽

近時汽機多用重加熱汽而船上爲尤多以其能省燒料也前三十六年蒲而捺詳言其理並言必有損鍋爐內面

之弊然彼時用者尚少也其後漸漸多用而鍋爐內面果有易鏽之弊。

前二十二年。船鍋爐皆使煙過汽櫃之內前已詳言其弊鍋爐必因此生鏽煙通宜直出鍋爐之外而不經汽櫃故船鍋爐之煙通今皆用此制而爲之矣然又變用重加熱汽之器其弊適與前弊相同惟重加熱之器有門可關若覺鏽壞即可不用亦不致釀禍況此器之內。可用鐵絲籠以盛炭塊炭能收盡養氣而免生鏽也

汽熱若過三百十五度則軟墊之麻將燒油亦必變爲炭。汽鞴汽筩平面相磨之處必致凹凸不平。如鍋爐所生之汽乾而火切面大則小抵力汽而重加熱。不過省煤十分之一。雖有多省於此者因汽溼而火切面小以煙通之餘熱使汽內水點盡化爲汽也並非因汽重加熱而能有大益也。

嘗有用重加熱汽而得大益者。半因汽內原有水點先過重加熱之器則水點化汽。而汽之體積增大。熱固未增也。鍋爐所生之汽若已乾則無此益矣。

故重加熱之器今又漸廢。因所受之益不過汽能變乾以免入汽筩後或因散熱與自漲而凝水也。

汽自漲時必稍凝水凝水櫃內之熱度與鍋爐內熱度之較等於汽所現之力若云不然則汽機爲省熱之器矣何也設煤所生之熱能盡入汽筩而生力將此力再變爲磨力而生熱則所生熱之數將反大於煤所生之熱數不合理也凝水櫃之熱度與鍋爐之熱度必有較較愈大而熱不散汽機之功力必愈大若欲汽機至極詣必汽進汽筩時其熱度等於火爐之熱度而後自漲即漸減至等於凝水櫃之熱度且冷之極則所有之熱始謂盡變爲力而無糜矣此種汽機無藉乎凝水櫃也

汽筩殼之制可免汽之凝水故用大抵力汽入有殼之汽筩後使自漲行海輪船用外冷凝水俱爲最能省煤之法。

重加熱之器已有數種。大略使汽先經甚多小管此小管置於煙喉之上。如第一圖爲訥白爾所造乃俄國公司船

第一圖

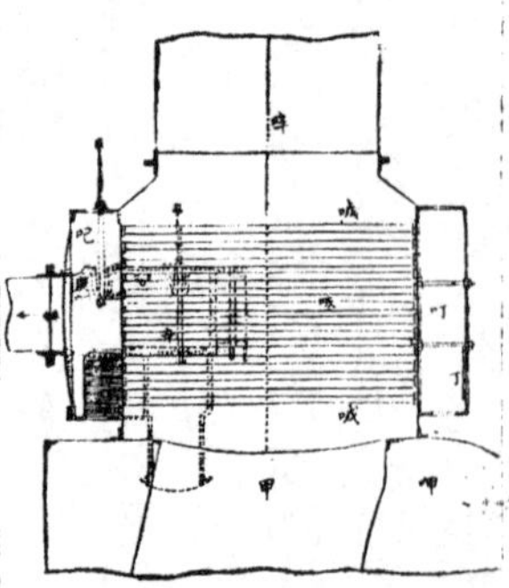

名摳力克所用者。呷爲鍋爐甲爲煙喉丁爲器與鍋爐相連之管叮爲進汽箱吧爲出汽箱哦哦哦爲多小管庚爲出汽箱內之門辛爲鍋爐直連進汽管之門哱爲煙通煙火向上之時先遇重加熱器之各管管內之汽即重得熱。

藍末與色麻所刱之器用長方形管曲折於煙喉之上而

第二圖

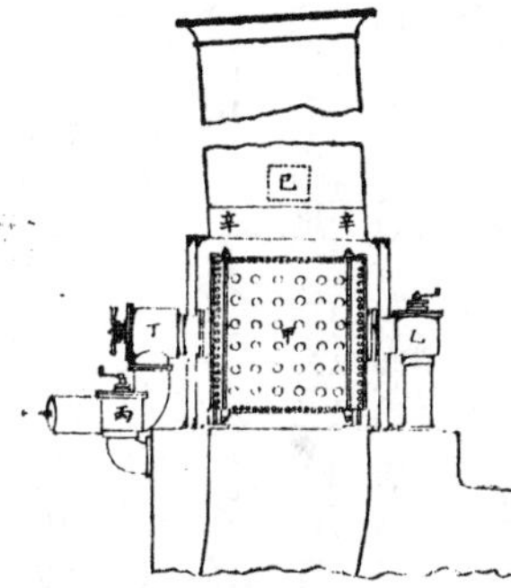

通進汽管如第二圖甲爲容長方形管之外箱乙爲放汽至器內之門丙爲放汽至進汽管而不過器內之門丁爲阻汽不進器內之門巳爲煙通之進入門辛辛爲接

圈煙通連於此圈其間以火泥築實使不漏洩

如第三圖爲前器之平剖面連四鍋爐共有四百號馬力

第三圖

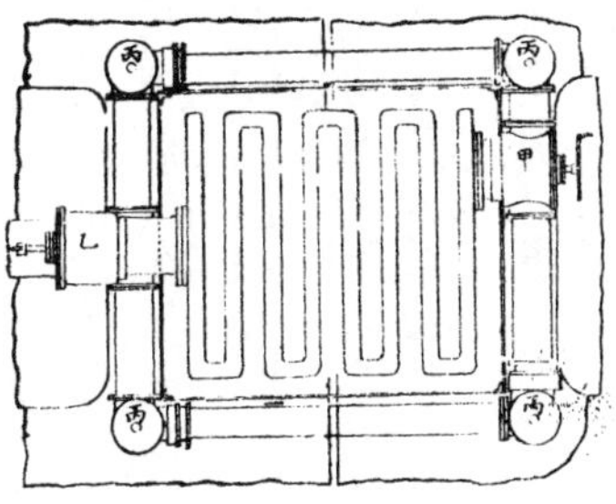

圖爲下層平剖面通煙處寬六寸半汽所繞行之路長五十一尺九寸高五尺七寸寬四寸汽所收熱之面共六百方尺每馬力得一方尺半汽自各鍋爐由丙丙丙丙

四門而出即自甲門入於器內再自乙門至進汽管

蒲頓華德所造大東輪船之器式爲方箱如第四圖置於

第四圖

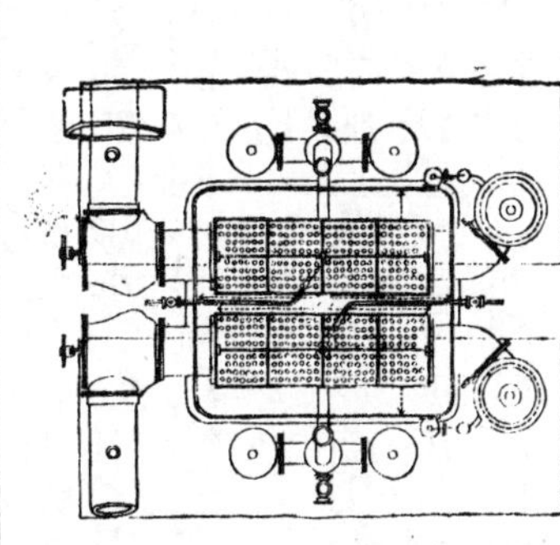

煙喉之上汽所收熱之小管直立而煙過此各管之內與常式不同

汽所收熱之面每號馬力有四方尺者然嫌太多常以一方尺半爲足用惟號馬力

與鍋爐無定比故以化一立方尺水爲汽配收熱面十分

方尺之三爲最好此器內通煙之孔其橫剖面須與煙通等否則阻塞而煙不出

大抵力汽機用自漲力與外冷凝水法

近時各種汽機多用大抵力汽而使自漲行海輪船若用大抵力汽必更用外冷凝水之法因用大抵力汽則海水易於結皮鍋爐每致燒紅受大抵力而必磔裂也前三十二年蒲而捺始用大抵力汽於船汽機並用自漲外冷兩法鍋爐爲圓箱銅煙管徑二寸半船上用煙管鍋爐自此始汽甑平面有活板阻汽使自漲又有左右螺絲可制自漲之多少旋此螺絲其板或離或近螺絲自軟墊之內出

於外其端有小輪可使旋轉此種自漲門後人仿造甚多

外冷凝水之法使汽入小銅管內而銅管浸於冷水之內此法原爲瓦特所剏因太繁而廢前三十五年有何而者再作此器用於船內欲以免鍋爐之生鏽然竟不能不生鏽故亦廢之何而若以大抵力汽而用此法必知大抵力汽舍此不可彼時亦可不廢也此後多年造汽機者無意乎省煤故外冷之法不甚用近則專意乎省煤其法又在所必用輪船若用大抵力汽則尤所必用之也近製外冷凝水之器大半用紅銅或黃銅如抽銅絲法抽成小管又或用紅銅板捲成管而銲連然以銲連者爲好因抽出者

銅質微有病處抽時必薄於他處而易裂也此器之造法有以水通管內者有以汽通管內者常以水通管內者爲好汽與水以相對之方向而入使熱汽先遇熱水每號馬力之凝水面積配以十二方尺至十八方尺有謂火切面若干凝水面亦若干者然覺太多每號馬力得十方尺而排列合法冷水通過甚速已爲足用若凝水櫃合法而另用小孔噴水入管內則鍋爐每小時化水一立方尺爲汽配凝水面積一方尺此器各管橫置於方箱之內勻列三層使水自箱底溢上而汽自箱頂放下則最熱之水遇最熱之汽已造之此器水之流過俱太遲故噴水器之力宜

加大則凝水面積可稍小

何而所作外冷凝水器常有鞲鞴與軟墊所用之牛羊油隨汽而過積於管內日久而致管內阻塞故今以流質油代牛羊油近又有自添油於鞲鞴軟墊及各頸之法

汽筩有外殼而多用定質油必漸與鞲鞴之鐵質化合而鐵質變性如筆鉛用外冷凝水法者鍋爐之鏽消必甚速故須恆添海水若干以免其速鏽汽機之油不特入凝水管內亦有入鍋爐內者凝水器銅管內之油生銅綠升過鍋爐亦能使鐵質鏽壞多有生鏽成孔且面多紅鏽若鍋爐內置鋅數塊可免速鏽之弊新造鍋爐噴海水若干入

凝水器內則各火路之面可結薄皮一層所結之薄皮係石膏必水熱之抵力較空氣壓力爲三倍則結不在含質之多也所以大抵力凝水機用海水則愈吹鹹水結皮愈甚所入之水過多亦如吹鹹水法放出之用此法則管之凝水面積可減小因管面不過凝汽極熱之一分其後可爲噴入之海水所凝也

常行大海之船日久不近岸者用外冷凝水法固知多病然當深思善法以免之不必因易鏽鍋爐而厭棄也有時已生鏽之後再用海水雖結皮而不粘貼稍震動而落下生鏽更甚宜將所有之或皮或鏽盡行打去鋪以司各得灰一層則鹹水所結之皮可粘貼矣凡用外冷凝水之鍋

爐其水常見藍色或因凝水器帶入之油與炭質化合或因升過之銅絲然新造一器初時恆有弊竇多端久用之後逐漸可除惟此外冷凝水已爲舊法恐終無人用之也鹹水必結石膏之病可另器加熱使先結而後入鍋爐外凝器所用以凝水之冷水宜用吸取之法不可用推送之法且宜流過甚速無論用何法宜可立換內冷凝水法美國新刱外凝器管內管外俱爲眞空管體不甚受抵力而可甚薄

外凝器之銅管其徑八分寸之五長五尺至七尺然宜加長加大爲好銅管之端各作螺絲旋入平板或於平板之

面疊象皮將銅管之端通過其孔再用銅板夾之用螺釘壓緊此法殊爲簡易蒲而捺所刱之縮櫃可代外冷凝水之用作噴水孔二一在出汽管或在櫃之最高處一在櫃之中腰在高孔所進之水不足全凝汽爲水惟收汽之熱而水自至沸界用以添入鍋爐否則水之添入鍋爐太多若不用法阻之則鍋爐必恆吹鹹水高孔噴水所未凝之汽至遇下孔之冷水可全凝爲水所得之眞空更足所噴之水亦可少外冷凝水器用大抵力汽最妙之法可使添入鍋爐內之水先噴入出汽管之內使汽凝水而後入鍋爐其汽不盡凝者再入小外冷凝水器盡凝爲水

外凝器內所需之冷水有用雙行吸水筩者有用轉行吸水車者或另用小機轉動或用齒輪接於大汽機轉動又有汽機一汽筩之恆升車吸去管內之氣與水一汽筩之恆升車吸取冷水通於外凝器若用轉行吸水車則以小汽機轉動爲好小汽機可任使遲速又可帶動添水筩又可帶動扇斗

近時造汽機者多思刱法而得自漲力最大之益所造雙筩機之式甚多俱自以爲能得自漲最大之益然船汽機無論大抵力小抵力用單汽筩者其益處同於多汽筩而單汽筩造之簡易也造船汽機宜詳察何種鍋爐可任大

抵力而無患乃爲最要之事近時平常船鍋爐恆嫌不甚堅固汽之漲力一平方寸有三十磅至四十磅則推機路與筩徑相等爲可用若過六十磅至七十磅推機路必爲筩徑之二倍而使韝韝之面積減半則極大抵力之時韝韝受力與筩短而徑大者同惟往復之速爲二倍必加重物於曲拐以稱之其汽孔面積亦與短筩者相同故雖速亦無妨也如每平方寸有一百五十磅至二百磅之漲力則宜用雙汽筩然長小之汽筩韝韝面之全力可減小其益與用雙汽筩亦同故一汽筩已可用者不必作二三汽筩而致汽機各件繁重也近時司機者俱已知用汽之

漲力或在一汽筩內或在多汽筩內皆無少異汽筩多則各件繁重惟轉動可得平勻然而推機路加長轉動亦得平勻也況船機之轉動雖有不勻亦屬無妨陸機則加以飛輪之重與速而制其力要亦無不平勻也然此非謂雙汽筩之不可用乃謂無故而作雙汽筩之無益耳若用雙汽筩者汽之抵力宜極大自漲之益能極多庶可償各件之繁。雙汽筩者汽筩一大一小大抵力汽先入小汽筩自漲再入大汽筩得自漲力極大之益非謂同大之二汽筩也

明輪螺輪兼用

前二十年業經多造明輪兵船而嫌行走不速如不易新汽機無法可使加速故蒲而捺剏法在船尾另置一大抵

力小汽機轉動螺輪以大抵力汽先入其汽筩用過之後再入凝水機汽筩內以動明輪此汽筩所得之抵力仍不異造新船而用此法固屬冗器若已成之船而欲加速則所費不多而力之加大甚多矣雖加一汽機之重而載煤之重則可減少因汽機之力可得二倍力既二倍速必加四分之一速既加四分之一則行路之數同而煤乃省四分之一矣前十八年蒲而捺著書專論螺輪並詳以上新法後即與造大東輪船兼用明輪與螺輪惟其書內未言用此造新船第言舊明輪船用此可以加速也若明輪而加大抵力機螺輪其螺輪可置於舵後若螺輪船不速可加大抵力機動明輪將用過之汽再入螺輪之汽筩二者反復用之省煤加速並同

螺輪汽機

近時所造螺輪汽機皆不用接輪見前書四百七十三節又有一種名汽椎形汽機其式以汽筩倒置於架上今之螺輪汽機皆從不接齒輪汽筩則或橫或倒後詳論之

稱重平勻

直接螺輪機欲其轉動平勻必用稱重前十八年蒲而捺始剏此法以後春氏所造希麻留約輪船仿用之若不用此法汽機與船並皆振動汽機配用稱重法其稱重之心

所行圓圈之半徑與拐軸心所行圓圈之半徑等則重宜與鞲鞴及相連各件等如稱重心之半徑大於拐軸心之半徑稱重宜減輕稱重心之半徑小於拐軸心之半徑稱重宜加重位置之方向必在鞲鞴及相連各件之對面

汽制

輪船遇大浪起伏之時輪轉必有忽遲忽速之弊而螺輪爲更甚補救之法惟有汽制然船上所用者不同於陸地因搖盪顛簸能使兩球多開多合也前三十六年蒲而捺所剏之式用於邊桿汽機兩球與陸地者同置於汽機之中段橫樑上用斜齒輪於聯軸而接汽制轉柱之小斜齒

輪柱之上端連一堅固之横擠其球行於此横擠上開合兩球分置柱之二邊汽機停時有簧使兩球相近汽機轉時球之離心力能勝簧力而兩球相離與轉速有比其連於扇門則與陸汽機同惟船搖動之時此球遠柱彼球能近柱故轉速不改也進汽管內之扇門噴水管內之扇門俱與此相連球徑十四寸體重若此者所以勝各件之滯力而不致改變其轉速以得自然之離向兩力也蒲而捺造成各式小樣之中有用四球者惟船上僅用此樣之一而此船已沈於海故見者不多近時薛而發蒲而搭兩人之制大略與蒲而捺相同現在船汽機仿用薛而發之飛輪汽制其轉柱下端有輪似小飛輪以皮帶牽動又有數扇在飛輪之上轉若過速空氣阻而緩之更有簧抵扇之後簧之緊鬆又以制阻力汽機之速不變簧力亦不變汽機之速增簧力亦增速減簧力亦減簧力之緊鬆即傳於扇門以制汽機之過速此種最為無弊故各處俱用之

相定汽罨

相定汽罨為各汽機所常用大船上之汽機用此可消平面之抵力在汽罨之背作圈與汽罨匣之蓋密切圈內通凝水櫃而常得真空此係春氏所剏但不用圈而用方揩邊後因方揩邊不便亨弗利改用圈置於汽罨之背與汽罨同動前十二年蒲而捺又將圈置於匣蓋之槽內而汽罨背與圈密不洩汽此法比前更巧各處仿用因圈不動汽機動時亦可加緊春氏所造者必停汽機而始可加緊也其圈以銅或鐵為之下有象皮圈再下有熟鐵槽圈托之螺絲能將熟鐵槽圈檯出各圈俱抱於汽罨背之圈外汽罨匣蓋之內面鏍平如第五圖為常用之式係大東輪船螺輪汽機所用者

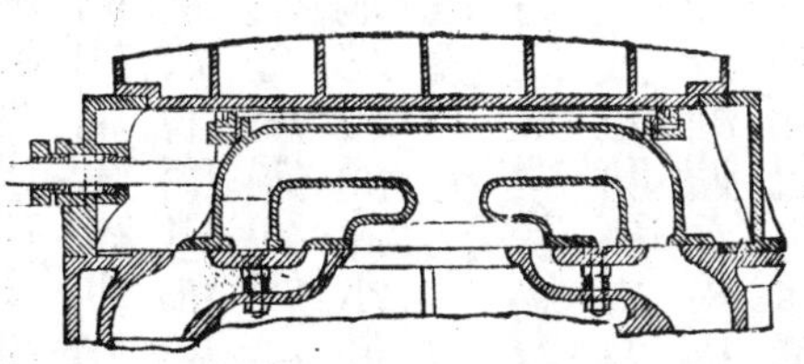

第五圖

進退弧

前二十七年司低分孫剏製進退弧用於汽車之上嗣後亨弗利用於船汽機今時通用不改前三十四年蒲而捺先已剏法與此相類用單兩心輪動一雙端短桿桿之中點有定點並作長槽罨桿前端連於槽內移動可使汽機或停或退又可制自漲之數然有小病如改轉動之方向其引汽不能隨之而改幸退走之時不多故亦可用也

進退小機

輪船甚大者另用一小汽筩使汽機進退如第六圖為與

司塔與門司塔二輪船所用者小汽箭橫擠之進退卽使

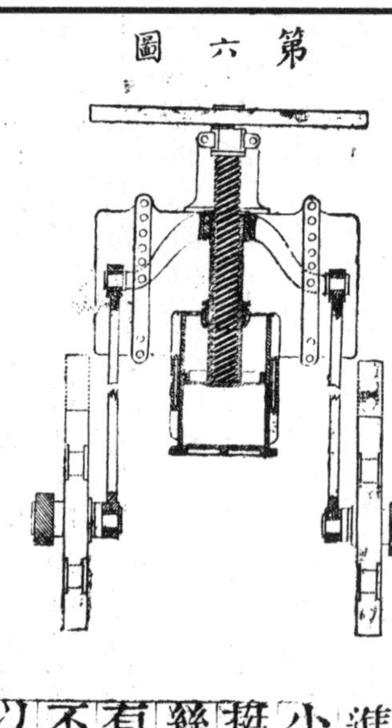

二大汽箭之進退弧上下小汽箭用空挺桿內有螺絲螺絲上端有輪恐鞲鞴不能往復則以螺絲助之然鞲鞴極自能往復不必螺絲之助也小鞲鞴往復之時

其輪左右旋轉鞲鞴初動過速輪又代飛輪而均其力此輪之輻卽爲柄司機者可執而制之不致飛轉打人今時大汽機俱用此法前七年蒲而捺造登之岸輪船亦用之前十八年蒲而捺刱製起動之門今已通行各處

軸頸軸枕軸襯

軸之任大力者（螺輪船之軸並車汽機之曲拐與軸）常以鋼爲之因鋼牽擠兩力之界大於各金類也挺桿亦有用鋼者然恐無益常見鋼挺桿折斷者多矣若用好鐵爲之而外面變鋼是爲最好能兼鋼鐵二者之利如一軸有二曲拐而相交成直角欲以鋼爲之則作兩節在中段有圓盤以相連則曲拐

可減小且免一軸作二正交曲拐製造之難鑄軸之時盛鋼於泥罐燒鎔鎔不大而甚多取罐連續傾於大桶內積多而使流入模內乘其紅熱速運至汽椎打之如打熟鐵者同然傾鑄常有小疵今惟考究日精必能盡善盡美也速轉之軸如直接之螺輪機頸徑與頸長之比必爲一與

第七圖

三至三·五之比其襯或用輭金類爲之螺軸後端通出船尾者用銅包裹所通之管內襯以堅木此係奢氏所刱如第七圖乙爲軸甲爲包軸之銅與軸同轉襯木與銅條相間此處有水能使銅面常滑而不必添油

活翼明輪亦曾用木襯以整塊車孔亦有多塊合成者用之亦同如用木襯則頸周亦宜包銅因鐵常生鏽而粗毛木質易致消磨也如船經行之水內有沙易於消磨不可用木襯必用鋼襯銲於枕內而淬水使堅各活翼之樴亦必以鋼爲之而淬水使堅也行海之船可用銅襯而各釘用銅包裹

實馬力與號馬力

初造汽機之時實馬力與號馬力略同後則實馬力與號馬力漸分漸遠至實馬力數倍於號馬力僅用以計各空體之容積而已再後又用漲力更大實馬力竟有多於號

馬力九倍者二百號馬力之汽機能現一千八百實馬力矣造機者每以實馬力與號馬力相比不定常致錯誤思用別法推算汽機之能力而不言馬力即以鍋爐之火切面一方尺爲一而不計汽箭之容積因火切面本屬能力之主用火切面之數爲號力數則與實能力可不甚差

前二十六年英國戰船部所定號馬力之法係般臬司之原蒲而捺蒲而捺授羅利羅利授戰船部施行般臬司授式爲

$$號馬力=\frac{五六四〇}{(丁-一)^{二}亥}$$

丁爲汽箭徑之寸數亥爲韛韛一分時總行之尺數汽箭徑所減之一寸爲各處之滯力至羅利不減此一寸其式爲

$$號馬力=\frac{六〇〇〇}{丁^{二}亥}$$

雖屬稍簡然非戰船部之本意也蒲而捺所設緩行陸汽機與明輪汽機之式爲

$$號馬力=\frac{四七}{丁^{二}\sqrt[三]{申}}$$

丁爲汽箭徑之寸數申爲推機路之尺數直接螺輪機則分母變爲二三.五即直接螺輪機之號馬力比等大之緩行陸汽機或明輪汽機爲二倍此法雖有差然今之各號馬力表俱可用不過將緩行汽機所有各表之數乘二即得也

英國戰船實馬力與號馬力相比表今所造尋常汽機實馬力大於號馬力四倍半間有大至八九倍

船名	容積噸數	試船時入水體積噸數	一小時船行英里數	試船時年代	鍋爐一平方寸漲力磅數	號馬力	實馬力	造機坊名
阿文治而	一七五三	二四三二	一一四四七	一八六二	一二	四〇〇	一二二七	拉分希
阿皮愿	三一一一	二九一二	一〇九八六	一八六二	二四	四〇〇	一八三五	亨弗利
阿利多舍	三一四二	二八〇一	一二六九五	一八六二	二五	五〇〇	二八七一	春
拔羅撒	一七〇二	二三〇一	一一五一四	一八六一	二〇	四〇〇	一六一六	蒲頓華德
孛蠟敦白台司	六〇三九	九三〇〇	一三六〇四	一八六一	二五	一二五〇	五七七二	春
可令武特	二六一一	二五七三	一〇四六〇	一八六二	二〇	四〇〇	一四二四	立尼
公該羅	一八四五	四三〇〇	九九三四	一八六三	二〇	五〇〇	二〇四八	拉分希
岡司單斯	三二一二	二七八一	一二三〇一	一八六三	三二三	五〇〇	二〇二〇	藍都大
敵分司	三七二〇	五九七一	一一六一八	一八六二	二〇	六〇〇	二五三七	春
敵法焉司	三四七五	三九五八	一一八八四	一八六二	二三三	八〇〇	三五五〇	磨得色利
司干	三七一六	四〇〇〇	一三二三六	一八六一	二〇	八〇〇	三四二八	春
愛壘拉特	二九一三	三五〇三	一二〇〇三	一八六三	二二	六〇〇	二三三三	拉分希
有利阿器司	二三七一	三一二五	一〇〇三八	一八六一	二〇	四〇〇	一二六二	春
茄辣曾挨	三二二七	四二七〇	一三〇〇四	一八六二	二二三	八〇〇	三五一七	春
日巴拉大	三七一六	五五四五	一一五三八	一八六二	二二	八〇〇	三四九四	磨得色利
哥拉司格	三〇三七	二九三〇	一三一〇二	一八六二	二〇	六〇〇	二四五七	拉分希
亮愿特	二七六〇	二五四七	一一七三七	一八六一	二〇	四〇〇	一七二八	蒲頓華德
立飛	二六五四	三八九一	一一〇九七	一八六二	二〇	六〇〇	一九〇五	春
立味不	二六五六	二九一四	一二六六五	一八六一	二〇	六〇〇	二五五一	亨弗利
麻士	二五九一	三五五一	九七〇一	一八六二	二〇	四〇〇	一四五六	春
屋克肥雅進	三一六一	二九二一	一二二五二	一八六一	二〇	五〇〇	二二六五	磨得色利
屋來低司	二八二三	三四〇〇	一二六二二	一八六三	二五	五〇〇	二二四九	蒲頓華德
白合司岡所得	四〇四五	六四三〇	一三一一九	一八六三	二二	一〇〇〇	四二三四	磨得色利
白令稅老懈要	三一二九	四二七〇	九九三四	一八六三	二〇	四〇〇	一四九九	磨得色利
利失四擔司	三七一〇	四八二七	一二三三二	一八六二	二〇	六〇〇	二六一五	春
利文直	三三一八	五五三一	一一一七六	一八六二	二〇	八〇〇	二八九〇	磨得色利
老要屋克	四〇五五	六四一六	一二五二九	一八六三	二二	八〇〇	三七〇四	磨得色利
山能	二六五一	三六一二	一一五五〇	一八六二	二〇	六〇〇	二〇二三	春
塞得來日	三〇六五	三八二六	一一〇八七	一八六二	二三	五〇〇	二二七〇	磨得色利
恩唐跌特	三〇三九	二六九四	一二九二五	一八六二	二〇	六〇〇	二五〇三	拉分希
氐立而安	六〇三九	八八五二	一四三五六	一八六一	二二	一二五〇	五四六九	春

鍋爐

鍋爐分為三大類陸也船也車也各類又分數種舊式之外火鍋爐今已廢棄今時陸地鍋爐無一定之式大略漸同於船鍋爐

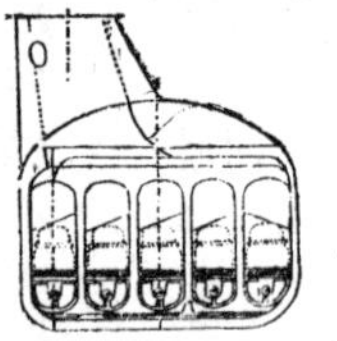

初製船鍋爐俱用曲管以後雖有各種新式然究不能勝於此種故今尚有用之者如第八圖第九圖為鍋爐之橫剖面乃亞細亞與亞非利加二處送信輪船所用第十圖第十一圖為此二鍋爐之直剖面此式之鍋爐已有用過十四年尚未壞者

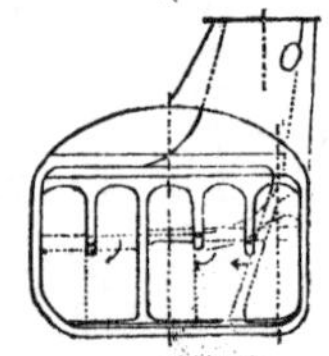

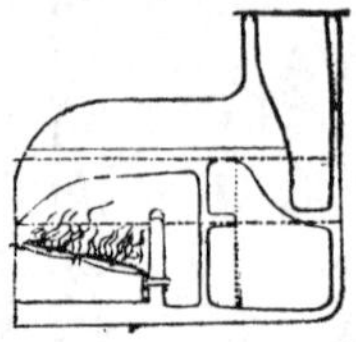

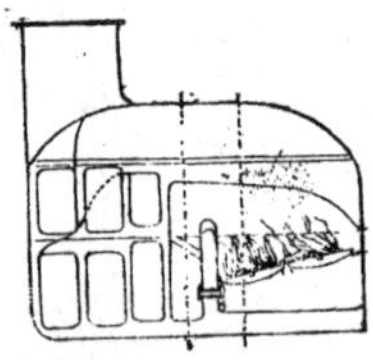

第八圖

第九圖

第十圖

第十一圖

煙管鍋爐始用於前二十六年今之船機恆用此種未甚改變如第十二圖為鍋爐之橫剖面煙喉有重加熱器煙與火先過火𭌝而至各煙管轉向鍋爐前面而出煙通經過煙喉時餘熱再傳於重加熱器之小管其小管分隔為上下二層先過下層之汽折回而再過上層

第十二圖

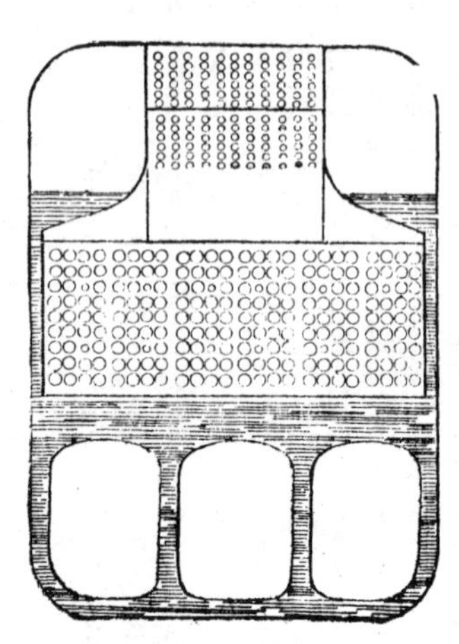

現造煙管鍋爐之式略同於蒲而捺三十二年前所造者因汽抵力今時甚大故有仍改方形為圓形者如第十三圖第十四圖為眷氏所造海得拉船之鍋爐每平方寸可受漲力四十磅而不危險然嫌火爐太小且為圓形而爐柵之斜度不能如制爐柵向後之面太窄各爐柵必俱前端大而後端小或前端另加短柵以補空處

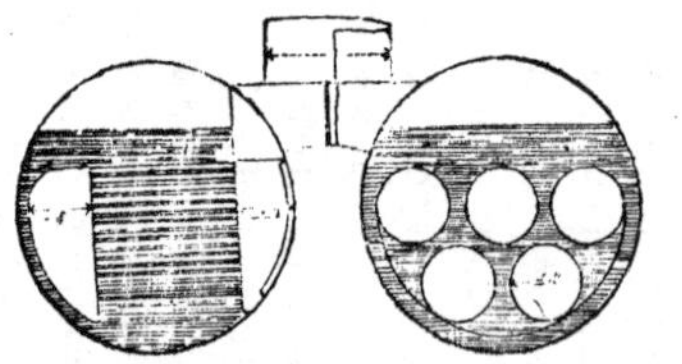

第十三圖

第十四圖

藍與色麻司所擬之扁煙管鍋爐仿造者甚多其妙處能使沸水流動甚速如第十五圖為鍋爐之立剖面其火煙

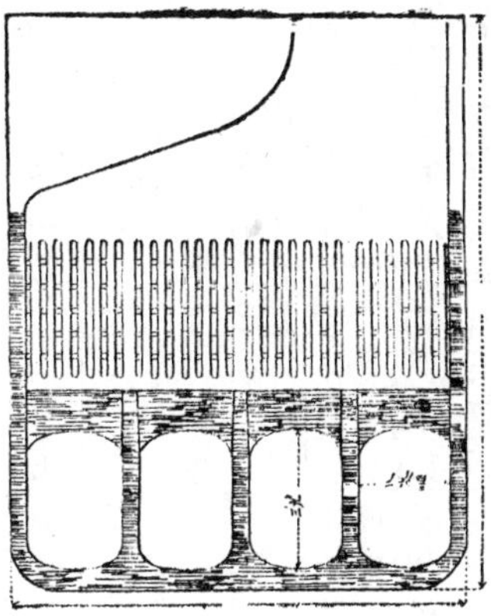

經過扁煙管內管內多置小鐵塊以任抵力而不用牽條.

第十五圖

頓多那所刱之直立煙管鍋爐如第十六圖爲鍋爐之直剖面乃亞得蘭的船所用此種鍋爐英國不甚用惟行於

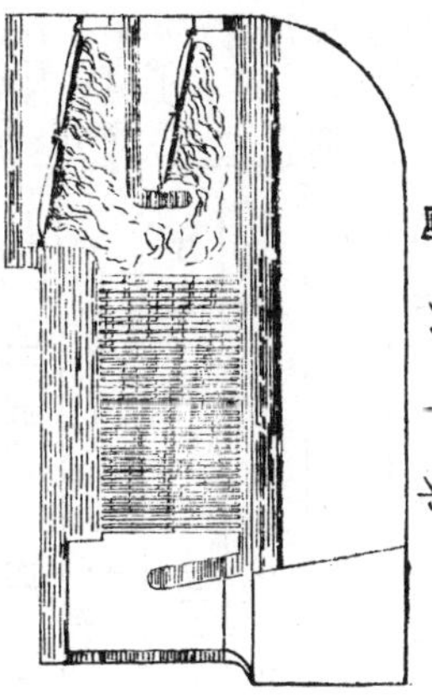

固來得江之輪船詺白爾所刱草積形之鍋爐用此法他俱不用也.

第十六圖

沸水流動甚速之妙從未有人明其理蓋流動既速不但各鐵板不致甚熱而用能經久且能加火切面之功用如亞得蘭的船鍋爐另置短管於各直管之口內則水上升能加速而火切面之功用加大嘗有煙管鍋爐其管排列

太密沸水難於流動取去煙管數根生汽反速始知多此數管之功不及沸水流動之功也.

鍋爐尺寸

鍋爐之尺寸以一號馬力爲率當依二事其一實馬力與號馬力之相比數其二每小時內化水一立方尺爲汽之火切面數實馬力愈多於號馬力則一號馬力當配之火切宜愈大故每小時內化水若干立方尺爲汽爲尺寸內最要之事也凡各種鍋爐化水一立方尺爲汽所需之火切面之方尺數各不相同如司米頓所刱之鍋爐每小時化水一立方尺爲汽須火切面五方尺瓦特所刱之陸地

鍋爐須九方尺至十方尺果臬書鍋爐須七十方尺火切面最大者最能省煤故司米頓之鍋爐燒煤一百十二磅化汽之水十四立方尺瓦特之鍋爐略同車鍋爐燒煤一百十二磅化汽之水十立方尺至十二立方尺果臬書鍋爐燒煤一百十二磅化汽之水十九立方尺然此不特火切面甚大而省煤火切面太小而費煤若火爐內恆得大熱而水能流動甚速則火切面無論若干其功用亦必最大又如煙通內加吹氣管或用別法使風力更大化汽之力必增也但風力過大又有多熱散出煙通所燒之煤亦必多.

蒲頓華德十六年前十年之內所造煙管鍋爐各尺寸表

表內實馬力大於號馬力二倍半漲力每平方寸十磅韝韛行三分路之二而阻絕進汽

面積與容積	一號馬力之數	韝韛每平方寸受均抵力十七磅半時一實馬力之數	一小時化水一立方尺爲汽之數
煙管火切面之平方尺	十〇·二五	四·一一	七·二五
煤膛等火切面之平方尺	二·七五	一·二	一·七五
總火切面之平方尺	十三·	五·二	九·
柵爐面之平方尺	〇·七	〇·二八	〇·五
煙管橫剖面之平方寸	十三·	五·二	九·
火壩上橫剖面之平方寸	十六·	六·五	十二·
煙喉橫剖面之平方寸	十四·	五·六	十〇·〇五
煙通橫剖面之平方寸	八·五	三·四	六·
鍋爐底面積之平方尺	一·〇八三	四·三三	七·八
鍋爐容水處之立方尺	九·二五	三·七五	六·五
鍋爐容汽處之立方尺	二·	·七五	一·五
鍋爐全體之立方尺	十·二五	四·五	八·
煙管徑與長之相比	一與二十三至一與三十		
煙管橫剖面與長之相比	一與十二至一與十五		

蒲頓華德現造之鍋爐其爐柵面與火切面相比之數並每小時化水一立方尺爲汽所配煙管與煙通之橫剖面略同舊制惟實馬力與號馬力之比增多故每號馬力鍋爐之尺寸亦增多如司克得船每號馬力配火切面二十八方尺此船之實馬力比號馬力大至八倍或八倍半現造者每號馬力得火切面三十五方尺然此數格外加大尋常不得過二十一方尺

前五年蒲頓華德配鍋爐尺寸之數一小時內化水一立方尺爲汽所配鍋爐之各尺寸

總火切面	十平方尺
爐柵面	九十平方寸
煙管橫剖面	十平方寸
火壩上橫剖面	十六平方寸
煙喉橫剖面	十二平方寸
煙通橫剖面	六平方寸五至七平方寸

一實馬力所當化汽之水數必依自漲之數蒲頓華德汽機所配汽罷之餘面可使韝韛行至半路而阻絕進汽進退弧另可使韝韛行三分路之一而阻絕進汽後表有新式船鍋爐之比例尺寸與功力又有每號馬力所配之凝水面積等款共有八船俱爲火輪公司所造

	蘇而灘	破闊	待而希	甘捺的	把羅打	蓀而旦	立木	西利亞
船體容積噸數	一千二百二十四噸	二千一百五十二噸	一千八百九十八	一千七百七十五	一千八百七十四	二千二百五十七	一千九百〇八	一千九百三十二

號馬力	二百十	五百	四百	四百	四百	四百五十	四百五十
汽筩徑	四十四寸半	一百○二寸、與四十六寸	九十寸與四十三寸	九十六寸與四十三寸	九十六寸與四十三寸	七十六寸	七十六寸
推機路	四尺	三尺三	三尺	三尺	三尺	七尺	七尺
行路燒煤相比數	五百十五噸	八百二十五	九百八十八	六百八十七	七百五十八	八百十七	九百三十	一千○八十九
每實馬力一小時燒煤數	二磅九九一	二磅三九	二磅四九	二磅三四	二磅五四三	二磅五二	二磅九六	三磅二三
行海時指力器之實馬力	六百十	一千三百三十五	一千三百	一千二百五十	一千二百、一千二百七十六	一千二百	一千二百九十	一千三百
速率中數	九海里半	十海里三八	十一海里○九	十一海里四	十一海里七	九海里九二	十海里	十海里
一號馬力之凝水面積	十一方尺七	十方尺九	十二方尺五	十一方尺二	十一方尺二	十方尺六	十三方尺六	十方尺二
運用自漲力	進退弧	大小雙汽筩	大小雙汽筩	大小雙汽筩	大小雙汽筩	大小雙汽筩	雙層汽甑	雙層汽甑
轆轤添油難易	易	常	易	常	常	易	易	易
汽筩殼	氈與木	汽入殼內	汽入殼內	汽入殼內	汽入殼內	汽入殼內	汽入殼內	汽入殼內
汽甑移動難易	易	稍難	易	易	稍難	易	易	易
一號馬力之火切面	十九方尺七	十二方尺五	十五五	十二方尺	十二方尺	十二方尺	十八方尺	十八方尺
一號馬力之爐柵面	方寸六二	、四五	、五六	、四五	、四五	、四五	、五四	、五四
一號馬力之煙管橫剖面	二十八方寸	十七方寸	二十一	十七	十七	十七	二十三	二十三
一號馬力之煙通橫剖面	十七方寸	十一方寸	十三	十一	十一	十二	十五	十五
初次試行實馬力與號馬力相比	一與四二	一與四五	一與五七	一與六二	一與六三	一與四三	一與四四	一與五七
一平方寸之漲力	十八磅	二十五磅	二十五磅	二十六磅	二十七磅	二十八磅	二十四磅	二十七磅
汽之熱度	二百九十度在汽甑內	二百八十度在汽甑內	三百同上	三百同上	三百六十同上	三百五十同上	三百進汽管內	三百十三同上

燒煙

前書已言燒煙之法數條，然無有盡善者。如添空氣於燒料之上，如使煙過紅熱之燒料，或過紅熱之管，或過火泥之路。其添空氣之病，因所進之空氣多少恆同，而煙則多少不定，故有時空氣太多。又煙過紅熱之燒料，煙雖減少而不能燒盡。然既用此法，必能燒使盡淨，始爲盡善，故須消息添進空氣之數，適配煙之多少爲善。船上汽機又宜捌製自添煤之法，以免人力之勞，且更便於熱地。前三十二年蒲而捺初製燒煙鍋爐，其後一年即用此於船汽機，已造成鍋爐數座，使煙過燒紅之燒料，有使過極熱火磚之火路，有時用相間之火爐，二爐迭更爲用，此爐添煤，使火過彼爐，彼爐添煤，使火過此爐。但此各法，尚皆有病，日後果能造得無煙鍋爐，亦必能爲自添煤之鍋爐。

水阻力

常式輪船之水阻力，多因水與船體相磨而生，少因船首使水開，船尾使水合而生。前書已言之，而人亦俱信之。前十七年蒲而捺捌思船圖之線，能用極小之力而得極大之速，即擺線之法也。船成之後，行於水面，而水不甚動，且毫無激浪。但激浪雖無，而其速不加大於尋常之式，因擺線船之面阻力更多也。由此知全阻力略同於常式矣。凡尖銳之船其阻力約多是水與船體相磨之面阻力故必減小此力爲要事法國近試數船知面阻力與船底外皮之質相關若爲常式之船而欲加速必任意於此而不在改變船形用大力使船甚速船體必長用小力而不欲甚速船體可短但或長或短與船體之式不相涉因其形式可同用一箇方程式命之惟其長與闊之比必依船行之速率而變所以速增二倍長必增二倍

前人思以水流過直管內或直河內之面阻力求船體行水之面阻力設船行與水行同速則直管或直河之內面一方尺之面阻力大於船體外面一方尺之面阻力管內

水流之速當以流過之水數而計然計流過之水數不過知流速之中數而船行之速則爲極大之數也船體外面每方尺之阻力並非各處俱同船首大於船尾因底與旁帶動之水一層漸漸加厚加速至中腰與船同行船尾行於同行之水內故船尾之阻力自小矣如螺輪船因輪在已前行之水柱內故螺輪可得前行之益而螺縻自少嘗有數船螺輪並無縻力又有船更速於螺輪當行之數者

雙螺輪

近製螺輪船船尾左右各置一螺輪此法較勝於單輪者一因輪翼推船之面積在船入水更深之處若螺輪近水

面則推水向上成浪而縻力必多二因二螺輪而用二汽箭動者船可易於轉彎設一邊之輪或軸有病仍可前行故爲較勝也二螺輪各用一横卧汽箭動之已詳前書四百七十三節

各式螺輪

自有螺輪以來未有勝於四美之平螺距者商船則三翼勝於二翼者戰船若用提輪之法必用二翼者但提輪之法已漸廢因所用之齒輪機括繁重費大而易壞也輪船固須用汽機設專用帆而不用汽機則任輪轉動阻力亦不甚大計其轉數又可知船之行路若干也

陸汽機 雙汽箭一用大抵力一用凝水

單汽箭與雙汽箭相較功用正屬相等英國京都積水局同時安置二汽機一爲雙汽箭一爲單汽箭二汽機俱用轉行起水器汽之抵力二機相等單汽箭者蒲頓華德所造汽箭徑六十寸推機路八尺雙汽箭者新不生所造汽箭徑四十六寸推機路八尺此用小抵力又一汽箭徑二十八寸推機路五尺六寸又八分寸之三此用大抵力二汽機所動之起水器相同鍋爐內每方寸漲力俱爲三十八磅鞲鞴初動每方寸之力減少八磅起水器所起之水高一百二十七尺起水盤在箭內磨面三十三方尺二汽

機之功率相同燒煤九十四磅可起水八千七百萬磅高一尺即一實馬力每小時燒煤一磅九略爲二磅

並置雙汽筩一爲大抵力一爲小抵力加利得麻刷所造者如第十七

第十七圖

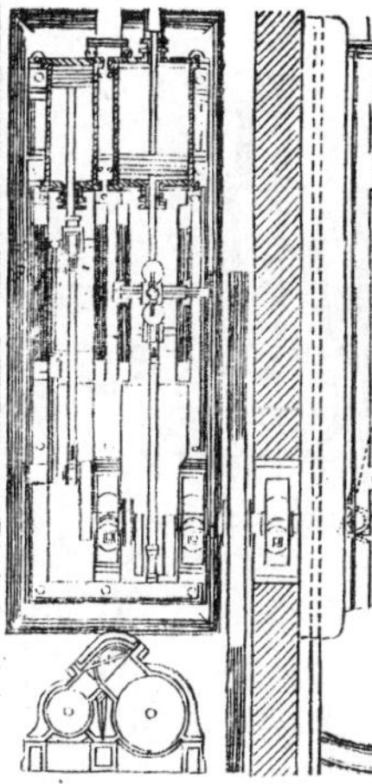

圖汽筩橫臥二曲拐相對挺桿對面往復重力可以相平汽自大抵力汽筩直入小抵力汽筩恆升車爲雙行如汽機行甚速者恆升車

置汽筩之旁而用槓桿動之使恆升之往復爲推機路之半造此機者言每一分時可六百轉蓋其各件各路俱大而短各相磨之面積俱加大添油甚多轉速若此尚不誤事凡速行者必有噴油小筩噴油至相磨之處餘下之油仍引至油箱而噴筩即吸箱內之油可省添油之工且省所添之油並可使相磨處不熱

汽機綴於鍋爐者加利得麻刷所造有二十馬力如第十八圖便於移動可易地用之而不必作基址如欲多程功可用二汽機並列而同連一軸一飛輪又如第十九圖汽機與鍋爐並直立亦可移動便用鍋爐切火之面俱爲鐵

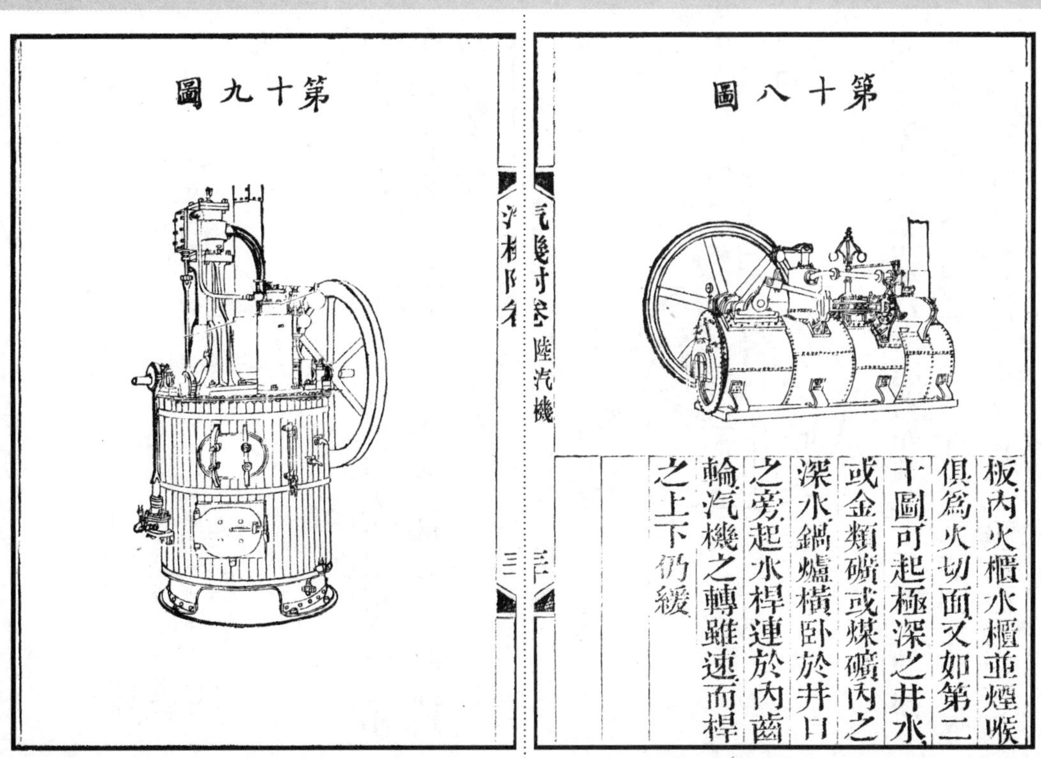

第十八圖

板內火櫃水櫃並煙喉俱爲火切面又如第二十圖可起極深之井水或金類礦或煤礦內之深水鍋爐橫臥於井口之旁起水桿連於內齒輪汽機之轉雖速而桿之上下仍緩

第十九圖

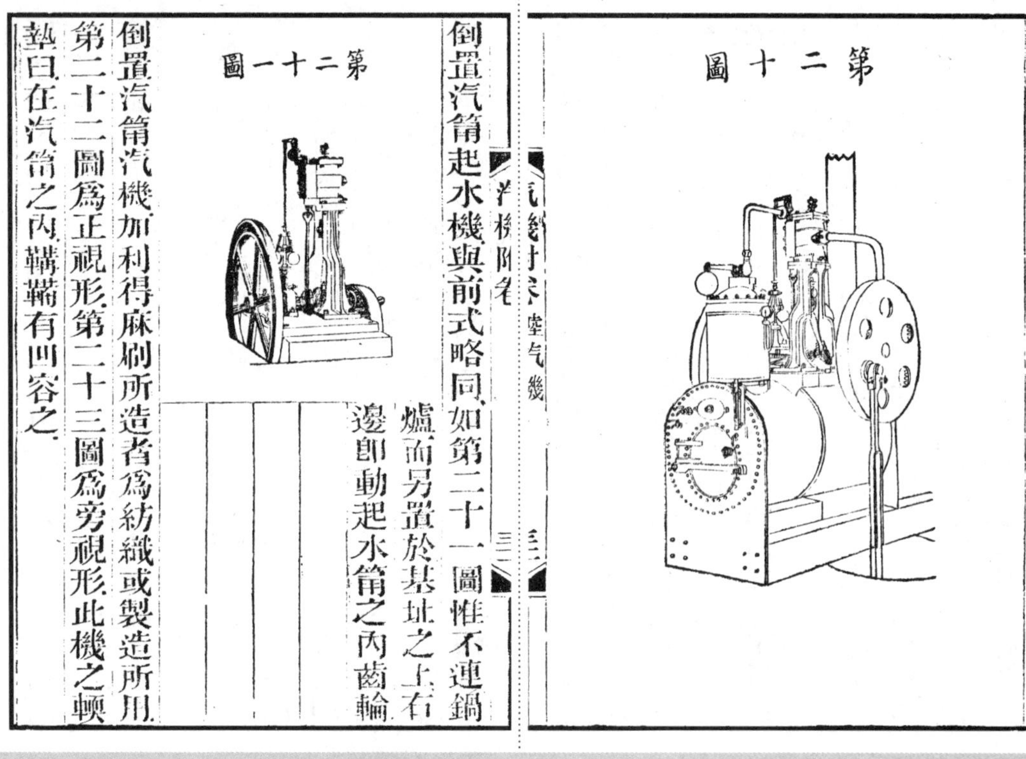
第二十圖

倒置汽筩起水機與前式略同如第二十一圖惟不連鍋爐而另置於基址之上右邊即動起水筩之內齒輪

第二十一圖

倒置汽筩汽機加利得麻刷所造者為紡織或製造所用第二十二圖為正視形第二十三圖為旁視形此機之輭墊臼在汽筩之內鞲鞴有凹容之

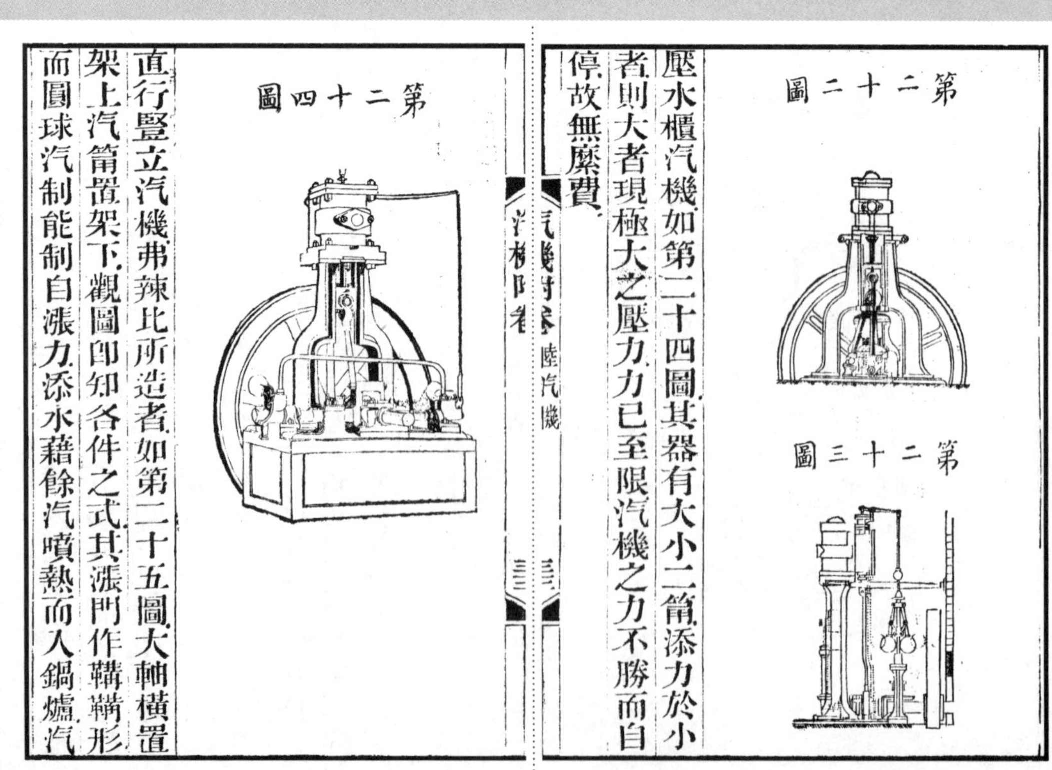
第二十二圖

第二十三圖

壓水櫃汽機如第二十四圖其器有大小二筩添力於小者則大者現極大之壓力力已至限汽機之力不勝而自停故無靡費

第二十四圖

直行豎立汽機弗辣比所造者如第二十五圖大軸橫置架上汽筩置架下觀圖即知各件之式其漲門作鞲鞴形而圓球汽制能制自漲力添水藉餘汽噴熱而入鍋爐汽

橫汽筩定汽機加利得麻刷所造者如第二十六圖凡橫汽筩定汽機大略俱是此式其架極固而汽筩置架上架

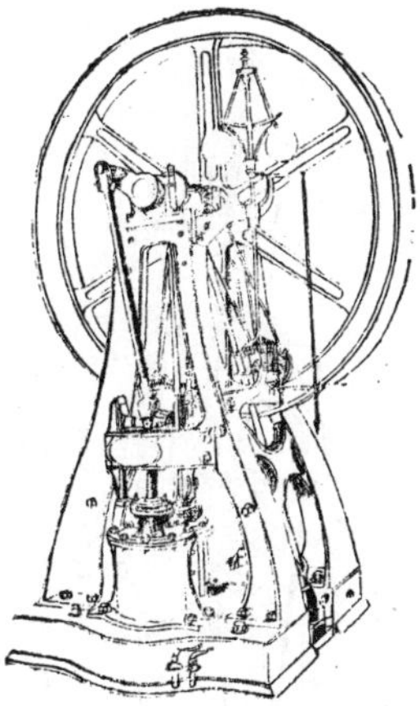

第二十五圖

機各件甚是精巧

第二十六圖

上有耳阻之使不移動軸枕鑄就於架而非旋運者故更固

鍋爐添水附汽機

何拖捺所造者如第二十七圖第二十八圖加利得麻刷所造者如第二十九圖第三十圖此二

第二十八圖　第二十七圖

第二十九圖

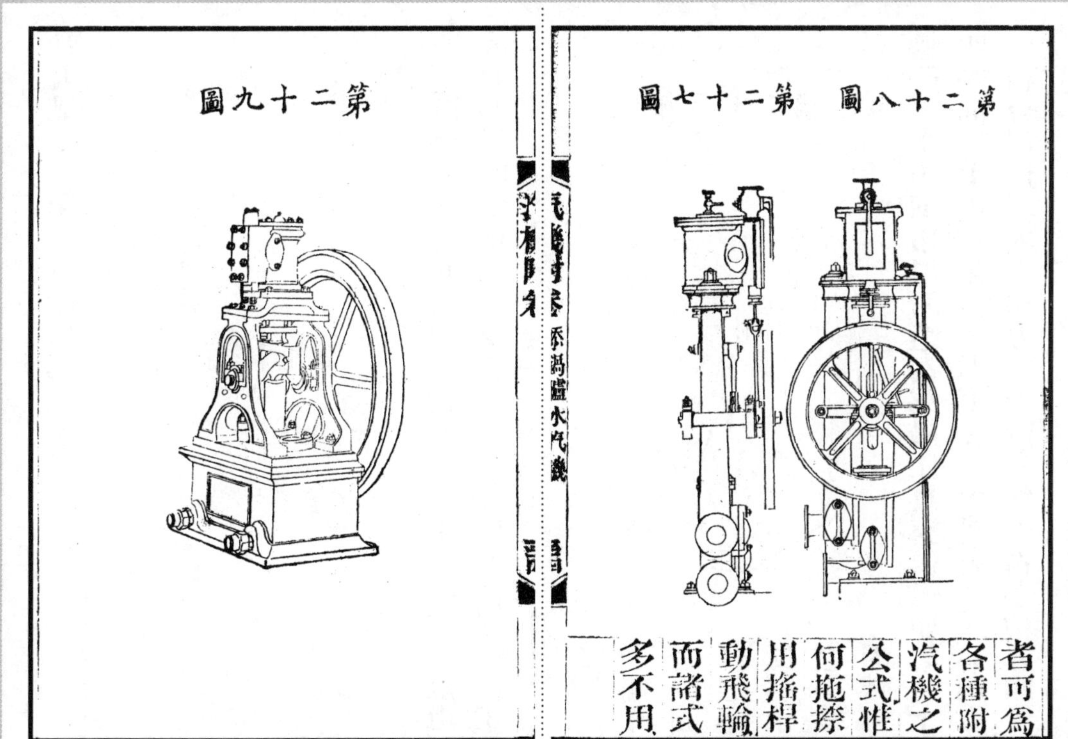

者可爲各種附汽機之公式惟何拖捺用搖桿動飛輪而諸式多不用

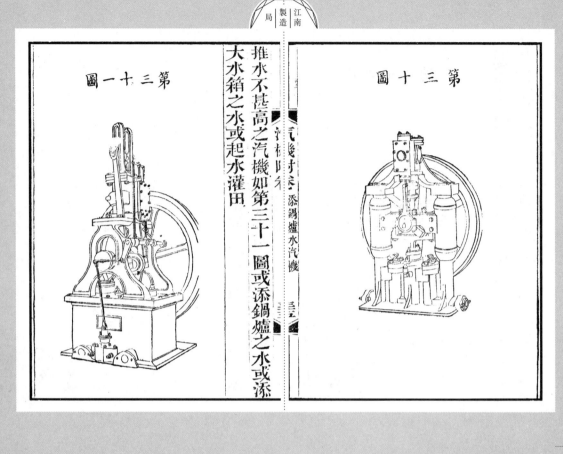

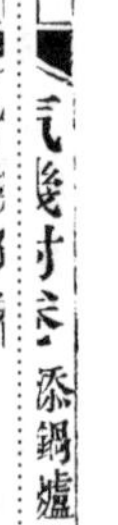

第三十圖

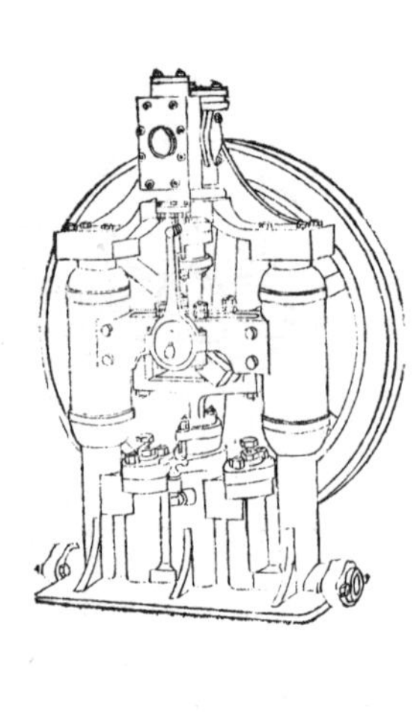

推水不甚高之汽機如第三十一圖或添鍋爐之水或添大水箱之水或起水灌田

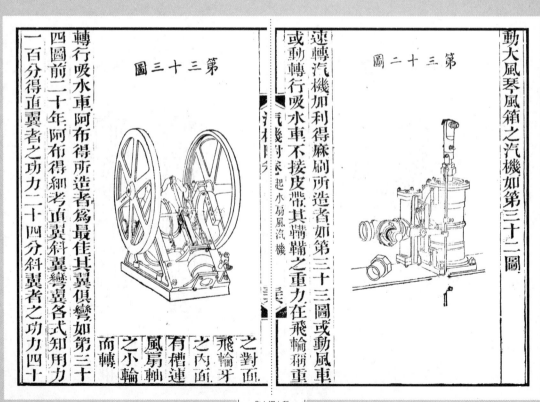

第三十一圖

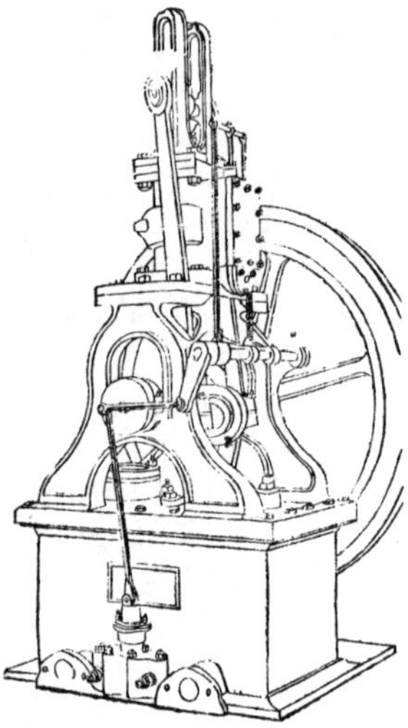

動大風琴風箱之汽機如第三十二圖

第三十二圖

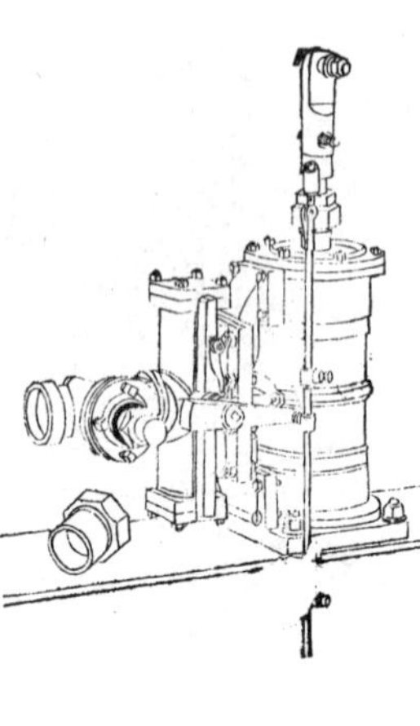

速轉汽機加利得麻刷所造者如第三十三圖或動風車或動轉行吸水車不接皮帶其鞲鞴之重力在飛輪稱重之對面飛輪牙之內面有槽連風扇軸之小輪而轉

第三十三圖

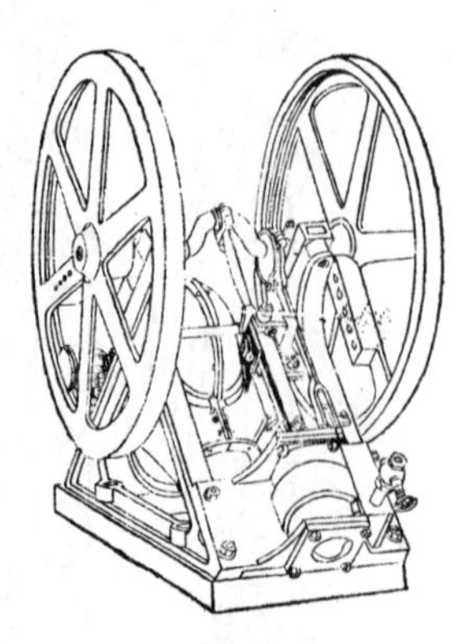

轉行吸水車阿布得所造者爲最佳其翼俱彎如第三十四圖前二十年阿布得細考直翼斜翼彎翼各式知用力一百分得直翼者之功力二十四分斜翼者之功力四十

三分彎翼如第三十四圖者得功力六十八分仿造此式已多以為農事溉田及起低田之水此車有用齒輪動之者有用圓槽動之者卽以面阻力帶動起水欲高齒輪之轉必甚速不久消磨故用螺絲形之齒更好若用圓槽切面宜大否則不能帶動此器之功力略等於中國之龍骨車

第三十四圖

意司得愛莫司將阿布得轉行吸水車與汽機合作一器用以起水高六尺六寸翼輪每分時內一百二十四轉可起水六千七百四十八立方尺卽一百八十三噸又四分

噸之三指力器所作之圖知用能力一百分得功力七十三分又四分之三其汽機如第三十五圖翼輪之軸直立有小斜齒輪接於汽機之大斜齒輪而動翼輪之生鐵轂卽為汽機之架進水管有二分置兩邊輪轉水行俱甚速轉行吸水車之

第三十五圖

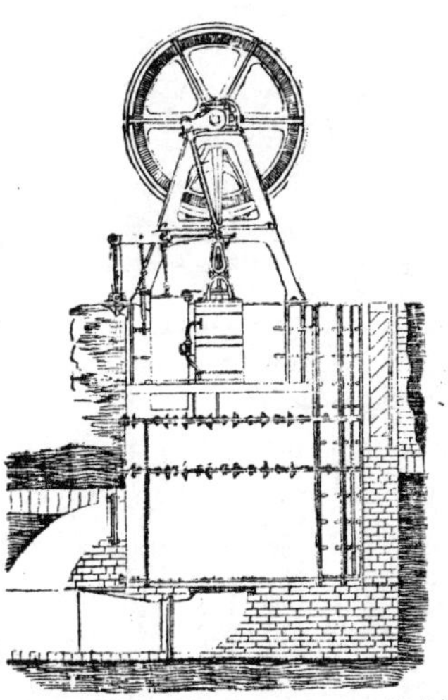

第三十六圖

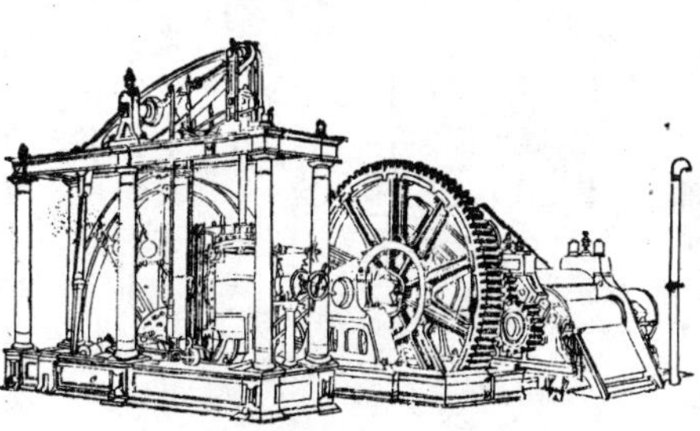

益處甚多其一不用舌門其二無論水之清濁其三可用於外冷凝水器但用一箇恆升車吸水入外冷器一箇恆升車吸出汽凝之水比此更好

南亞美利加待米來地所刱吸水器用力一百分得功力五十六分五又有大勻取水之法用力一百分

得功力二十二分三又別法轉行吸水車用力一百分得功力二十九分三

槓桿汽機雖為舊式然有數事今仍用之如第三十六圖為軋甘蔗之器汽機無甚奇異不過各件堅固因倘不堅固必致斷折此種軋器有三軸甘蔗在斜面槽內下至軸間汁卽流出

高巴所刱之汽機如第三十七圖可得極大之自漲力用大抵力汽有大小雙汽筩而二曲拐相交成正角所以一挺桿不得力而一挺桿得大力小汽筩用過之大抵力汽放入汽筩下之汽箱再自箱內入大汽筩汽機轉動因此

第三十七圖

匀平能得極大之自漲力雙汽筩之制以此爲最便機件不甚繁僅與尋常者同是機乃英國大博物院准在院內行動者其餘各種凝水機因冷水不够院內不准行動是機用不更司外冷之法所需冷水甚少僅等於化汽之水汽筩有汽殼汽之自漲大於原

體積九倍若再早絕進汽自漲力尚可更大

自漲連用者臬可爾生所捌汽自鍋爐至第一汽筩推韛韛至半路而閉絕汽路第二汽筩之韛韛恰起動即將第一汽筩之汽放入其內如此不必用汽箱且第二筩內不必待第一韛韛行至路端始有汽此機之自漲力與尋常雙筩汽機相等而其妙處雖曲拐相交成正角而汽可即自小筩至大筩機件仍不甚繁動轉亦得平勻

綽甫林所捌直立汽機如第三十八圖餘汽吹入煙通使吸風力甚大又有重加熱器汽機與鍋爐相連俱置於生鐵架座架內有灰膛澆水於內亦無妨又有造雙汽筩者

此種汽機多用於陸地起重船上起重亦用之或起水或引繩或起落貨物

第三十八圖

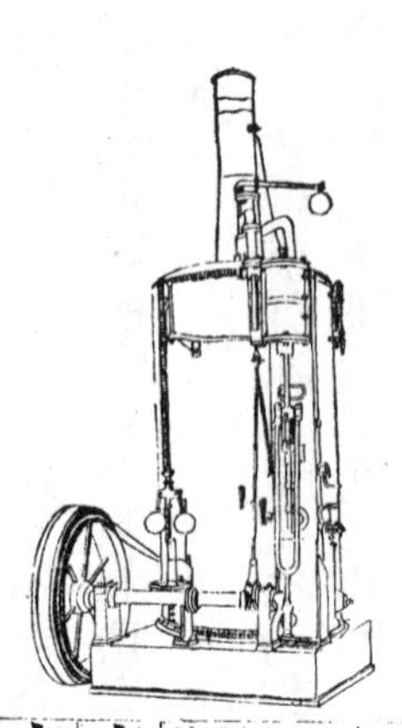

船上有將此機連於煮飯之竈又連以蒸淡水器煮飯之餘火即燒鍋內之水蒸出之水不含空氣而不可飲必在汽未凝時先使收進空氣再過沙漏而飲之載客之帆船經過熱地用此動扇以生風空氣通流不悶帆船俱

宜有一具可省人力客亦舒暢無風之時亦可轉動小輪使船緩緩而行

起重汽機　近時皆用以起落船內之貨物綽甫林所造者式如第三十九圖英國博物院修改之時起重運重俱用此機全機之

第三十九圖

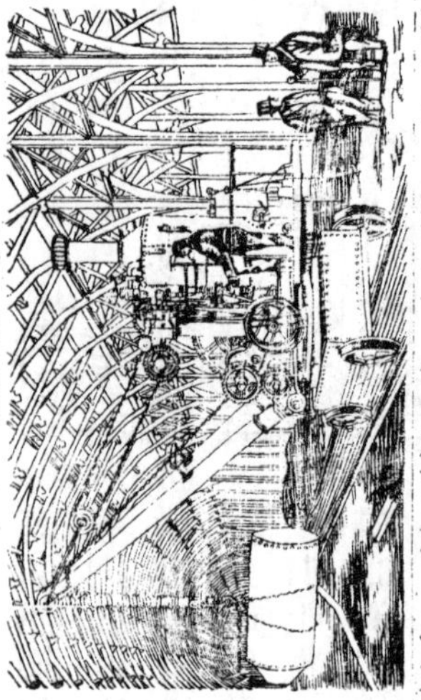

重能與所起之重物相稱架心有柱汽機與鍋爐並起架斜桿可四面旋轉斜桿可伸縮長短旋轉起落行動俱用汽機之力起極重之汽機架兌坊所造者極爲便用其仿法於色麻司者架之二桿用鐵板爲之二桿之相連如常法桿後不用鐵鏈而另用一後桿後桿外伸則二桿前進後桿內縮則二桿退後後桿之進退用大螺絲制之此器已起過一百噸之重起落重物並進退後桿俱用汽機之力前二桿長一百十尺其形合拋物線二桿中段徑三尺四寸上端徑一尺八寸後桿長一百四十尺爲方形中段厚四十寸闊四十六寸上端厚二十寸闊二十四寸伸縮

後桿用熟鐵螺絲徑八寸半長四十尺三寸螺絲轉動每分時過十二尺前二桿下端如擺刀後桿下端行於槽內有摺邊牽之上端之滑車有四輪所起之重過二十噸者鏈必全繞四輪輕於二十噸者可少繞數輪其汽機每用一日燒煤六百七十二磅程功速而費無多也

造帽釘汽機近時造帽釘者皆用之此機有二種一用凸輪壓槓使釘成帽一用挺桿之首爲椎打成帽其妙處可不必較準鐵板之厚

汽椎

汽椎之制瓦特論理於前那司密司擬式於後偉烈生繼

而造成之如第四十圖甲爲汽箱匣汽由匣內放入鞲鞴

第四十圖

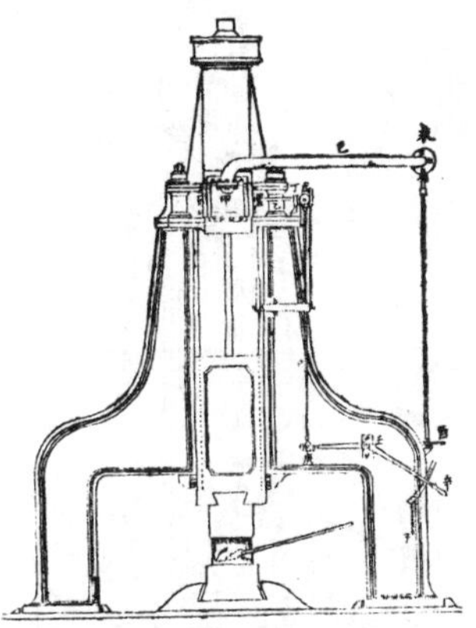

之或上或下乙爲汽箱桿過轉墊以動汽箱丁爲直桶戊爲稱桿而連己桿己桿之庚點連曲柄辛壬壬爲曲柄之定樞將柄提上椎亦自上將柄按下椎即打下柄旁有弧弧有多孔有子釘制之工匠不

致多開進汽將釘插定何孔即定打力之大小汽自鍋爐過末扇門而經進汽管已至汽箱匣扇門以酉柄動之幹地汽椎鞲鞴不動而以汽筩爲椎挺桿內有兩孔通汽

第四十一圖　第四十二圖

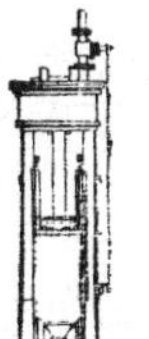

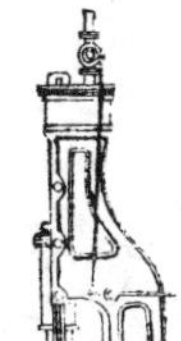

第四十三圖 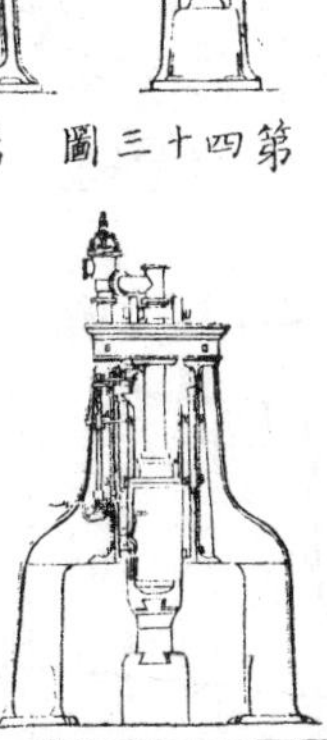　第四十四圖

出入汽筩此種汽椎之小者如第四十一圖爲正視形第四十二圖爲側視形椎重三百九十二磅大者

如第四十三圖爲正視形第四十四圖爲側視形椎重六百七十二磅此二椎鐵條任長若干皆可打使粘連小者鐵砧與底座鑄連大者鐵砧另置於底座

自動汽椎加利得麻刷所造如第四十五圖爲汽筩與椎柄之直剖面甲爲汽筩乙爲韝鞴丙爲挺桿庚爲汽瓮可定放汽之先後辛爲汽路可大小以定打力如第四十六圖爲側視形長柄司椎之高低短柄司打之輕重與打後而再壓之力依所進汽之多少進汽抵椎亦即抵動汽瓮故不必用人專司而能自打另置一汽瓮人可制使或打或停

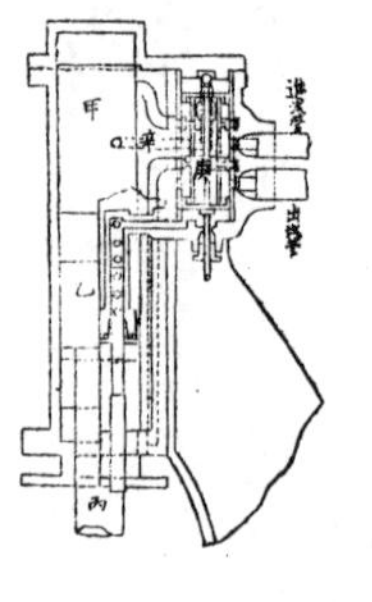

第四十五圖

第四十六圖

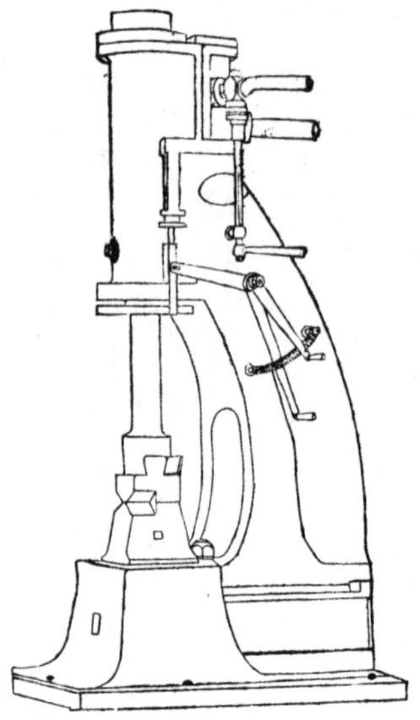

土偉司加步得所造汽椎小者如第四十七圖大者如第四十八圖此坊專造汽椎言自動者之用處不及人制者之多其最大者椎重有十五噸底架用熟鐵別色麻鍊鋼常用此坊所造五噸至十二噸者架若用生鐵則作口字式而不作丁字式且必甚固始能當捶擊之力如第四十七圖之式椎重不可過一千一百四十四磅過此則必用第四十八圖之式大汽椎有二柄制之一以開闗汽瓮司進汽與放汽一以開闗阻汽門

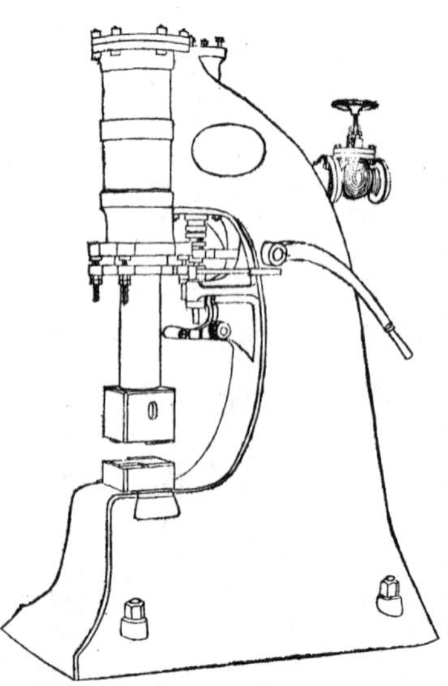

第四十七圖

第四十八圖

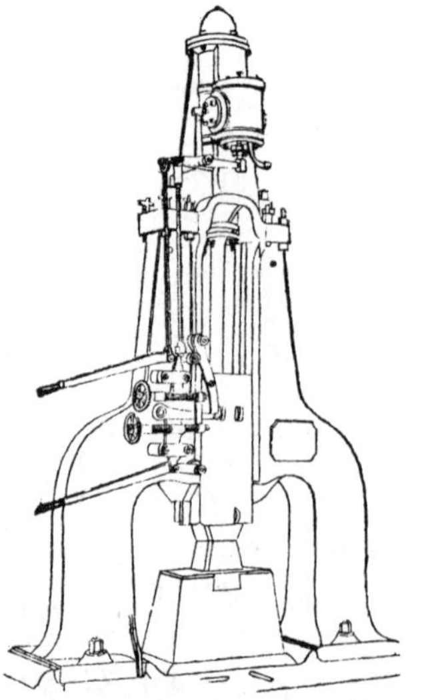

古林與羅司坊用立司比之式造成汽椎甚多小者如第

第四十九圖

第五十圖

四十九圖砧與底板並架整塊鑄成大者如第五十圖各件分造而後相連小椎之重自一百十二磅至四百四十八磅大椎之重自六百七十二磅至三千三百六

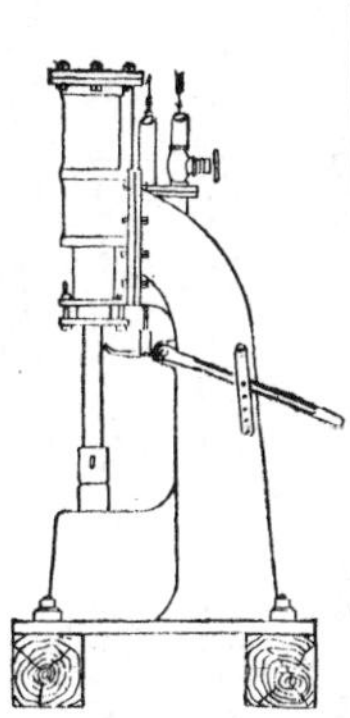

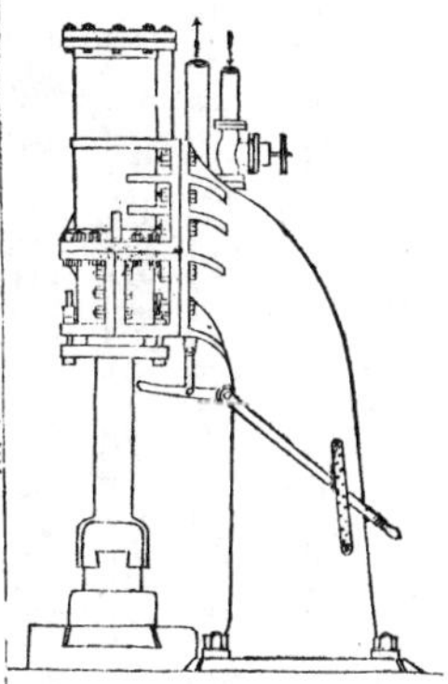

十磅打下之時受汽之抵力一平方二十五磅至三十磅再不可大。

自噴添水。

格法德所造噴水之器甚是新奇即用鍋爐之汽噴水以進鍋爐其抵水入鍋爐之力較能大於鍋爐內抵出之力所用添水之熱不可過一百二十度過則不能噴入因自噴之理乃汽凝爲水而然故添水過熱則不能凝爲水也尋常鍋爐先用餘汽使添水變熱此器則不能用如第五十一圖汽在鍋爐自右上之孔而入水即自左孔而入汽遇水而立即凝水因汽衝入之時有動力其動不滅則變

爲抵力而抵所遇之水入鍋爐噴水器即與壓水櫃相似之理少水之動甚速可抵多水緩動鍋爐之水偶滿而不欲添水則器之

第五十一圖

下旁有餘水孔放出之其底又有萍門水入能自開不入則自關此器之益可不用尋常添水筩之各順逆門因各順逆門常有弊而誤事也惜此器不能自噴熱水故亦無甚大用後表備列此器之尺寸並價値每小時噴水之軋倫之數小號之比例大於大號者因小號之阻力多也

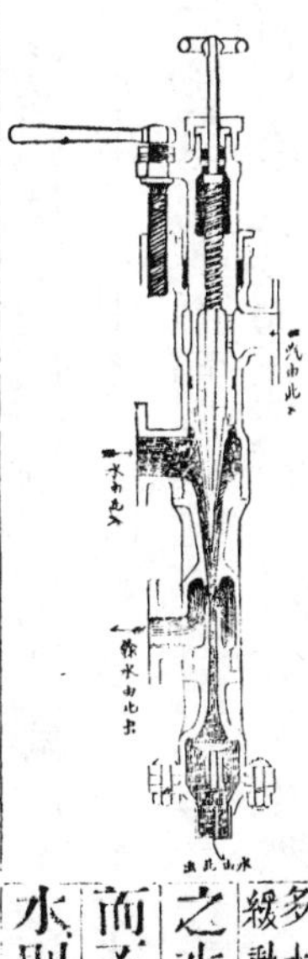

生鐵者價值之金錢數	噴水喉徑千分枚之一數	鍋爐內每平方 百四十磅 一小時噴	百三十磅	百二十磅	百十磅	一百磅	九十磅	八十磅
六·一○	第二	七五	七三	七○	六七	六四	六○	五七
八·一○	··三	一六九	一六三	一五七	一五○	一四三	一三六	一二八
一○·一○	··四	三○一	二九○	二七九	二六七	二五四	二四一	二二八
一三·一○	··五	四七○	四五三	四三六	四一八	三九七	三七七	三五六
一六·一○	··六	六七七	六五三	六二七	六○○	五七二	五四三	五一二
一九·一○	··七	九二二	八八八	八五四	八一七	七七九	七三九	六九七
二二·一○	··八	一二○四	一一六○	一一一五	一○六八	一○一八	九六五	九一○
二五·一○	··九	一五二四	一四六八	一四一一	一三五一	一二八八	一二二二	一一五二
二八·一○	··一○	一八八二	一八一三	一七四二	一六六九	一五九○	一五四九	一四二二
三一·一○	··一一	二二七七	二一九四	二一○七	二○一八	一九二四	一八二五	一七二○
三四·一○	··一二	二七一○	二六一一	二五○九	二四○二	二二八九	二一七二	二○四八
三七·一○	··一三	三一八○	三○六四	二九四四	二八一九	二六八七	二五五○	二四○四
四一·一○	··一四	三六八八	三五五三	三四一四	三二七○	三一一六	二九五七	二七八八
四五·一○	··一五	四二三四	四○七九	三九二○	三七五三	三五七七	三三九四	三二○○
四九·一○	··一六	四八一八	四六四一	四四六○	四二七○	四○七○	三八六二	三六四一
五三·一○	··一七	五四三九	五二一九	四八六五	四八二一	四五九五	四三六○	四一一一
五六·一○	··一八	六一○七	五八七四	五六四四	五四○五	五一五一	四八八八	四六○八
五九·一○	··一九	六七九四	五五四四	六二八九	六○二二	五七四○	五四四六	五一二六
六二·一○	··二○	七五二八	七二四九	六九六八	六六七三	六三六○	六○三四	五六八八
六五·一○	··二一	八一四九	七六七八	七六三三	七三三四	七○○八	六七○九	六二四八
六九·一○	··二二	八九四四	八六四六	八三七七	八○四九	七六九二	七二六四	六八五七
七三·一○	··二三	九七七五	九四五○	九一八九	八七九八	八四○七	七九五一	七四九四
七七·一○	··二四	一○六四四	一○二八九	一○○○五	九五八○	九一五四	八六五七	八一六○
八一·一○	··二五	一一五五○	一一一六五	一○八五七	一○三九五	九九三二	九三九四	八八五五
八五·一○	··二六	一二七○一	一二二四三	一一七四三	一一二四三	一○七四四	一○一六一	九五七八

寸汽漲力磅數 水軌倫數

噴水喉徑千分枚之一數	進水管內徑寸數	銅者價值之全錢數	十磅	二十磅	三十磅	四十磅	五十磅	六十磅	七十磅
第二	[illegible]	九	二〇	二八	三五	四〇	四七	四九	五三
三	[illegible]	一二	四五	六四	七八	九〇	一〇一	一一一	一二〇
四	[illegible]	一五	八〇	一一四	一三九	一六一	一八〇	一九七	二一三
五	[illegible]	一九	一二六	一七八	二一八	二五一	二八一	三〇八	三三三
六	一[illegible]	二三	一八一	二五六	三一四	三六二	四〇五	四四四	四七九
七	一[illegible]	二七	二四六	三四八	四二七	四九三	五五一	六〇四	六五二
八	一[illegible]	三二	三二一	四五五	五五七	六四三	七一九	七八八	八五〇
九	一[illegible]	三六	四〇七	五七六	七〇六	八一四	九一一	九九八	一〇七八
一〇	二	四〇	五〇三	七一一	八七一	一〇〇五	一一二四	一二三二	一三三一
一一	二	四五	六〇八	八六〇	一〇五四	一二一六	一三六〇	一四九一	一六一〇
一二	二	五〇	七二四	一〇二四	一二五四	一四四八	一六一九	一七七四	一九一六
一三	二[illegible]	五五	八四九	一二〇一	一四七二	一六九九	一八八二	二〇八二	二二四八
一四	二[illegible]	六〇	九八五	一三九三	一七〇七	一九七一	二二〇三	二四一五	二六〇九
一五	二[illegible]	六五	一一三一	一五九九	一九六〇	二二六二	二五二九	二七七二	二九九四
一六	二[illegible]	七〇	一二八七	一八二〇	二二三〇	二五七四	二八七八	三一五四	三四〇六
一七	二[illegible]	七五	一四五四	二〇五四	二五一七	二九〇五	三二四九	三五六〇	三八四五
一八	二[illegible]	八〇	一六二九	二三〇三	二八二二	三二五七	三六四二	三九九二	四三一一
一九	二[illegible]	八五	一八一五	二五六六	三一四四	三六二九	四〇五八	四四四八	四八〇三
二〇	三	九〇	二〇一一	二八四三	三四八四	四〇二一	四四九七	四九一八	五三二二
二一	三	九五	二一七三	三〇七五	三八四三	四四三三	四九五七	五四三三	五八六七
二二	三	一〇〇	二三八五	三四四〇	四二一五	四八六五	五四四一	五九六二	六四四二
二三	三	一〇五	二六〇六	三七四七	四五九四	五三〇一	五九三〇	六五一七	七〇〇八
	三[illegible]		二八三六	四〇八〇	五〇〇二	五七八三	六四五七	七〇九六	七六二八
	三[illegible]		三〇八〇	四四二七	五四二八	六二七五	七〇〇七	七七〇〇	八二七七
	三[illegible]		三三七三	四七八九	五八七一	六七八八	七五七九	八三二八	八九五三

陸地鍋爐欲求當用此器之第幾號將其號馬力以十二.五乘之將此數對表內各抵力行下水之軌倫數而橫過查之即知用第幾號噴水器船鍋爐以十八.二乘號馬力餘俱相同因吹出鹹水也

造此器別爲一業欲購買者必言明何種鍋爐並有幾座或用生鐵者或用銅者

求噴水器之尺寸與添水數以巳爲汽之抵力與空氣壓力相比之倍數丁爲噴水器喉徑寸數庚爲一小時進水之軌倫數則 $庚=二六四〇丁^{二}\sqrt{巳}$ 又 $丁=〇.〇五八\sqrt{\frac{庚}{\sqrt{巳}}}$ 設汽抵力每方得六十磅即空氣壓力四倍又一小時噴水之軌倫數爲三百〇八則

$$丁=〇.〇一五八\sqrt{\frac{三〇八}{\sqrt{四}}}$$
$$=.〇五八\sqrt{一五四}$$
$$=〇.〇一五八\times一二.四$$
$$=〇.一九五九二$$

即徑之寸數即五千分枚之一同於表內之數

得拉巴所刱吹氣口連於吹氣管可以助加吹力吹氣口有短管其徑大於出汽管之口徑而套於管口之外短管口外又套一短管更大如此數層而各層管之長略等兩端皆通大者之下口連小者之上口各短管之下口俱侈以通煙入蓋不用此器則汽之吹力祇在煙通中心用此器則汽之吹力漸減小而行漸緩體積則加大如此遞上至體積等於煙通

汽筩殼之益

瓦特久知汽筩用殼使汽入其內大有益處故所造之汽機多用之迨後造汽機者疑其散去多熱因汽筩漸冷而筩殼散熱之面大於汽筩故仿法者甚少近數年來知此說之誤陸汽機則各處漸漸仿用船汽機尚不多用車汽機則未嘗用其不用之故或因製造之工料多費或因散熱之疑實未消殊不知散熱之故乃鞲鞴每一往復汽筩之內質變冷變熱而致費汽之熱並非全散於外也如左各圖俱指力器所繪出者實線爲實有之全抵力虛線爲

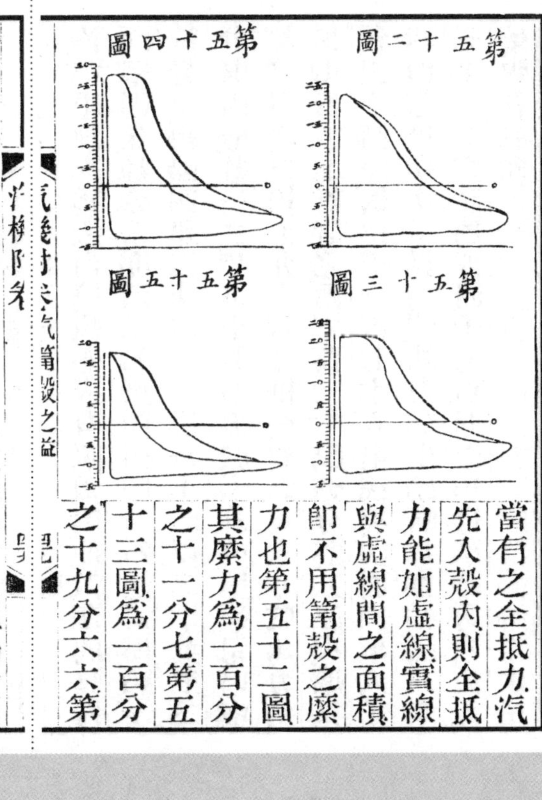

當有之全抵力汽先入殼內則全抵力能如虛線實線與虛線間之面積即不用箭殼之縻力也第五十二圖其縻力爲一百分之十一分七第五十三圖爲一百分之十九分六六第五十四圖爲一百分之二十七二七第五十五圖爲一百分之四十四五八縻熱之故因汽箭之質極爲汽熱度最大最小中間之數所以大抵力汽入箭之時熱度甚大必有多熱爲箭質收去而汽凝水又有熱之幾分變爲動力而汽亦凝水故阻絕進汽而自漲以後其抵力減小速於所加之體積也汽箭內質因此數事而傳汽之熱鞲鞴行至路端之時汽之抵力甚小於初進之時而汽乃變冷箭質熱度大於汽之熱度反能將前所凝之水復化爲汽故鞲鞴將至路端時其實有之抵力與當有之抵力漸近然汽箭既能使水復化是又放出其熱而稍變冷後進之大抵力汽遇之熱爲所傳而凝水如前矣故不用汽殼或熱氣殼者其費汽之熱而不現漲力如此所以鞲鞴初動之時汽箭猶爲凝水櫃將至路端時猶爲鍋爐也如欲汽不凝水而常得當有之自漲力汽殼等法不必疑矣

船汽機新式

汽機之體裁與功用時愈近者法愈精今將各大坊所造之各式選其最善者而詳述之

蒲頓華德造之汽機船選得二隻一名奧司塔船一名門司塔船汽機與船體之形式俱是相同皆爲搖箭明輪汽機雖非極新之式而極新者皆不及此行於英國之英倫與阿爾蘭間之海周年來往不息未嘗有病其行甚速船長三百二十八尺闊三十五尺艙深二十一尺造船噸數二千噸入水中橫剖面三百五十方尺能幸八百六十初下水之時船首入水深九尺三寸船尾入水深八尺二寸裝載汽機鍋爐桅鏈各件之後鍋內未盛水時船首入水深十二尺船尾入水深十二尺六寸汽機重二百二十噸鍋爐重二百三十噸鍋爐內水重一百七十噸兩輪共重一百十噸各件共重七百三十噸雙汽箭徑各九十六寸推機路七尺依戰船部之法爲號馬力七百五十即一號馬力約得重一噸鞲鞴之護環用銅環內有簧鞲鞴面每

方寸之均抵力二十八磅七七實馬力四千一百鍋爐分爲八座有火爐四十八箇爐栅面積共四百八十四方尺鍋爐內汽漲力每方寸二十六磅煙管用鐵徑二寸半長五尺三寸厚八分寸之一共四千二百四十根火切面共有一萬八千四百方尺煙管鑲板用鐵厚四分寸之三管間之距一寸又四分寸之一各火爐俱長七尺闊二尺半兩船之鍋爐俱分爲二副一在汽機前一在汽機後各有一煙通徑七尺半上口距爐栅面四十四尺半輪用活翼外牙之徑三十三尺九寸每輪有翼十四翼長十二尺闊四尺載重之時輪入水五尺九寸煙通下端通汽櫃之內

汽能重熱而後入汽箭汽櫃內分隔數層使汽在內繞行而多得熱辣分希亦造二船與前相同一名連司塔船一名幹拿得船四船行速之中率俱每小時得二十英里冬令海內最難行之時每小時不少於十八英里連司塔與幹拿得之汽箭徑九十八寸推機路六尺六寸號馬力約得七百二十詳計之得七百七十鍋爐分爲八座火爐共有四十箇煙管四千一百七十六根總火切面一萬六千八百方尺初次試其行速漲力二十磅時每分輪轉二十五至二十六實馬力四千七百五十一每小時每實馬力燒煤約三磅

春坊造之汽機船選得三隻一名華利而船一名步拉客步令司船一名好格里司船三者之汽機俱爲空挺桿號馬力俱一千二百五十大至如此各件極爲精緻行動毫無差誤汽箭二箇徑各一百十二寸推機路四尺空挺桿徑四十一寸汽箭能生力者之徑得一百〇四寸又四分寸之一雙行恆升車徑三十六寸往復路四尺添水箭及肩斗箭徑俱七尺半聯軸徑十九寸螺軸徑十七寸螺輪用顧利非書之式徑二十四尺半螺距三十尺每分時四十五轉各船皆有鍋爐十座每鍋爐有火爐四箇火爐長七尺三寸闊三尺煙管用銅外徑二寸又四分寸之三長

六尺八寸每鍋爐有四百四十根共四千四百根煙通有二可以伸縮高低徑七尺半上口距爐栅面五十四尺華利而與步拉步令司二船係鐵體容積六千三十九噸入水中橫剖面一千二百方尺鐵外有堅木二層堅木外有鐵甲厚四寸鐵甲各板之邊有凹凸槽鑲湊一板受力四旁之板能助力以禦礮彈鍋爐內漲力每方寸二十二磅之時汽機有五千四百實馬力每分時五十五轉每小時船行十四英里半

辣分希造之安非安船汽機已見前書三百一十六節原係瑞典國人何馬所繪之圖此船之前英國戰船未曾造

第五十六圖

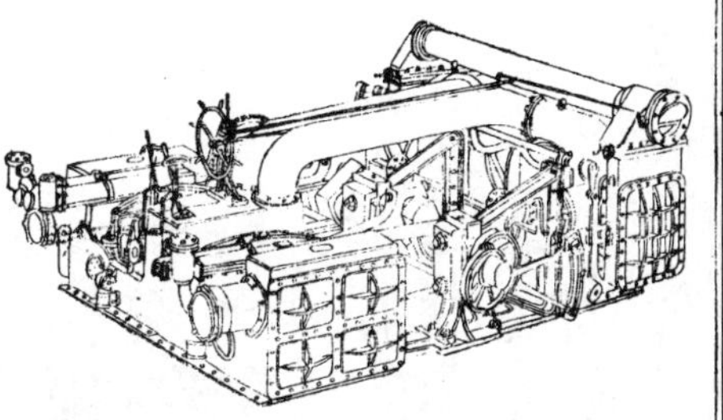

過汽機在水面以下者其機雖有小病而仿造者業已改作無病如第五十六圖橫臥汽箭二箇與恆升車凝水櫃分置左右出汽管二引汽箭放出之汽入凝水櫃長挺桿二一在軸上一在軸下並連於橫擔凝水櫃上置鍵輔制使直行搖桿反摺而搖曲拐其餘零件詳載圖中

磨得色利坊所造汽機與前式同用汽箭三箇一得轉動之匀二得轉動之速三得大自漲力三汽箭之總容積與同力二汽箭之總容積爲一與一·七五之比雖阻絕進汽更早而每轉有加力六次故行動甚匀不似平常速行而振動也此機用重加熱汽汽箭周圍與兩端俱有外殼重加熱汽先進殼內而後至汽箭故汽箭體恆得大熱又用外冷凝水之法凝水小管俱直立冷切面與火切面略等用恆升車吸噴冷水於管外冷水先至各管之下端而出於上端重加熱器橫置多小管管端圓而鑲於鐵板中段爲扁形使汽薄而熱易傳火煙亦易通暢管以九箇爲一

副而九箇中一箇作圓形任可取出此管之一端有揩邊蓋於孔外用四螺釘旋固各管或洩汽或鏽壞可自此孔取出鍋爐用煙管每方寸之漲力二十磅至二十五磅添水未入鍋爐先加以熱每汽箭用短汽韏二故汽路甚短而費汽甚少汽韏能司自漲力汽孔平面長而作三孔汽孔長而汽韏往復路短大軸有小齒輪而兩心輪亦有齒輪以二間齒輪相接此間齒輪置於活架可上下即司汽機之進退其自漲力自六分路之一至四分路之一俱可制之各種省費法此機全備各件甚堅固螺軸之任推力有多圈連於軸上每圈有彎口板跨其上圈以五而板以

六每板用螺釘固定汽機行動之時亦可取出更換此汽機有五百號馬力汽機三箇徑俱六十六寸推機路三尺六寸汽韏有雙孔凝水櫃亦三箇櫃內小銅管之徑俱半寸共長二萬八千八百九十尺其厚等於十八號之鐵絲恆升車之起水盤用堅木作護環以橫擔帶動用此機之戰船名阿克的非亞船體容積三千一百六十一噸九年前造成試行之時入水體積二千九百二十噸入水中橫剖面五百五十二方尺鍋爐內每方寸之漲力二十磅螺輪每分時六十九轉半實馬力二千二百六十五每小時行十二英里又四分之一每小時每實馬力燒煤二磅又

四分之一
訥白爾坊所造汽機選得司可希亞輪船之邊桿汽機汽筩徑一百寸推機路十二尺汽機各件格外牢固此坊所造邊桿汽機背與此略同惟此機用熟鐵而汽櫃用短半圓形以三桿相連汽櫃背有銅半圈之襯各汽機之極升車凝水櫃底架俱用生鐵整塊鑄成極升車之内面以銅爲裏汽筩之底有雙層
訥白爾坊所造商輪船汽機汽筩倒置形似汽椎詳後該而得坊
又造汽筩横置者用於丹國之鐵甲戰船名羅夫留客如

第五十七圖

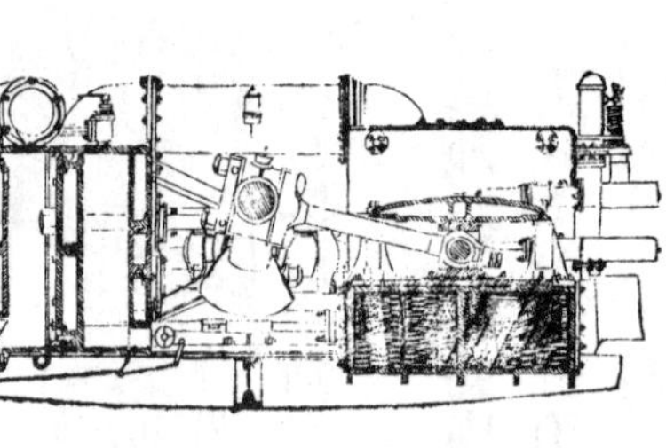

第五十七圖初造此式挺桿不連於横擠而連於極升車之起水柱此柱之一端中空似空挺桿而挺桿直至其底但此不及五十六圖者
兌坊所造汽機汽筩横臥亦用螺輪各件甚精無疵布理

第五十八圖

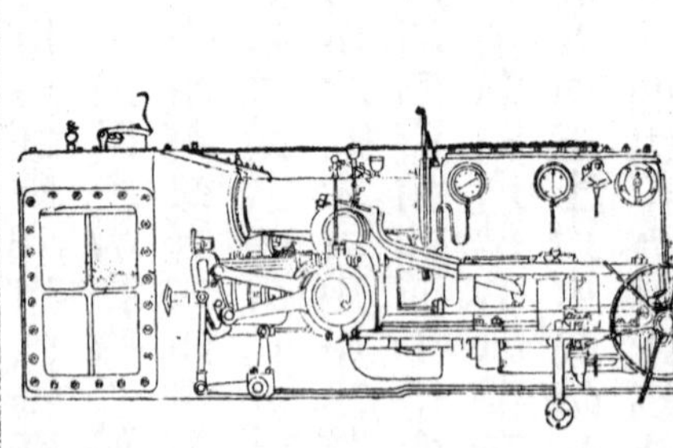

理恩螺輪船之汽機即是此坊所造如第五十八圖即此機照像而刻者汽筩在軸之左縮櫃在右船長一百九十一尺闊二十一尺容積四百十九噸汽筩二箇徑各四十寸推機路二尺號馬力一百每方寸之漲力二十磅凝水櫃之縮力等於水柱二十七寸每分時九十九轉實馬力

第五十九圖

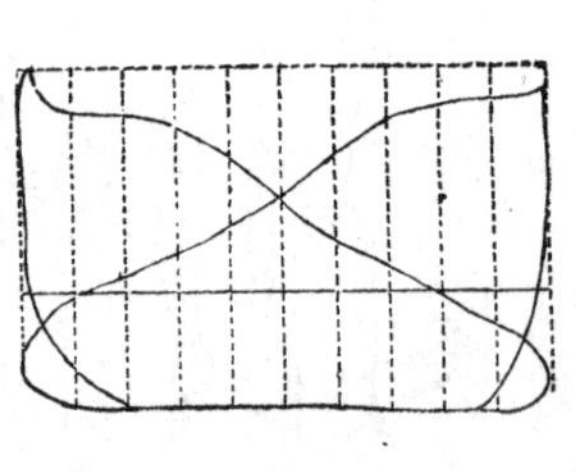

五百十第五十九圖爲此機之指力器所繪之圖一爲耩耩此邊所繪者一爲耩耩彼邊所繪者汽筩外鑄連一方箱箱內以板分隔爲兩處鍋爐之汽先入下半汽筩所出之汽過其上半箱外再有殼不使熱散凝水櫃置於二挺鍵之間易於收拾兌坊所造之汽機常用外冷凝水之法惟製作精而佔處小故偶見之必以爲內冷凝水之法且關其塞門亦即爲內冷凝水

也用一汽機之恆升車起冷水以凝水可吸亦可噴又一汽機之恆升車吸取汽凝之水加用內冷法則二恆升車不必改變可如尋常之用

亨弗利坊造之汽機其式有大小雙汽筩選得磨而班輪船搖桿如車汽機而汽筩倒置大者有二箇徑九十六寸小者有二箇徑四十二寸推機路俱三尺二轆轆連於一挺桿一在上一在下鍋爐之總火切面每號馬力得十二方尺亦用外冷之法凝水面與火切面相等用阿布得轉行噴水筩吸取冷水鍋爐上有重加熱器每號馬力得加熱面三方尺步捺船之汽機與此並同惟汽筩橫臥此坊

近造橫臥汽筩亦將恆升車置於凝水櫃之下每一往復能將櫃內之水盡行吸出車筩之內常滿水即為起水盤抵出

該而得坊造之螺輪汽機亦用外冷法以省煤選得漢撥輪船之汽機汽筩倒置徑八十寸推機路三尺六寸汽筩平面作雙孔用進退弧之法又有自漲門在汽筩之後以兩心輪節制進汽而得自漲之多少大軸頸之徑十六寸螺軸之徑十四寸又四分寸之三軸枕用銅作襯外冷器共有銅管三千五百八十四根外徑一寸長七尺汽在管外冷水通管內每分時過水七百五十至一千立方尺用

二箇橫置雙行恆升車吸之恆升車徑二十一寸往復路二十四寸帶動於大軸之前端鍋爐有四座每座火爐四箇爐柵面共三百五十方尺火切面共九千二百方尺重加熱器在煙通之下加熱面二千一百方尺每鍋爐有放汽萍門二箇萍門每平方寸之漲力二十五磅另有小鍋爐與附汽機以添大鍋爐之水小鍋爐之爐柵面二十七方尺火切面五百方尺又有小汽機與小鍋爐運動各轆轤起落貨物

老安坊造之船汽機兼用大抵力汽自漲力重熱器外冷凝水四法或言燒煤之省未有省於此者嘗有格致家倍

根考驗此種汽機每實馬力每小時僅燒煤一磅所造之

第六十圖

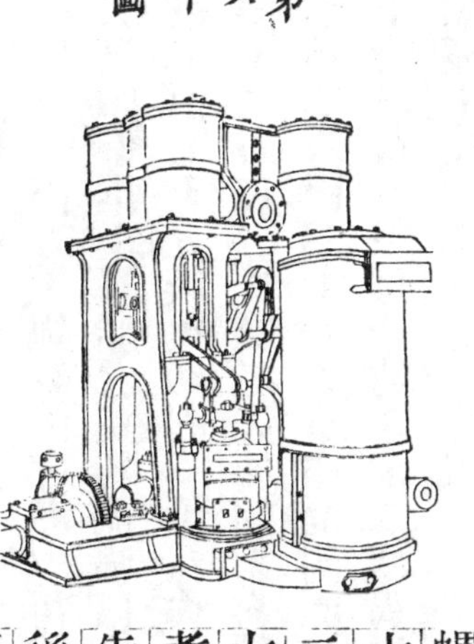

螺輪汽機如第六十圖汽筩六箇有二曲拐以一小二大共連一曲拐小者居中大抵力汽先入其內放出而後分入左右之大汽筩三汽筩之挺桿共連於橫擔一同往復另有大圓桶內直立多小管大

汽筩之汽放入此管用恆升車吸出桶內之水使冷水經過管外又一恆升車吸出汽凝之水添入鍋爐每號馬力得凝水面十方尺至十一方尺

星巴生坊㧓新法用大小雙汽筩小汽筩藏於大汽筩之內大抵力汽先入於小汽筩程功之後再入大汽筩二汽筩進出之汽以一汽瓮制之甚爲精巧極可仿用

米何爾所造螺輪船名羅捺之汽機如第六十一圖汽筩有二箇皆倒置用外冷凝水法聯軸用克路伯鋼上有曲拐帶動恆升車以起冷水各料俱用上等此坊又造一種汽機有倒置汽筩三箇各汽筩皆有汽殼每實馬力每小時燒煤二磅

第六十一圖

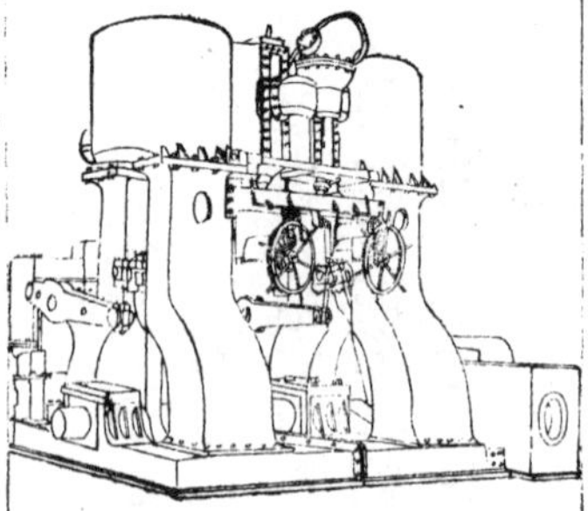

何拖捺坊所造螺輪汽機汽筩橫卧恆升車之方向與汽筩相對有長出汽管跨連左右與奋氏之空挺機略同惟

不用空挺桿而挺桿直接搖桿如車汽機之式各件俱極牢固所造戰船螺輪汽機汽筩徑四十寸推機路二十二寸號馬力一百五十鍋爐內之漲力每方寸二十磅鍋爐有二座如平常小戰船之式各鍋爐有火爐三箇用銅小煙管二百七十九根火切面二千八百二十方尺每號馬力得十九方尺二其船名失要何得容積六百六十九噸入水體積八百四十噸入水中橫剖面二百七十八方尺每小時行九英里每分時九十二轉實馬力六百三十二螺輪徑十尺用顧利非書之式

以上新法數端雖有益處亦不甚大如重熱汽新㧓之時以爲甚妙然究無大益又用汽之抵力逐年加大雖有益處然鍋爐之式未甚改變將至危險如外冷凝水器具甚繁功不掩費如圓球汽制益處無多徒增繁冗如大軸用鋼不過減小減輕而已若論汽機之大益皆不在此必使鍋爐之式可任極大之漲力而不危險更免海水內之石膏結於火切面再以汽機之力添煤司火則過往熱地人可免不能當之熱重燒放出之煙務使淨盡此數者能以善法處之庶幾得之矣

車汽機總論

製造車汽機者以二事爲最要一能重燒煙卽可用煙煤

代枯煤二能增引重之力然此二法已多方相試反有不及舊制者

重燒煙之各種新法不過以舊法稍爲改變或添以空氣或使煙過熱鐵熱磚而煙終不能燒盡也先時車汽機俱用枯煤今則用煙煤者漸多重燒煙法未善爲害不小也

汽機車燒煙煤

汽車既燒煙煤不能不究重燒煙之法然甚多而難以盡善茲擇其尤要者論之如固留者都蘭司者鴨綠者麥甘捺者比安低者格得活者典不令者各人各法世多仿用

麥甘捺於火櫃內縱置一空膛空處容水分隔火櫃爲左

第六十二圖

右二處火櫃之兩旁與前旁又有多孔可以通進空氣減短小煙管而加一燒煙之箱煙至此箱之內停而重燒比安低亦用燒煙之箱所造速行汽車如第六十二圖汽筩徑十七寸推機路二十二寸汽漲力每方寸一百三十五磅鍋爐圓筩徑四尺長九尺六寸火櫃長四尺六寸闊四尺火櫃與燒煙箱之火切面一百七十八方尺三六空壼條火切面三十二方尺六三煙管火切面五百九十八方尺三一共火切面八百○九方尺三大行輪與後輪相連徑俱七尺前輪徑四尺行輪心與前輪心相距六尺二寸半與後輪心相距八尺前輪心距後輪心十四尺二寸半車體共重三十二噸行輪任十二噸前輪任十一噸後輪任九噸此式造成者十八部每行一英里燒煤二十四磅所引之客車有時多至三十部中數爲十五部半每小時行三十英里至四十五英里挺桿搖桿連輪之桿與橫擔等要件皆用別色麻鋼推引汽桿用進退直槽燒煙之法用斜水膛在火櫃中橫亙左右而內有數孔相通膛上與火門之間用活板蓋之而活板有多孔煙自多孔透過火櫃前面另作一火門在原火門之上可添枯煤入火櫃之後半則煙煤所發之煙遇上火罏必回下至枯煤而大半燒去再入燒煙箱而燒盡此汽車亦用比安低之法以餘汽噴熱添水既用此法故不能用格法德之噴水器而用添水筩添水入鍋爐

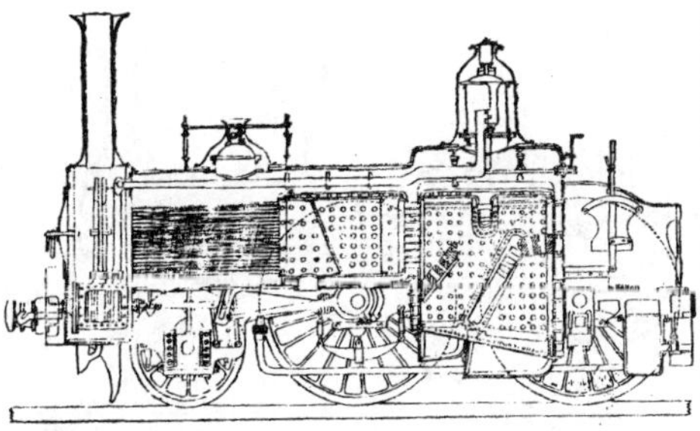

格得活所造之汽車如第六十三圖火櫃甚長伸過輪軸之後爐栅向後斜下後端有門使灰入於灰膛火門作多

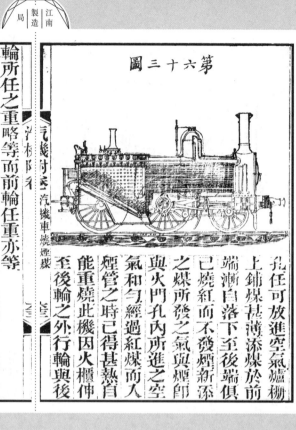

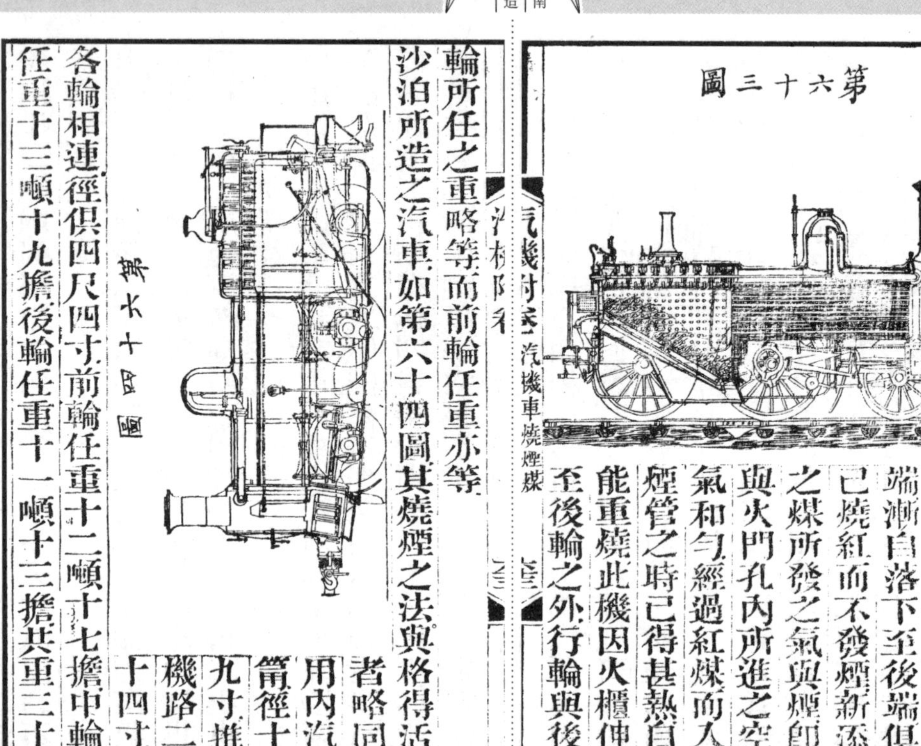
第六十三圖

孔任可放進空氣爐栅上鋪煤甚薄添煤於前端漸自落下至後端俱已燒紅而不發煙新添之煤所發之氣與煙卽與火門孔內所進之空氣和勻經過紅煤而入煙管之時已得甚熱自能重燒此機因火櫃伸至後輪之外行輪與後輪所任之重略等而前輪任重亦等

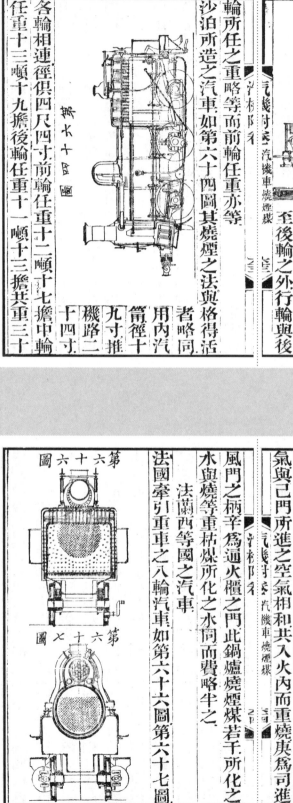

沙泊所造之汽車如第六十四圖其燒煙之法與格得活者略同用內汽筩徑十九寸推機路二十四寸各輪相連徑俱四尺四寸前輪任重十二噸十七擔中輪任重十三噸十九擔後輪任重十一噸十三擔共重三十八噸此車用於彎曲高低之鐵路可引甚重之貨車

第六十四圖

與不令所剏之燒煙鍋爐如第六十五圖法國多仿用之

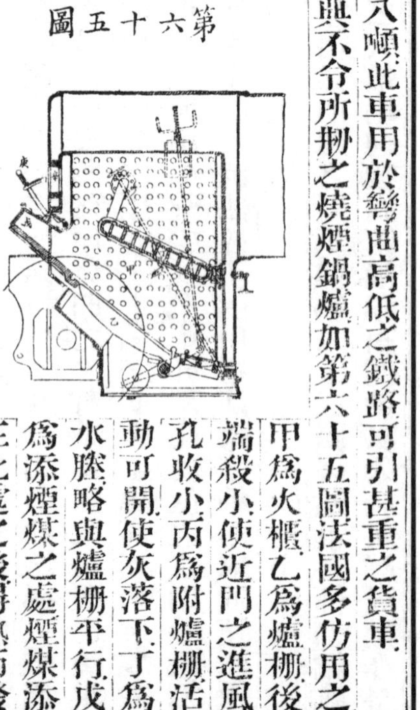
第六十五圖

甲爲火櫃乙爲爐栅後端稍小使近門之進風孔收小丙爲附爐栅活動可開使灰落下丁爲水櫃略與爐栅平行戊爲添煙煤之處煙煤添在此處之後得熱而發氣與己門所進之空氣相和共入火內而重燒庚爲司進風門之柄辛爲通火櫃之門此鍋爐燒煙煤若干所化之水與燒等重枯煤所化之水同而費略半之

法蘭西等國之汽車

法國牽引重車之八輪汽車如第六十六圖第六十七圖

第六十六圖

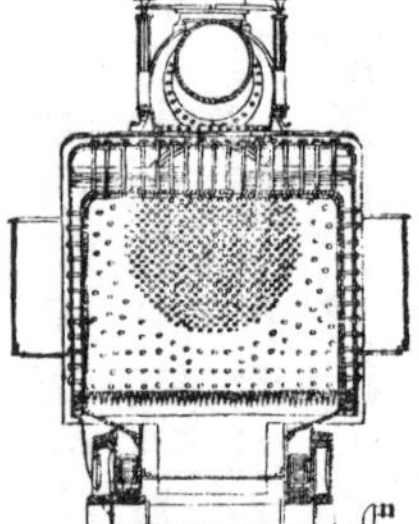

第六十七圖

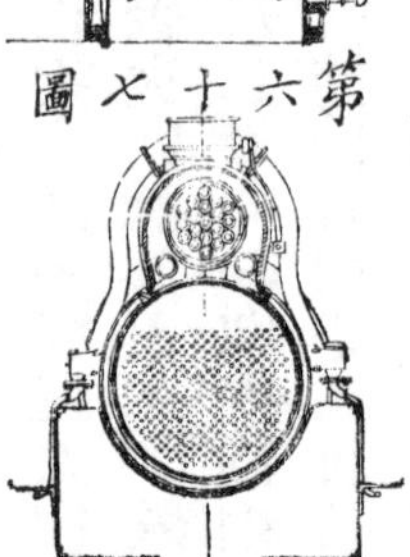

第六十八圖各車與英國車之比若象與馬之比火櫃之闊大於二輪之相距圓筩內置煙管極多幾無容水容汽之處水難流動而有隨汽入汽筩之病故

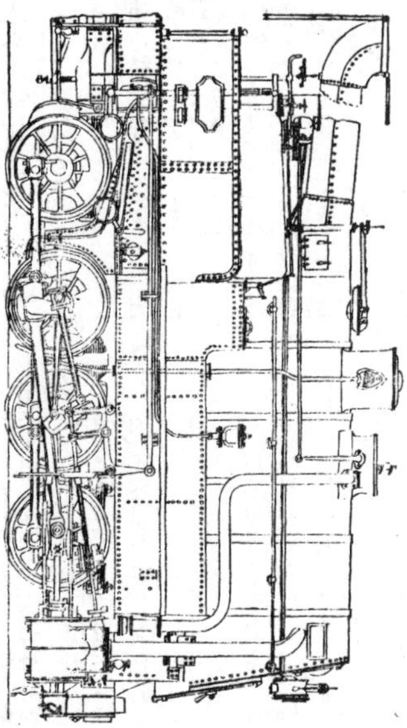

第六十八圖

第六十九圖

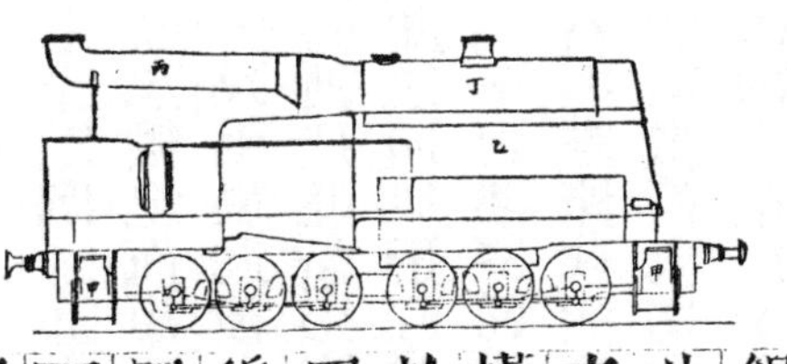

鍋爐上作一重加熱器甚大因有此器車已甚高再加煙通則路上之橋山內之洞或不能過所以作橫煙通而其端彎向上也尚有大於此者共有十二輪相連汽筩有四箇二箇在前動前三軸二箇在後動後三軸似二汽車相合而共用一鍋爐者輿架甚長多輪相連不能過彎路故前三軸與後三軸俱可移動另用一長桿連於前後

各軸則前軸移向左而後軸移向右反之亦然前各軸遇彎路之時與有活節在中者同其略式如第六十九圖甲為汽筩乙爲鍋爐丁爲重加熱器丙爲煙通

第七十圖

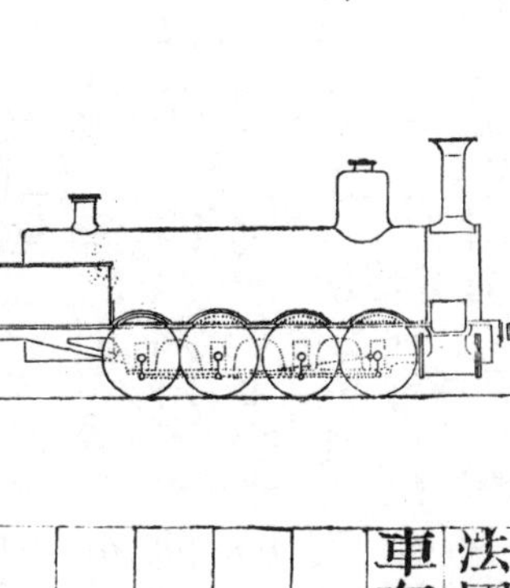

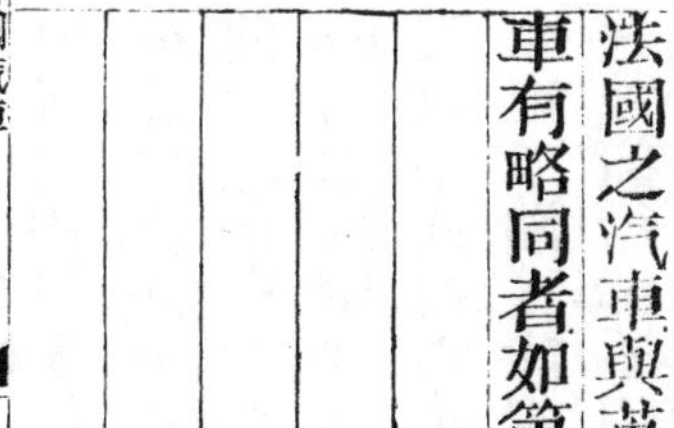

法國之汽車與英國之汽車有略同者如第七十圖

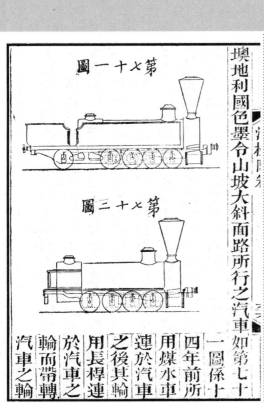

墺地利國色墨令山坡大斜面路所行之汽車如第七十

第七十一圖

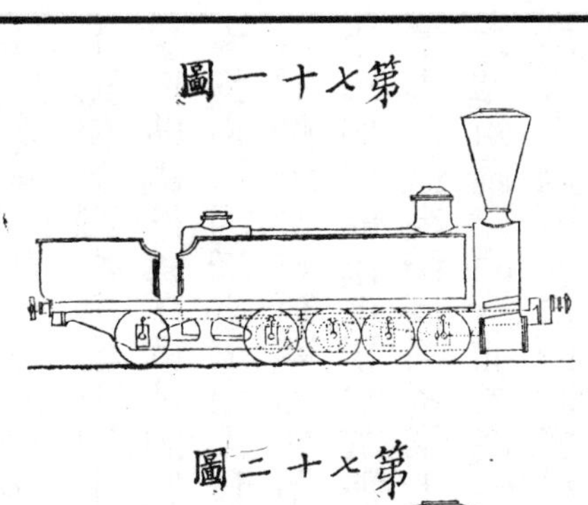

第七十三圖

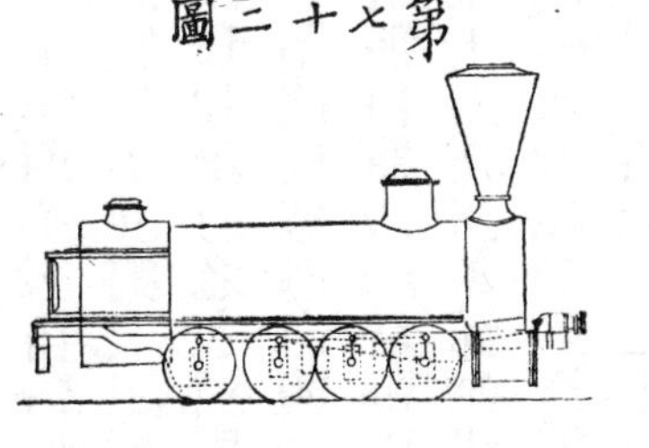

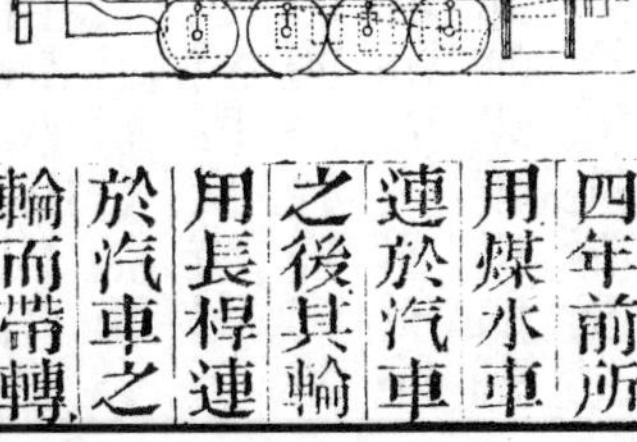

一圖係十四年前所用煤水車連於汽車之後其輪用長桿連於汽車之輪而帶轉汽車之輪

以齒輪接動圖內之虛線圈即爲齒輪至九年前又製新式如第七十二圖

四汽筩十二輪之汽車有將前三軸與二汽筩連於輿架鍋爐以一點著於此後三軸與二汽筩另連一輿架煙櫃亦以活心著於此是以輿架分爲兩節後架能旋轉依路之彎曲此法同於用二車相連然以二車相連而進退柄亦相連則一司機一司火亦可管兩車而勝於用此矣汽車甚大者因鐵路狹而全機必高易致顛覆鍋爐既窄雖多置煙管甚密而火切面尚不能多弊端叢生焉

法國及鄰國引重汽車表 ※必另有重加熱器之火切面一百三十方尺 +必另有重加熱器之火切面一百三十九方尺

鐵路名	法國北路			奧合	利安	法國東路	法國西路	色墨合	陡合
汽車之式	八輪相連	同上	四汽筩十二輪相連	八輪相連煤水另有車	六輪相連煤水另有車	八輪相連煤水另有車	六輪相連煤水另有車	十輪相連有齒輪	十二輪相連
汽筩徑寸數	一九·六八	一八·八九	一七·三三	一九·六八、	一七·七一	一九·六八	一七·三三	一八·七〇	一五·九八
推機路寸數	二五·九八	一八·八九	一七·三三	二五·六九	二五·五九	二五·九八	二三·六二	二四·〇一	二一·九六
大行輪徑寸數	四九·六〇	六一·九九	四一·七三	四五·六六	五一·一八	四九·六〇	五五·一二	四一·九二	四八·〇三
每方寸漲力磅數	一二〇	一三五	一三五	一二〇	一二〇	一二〇	一二〇·一三五	一四六·二五	一一七
火櫃火切面方尺數	一二五·七一	一〇七·六四	一〇七·六四	一一四·五〇	八九·三四	一〇四·四九	八六·二一	七五·三五	一五七·一五
煙管火切面方尺數	一〇〇四·五五	一六八七·七六	二三七一·一七	二一二一·〇八	一二四五·〇八	一二〇二·〇九	一四四二·三五	一五七一·五一	二〇〇六·三三
共火切面方尺數	一一三〇·二六	一七九五·四〇※	二三七八·八一+	二二三六·三六	一三三四·四二	一三〇六·五八	一五二八·五六	一六四六·八六	二一六三·五三
汽機行動時重之噸數	八八	九九	一三一·三四	六·二四	八一·四	九九	七二·六	九一·五二	一四五·二
水煤車滿載時重之噸數	五〇·一六	—	—	四〇·〇四	四四	五二·八	四四	五七·二	
汽車與水煤車共重之噸數	一三八·一六	九九	一三一·三四	一〇七·二八	一二三·四	一五一·八	一一六·六	一四八·七二	一四五·二
行輪任重之噸數	八八	九九	一三一·三四	九七·二四	八一·四	九九	七二·六	一四八·七二	一四五·二
牽引多重噸數	六五五·	四三六·	六五五·	二五四·	一二一·一	六〇〇·	三〇〇·	二五〇·	一二〇·
每小時上斜面所行之英里	一二·四	一二·四	一二·四	九·三	九·三	一二·四	一五·五	九·三	九·三〇

美國汽車

美國與英國之汽車大同小異所不同者有故或因燒料不同或因地勢不同或因裝載不同輿架之前半靠於小四輪車中之活心煙通外有圓錐形之大殼可收噴出之火星煙通上口有懸蓋如覆碗火星遇之即落於殼內殼下有門可取出火星之灰殼口冒以鐵絲布火星不能外散車前以鐵條作架名爲清道軷俗名捉牛架或有土石之塊阻礙自能撥而去之雖有大牲如牛且能捉而取之冰雪蓋路亦能推而淨之尋常者如第七十三圖爲立視形甲爲司機者之房乙爲號鐘車將停時搖之爲號丙爲

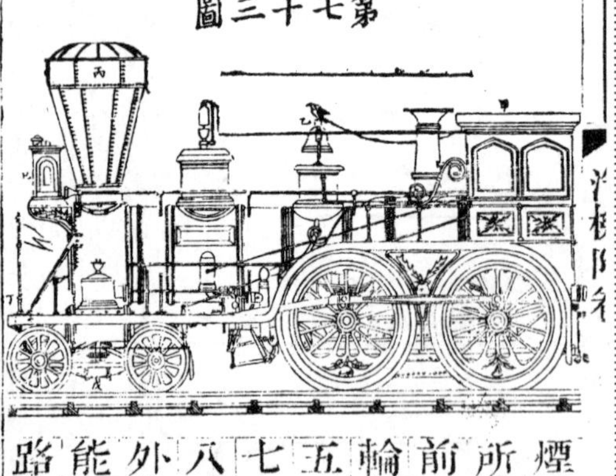

第七十三圖

煙通之外殼丁爲清道軷所連之處戊爲托住輿架前半之小車己爲夜燈行輪有兩對相連徑五尺至五尺半速行者徑六尺至七尺二輪之牙相距約十八寸前行輪不用摺邊牙外作平面而不作斜面用能經久搖動亦少行斜面路者用八輪相連徑二尺

半至二尺九寸生鐵所作用法使韌牽引客車者輪之外牙用熟鐵而內輻用生鐵有時外牙亦用生鐵而用法使韌因可耐堅冰也立丁鐵路牽引載煤重車者有八行輪相連徑四十三寸汽筩徑十九寸排機路二十二寸鍋爐圓筩徑四十六寸鐵煙管外徑二寸又四分寸之一長十四尺火櫃長七尺爐柵雙根鑄成每雙有桿可提起使煤滓與灰落下灰膛內盛水數寸以免爐柵燒壞此種汽車或言枉費多煤因吸風力大而煤欲飛上煙通又因煤屑多自爐柵之罅落於灰膛也但汽車燒硬煤從未有善法必致燒壞火爐而化水之力亦小硬煤一磅僅化水七磅大不及枯煤矣

汽車與煤水車之間不用輭墊而用長劈隔於相切之處使不擊撞惟各客車之間各有一輭墊鍋爐不用看水玻璃管而用看水塞門五六箇添水筩進出二邊俱有容氣泡通國盡用進退弧之法輪軸之油箱甚密而添流質油又用皮圈圍於軸頸塞其隙此油箱每月收拾一次隨滿以油箱體或以鐘銅為之或以鋅七分半紅銅九十二分半相合為之有時用輭金類作襯亦有全箱盡用輭金類者

生鐵作輪質性太脆必用法使韌鎔鐵傾入範模俟初結之時乘其紅熱置於坑內其坑先用硬煤燒至極熱置輪之後急將坑口封之極密不許空氣竄入三日後取出自然變韌但此輪不可忽加輪軔之力使車驟停因輪邊磨於鐵路而仍變脆性不能受急力也輪軔用生鐵者勝於用木者各客車有索一條與汽車之號鐘相連客車有險引而擊之司機者聞即停車索端有跳簧一按即可接連或用鐵條代索而兩端作活節連接之時更便

美國客車比英國者體長而大有長至四十五尺闊九尺半高七尺者車之兩端皆載於方四輪車輪箍多用鋼片或鋼環有用象皮者不甚佳車之前後二端開門二車之

間有橋可以相通旁有欄杆車內之櫈順前後排列中間有路人可往來前後各車車棚上面有通空氣之門冬天車內有火爐亦有清水可飲棚外掛布簾塵沙不飛至車內又有兩邊用轉行噴水車帶動於車輪噴水使空氣涼爽而塵沙不揚

火櫃內層俱用鐵上小於下汽易上升鐵板不致極熱煙管多用紅銅少用鐵與黃銅若燒硬煤者須用鐵煙管恐煤屑吹過銅者不久磨破也各尺寸略同英國者惟燒木柴者餘汽管之口更小使吸風力更大今制煙管間之相距加大於舊制嘗有取去密排之煙管數根知化汽更速

故煙管之間不可近至三分寸之一

二汽筩之出汽管不相幷合管口俱至最低一層之煙管爲止管口之上挂一圓錐形管下端徑約八寸上端逼至煙通下口之內其用可平勻煙管內之吸風力若不用此管則煙管上層之吸力大而下層吸力小矣

英國汽車

英國之大汽車行於闊鐵路者見前書一百五節鐵路兩條相距七尺大英與鐵公二汽車如第七十四圖汽筩徑十八寸推機路二十四尺爐柵面二十一方尺煙管共三百零五根徑二寸總火切面一千九百五十二方尺每火切面五方尺一小時內能化水一立方尺爲汽實馬力七百五十鍋爐內每方寸漲力一百磅汽機初動之時汽筩內之抵力約九十磅行動甚速之時汽罨匣內之抵力大於鍋

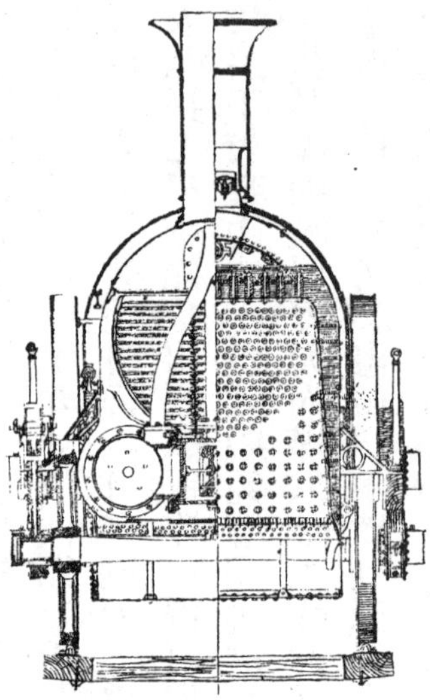

第七十四圖

爐之內因汽衝過汽管得勢而生重力汽孔爲汽罨關後汽不得入自相推擠而然也此汽車之進退柄定在第一孔韝韛行四分路之一阻絕進汽時每小時行六十英里出汽管口面積爲汽筩面積十六分之一則對力爲汽漲力一百分之三十六出汽管口面積爲汽筩面積一百○七分之十則對力爲汽漲力一百分之十汽罨匣背有小筩筩內有韝韛用桿連於汽罨之背小韝韛外有管通至出汽管以消汽罨平面之抵力不甚大之汽車不必用此法此法勝於用圈因汽筩內有水則汽罨可離汽筩平面而水能放出也惟鐵公汽車汽罨與小韝韛桿相連之鍵大小各汽車皆有此病不耐消磨倘未盡善汽機小者可以不用此法若欲用之宜置油壺於汽罨匣上另用小管通汽於油內開其塞門油得流入汽罨與小韝韛上宜有槽可引油至各處通於出汽管之管宜大使出汽管內之抵力與小韝韛外之抵力相平否則管內凝水汽罨必離平面

進汽管在鍋爐內之端必作多小孔汽入小孔而通過爐柵門以至汽罨匣此門置於煙櫃之內用長桿爲柄藏於鍋爐之內而至司機之處以制進汽之多少煙櫃內煙管各行之口有鐵片懸挂如百頁窗所以禁止甚熱之煙衝出各頁連於一柄可使開關大小

牽引客車之速行汽車行於狹鐵路者鐵路兩條相距四

第七十五圖

尺汽車之式如第七十五圖汽筩徑十六寸推機路二十四寸行輪徑七尺六寸前後輪徑俱三尺半前輪任重九噸八擔後輪任重六噸二擔行輪任重十噸十擔共重二十六噸火櫃之火切面八十五方尺煙管長十尺九寸外徑一

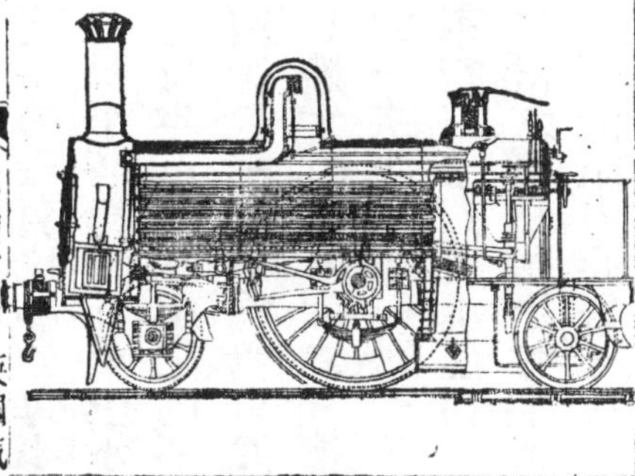

寸又八分寸之七共一百九十二根計火切面九百十五方尺總火切面一千方尺行輪心距前輪心七尺七寸距後輪心七尺十寸此爲任重處之相距共得十五尺五寸煤水車載煤二噸水一萬五千磅載滿之時共重十七噸八擔半其輪六箇徑俱三尺半前五年以此汽車爲最精各件甚是靈便觀圖易明

近有人名蘭司蒲登剏一新法可使汽車行走時添水於水車之內如第七十六圖第七十七圖用甚長之槽置鐵路間槽內盛水車下有銅彎管其口向前車過其處水即由管衝入水車之內甲爲生鐵槽闊十八寸深六寸滿盛

水時水面高於鐵路二寸乙爲銅彎管之下口橫徑十寸

第七十六圖

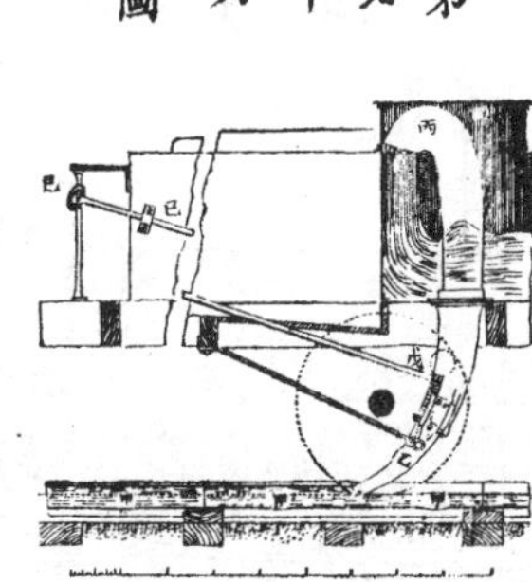

縱徑二寸丙爲其上端曲而向下不致噴上出外丁爲彎管之橫軸戊爲重物提上其管稱使不落己己爲放下彎管之柄司機者推此柄管口即入於水內彎管合圓線易於收上放下放下之度有螺絲定之使不過下管口薄而上邊斜出二三寸不致激水上飛鐵槽每節之長約六尺接縫皆靠

於鐵路之橫木每節之中用木墊平兩端作淺槽嵌以象皮圓條雖有冷熱漲縮亦不流水英國干會地之水槽長

第七十七圖

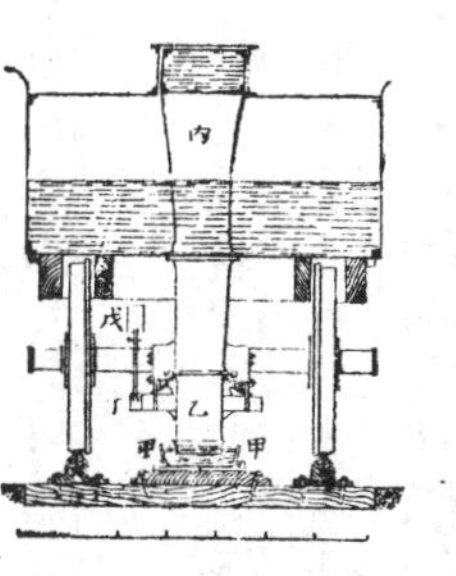

一千三百二十三尺鐵路在此槽二端之處長四十八尺斜上爲長百分之一即約六寸所以管口進槽之時可不礙槽端過槽端後則鐵路漸底而管口漸入水內槽端漸淺其底與鐵路之斜度平行此處之鐵路合圓線其半徑爲一英里故外路須高於內路一寸槽闊

六寸外邊僅高於內邊約六分寸之一高低甚少亦無妨也槽之兩端有管水或過多自能流去槽內水深五寸放下彎管之口入水二寸下留三寸恐有沙泥在水內也槽之尺寸如此可以不致打去嘗將鐵鍊挂於車後行過時毫未損傷冬令水面結冰管口之前必用小犁撥去其冰此水之能上管中與速動之水能激上管中同理如不論空氣阻力等則重物下墜至其末速等於水進管之速其墜過之路必等水在管內衝上之高因約墜過十六尺之路則依其末速每秒可下墜三十二尺即車行每秒三十二尺即每小時行二十二英里而水可上趨十六尺之高其餘各速必與高之平方根有比即如每小時行三十英里水可高至三十尺每小時行十五英里水可高至七尺半此器欲水上趨七尺半可至水車之內不論阻力一小時必行十五英里彎管起水之數為管口面積與行過槽長相乘之體積管口闊十寸入水面二寸槽長一千三百三十二尺管口行過一次應取水一萬一千四百八十磅約為五噸每小時車行三十五英里能得此數尚未減阻力故必依管之外口計之可為闊十寸半入水面二寸又四分寸之一依此數而計阻力應得一萬三千五百六十磅車行每小時二十二英里以上各速所進之水俱略等行若更速水必更多然管口在水之時則少故同行若干路必仍相等也此法之刱始因送信之車必以二小時內行八十四英里又四分之三若遇逆風需用水二萬四千磅水車加大枉費多力倘不加大必有停車添水之費時故深思而得此

牽引貨車之汽車行於狹鐵路者如第七十八圖汽筩徑十六寸推機路二十二寸爐栅面十三方尺三總火切面九百三十方尺襯圈內共橫剖面一方尺九八六煙管用黃銅為之火櫃之端其厚等於十二號鐵絲煙櫃之端其厚等於十四號鐵絲火櫃端之管口用鋼作襯圈鍋爐圓

第七十八圖

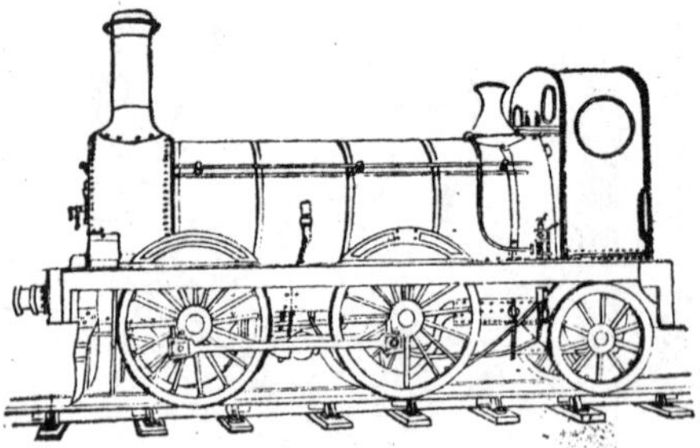

筩徑四尺鐵板厚十六分寸之七前輪與行輪徑俱五尺輪之外牙用鑄鋼後輪徑三尺半輪之外牙用上等熟鐵此種汽車之軸僅有內枕而無外枕添水用格法德第八號噴水器

汽車與煤水車相合者如第七十九圖牽引客車之用汽

第七十九圖

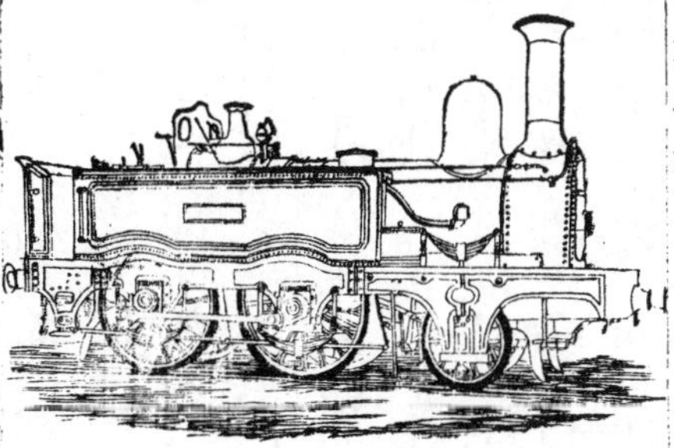

筩徑十五寸推機路二十二寸爐栅面十五方尺七五總火切面九百零六方尺襯圈内共横剖面一方尺九六煙管用黃銅爲之火櫃端之厚等於九號鐵絲煙櫃端之厚等於十三號鐵絲兩端俱用可打之生鐵作襯圈鍋爐圓筩徑

三尺九寸鐵板厚十六分寸之七前輪徑三尺六寸行輪與後輪相連徑俱五尺六寸各輪之外牙俱用鑄鋼有內外二輿架添水用格法德噴水器二箇

汽車與煤水車相合者之新式如第八十圖牽引客車之用汽筩徑十六寸半推機路二十二寸爐栅面十四方尺九二總火切面九百

第八十圖

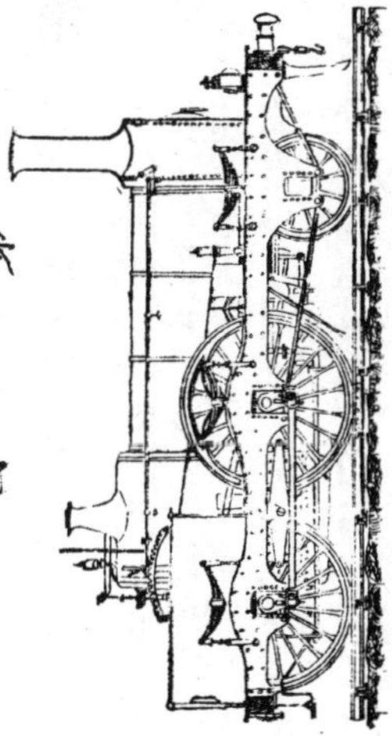

八十二方尺襯圈內共橫剖面二平方尺煙管用黃銅爲之火櫃端之厚等於九號鐵絲煙櫃端之厚等於十三號鐵絲兩端俱用鋼襯圈前輪徑四尺後輪與行輪相連徑俱六尺六寸亦有內外二輿架

英國何拖掺所造之汽車如第八十一圖用於墨西哥國果鈸亞鋪鐵路此車之式與美國之式略同煤與木柴皆可燒外汽筩徑十六寸推機路二十四寸爐栅面十五方尺七七總火切面一千一百零二方尺襯圈內共橫剖面二方尺一四七煙管用黃銅爲之火櫃端之厚等於十一號鐵絲煙櫃端之厚等於十四號鐵絲在火櫃端之管口

內俱用鋼襯圈煙櫃端每六管用一鋼襯圈鍋爐圓筩徑

第八十一圖

四尺二寸鐵板厚十六分寸之七車首載於四輪小車其四輪用鑄鋼徑二尺半行輪與後輪相連俱用熟鐵輪牙用鋼鍋爐內每平方寸之漲力最大可至一百三十磅車體雖亦重大而其靈便與壯觀遠勝於法國者故格蘭布登所造之式今俱不用因過重而壓壞鐵路也

英國汽車事件分說

汽筩汽罨之料宜用最堅之金類其質愈堅用愈經久嘗有汽罨一年卽須重換而汽筩平面半年又須重修司低分孫所造者能用四年至七年無庸修理汽筩之堅磋幾不入其位置不可以汽筩連於鍋爐宜連於輿架不使汽筩之力任於鍋爐也內汽筩者左右二汽筩各自鑄成而後相連其面鉋磋甚平敷以牛油用螺釘穿固毫不洩汽汽筩下面有底板鉋成平行連於架底汽筩兩旁另有平面靠於架邊用螺釘十二箇穿固於架釘徑四分寸之三外汽筩者亦如前法將汽筩定於內外二架汽罨匣與汽

筩鑄連進汽孔橫剖面積爲汽筩橫剖面積九分之一至十三分之一出汽孔橫剖面積爲汽筩橫剖面積六分之一至八分之一依此數爲之每小時行二十五英里至三十英里汽筩內之抵力與汽管內之抵力可不甚差行若更速兩汽孔必依比例而加大汽罨匣有蓋可開而收拾平面間有作二蓋者一在上一在前汽罨與罨桿並易取出罨桿輭墊用麻深二寸至三寸內汽筩之最善者在罨匣下有生鐵大蓋兩端亦有熟鐵小蓋兩端者啟閉甚易若欲修治汽筩之平面可開大蓋用此法者左右二汽筩可整塊鑄成不必分鑄而後相合汽筩所有各縫必以金

類相切而不夾則物汽筩體厚四分寸之三至十六分寸之十三連於架之摺邊尋常者厚一寸又八分寸之一汽筩蓋與汽罨匣蓋生鐵者厚八分寸之七至一寸又八分寸之一螺釘之徑四分寸之三至一寸各螺釘相距三寸半至五寸汽罨匣厚八分寸之五至四分寸之三連合兩汽筩之螺釘徑一寸釘心相距五寸至六寸汽罨平面用生鐵者經久於黃銅但磨壞汽筩比黃銅亦易故究以黃銅爲好汽罨體厚八分寸之三至半寸汽罨平面厚一寸又四分寸之一亦有四分寸之三者然嫌太薄出汽路之深二寸半其形宜圓則汽易放出汽罨桿之內端打成方

圈汽罨背有方塊凸出容於方圈之內方圈與方塊相切之面積宜大否則易鬆汽筩二端俱作塞門以放所凝之水二汽筩之四塞門連於一柄扭之而齊開外汽筩者其蓋有時用塞門而口有活節可轉向上將油傾入塞門之內轉而向下油自入於汽筩矣但此爲暫添油之法不及恆添油者好也恆添油則用油省而鞲鞴不速壞汽罨平面用油杯在煙櫃二邊作雙塞門汽機行動亦可添油然亦不及恆添油之法

挺桿後端打連圓板厚三寸徑六寸鞲鞴內作圓窪容之用帽釘四箇相連釘徑四分寸之三至八分寸之七亦有

作殺形圓柄入鞲鞴之孔而用長劈穿固者鞲鞴常用生鐵亦有用礮銅者取其體質可稍輕也設有水入汽筩或釘稍鬆亦可不壞若生鐵者體厚須四分寸之三至八分寸之七礮銅者體厚八分寸之五容挺桿孔之肉厚一寸又四分寸之一生鐵者厚當一寸又八分寸之三鞲鞴共厚二寸半至四寸半長劈之闊一寸又八分寸之五至一寸又八分寸之七厚八分寸之五其斜度為一尺減八分寸之三鞲鞴護環之闊四分寸之三至一寸又四分寸之一厚四分寸之三如汽筩之質稍輭以黃銅為護環質堅者以生鐵為護環嘗有挺桿與鞲鞴俱用熟鐵整塊打成

外周作槽容護環徑若十八寸者以黃銅作雙護環每槽容一環每環之內再藏鋼圈厚八分寸之一闊與護環等護環之闊半寸厚半寸槽深四分寸之三鞲鞴槽底體厚八分寸之三至半寸鞲鞴共厚二寸又八分寸之一至二寸半鞲鞴兩面有圈槽槽之凹處厚一寸半黃銅護環兩半合成相切之端厚八分寸之一後面鑽小孔徑十分寸之三所以放汽入內

挺扭如叉形用熟鐵為之挺楗橫穿其中而往來於鍵輔之內挺桿前端作柄裝入挺扭之後柄之斜度以三十寸減去一寸長劈之厚八分寸之三至半寸其大端之闊二

寸漸狹至一寸又八分寸之三挺楗在其襯內之徑二寸半至三寸添水筩之桿連於挺楗而在鍵輔之外如第八十二圖八十三圖八十四圖為鞲鞴挺桿挺楗鍵輔活襯諸件之善式觀圖可

第八十二圖

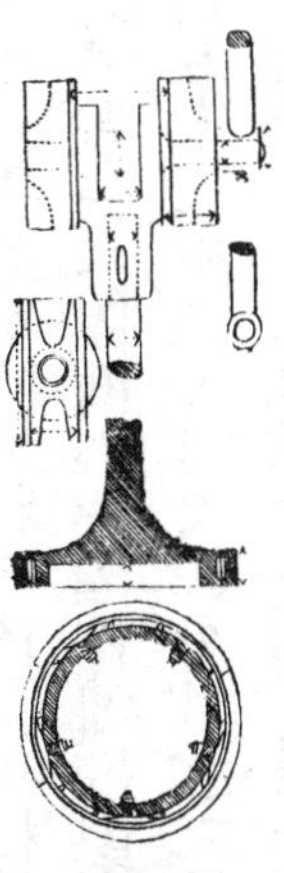

第八十三圖

第八十四圖

知挺桿與鞲鞴整塊打成者並用雙護環置於圈槽之內後有鋼簧抵使密切汽筩簧有螺絲連於鞲鞴之體汽筩作凸底嵌於鞲鞴之凹則不費汽

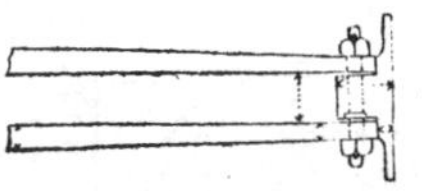

鍵輔之前端連於輿架之橫條後端連於汽筩蓋之耳兩端小於中段其內作槽以限活襯之行深三分寸之一至

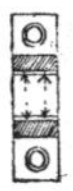

第八十五圖

第八十六圖

一寸上寬下窄兩旁如塹活襯用黃銅雖有消磨不出槽外挺桿自無左右偏倚鍵輔以雙者為最好因可容單端搖桿於內也活襯即鍵襯其長九寸至十寸其闊三寸輔若用平板襯必有摺邊其厚半寸有用生鐵而變韌者有用熟鐵而外面變鋼者又有襯輔皆用生鐵者如船汽機之鞲鞴每分時之行速七百尺亦用生鐵者而無弊若以鋼為輔而銅為襯亦

屬更好鋼者之中段厚一寸半至二寸兩端厚一寸至一寸半闊俱二寸半至三寸不常一端定於汽筩蓋一端定於輿架之連板用螺釘或帽釘固之釘有二箇徑八分寸之七常用之式如第八十五圖第八十六圖

進退弧與前船汽機之制略同汽罨桿之徑一寸又四分寸之一至一寸半通過罨匣兩端之處俱有輭墊臼桿之前端有時連移襯而行於直轆槽內如外汽筩者桿之前端有一活扭用長劈穿固而連於罨搖桿罨搖桿厚四分寸之三至一寸又八分寸之一闊二寸至三寸此桿常以連桿挂於鍋爐之下其端作叉形以夾進退弧弧槽之內

有活襯軸與叉形相連進退弧兩端各連以推引桿其楗之徑一寸又八分寸之一推引桿之前端連於兩心環如第八十七圖第八十八圖第八十九圖爲汽罨進退弧與相連諸件若用直轆者較好於此因連桿所動之矢必使汽罨之動稍差也

第八十七圖

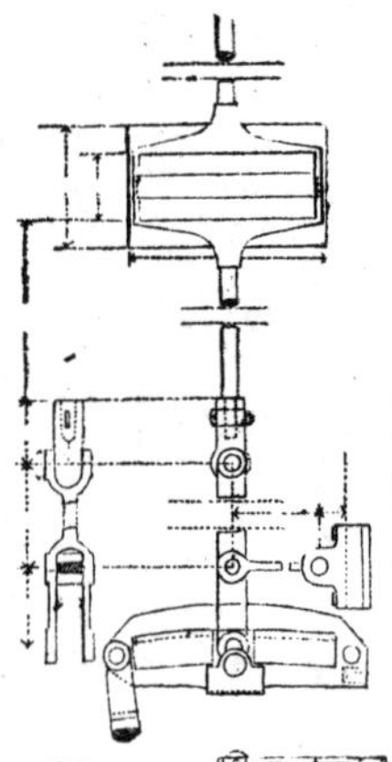

第八十八圖

第八十九圖

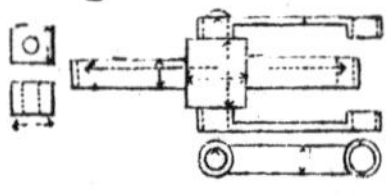

兩心輪與推引桿如第九十圖輪用兩塊合成用圓梢與長劈穿固又有方楗與螺釘定於軸如星苦留所造直軸之汽車兩心輪有四箇俱用整塊者有時用生鐵鑄成而外皮變鋼者尋常之法其小半塊用熟鐵而大半塊或用生鐵若全用生鐵必於最弱之處加闊一寸半不特以螺釘固定倘須用方楗入軸八分寸之一入輪四分寸

第九十圖

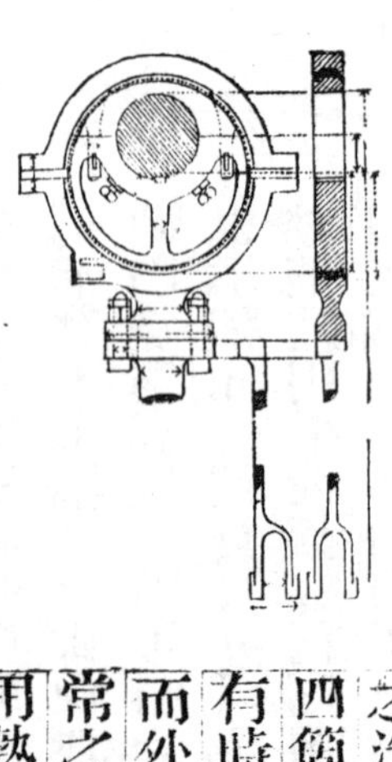

之一輪之外邊作方凸圈兩心環內面作指邊適與方凸圈相配

小汽車

牽引運煤車與金礦車之汽車比尋常所用者工料粗而體製小八年前英國博物院內有英格倫所造者汽筩徑十六寸輪有八箇而以四箇相連徑俱四尺鍋爐有煙管一百五十三根徑一寸又四分寸之三院內又有曼壬坊所造者汽筩徑九寸輪有四箇俱是相連徑二尺九寸鍋爐內有煙管五十五根徑二寸爐栅面四方尺九鍋爐內每平方寸之漲力一百二十磅院內又有尼答哈比坊所

造者可行於二尺八寸闊之鐵路汽筩徑八寸有生鐵輪四箇俱是相連徑二尺四寸鍋爐內有煙管五十九根徑一寸半長六尺爐柵面三方尺半總火切面一百八十一方尺共重六噸十八擔鍋爐內每平方寸之漲力六十八磅時可引煤車十二部每車共重四噸半一小時行八英里

富利坊所造牽引金礦車之汽車如第九十一圖其汽罨各件帶動於前輪軸故後輪軸可在火櫃之下而重可不在後輪之後有水箱在鍋爐之下鐵路之闊二尺三寸或二尺十寸此式造成已多

第九十一圖

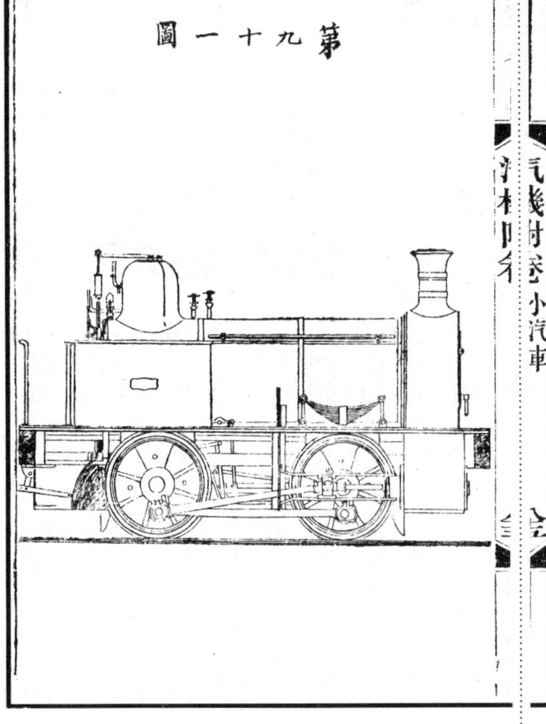

英國人倪而生所造行冰汽車如第九十二圖用於俄國京城與海口冬季牽引客車與重車其車前半之下有滑面又有舵輪接齒輪使滑面旋轉以制行路之方向後半之下有二行輪徑各五尺牙周有鋼齒能入冰內而不滑汽筩徑四寸推機路二十二寸共重十噸一小時行十八里滑面兩邊有斜面雖在雪內或碎冰內亦可旋轉惟舵輪與齒輪必極堅固否則易壞方向不如

第九十二圖

人意甚爲危險俄國與瑞顛國之水道堅凍數月用此甚宜但春夏秋三季亦不能用且有一湖其水底有數處噴出熱水不如將小輪船稍爲改變可行於水亦可行於冰乃更妙也

馬路汽車

馬路所行之汽車英國不能多用因各處已多鐵路也無鐵路之處用之極便前二十七年蒲而捺州造此式以後四年蒲而捺往印度國見各處有大馬路極便用之嘗勸之興用八年前孟買地方購得栢得利所造之馬路汽車如第九十三圖前二輪有舵輪可使旋轉車重之大半任

於行輪行輪周外有活墊板隨輪轉而墊於輪下墊之面

第九十三圖

積甚大輪可不陷於泥內此汽車用以行二百里之路其路甚難行輪之墊板因日久而壞撤去不用常常陷於泥內而更難行以致輪周將泥帶上散擲各處然製造之理並無差誤惟須稍改其式以合所用之處各件應有蓋護不使塵土入內必用鐵作墊板如明輪活翼之法使墊板緩緩而下不致忽然落下各齒輪及各件俱宜

用鋼自能輕而堅固若兵丁移營用之確有大益農事用之亦善印度各處大半爲曠野平原而一年三熟常用此車耕田起水收穫載運雖有數處不便買煤亦可以木柴代用

栢利所造行於馬路之汽車輪牙甚闊不能陷於泥內行輪之外更作小鏈如齒使輪不致空滑如第九十四

第九十四圖

圖各鏈用兩心輪連於大輪軸後有克拉克修改其式更好今時所用與行於鐵路者略同

阿非令所造之汽車如第九十五圖用單汽筩外有殼進汽先至殼內汽筩在鍋爐之前故水不易入因上斜面時入汽筩之汽能乾而下斜面時本不用多汽故可省去內進汽管汽機上有進退之件而用齒輪與鏈運動行輪比雙汽筩較便運動各件有箱護之齒輪亦有外殼大軸兩端有小齒輪接後大齒輪又有接鐵鏈之齒輪與大齒輪同軸其齒用生鐵變韌外繞之鏈用熟鐵鏈釘用鋼間齒輪軸枕在長弧孔內可提起使鏈收緊各小齒輪之兩面

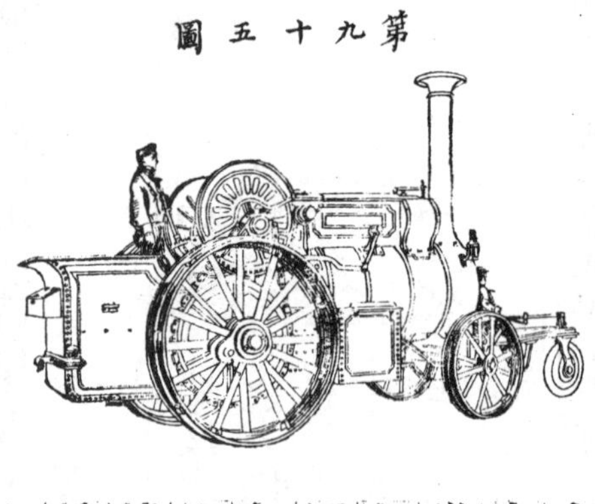
第九十五圖

有鋼片限鏈片內襯以牛皮緊鏈之法將軸枕下墊鐵一塊使軸在長弧孔高起又有生鐵塊置於枕上用螺絲抵住取去下墊鐵即收緊此法齒輪軸任可上下而更穩固鐵鏈下另繞一大輪輪亦有齒與行輪同軸行輪徑六尺半輪有外牙外牙任可除去數

塊易以有齒者或遇塗泥自可不滑鍋爐通體爲圓筩製造亦易牽條之心相距四寸半煤與木皆可燒有熟鐵板之水箱盛水添入鍋爐釘連於火櫃之旁前有滿輻輪使車旋轉此輪之上又有桿御者坐執其柄如船之有柁也凡有山坡斜面每十二尺高一尺者此車能引十二噸而上行若高二尺則引八噸平路可引四十噸業已造成一百五十餘部售往各國或在種蔗造糖之區或在種加非之區或在開銅鐵礦之區或以載運各種重物如俄國新金山噶羅吧埃及國普魯士國等用之甚便故一年多於一年若有鐵路之處旁路上可用此車牽引客車至鐵路

凡開鐵路之先必先開馬路鐵路成後更爲有用

第九十六圖

阿弗令所造農事汽車可行於馬路如第九十六圖以爲耕地打麥鋸板牽引載運等用鍋爐極大而前後同徑外用氈裹此車原爲引重而設惟齒輪用一箇亦用鐵鏈如前法有螺絲在弧孔使可上下更可將齒輪移過使

不相切則汽機可動大飛輪而借於別用亦可使一行輪轉動而順曲路行輪徑五尺半牙闊十六寸飛輪徑五尺行路之時飛輪不轉亦已造過多部有行過四千英里者有行過六千英里者行時牽引極重大之車省用牛馬之力甚多所程之功與移動陸汽機略同

路比坊所造牽引重車之汽車如第九十七圖與阿弗令略同可行馬路者如第九十八圖又有移動之陸汽機與前九十六圖者略同惟無自行之輪

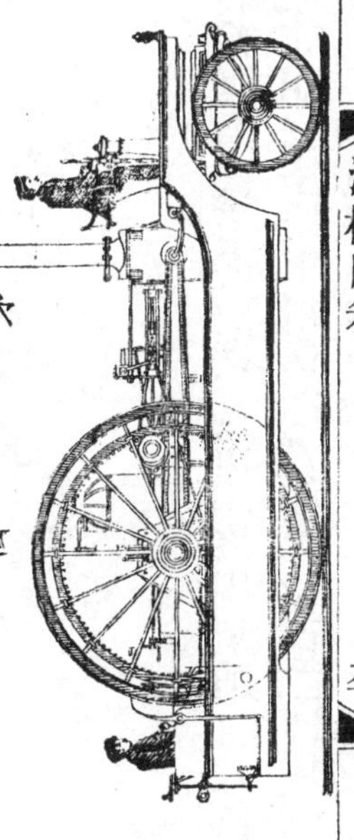

第九十八圖

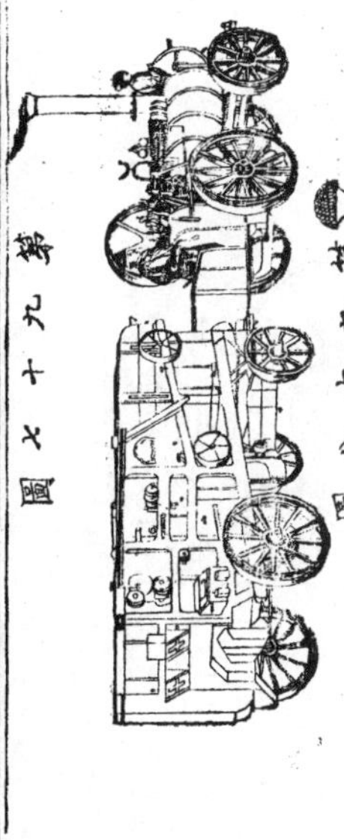

第九十七圖

英國現造馬路汽車與前四十年捌造之式不同因彼時用以牽引客車迨後既有鐵路行旅皆從鐵路而鐵路旁之馬路僅用此車運物至鐵路也格利得所造之馬路汽車如第九十九圖與阿弗令者略同即尋常陸汽機加以自行機件也

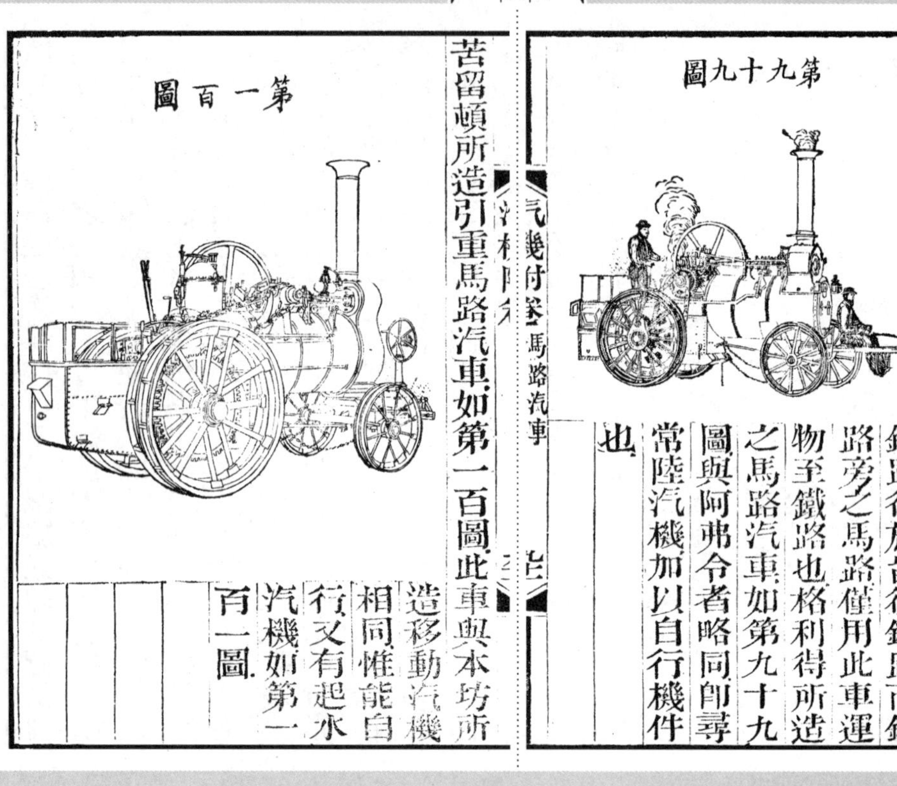

第九十九圖

第一百圖

苦留頓所造引重馬路汽車如第一百圖此車與本坊所造移動汽機相同惟能自行又有起水汽機如第一百一圖

近時移動汽機之最要者為耕田之用製造之式各坊不同殺弗利之法格里得仿造者如第一百二圖其兩邊各

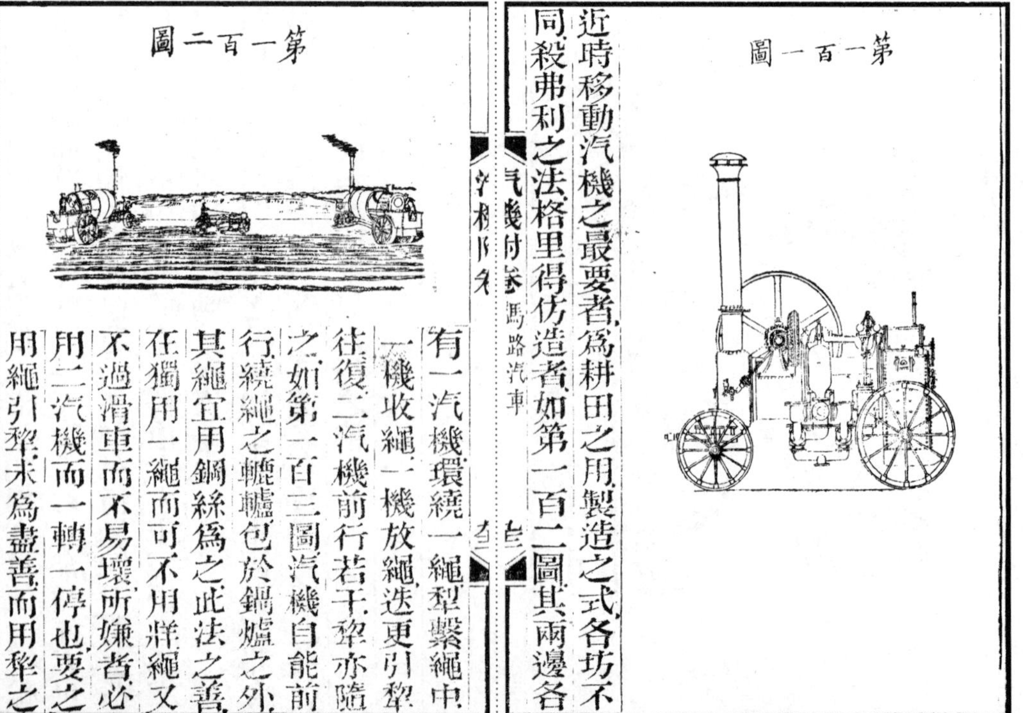

第一百一圖

第一百二圖

有一汽機環繞一繩犁繫繩中一機收繩一機放繩迭更引犁往復二汽機前行若干犁亦隨之如第一百三圖汽機自能前行繞繩之轆轤包於鍋爐之外其繩宜用鋼絲為之此法之善在獨用一繩而可不用牂繩又不過滑車而不易壞所嫌者必用二汽機而一轉一停也要之用繩引犁未為盡善而用犁之

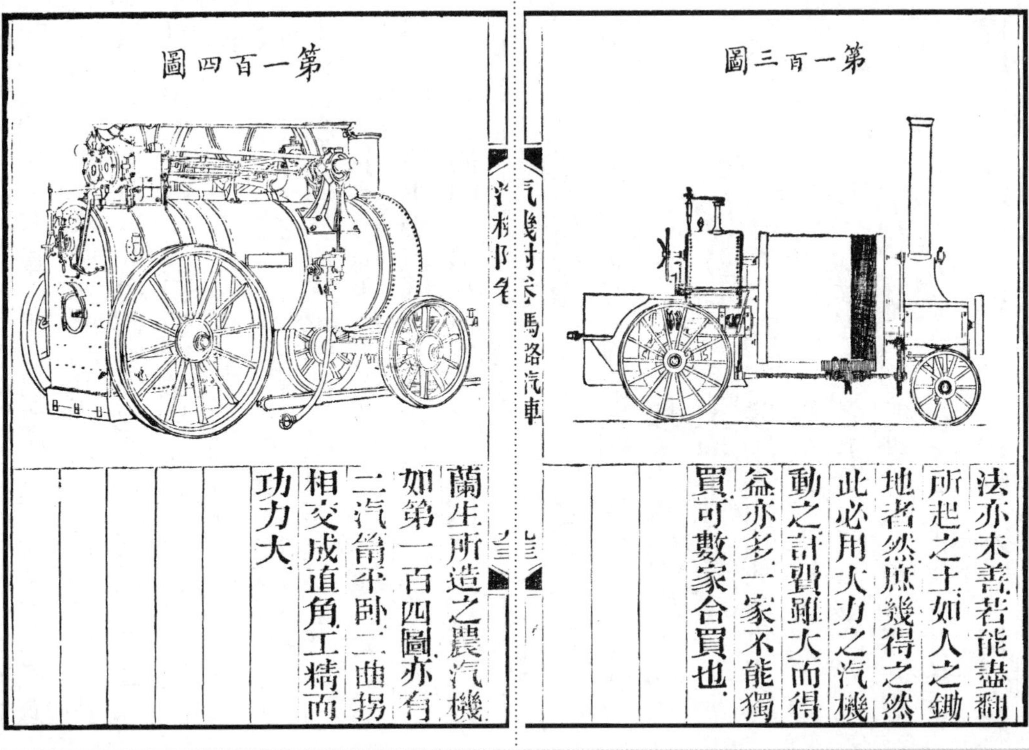

第一百三圖

法亦未善若能盡翻所耙之土如人之鋤地者然庶幾得之然此必用大力之汽機動之計費雖大而得益亦多一家不能獨買可數家合買也。

第一百四圖

蘭生所造之農汽機如第一百四圖亦有二汽筩平臥二曲拐相交成直角工精而功力大。

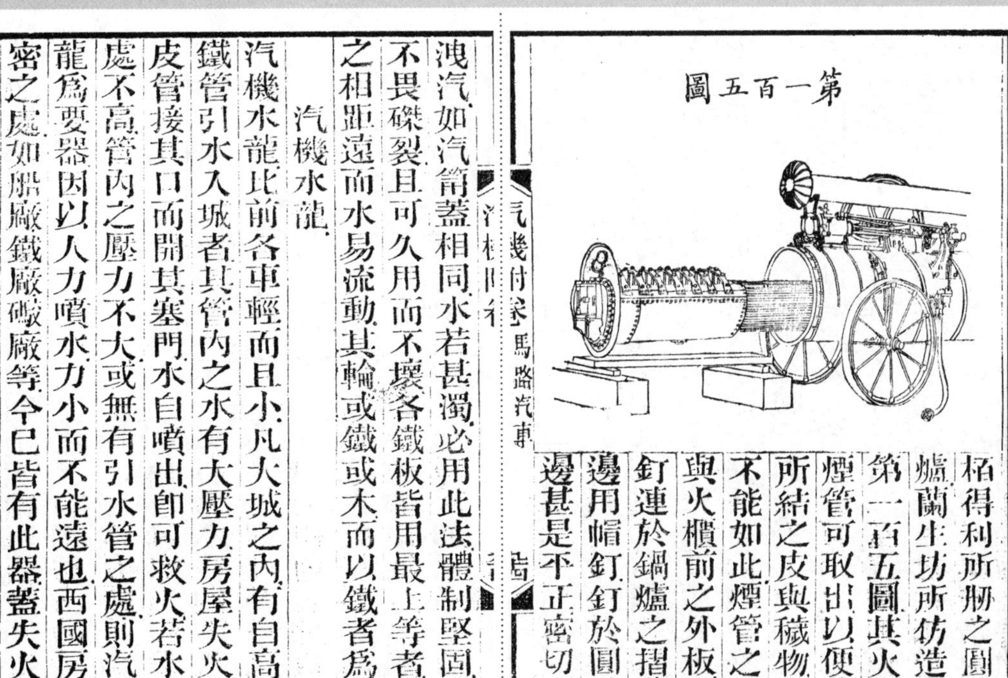

第一百五圖

栢得利所刱之圓筩鍋爐蘭生坊所仿造者如第一百五圖其火櫃與煙管可取出以便除去所結之皮與穢物別式不能如此煙管之後板與火櫃前之外板用螺釘連於鍋爐之摺邊摺邊用帽釘釘於圓筩摺邊甚是平正密切而不

洩汽如汽筩蓋相同水若甚濁必用此法體制堅固不特不畏磔裂且可久用而不壞各鐵板皆用最上等者煙管之相距遠而水易流動其輪或鐵或木而以鐵者為好。

汽機水龍。

汽機水龍比前各車輕而且小凡大城之內有自高處用鐵管引水入城者其管內之水有大壓力房屋失火則用皮管接其口而開其塞門水自噴出即可救火若水之來處不高管內之壓力不大或無有引水管之處則汽機水龍為要器因以人力噴水力小而不能遠也西國房屋叢密之處如船廠鐵廠礮廠等今已皆有此器蓋失火之時

別法所噴者水不勝火或致遇熱化汽而散又或不能噴至發火之處汽機噴水必無此病昔人不肯用此器者因其過於重大也近時專門製造已能極輕陝得會造二式其一用單汽筩與雙行噴筩並是橫臥噴筩之韝韛連於挺桿挺桿之中節作長橫孔而拐軸行其間與添水小汽機相似用兩心輪動汽㠶噴筩之門用象皮圓板蓋於棚上鍋爐之火櫃爲直立短圓柱周圍斜而汽易上升頂上有平板鑲小煙管排列甚密火煙由此通至煙通又有飛輪如船上添水小汽機之式其二用單汽筩倒置直連噴筩鍋爐與前同噴筩爲拖碼生之式其門與單行噴筩相

同推水柱之面積爲噴筩面積之半柱之下端作環形爲韝韛而密切筩體並有門自能啟閉水柱提上吸水滿筩

第一百六圖

按下而水即自環形門衝上因水柱面積半於環形韝韛之面積故能推出筩內水之半水柱再上筩內之水全行噴出也此器可得雙行噴水而各門仍如單行之制推水柱如空挺桿以二挺桿通過汽筩蓋動之一在軸之左一在軸之右

連於推水柱之底與訥白爾初造螺輪汽機略同推水柱

第一百七圖

之底有搖桿搖轉一軸此軸之一端有小飛輪一端有兩心輪所以帶動汽㠶又有添水筩以添鍋爐之水有小韝韛爲噴入之水所抵而連進汽門可制汽機之遲速陝得造之橫臥水龍如第一百六圖其直立水龍如第一百七圖二式之功力略同前六年會經試

驗有二汽筩徑俱六寸又三十二分寸之九推機路七寸鍋爐內每平方寸之漲力一百二十磅一分時往復一百二十五次實馬力一十五是年又試與此體制相等者汽之漲力比此稍大計實馬力一十八汽機並車共重二千七百四十四磅是年會送水龍一部往荷蘭國博物院與各水龍比較評爲第一贈金牌一面金錢五百圓此水龍用一汽筩徑七寸推機路八寸噴水管口內徑一寸又八分寸之一水之噴力每平方寸一百二十五磅鍋爐內每平方寸汽漲力一百四十五磅之時噴力每平方寸一百二十八磅一五每分時往復一百六十五次韝韛對力每

平方寸五磅半，實馬力三十二又四分寸之一，全體共重三千五百八十四磅，此器功力異常，指力器所繪之圖如第一百八圖。按陝得製造此器，工料甚精，惟煙管排列太密，故用水必甚清，否則結皮而致各管相連，然水龍之鍋爐容水本宜極少，則熾火而汽即生，且用時不久，用過之後即可取出煙管刮淨所結之皮，故雖密無患也。汽箭遂亦收拾潔淨。

第一百八圖

米里回塔坊未造汽機水龍時，專精製造人力水龍，迨與造汽機，即用其各精法，近來又有兩事為特異，其一用有底小管甚多，密聚於火爐之內，管內再加小管，使水循環流動。其二不用曲拐而推水柱直接於挺桿，若二汽箭者，則此汽箭之汽罨帶動於彼汽箭之挺桿，一汽箭者另用一小汽箭動汽罨，而小汽箭之汽罨用人力動之。造機者云此機爇火至生汽歷時極少，汽機之鞲鞴與推水柱徑大而動緩，糜力少而煤可省。然欲噴水甚速，必有糜力。無論何種水龍，水出之遠相同，則水行之速亦必同，所以推水柱行速而徑小，或行緩而徑大，水出之速可相等，而鞲鞴之行或速或緩，必用曲拐，否則汽箭兩端必留空處，而費汽，雖杲臬書直行汽機能緩行而恆起水，然轉行起水汽機之功率可與相同，而轉動平勻，則過之，起水且能更速，所以不用曲拐之汽機今不多造矣。

前八年，英國博物院評定各汽機水龍，送評者陝得坊二部，米里回塔坊一部，將三水龍之鍋爐滿盛冷水與煤柴，同時生火，歷時十二分十秒，米利回塔者鍋爐內每平方寸汽漲力得一百磅；陝得者歷時十八分三十秒，亦得漲力一百磅。第二者因生火錯誤，將煤取出而重生火，故歷三十分而始得漲力一百磅。米里回塔者機動五十秒後即能噴水，自生火時起過十七分十五秒，已噴水五千磅，遠六十尺。初次試行漲力自一百磅減去十五磅，試至三次之後有病而不能動，費一小時半修理，至別汽機已試第九次後再能行動，至第十三次又不能動，未再修理。陝得者雖歷時約多五分始能得漲力一百磅，而汽機一動水即噴出，初次試時漲力不過減五磅，行動一日無病，試十七次之時噴水三十六分時不息，漲力恆得九十磅，可見無曲拐者大不及有曲拐者也。此後一年，博物院再評水龍時，所送水龍之坊有米里回塔、陝得、以司頓、白得路、伯茲臬、可司、顆留，列表如後。

坊名	水龍共重磅數	汽箭箇數	汽箭徑寸數	鞲鞴推路寸數	噴水箭箇數	噴水箭徑數	鍋爐容水軋倫數	容汽處之立方尺數	火櫃火切面平方尺數	煙管火切面平方尺數	總火切面平方尺數
米里回塔	六五〇四·	二	八	二四·	二	六·八三	三〇至九〇	一九至九	一四·五	一九二·五	二〇七·
陝得	六四二三·	二	八四三	九·	二	七·	六·四三	七·五	二九·五三	一〇八·	一三七·五三
以司頓	六五九五·	二	九三	九 八三五	四	二〇五八五 二〇五三一	四一·	一一·〇五	三七·	一七三·	二一〇·
白得	六〇五三〇	一	一〇·三三	一二·	一	六·	六三·	八·五	二六·三三	一八三三	[illegible]
路伯兹	四四〇〇	一	七	一三·	一	九·三	一三·三	三·八	二三·	一一八·	一四一·
臬司	五六三三·	一	九	八·三	一		三八·	七·二三	四八·五	一三三·五	一八二·
顆留	四二八九·	一	九八三	八·	一	七	一七·三	三·八五	二一·七四	五三·四五	七五·一九

各機之鍋爐不同米里回塔者鍋爐外殼用密鐵板厚十六分寸之五帽釘用雙行鑲煙管之上下二板用羅暮而鐵板厚十六分寸之十一牽條用寶合鐵徑一寸煙管用銅鍋爐高六十寸徑四十五寸陝得者亦用直立圓箭鍋爐徑四十五寸高六十寸煙管用黃銅直立於鍋爐之內以司頓者火櫃四圍有直立煙管一匝徑皆二寸白得者鍋爐亦直立徑三十六寸又八分寸之三高六十五寸火櫃高二十寸煙管三百十三根外徑一寸又四分寸之一路伯茲者鍋爐徑三十寸高二十四寸煙管二百四十八根內徑四分寸之三臬可司者用圈形鍋爐顆留者圓箭

內有煙管煙管有耳可轉動於殼內殼內實以火泥試驗之時將各鍋爐滿盛冷水煤柴各備水一萬磅使噴至一箱遠六十七尺同時生火視何者先將水噴畢列其次第一以司頓二米里回塔三陝得四白得五路伯茲餘未中式試第二次時各汽機之漲力已足同時噴水一萬磅何者先畢列其次第一陝得二白得三米里回塔四路伯茲五以司頓後又再試數次取其中數以米里回塔爲第一贈金錢二百五十圓陝得爲第二贈金錢一百圓米里回塔之水龍名色得蘭如第一百九圖汽箭有二箇徑各八寸又八分寸之五推機路二十四寸噴水箭二箇徑

第一百九圖

各六寸又八分寸之一推水盤與鞲鞴共連一挺桿故推路相同汽箭與噴水箭橫臥於熟鐵架上汽櫃用簡法一鞲鞴起動時一鞲鞴在半路因此行動平勻二挺桿外各連小桿另有螺絲桿二根連於二挺

桿之旁其螺絲以方鐵扭轉爲之螺距十二寸前端有枕可旋轉近汽筩之端更作方螺絲螺距一寸又四分寸之一外各有礮銅螺蓋連於汽罨桿小桿之端各有礮銅之塊切於長螺絲行動而使長螺絲旋轉螺蓋自然往復而汽罨隨之鞲鞴將至路端已關進出二汽孔不致擊撞筩底鞲鞴之行動各能自主而不相連惟二汽罨桿則相連故鞲鞴行至半路能主彼汽筩之進汽而彼此迭更如是也汽罨用相定之式漲力一百五十磅之時不過五磅之力動之甚省汽機之力

進汽門一開鞲鞴立即起動此門毫無阻滯能制進汽之

多少進汽極少可慢至二分時往復一次

噴水筩各有塞門在其底筩底之水可放盡冬天不致結冰吸水門共四箇各長十寸闊一寸三七五可起高一寸面積十三方寸七五出水門亦四箇各長十寸闊一寸二五可起高一寸面積十二方寸二五各門俱用礮銅內面鋪以象皮一層（不用亦可）噴水孔有四箇俱可接以皮管徑五寸半噴水筩之蓋可以取去便於收拾各門

車旁之架用寶令角鐵固以熟鐵橫牽條前輪與架相連有活節而可旋轉

容氣泡之前後有收藏零器之箱又有御馬者之座可容十人噴水皮管繞於圓筩之外藏於鍋爐之下長五百尺至六百尺噴水筩上之吸水管以銅爲之

鍋爐直立外體用窩鐵板厚十六分寸之五帽釘雙行煙管用紅銅以造銅絲法抽成鑲板用羅暮而鐵板厚十六分寸之十一牽條徑一寸用寶令鐵鍋爐高五尺徑三尺六寸容水六百磅容汽處九立方尺至十九立方尺火櫃之火切面十四方尺五煙管之火切面一百九十二方尺五總火切面二百零七方尺鍋爐之頂有四大孔以便開門收拾煙管上下二板用熟鐵牽條相連有放汽萍門四箇漲力表兩箇格法德第五號噴水器一箇有看水玻璃

管看水塞門煙通內噴餘汽以助吸風火爐下有大箱可藏煤炭車之四輪皆有簧用馬牽引雖甚速而不振壞

第一百十圖

米里回塔造之汽機水龍名土倫得者如第一百一十圖數次救火未嘗誤事各件甚簡未明汽機之理者亦可用之

汽筩用一箇徑六寸半推機路十二寸鞲鞴與推水盤共連一挺桿噴

水箭徑四寸又四分寸之三推水路十二寸容水十四磅五汽罨用相定之法運動極簡挺桿中節有一橫擔略似挺棰倚行於二箭間之牽條橫擔之上連以二小桿此二小桿連於汽罨桿而動空腹汽罨轆轆無論停於何處一開進汽門立即起動任可遲速遲則一分時往復一次

進水門有二箇長九寸半闊一寸三六二五可起高一寸面積十寸出水門亦二箇長九寸五闊一寸可起高一寸面積九寸五俱用礮銅外鋪牛皮或象皮置門於噴水箭之底可放盡餘水而不致結冰出水孔二箇徑二寸半吸水管徑三寸半總架用寶令角鐵前二輪有活節可旋轉

鍋爐內體用鋼板煙管用紅銅以抽銅絲法抽成上下鑲板用羅暮而鐵板厚十六分寸之九下板如鐘形可受水內之泥使易放出上板之邊有四孔可以收拾內面鍋爐高四十八寸徑二十八寸外體用密鐵板厚四分寸之一行動時容水一百五十磅至三百磅容汽處之容積四立方尺火櫃之火切面七方尺五煙管之火切面五十七方尺共六十四方尺五用格法德噴水器添水又可用大噴箭添水又另有一添水箭放汽萍門漲表看水玻璃管看水塞門皆備煙通內有吹氣管鍋爐下有藏煤箱機下有架藏皮管

汽機之架用鋼板厚八分寸之三連於鍋爐之前後汽箭與架正交有鋼與木相連又在前後門處有順架至煙箱而止前輪之橫架亦用鋼輪軸在架斜槽之內忽受重力因有簧而不致斷且可使齒輪之心相對

米里回塔與陜得雨坊之機每實馬力重一百十二磅常造單汽箭者重二千九百十二磅至三千一百磅雙汽箭者重三千九百二十磅至四千四百八十磅噴水箭之門使水自最低處噴出設有沙泥不能積留於內米里回塔者惟不用曲拐為一病

前六年米里回塔者送荷蘭國博物院評試得銀牌一面銀錢二百圓據言數日前曾用鹹水有鹽結於鍋爐之內故不得列於第一

造冰汽機為汽機最奇之用法將空氣以大壓力壓出其熱然後使之自漲而生冷前二十三年蒲而捺在印度國見地氣甚熱刱思此法以免炎熱或言此法已有人用以脫為之亦以汽機使生冰後果克所作生冰汽機可不用以脫

新陽趙元益校字

上海曹鍾秀摹圖

江南製造局科技譯著集成

機械工程卷

第壹分册

汽機新制

《汽機新制》提要

《汽機新制》八卷，英國白爾格（Nicholas Procter Burgh）譔，英國傅蘭雅（John Fryer, 1839–1928）口譯，無錫徐建寅筆述，同治十一年（1872年）刊行。底本爲《Practical Rules for the Proportions of Modern Engines and Boilers for Land and Marine Purpose》，1865年版。

此書主要論述各類蒸汽機、鍋爐之實用規則，其中卷一論述高壓蒸汽機之設計、功率、規則，以及汽缸、活塞、閥門、曲柄連桿、飛輪、給水泵等各種構件；卷二論述横樑式冷凝蒸汽機功率、原理，以及鐵樑、曲柄連桿、齒輪、飛輪等各種構件；卷三論述螺旋槳汽輪機之各類構件，如汽缸、各種閥門、活塞、空氣泵、給水泵、連桿裝置、螺旋軸、轉向齒輪、螺旋槳、推進器、各種框架等；卷四論述搖擺式蒸汽機之性能與構件，如功率、汽缸、活塞、空氣泵、曲柄裝置、槳輪、齒輪等；卷五介紹如金斯頓閥、膨脹閥、排水閥等各種閥門；卷六論述鍋爐，包含陸用鍋爐、船用鍋爐，以及安全閥、雙螺旋槳推進器等；卷七爲雜論，涉及偏心輪位置、滑閥連杆、直動式螺旋槳汽輪機、搖擺式蒸汽機、槳輪、齒輪等相關知識；卷八介紹各類蒸汽機之構件尺寸。

此書內容如下：

目錄

卷一　大抵力汽機

卷二　槓桿汽機

卷三　螺輪汽機

汽機新制目錄

汽機新制卷一

英國　白爾格　譔
英國　傅蘭雅　口譯
無錫　徐建寅　筆述

大抵力汽機

大抵力汽機之類以事件之位置分爲諸種、如直立汽筩、斜迤汽筩、倒置汽筩、搖動汽筩、平臥汽筩等是也、平臥汽筩者造之簡便用之尤便是以多用之者然其體制亦各人所造者不同若泛論諸式殊覺繁累、且無益處、是以專擇最善之式而詳之焉、其式以生鐵鑄成架座鑄時備有相連各件之位汽筩連固於架座之上、汽罨切於汽筩旁之平面挺桿端作丁字形之鍵襯行動於架面鍵輔之內使挺桿之端不致偏倚鍵輔蓋條用螺釘螺蓋連於架座搖桿後端與挺鍵之楗相接其前端接拐軸以搖轉曲拐曲拐與大軸整塊打成大軸之枕鑄連於架座上面之或左或右兩心輪套於大軸在軸枕之外以方楗固定其兩心距與汽罨及添水筩往復之路相配添水筩連於軸枕之對面汽罨稱軸轉動於枕內其枕鑄成於鍵輔之下、其桿用活節連於汽罨桿與添水筩桿易於或裝或拆、圓球汽制居轉柱之頂轉柱連於架座而對汽罨匣之前、以斜齒相接用皮帶連於大軸而轉動有桿與汽門相接、而制其開闢。此式汽機體制樸實而易準。各件牢固而耐用。簡便而易於收拾。造價小而用費亦省。

樣圖要說

凡造汽機必先作樣圖。圖內各件。必皆整齊。行動之處。手所當到者必能易到。不可有一件混亂。任受大力之件。如架座大軸曲拐搖桿螺釘螺蓋等。其堅固與任受之力必相配。而有餘體。又不可過重。各揩邊之釘孔間必皆有連脊。揩邊受大力時有所相助。不致折斷。鑄成之孔內膛宜大於兩端。鑽光之時易於圓正。兩件相切而固定之處。宜鑄就凸面。可以易於鉋鑿相配。

定號馬力之法

常言之號馬力。其數無有一定推算之式。各人所用者不同。故汽機有號馬力相同。而其實馬力大不同者。茲書之法。乃會萃多人用過之尺寸與比例之最善者而折中焉。用以定汽機之各數。可無謬誤也。

每號馬力配汽筩橫剖面積七方寸至九方寸。推機路與徑爲二與一之比。

欲造汽機之號馬力已有定數。則將其數與前定橫剖面積之方寸數相乘。得數爲所造汽筩當有之橫剖面積方寸數。由此求得其徑之寸數。以二乘之爲推機路之寸數。

汽機大者。此數可稍減也。各件之尺寸。俱宜用整數。如帶零數者。可或損或益以得之。若平圓面積則益善於損也。

式

四馬力等於四乘九等於三六。等於徑六寸又十六分寸之三。推機路十二寸。

六馬力等於六乘九等於五四。等於徑八寸又十六分寸之五。推機路十六寸。

八馬力等於八乘八七五等於七〇。等於徑九寸又二分寸之一。推機路十八寸。

十馬力等於一〇乘八五等於八五。等於徑十寸又十六分寸之七。推機路二十一寸。

十二馬力等於一二乘八二五等於九九。等於徑十一寸又四分寸之一。推機路二十二寸。

十五馬力等於一五乘八等於一二〇。等於徑十二寸又八分寸之三。推機路二十四寸。

二十馬力等於二〇乘八等於一六〇。等於徑十四寸又十六分寸之五。推機路二十八寸。

二十五馬力等於二五乘七八等於一九五。等於徑十五寸又十六分寸之十三。推機路三十寸。

三十馬力等於三〇乘七七八等於二三三。等於徑十

七寸又四分寸之一推機路三十四寸

三十五馬力等於三五乘七七五等於三七二等於徑十八寸又八分寸之五推機路三十六寸

四十馬力等於四○乘七五等於三○○等於徑十九寸又十六分寸之九推機路四十寸

五十馬力等於五○乘七等於三五○等於徑二十一寸又八分寸之一推機路四十二寸

求實馬力之法

求汽機之實馬力必先測得鞲鞴面之均抵力與每分時鞲鞴行動之路故能力相同速大者所有抵力可小速小者所有抵力必大也如六分時起十頓之重高一尺則一小時必起高十尺而為能力一百頓或三分時起五頓之重高一尺則一小時必起高二十尺亦為能力一百頓也汽機之實馬力依鞲鞴現出之能力其能力全賴汽之抵力常以一分時起重三萬三千磅高至一尺為一實馬力將鞲鞴橫剖面積方寸數與鞲鞴面每方寸之均抵力磅數相乘再以每分時鞲鞴總行尺數乘之為能力之尺磅數以三萬三千約之得實馬力之數（此數未計各件之滯力）今以鞲鞴面每方寸均抵力為三十磅每分時鞲鞴總行為二百尺得各式如左

四號馬力等於三六乘三○乘二○○以三萬三千約之等於六實馬力五

六號馬力等於四五乘三○乘二○○以三萬三千約之等於八實馬力

八號馬力等於七○乘三○乘二○○以三萬三千約之等於十二實馬力七

十號馬力等於八五乘三○乘二○○以三萬三千約之等於十五實馬力四

十二號馬力等於九九乘三○乘二○○以三萬三千約之等於十八實馬力

十五號馬力等於一二○乘三○乘二○○以三萬三千約之等於二十一實馬力八

二十號馬力等於一六○乘三○乘二○○以三萬三千約之等於二十九實馬力

二十五號馬力等於一九五乘三○乘二○○以三萬三千約之等於三十五實馬力四五

三十號馬力等於二三三乘三○乘二○○以三萬三千約之等於四十二實馬力三

三十五號馬力等於二七二乘三○乘二○○以三萬三千約之等於四十九實馬力

四十號馬力等於三〇〇乘三〇乘二〇〇〇以三萬三千約之等於五十四實馬力五四

五十號馬力等於三五〇乘三〇乘二〇〇〇以三萬三千約之等於六十三實馬力六三

汽筩

汽筩橫剖面積等於號馬力數乘九至七

汽筩內徑等於橫剖面積之平方根乘一·一二八三

韝鞴全厚等於汽筩內徑四分之一

推機路等於汽筩內徑乘二

汽筩內兩端空隙等於三十分汽筩內徑之一

汽筩口接蓋處之內徑等於汽筩內徑加八分寸之一至十六分寸之三

汽筩內長等於推機路加韝鞴全厚加兩端空隙

挺桿之徑等於汽筩內徑六分之一至七分之一

汽筩體厚無有公法可定如汽筩內徑六寸者其厚至少有八分寸之五即徑與厚爲九十六與十之比內徑二十四寸其厚有一寸又二分寸之一即徑與厚爲十六與一之比可知無有一定也故必依已造之善式而定之列表於左以便擇用

汽筩體厚 寸	汽筩內徑 寸	號馬力
$\frac{5}{8}$	$6\frac{11}{16}$	四
$\frac{11}{16}$	$8\frac{15}{16}$	六
$\frac{3}{4}$	$9\frac{1}{2}$	八
$\frac{15}{16}$	$10\frac{7}{16}$	一〇
一	$11\frac{1}{4}$	一二
$1\frac{1}{16}$	$12\frac{3}{8}$	一五
$1\frac{1}{8}$	$14\frac{15}{16}$	二〇
$1\frac{3}{16}$	$15\frac{13}{16}$	二五
$1\frac{1}{4}$	$17\frac{1}{4}$	三〇
$1\frac{5}{16}$	$18\frac{5}{8}$	三五
$1\frac{1}{4}$	$19\frac{9}{16}$	四〇
$1\frac{3}{8}$	$21\frac{1}{8}$	五〇

以上各數不必另加車鉋之數若韝鞴行速每分時大於三百尺者每加速一百尺必加厚十六分寸之一

汽筩外脊圈之厚等於汽筩體厚五分之一

汽筩外脊圈之闊等於汽筩體厚乘二

汽路體厚等於汽筩體厚乘〇·八至〇·六

汽筩後蓋之厚等於汽筩體厚乘〇·八至〇·六

汽筩蓋嵌入汽筩內之深等於汽筩體厚

汽筩蓋摺邊之厚等於汽筩體厚乘一至〇·八

汽筩蓋高脊之厚等於汽筩體厚乘〇·五至〇·四

汽筩蓋容挺桿螺蓋凹之內徑等於挺桿螺絲處之徑乘二

相連汽筩蓋螺釘之徑等於汽筩體厚爲徑一寸以內者

諸螺釘心圓界之徑等於汽筩容蓋處之內徑加汽筩體厚乘二再加螺釘之徑

螺釘孔外體厚等於螺釘之徑乘〇·七五

螺蓋底盤之徑等於螺蓋對角之徑乘一·一

螺蓋底盤之厚等於八分寸之一

汽箭前端平底之厚等於汽箭體厚乘○·八至○·六

汽箭前端平底高脊共四條之厚等於前端平底之厚乘○·八至○·六

汽箭中線高於架座面等於汽箭半徑加四分寸之一至四分寸之三

汽箭連於架座摺邊之厚等於汽箭體厚乘一至一·二

摺邊連脊之厚等於摺邊之厚乘○·八至○·六

摺邊連脊相距等於相連螺蓋對角之徑乘三至二

相連汽箭於架座螺釘共四箇之徑等於挺桿之徑乘○·七至○·六

相連汽箭於架座螺釘心之橫相距等於汽箭內徑

軟墊臼壓蓋

挺桿軟墊臼內徑等於挺桿之徑乘一·七五

挺桿軟墊臼內深等於挺桿之徑乘一·五

軟墊臼底銅襯管之厚等於挺桿之徑六分之一至八分之一

壓蓋之深等於軟墊臼深乘○·八至○·八七

軟墊臼體厚等於壓蓋體厚

相連壓蓋螺釘之徑等於挺桿之徑乘○·三至○·二五

螺釘孔外體厚等於螺釘徑乘○·七五

壓蓋油膛之深等於挺桿徑二分之一

壓蓋摺邊之厚等於相連壓蓋螺釘之徑

汽罨

進汽孔進汽時之面積等於汽箭面積十五分之一至二十分之一等於一號馬力約二分方寸之一

進汽孔之長等於汽箭之徑乘○·六至○·七

進汽孔進汽時之闊等於面積以長約之

汽路之闊等於汽孔全闊加八分寸之一

汽路之長等於汽孔之長加八分寸之一

進汽孔全闊等於進汽孔進汽時之闊乘二

進汽孔出汽時之闊等於進汽孔進汽時之闊乘一·五

汽罨外餘面之闊等於進汽孔進汽時之闊至以一·二五約之

汽罨內餘面之闊等於十六分寸之一

汽罨旁餘面之闊等於進汽孔全闊乘○·六至○·五

汽箭平面橫條之闊等於八分寸之五至一寸或等於汽路體厚加八分寸之一

汽罨平面與汽箭中線之相距等於平面體厚乘一·三至一·四加汽路之闊加汽箭外半徑

汽棬往復路等於進汽孔進汽時之闊加外餘面乘二
汽棬桿徑等於挺桿之徑乘〇·六至〇·七
汽棬桿軟墊臼內徑等於汽棬桿徑乘一·八
汽棬桿軟墊臼內深等於汽棬桿徑乘一·六
汽棬桿軟墊臼底襯管之厚等於八分寸之一至十六分寸之三
軟墊臼壓蓋之深等於軟墊之深乘〇·七五
軟墊臼體厚等於壓蓋之厚
相連壓蓋螺釘共二箇之徑等於汽棬桿之徑乘〇·四至〇·五

汽棬匣內往復之空隙等於往復路七分之一至九分之一
汽棬空腹內深等於進汽孔出汽時之闊
汽棬體厚等於八分寸之三至八分寸之五　闊過於九寸者必作高脊
汽棬搨邊之厚等於二分寸之一至四分寸之三
汽棬桿心與平面相距等於汽棬桿徑加搨邊之厚

汽棬匣

汽棬匣體厚等於汽路體厚
汽棬匣搨邊之厚等於汽棬匣體厚乘一·一二五

汽棬匣搨邊之闊等於相連搨邊於汽筩螺釘之徑乘二·五加汽棬匣體厚
相連汽棬匣螺釘之徑等於匣蓋體厚
汽棬匣蓋體厚等於汽匣體厚乘〇·八至〇·七
汽棬匣蓋高脊之厚等於匣蓋體厚乘〇·六至〇·五

鞲鞴

鞲鞴體厚等於汽筩體厚乘〇·七至〇·五
鞲鞴內脊之厚等於鞲鞴體厚乘〇·七至〇·六
每兩脊間面積等於鞲鞴面積八分之一至十二分之一
相連壓環螺釘之徑等於鞲鞴體厚

鞲鞴外周與汽筩內面相切移動而不洩汽之法在外周作槽鑲以生鐵護環中段厚於兩端兩端作斜角合四十五度以免消磨汽筩內面留高脊在兩端之間鑲以礮銅橫塊使其接縫不洩汽環邊平準與鞲鞴搨邊並壓環密切而可移動使環可開闔環內有軟墊或多小簧使護環緊切汽筩內面另用礮銅塊自外嵌入鞲鞴體內與鞲鞴槽底相平相連壓環之螺釘旋入此塊之中
礮銅嵌塊之厚等於相連壓蓋螺釘之徑乘一·一二至一·七
礮銅嵌塊之邊等於螺釘之徑乘一·八至一·七

護環中段之厚等於每徑一尺配二分寸之一

護環兩端之厚等於中段之厚乘〇·七至〇·八

挺桿

挺桿連於挺扭之法甚多常法以挺桿之端裝入單支或雙支挺扭之盜內用長劈橫穿固定最善之法挺桿之端作丁字形用螺釘二箇相連鍵襯以夾挺楗

挺桿裝入鞲鞴端之尖等於每長一尺配半徑八分寸之三

挺桿內端大螺蓋之厚等於挺桿之徑乘〇·八至〇·七

相連丁字形螺釘之共橫剖面積等於挺桿橫剖面積

挺桿外端丁字形之厚等於相連螺釘之徑

挺桿外端丁字形之闊等於相連螺釘之徑乘二

挺楗頸徑等於挺桿之徑乘一·四至一·三

鍵輔移襯

此爲常式鍵輔移襯宜於行動甚速之用其楗襯分爲二半中夾挺楗而轉動最善之法鍵輔襯之後半與挺桿相連而前半能活動用蓋夾之以螺釘連固

鍵輔移襯底與鍵輔相切之面積等於汽筩內橫剖面積以搖桿長與推機路之相比約之

鍵輔移襯底與鍵輔相切面積之長等於推機路乘〇·四五至〇·四

鍵輔移襯底與鍵輔相切面積之闊等於面積以長約之

鍵輔移襯底體厚等於闊乘〇·三至〇·二五

底殼之厚等於底體之厚二分之一

底殼相配之斜度等於每尺爲四分寸之一

相連底殼螺釘之徑等底殼之厚

挺楗頸長等於挺楗頸徑乘一·五

挺楗襯旁體厚等於挺楗頸徑四分之一至五分之一

挺楗襯後邊體厚等於挺楗頸徑乘〇·四

挺楗襯前邊體厚等於後邊體厚乘〇·五

襯內軟金類凹之深等於八分寸之一至十六分寸之三

挺扭蓋厚等於相連螺釘之徑

挺扭蓋闊等於挺扭蓋之厚乘二

搖桿

搖桿之長等於推機路乘二 爲最短之數

叉支之長（自孔心計之）等於挺楗頸徑乘二·五

叉支之闊等於挺楗頸徑

叉支之厚等於叉支之闊乘〇·五

叉支端圈體闊等於挺楗之徑乘〇·四至〇·三六

叉支端圈體厚等於叉支之厚乘一·二五

搖桿在叉端之徑等於挺桿之徑乘一·二五.

搖桿在曲拐端之徑等於挺桿之徑乘一·二五

搖桿在中段之徑等於曲拐端之徑加每長一尺配十六分寸之一.

搖桿前端之式甚多惟船汽機所用丁字形之式最易裝拆與配準其襯用平面之銅以蓋夾之銅襯之中有凸領爲圓形或六面形.

拐軸頸徑等於挺桿之徑乘一·五.

拐軸頸長等於拐軸頸徑.

銅襯前後體厚等於拐軸頸徑四分之一至六分之一.

銅襯兩邊體厚等於前後體厚乘○·五.

相連螺釘之徑等於相連挺楗襯蓋螺釘之徑.

銅襯內面與螺釘面相距等於相連螺釘之徑六分之一至八分之一.

外端與螺釘面相距等於相連螺釘之徑五分之一至七分之一.

銅襯凸領體厚等於銅襯前後之厚

銅襯凸領之徑等於銅襯對角之徑加體一邊之厚

搖桿丁字形之厚等於拐軸頸徑乘○·五.

用平面銅襯與平面蓋者其銅襯與螺釘之尺寸俱等於彎蓋之尺寸.

平面銅襯內面與螺釘面相距等於八分寸之一至十六分之一

平蓋或彎蓋之厚等於相連螺釘之徑.

平蓋或彎蓋與丁字形之闊等於相連螺釘之徑乘二.

兩心輪

兩心距之倍等於汽鞲往復路與汽鞲軸桿長之相比.

輪轂之厚等於大軸之徑四分之一至六分之一.

輪輻之厚條共三等於轂厚乘○·四至○·五.

輪輻體斜等於每長一尺配二分寸之一.

輪牙之厚等於輪轂之厚乘○·八至○·七.

輪牙外槽之深等於八分寸之一至十分寸之一.

槽邊體厚等於槽深.

兩心輪直動汽鞲者則兩心距之倍等於汽鞲往復路

輪轂之厚等於大軸之徑五分之一至七分之一.

餘各尺寸同前.

兩心環推引桿螺釘

推引桿前端之徑等於汽鞲桿徑乘一·五.

推引桿長等於搖桿之長

推引桿在汽鞲端之徑等於前端之徑乘○·九至○·八

推引桿中段之徑等於前端之徑加每長一尺配三十二分之一
相連螺釘之共橫剖面積等於汽舂桿橫剖面積
丁字形之厚等於相連螺釘之徑
兩心環之厚等於箱連螺釘之徑乘〇·五至〇·四
兩心環耳之厚等於環厚乘一·五
兩心環之闊等於螺蓋對角之徑乘一·二
兩心輪獨動汽舂者則推引桿前端之徑等於汽舂桿徑乘一·二五
推引桿在汽舂端之徑等於汽舂桿之徑

相連螺釘之共橫剖面積等於汽舂桿橫剖面積乘〇·八
汽舂與添水筩共軸之徑等於汽舂桿之徑乘二
汽舂軸之徑等於汽舂桿之徑乘一·三

架座

汽機之架座任受汽筩所現之各力必須極其堅固有分二塊或多塊鑄成而湊合者相連之螺釘若稍有鬆動各件必受過限之大力速行汽機此病更甚不可爲法也爰是精心考究生鐵架座各處當得之尺寸如左
架座體厚等於汽筩體厚乘〇·八至〇·七
架座兩股之闊等於汽筩之徑二分之一

架座兩股之高等於架股之闊乘〇·五
架座兩股中心之相距等於汽筩之徑
架座凸面之高等於八分寸之一至四分寸之一
相連螺釘孔領之徑等於螺釘之徑乘二
鍵輔槽長等於推機路加四分鍵襯長之一
鍵輔蓋條之厚等於鍵輔體厚乘一至〇·八七五
相連蓋條螺釘之徑等於摺邊之厚乘一至〇·七五
相連蓋條螺釘心相距等於螺釘之徑乘八
螺釘孔外肉之厚等於螺釘之徑乘〇·七五
鍵輔底體之厚等於鍵輔之厚

相連架座於底座螺釘之徑共六箇等於相連汽筩於架座螺釘之徑
汽舂軸桿端圈之徑等於汽舂軸乘二
汽舂軸頸銅襯管體厚等於八分寸之一至四分寸之一
大軸頸徑等於挺桿之徑乘二為極大之數
大軸頸長等於大軸頸徑乘一·五
大軸頸心與架座中線相距等於大軸頸徑乘二為最小之數
大軸枕銅襯體厚等於大軸頸徑六分之一至七分之一
相連枕蓋螺釘之共橫剖面積等於挺桿橫剖面積乘〇·七至〇·六

大軸枕蓋之厚等於大軸頸徑乘〇·六至〇·五

大軸枕銅襯內面與螺釘面相距等於螺釘之徑四分之一

大軸枕螺釘孔外邊之體厚等於螺釘之徑乘〇·五至〇·四

夾體之厚等於螺釘孔外邊體厚乘〇·五

曲拐大軸

曲拐橫剖面積等於大軸頸橫剖面積

曲拐之厚等於大軸頸徑乘〇·七至〇·八

大軸外徑等於大軸頸徑乘一·二至一·三

拐軸領徑等於拐軸頸徑乘一·二至一·三

飛輪

輪牙重之擔數等於汽機號馬力數乘二至一·五

輪牙心界之徑等於推機路乘三至二

輪牙體積方寸數等於重之磅數以〇·二六三約之

輪牙橫剖面積方寸數等於體積方寸數以輪牙心界寸數約之

輪牙之厚等於輪牙心界之徑九分之一至七分之一

輪牙之闊等於橫剖面積以厚約之

輪轂之徑等於大軸外徑乘二·五至二

輪轂之長等於大軸外徑乘二

輪輻六條

輪輻橫剖面積等於輪牙橫剖面積以輻數約之

輪輻連於牙處之厚等於輪牙之闊二分之一

輪輻體向內漸大等於每長一尺配二分寸之一

輪牙連條之橫剖面積等於輪牙橫剖面積三分之一至四分之一

輪牙內連條之厚等於輻牙之厚三分之一至四分之一

連條長劈之闊等於連條之厚

連條長劈之厚等於長劈之闊乘〇·三至〇·二

輪轂熟鐵箍之闊等於輪轂之長四分之一至五分之一

輪轂熟鐵箍之厚等於箍闊乘〇·六至〇·五

添水筩

求添水筩尺寸之常法不足取則雖有甚深之算理無益於實用或言其尺寸可自汽筩之尺寸而得亦非全法因無論何種機器諸件之尺寸均必依原動力之數而汽機之原動力為汽之漲力故添水筩之容積必依汽之漲力並汽筩之容積也茲述用過之善法如左

添水筩容積方寸數等於汽筩容積方寸數加一汽路容積方寸數乘化汽一立方尺用水之立方寸數乘四數其

如左表

鍋爐內每平方寸汽漲力磅數	每汽一立方尺用水之立方寸數
一〇	一·七
一五	二·〇
二〇	二·三
二五	二·六
三〇	二·九
三五	三·二
四〇	三·五
四五	三·八
五〇	四·〇
六〇	四·六
七〇	五·一
八〇	五·六五
九〇	六·二
一〇〇	六·六八

添水柱帶動於汽筩之兩心輪者添水筩之往復路自汽筩之往復路與二桿長之相比而得之

添水門常用象皮為之孔之面積等於推水柱橫剖面積乘〇·七至〇·六

推水柱體厚等於鍋爐內每方寸汽漲力每二十磅推水柱每徑一寸配三十二分寸之一至十六分寸之一

推水柱底厚等於體厚乘二至一·五

推水柱楗橫剖面積等於推引桿後端橫剖面積乘〇·八

添水筩軟墊臼內徑等於推水柱徑乘一·六至一·四

添水筩軟墊臼之深等於軟墊臼內徑乘〇·五至〇·四

軟墊臼壓蓋之深等於軟墊臼深乘〇·七至〇·八

相連壓蓋螺釘之徑共二箇等於推水柱徑乘〇·三至〇·二不可過一寸又四分寸之一

添水筩口揩邊之厚等於相連壓蓋螺釘之徑

添水筩體厚熟鐵者等於推水柱體厚乘一·五至一·三

添水筩體厚生鐵者等於推水柱體厚乘一·八至一·六

添水餘流門

餘流門在出水門與鍋爐之間添水管或塞門阻絕餘流門能自開俾水流去添水管不致礫裂此門最便之處在添水筩出水門之上

餘流門之徑等於添水管之徑

餘流門用簧壓之簧體之大小極難相配因鋼之性簧之圈數圈之相距俱與壓力有相關也左法僅可得其略數必用螺釘一箇配準其壓力

簧圈之徑等於添水管徑

簧圈之數等於六至八

簧體之徑等於圈徑每二寸配〇·二五寸圈徑小於二寸者依其比例計之而再稍加

圈間之距等於簧體之徑乘二至一·五

門心挺桿之徑等於門徑四分之一至六分之一

門體之厚等於門心挺桿徑二分之一。

汽制圓球

平面線距挂點之高等於推機路乘〇·五至〇·四。

汽制圓球每分時之轉數等於一百八十七·五以平面線距挂點高之平方根約之。

斜齒輪徑等於平面線距挂點之高乘〇·四至〇·三。

齒心距等於輪徑每一寸配八分寸之一至三十二分寸之三。

斜齒輪軸之徑等於齒心距乘二。

大軸轉數等於每分時鞲鞴總行尺數以推機路乘二約之。

轉柱之徑等於每長一尺配二分寸之一至八分寸之三。

球桿之徑等於轉柱之徑乘〇·六至〇·五。

連桿接於球桿之點與挂點相距等於三分挂點距圓球之二。

連桿之徑等於球桿之徑乘一至〇·八。

各楗之徑等於連桿之徑。

弧輔之厚等於八分寸之一至四分寸之一。

上體厚等於轉柱之徑乘〇·三至〇·二。

汽制座體厚等於每轉柱高一尺配二分寸之一。

汽制門軸與桿之徑等於連桿之徑乘〇·七至〇·六。

汽制球之徑[生鐵者]等於平面線距挂點之高乘〇·五至〇·四。

求球桿長短之法先定挂點距平面線之高次作兩球桿之中線成六十度之角此爲汽機以常速轉行應當之數其中線與平面相交之點與挂點之相距即球桿自球心至挂點之長汽機轉行極速之時兩球桿之中線所成之角必不可大於九十度汽機合法者恆不至此數也　球桿之定心必與挂心相合否則轉動圓錐變爲截圓錐而不合圓錐形擺之理矣。

汽機新制卷二

英國　白爾格譔
英國　傅蘭雅　口譯
無錫　徐建寅　筆述

槓桿汽機

槓桿汽機常用瓦特所剏平行動之法使挺桿恆行直線近有用鍵輔與空挺等法以代之者雖亦可無差但欲得汽機之正式必依瓦特之法也　其進汽出汽之門二十號馬力之小汽機者用平移空腹汽瓮之法多用此種汽機之處如英國哥奴瓦地等俱用相定平門之法汽之抵力能不阻其開闔之動用平移空腹汽瓮者常以兩心輪

運動之用相定平門者常以凸輪運動之將此二法之汽機相比知凸輪之法爲善因凸輪之形式能使其門有漸改之動也凸輪連於汽筩之前另有一軸之上用扁栓固定此軸用斜齒輪相接於大軸而同轉其轉數與大軸相等相定平門置於生鐵殼內生鐵殼有二各連於汽筩一端之揩邊每殼之內有進汽門與出汽門此法門近於汽筩故汽入能急動鞲鞴瓦特原法用生鐵殼一內有進汽門與出汽門各通汽筩之一端單行汽機汽自上門殼至下門殼自下門殼再至凝水櫃　凝水櫃常在汽筩之前用恆升車得真空如常法其門用象皮圓板或方板　舊

法起水槓桿汽機不用飛輪近時多用飛輪欲其轉動平勻也

汽筩

號馬力數		每號馬力汽筩橫剖面積方寸數
二十至	二十	等於　三十至二十二
二十至	三十	等於　二十二至二十一
三十至	五十	等於　二十一至二十
五十至	一百	等於　二十　至十九
一百　至	一百五十	等於　十九　至十七

推機路等於汽筩徑乘二·二五至二

進汽孔面積等於汽筩橫剖面積十九分之一至二十分之一

進汽路橫剖面積等於進汽孔面積乘一·五

出汽路橫剖面積等於進汽孔面積乘二

進汽路之長等於汽筩徑乘〇·六至〇·七

進汽路之闊等於橫剖面積以長約之

挺桿之徑等於汽筩徑十分之一

軟墊臼內徑等於挺桿徑乘二至一·七五

軟墊臼內深等於挺桿徑乘四

壓蓋之深等於挺桿徑乘二

軟墊白內襯黃銅管作多孔以小管自汽門殼通汽入內使空氣不洩入汽筩

相連壓蓋螺釘三箇至四箇之徑等於挺桿徑乘〇·四至〇·三

汽筩體厚等於徑一十寸厚四分寸之三

徑二十寸厚八分寸之七

徑三十寸厚一寸

徑四十寸厚一寸又四分寸之一

徑五十寸厚一寸又十六分寸之五

徑六十寸厚一寸又八分寸之三

徑七十寸厚一寸又二分寸之一

右諸數車鑽內膛之數在內

汽筩蓋厚等於汽筩體厚乘〇·八至〇·七

相連汽筩蓋螺釘之徑等於汽筩蓋厚乘一·二五

汽筩蓋高脊之厚等於汽筩蓋厚乘〇·八至〇·七

相連汽筩於架座螺釘四箇至六箇之徑等於挺桿徑乘〇·五

汽筩口底各揩邊之厚等於汽筩體厚

相定平門殼體厚等於汽筩體厚乘〇·七至〇·八

門殼揩邊之厚等於門殼體厚

相連門殼螺釘之徑等於門殼揩邊之厚

相定進汽平門其邊作圓錐形之面積等於汽筩橫剖面積十九分之一至二十分之一

相定出汽平門面積等於進汽平門面積乘一·五

平門邊所開之面積等於汽門面積二分之一

平門邊之斜四十五度

平門邊與門座相切之闊等於門徑十二分之一至十五分之一

門座間各汽路之深等於汽路之闊

平門體厚等於八分寸之一至八分寸之三

相連門座於殼螺釘之徑等於二分寸之一至四分寸之三

平門中心挺桿之徑等於平門之徑七分之一至九分之一

平門中心挺桿軟墊白之徑等於桿徑乘二

平門中心挺桿軟墊白之深等於桿徑乘二

平門中心挺桿軟墊白壓蓋之深等於桿徑乘一·五

相連壓蓋螺釘共二箇之徑等於桿徑乘〇·五

凸輪軸之徑等於桿徑乘三

平行動桿

汽機所平行動之法多與舊式相似而相連挺桿於橫桿之挺搖桿並與舊式無少異挺搖桿之常式用熟鐵長稏

中含銅襯銅襯之間有挺塊用扁栓與長劈穿固挺塊用生鐵爲之其式原自斜交之栅條而得也亦有用熟鐵車圓之桿爲挺塊者　槓桿若用生鐵熟鐵相合而成其端作實心者則挺搖桿上端作雙支如叉下端爲單支與挺桿之雙支相接

半徑桿宜連固於軸而軸在枕内轉動可用螺釘或長劈遷就其長短不可軸定而半徑桿在其外轉動平行桿亦同法爲之此爲平行動最要之事也

槓桿之長等於推機路乘三·五至四

挺搖桿之長等於推機路二分之一

長撑桿之長等於槓桿半長乘〇·四八

半徑桿之長等於槓桿半長減平行桿長乘餘數之平方以長撑桿長約之

挺搖桿徑等於挺桿之徑

長撑搖桿徑等於挺桿之徑乘〇·五至〇·四五

長撑桿與半徑桿之徑等於挺桿之徑乘〇·五至〇·四五

長撑桿與半徑桿連軸之徑等於挺桿徑乘〇·七至〇·六

熟鐵挺鈕圓盔之徑等於挺桿之徑乘一·五至一·六

銅襯彎擠扁栓長劈各尺寸見雜件

挺樘之徑等於挺桿之徑乘一·二

槓桿端樘頸徑等於挺桿徑乘一·二

槓桿中段之闊等於槓桿長六分之一至七分之一或推機路二分之一

槓桿兩端之闊或徑等於中段之闊乘〇·四至〇·三

槓桿之兩邊作弧線

槓桿邊厚等於一寸爲長十五尺者之最小數每加長十尺再加厚四分寸之一

槓桿高脊之厚等於厚邊之厚乘一·二五

高脊與厚邊之闊等於厚邊之厚乘二至三

槓桿中樞頸徑等於挺桿徑乘二·二至二

實心槓桿

實心槓桿體厚等於一寸又四分寸之一爲長十尺者之最小數每加長五尺至六尺加厚二分寸之一

厚邊與高脊之厚大桿者等於體厚小桿者等於體厚稍加

槓桿端球圈之徑等於中段之闊乘〇·三至〇·二

槓桿端圓柱形徑等於端樘徑乘二·五

槓桿端圓柱形長等於端樘徑乘一·五

中樞轂徑等於中樞徑乘二另作高脊與邊加其堅固

中樞轂外高脊之厚等於體厚乘〇·五

生鐵槓桿必各處相配。厚邊高脊與本體交際處俱作花線。

熟鐵槓桿

近時造機與用機之人咸知生鐵槓桿之不穩當。多致傷人。是以廢棄而用熟鐵代之。右生鐵者之尺寸雖極合法。然究不宜用。因生鐵鑄成大件而冷時其體質內外漲縮不勻也。熟鐵者可打成多塊而湊合以閂釘相連。如中樞之轂與端樞之轂俱另外打成而與桿體釘連也。

槓桿中段之闊與兩端之闊俱與生鐵者同。亦宜各處相配。

槓桿板體之厚等於二分寸之一。為長十五尺者之最小數。每加長八尺加厚八分寸之一

角鐵之闊等於三寸至二寸。

兩板間之相距等於中段之闊乘○·二

搖桿

搖桿亦宜用熟鐵。其尺寸同於螺輪汽機之返搯搖桿。如用生鐵者。其中段之橫剖面作十字形。叉支須鑄連。尺寸如左。

大搖桿之長等於推機路乘三。

大搖桿中段橫剖面積等於汽筩內橫剖面積十八分之一至二十分之一。

十字形徑等於十二寸。為長十二尺者之最小數。十二尺以外者等於搖桿長十二分之一至十五分之一

拐軸頸徑等於挺桿乘一·四。

拐軸頸長等於拐軸頸徑乘一·五。

大搖桿接曲拐端長方段之長等於推機路加曲拐兩心距加小餘。

長方段之橫剖面積等於中段十字形橫剖面積三分之一。

長方段之闊等於拐軸頸徑乘○·八至○·七。向十字形加闊為每長一尺配八分寸之一

十字形末圓段（在曲拐端）之徑等於十字形中段之徑乘○·八至○·七

十字形末圓段（在槓桿端）之徑等於在曲拐端圓段之徑乘○·八七五。

接槓桿叉支之橫剖面積等於在槓桿端圓段之橫剖面積乘○·六。

銅襯彎擠扁栓長劈之尺寸見雜件

大軸

大軸頸徑等於挺桿徑乘二·五。

曲拐

槓桿汽機多用生鐵曲拐其病與生鐵槓桿相同恐不牢固必作甚大而粗笨甚不及熟鐵者也惟因造機者恆泥於舊法多不肯用熟鐵所以兼列生鐵熟鐵二者之尺寸如左

生鐵曲拐拐軸端圈徑等於拐軸頸徑乘二

生鐵曲拐大軸端圈徑等於大軸頸徑乘一·七五

生鐵曲拐拐軸端圈厚等於拐軸頸徑

生鐵曲拐大軸端圈厚等於大軸頸徑

生鐵曲拐薄處之厚等於曲拐在大軸端圈厚乘〇·三

生鐵曲拐中脊之厚等於薄處之厚乘〇·六

生鐵曲拐薄處之闊等於薄處之厚

熟鐵曲拐大軸端圈之徑等於大軸頸徑乘一·八

熟鐵曲拐拐軸端圈之徑等於拐軸頸徑乘一·七五

熟鐵曲拐中段橫剖面積等於大軸頸徑橫剖面積

熟鐵曲拐須加熱而縮緊於大軸再加方楗固定之

平移汽鞴

平移汽鞴槓桿汽機之小者可用之亦列尺寸以備一式運動之法用兩心輪套於大軸之外以方楗固定用兩心環推引桿稱軸傳其動於汽鞴

汽鞴外餘面之闊等於進汽孔之闊乘〇·五至〇·六

汽鞴內餘面之闊等於外餘面之闊六分之一

汽筩平面橫條之闊等於外餘面之闊加內餘面之闊加進汽孔之闊

汽鞴桿徑等於挺桿徑乘〇·四至〇·五

兩心輪之兩心距等於內餘面之闊加進汽孔之闊此數以稱軸各桿爲等長者

相連推引桿於兩心環螺釘之徑等於汽鞴桿徑乘〇·八

兩心環闊等於相連螺釘之徑乘二·一

兩心環厚等於相連螺釘之徑乘〇·八

兩心輪轂之厚等於大軸頸徑五分之一至六分之一

兩心輪牙之厚等於轂厚乘〇·七五至〇·六

推引桿

推引桿甚長而易彎汽機不甚大者推引桿俱直接汽鞴桿依其比例計之爲更長汽鞴之動每因推引桿之彎而有差故常作甚大而甚固用扁方之鐵二條每條之橫剖面積等於汽鞴桿之橫剖面積在二條之間再加甚大之橫牽條與對角牽條粗笨與橋梁相捋能任之力十倍於兩心輪所現之力因其粗重而滯力甚大不足取法故茲考定善式用圓桿以扁栓或螺釘連於兩心環同於船汽

機及大抵力汽機之式其兩心環耳之螺釘引長爲牽條連於園桿之中段用螺釘或旨釘固定之

推引桿在兩心環端之横剖面積等於汽㿻桿横剖面積乘一·二

推引桿在汽㿻端之横剖面積等於汽㿻桿横剖面積

推引桿在中段之徑等在兩心環端之徑加每長一尺配三十二分寸之一

兩心環之螺釘引長爲牽條其中段之徑等於汽㿻桿之徑

用大小抵力二箇汽箭而用二箇汽㿻者必依二汽㿻之

共横剖面積計之

用凸輪運動汽㿻者則用斜齒輪套於大軸以方楗固定之其凸輪連於接軸另連斜齒輪俱用方楗固定與前斜齒輪相接

接軸之徑等於凸輪徑乘○·三至○·二

斜齒輪之齒心距等於齒心圜界徑每尺配四分寸之一

大軸上之斜齒輪常以兩半合成其徑依相連之法定之

凸輪軸之斜齒輪宜小因欲藏於匣內也

飛輪

槓桿汽機之飛輪宜作甚大而甚重欲其轉動平勻也其牙與輻與轂俱分開鑄成而用螺蓋螺釘長劈相連欲其便於作模傾鑄也另用熟鐵箍固束轂端

飛輪牙中線之徑等於推機路乘三至二·五

飛輪牙體重等於鞲鞴全力乘二至三

輪牙體闊等於飛輪半徑八分之一至十分之一

輪輻之數等於六至八

輪輻横剖面積等於輪牙横剖面積四分之一

輪輻接牙處之闊等於牙闊乘○·七至○·八

輪輻之尖等於每長一尺加二分寸之一至八分寸之三

輪轂之徑等於輪徑五分之一

相連輪輻螺釘之徑等於輪徑每尺配三十二分寸之一

長劈之厚等於相連輪輻螺釘之徑乘○·四

輪轂之厚等於大軸徑乘○·四

輪轂之長等於大軸徑乘一·七

轂外輻間連脊之厚等於輪轂之厚三分之一

輻旁連脊之厚等於中體之厚乘○·七五

轂端熟鐵箍之厚等於輪轂厚三分之一

轂端熟鐵箍之闊等於厚乘二

凝水櫃恆升車

凝水櫃容積等於汽箭容積六分之一至七分之一

單行恆升筩容積等於汽筩容積六分之一至七分之一

添水筩容積等於大抵力機者

升挺桿徑等於恆升筩徑六分之一至八分之一

推水柱桿徑等於推水柱徑二分之一至三分之一

汽機新制卷三

螺輪汽機

英國　白爾格　譔
英國　傅蘭雅　口譯
無錫　徐建寅　筆述

船汽機之式逐年愈改而愈精或謂雖有改變而加益不甚多謬說也嘗考英吉利蘇格蘭等處所造船汽機甲於天下而推倫頓爲首倫頓諸家以春氏爲首而磨得色利等次之

春氏所造雙汽筩空挺汽機尺寸形式咸極精巧然習見別家者而偶見此必謂其諸件太小其實諸件之當小者固小當大者則未嘗小也宜其諸式汽機足爲天下各處取則也

磨得色利所造雙挺桿返搦搖桿汽機汽筩有殼每汽筩有二汽卷其諸式汽機皆無訾議惟有數件覺其過於重大而已近又造新式者用三汽筩而行動更是平勻

辣分希所造汽機近時亦甚有名雙挺桿返搦搖桿汽機原其所初剏也

亨弗利於同治元年送單挺桿直接螺輪汽機至博物院精妙絕倫其諸汽機亦皆不亞於此

立尼所造之空挺汽機另有曲拐連搖桿運動空挺恆升

車此法占處甚小其餘諸汽機亦皆精良

白而格剏造無阻力空挺桿汽機占處甚小造之省工省料用之經久不壞

船汽機之尺寸臚列如左惟欲造若干號馬力之汽機所當配汽筩之横剖面積各人之法不同英國戰船部之法依鞲韝之速率定之故號馬力數相等鞲韝之速數大則汽筩之徑必小今選擇各名人暨白爾格所常用之數列號馬力與汽筩面積之表如左

左表諸數每平方寸之汽漲力爲三十磅別書之數有與此不同者因汽漲力或大或小而用自漲力或多或少也

一汽筩號馬力數	每號馬力汽筩横剖面積方寸之數
二〇至 四〇	二·〇至一·八五
五〇至一〇〇	一·八至一·七
一〇〇至二〇〇	一·六六至一·六
二五〇至三〇〇	一·五七至一·五三
三五〇至四〇〇	一·四八至一·四二五
四五〇至五〇〇	一·四〇至一·三七五
六〇〇至七〇〇	一·三〇至一·二五

左表諸數可得汽筩内徑與推機路

一汽筩號馬力數	汽筩徑寸數	推機路	汽筩容積立方尺數	每號馬力汽筩容積立方尺數
五〇	三三$\frac{八}{七}$	一尺三寸	七·八一	〇·一五六二
七五	四〇$\frac{八}{七}$	一尺六寸	一三·五	〇·一八〇〇
一〇〇	四六$\frac{一六}{九}$	一尺六寸	一七·六二	〇·一七九二
一五〇	五六$\frac{一六}{五}$	一尺九寸	三〇·四一	〇·二〇二七
二〇〇	六三$\frac{八}{七}$	二尺	四四·五	〇·二二二五
二五〇	七〇$\frac{四}{三}$	二尺六寸	六六·二五	〇·二七三〇
三〇〇	七六$\frac{二}{一}$	三尺	九三·	〇·三一〇〇
三二五	七八$\frac{一六}{三}$	三尺六寸	一一八·三三	〇·三六四〇
三五〇	八一$\frac{四}{一}$	三尺九寸	一三四·六二	〇·三八四六
四〇〇	八五$\frac{四}{一}$	四尺	一五八·四	〇·三九六〇
四五〇	九〇$\frac{一六}{五}$	四尺	一七七·	〇·三九三三
五〇〇	九三$\frac{一六}{九}$	四尺	一九〇·	〇·三七八〇
六〇〇	九九$\frac{一六}{一}$	四尺六寸	二四三·	〇·四〇五〇
七〇〇	一〇五$\frac{四}{三}$	四尺六寸	二七四·〇五	〇·三九一五

左表可得汽筩體之厚

汽筩徑		汽筩體厚	號馬力數
二尺	九$\frac{八}{七}$寸	$\frac{八}{五}$寸	五〇
三尺	四$\frac{八}{七}$寸	$\frac{四}{三}$寸	七五
三尺	一〇$\frac{一六}{五}$寸	$\frac{八}{七}$寸	一〇〇
四尺	八$\frac{一六}{五}$寸	一寸	一五〇

五尺	三$\frac{八}{七}$寸	一$\frac{八}{一}$寸	二〇〇
五尺	一〇$\frac{四}{三}$寸	一$\frac{四}{一}$寸	二五〇
六尺	三$\frac{二}{一}$寸	一$\frac{一六}{一五}$寸	三〇〇
六尺	六$\frac{一六}{一三}$寸	一$\frac{八}{三}$寸	三二五
六尺	九$\frac{四}{一}$寸	一$\frac{二}{一}$寸	三五〇
七尺	一$\frac{四}{一}$寸	一$\frac{八}{五}$寸	四〇〇
七尺	六$\frac{一六}{一五}$寸	一$\frac{四}{三}$寸	四五〇
七尺	九$\frac{一六}{一五}$寸	一$\frac{四}{二}$寸	五〇〇
八尺	三$\frac{一六}{一一}$寸	一$\frac{八}{七}$寸	六〇〇
八尺	九$\frac{四}{三}$寸	二寸	七〇〇

右汽筩體厚之數俱另加八分寸之一為車刨所去者

汽路體厚等於汽筩體厚三分之二

汽孔

汽孔面積之大小各種汽箞不同單孔汽箞凡進汽筩之汽盡由一孔而過雙孔汽箞則分由二孔而過三孔以上類推所以諸汽孔內每汽孔之面積必依汽孔之數而定之近時汽箞之制能使進汽孔面積在出汽時大於進汽時其法使汽箞至端路時所開進汽孔之面積小於進汽孔之全面積

汽箞往復路之半等於進汽孔進汽時之闊加外餘面之闊

進汽孔進汽時之面積等於每號馬力配一平方寸至四分平方寸之三

進汽孔全面積等於進汽時面積乘二

出汽孔面積等於進汽孔全面積乘一·三

汽筩平面內條之闊等於汽路體厚加八分寸之一至四分寸之一

汽箞外餘面之闊等於進汽孔進汽時之闊乘一至一·五

汽箞內餘面之闊等於十六分寸之一至八分寸之一

常式汽箞

汽箞有二種一常式一雙孔

汽箞之制能使進汽孔在進汽時大於出汽時

汽箞外餘面之闊等於進汽孔進汽時之闊乘一至一·五

進汽孔進汽時之面積等於每號馬力配一平方寸至四分平方寸之三

汽箞內空腹之闊等於進汽孔全闊乘一·五加汽箞往復之半加汽筩平面內條之闊減內餘面之闊

出汽孔之闊等於空腹之闊減汽筩平面二內條之闊加二內餘面之闊

相定雙孔汽箞

雙孔汽箞大汽機用之能使往復路小而省阻力一可

免汽𣯶為汽所抵緊而移動艱澀其制度進孔雙面出汽孔單汽筩平面之孔與汽𣯶平面之孔相配

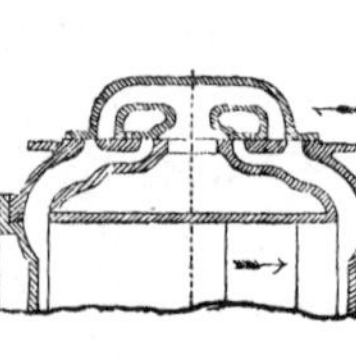
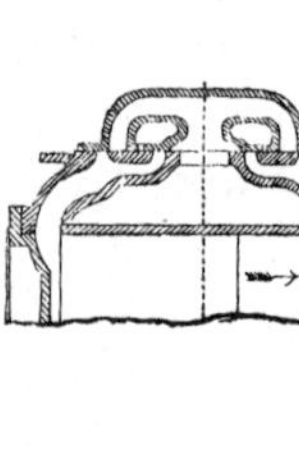

汽𣯶外餘面之闊等於進汽孔進汽時之闊乘一至一·五

汽𣯶內空腹之闊等於二進汽孔之全闊乘一·五加汽𣯶往復路之半加汽筩平面小條之闊減內餘面之闊

汽筩平面小條之闊等於汽路體厚加八分寸之一

出汽孔之闊等於空腹之闊減二小條之闊加二內餘面之闊

汽筩平面大條之闊等於內餘面之闊加汽𣯶大孔之闊加小條之闊加汽𣯶往復路之半

汽𣯶往復路之半等於進汽孔進汽時之闊加外餘面之闊

進汽孔外汽筩平面之闊等於外餘面之闊

汽𣯶體厚等於八分寸之五至八分寸之七汽𣯶長過十寸者背內必鑄連高脊

高脊相距極大之數等於十二寸

高脊相距極小之數等於六寸

高脊之厚等於汽𣯶體厚乘〇·八至〇·七

汽𣯶捐邊之厚等於汽𣯶體厚乘一·二五至一

汽𣯶桿徑等於挺桿徑乘〇·四

汽𣯶桿宜連於汽𣯶之中

汽𣯶匣內直輔之闊等於四分寸之三至四分寸之五

使汽𣯶平面不離汽筩平面之法五十馬力之汽機用簧三條至四條勻列於汽𣯶背以螺釘或一或二在簧中段連之釘徑八分寸之五至四分寸之五五十馬力以上之

汽機汽𣯶背鑄連方圈或圓圈車刨平正另以生鐵或礟銅作襯圈圍抱汽𣯶之圈再有槽圈以托襯圈襯圈之下與槽圈底之間襯以麻絙槽圈有數耳耳下各有螺釘汽𣯶之背鑲礟銅方塊其螺絲旋入此塊之內螺絲退出其肩能抵槽圈槽圈托襯圈緊切𣯶匣背內所襯之礟銅其各螺釘皆有順逆輪與簧鬧可聽其同退幾齒而抵圈之力相等𣯶匣之背在襯圈內有管通凝水櫃汽雖洩入圈內仍可無抵力

襯圈之闊等於汽𣯶桿徑乘〇·七至〇·六

襯圈之厚等於闊乘〇·八至〇·七

槽托圈底厚等於襯圈之闊二分之一或三分之一

托圈槽深等於襯圈之闊

配準螺釘之徑等於襯圈之闊乘〇·六

方襯圈者宜兩端各有螺釘二兩邊各有螺釘二至四其與方角之相距俱宜相等圓襯圈者可平分用螺釘六至八常式汽櫃各螺釘心之相距等於釘徑乘十四至十八

白爾格法用汽之抵力使汽櫃平面不離汽筩平面而相壓之力不甚大其式用平面礮銅二塊嵌入汽櫃匣蓋內鑄時須留孔汽櫃之背鑄連凸塊與前塊相對匣蓋容礮銅之二孔相通有塞門放汽入上孔而下孔有塞門可放出所

凝之水汽機初行動時俱開此二塞門動後關下塞門則壓使相切之力甚平勻

汽櫃匣

汽櫃匣體厚等於汽筩體厚乘〇·七五至〇·六

相連櫃匣於汽筩螺釘之徑等於八分寸之五至八分寸之七

螺釘心相距見雜件

摺邊之厚等於體厚乘一·二

匣蓋之厚等於體厚

櫃匣摺邊在各螺釘間宜有連脊

匣蓋之面宜有縱橫高脊

鞲鞴面一方寸汽漲力二十磅者每高脊間之面積不可大於一方尺

摺邊連脊之厚等於匣體之厚

匣蓋高脊之厚等於匣體之厚乘〇·八至〇·七

匣蓋高脊之闊等於三寸至五寸

相連匣蓋螺釘之徑等於匣蓋之厚

鞲鞴挺桿

鞲鞴在汽筩內不洩汽之善法於相切處襯生鐵環名護環環之外徑等汽筩之內徑環之厚薄不同在最薄處分

斷其接縫作四十五度接端鑲礮銅一塊使汽不漏過縫間環內墊以麻纏上用壓環壓緊之或用劈圈代麻纏用螺釘抵圈向下將護環劈向外螺釘宜有順逆齒輪與簧間不使退鬆或用短簧抵護環向外

鞲鞴全厚等於汽筩徑九分之一至十分之一

鞲鞴體厚等於汽筩體厚乘〇·八至〇·七

容挺桿心管體厚等於鞲鞴體厚乘二

護環中段之厚等於鞲鞴體厚

護環兩端之厚等於鞲鞴體厚乘〇·六至〇·七

護環向內之斜等於每尺配二寸即環之一邊厚於一邊也

劈圈之闊等於護環端厚乘二
配準劈圈螺釘之徑等於八分寸之五至八分寸之七
相連壓環螺釘之徑等於四分寸之三至一寸
壓環之闊等於螺釘之徑乘五·五
壓環之厚等於鞲鞴體厚（此環有孔以接劈圈螺釘之頭）
鞲鞴內容相連壓環螺釘凸塊之厚等於螺釘之徑
鞲鞴內容相連壓環螺釘凸塊之闊等於螺釘之徑乘一·八
汽筩桿軟墊臼之式同於挺桿軟墊臼之式其螺釘徑等於桿徑乘〇·三八至〇·三

挺桿徑（用雙挺桿者）等於汽筩徑九分之一至十一分之一
軟墊臼徑等於挺桿徑乘一·五
軟墊臼深等於軟墊臼徑乘〇·六至〇·五
壓蓋內相磨處之深等於軟墊臼深乘〇·七五至〇·六
壓蓋外有油膛
油膛之徑等於壓蓋之徑
油膛之深等於挺桿之徑乘〇·二五至〇·三
油膛體厚等於八分寸之一至八分寸之三
油膛之口另有軟墊臼其深等於一寸至二寸
油膛口壓蓋之徑等於油膛之徑

相連挺桿壓蓋螺釘之徑（用三箇至四箇）等於挺桿徑四分之一至六分之一

凝水櫃（又名縮櫃）

一汽筩縮櫃之容積等於汽筩容積六分之一至七分之一
二汽筩縮櫃之容積等於一汽筩容積六分之一至七分之一乘一·五
縮櫃體厚等於四分寸之三至一寸又八分寸之三
外面皆必有高脊大者在內有牽條
摺邊之厚等於體厚乘一·二五

孔蓋之厚等於體厚乘〇·八至〇·七
相連螺釘之徑等於孔蓋之厚

恆升車

雙行恆升筩之容積等於汽筩容積十分之一至十二分之一（此容積以往復路乘橫剖面積計之）
單行恆升筩之容積等於汽筩容積六分之一至七分之一
往復路等於汽筩推機路
門之面積等於恆升筩之橫剖面積乘〇·七五至〇·八
恆升之門用硫黃象皮圓板徑六寸至七寸不可過九寸

彖皮圓板之厚等於二分寸之一至四分寸之三

門餘面之闊等於厚乘〇·五

門開之高等於徑四分之一

門架

門架摺邊之厚等於門厚乘〇·八至〇·七五

相連螺釘之徑等於門厚

螺釘心相距等於螺釘徑乘八至七

門架內每小孔之面積不可大於二平方寸

門架高脊之厚等於全孔面積每平方寸配八分寸之一

門架高脊之闊等於全孔總徑八分之一

相連門擋中心螺釘之徑等於門徑十六分之三至八分之一

門架中心容螺釘轂之徑等於螺釘之徑加門餘面之二倍

門擋彎曲圓線之半徑等於門徑乘〇·六至〇·五有時作圓錐形

門擋體厚等於八分寸之一至四分寸之一

每門內諸小孔之共面積畧等於依門徑得之外面積乘〇·五至〇·六其乘六者為五寸至七寸徑之門

依門徑得之外面積等於諸小孔之共面積以〇·六至〇·五約之

門架位置

門架整塊而安多門者不及每門分有一架之善也門架之連於座或另用螺釘定之或借門擋之螺釘以橫擠在縮櫃之對面壓定之螺釘之徑等於獨連門擋者螺釘之徑乘一·五每門用一架者造之簡便相切處易於不漏其進出二門之方向各汽機不同近時之式進門倒安於縮櫃底使水易入出門正安於同一平面各門勻列於縮櫃底自此端至彼端二三門作一行出門之徑同於進門者出門宜加多一二使面積稍大

白爾格刱造恆升車進出二門俱倒安進門在恆升車之上出門在恆升車之下又在兩端之上各有空氣門一制與別門同而俱正安升韝鞲往時空氣門向上開筩內空氣由此出出水門向下開筩內之水由此出升韝鞲復時門之動法相反筩內即能成眞空其縮櫃與恆升車所占之處可減小

二汽筩共出汽管橫剖面積等於一汽筩之出汽孔面積乘一·五至一·二五

二汽筩共噴海水管面積等於一汽筩容積立方尺數乘一·五至二乘每平方寸汽漲力磅數百分之一

二汽筩取船底漏水管之徑等於噴水管之徑八分之七

取船底漏水管所以救船之沈溺其水不可入縮櫃僅可入恆升車

恆升車筩用礮銅鑄成連筩於凝水櫃或用揹邊與螺釘或在凝水櫃鑄連大軟墊臼或用礮銅作螺釘其徑半寸穿過筩內之孔旋固於縮櫃體則不必用揹邊與軟墊臼

恆升筩體厚等於四分寸之一至二分寸之一另加車刨之數

升鞲鞴護環壓環螺釘全用礮銅皆同於汽筩之鞲鞴

升鞲鞴全厚等於徑乘〇·三至〇·二

升鞲鞴體厚等於八分寸之三至二分寸之一

升鞲鞴內脊（用四條至六條）之厚等於體厚乘〇·七至〇·六

升挺桿徑等於升鞲鞴徑六分之一至七分之一

軟墊臼壓蓋等於汽筩挺桿之比例

二恆升車共餘水管橫剖面積等於一恆升車出門全面積乘一·五

尾舌門孔面積等縮櫃容積一立方尺配一方寸至一方寸又四分方寸之一

噴水門

噴水門之用制海水或船內漏水之入縮櫃其門其門架俱似柵形與其殼皆用礮銅其孔有三條至四條

噴水門孔長等於噴水管徑

每孔之闊等於一孔之面積以長約之

噴水門體厚等於四分寸之一至八分寸之三

噴水門揹邊之厚等於體厚乘一·二五

噴水門桿之徑等於管徑三十二分之三至八分之一

楗徑等於二分寸之一至四分寸之三

添水筩

汽機用大抵力汽者添水筩之尺寸甚為要事正行汽機空挺桿汽機返揹搖桿汽機其推路俱同於汽筩推路

添水筩容積方寸數等於汽筩容積方寸數加一汽路容積方寸數乘化汽一立方尺用水立方寸數乘三（見左表）

化汽一立方尺用 水之立方寸數	鍋爐內每力平方 寸汽漲磅數
一·七	一〇
二·〇	一五
二·三	二〇
二·五	二五
二·九	三〇
三·二	三五
三·五	四〇
三·八	四五
四·〇	五〇
四·六	六〇
五·一	七〇
五·六五	八〇
六·二〇	九〇
六·六八	一〇〇

推水柱橫剖面積等於添水筩容積以往復路約之。

推水柱體厚等於推水柱徑八分之一至九分之一。

推水柱挺桿橫剖面積等於推水柱橫剖面積乘〇·二五。

添水筩門孔面積等於推水柱橫剖面積乘〇·八。

添水筩門之式同於恆升車者進水出水各用一門。

鍵輔襯

鍵輔襯之式甚多茲擇最善者詳之

一式搖桿作單端而挺桿之端連橫擔橫擔中段連礮銅挺鈕夾於搖桿之兩邊鍵輔蓋條用生鐵為之在搖桿與挺桿之間夾於橫擔之上下兩螺釘螺蓋定之。此法同於昔時大抵力機亦有長橫擔惟彼用雙端搖桿耳

二式橫擔與前同而中段連生鐵鍵輔襯小汽機亦用礮銅或熟鐵下面作壍堵形行於縮櫃之外鍵輔架相配之槽內或另用生鐵鑄成鍵輔架再連於縮櫃之外此為返搖搖桿之用

三式搖桿作乂形而挺鍵兩端在乂支圈打成盲鍵輔襯作丁字形用螺釘螺蓋連於橫擔挺桿以常法連於橫擔其鍵輔襯或分為兩半後半定而前半活丁字形之塊與上塊鑄連惟其襯底則另鑄襯底與丁字有斜凹相連故易釘固。

常式鍵輔襯

鍵輔襯切面之長等於推機路二分之一

鍵輔襯切面之闊等於長二分之一至二·二五分之一。

橫擔上下體厚等於橫擔之徑或闊四分之一至五分之一。

鍵輔蓋條體厚等於四分寸之三至一寸又四分寸之一。

高脊之厚等於體厚乘〇·八至〇·七。

兩端螺釘之徑等於體厚。

丁字形鍵輔襯

鍵輔襯相切面積等於汽筩面積平方寸數乘耩耩每方寸受全抵力之磅數百分之一再以搖桿長與推機路之比例數約之。

鍵輔襯切面之長等於推機路乘〇·六。

鍵輔襯切面之闊等於鍵輔襯切面積以長約之。

鍵輔襯體厚等於闊四分之一至六分之一惟不可少於寸又四分寸之一。

鍵輔襯頂闊等於切面之闊四分之一至三分之一。

相連挺桿螺釘之橫剖面積等於挺桿橫剖面積二分之一。

螺釘孔外體厚等於螺釘徑八分之一。

螺釘冒徑等於螺釘徑乘一·五.
螺釘冒厚等於螺釘徑二分之一.
挺樓外徑等於挺桿徑乘一·二五.
挺樓頸徑等於挺樓之徑.
挺樓頸長等於挺樓頸徑乘一·二五.
挺樓後體之厚等於頸徑三分之一.
挺樓前體之厚等於後體之厚乘○·六
相連鍵襯底螺釘之徑等於鍵襯切面闊十分之一.
螺釘冒厚等於螺釘徑二分之一.
螺釘冒徑等於螺蓋之徑乘一·一.

橫擔橫剖面積等於挺桿橫剖面積乘一·五.
橫擔之闊等於螺釘冒徑.
螺釘冒摺邊厚等於螺釘徑四分之一.

鍵輔架

返摺搖桿汽機鍵輔架或鑄連於縮櫃或另鑄而用螺釘螺旋於縮櫃單挺桿正行汽機鍵輔架在汽筩之前連於架座鍵輔之蓋條常另鑄用螺釘與螺蓋旋連於鍵輔架底.
蓋條之厚等於槽深乘○·八至○·七.
槽底體厚等於蓋條之厚.

相連蓋條螺釘之徑等於蓋條之厚乘○·八至○·七.
螺釘心相距等於螺釘之徑乘十.
架體與連脊之厚等於四分寸之三至一寸又分寸之一.
連脊之闊等於厚乘○·七至○·六.
架體摺邊之厚等於連脊之厚乘一·二五.
相連鍵輔架螺釘之徑等於摺邊之厚.
添鍋水筩與起漏水筩鑄連於鍵輔架者尺寸如左
筩之內徑等於起水柱徑加四分寸之三至一寸.
筩圓處體厚等於二分寸之一.此為筩徑一寸半以內者一寸半以外每加內徑一寸加厚四分寸之一.

軟墊臼深等於起水柱徑.
壓蓋深等於軟墊臼深乘○·七五.
軟墊臼徑等於起水柱徑乘一·三七五至一·三.
軟墊臼體厚等於壓蓋體厚.
相連壓蓋螺釘之徑等於起水柱徑四分之一.
壓蓋摺邊之厚等於螺釘之徑.
筩之挺桿軟墊與極升車挺桿軟墊相為比例.

搖桿

搖桿有二種其一在挺樓端作叉形在曲拐端作實心頭而分兩半銅襯亦分兩半合成六等邊形用螺釘螺蓋相

連其二兩端俱作丁字形銅襯分兩半俱有平面用螺釘
螺蓋相連

叉形搖桿

搖桿之長等於推機路乘二·五至三自兩端之心計之
搖桿在挺楗端之徑等於挺桿之徑
搖桿在曲拐端之徑等於挺桿徑乘一·二五
搖桿中段之徑等於在曲拐端之徑加每長一尺配八分寸之一
挺楗之徑等於挺桿之徑乘一·二五
每叉支橫剖面積等於挺桿橫剖面積乘○·七五

叉支之闊等於挺桿之徑乘一·二五
叉支之厚等於橫剖面積以闊約之
兩叉支之間相距等於挺楗徑乘一·二五
叉支端圈之徑等於挺楗頸徑三分之二加挺楗頸徑
叉支端圈之厚等於叉支之厚乘一·五
叉支之長自楗心計之等於挺楗頸徑乘二
挺楗襯厚等於挺楗頸徑八分之一
拐軸襯厚等於挺楗頸徑三分之一
相連襯蓋螺釘橫剖面積等於挺桿橫剖面積二分之一
相連襯蓋螺釘旨徑等於螺釘徑乘一·五

相連襯蓋螺釘旨厚等於螺釘旨徑二分之一

單端搖桿

挺楗頸徑等於挺桿之徑乘一·四
銅襯內面與螺釘面相距等於八分寸之一至四分寸之一餘同前

汽罨進退弧

進退弧常作空槽如車汽機之式其最要者在弧度合宜
進退弧每條橫剖面積等於汽罨桿橫剖面積乘二
活襯楗橫剖面積等於汽罨桿橫剖面積乘一·二五
活襯在楗外體厚等於楗徑五分之一至七分之一

活襯摺邊之厚等於楗徑七分之一至九分之一
活襯之長等於楗徑乘二·五
推引桿兩端楗心相距等於汽罨往復路乘二·五至三
推引桿楗之橫剖面積等於汽罨桿橫剖面積乘一至○·八七五
推引桿在楗心橫剖面積等於汽罨桿橫剖面積
推引桿在楗心之闊等於楗徑乘一·二五
推引桿之尖數等於每長一尺配四分寸之一至八分寸之三
兩心環螺釘之橫剖面積等於汽罨桿橫剖面積乘○·七

至○·八

兩心環耳厚等於相連螺釘之徑

實心進退弧

實心進退弧比牢固橫剖面積可小勝於空槽者

實弧橫剖面積等於汽鞾桿橫剖面積乘二·七至二·五

實弧之厚等於汽鞾桿之徑乘一·二五

實心進退弧與空活襯白爾格所刱推引桿樓之心能與汽鞾桿樓之心相合弧之兩端有方口如叉推引桿之端圈在此口之內有樓相連而可活動樓之旨藏平於體內磤銅為空活襯抱於弧外移至兩端無有阻礙活襯兩面各有耳樞汽鞾桿端亦為叉形夾於活襯兩面而接耳樞可以轉動叉之一支可以折開使活襯可裝折（詳白爾格所著汽機大圖）

活襯之長等於弧闊乘一·五

活襯體厚在前後與兩旁俱等於弧闊乘○·三至○·二

兩面耳樞之徑等於汽鞾桿徑

兩面耳樞之長等於徑乘○·七至○·六

切於汽鞾桿叉支肩之徑等於旁樞之徑乘二

相連汽鞾桿叉支螺釘之徑（用二個）等於汽鞾桿徑二分之一或三分之一

兩心輪兩心環推引桿

汽鞾桿徑等於挺桿徑乘○·四

實弧樓橫剖面積等於汽鞾桿橫剖面積乘○·七至○·八

相連兩心環螺釘橫剖面積等於實弧樓橫剖面積乘○·七五

兩心環之闊等於螺蓋對角徑乘一·○三

兩心輪轂體厚等於大軸徑六分之一至八分之一

兩心輪牙與輻之厚等於轂厚乘○·七五

輪牙外周槽深等於牙厚四分之一至五分之一

兩心輪全厚等於槽深乘二加兩心環之闊

熟鐵兩心環體厚等於相連螺釘徑乘○·六

磤銅兩心環體厚等於相連螺釘徑乘○·七五

兩心環內襯銅環厚等於外環厚乘○·三

銅環凸處之闊等於環闊乘○·四

推引桿端圈之徑等於樓徑乘二

推引桿端圈之厚等於實弧之厚乘○·五

推引桿在樓心之橫剖面積等於汽鞾桿橫剖面積乘○·八

推引桿在樓心之闊等於樓徑乘一·八

推引桿之尖等於每長一尺加半寸

推引桿在梃心之厚等於橫剖面積以開約之

推引桿在兩心環處之厚等於在梃心之厚乘一·五

推引桿梃斜冒之厚等於梃徑

曲拐大軸

大軸頸徑等於挺桿徑乘二

大軸外徑等於頸徑乘一·二五至一·二

大軸頸長等於頸徑乘二

拐軸頸徑等於大軸頸徑

拐軸頸長等於大軸頸徑乘〇·七五

曲拐之闊等於大軸頸外之徑

曲拐之厚等於大軸頸徑乘一至〇·七五

曲拐兩旁體尖等於每長一尺配四分寸之三至一寸

架座

架座連合大軸與汽筩使之前後左右俱極穩固全用生鐵鑄成常式如人字形而橫跨雙端接汽筩單端接大軸之枕或單作下股而上用熟鐵牽條連軸枕與汽筩用螺蓋旋固此法更善其尺寸如左

大軸銅襯體厚等於大軸頸徑八分之一至十分之一

大軸銅襯在枕內之長等於銅襯全長乘〇·七五至〇·八

銅襯摺邊之厚等於銅襯體厚乘〇·七至〇·八

銅襯兩端之厚等於軸枕摺邊之厚

相連枕蓋螺釘之徑（用二箇）等於相連搖桿曲拐端襯蓋螺釘之徑

銅襯內面與螺釘面相距等於八分寸之一至四分寸之一

螺釘長方孔之闊等於螺釘之徑

螺釘長方孔之厚等於螺釘徑四分之一至六分之一

上螺釘帥牽條之徑等於螺釘之徑

上螺釘丁字形之厚等於螺釘徑乘〇·五

相連丁字形於汽筩每螺釘橫剖面積等於上螺釘橫剖

面積以螺釘數約之

生鐵枕蓋之厚等於大軸頸徑乘〇·五

熟鐵枕蓋之厚等於大軸頸徑乘〇·四

軸枕體厚等於大軸頸徑乘〇·五

相連枕蓋螺釘孔外體厚等於螺釘徑乘〇·五

架座體厚等於汽筩體厚

高脊之闊等於高脊之厚乘三至四

底面摺邊之厚等於高脊之厚乘一·五至一·三

底面摺邊之闊等於大軸頸徑乘一·二五

相連底面摺邊螺釘之徑等於相連枕蓋螺釘之徑乘〇·

五。

螺釘心相距等於螺釘徑乘九。

螺軸推枕

螺軸之外打連平行凸圈數道車刮圓正推枕襯內亦車平行凹圈數道與軸圈相錯使各圈分任推力磨面得以加大然首圈受力或大於次圈所以首圈宜加闊或襯內之圈加堅。

螺軸之徑等於大軸頸徑乘〇·九。

軸外凸圈之數等於六至八。

每圈之闊軸徑四寸以內者等於二分寸之一軸徑四寸至十八寸等於軸徑六分之一至九分之一。

各圈相距畧等於圈闊乘一至〇·八。

凸圈之高等於圈闊乘〇·七五。

推枕銅襯體厚等於圈高襯外有高脊入枕之槽內使不移動。

襯外高脊之數等於二至四畧等於內圈數之半。

相連枕蓋螺釘數等於軸徑三寸至五寸者兩邊各一軸徑再大者兩邊各二軸徑十八寸至二十四寸者兩邊各三。

枕蓋螺釘橫剖面積雖依螺軸之橫剖面積然二者之受力不同枕蓋螺釘受者爲牽力與剪力大軸受者爲擠力與扭力也。

相連枕蓋螺釘共橫剖面積等於螺軸橫剖面積九分之一至十一分之一。

枕體枕蓋之厚等於螺軸徑七分之二至四分之一。

枕蓋枕體容螺釘耳之徑等於螺釘之徑乘三至二·五。

螺釘孔外之厚等於螺釘徑乘〇·六。

連枕於底板螺釘之徑等於枕蓋螺釘之徑。

連枕於底板螺釘之數等於四至六此螺釘直連船體之架。

底板與連脊之厚等於枕體之厚。

底板向汽機端之餘長等於螺軸徑。

底板向螺輪端之餘長等於螺軸徑乘三至四。

餘枕之長等於螺軸徑乘一·五至一·三。

相連餘枕蓋螺釘之徑等於推枕蓋螺釘之徑乘〇·七五

銅襯體厚等於推枕蓋螺釘之徑乘〇·七五。

餘枕蓋枕底之厚等於螺軸徑五分之一至六分之一。

人力轉輪諸件

無汽之時用此諸件可使螺軸轉動以便提起螺輪常用齒輪套於軸外而用螺絲動齒輪。

齒輪之徑等於推機路乘一·五至一·八乘一·八者三百馬力以上之汽機用之或等於推機路九分之一至十分之一

螺絲之徑此爲常用之數等於齒輪之徑七分之一至九分之一

螺絲之長等於齒心距乘四

齒心距等於二寸至三寸

螺絲軸徑等於齒心距

齒輪轂徑等於螺軸徑乘二

輪牙與輻之厚等於齒厚齒尺寸見雜件

輪轂之長等於螺軸徑

簧閘柄長等於推機路乘三至二·五

相連螺軸之節每節各螺釘之共橫剖面積等於螺軸頸橫剖面積乘○·七至○·九

相連螺軸之節螺釘之徑等於螺軸徑三分之一至五分之一

螺軸各節相連之生鐵圓板在螺釘孔外之厚等於螺軸徑乘○·四至○·三

螺釘孔處之厚等於螺釘徑乘○·七五

近時螺軸各節在軸端打連圓盤

熟鐵圓盤之厚等於螺軸徑三分之一至五分之一

每節各螺釘之共橫剖面積與生鐵者相同

船尾螺軸套管與軟墊臼

螺軸之能轉動而海水不漏入船內全賴此法於螺軸之外作數槽而鑄連銅管有將軸外車圓另作銅管內面亦車圓而套上者必用釘釘連不及前之簡易也將所包銅管之外近兩端各車圓若干長而船尾管內亦車圓若干長與軸管外相配或在船尾管內襯堅木以減相磨之滯力軸轉速者用堅木更佳惟屢須重易而不便故軸管之外與船尾管之內相磨之處或鑄連軟銅軸管外者或軟或硬可以換易

船尾管後相磨處之長等於螺軸徑乘二

軸管體厚等於四分寸之一至一寸 一寸者配二十寸徑之軸或等於軸徑二十分之一

軟墊臼深等於螺軸徑乘二至一·五

壓蓋之深等於軟墊臼之深乘○·二至○·三

壓蓋體厚等於三分寸之一至一寸又二分寸之一

相連壓蓋螺釘之徑等於壓蓋之厚

相連壓蓋螺釘之數等於四至六

相連船尾管於尾柱螺釘徑等於四分寸之一至一寸又二分寸之一

螺釘心之相距等於徑乘八

船尾管摺邊之厚等於螺釘之徑

螺輪

螺輪之在水內旋轉與螺絲之在定質內旋轉相同若使螺絲不能前進後退則所旋入之物必前進後退也其餘螺輪行水之奧理茲不詳論而專論螺輪之尺寸如左

螺輪之徑必依船尾入水之深螺翼之端應在水面下十分輪徑之一惟行海而遇大浪之時輪在水面下之數不能定也

螺徑等於推機路乘六至五

螺距等於螺徑乘一·五至一·二五

前頸之徑等於大軸徑乘一·二五

轂徑等於大軸徑乘一·五

丁字形相連處之闊等於軸徑乘〇·七五

丁字形相連處之徑等於螺徑五分之一至六分之一

各翼共螺長此與軸平行而度之等於螺徑五分之一至六分之一

螺翼根之厚等於二寸此為螺徑四尺之數大於四尺者每加徑一尺配八分寸之一

螺翼在外端之厚等於翼根之厚三分之一至四分之一

螺距由船之行速而定之等於船速加螺縻以轉數約之

螺絲在定質內轉一周前行之路等於螺距惟螺輪行於水內有二事減其前行之路一·水之讓輪二·水之磨翼面也螺縻與螺輪當行之速相比時時不相等因船底或生海草海蟲與風浪大小及船速時時不同也欲詳推之必合此三事

每分時螺輪向前當行之速等於螺距乘螺輪每分時之轉數

每小時船當行海里之數等於每小時螺輪當行尺數以六千〇八十約之此為英國戰船所定一海里之尺數

船行減速之數即螺縻數等於每小時當行海里之數減實行

近時所造螺輪與號馬力相配表

共馬力數	螺徑	螺距	螺徑每一尺所配之號馬力
六十	六尺	七尺半	九至十
一百	八尺	十尺	十二至十二三一
一百五十	十尺	十三尺	十五至十五
二百	十一尺	十四尺半	十八三至十八·八
三百	十四尺	十七尺半	二十一三至二十三四二
四百	十六尺	二十尺	二十四至二十五
五百	十八尺	二十尺半	二十四至二十七·七七
六百	十八尺半	二十一尺	二十五五至三十二·四三
八百	十九尺	二十二尺半	二十七五至四十二·一
九百	二十尺	二十三尺	三十至四十五·
一千	二十一尺	二十四尺	三十二至四十七·六一

海里數。

每小時實行海里之數等於當行海里數減輪縻數。

螺距尺數等於每小時船實行之尺數以每小時螺輪之轉數約之再以螺縻數〇·九至〇·七五約之即以螺縻為當行數百分之十至二十五也戰船之螺縻常為百分之二十

顧里非書所刱螺輪

此種螺輪其螺距漸變故已知螺距之數可求極大之速此速與船之入水體積數及船之形式有比例螺輪之轂為圓球各翼有根盤另連於轂外

轂徑等於螺徑三分之一至四分之一。

轂長等於螺翼根盤之徑加翼在轂之半闊或等於轂徑

螺翼根盤之徑等於轂徑乘〇·五。

根盤邊厚等於徑二十分之一。

根盤外翼在轂上之餘面等於螺徑一尺配四分寸之三

螺翼最闊處之闊等於螺徑三分之一。

螺翼外端之闊等於螺徑七分之一。

螺翼根厚等於每徑一尺配三分寸之一。

螺翼端厚等於根厚一·八分之一。

螺翼脚徑等於轂徑乘〇·二五。

轂內圍抱翼脚體厚等於轂徑二十三至二十四分之一

揩邊與扁栓外體之厚等於扁栓之闊十二分之七。

大扁栓之闊等於翼脚徑六分之一。

大扁栓之厚等於翼脚徑二分之一。

轂內連脊之厚等於轂徑四十分之一。

小扁栓之闊等於轂徑二十分之一。

小扁栓之厚等於闊二分之一。

扁栓箍之角度等於七度半。

扁栓孔體厚等於轂徑四十分之一。

扁栓上板之厚等轂徑四十八分之一。

螺翼自中段起向前彎每徑一尺配二分寸之一。

巳造顧里非

螺徑	轂徑	轂長	根盤外翼在轂上之餘面	螺翼最闊處之闊	螺翼外端之闊	螺翼根之厚	螺翼外端之厚	螺翼根盤之徑	螺翼根盤之厚
尺	尺 寸	尺 寸	寸	尺 寸	尺 寸	寸	寸	尺 寸	寸
六	一九	一八二	四三二	二〇	一〇四三	二	二六五	一三二	三二
七	二〇	一三	五四三	二四	一〇	二八五	八三	一二	八五
八	二三	一六四三	六	二八	一四三	二八五	二六七	一三	二六三
九	二六	一六八五	七四三	二〇	一三八三	三	三一	一四三	四三
一〇	二九	一八五	八四三	三四	一五八三	三四三	二六九	一四三	二八三
一一	三〇	二〇三	八四三	三八	一七	三八五	八五	一九	八七
一二	三六	二四三	九四	三〇	一八三	四	二六三	一九	一六三
一三	三六	二六	九四三	四四	一〇四三	四四三	四三	二九	一八三
一四	四〇	二六	一〇三	四八	二〇	四八五	二六三	二〇	一三三
一五	四〇	二七八七	一四三	四〇	二一四三	五	八七	二〇	一三三
一六	四三	二九四三	一二	五四	二三八三	五四三	二六五	二三	一四三
一七	四六	二〇八三	一二四三	五八	二五八三	五八五	二六五	二三	一八三
一八	五〇	二〇三	一三三	五〇	二六八七	六	一一	二六	一三
一九	五〇	二五八三	一四四三	六四	二八三	六四三	一六三	二九	一三
二〇	五六	三五八	一五	六八	二〇四三	六八五	一六三	二九	一八五
二一	五六	三九	一五四三	七〇	三〇	七	一八三	二九	一八五
二二	六〇	三九	一六三	七四	三一四三	七四三	一四三	三〇	一三三
二三	六〇	三〇八五	一七四三	七八	三三八三	七八五	一三五	三〇	一八七
二四	六六	四	一六	八〇	三六八三	八	一八五	三三	一六三五

續螺輪表

翼脚之徑	圈塊與翼頸之外體厚	根盤與扁栓間體厚	大扁栓之闊	大扁栓之厚	轂頸之厚	小扁栓之闊	小扁栓之厚	扁栓孔體厚	各扁栓蓋板之厚
寸	寸	寸	寸	寸	寸	寸	寸	寸	寸
5 1/4	7/8	1 1/4	2 5/8	7/8	1/2	1	1/2	1/2	7/16
6 〇	1	1 3/4	3	1	5/8	1 1/4	5/8	5/8	1/2
6 3/4	1 1/8	1 15/16	3 3/8	1 1/8	11/16	1 3/8	11/16	11/16	9/16
7 3/4	1 1/4	2 3/16	3 3/4	1 1/4	3/4	1 1/2	3/4	3/4	5/8
8 1/4	1 3/8	2 3/8	4 1/8	1 3/8	13/16	1 5/8	13/16	13/16	11/16
9 〇	1 1/2	2 5/8	4 1/2	1 1/2	7/8	1 3/4	7/8	7/8	3/4
10 1/2	1 3/4	3 1/16	5 1/4	1 3/4	1 1/16	2 1/8	1 1/16	1 1/16	7/8
[illegible] 7/8	1 3/4	3 1/8	5 1/2	1 7/8	1 1/8	2 1/4	1 1/8	1 1/8	7/8
11	2	3 1/2	6	2	1 3/16	2 3/8	1 3/16	1 3/16	1
11 1/2	2	3 1/2	6	2	1 3/16	2 1/8	1 3/16	1 3/16	1
12	2 1/8	3 15/16	6 3/8	2 1/8	1 1/4	2 1/2	1 1/4	1 1/4	1 1/16
12 3/4	2 1/4	4	7 7/8	2 1/4	1 3/8	2 3/4	1 3/8	1 3/8	1 1/8
14	2 1/2	4 3/8	7 1/2	2 1/2	1 1/2	3	1 1/2	1 1/2	1 1/4
16 1/4	2 1/2	4 3/8	7 1/2	2 1/2	1 1/2	3	1 1/2	1 1/2	1 1/4
17	2 3/4	4 3/4	8 1/8	2 13/16	1 5/8	3 1/4	1 5/8	1 5/8	1 3/8
[illegible] 3/8	2 3/4	4 3/4	8 1/2	2 7/8	1 3/4	3 1/4	1 5/8	1 5/8	1 3/8
18	3	5 1/4	9	3	1 13/16	3 5/8	1 11/16	1 11/16	1 1/2
18 1/2	3	5 1/4	9 1/8	3 1/16	1 7/8	3 3/4	1 7/8	1 7/8	1 1/2
19 1/4	3 1/4	5 5/8	9 5/8	3 5/16	1 15/16	3 7/8	1 15/16	1 15/16	1 5/8

輪翼之式如雪梨剖去兩端大端鑄連一脚入球轂內用扁栓穿固之另用小栓打入以定翼之角度螺釘與螺蓋相連翼根盤於轂外轂內相連之孔爲長方形其長依翼所欲變之角度

琵琶形螺輪架

此架全用黃銅鑄成有兩枕接含螺輪枕上有蓋蓋有柄連於上橫擔又有順逆齒與簧閘與阻輪翼桿提起之時繩索偶斷有簧閘阻之不致落下又可兼直輔之用阻輪翼桿可使提起之時二翼在垂線不用螺輪之時亦可使不轉動二百馬力以下之小汽機枕蓋連於橫擔之法每蓋上鑄連一短管將柄裝入此管內用方栓穿固橫擔有高脊用楗連圈於架上以繫鏈或索二百馬力以上之大汽機蓋與柄整塊鑄成中作空心在對簧閘處用螺釘與橫擔相連橫擔中有二孔容二滑輪其滑輪楗或圈楗之處俱宜較準提上之時架可直立

小汽機螺輪架 二百馬力以下者

提圈楗徑等於一寸又四分寸之一 此爲螺徑四尺以下者 螺徑每加一尺楗徑加十六分之三

橫擔兩邊與頂體厚 其底空 等於八分寸之三至二分寸之一

橫擔兩端之闊等於螺輪丁字形相連處之闊

提圈體橫剖面積等於提圈楗之橫剖面積乘〇·五

蓋柄之徑等於提圈楗之徑

橫擔兩端之深等於闊乘二

橫擔中段之深等於端深乘一·七五至一·五

枕蓋上面接柄管之徑等於柄徑乘一·六

方栓之闊等於柄徑

方栓之厚等於柄徑四分之一

枕蓋與枕底之厚等於頸徑五分之一至七分之一

枕蓋之螺釘 共四個 共橫剖面積等於提圈楗之橫剖面積

乘一·五至一·三

容螺釘領圈之深等於螺釘之徑乘一·五

輪轂頸長等於徑乘一至○·八

大汽機螺輪架（二百馬力以上者其蓋與柄鑄連）

滑輪提楗之徑等於三寸（此爲螺徑四尺以下者計）螺徑每加一尺楗徑加八分寸之三

架體之厚等於二分寸之一至八分寸之七

架兩邊之闊等於螺輪丁字形相連處之闊

橫擔中段與兩端間之闊等於兩邊之闊乘一·二五

橫擔中段之闊等於兩邊之闊乘三

滑輪槽底之徑等於每螺徑一尺配一寸

滑輪體厚等於四分寸之一至八分寸之五

滑輪轂徑等於楗徑乘一·五

滑輪周槽之闊等於楗徑

阻翼桿螺釘徑等於滑輪楗徑乘○·六至○·五

準阻翼桿螺釘之徑等於滑輪楗徑乘○·七至○·六

阻翼桿中段之闊等於滑輪楗徑乘二至一·七五

阻翼桿之厚等於中段之闊乘○·五至○·四

阻翼桿兩端之闊等於中段之闊乘○·五

簧閘楗徑等於滑輪楗徑乘○·七至○·六

簧閘楗圈徑等於楗徑乘二

簧閘柄之尖等於每長一尺配二寸

簧閘尖端之厚等於闊

枕蓋體厚等於頸徑四分之一至五分之一

枕內欲鑲堅木條者須另襯礮銅管分爲兩半將堅木條鑲固於此管內

襯管之厚等於四分寸之一至二分寸之一

堅木襯條厚等於小者二分寸之一大者一寸至一寸又四分寸之一

堅木襯條闊等於厚乘三至二·五

襯條間之相距等於管厚乘一·六至一·五

相連枕托與枕蓋螺釘共橫剖面積（共四個）等於滑輪楗橫剖面積乘一·三五至一·二

架座體厚等於輪架體厚乘一·二五

相連螺釘之徑等於體厚乘一·二五

堅木襯條同前

簧閘齒尖相距等於二寸又二分寸之一至四寸

提螺輪架之器用轆轤與起重桿安於船面以鏈或索下繫螺輪架螺輪架放下之後用五寸至十寸徑之方木桿下端裝入架上之凹內抵架使不動上端用螺絲或長劈

定之用螺絲更妙

汽機新制卷四

英國 白而格撰
英國 傅蘭雅 口譯
無錫 徐建寅 筆述

搖筩汽機

搖筩汽機雖宜用於明輪船然挺桿與空樞俱因汽筩之搖動而受大磨力故挺桿與大軸之尺寸其比例必大於螺輪汽機者又欲汽筩兩邊之重相等故作二汽箱匣分在汽筩之兩邊另有橫桿在其中心以鍵活連於汽筩以動汽箱橫桿之一端接汽箱桿一端接活襯在弧架內能移動弧架接兩心輪之推引桿而往復運動如此則汽筩

雖搖動而汽箱之動仍不致有差也運動汽箱有用單兩心輪而活合於大軸者大軸上有檔而輪亦有檔輪在大軸上能轉動可以一輪而爲汽機進轉退轉之二用輪後連稱重以平其偏重有用雙兩心輪而以進退弧相連如車汽機之式其起動緩於單兩心輪且退轉之時其動益準甚妙也

搖筩汽機安於船底之內宜極近船脊挺桿搖動之角不可大於七十度茲列今時常用之尺寸如左

號馬力

汽筩橫剖面積表

每汽箭之號馬力數		每號馬力汽箭橫剖面積方寸之數
二〇至八〇	等於	三三至二四
九〇至一五〇	等於	二三八至二二
一八〇至三〇〇	等於	二一·八七至二〇
三五〇至五〇〇	等於	一九·八七至一九

右為推機路等於汽箭徑之數若推機路之數有加減，則汽箭橫剖面積之大小必與推機路有反比。

推機路

推機路等於汽箭之徑乘一至〇·八必與船之深並入水積數相配。

汽箭體厚表

汽箭號馬力共數	汽箭徑寸數	推機路尺數	汽箭體厚寸數
四〇	二九	二$\frac{二}{一}$	$\frac{八}{五}$
一〇〇	四〇$\frac{四}{三}$	三$\frac{二}{一}$	$\frac{八}{七}$
一五〇	四八$\frac{八}{三}$	四	一
二〇〇	五四$\frac{二}{一}$	四$\frac{二}{一}$	一$\frac{八}{一}$
三〇〇	六一$\frac{八}{七}$	五	一$\frac{四}{一}$
四〇〇	七四$\frac{四}{一}$	六	一$\frac{八}{三}$
五〇〇	八一$\frac{八}{七}$	六$\frac{二}{一}$	一$\frac{八}{七}$
六〇〇	八七$\frac{二}{一}$	七	一$\frac{二}{一}$
八〇〇	一〇〇	八	一$\frac{八}{五}$
一〇〇〇	一一〇	九	一$\frac{四}{三}$

右為汽箭體厚各數鑽車內膛所去之數在內。

進汽孔全面積方寸數等於號馬力數乘一至〇·七五。

進汽孔之長等於汽箭之徑乘〇·六至〇·四。

汽罨橫桿中楗之徑等於汽罨桿徑乘二

其餘出汽孔汽罨餘面汽罨匣汽罨桿兩心輪進退弧推引桿並其各楗之尺寸皆與螺輪汽機相同

挺桿

挺桿長之略數等於推機路乘一·七五

挺桿之徑等於汽箭徑八分之一至十分之一　十分之一為汽箭徑大而推機路小者用之。

相連挺鈕蓋二螺釘共橫剖面積等於挺桿橫剖面積

挺鈕丁字頭與挺鈕蓋之厚等於相連螺釘之徑

挺鈕丁字頭銎之徑等於挺桿徑乘一·五

挺鈕銅襯之厚等於拐軸徑六分之一至八分之一

挺鈕長劈之闊等於挺桿徑乘一至〇·七五

挺鈕長劈之厚等於挺桿徑四分之一

軟墊臼之徑等於挺桿徑乘一·五

軟墊臼之深等於挺桿之徑

軟墊臼銅圈襯之深等於挺桿徑乘二·五至二

軟墊臼銅圈襯之厚等四分寸之一爲最小之數挺桿徑每加三寸加厚十六分寸之一

軟墊臼壓蓋之深等於軟墊深乘○·四至○·五

軟墊臼體厚等於壓蓋體厚

油膛之徑等於壓蓋之徑

油膛之深等於壓蓋體厚乘二

人孔蓋鞲鞴連釘螺釘之尺寸與螺輪汽機相同

空樞汽路

汽路橫剖面積等於一箇出汽孔面積

汽路之闊等於一箇出汽孔之闊

汽路橫長等於橫剖面積以闊約之

汽路體厚等於汽箭體厚

空樞內汽管橫剖面積等於一箇出汽孔面積乘二爲最小之數

空樞內汽管體厚等於八分寸之一至八分寸之三

空樞頸長等於汽管內徑乘○·五

空樞壓蓋體厚等於二分寸之一爲汽管內徑六寸者最小之數每汽管內徑加六寸另加厚二分寸之一

空樞連於汽箭處體厚等於汽箭體厚乘三至二·五

空樞軟墊臼體厚等於連於汽箭處體厚乘○·七至○·五

空樞摺邊之厚等於空樞軟墊臼體厚乘一至○·七五

空樞軟墊臼之深等於汽管內徑乘○·六至○·四

空樞壓蓋之深等於軟墊臼深三分之一

相連壓蓋螺釘之徑等四分寸之三至一寸又四分寸之一

相連壓蓋螺釘心相距等於螺釘徑乘七至十

空樞頸銅襯之厚等於軟墊臼體厚乘○·八至○·六

生鐵枕蓋之厚等於空樞頸徑三分之一至五分之一

熟鐵枕蓋之厚等於空樞頸徑六分之一至八分之一

相連枕蓋螺釘（每枕二箇）共橫剖面積等於挺桿橫剖面積乘○·六至○·五

相連樞枕於架座螺釘之徑等於枕蓋螺釘之徑

樞枕底體之厚等於生鐵枕蓋之厚

凝水櫃

凝水櫃容積（二箇汽箭合用者）等於一箇汽箭之容積六分之一至七分之一再以一·五乘之

恆升車（單行而直立者）

恆升車箭容積用一箇者等於凝水櫃容積用二箇者每箇等於一箇汽箭容積六分之一至七分之一

起水盤往復路等於汽筩推機路乘〇·五至〇·四

起水盤內門孔面積等於恆升筩內橫剖面積乘〇·三至〇·五，如能加大更好。

升搖桿徑等於恆升筩內徑七分之一至九分之一

升空挺楗之徑等於升搖桿徑

升空挺接起水盤處體厚等於四分寸之一至八分寸之一，向端稍薄

升空挺軟墊臼深等於升空挺徑四分之一至五分之一

軟墊臼壓蓋之深等於軟墊臼深乘〇·六至〇·七

軟墊臼壓蓋體厚等於升空挺徑八分之一至十分之一

相連升搖桿鈕蓋每螺釘之橫剖面積等於升搖桿橫剖面積乘〇·二五

升搖桿鈕蓋體厚等於升搖桿徑三分之一

大軸

大軸頸徑等於挺桿之徑乘一·八至一·六

大軸頸長等於頸徑乘二

拐軸

拐軸頸橫剖面積等於挺桿橫剖面積乘一·五至一·四

拐軸頸長等於頸徑乘一·五

曲拐

大軸端圈之厚等於大軸頸徑

拐軸端圈之厚等於拐軸頸徑

大軸拐軸端圈之徑等於內孔之徑乘一·六六為極大之數

中段橫剖面積等於大軸頸橫剖面積乘〇·七五

拆卸輪軸

常用之法，使汽機與大軸脫離而不相連，在大軸端有圓盤，外抱以圈，圈連拐軸，內以方楗定於圓盤，但其式粗重，且外圈受方楗之力，恆致漲大而不相合拐軸，因此大受拗折之力，宜用彎擔與長臂，以連拐軸於大軸，同於搖桿之式為善，因大軸之力傳於拐軸更能平勻也。

架座

架座之上面作空樞之枕，而用螺釘相連，凝水櫃又植熟鐵柱，與架梁相連。

架座體厚等於一寸至一寸又二分寸之一

架座全深等於挺桿之徑乘二

相連架座於船體螺釘之徑等於架座體厚

架梁

相連大軸枕蓋二螺釘之全橫剖面積等於挺桿橫剖面積乘〇·七五至〇·六

大軸熟鐵枕蓋之厚等於相連螺釘之徑

大軸生鐵枕蓋之厚等於相連螺釘之徑乘一·五

大軸枕銅襯之厚等於大軸頸徑八分之一至十分之一

架梁體厚等於四分寸之一至一寸又二分寸之一

架梁實心邊之厚等於架梁體厚乘二

相連摺邊螺釘之徑等於一寸又四分寸之一至二寸

架梁摺邊之厚等於架梁體厚乘一·三

架梁實心邊之深等於大軸頸徑乘一·二五

架梁枕下全深等於大軸頸徑乘一·五

架梁枕下體厚等於實心邊厚乘二至一·五

架柱橫剖面積等於挺桿橫剖面積乘〇·四至〇·三此柱每大軸枕用二根

架柱與架梁用螺蓋或長劈相連配準如用生鐵架柱橫剖面積宜加大

搖筩汽機餘各件之尺與螺輪汽機相同

明輪

明輪動船與槳之划船同理輪翼之尺寸必與船之壓分水數相配茲列業經久用之尺寸可以不致有差誤也

翼心入水之深等於船體入水之深二分之一至三分之一船入水淺者用二分之一船入水深者用三分之一

依此數行江之船當有二翼至二翼半在水內行海之船當有四翼至五翼在水內

輪徑自翼心計之等於翼心入水深乘五至七乘五者入水深之船用之乘七者速行入水淺之船用之

輪翼之闊等於翼心入水深乘一至〇·七五乘〇·七五者行江入水淺之船用之

輪翼相距等於輪翼之闊乘二至一·五　依入水之翼數定之爲善法

每輪配之號馬力數等於入水翼面積方尺數乘一·三三至二乘二者行海之船用之

每翼之面積等於輪入水線至翼心圓線內之直剖面積乘〇·七至〇·八　乘〇·八者入水深之船用之

輪翼之長等於輪翼面積以輪翼之闊約之

活翼明輪

轂盤之徑等於翼心圓線之徑三·五分之一至四分之一

輪轂體厚等於大軸徑四分之一至五分之一

輪轂之長等於大軸徑乘二

兩心軸之徑等於大軸之徑乘〇·六至〇·四

兩心軸銅管襯體厚等於八分寸之一至四分寸之一

翼耳中楗之橫剖面積等於每輪翼面積五方尺至七方

尺配一方寸，七方尺配一方寸者狹翼用之。

半徑桿楗之横剖面積等於翼耳楗之横剖面積乘〇·七至〇·八

半徑桿之徑等於柄釘之徑

兩心軸外環體厚等於柄釘之徑二分之一

兩心軸外環之徑等於兩心軸徑乘二

明輪牙環之闊等於翼摇楗徑，爲最小之數

明輪牙環之厚等於闊乘〇·三

輪翼背托與翼端相距等於翼闊四分之一

汽機新制卷五 論諸門與雜件

英國 白爾格 撰
英國 傅蘭雅 口譯
無錫 徐建寅 筆述

螺輪明輪汽機進退器

進退器之制度與位置造船汽機者之意各不相同常法在進退輪之牙外匀列向心之柄或六或八以便人手扳動輪心連於進退軸之端方楗固定進退軸外作粗方螺絲與齒弧相接齒弧連於齒弧軸又用直條連於稱桿稱桿用方楗固定於稱軸並接直條以連於進退弧此法樸實而牢固各處多用之。進退軸之外有不作粗方螺絲而作小齒輪與齒弧相接者汽機行動之時齒弧等必皆自活動須另加一器以阻之以上二法大小各種汽機用之。

新法在進退軸端連斜齒輪另接一斜齒輪中心作方紋陰螺絲套於相配之螺絲軸外其輪之轂含於枕內令斜齒輪轉動時其螺絲軸即進退而動稱桿如常法帶動進退弧。斜齒輪之中心又有不作方紋陰螺絲而用方楗固定於螺絲軸在螺絲軸外另套大螺蓋用直條連此螺蓋餘同前法以上二法大於三百號馬力之汽機用之。

進退器之方位

進退輪多置於凝水櫃之頂相接之稱軸連於架座或汽筩此式用於戰船敵彈透船易致傷損而不能動失其制船進退之用大有關係故亨弗利法將進退輪安於凝水櫃之旁也總之無論明輪螺輪其進退各件愈近船底愈好

進退輪牙之徑等於二尺六寸至三尺六寸

進退輪心距司機所立處之高等於三尺六寸

輪柄之長等於四寸又二分之一至六寸

輪柄根徑等於一寸

輪柄頭徑等於一寸又四分寸之一至一寸又八分寸之三

輪牙接柄處柱形之徑等於輪柄根徑乘二

輪牙之闊等於柱形之徑

輪牙之厚等於闊乘〇·七五

輪輻連於牙處之厚等於輪牙之厚

輪輻漸大等於每長一尺加四分寸之一

進退軸徑等於汽筩桿徑

進退輪轂之徑等於進退軸徑乘二

齒弧軸之徑等於進退軸徑乘一·二五

用二箇進退輪者各軸之横剖面積等於用一箇進退輪者之横剖面積乘〇·七五

小齒輪或螺絲半徑與齒弧半徑之比等於一與四至六之比

齒心距等於汽筩桿徑乘〇·八至〇·五　乘〇·五者爲二半徑之比例大者用之

斜齒輪用礮銅者齒心距等於汽筩桿徑乘〇·四至〇·三

螺絲軸徑等於汽筩桿徑乘一·三至一·二五

移動螺蓋之闊等於螺絲軸徑乘一·五

移動螺蓋之長等於螺絲軸徑乘二

螺絲軸螺距等於螺絲之徑

連於進退弧直條横剖面積等於汽筩桿横剖面積方圓皆可

稱軸之徑等於汽筩桿徑乘一·五至二

轉動明輪之器常用熟鐵齒環套於大軸之外而近船邊另用小齒輪與此輪相接在中層艙面搖轉小輪軸之柄

齒心距等於一寸至二寸又二分寸之一

小齒輪軸徑等於齒心距

景敦通海水塞門

進海水之各管如凝水櫃噴水管鍋爐添水管等用此門於管端船邊之内

門徑等於二寸又二分寸之一至九寸　四寸至六寸者

最易不漏水相連於船邊亦最牢固

門深等於門徑二分之一至三分之一

門體之厚等於門徑十六分之一至八分之一

門心轉桿在門檔心孔內段之徑等於門徑五分之一至七分之一

門殼切於船邊處錐形等於長與半徑爲二至三之比

門檔座距門殼之口等於門殼錐形處之長乘〇·五

門檔座之深等於門深

門心轉桿在門檔心孔內段之長等於能使門開出四分門徑之一

門檔體厚等於八分寸之一爲門徑三寸者最小之數門徑每加二寸另加厚八分寸之一

門心轉桿之徑等於門徑四分之一至十六分之三

門殼體厚等於門徑二寸又二分寸之一者配最小之數門徑每加一寸另加八分寸之一至十六分寸之一

架擔連桿之徑等於門心轉桿之徑乘〇·七五

架擔之厚等於門心轉桿徑乘一至〇·七五

轉桿柄長等於六寸至十寸

轉桿柄徑等於一寸至一寸又四分寸之一

軟墊曰壓蓋掐邊相連之螺釘其比例俱與汽筩者相同

汽筩放水門

汽筩內汽凝之水與鍋爐內噴來之水必有此門以放出之其式爲平門汽筩兩端各有一筩蓋於汽筩之外用螺絲簧壓之其壓力稍大於汽之漲力力不過限汽不外洩筩內有水而力過限水即放出也將簧放鬆則外內相通力不過限汽與水亦俱可放出簧若不能放鬆者則另作塞門使外內相通更便而多用今有新法不必有塞門不必將簧放鬆仍可外內相通且可不致空氣竄入其制仍用平門與螺絲簧同於舊式惟平門之中作多孔而內面另作一稍小之平門可以蓋塞此多孔有桿連於外人可

制其開關開之則內外相通關之則必內力勝簧力而能相通也其多孔之外面有象皮圓板與門檔同於恆升車之門汽筩內空而外面空氣欲竄入即能自關式見汽機大圖

放水門面積等於汽筩橫剖面積每方尺配一方寸

簧圈之徑等於門殼恰能相容此爲門徑四寸者之數大於此者等於門徑乘〇·八至〇·七五

簧體橫剖面積等於每圈徑三寸配〇·二五方寸此爲汽漲力二十磅者若漲力有大小此數亦必加減

簧之圈數等於四至六

圈間相距等於簧體之徑或方邊乘一·三至一．

門厚等於門徑六分之一至八分之一．

門桿之徑等於門徑五分之一至七分之一．

得自漲力之法

用汽罨與進汽門制鞲鞴行幾分路之一而阻絕進汽以得汽之自漲力所用之器造船汽機者惟有三人器立意與動法相同餘各不相同也法之要者如左．

第一種用舊式凸輪運動平門或閘門為汽罨其動理皆無差誤．

第二種用兩心輪運動櫺栅多孔汽罨或常式單孔汽罨．

或單層與雙層汽罨或移動圓柱汽罨或作槽之配準桿與釘等．

第三種用平齒輪或斜齒輪運動方汽罨或圓汽罨或橢圓汽罨或轉動圓柱汽罨．

用汽罨以得自漲力滯力極小為要事故行動之件愈簡愈妙．

平齒輪斜齒輪者動法雖直捷而滯力則大．兩心輪者因汽罨在往復路內有不動之時故動法有一定覩大圖自明．凸輪者最宜運動閘門汽罨或平門汽罨或雙層汽罨閘門汽罨之餘面未有最宜之定數常作十六分寸之一至十六分寸之三十六分寸之三者速行汽機用之阻絕進汽當在鞲鞴行路幾分之一無有一定因汽漲力愈大則用自漲力必愈大阻絕進汽自宜愈早也汽筩外有殼而進汽先入殼內則汽筩之熱不減而汽之自漲力益大又有使出汽亦入殼內而後至凝水櫃者用此諸法理雖無差但汽漲力不甚大者用自漲力增汽之功力所省之燒料不甚多可以不計必汽漲力甚大得每平方寸四十五磅至六十磅用自漲力者庶可大省燒料也．

外冷凝水法

外冷凝水法用金類板分隔其熱汽與冷水其板或為平

面或為曲面曲面之法用多小管安於櫃內管外有熱汽管內恆以多冷水流過使外汽遇冷而凝水其管宜用紅銅或黃銅或礟銅惟使水流動之法與各管之位置其式甚多有各管平列而成多層使冷水先過下層而漸向上層者體制可小有各管直立者其水用常式雙行或單行恆升車吸取流過管間有用雙行恆升車筩之一端吸管外汽凝之水一端吸管內之冷水又有用雙行車吸取管外汽凝之水另用轉行車吸取管內冷水其轉行車必另用小汽機運動之以便得大速也茲列恆升車容積出水門進水門面積凝水面積久用而最善之數．

小管凝水面積方尺數等於號馬力數乘十二至十六乘十二者爲一百號馬力之最小數乘十六者爲一千號馬力之最大數

單行恆升車容積等於汽箭容積十二分之一至十五分之一

出水門面積等於恆升箭横剖面積乘一至一二五

進水門面積等於出水門面積乘〇六至〇五有相等者

管之外徑等於一寸

管體之厚等於八分寸之一

管長等於十尺爲最大之數

管端鑲板之厚等於管徑

鑲板每塊之管數等於一千爲最多之數

鑲板每方尺之內當有牽條一根管端鑲於板內欲其易於裝拆而不洩其法亦多平列之管最便之法板孔外面作槽圈管端伸出板面四分寸之三至一寸又四分寸之一以象皮圈套於管外而嵌於槽圈之內管外眞空象皮圈壓至甚緊而不洩因管端出於板面之外故管有漲縮長短可以移動直立之管兩端用螺蓋墊以象皮圈以受其漲縮長短也

餘水萍門

餘水萍門連於船旁或在載重水線之上或在載重水線之下其門用礮銅鑄成圓板在下面鑄連合半徑線之三高脊或中心作桿爲直軸提起而開之法或用齒輪與齒條或用螺絲或用滑車連於艙面以繩繫於門桿此法開關可連膀於螺絲之法也門殼下端與餘水管相接處作軟墊臼爲漲縮活節以容管之漲縮長短

門殼內横剖面積等於門之極大面積乘二

礮銅門殼體厚等於門徑十二寸者配八分寸之三門徑每加六寸另加四分寸之一

生鐵門殼體厚等於礮銅門殼體厚乘二至一七五

門體之厚等於門徑十分之一至十五分之一

門心提桿之徑等於門徑八分之一至十分之一

軟墊臼壓蓋揩邊相連之螺釘俱與汽箭者比例相同

附汽機

司機者用附汽機與將兵者用餘兵同理非極要之事不可輕用也其制用單汽箭直立與添水箭相對挺桿與添水柱之端各以螺絲或長膀按横擔成丁字形兩横擔相對而兩端夾方塊以成横槽有拐軸在此槽內移動搖轉軸而動飛輪所以運動汽瓩且使鞲鞴不擊撞也其汽箭之汽自大鍋爐通來用過即放入凝水槽或煙通之內

附機添水筩容積等於大汽機一汽筩之添水筩容積乘一·五，

附機添水柱往復路等於添水筩徑乘一·二五，

附機添水筩各門之尺寸等大機添水筩，

附機汽筩橫剖面積等於附機添水筩橫剖面積乘一·五，

其餘各尺寸等於大抵力汽機，

汽機新制卷六 論鍋爐

英國 白爾格 譔　英國 傅蘭雅 口譯
無錫 徐建寅 筆述

陸地鍋爐

陸地鍋爐以果臬書之式爲最佳，又名空筩鍋爐，其久用而最宜之各數如左，

鍋爐之長等於全火切面以左表之分數約之，

鍋爐之徑等於鍋爐之長四分之一至九分之二，

單空筩之徑等於鍋爐徑二分之一，

水面與鍋爐頂相距等於鍋爐徑三分之一，

馬力號數	每號馬力火切面方尺數	分數	鍋爐長	鍋爐徑	空筩徑
一〇	一三·三七五	七·二二	十七尺	四尺三寸	二尺一寸半
一二	一二·三	七·九七	十八尺六寸	四尺六寸	二尺三寸
一五	一一·九六	八·九七	二十尺	五尺	二尺六寸
二〇	一一·三	九·四九三	二十三尺六寸	五尺六寸	二尺九寸
二五	一〇·九八	一〇·三二	二十六尺六寸	六尺	三尺
三〇	一〇·二七	一〇·八三	二十八尺六寸	六尺三寸	三尺一寸半

水面與空筩頂相距等於鍋爐徑十二分之一，

鍋爐內用雙空筩者，其與鍋爐頂之相距等於用單空筩者，

旁火路之高等於空箭之徑

空箭火切面等於空箭全面積乘〇·五

下火路火切面等於火路內鍋爐體遇火之全面積

旁火路火切面等於火路內鍋爐體遇火之全面積乘〇·五

爐栅面積等於每號馬力配一方尺至一方尺又四分方尺之三

旁火路橫剖面積等於爐栅面積四分之一

下火路橫剖面積等於旁火路橫剖面積

下火路闊等於空箭之徑

旁火路闊等於橫剖面積以高約之

爐栅面之長等於爐栅面積以空箭徑約之

火壩之高等於空箭徑三分之二

放汽萍門面積等於鍋爐每號馬力配一方寸至〇·七五方寸

稱桿之長等於鍋爐徑三分之一

漲權重之磅數等於萍門漲力共磅數乘萍門心至定點之相距再以定點至權心之相距約之

萍門壓力共磅數等於漲權重之磅數乘定點至權心相距再以萍門心至定點相距約之

稱桿定點與萍門心相距等於稱桿之長九分之一至十分之一

萍門每平方寸漲力磅數等於萍門壓力共磅數以萍門面積方寸數約之

萍門壓力共磅數等於每平方寸漲力磅數乘萍門面積方寸數

船鍋爐

船鍋爐之妙法多用小煙管使鍋爐體積可減小而火切面仍足用煙管在火爐之上而與火爐平行船之入水已淺又欲鍋爐頂在水面之下者煙管必與火爐在一箇平面或與火爐平行或與火爐正交

煙管全火切面方尺數等於號馬力數乘十二至十爲二百馬力以上者乘十四至十六爲一百五十馬力以下者

煙管外徑等於二寸至三寸

煙管之長等於五尺至七尺

煙管根數等於全火切面以一管之火切面約之

煙管位置斜勢等於一尺配八分寸之五至四分寸之三

鍋爐內容水處之厚等於四寸至六寸

牽條之徑等於一寸至一寸又四分寸之一

火爐頂牽條相距等於十四寸至十六寸

火爐旁與底牽條相距等十二寸至十四寸此數爲每平方寸汽漲力二十磅者

每火爐之煙管不可多於一百二十五根

火櫃鑲煙管處之闊等於煙管心相距乘煙管橫行根數

爐柵面方尺數等於號馬力數乘○·七五爲一百五十馬力以下者乘○·五爲一百五十號馬力以上者

爐柵面之長等於五尺至六尺不可多於七尺

火爐在爐柵處之闊等於爐柵面積以爐柵之長約之

火爐頂底二弧彎之半徑等於火爐之闊

火爐四角小弧彎之半徑等於火爐闊四分之一至五分之一

火門孔之闊等於十八寸爲最小之數大於此者等於火爐之闊乘○·八七五

火爐共橫剖面積等於爐柵面積二分之一

火壩上空處之面積等於爐柵面積四分之一

鍋爐容汽立方尺數等於號馬力數乘二至四

水面高於火櫃並煙管之數等於六寸至八寸

火櫃全厚等於十八寸此數重換煙管易於打緊其口

煙櫃底闊等於十四寸爲最小之數

煙喉橫剖面積等於煙管共橫剖面積乘一至一·二五

煙通橫剖面積等於爐柵全面積八分之一至十一分之一

戰船鍋爐要事鍋爐之頂必在船載重平水線之下至少得一尺煙通必可伸縮如遠鏡筩在煙通兩邊作轆轤以繞二鐵鍊用方楗定於軸用螺絲軸轉齒輪使煙通高低

齒輪軸徑等於二寸至三寸又二分寸之一

齒輪徑等於十八寸至三十二寸

齒心距等於一寸又二分寸之一至二寸

螺絲之徑等於齒輪徑四分之一

搖拐之長等於十四寸

火艙內通空氣之法有殼二層圍抱煙通之下端二層相距四寸至六寸自上層艙面起至下層艙面又用大管自火艙內引至船面之上以通空氣管之上端有侈口可以旋轉對風

萍門

鍋爐每座用萍門兩箇共在一箱之內船因海浪而搖動不能用稱桿必將漲權直壓於萍門之上或挂於萍門之下

萍門面積方寸數等於爐柵全面積方尺數三分之一

門心挺桿之徑等於門徑四分之一

漲權之徑等於門徑乘二

萍門共壓力磅數等於每平方寸汽漲力磅數乘萍門面積方寸數

漲權門心挺桿與門之共體積等於萍門共壓力磅數乘○·二六三

漲權之長等於體積以橫剖面積約之

萍門箱體厚等於二分寸之一至四分寸之三

萍門直軸高脊之闊等於門徑乘○·五

驗桿軸徑等於門心挺桿之徑

驗桿之長等於漲權徑加二分寸之一爲漲權間之餘地

萍門起高之數等於門徑四分之一

水面放水管之內徑等於二寸至四寸

水底放水管之內徑等於三寸至五寸

各火爐之上下皆宜有孔以便收拾修理火爐火櫃並鍋爐之底其孔以門蓋密門用螺釘連固

重加熱汽器

重加熱汽器用多管置於鍋爐之頂煙管內所出之火煙與熱氣俱經過此管之內而至煙通汽在管外重得熱而乾自漲力更大其式之最好者用多管直立而鑲於煙喉之板有門可使火煙直至煙通而不經過管內又有門與管可使汽直至汽箭而不經過管外管若有病可免危險

重加熱全面積方尺數等於號馬力數乘一至三

管之內徑等於一寸又四分寸之三至四寸此數爲火經過速者用之且易於收拾

管厚（用熱鐵者）等於四分寸之一

管長以其位置定之

鍋爐每座必有看水塞門看水玻璃管水面放水管與塞門水底放水管與塞門添海水管與塞門添水管與塞門灰膛人孔灰膛門管理進空氣門之桿與簧閘或別便法

以上各件一不可缺

雙螺輪

雙螺輪者在船尾之左右各安一螺輪以便入水甚淺之船且船可易於行走彎曲之水路也其汽機鍋爐螺輪之尺寸與單螺輪同因螺輪雖減小船體大小相同螺輪無論或單或雙所當有之力必同也

汽機新制卷七

英國 白爾格譔

英國 傅蘭雅 口譯
無錫 徐建寅 筆述

此卷論雜件

兩心輪與曲拐成之角並進退弧之半徑

求兩心輪與曲拐成之角以汽卷往復路爲徑作圓線於紙其心爲大軸之心作直線過之爲曲拐在路端之中線將進汽孔進汽時之闊減引汽之闊爲度自圓線與徑線之交點度徑線作點自此點作直線與徑線正交兩端與圓線相遇再自中心作半徑至相遇之點半徑與中線之

交角即兩心輪與曲拐之交角或進或退相同進退弧之半徑等於汽卷在半路時活襯楗心與大軸心之相距

搖筩汽機弧架與進退弧之半徑

弧架半徑等於汽卷在半路時汽卷橫桿楗心與空樞心相距架內槽長與挺桿在半路時所成之角有比例其進退弧之半徑等於架在半路時弧架楗心與大軸心之相距其推引桿之長亦等於此數

活翼明輪

先定輪之徑取翼背楗心與大軸心相距爲半徑以大軸心爲心作圓線將此圓線依翼數分爲若干分其各分點即爲各翼背楗心其翼數以翼便於旋轉爲度 其兩心軸之心與大軸心之相距常爲輪徑十六分之一將此兩心距向前度平線得兩心軸之心取前翼背楗心圓線之半徑爲半徑以兩心軸之心爲心作圓線另取翼柄之長爲度自各翼背楗心度此圓線作諸交點爲半徑桿與翼柄相接之楗之心翼柄與翼面或正交或斜交皆可自兩心軸環半徑桿各楗之心各作線至前諸交點即爲半徑桿中線

用彎擔之搖桿

銅襯之長等於襯孔之徑乘一五至一·二五

銅襯前後之厚等於襯孔之徑五分之一至六分之一

銅襯旁厚等於前後之厚乘〇·五至〇·四

揹邊之厚等於旁厚

揹邊之闊等於揹邊之厚乘一至〇·七五

彎擔彎處之橫剖面積等於襯孔橫剖面積三分之一至四分之一

彎擔旁橫剖面積等於彎處橫剖面積乘〇·七至〇·六

彎擔之闊等於銅襯內長

彎擔彎處與旁之厚等於橫剖面積以闊約之

長方與扁栓之厚等於襯孔之徑乘〇·二五至〇·二

長劈加扁栓中闊等於襯孔之徑乘一·至〇·八七五
長劈中闊等於全闊乘〇·四
長劈之尖等於一尺配半寸
長劈出扁栓外後端之長等於長劈中闊乘四至三
長劈出扁栓外前端之長等於中闊乘一·二五至一
彎擔在長劈處之厚等於彎擔旁厚乘一·二五
熟鐵搖桿頭長劈孔前之長等於襯孔之徑乘〇·六至〇·五
生鐵搖桿頭長劈孔前之長等於熟鐵者乘一·二五
彎擔出長劈孔外之長等於搖桿頭長劈孔前之長

扁栓鉤之深等於扁栓之厚
扁栓鉤之闊等於扁栓之厚乘〇·八七五

橫桿

中轂體厚等於孔徑三分之一
中轂體長等於孔徑
橫桿之長等於桿端往復路 此為最短之數
橫桿中段之厚等於孔徑加轂一邊之厚
橫桿兩端之厚等於孔徑四分之一
桿端往復路之正矢必平分之其動方能平勻

方釘長劈

方釘之闊等於孔徑四分之一
方釘之尖等於一尺配四分寸之一
方釘之厚等於闊乘〇·七五
軸內容方釘槽之深等於方釘厚三分之一
方釘或有鉤端等於扁栓之鉤端
長劈之尖等於一尺配四分寸之一
長劈之闊等於螺釘之徑
長劈之厚等於螺釘之徑四分之一
長劈孔外螺釘之長等於螺釘之徑乘一至乘〇·七五
螺釘孔之長等於螺釘之徑

兩心輪方釘之闊等於大軸徑四分之一至六分之一
軸徑二十四寸者方釘之厚等於闊二分之一

軸枕

軸枕之長等於頸徑乘一·五
銅襯上下之厚軸徑一寸半以內者等於八分寸之三一寸半以外者等於頸徑四分之一至六分之一
銅襯兩旁之厚等於軸徑八分之一至十二分之一
銅襯摺邊之厚等於兩旁之厚
銅襯相配條之長等於襯外之厚每銅摺邊內當有一條
枕蓋用二螺釘者其徑等於頸徑乘〇·三襯孔徑十寸以

外者乘〇·二五用四螺釘者其徑等於前徑乘〇·六

枕蓋之闊等於頸徑

銅襯下枕體厚等於頸徑乘〇·五

螺釘孔外肉之厚等於螺釘徑乘一至〇·八七五

枕蓋油杯外徑等於頸徑乘〇·五至〇·四

枕蓋油杯之深等於油杯之徑乘〇·七五

枕蓋油杯口體厚等於八分寸之一至八分寸之三

枕蓋油杯口之斜等於深一寸配八分寸之一

推枕自中心至底板之高等於頸徑乘二至乘一·五

底板之厚等於枕蓋之厚乘〇·五

底板下板之厚等於底板之厚乘一·一二五

底板螺釘之共横剖面積等於枕蓋螺釘之共横剖面積乘一·二五

枕體容螺釘凸圈之徑等於螺蓋對角之徑乘一·一

高脊之闊等於二分寸之一至一寸又四分寸之一

高脊在底板之端中有横脊

齒輪

齒心距與輪徑相比之數

齒心圓界徑	齒心距
十五尺	三寸又$\frac{三}{四}$
十四尺	三寸又$\frac{一}{二}$
十三尺	三寸
十二尺	二寸又$\frac{三}{四}$
十尺	二寸又$\frac{一}{二}$
八尺	二寸又$\frac{一}{四}$
六尺	二寸
四尺	一寸又$\frac{一}{二}$
三尺	一寸又$\frac{一}{四}$
一尺	一寸
六寸	半寸

齒闊等於齒心距乘二·五

齒厚等於齒心距減齒隙乘〇·五

齒隙等於齒心距三十二分之一

齒長等於齒心距乘〇·七五

輪牙輪輻之厚等於齒闊

輪輻接輪牙處之闊等於齒心距乘二至三

輪輻之尖等於每長一尺配四分寸之一至八分寸之三

輪軸徑之畧數等於齒心相距乘三至乘二或輪徑一尺配軸徑一寸

輪轂之徑與長各等於齒闊乘一·二五

輻薄處之厚等於輻薄處之闊

輪齒之根並齒凹宜兩輪相等定斜齒輪齒心界作一線與其輪之軸正交可得齒心界之半徑

爐柵

爐柵之長不可過三尺六寸

船鍋爐爐柵位置之斜度一尺配二寸

陸鍋爐爐柵位置之斜度一尺配一寸

爐柵體中段之闊等於每長一尺配一寸又二分寸之一至一寸又八分寸之三

爐柵體兩端之闊等於每長一尺配四分寸之三

爐柵體兩端之厚等於四分寸之三至一寸

爐柵體旁之尖等於一寸配八分寸之一

爐柵間之空等於四分寸之一至八分寸之三

中架樑體闊等於爐柵體中段之闊

中架樑體厚等於爐柵體兩端之闊乘二

兩端架樑體闊等於爐柵體兩端之闊

船內煤艙

煤艙頂鐵板厚等於八分寸之一

煤艙底鐵板厚等於十六分寸之三

各角圓線半徑等於六寸至十二寸

艙角之角鐵等於二邊各闊一寸又二分寸之五厚四分寸之一

牽條角鐵等於二邊各闊二寸厚十六分寸之五

牽條相距等於三尺

煤艙裝煤二百噸以上者每裝煤三十噸有熱度管一

裝煤一噸之容積等於四十六立方尺

煤艙距鍋爐即添煤處等於九尺至十尺

煤艙距螺軸推枕外殼及汽筩等於十二寸至十八寸

各軸頸添水管之徑等於一寸至三寸每枕各有塞門枕頸生熱時開之

放汽塞門表 用螺蓋定其塞

	寸						
管之內徑	$\frac{三}{八}$	$\frac{一}{二}$	$\frac{三}{四}$	一	一$\frac{一}{四}$	一$\frac{一}{二}$	二
塞中心徑	$\frac{五}{八}$	$\frac{三}{四}$	一	一$\frac{五}{十六}$	一$\frac{九}{十六}$	一$\frac{七}{八}$	二$\frac{一}{二}$
塞長	一$\frac{五}{八}$	一$\frac{七}{八}$	二$\frac{五}{八}$	三$\frac{三}{八}$	三$\frac{五}{八}$	四$\frac{一}{八}$	五
塞孔之闊	$\frac{一}{四}$	$\frac{五}{十六}$	$\frac{三}{八}$	$\frac{九}{十六}$	$\frac{十一}{十六}$	$\frac{七}{八}$	一$\frac{一}{四}$
塞孔之長	$\frac{一}{二}$	$\frac{一}{四}$	一$\frac{一}{四}$	一$\frac{一}{二}$	一$\frac{七}{八}$	二$\frac{一}{八}$	二$\frac{一}{二}$
螺釘之徑	$\frac{五}{十六}$	$\frac{三}{八}$	$\frac{七}{十六}$	$\frac{一}{二}$	$\frac{九}{十六}$	$\frac{五}{八}$	$\frac{三}{四}$
塞上接柄方頭邊之闊	$\frac{三}{八}$	$\frac{一}{二}$	$\frac{十一}{十六}$	$\frac{七}{八}$	一	一$\frac{一}{八}$	一$\frac{一}{二}$
塞上接柄方頭之高	$\frac{三}{八}$	$\frac{七}{十六}$	$\frac{九}{十六}$	$\frac{五}{八}$	$\frac{十一}{十六}$	$\frac{三}{四}$	一
塞外螺絲螺絲節之徑	$\frac{五}{八}$	$\frac{三}{四}$	一	$\frac{五}{十六}$	一$\frac{五}{八}$	一$\frac{七}{八}$	二$\frac{五}{十六}$

汽機新制七　放汽塞門表

塞外螺絲節螺絲之長	螺絲每寸之絲數	螺絲節六邊形蓋之徑	螺絲節六邊形蓋之長	螺絲節頸徑	螺絲節蓋螺絲內長	螺絲節蓋螺絲內徑	外殼體厚	螺絲節距塞之中心	塞之全長
寸		寸	寸	寸	寸	寸	寸	寸	寸
一/二	一八	十三/十六	一	五/八	五/八	九/十六	一/八	一 九/十六	二
十一/十六	一五	一 三/十六	一 一/八	七/八	十一/十六	五/八	五/三十二	一 七/八	三 五/八
七/八	一二	一 三/八	一 九/十六	一 一/八	十三/十六	七/八	三/十六	二 一/八	四 一/四
一	一二	一 五/八	一 十三/十六	一 三/八	七/八	一 三/十六	一/四	二 五/八	五 五/八
一 一/八	一二	二	二	一 五/八	一 一/八	一 一/二	九/三十二	三	六 一/八
一 一/四	一二	二 一/四	二 一/四	一 十五/十六	一 一/八	一 三/四	三/八	三 一/二	七 一/四
一 三/八	一二	二 五/八	二 五/八	一 一/二	一 一/四	一 三/四	十三/十六	四 一/四	八 三/八

直塞門表

管之內徑	塞中心徑	塞孔之長	塞孔之闊	塞孔與底之餘面	塞底之厚	殼體中段之厚	軟墊臼深	壓蓋之深	螺釘之徑	揝邊之厚	方頭邊闊與高	揝邊外面距中心
寸	寸	寸	寸	寸	寸	寸	寸	寸	寸	寸	寸	寸
一/二	一/四	十一/十六	五/八	一/二	十三/十六	四/一	五/八	十五/十六	三/八	十五/十六	一/二	二 一/八
一 一/四	一/二	十九/十六	七/八	一/二	十三/十六	五/十六	十一/十六	十五/十六	七/十六	三/八	十九/十六	二 一/四
一 一/二	一/四	一 三/十六	一	十九/十六	一/四	三/八	十三/十六	五/十六	七/十六	三/八	五/八	二 一/二
一 一/四	一 四/一	一 三/八	一 一/八	十九/十六	一/四	三/八	一/四	三/八	一/二	三/八	十一/十六	二 一/四
二	二 一/二	一 一/二	一 十九/十六	五/八	十五/十六	十七/十六	一/四	三/八	一/二	七/十六	三/四	三
二 一/四	二 五/八	一 十三/十六	一 十七/十六	五/八	十五/十六	十七/十六	十一/十六	三/八	一/二	七/十六	十三/十六	三 一/四
二 一/二	二 七/八	[illegible]	[illegible]	十一/十六	十五/十六	一/二	十三/十六	三/八	一/二	七/十六	七/八	三 一/二
二 三/四	三 一/八	一 十五/十六	一 五/八	十一/十六	十五/十六	一/二	七/八	十七/十六	五/八	十七/十六	一	三 三/四
三	[illegible]	二 一/十六	一 十三/十六	三/四	十五/十六	一/二	七/八	十七/十六	五/八	十七/十六	一 十一/十六	四 一/四
三 一/四	三 一/四	二 一/四	一 十三/十六	三/四	十五/十六	十九/十六	一 十五/十六	七/八	五/八	十七/十六	一 一/八	四 一/四
三 一/二	四	二 十五/十六	二 一/十六	十三/十六	十五/十六	十九/十六	一	三/四	五/八	十七/十六	一 三/十六	四 一/二
三 三/四	四 三/四	四 十五/十六	二 一/八	十三/十六	十三/十六	五/八	一 十一/十六	一 一/二	三/四	一/二	一 一/四	四 三/四

以上二表塞之尖度每長一尺半徑一寸

螺釘螺蓋表 此為尖絲者

螺釘外徑	每長一寸尖絲之數	螺釘絲底之徑	螺蓋對角之徑	螺蓋對面之徑	螺蓋之厚	螺釘冒徑	螺釘冒厚
寸		寸	寸	寸	寸	寸	寸
一/八	三〇	三/三十二	一/四弱	十三/三十二	一/八	十三/三十二	十三/三十二
五/三十二	二四	一/八	五/八	十五/三十二	五/三十二	十五/三十二	一/八
十/四	二〇	十/三十二	一/二強	十七/三十二	一/四	五/八	十三/三十二
五/十六	一八	一/四	五/八強	十九/三十二	十三/三十二	一/二	一/四
三/八	一六	十九/三十二	十一/十六	五/八	十九/十六	十九/十六	十五/三十二
七/十六	一四	十五/三十二	七/八	四/一	十七/三十二	五/八	十五/三十二
一/二	一二	三/八	一	七/八	一/二	十三/三十二	三/八
五/八	一一	一/二	一 一/四弱	一 十五/三十二	五/八	一	一/二
三/四	一〇	五/八	一 一/二強	一 十五/十六	三/四	一 一/八	十九/十六
七/八	九	三/四	一 三/四	一 一/二	七/八	一 一/四	五/八
一	八	十五/十六	二 強	一 三/四	一	一 三/八	十一/十六
一 一/八	七	十九/十六	二 十三/三十二	一 七/八	一 一/八	一 五/八	三/四
一 一/四	七	一 三/三十二弱	二 十五/三十二	二	一 一/四	一 三/四	七/八

螺釘螺蓋表續前

螺釘外徑	每長一寸尖絲之數	螺釘絲底之徑	螺蓋對角之徑	螺蓋對面之徑	螺蓋之厚	螺釘冒徑	螺釘冒厚
寸		寸	寸	寸	寸	寸	寸
一$\frac{三}{八}$	六	一$\frac{一}{八}$	二$\frac{一}{二}$強	二$\frac{三}{一六}$	一$\frac{三}{四}$	二	一
一$\frac{一}{二}$	六	一$\frac{一}{四}$	二$\frac{三}{四}$弱	二$\frac{三}{八}$	一$\frac{一}{二}$	二$\frac{三}{一六}$	一$\frac{一}{一六}$
一$\frac{五}{八}$	五	一$\frac{三}{八}$	二$\frac{一五}{一六}$	二$\frac{七}{一六}$	一$\frac{五}{八}$	二$\frac{五}{一六}$	一$\frac{一}{八}$
一$\frac{三}{四}$	五	一$\frac{七}{一六}$	三$\frac{一}{四}$	二$\frac{一三}{一六}$	一$\frac{三}{四}$	二$\frac{一}{二}$	一$\frac{一}{四}$
一$\frac{七}{八}$	四$\frac{一}{二}$	一$\frac{九}{一六}$	三$\frac{七}{一六}$	三	一$\frac{七}{八}$	二$\frac{五}{八}$	一$\frac{五}{一六}$
二	四$\frac{一}{二}$	一$\frac{三}{四}$	三$\frac{三}{四}$	三$\frac{一}{四}$	二	二$\frac{三}{四}$	一$\frac{三}{八}$
二$\frac{一}{四}$	四	一$\frac{七}{八}$	四$\frac{三}{一六}$	三$\frac{五}{八}$	二$\frac{一}{四}$	三$\frac{一}{八}$	一$\frac{七}{一六}$
二$\frac{一}{二}$	四	二$\frac{一}{八}$	四$\frac{五}{八}$	四	二$\frac{一}{二}$	三$\frac{一}{二}$	一$\frac{五}{八}$
二$\frac{三}{四}$	三$\frac{一}{二}$	二$\frac{一}{四}$	五弱	四$\frac{五}{一六}$	二$\frac{三}{四}$	三$\frac{七}{八}$	一$\frac{三}{四}$
三	三$\frac{一}{二}$	二$\frac{九}{一六}$	五$\frac{七}{一六}$弱	四$\frac{一一}{一六}$	三	四$\frac{一}{八}$	一$\frac{一五}{一六}$
三$\frac{一}{四}$	三$\frac{一}{四}$	二$\frac{一三}{一六}$弱	五$\frac{三}{四}$強	五	三$\frac{一}{四}$	四$\frac{一}{二}$	二$\frac{一}{八}$
三$\frac{一}{二}$	三$\frac{一}{四}$	一[illegible]	六$\frac{一}{八}$	五$\frac{五}{一六}$	三$\frac{一}{二}$	四$\frac{七}{八}$	二$\frac{一}{四}$

螺釘螺蓋表此為方絲者

螺釘外徑	每長一寸方絲之數	螺釘絲底之徑	螺蓋對角之徑	螺蓋對面之徑	螺蓋之厚	螺釘冒徑	螺釘冒厚
寸		寸	寸	寸	寸	寸	寸
三$\frac{三}{四}$	一$\frac{一}{二}$	三$\frac{三}{四}$	六$\frac{九}{一六}$	五$\frac{一一}{一六}$	二$\frac{三}{四}$	五$\frac{一}{四}$	二$\frac{七}{一六}$
四	一$\frac{一}{二}$	三$\frac{一}{二}$	六$\frac{二九}{三二}$	六	四	五$\frac{一}{二}$	二$\frac{九}{一六}$
四$\frac{一}{四}$	一$\frac{七}{一六}$	三$\frac{三}{四}$	七$\frac{五}{一六}$弱	六$\frac{五}{一六}$	四$\frac{一}{四}$	五$\frac{一三}{一六}$	二$\frac{一一}{一六}$
四$\frac{一}{二}$	一$\frac{七}{一六}$	三$\frac{七}{八}$	七$\frac{五}{八}$	六$\frac{五}{八}$	四$\frac{一}{二}$	六$\frac{一}{八}$	二$\frac{七}{八}$
四$\frac{三}{四}$	一$\frac{三}{八}$	四$\frac{一}{一六}$	八$\frac{一}{一六}$	七	四$\frac{三}{四}$	六$\frac{七}{一六}$	三
五	一$\frac{三}{八}$	四$\frac{一}{四}$	八$\frac{一三}{三二}$	七$\frac{五}{一六}$	五	六$\frac{三}{四}$	三$\frac{一}{八}$
五$\frac{三}{四}$	一$\frac{三}{八}$	四$\frac{七}{一六}$	八$\frac{一三}{一六}$	七$\frac{五}{八}$	五$\frac{一}{四}$	七$\frac{一}{一六}$	三$\frac{一}{四}$
五$\frac{一}{二}$	一$\frac{三}{八}$	$\frac{五}{八}$	九$\frac{三}{一六}$	八	五$\frac{一}{二}$	七$\frac{三}{八}$	三$\frac{三}{八}$
五$\frac{三}{四}$	一$\frac{一}{四}$	四$\frac{一一}{一六}$	九$\frac{五}{八}$	八$\frac{三}{八}$	五$\frac{三}{四}$	七$\frac{一一}{一六}$	三$\frac{五}{八}$
六	一$\frac{一}{四}$	四$\frac{七}{八}$	一〇弱	八$\frac{五}{八}$	六	八	三$\frac{七}{八}$

紅銅管紅銅螺釘表

管之內徑		螺釘之數
寸	寸	
一	一$\frac{一}{二}$	三
一$\frac{三}{四}$至	二	四
三　至	四	五
四$\frac{一}{四}$至	五	六
五$\frac{一}{四}$至	六$\frac{一}{二}$	七
六$\frac{三}{四}$至	八$\frac{一}{四}$	八
八$\frac{一}{二}$至	九$\frac{一}{二}$	九
九$\frac{三}{四}$至	一〇$\frac{一}{四}$	一〇
一〇$\frac{一}{二}$至	一一$\frac{一}{四}$	一一
一一$\frac{一}{二}$至	一四$\frac{一}{二}$	一二
一四$\frac{三}{四}$至	一六	一三
一六$\frac{一}{四}$至	一八	一四
一八$\frac{一}{四}$至	二〇	一六
二〇$\frac{一}{四}$至	二二	一八
二二$\frac{一}{四}$至	二三$\frac{三}{四}$	二〇
二三$\frac{一}{二}$至	二六	二三

管徑		螺釘之徑
寸	寸	寸
一　至	二$\frac{一}{二}$	$\frac{一}{二}$
二$\frac{三}{四}$至	六	$\frac{九}{一六}$
六$\frac{一}{四}$至	一一	$\frac{五}{八}$
一一$\frac{一}{四}$至	一六	$\frac{三}{四}$

管徑		摺邊之厚
寸	寸	寸
一　至	二$\frac{一}{四}$	$\frac{三}{八}$
二$\frac{一}{二}$至	五	$\frac{七}{一六}$
五$\frac{一}{四}$至	八$\frac{一}{二}$	$\frac{一}{二}$
八$\frac{三}{四}$至	一一$\frac{一}{二}$	$\frac{九}{一六}$
一一$\frac{三}{四}$至	一八$\frac{一}{二}$	$\frac{五}{八}$
一八$\frac{三}{四}$至	二六	$\frac{一一}{一六}$

管厚　進汽管進水管四分寸之一　放水管十六分寸之三　出汽管八分寸之一

開尾釘徑等於螺釘徑八分之一

阻螺蓋小螺釘之徑等於八分寸之一至八分寸之五即大螺絲徑五寸以內者等於八分寸之一

螺蓋嵌入別體凸圈之厚等於小螺釘徑乘二凸圈之徑與闊必與螺蓋相配

摺邊內各螺釘心相距等於螺釘徑乘八

螺釘旋入體內之深等於螺釘徑乘一·五

螺釘孔下所留之體厚等螺釘徑乘〇·七五

摺邊之闊自體至邊計之等於螺釘徑乘二·五

生鐵管摺邊之厚等於管徑五分之一至九分之一

生鐵管摺邊螺釘之徑等於二分寸之一至一寸又四分

寸之一此爲管徑十二寸以外者用之

螺釘領與冒之厚等於螺釘徑二分之一至三分之一

螺釘領與冒之徑等於螺釘徑乘一·五

螺蓋之厚等於螺蓋徑乘○·七至○·五

汽機新制卷八

英國 白爾格 譔
英國 傅蘭雅 口譯
無錫 徐建寅 筆述

此卷論汽機成式

二十號馬力大抵力汽機

汽筩徑十四寸又十六分寸之五

推機路二十八寸

鞲鞴全厚三寸又二分寸之一

汽筩內兩端空隙各二分寸之一

汽筩口接蓋處之內徑十四寸又十六分寸之九車去者在內

挺桿之徑二寸又四分寸之一

汽筩體厚一寸

汽筩外脊圈之厚四分寸之一

汽筩外脊圈之闊二寸

汽路體厚四分寸之三

汽筩後蓋厚四分寸之三

汽筩蓋嵌入汽筩內之深一寸

汽筩蓋摺邊之厚一寸

汽筩蓋高脊之厚二分寸之一

汽筩蓋容挺桿螺蓋凹之內徑四寸又四分寸之一

相連汽筩蓋螺釘之徑一寸
諸螺釘心圓界之徑十七寸又八分寸之五
螺釘孔外體厚四分寸之三
螺蓋底盤之徑二寸又八分寸之一
螺蓋底盤之厚八分寸之一
汽筩前端平底之厚四分寸之三
汽筩前端平底之高脊四條
汽筩前端平底高脊之厚二分寸之一
汽筩下足之外相距十寸
汽筩連於架座摺邊之厚一寸又八分寸之一

摺邊連脊之厚四分寸之三
摺邊連脊相距六寸又二分寸之一
相連汽筩於架座螺釘之徑一寸又八分寸之三
相連汽筩於架座之螺釘四箇
相連汽筩於架座螺釘心之橫相距十四寸又十六分寸之五

軟墊臼壓蓋

挺桿軟墊臼內徑四寸
挺桿軟墊臼內深三寸又八分寸之三
軟墊臼底銅襯管之厚十六分寸之五

壓蓋之深二寸又八分寸之七
軟墊臼體厚八分寸之七
相連壓蓋螺釘之徑四分寸之三
螺釘孔外體厚二分寸之一
壓蓋油膛之深二寸又四分寸之一
壓蓋摺邊之厚八分寸之五

汽甇

進汽孔進汽時之面積十方寸
進汽孔之長九寸又十六分寸之五
進汽孔進汽時之闊一寸又八分寸之一

汽路之闊一寸又四分寸之一
汽路之長九寸又十六分寸之五
進汽孔出汽時闊一寸又八分寸之五
進汽孔出汽時之面積十五方寸
汽甇外餘面闊四分寸之三
汽甇內餘面闊十六分寸之一
汽甇旁餘面闊八分寸之五
汽筩平面橫條之闊一寸又十六分寸之五
汽筩平面與汽筩中線相距十寸又四分寸之三
汽甇往復路三寸又四分寸之三

汽罨桿徑一寸又四分寸之一
軟墊臼內徑二寸又四分寸之一
軟墊臼內深二寸
軟墊臼底襯管之厚八分寸之一
軟墊臼壓蓋之深一寸又二分寸之一
軟墊臼體厚二分寸之一
相連壓蓋螺釘之徑二分寸之一
相連壓蓋螺釘之數二箇
汽罨匣內往復之空隙共十六分寸之七
汽罨空腹內深一寸又八分寸之五

汽罨體厚二分寸之一
汽罨平面摺邊之厚八分寸之五
汽罨桿心與平面相距一寸又八分寸之七

汽罨匣

汽罨匣體厚四分寸之三
汽罨匣摺邊之厚八分寸之七
汽罨匣摺邊之闊二寸又八分寸之三
相連汽罨匣螺釘之徑四分寸之三
汽罨匣蓋體厚八分寸之五
相連汽罨蓋螺釘之徑八分寸之五

汽罨匣蓋高脊之厚八分寸之三

鞲鞴

鞲鞴體厚八分寸之五
鞲鞴內脊之厚二分寸之一
相連壓環螺釘之徑八分寸之五
鞲鞴內容相連壓環螺釘嵌塊之厚十六分寸之十一
鞲鞴內容相連壓環螺釘嵌塊之邊一寸又八分寸之一
護環中段之厚八分寸之五
護環兩端之厚十六分寸之七

挺桿

挺桿裝入鞲鞴內尖段半徑減小之數八分寸之一
挺桿內端大螺蓋之厚一寸又八分寸之五
挺桿內端螺旋之徑二寸又八分寸之一
相連螺釘之徑一寸又八分寸之五
挺桿外端丁字形之厚一寸又八分寸之五
挺桿外端丁字形之闊三寸又四分寸之一
挺楗頸徑三寸又八分寸之一

鍵輔移襯

鍵輔移襯底面積八十四方寸
鍵輔移襯底長十二寸

鍵輔移襯底闊七寸
鍵輔移襯底體厚一寸又四分寸之三
底殼之厚八分寸之一
底殼相配之斜四分寸之一
相連底殼螺釘之徑四分寸之三
挺楗頸長四寸又二分寸之一
挺楗襯後半之厚一寸又四分寸之一
挺楗襯前半之厚八分寸之五
嵌軟金類凹之深八分寸之一
挺鈕蓋厚一寸又八分寸之一

挺鈕蓋闊三寸又四分寸之一
相連螺釘之徑一寸又八分寸之五

搖桿

搖桿長四尺八寸以兩端心之相距計之
叉支之長七寸又二分寸之一自孔心計之
叉支之闊三寸
叉支之厚一寸又二分寸之一
叉支端圈體闊一寸又八分寸之一
叉支端圈體厚一寸又十六寸之十五
搖桿後端即在叉支之端之徑二寸又八分寸之五

搖桿前端即在曲拐之端之徑二寸又八分寸之七
搖桿中段之徑三寸又十六分寸之三
拐軸頸徑三寸又八分寸之三
拐軸頸長五寸又八分寸之一
銅襯前後體厚四分寸之三
銅襯兩邊體厚八分寸之三
相連螺釘之徑一寸又八分寸之五
銅襯內面與螺釘面相距四分寸之一
銅襯外端與螺釘面相距十六分寸之九
銅襯凸領體厚八分寸之三

搖桿丁字體厚一寸又四分寸之三

兩心輪

兩心距一寸又八分寸之七
輪轂之厚一寸又八分寸之七
輪輻之厚十六分寸之九
輪輻之數三條
輪牙之厚八分寸之七
牙外槽深十六分寸之三
槽邊體厚十六分寸之三

兩心環推引桿相連螺釘

推引桿前端之徑一寸又八分寸之七

推引桿長四尺八寸

推引桿中段之徑二寸

推引桿在汽筩端之徑一寸又八分寸之五

相連兩心環與相連丁字形螺釘之徑一寸又四分寸之一

丁字形之厚一寸又四分寸之一

兩心環之厚八分寸之五

兩心環耳之厚十六分寸之十五

兩心環之闊二寸又八分寸之一

汽筩軸徑二寸又二分寸之一

架座

架座體厚四分寸之三

架座兩股之闊七寸又十六分寸之五

架座兩股之高三寸又十六分寸之九

架座兩股中線之相距十四寸又十六分寸之五

架座凸面之高十六分寸之三

相連螺釘孔凸領之徑二寸又四分寸之三

鍵輔槽長二尺七寸

鍵輔蓋條之厚一寸又二分寸之一

相連鍵輔蓋條螺釘之徑一寸又四分寸之一

相連鍵輔蓋條螺釘心之橫相距十寸

螺釘孔外體厚八分寸之七

鍵輔底體厚一寸又四分寸之三

相連架座於底座螺釘之徑一寸又八分寸之三

汽筩軸桿端圈之徑五寸

汽筩軸頸銅襯管體厚十六分寸之三

大軸頸徑四寸又二分寸之一

大軸頸長六寸又四分寸之三

大軸頸心與架座中線相距十寸

大軸枕銅襯體厚四分寸之三

相連枕蓋螺釘之徑一寸又八分寸之七

大軸枕蓋之厚二寸又二分寸之一

大軸枕螺釘面與銅襯內面相距二分寸之一

大軸枕螺釘孔外邊體厚八分寸之七

夾板之厚十六分寸之七

曲拐大軸

曲拐橫剖面積十六方寸九一

曲拐之厚三寸又八分寸之三

曲拐之闊五寸又八分寸之一

大軸外徑五寸又八分寸之一

飛輪

飛輪牙重二頓又二分頓之一
輪牙心界徑八尺三寸
輪牙體積二萬一千二百二十九立方寸
輪牙之厚十一寸
輪牙之闊六寸又四分寸之一
輪轂之徑十二寸
輪轂之長十一寸又四分寸之三
輪輻六條

每輻橫剖面積十一方寸
輪輻連於牙處之厚五寸又二分寸之一
輪輻體向內 大一寸又二分寸之一
輪牙內連條之橫剖面積十五方寸
輪牙內連條之厚三寸
輪牙內連條之闊五寸
固定連條長劈之闊三寸
固定連條長劈之厚四分寸之三
轂端熟鐵箍之闊二寸又二分寸之一
轂端熟鐵箍之厚一寸又八分寸之一

添水筩

添水容積四十五立方寸五此係推水柱橫剖面積與往復路相乘之數
推水柱往復路六寸又二分寸之一
推水柱徑三寸
推水柱體厚八分寸之三
推水柱底之厚二分寸之一
推水柱楗之徑一寸又八分寸之三
添水筩軟墊臼內徑四寸又二分寸之一
添水筩軟墊之深二寸又八分寸之一
軟墊臼壓蓋之深一寸又八分寸之五

相連壓蓋螺釘之徑四分寸之三
筩口摺邊之厚四分寸之三
生鐵添水筩體厚八分寸之五
進水出水門面積四方寸五九

添水餘流門

餘流門之徑二寸又二分寸之一
簧圈之徑二寸又二分寸之一
簧體之徑四分寸之一
簧之圈數七圈
圈間相距八分寸之三

門心挺桿之徑二分寸之一
門體之厚四分寸之一

汽制圓球

平面線距挂點之高十二寸又四分寸之一
每分時轉數五十二轉
斜齒輪徑五寸又四分寸之三
齒心距四分寸之三
斜齒輪軸之徑一寸又二分寸之一
大軸每分時轉數六十四轉
轉柱之徑一寸又四分寸之一

球桿之徑十六分寸之十一
連桿之徑八分寸之五
各楗之徑八分寸之五
弧輔之厚十六分寸之十三
上體之厚十六寸之五
汽制座體厚八分寸之五
汽制門軸與桿徑二分寸之一
汽制球之徑五寸又四分寸之一

一百五十號馬力槓桿汽機

汽箭徑五十七寸

推機路七尺
相定平門汽路橫剖面積一百七十二方寸
相定平門汽路之長四十寸
相定平門汽路之闊四寸又八分寸之三
挺桿之徑五寸又八分寸之三
軟墊臼內徑十寸
軟墊臼內深一尺十一寸
壓蓋之深十一寸又二分寸之一
相連壓蓋螺釘之徑一寸又四分寸之三
相連壓蓋之螺釘四箇

汽箭體厚一寸又八分寸之三鏇車內膛所去者在內
汽箭蓋厚一寸
相連汽箭蓋螺釘之徑一寸又四分寸之三
汽箭蓋高脊之厚四分寸之三
相連汽箭於架座螺釘之徑三寸又四分之一
汽箭口底各摺邊之厚一寸又二分寸之一
相定平門殼體之厚一寸
相定平門殼摺邊之厚一寸
相連門殼螺釘之徑一寸
相定進汽平門面積一百十五方寸

相定進汽平門之徑十二寸又八分寸之一
相定出汽平門面積一百七十二方寸
相定出汽平門之徑十四寸又八分寸之七
平門邊之斜四十五度
平門邊與門座切面之闊八分寸之七
門座間各汽路之深四寸又八分寸之三
平門體厚八分寸之三
相連門座於殼螺釘之徑四分寸之三
平門中心挺桿之徑一寸又二分寸之一
軟墊臼徑三寸

軟墊臼深三寸
軟墊臼壓蓋之深二寸又四分寸之一
相連壓蓋螺釘之徑四分寸之三
相連壓蓋螺釘二箇
凸輪軸之徑四寸又二分寸之一
生鐵槓桿長三十六尺
挺搖桿長四尺六寸
長撐桿長八尺八寸
半徑桿長十尺
挺搖桿徑五寸又四分寸之三

長撐搖桿徑二寸又四分寸之三
長撐桿與半徑桿徑二寸又四分寸之三
挺楗之徑七寸
槓桿端楗之徑七寸
槓桿中段之闊五尺
槓桿兩端之闊二尺
槓桿邊厚一寸又二分寸之一
槓桿高脊之厚一寸又八分寸之三
高脊與邊之闊四寸又二分寸之一

槓桿中樞頸徑十二寸又二分寸之一
槓桿端圓柱形徑一尺五寸又二分寸之一
槓桿端圓柱形長九寸
中樞轂徑一尺十一寸
中樞轂外高脊之厚一寸

搖桿

大搖桿長二十七尺
大搖桿中段橫剖面積一百二十七方寸
十字形徑二十寸
拐軸頸徑八寸

拐軸頸長十二寸

大搖桿接曲拐長方段之長十尺

大搖桿接曲拐長方段之橫剖面積四十二方寸

十字形末圓段（在曲拐端）之徑十五寸

十字形末圓段（在橫桿端）之徑十三寸又八分寸之一

大軸

大軸頸徑十四寸又八分寸之三

熟鐵曲拐

曲拐在大軸端圈體厚五寸又四分寸之一

曲拐在拐軸端圈體厚二寸又四分寸之三

曲拐中段橫剖面積一百二十六方寸

曲拐在大軸端圈之深十四寸又八分寸之三

曲拐在拐軸端圈之深八寸

運動汽櫃諸件

接軸徑五寸又八分寸之七

斜齒輪徑一尺十寸

斜齒輪齒心距一寸又八分寸之三

飛輪

輪牙心界徑二十五尺

輪牙體重十五頓

輪牙體闊十五寸

輪牙體厚九寸

輪牙橫剖面積一百三十五方寸

輪輻六條

每輻橫剖面積四十四方寸

輪輻接牙處之闊一尺

輪轂之徑五尺

相連輪輻螺釘之徑一寸又四分寸之三

長膀之厚四分寸之三

輪轂之厚五寸又四分寸之一

輪轂之長二十三寸

轂外輻間連脊之厚一寸又八分寸之七

輻旁連脊之厚一寸又二分寸之一

轂端熟鐵箍之厚一寸又四分寸之三

轂端熟鐵箍之闊三寸又二分寸之一

恆升車

單行恆升筩容積二十二方尺

凝水櫃容積二十三方尺

恆升起水盤往復路三尺

恆升筩徑三尺一寸

汽筩容積一百五十九方尺
添水筩容積一千五百三十七方寸
推水柱往復路三尺
推水柱徑七寸又八分寸之三
恆升起水盤提桿之徑四寸又二分寸之一
添水筩推水柱桿之徑一寸又四分寸之三

二百號馬力雙汽筩螺輪汽機

汽筩共二箇徑四十六寸又八分寸之五
汽筩橫剖面積一千七百零五方寸五四
推機路二尺六寸

汽筩體厚一寸又八分寸之一
汽路體厚四分寸之三
汽筩口摺邊之厚一寸又八分寸之一
相連汽筩蓋螺釘之徑一寸又八分寸之一
螺釘心相距九寸
汽筩蓋厚四分寸之三
汽筩蓋高脊之厚八分寸之五
汽筩底心圓孔之徑十寸通軸以鏇光汽筩內膛者

汽孔汽櫃

進汽孔進汽時之面積九十三方寸又四分方寸之三
進汽孔全面積一百四十二方寸又八分方寸之三
進汽孔進汽時之闊二寸又八分寸之七
進汽孔之長三十三寸又二分寸之一
進汽孔之全闊四寸又四分寸之一
出汽孔之長三十三寸又二分寸之一
出汽孔之闊九寸又八分寸之七
汽筩平面內條之闊一寸又二分寸之一
汽櫃外餘面之闊一寸又四分寸之三
汽櫃內餘面之闊十六分寸之五
汽櫃空腹之闊十二寸又四分寸之一

汽櫃桿徑一寸又八分寸之七
汽櫃背襯圈之闊一寸又四分寸之一
汽櫃背襯圈之厚一寸
托圈槽底厚一寸
托圈槽之深一寸又四分寸之一
配準螺釘之徑四分寸之三
配準螺釘心相距十寸又二分寸之一

汽櫃匣

汽櫃匣體厚四分寸之三
相連汽櫃匣螺釘之徑四分寸之三

摺邊之厚八分寸之七

匣蓋之厚四分寸之三

摺邊連脊之厚四分寸之三

匣蓋高脊之厚十六分寸之九

匣蓋高脊之闊四寸

相連匣蓋螺釘之徑四分寸之三

鞲鞴

鞲鞴全厚五寸

鞲鞴體厚一寸

容挺桿心管體厚二寸

護環中段之厚一寸

護環兩端之厚八分寸之五

旁圈之厚一寸又四分寸之一

配準旁圈螺釘之徑四分寸之三

相連壓環螺釘之徑八分寸之七

壓環之闊四寸又八分寸之六

壓環之厚一寸

鞲鞴內容相連壓環螺釘凸塊之厚八分寸之七

鞲鞴內容相連壓環螺釘凸塊之闊一寸又八分寸之五

挺桿徑（共二根）四寸又二分寸之一

軟墊臼徑六寸又四分寸之三

軟墊臼深四寸

壓蓋內相磨處之深三寸

相連壓蓋螺釘（共三箇）之徑一寸又四分寸之一

油膛之徑六寸又四分寸之三

油膛體厚十六分寸之三

油膛口軟墊臼之深一寸又二分寸之一

油膛口壓蓋之深八分寸之七

凝水櫃

凝水櫃容積（二汽筩共用一櫃）九方尺

凝水櫃體厚一寸

摺邊之厚一寸又四分寸之一

孔蓋之厚四分寸之三

相連螺釘之徑四分寸之三

恆升車

雙行恆升筩容積二立方尺九（此係恆升鞲鞴面積與往復路相乘之數）

恆升鞲鞴往復路二尺六寸

恆升鞲鞴之徑十四寸又四分寸之三

每門座內各門孔全面積一百二十八方寸

每門內各孔全面積十六方寸

每座內之門數八箇
每門之徑六寸又二分寸之一
門體之厚八分寸之五
門餘面之闊十六分寸之五
門開之高一寸又二分寸之一
門架摺邊之厚十六分寸之七
相連門架螺釘之徑四分寸之三
門架高脊之厚十六分寸之三
門架高脊之闊八分寸之五
相連門擋中心螺釘之徑四分寸之三

門架中心容螺釘之轂徑一寸又二分寸之一
門擋彎曲圓線之半徑三寸又二分寸之一
門擋體厚十六分寸之三
出汽管徑十九寸
噴海水孔面積十一方寸
噴水管徑三寸又四分寸之三
恆升筩體厚八分寸之三
升鞲鞴全厚四寸
升鞲鞴體厚十六分寸之七
升鞲鞴內脊共五條之厚十六分寸之五

升挺桿徑二寸又八分寸之三
軟墊臼壓蓋等於汽筩之比例
餘水管橫剖面積一百八十八方寸六九
餘水管徑十五寸
尾舌門孔面積七方寸
尾舌門徑三寸
噴水門孔長三寸又二分寸之一
噴水門每孔之闊八分寸之七
噴水門之孔數三條
噴水門體厚十六分寸之五

噴水門摺邊之厚八分寸之三
噴水門桿之徑八分寸之五

添水筩

推水柱往復路二尺六寸
添水筩容積二百二十九方寸八
推水柱橫剖面積七方寸六六
推水柱徑三寸又八分寸之一
推水柱體厚八分寸之三
推水柱挺桿之徑一寸又二分寸之一
添水筩門孔面積七方寸

添水筩門徑四寸又四分寸之一

鍵輔襯

鍵輔襯相切之面積一百三十五方寸

鍵輔襯切面之長一尺六寸

鍵輔襯切面之闊七寸又二分寸之一

鍵輔襯頂闊二寸

鍵輔襯體厚一寸又四分寸之三

相連挺桿螺釘之徑三寸又四分寸之一

螺釘孔外體厚二分寸之一

螺釘冒徑四寸又八分寸之七

螺釘冒厚一寸又八分寸之五

挺犍外徑五寸又八分寸之五

挺犍頸徑五寸又八分寸之五

挺犍頸長七寸又八分寸之一

挺犍後銅襯厚一寸又八分寸之七

挺犍前銅襯厚一寸又八分寸之一

凸領之厚一寸

鍵輔體厚八分寸之七

相連鍵襯底螺釘之徑四分寸之三

螺釘冒厚八分寸之三

橫擔橫剖面積二十四方寸

橫擔之闊五寸又二分寸之一

挺犍蓋厚二寸又八分寸之七

鍵輔架

鍵輔蓋條之厚一寸又二分寸之一

槽底體厚一寸又二分寸之一

相連蓋條螺釘之徑一寸又八分寸之一

螺釘心相距十寸又二分寸之一

架體與連脊之厚一寸

連脊之闊六寸

架體摺邊之厚一寸又四分寸之一

相連鍵輔架螺釘之徑一寸又四分寸之一

搖桿

搖桿之長六尺三寸

搖桿在挺犍端之徑四寸又二分寸之一

搖桿在拐軸端之徑五寸又八分寸之一

搖桿中段之徑五寸又八分寸之七

叉支之闊五寸又八分寸之五

叉支之厚二寸又八分寸之一

兩叉支間之相距七寸又八分寸之一

叉支端圈之徑九寸又八分寸之三
叉支端圈之厚三寸又八分寸之三
叉支之長自樋心計之十一寸又四分寸之一
拐軸頸徑九寸
拐軸襯厚一寸又八分寸之一
拐軸銅襯外蓋厚三寸
相連襯蓋螺釘之徑三寸又四分寸之一
相連襯蓋螺釘冒之徑四寸又八分寸之七
相連襯蓋螺釘冒之厚一寸又八分寸之五

實心進退弧

實弧橫剖面積六方寸一八七
實弧之闊二寸又四分寸之三
實弧之厚二寸又四分寸之一
活襯之長四寸
活襯體厚八分寸之五
兩面耳樞之徑一寸又八分寸之七
兩面耳樞之長一寸又八分寸之一
汽櫃桿端叉支之闊三寸又四分寸之三
相連汽櫃桿叉支螺釘之徑用三箇八分寸之五

兩心輪兩心環推引桿

兩心輪之往復路四寸又八分寸之五
進退弧樋橫剖面積二方寸〇七三
進退弧樋之徑一寸又八分寸之五
相連兩心環螺釘橫剖面積一方寸一六七
相連兩心環螺釘之徑一寸又二分寸之一
兩心環之闊三寸
兩心輪轂體厚一寸又二分寸之一
兩心輪牙與輻之厚一寸又四分寸之一
輪牙外槽深十六分寸之三
兩心輪全厚三寸又二分寸之一

兩心環體厚一寸
兩心環內銅襯環厚四分寸之一
銅環凸處之闊一寸又四分寸之一
推引桿端圈之徑三寸又四分寸之一
推引桿端圈之厚一寸
推引桿在樋心橫剖面積二方寸二五
推引桿在樋心之闊三寸
推引桿在樋心之厚八分寸之七
推引桿在兩心環處之厚一寸又二分寸之一

曲拐大軸

曲拐兩心距一尺三寸
大軸頸徑九寸
大軸外徑十寸又八分寸之一
大軸頸長十八寸
拐軸頸徑九寸
拐軸頸長六寸又四分寸之三
曲拐横剖面積四十六方寸八二八
曲拐之闊十寸又八分寸之一
曲拐之厚四寸又八分寸之五
曲拐兩旁體尖一寸又四分寸之一

架座

大軸銅襯體厚一寸
大軸銅襯在枕內之長十二寸
銅襯摺邊之厚四分寸之三
銅襯兩端之厚四分寸之三
相連枕蓋螺釘用二箇之徑三寸又四分寸之一
螺釘面與銅襯內面相距十六分寸之三
螺釘長方孔之闊三寸又四分寸之一
螺釘長方孔之厚八分寸之七
上螺釘卯牽條之徑三寸又四分寸之一

上螺釘丁字形之厚一寸又八分寸之七
相連丁字形於汽筩所用螺釘之横剖面積共四箇二方寸
○七三
相連丁字形於汽筩所用螺釘之徑一寸又八分寸之五
熟鐵枕蓋之厚三寸又八分寸之五
軸枕體厚四寸又二分寸之一
相連枕蓋螺釘孔外體厚一寸又八分寸之五
架座體厚一寸又八分寸之一
高脊之闊三寸又八分寸之一
底面摺邊之厚一寸又四分寸之三

底面摺邊之闊九寸
相連底面摺邊螺釘之徑一寸又八分寸之三
螺釘心相距十四寸又二分寸之一

螺軸推枕

平行凸圈七道
凸圈之闊一寸又四分寸之一
凸圈間之相距一寸又四分寸之一
凸圈之高一寸
推枕銅襯體厚一寸
銅襯外高脊三條

相連枕蓋螺釘之徑共四箇一寸又二分寸之一
枕蓋枕體之厚二寸又二分寸之一
枕蓋枕體容螺釘耳之徑四寸又八分寸之一
容螺釘孔外肉之厚一寸
連枕與底板螺釘之徑一寸又二分寸之一
連枕與底板並底座螺釘之徑共六箇一寸又二分寸之一
底板與連脊之厚二寸又二分寸之一
底板向汽機端在推枕外之長九寸
底板向螺輪端在推枕外之長二尺二寸
餘枕之長十二寸又八分寸之五

相連餘枕蓋螺釘之徑一寸又八分寸之一
銅襯體厚四分寸之三
餘枕蓋與餘枕底之厚一寸又四分寸之三

人力轉輪諸件

齒輪之徑四尺
螺絲之徑六寸
齒心相距二寸又二分寸之一
螺絲之長十寸
螺絲軸徑二寸又二分寸之一
齒輪轂徑一尺六寸

輪牙與輻之厚一寸又四分寸之一
輪轂長九寸
相連齒輪於大軸之螺釘共橫剖面積共七箇四十九方寸五七六
相連齒輪於大軸螺釘之徑三寸
螺釘孔處之厚四寸
螺釘孔外體之厚二寸又四分寸之一
簧閘柄長七尺六寸

螺軸端熟鐵圓盤

圓盤之厚三寸

相連螺釘之共橫剖面積共七箇四十九方寸六七六
相連螺釘之徑三寸

船尾螺軸套管與軟墊曰

套管內後端相磨處木襯之長十八寸
套管體厚二分寸之一
軟墊曰深二十二寸又二分寸之一
壓蓋之深五寸又二分寸之一
壓蓋體厚一寸
相連壓蓋螺釘之徑共五箇一寸
相連套管於尾柱螺釘之徑一寸

螺釘心之相距八寸
套管揹邊之厚一寸

螺輪

螺徑十一尺
螺距十六尺六寸
前頭之徑十一寸又四分寸之一
轂徑十三寸又二分寸之一

琵琶形螺輪架

滑輪槤徑三寸
架體之厚二分寸之一

架體兩邊之闊六寸又四分寸之三
橫擔中段與兩端間之闊十三寸又二分寸之一
橫擔中段之闊二十寸又四分寸之一
滑輪槽底之徑一尺
滑輪體厚四分寸之一
滑輪轂徑四寸又二分寸之一
滑輪周槽之闊三寸
阻翼桿螺釘徑一寸又八分寸之三
阻翼桿轂徑二寸又四分寸之三
阻翼桿轂長二寸又四分寸之三

準阻翼桿螺釘之徑一寸又八分寸之七
阻翼桿中段之闊五寸
阻翼桿之厚三寸
阻翼桿兩端之闊三寸
梢楗在節之厚一寸又四分寸之三
枕蓋體厚二寸又八分寸之七
枕內管襯之厚八分寸之三
堅木襯條厚二分寸之一
堅木襯條闊一寸又二分寸之一
襯條間之相距十六分寸之七

相連枕托與蓋螺釘之徑每枕四箇一寸又四分寸之三

螺輪架座此連於尾柱

架座體厚八分寸之三
相連螺釘之徑一寸
堅木襯條同前
簧岡齒心相距二寸又二分寸之一

四百號馬力搖筩汽機

汽筩共二箇徑七十四寸又四分寸之一
推機路六尺
汽筩體厚一寸又八分寸之三

雙進汽孔共面積二百方寸
進汽孔長三十七寸
出汽孔闊六寸又十六分寸之三
外餘面闊一寸又四分寸之一
內餘面闊四分寸之一
每進汽孔之全闊二寸又四分寸之三
雙進汽孔進孔時共闊四寸又八分寸之一
汽筩平面條之闊四寸又四分寸之一
汽衖摺邊之闊四寸又四分寸之一
挺桿之長十尺六寸

挺桿之徑九寸
相連挺鈕蓋螺釘之徑共二箇四寸又二分寸之一
挺鈕蓋與丁字形頭之厚四寸又二分寸之一
挺鈕銅襯之厚一寸又八分寸之三
挺鈕長劈之闊九寸
挺鈕長劈之厚二寸又四分寸之一
軟墊臼之徑十三寸又二分寸之一
軟墊臼之深九寸
軟墊臼底銅圈襯之深一尺八寸
軟墊臼底銅圈襯體厚十六分寸之九

壓蓋之深四寸又二分寸之一
軟墊臼體厚二寸又四分寸之一
油膛之徑十三寸又二分寸之一
油膛之深四寸又二分寸之一

空樞與汽路

汽路橫剖面積二百二十九方寸
汽路之闊六寸又十六分寸之三
汽路橫長三十七寸
空樞內汽管橫剖面積四百五十八方寸
空樞內汽管體厚八分寸之三

空樞內汽管之徑二十四寸又四分寸之一
空樞頸長十二寸
空樞壓蓋體厚二寸
空樞連於汽筩處體厚四寸又八分寸之一
空樞軟墊臼體厚三寸
空樞軟墊臼之深十四寸又二分寸之一
空樞壓蓋之深五寸又八分寸之七
相連壓蓋螺釘之徑一寸又四分寸之一
相連壓蓋螺釘心相距十寸
空樞頸銅襯之厚二寸又二分寸之一

生鐵枕蓋之厚八寸又二分寸之一

空樞頸徑二尺十寸又二分寸之一

相連枕蓋螺釘之徑（每枕二箇）四寸又八分寸之五

相連樞枕於架座螺釘之徑四寸又八分寸之五

空樞枕座體厚八寸又二分寸之一

恆升車凝水樞

每汽筩之容積一百八十立方尺

凝水櫃之容積四十五立方尺

恆升筩（共二箇）之容積二十二立方尺五

恆升車往復路三尺

恆升筩徑三尺一寸又四分寸之一

門孔面積二百七十二方寸

升搖桿徑四寸又四分寸之三

升空挺之徑四寸又四分寸之三

升空挺接起水盤處體厚十六分寸之七

相連升搖桿鈕蓋螺釘（共四箇）橫剖面積四方寸四三

相連升搖桿鈕蓋螺釘之徑二寸又八分寸之三

大軸

大軸頸徑十五寸又八分寸之三

大軸頸長二尺六寸又四分寸之三

拐軸

拐軸頸徑十寸又二分寸之一

拐軸頸長一尺三寸又四分寸之三

曲拐

大軸端圈之厚十五寸又八分寸之三

拐軸端圈之厚十寸又二分寸之一

大軸端圈之外徑二十五寸又八分寸之五

拐軸端圈之外徑十九寸又二分寸之一

中段橫剖面積一百四十五方寸

架座

架座體厚一寸又二分寸之一

架座全深二尺六寸

相連架座於船體螺釘之徑一寸又二分寸之一

架梁

相連大軸枕蓋螺釘（每枕二箇）之徑五寸又四分寸之一

大軸生鐵枕蓋之厚七寸又八分寸之七

大軸枕銅襯之厚一寸又四分寸之三

架梁體厚一寸又八分寸之三

架梁實心邊之厚一寸又四分寸之三

相連摺邊螺釘之徑一寸又八分寸之五

架梁搯邊之厚一寸又二分寸之一
架梁實心邊之深十九寸
架梁枕下全深二十三寸
架梁枕下體厚四寸
架柱每枕二柱之徑五寸又四分寸之一
餘各尺寸與螺輪汽機相同

活翼明輪

船體入水之深十尺
輪翼入水之深五尺
同時入水翼數四翼

輪徑自翼之中心度之三十尺
翼長九尺
翼闊四尺
每輪翼數十四翼
每翼之面積三十六方尺
轂盤之徑八尺
輪轂體厚三寸又二分寸之一
輪轂之長二尺六寸又四分寸之三
兩心軸徑六寸又四分寸之三
兩心軸銅管襯體厚八分寸之三

翼耳中楗橫剖面積六方寸四九一八
翼耳中楗之徑二寸又八分寸之七
半徑桿楗之徑二寸又八分寸之三
半徑桿徑二寸又八分寸之三
兩心軸外環體厚一寸又八分寸之一
兩心軸外環之徑十三寸又二分寸之一
明輪牙環之闊三寸又二分寸之一
明輪牙環之厚一寸又二分寸之一
輪翼背托與翼外端相距二尺三寸

二十號馬力陸鍋爐

火切面二百二十六方尺
鍋爐之長二十三尺六寸
鍋爐之徑五尺六寸
空筩之徑二尺九寸
水面與鍋爐頂相距一尺十寸
水面與空筩頂相距六寸又二分寸之一
旁火路之高三尺
空筩火切面九十八方尺
下火路火切面三十六方尺
旁火路火切面六十六方尺

爐柵面積十八方尺
旁火路橫剖面積四方尺五
下火路橫剖面積四方尺五
下火路闊二十九寸
旁火路闊十寸
爐柵面長六尺六寸
放汽萍門面積十八方寸
稱桿之長一尺十寸
漲權之重八十一磅
漲權之徑八寸

漲權之高六寸又八分寸之一
萍門共壓力七百二十磅
稱桿定點與門心相距二寸又二分寸之一
萍門每平方寸漲力四十磅

二百號馬力船鍋爐

煙管全火切面二千五百方尺
煙管外徑二寸又二分寸之一
煙管之長六尺六寸
煙管五百根
煙管內徑二寸又四分寸之一

煙管斜勢四寸又二分寸之一
鍋爐內容水處之厚五寸
牽條之徑一寸又四分寸之一
火爐頂牽條相距十五寸
火爐旁與底牽條相距十三寸
每座鍋爐火爐之數五箇
火櫃鑲煙管處之闊二尺十寸
每火爐之爐柵面積二十方尺
爐柵面之長六尺八寸
爐柵面之闊三尺

火爐頂底二弧彎之半徑三尺
火爐共橫剖面積十方尺
火爐高三尺六寸
火爐四角弧彎之半徑八寸
火爐孔之闊二尺八寸
容汽積數六百立方尺
水面與火櫃並煙管之相距七寸
火櫃全厚十八寸
煙櫃底闊十六寸
煙喉橫剖面積十五方尺

水面放水管之內徑三寸

水底放水管之內徑四寸

煙通橫剖面積四座鍋爐所共用者四十方尺

煙通之徑七尺二寸

船外水面高於鍋爐頂十四寸

伸縮煙通之器

齒輪軸徑三寸

齒輪徑二十二寸

齒心距二寸

螺絲之徑五寸又二分寸之一

搖拐之長十四寸

萍門

萍門面積三十三方寸

萍門之徑六寸又二分寸之一

萍門心挺桿之徑一寸又八分寸之五

漲權之徑十三寸

萍門共壓力六百六十磅

萍門箱體之厚八分寸之五

萍門直輔高脊之闊三寸又四分寸之一

驗桿之徑一寸又八分寸之五

驗桿之長六寸又四分寸之三

萍門能起之高一寸又八分寸之五

重加熱器

重加熱管長三尺

重加熱全面積八百方尺

管之內徑三寸又二分寸之一

管厚四分寸之一

管二百五十六根

江南製造局科技譯著集成

機械工程卷

第壹分册

汽機中西名目表

《汽機中西名目表》提要

《汽機中西名目表》一卷，又作《中西汽機名目表》，其英文名爲《Vocabulary of Terms Relating to the Steam Engine》，光緒十五年（1889 年）十月成書，光緒十六年（1890 年）刊行。卷首有江南機器製造總局之中英文序各一篇。根據序言得知，此表爲江南製造局在翻譯《兵船汽機》之前，整理《汽機發軔》《汽機必以》《汽機新制》等書中之術語而作，目的爲將來翻譯汽機類著作時統一術語，免致混亂。而《汽機中西名目表》中并没有出現作者的名字。考慮到該書的編纂過程，一般認爲，《汽機中西名目表》由傅蘭雅、徐壽、徐建寅三人合力完成。

VOCABULARY of TERMS

RELATING TO

THE STEAM ENGINE.

The basis of this Vocabulary is the translation of Main's Manual of the Steam Engine which was made in 1868. During the translating of various subsequent treatises such as "Bourne's Catechism," "Bourne's Introduction," "Burgh's practical Rules," &c, a much more extensive nomenclature was accumulated.

Recently, a Chinese rendering of "Sennett's Manual of Marine Engineering" having been called for, the present more comprehensive Vocabulary was compiled, to be in readiness. It embraces all the terms that had been fixed up to the beginning of 1889. An appendix will contain such as may afterwards be found necessary.

It will be noticed that the terms made use of are descriptive; and that in order to be systematic, they do not always follow the exact meaning of the English. Some of them were invented before the great improvements in the Steam Engine were effected and are, perhaps, not so applicable now as then. Having come into current use, however, they have necessarily to be retained to prevent the confusion that entirely new terms would cause. No attempt has been made in this Vocabulary to phoneticise any English words, except proper names.

In some cases it is difficult to determine whether a term belongs to Marine Engineering or to Naval Architecture. There are necessarily words that are common to the two subjects, and will therefore be found also in the Vocabulary of terms in Naval Architecture which is to follow.

Kiangnan Arsenal. October 1889.

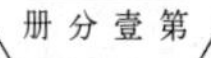

汽機中西名目表

小序

是表以汽機發軔所定名目爲主因發軔譯於同治十年爲汽機之第一書後更續譯汽機必以汽機新制等書名目亦逐漸增多今擬譯兵船汽機一書恐前後名目或有互異故先將光緒十五年以前所有成書內已定汽機名目輯成中西名目表嗣後有新出名目擬另加附表至於是表名目皆指形象物亦有言其功用而與英文本義不甚脗合者間有數名目爲從前所定祇合於當時之用揆之於今稍有不稱然歷經習熟勢不能一一更新致前後不符故皆仍其舊便於通行若人名地名祇能譯以英字之音其餘則均解意義使閱者易於了然惟有機件名目或屬汽機或屬船體爲兩項所公用者茲亦列入俟後再輯入船體名目表彼此互見庶幾便於查檢云爾

光緒十五年十月 江南機器製造總局序

A.

Absolute pressure, 全壓力
,, zero, 渣零熱度
Absorption of heat, 收熱
Accelerate piston, pressure required, 令鞴鞴增速所需壓力
Accelerated motion, 漸加動速
Accelerating effort, 漸增速力
,, force, 漸加速力
Acceleration, 漸增速
Accumulation of pressure, 聚壓力
Acting, perpendicularly 直加力
Action and reaction, 施力復力
,, of propeller, 螺輪施力
Actual energy, 實能力
,, horizontal pressure on crank, 曲拐平受實力
,, horse power, 實馬力
,, mean pressure, 實中壓力
,, power, 實能力
,, pressure, 實壓力
Adamson's vertical blowing engine, 阿担生直立進風器
Addendum circle, 齒輪增長之界圈
,, of a tooth, 輪齒增配之長
,, line, 齒輪增長之架綫
Adequate strength, 足用之力
Adhesion of locomotive, 車輪與鐵路之滯力
Adiabatic line, 不傳力曲綫
,, ,, for air, 氣之不傳力曲綫
,, ,, for steam, 汽之不傳力曲綫
Adjusting, 配准
,, bolt of brasses, 配准枕蓋螺釘
,, part of shoe, 配准鍵補活襯
Adjustment for motion blocks, 配准行動塊器
Adjustments of mechanism, 配准機器內各件法
,, ,, speed, 配准速法
,, ,, stroke, 配准推路法
Admiralty bronze, 英國戰船部礮銅
,, knot. 英國戰船部所定之海里
,, rules, 英國戰船部章程
,, ,, for horse-power, 英國戰船部馬力法
Admission port of slide valve, 汽門進汽孔

Advance angle, 前進角
Aether engines, 以脫機器
After crank shaft, 後曲拐
,, water ballast tank 後水壓艙箱
Aggregate combinations, 積合
Aggregate paths, 積路
Agricultural engine, 農汽機
Ahead motion, 前行動
Air, 風，或氣
,, casing of funnel, 路通空氣亮
,, cock, 空氣塞門
,, engine, 空氣機
,, expansion of 氣之漲
,, extractor, 抽空氣機
,, friction of 氣之磨阻力
,, gun, 風鎗
,, passages, 通氣路
,, pipe, 空氣管
,, pressure, 空氣壓力
,, ,, engine, 氣抵力機器
Air pump, 恒升車，或抽氣筩
,, ,, arm, 動恒升車之臂
,, ,, back link, 恒升車後連桿
,, ,, barrrel, 恒升車筩
,, ,, bucket, 恒升車鞴鞴
,, ,, bucket ring, 恒升車鞴鞴圈
,, ,, bucket valve, 恒升車鞴鞴舌門
,, ,, chamber, 恒升車空膛
,, ,, connecting rod, 恒升車搖桿
,, ,, connecting rod socket, 升搖桿樞凹
,, ,, cover, 恒升車蓋
,, ,, cross head, 恒升車橫擔
,, ,, cross head journal, 恒升車橫擔樞
,, ,, cylinder, 恒升車筩
,, ,, cylinder, single 單行恒升車筩
,, ,, delivery valve, 恒升車進水門
,, ,, delivery valve guard, 恒升車進水門擋
,, ,, delivery valve seating, 恒升車進水門座
,, ,, delivery valve spindle, 恒升車進水門桿
,, ,, discharge pipe, 恒升車出水管
,, ,, discharge valve, 恒升車放水門
,, ,, double acting 雙行恒升車
,, ,, efficiency of 恒升車功力
,, ,, foot valve, 恒升車底門

Air pump gear,	動恒升車器
,, ,, gland,	恒升車壓蓋
,, ,, gland studs,	恒升車壓蓋螺釘
,, ,, head valve,	恒升車頂門
,, ,, head valve port,	恒升車頂門孔
,, ,, horizontal,	平臥恒升車
,, ,, indicator diagrams,	恒升車縮力表圖
,, ,, lever,	恒升車邊桿
,, ,, lever journals,	恒升車邊桿樞
,, ,, lining,	恒升車內襯筩
,, ,, link,	恒升車進退桿
,, ,, link brasses,	恒升車進退桿銅襯
,, ,, manhole,	恒升車進人孔
,, ,, overflow pipe,	恒升車餘水管
,, ,, piston ribs,	恒升車鞲鞴內脊
,, ,, piston rod,	恒升車挺桿
,, ,, plunger,	恒升車推水
,, ,, rod,	恒升車起水盤提桿或恒升車挺桿
,, ,, side rod,	恒升車邊搖桿
,, ,, side rod pin or stud,	恒升車邊搖桿螺釘
,, ,, single acting,	單行恒升車
,, ,, single acting vertical,	單行直立恒升車
,, ,, studs,	升連桿嵌塊
,, ,, stuffing box,	恒升車軟墊臼
,, ,, stuffing box gland,	恒升車軟墊臼壓蓋
,, ,, suction pipe,	恒升車吸水管
,, ,, suction valve,	恒升車吸水門
,, ,, suction valve guard,	恒升車吸水門護擋
,, ,, top valve,	恒升車上層門
,, ,, valve,	恒升車舌門
,, ,, vertical,	直立恒升車
,, reservoir,	聚空氣膛
,, transmission of power by,	以空氣傳力法
,, tube,	空氣管
,, valve,	空氣門
,, vessel,	聚空氣膛
,, ,, to pump,	恒升車空氣膛
Allan straight link motion,	阿蘭進退桿動法
Allowance for wear of boiler,	配鍋爐鏽消數
Alloys,	攙金類
Alternative motion.	往復動
Aluminum,	鋁
Anemometer,	量風表
Aneroid barometer,	空筩風雨表
Angle bar iron,	角鐵條
,, in side of wedge box,	扁栓匣角
,, iron,	角鐵
,, ,, ring,	角鐵鐲圈
,, of advance,	前進角
,, ,, repose,	靜角
,, ,, rotation,	轉角
,, ,, rupture,	斷角
,, ,, torsion,	扭力角
Angular advance,	角形前進
,, grate,	曲折爐柵
,, momentum,	角重速積
,, motion,	角動
,, tube,	曲折烟管
,, velocity,	角速
Angularity of connecting rod,	搖桿斜角度
Annealed wheels for locomotives,	淬火之汽車輪
Annealing,	淬火，或退火
Annular cylinder,	環形汽筩
,, engine,	大汽筩內容小汽筩汽機
,, valve,	環形舌門
Anti-friction trunk engine,	無阻力空挺桿汽機
,, primers,	免水汽共出器
Antimony,	銻
Anthracite,	硬煤，或白煤
Anvil,	鐵砧
,, beak,	鐵砧角
,, bed,	鐵砧座
,, block,	鐵砧塊
,, edge,	鐵砧邊
,, horn,	鐵砧角
Aperture,	小孔
,, of oil chamber,	油膛口
Apparent slip,	現靡力
,, ,, of paddle,	明輪現靡力
,, ,, of propeller,	螺輪現靡力
Appolds centrifugal pump,	阿布轉行吸水車
Approaches of bridge,	橋塊斜面
Arch, linear,	綫形環

Arch of bridge, 橋環
Area. 面積
,, of air pump valve, 恒升車門面積
,, ,, circulating pump valves, 通冷水筩門面積
,, ,, cooling surface, 冷切面積
,, ,, crank, 曲拐橫剖面積
,, ,, fire grate, 爐柵面積
,, ,, injection orifice, 噴凝水孔面積
,, ,, paddle floats, 明輪翼面積
,, ,, piston, 鞲鞴面積
,, ,, port opening for steam, 進汽孔面積
,, ,, rim of wheel, 輪牙橫剖面積
,, ,, safety valves, 萍門面積
,, ,, screw propeller blades, 輪螺翼面積
,, ,, section of steam pipe, 汽管橫剖面積
,, ,, section of feed pipe, 鍋爐添水管橫剖面積
,, ,, steam passages, 汽路橫剖面積
,, ,, stop and throttle valve opening, 擋汽門與閘門橫剖面積
,, ,, surface of guide block, 鍵輔面積
,, ,, thrust surface, 螺軸推枕受力面積
,, ,, tube surface in boiler, 鍋爐內小烟管面積
,, through boiler tubes, 鍋爐內各小烟管橫剖面積
Arm fo wheel at rim, 輪輻連牙處
,, bolts of fly-wheel, 相連輪輻螺捎
,, of ratchet, 鑽閘柄
Arms of wheel, 輪輻
,, ,, fly-wheel, 飛輪輻
Artificial dranght, 令鍋爐通風法
Asbestos, 不灰木
,, packing, 不灰木墊料
Ash box, 灰膛
,, ,, door, 灰膛門
,, bucket, 灰筩
,, cock, 灰塞門
,, ,, gland, 灰塞門壓蓋
,, ,, plug, 灰塞門塞子
,, hoist, 起灰器
,, ,, Galloways, 加管衛起灰器
,, ,, steam, 汽力起灰器
,, pan, 灰盆
Ash pit, 灰膛
,, ,, damper, 灰膛氣門
,, ,, door, 灰膛門
,, plate, 灰板
,, shoot, 灰槽
Ashes, 灰
Astern motion, 後退行
Atmospheric engine, 風抵力機
,, line, 空氣壓力線
,, pressure, 空氣壓力
,, valve, 空氣萍門
Auxiliary engine, 副汽機
,, pipe, 副管
,, propeller, 副螺輪
,, pump, 副起水筩
,, steam, 副汽
,, ,, power, 副汽力
,, ,, ship, 帆船兼螺輪
,, valve, 副門
Available heat, 有功用之力
Aveling's traction engine, 阿非令馬路汽[illegible]
Axe, 釜頭
Axis, 軸
,, fixed, 定軸
,, instantaneous, 忽然軸
,, of elasticity, 凹凸力中軸
,, ,, inertia, 靜軸
,, ,, rotation, 轉動軸
,, ,, stress, 受力軸
,, permanent, 恒軸
,, temporary, 暫時軸
Axle, 車軸
,, boxes, 軸枕
,, guards, 汽車輔軸亮
,, resilience of, 軸之彎限
Axles, friction of, 軸受磨阻力

B

Babbitt's metal, 巴皮得銅粹
Bach's land engine, 巴客陸汽車機
Back, 退行
,, balance, 後權
,, end cover of cylinder, 汽筩後蓋
,, guide, 後鍵輔
,, lash, 退擊
,, links, 後進退榪

4

Back of slide, projection cast on, 門背鑄連凸瑰
,, ,, tooth, 輪齒背面
,, ,, valve, 汽門背
,, ,, valve casing, 汽門匣背
,, plate of combustion chamber, 火膛背板
,, pressure, 背壓力
,, rods of piston, 鞲鞴後桿
,, trunks of piston, 鞲鞴後空挺桿
,, tube plate, 鍋烟管後板
,, water of mill, 水輪後水
Baffle plate, 鍋爐前阻熱鐵板
Bafflers, 阻熱鐵板
Balance beam pump, 相平槓桿起水筩
,, cylinder, 相平汽筩
,, piston, 相平鞲鞴
,, weights, 相平重錘
Balanced cranks, 相平曲拐
,, double cylinder engine, 相平雙汽筩汽機
,, slide valves, 相平汽門
,, valve, 相平汽門
,, ,, piston, 相平汽門鞲鞴
Balancing of engines, 合汽機相平各事
Ball and socket joint, 球形節
,, clack, 球形活門
,, cock, 球形塞門
,, governor, 雙球汽制
,, gudgeon, 横桿球形中樞
,, lever, 浮球桿
,, rods, 汽制球桿
,, safety valve, 球形萍門
,, valve, 球形門
Balls of governor, 汽制雙球
Ballast, 壓鐵
,, under sleepers, 鐵路横木下沙磚石等
Band link 進退桿環
,, of eccentric, 兩心環
,, ,, ,, flange of, 兩心環耳
Bands or Belts, 滑輪之皮帶
Banjo frame, 琵琶形螺輪架
Bank fires, to, 蓄火
Banking up, 蓄火
Bar iron, 鐵條
,, links, 條形進退桿
,, slide, pressure on, 汽門桿上壓力
Bars, grate, 爐柵
,, guide, pressure on, 鍵輔桿受壓力

Barometer, 風雨表
,, guage, 水銀管漲表
Barrel, 筩
,, of locomotive, 汽車鍋爐之圓筩
,, ,, pump, 起水筩中體
Barrett's land engine, 巴里得陸汽機
Base plate, 底板
Batley's portable engine, 巴得利陸汽車
Beam, 槓桿
,, centre, 槓桿中心
,, end, 槓桿兩端
,, ,, pin, 槓桿端鍵
,, ,, pin, neck of, 槓桿端鍵頸
,, engine, 槓桿汽機
,, globe of, 槓桿球形端
,, grabs, 夾槓桿之器
,, gudgeon, 槓桿中樞頸
,, main, 大槓桿
,, pins bosses, 槓桿端托圈
,, ribs, 槓桿高脊
,, ,, and webs, 槓桿高脊與厚邊
,, sides or plates, 槓桿邊板
,, side lever engine, 槓桿邊桿汽機
,, studs, 槓桿樞鍵
Beams, cast iron, 生鐵槓桿
,, of sheds, 棚樑
,, resilience of, 樑之凹凸力限
,, solid, 實心槓桿
,, working, 槓桿
,, wrought iron, 熟鐵槓桿
Bearer, 托枕
Bearing, 軸頸，或軸枕
,, bar of fire bars, 爐柵兩端架樑
,, bolt, 枕之螺捎
,, brasses, 枕之銅襯
,, cap, 枕蓋
,, of boss, 螺輪軸外轂頸
,, ,, boss of rope pulley, 滑輪轂頸
,, crank, 拐軸頸
,, ,, frame, 架樑枕
,, ,, guide block, 挺鍵枕
,, ,, shaft, 軸枕，或大軸頸
,, spring, 襯簧
,, surface of eccentrics, 兩心輪襯面
Bearings, lignum vitae, 堅木襯
,, main shaft, 大軸之枕
,, of screw shaft, 螺軸頸

Bearings of trunnion,	空樞頸
,, pressure on,	襯受壓力
,, self lubricating,	自來油襯
,, thrust,	推枕襯
,, water lubricating,	以水爲滑料之襯
Beattie's propeller,	比阿蒂之螺輪
Bed of boiler,	鍋爐座
,, plate,	架座
,, ,, cast iron,	生鐵架座
,, ,, flange,	架座摺邊
,, ,, surface,	架座面
Belfrey,	鐘架
Belidors' valves,	柏里都恒升車門
Bell,	鐘
,, clapper,	鐘鎚
,, cover,	鐘套
,, crank engine,	鐘形曲拐汽機
,, rope,	敲鐘繩
Bellows,	風箱
Belt,	皮帶
,, adhesion of,	皮帶扯滑輪力
,, fastener,	連皮帶之物
,, flat driving,	平面大皮帶
,, hook,	皮帶鈎
,, with fast & loose pulleys,	有接脫滑輪之皮帶
,, ,, speed cones,	有變速圓錐形輪之皮帶
Belting,	
Bending force,	彎力
,, moment,	成彎之力距積
Bent tube,	曲管
Bessemer cast iron,	別色麻鑄鐵
,, rolled plates,	別色麻軋過鐵板
,, steel,	別色麻鋼
Best bar iron,	上號熟鐵條，或三次軋過之熟鐵條
,, best bar iron,	上上號熟鐵條，或四次軋過之熟鐵條
,, ratio of expansion,	汽自漲最得利之比例數
,, Yorkshire plates,	約克西爾上等鐵板
Bevel,	斜面
,, gear,	斜齒輪
,, pinion,	斜小齒輪
,, wheel,	斜齒輪
,, wheels on the gear,	斜齒輪
Bevis' feathering screw,	別米司活翼螺輪
Bilge,	船底角
,, bolt,	船底角螺捎
,, discharge boxes,	引聚船漏水箱
,, ,, pipe,	放船底漏水管
,, injector,	外噴船底漏水器
,, injection,	凝水櫃內噴船底漏水器
,, ,, pipe,	凝水櫃內噴船底漏水管
,, ,, piping,	噴船底漏水管
,, ,, spindle,	噴船底漏水筩挺桿
,, ,, valve,	噴船底漏水之門
,, ,, valve mud-box,	噴船底漏水聚泥箱
,, ,, valve pipe,	噴船底漏水門管
,, ,, valve strainer,	噴船底漏水門濾器
,, pipe,	船內漏水管
,, pump,	運剩水器，或起船底積水之筩，或戽斗
,, ,, air vessel,	起船底積水筩之空氣膛
,, ,, barrel,	起船漏水筩
,, ,, chest,	起船漏水箱
,, ,, delivery pipe,	起船漏水筩進水管
,, ,, delivery valve	起船漏水筩進水門
,, ,, discharge valve,	起船漏水筩放水門
,, ,, discharge valve cover,	起船漏水筩放水門蓋
,, ,, discharge valve seat,	起船漏水筩放水門座
,, ,, discharge valve spindle,	起船漏水筩放水門挺桿
,, ,, gland bush,	起船漏水筩壓蓋
,, ,, neck bush,	起船漏水筩頸襯管
,, ,, pet cock,	起船漏水筩小塞門
,, ,, pin or stud,	起船漏水筩樞楗
,, ,, plunger,	起船漏水筩韝韛
,, ,, rod,	起船漏水筩挺桿
,, ,, suction pipe,	起船漏水筩吸管
,, ,, suction valve,	起船漏水筩吸門
,, sluice valve rod,	船底水閘門桿
,, suction,	船底吸水管
,, ,, piping,	船漏水吸管
,, water,	剩水，或漏水積水

Bilge water alarm, 船漏水鬧鐘
,, ,, discharge, 放船漏水器
,, ,, guage, 量船漏水表
Binary vaporous engines, 用二種露質機器
Bitminous coal, 烟煤
,, unguents, 煤油滑料類
Black lead, 筆鉛
Blades of propeller, 螺翼
Blast cock, 餘汽塞門
,, pipe, 餘汽管
Blind coal, 白煤
Blister, 面發泡
,, steel, 泡面鋼
Block, 枕塊，或枕體
,, and cap, 枕體枕蓋
,, motion, 運動塊
Blocks and tackle, 全套轆轤連繩
Bloom iron, 團成之熟鐵，或掉鐵
Blow holes in cast-iron, 生鐵蜂窩
,, off cock, steam, 放汽塞門
,, ,, cock, salt water 吹鹹水塞門
,, ,, pipe, 吹鹹水管
,, ,, steam, 鍋爐放汽
,, ,, the boiler, 放鍋爐汽
,, ,, valve, 吹放鹹水門
,, ,, valve spindle, 吹放鹹水門梃桿
,, out cock, 吹放鍋爐水塞門
,, through pipe, 起動吹汽管
,, ,, valve, 吹汽門
,, valve, 吹汽舌門
Blowing engine, 吹風之機器
,, furnace, 吹熱風爐
,, off, 吹出鹹水
Board of Trade rules, 貿易部規條
,, ,, Trade survey, 貿易部之察驗
Bodmer's safety valve, 駁得馬自漲萍門
Body of nozzle, 進風管體
,, ,, piston, 鞲鞴體
,, ,, valve, 舌門體
Bogey fire, 汽機房令水管不凍之爐
Bogie, 汽車下活心小車
,, frame, 汽車下活心小車之架
Boiler, 鍋爐，或鍋
,, bearer, 托鍋爐之座
,, bedding, 鍋爐座

Boiler bottom, 鍋爐底
,, box shaped, 箱形鍋爐
,, braces, 鍋爐牽條
,, bridge, 鍋爐內擱
,, calorimeter, 鍋爐量熱率表
,, circumferential seams, 鍋爐横圓縫
,, cleading, 鍋衣
,, clothing, 鍋衣
,, composition, 鍋內免生鏉料
,, construction, 成鍋爐法
,, Cornish, 果臬書鍋爐
,, cylindrical, 圓筩形鍋爐
,, double ended, 雙凸端鍋爐
,, ,, fired, 雙爐鍋爐
,, drilling machine, 鑽鍋爐板孔之器
,, dry bottom, 乾底鍋爐
,, ,, combustion chamber, 乾燃膛鍋爐
,, egg ended, 蛋形端之鍋爐
,, end plates, 鍋爐端之板
,, feed pump 鍋爐添水筩
,, feeder, 添鍋爐水器
,, ferrules, 鍋爐小烟管套圈
,, fire grate, 鍋爐爐柵
,, fitting, 裝配鍋爐所需物之工
,, fittings, 鍋爐上所需之物
,, float, 鍋爐內浮表
,, flue, 鍋爐火路，或鍋爐空筩
,, gratings, 鍋爐鐵柵
,, haystack, 草堆形鍋爐
,, heating surface, 鍋爐火切面
,, iron, 鍋爐鐵料
,, laggings, 鍋衣
,, Lloyd's rules, 羅以得鍋爐規條
,, maker, 造鍋爐家
,, maker's rolls, 造鍋爐家軋輪
,, ,, tools, 造鍋爐家器具
,, marine, 船鍋爐
,, ,, flue, 船用曲管鍋爐
,, ,, tubular, 船用烟管鍋爐
,, mountings, 鍋爐所配各物件
,, oval, 撱圓形鍋爐
,, plates, 鍋爐鐵板
,, plate bending machine, 彎鍋爐鐵板之機器
,, ,, flanging machine, 鍋爐板成摺邊之機器

Boiler protector, 護鍋爐內面不生鏽之藥料
„ prover, 試驗鍋爐壓力器具
„ rectangular, 方形鍋爐
„ retort, 甑形鍋爐
„ rivets, 鍋爐帽釘
„ room, 鍋爐房，或 鍋爐容積
„ saddle, 鞍形鍋爐
„ seating, 鍋爐座子
„ semi-portable, 能移能定之鍋爐
„ shed floor, 鍋爐棚底板
„ shell, 鍋爐殼
„ single ended, 單端鍋爐
„ „ fired, 單爐鍋爐
„ space, 鍋爐容積
„ „ bulkhead, 容鍋爐處之隔板
„ stay tubes, 鍋爐管牽條
„ stays, 鍋爐牽條
„ steel, 鋼鍋爐
„ surface, 鍋爐面積
„ top, 鍋爐頂
„ tube, 鍋爐烟管
„ „ brush, 烟管刷子
„ „ cleaner, 弄凈烟管器具
„ „ stoppers, 鍋爐烟管塞子
„ tubular, 烟管鍋爐
„ vertical cylindrical, 立柱形鍋爐
„ waggon, 外火鍋爐
„ wing furnace, 翅形爐鍋爐
Boilers, incrustation of, 鍋爐內生皮
Boiling furnace, 煮物鍋爐
„ point, 滚界，或 沸度
Bolt, side of, 螺釘邊
Bolts, 螺釘，或 螺絲釘
„ & nuts, 螺釘螺蓋
„ diameter, 螺釘徑
„ for connecting rod, 搖桿螺絲橫揹
„ „ couplings, 軸接盤螺釘
„ „ foundations, 底板螺釘
„ „ junk rings, 壓環螺釘
„ „ main bearings 大軸襯螺釘
„ „ screwing cylinder to frame, 相連汽筩於架座之螺釘
„ „ screwing stern tube to stern post, 相連套管於尾柱之螺釘
„ holding down, 下連螺釘

Bolts' holes for, 螺釘孔
„ of eccentric band, 兩心環螺釘
Bonnet of funnel, 艙面烟通阻熱漏水圈
Boring machine, 鑽床
„ & turning, 鑽工與車工
Boss, 輪轂，或 托圈
„ diameter, 輪轂徑
„ for catch pin, 簧閘楗圈
„ of eccentric, 兩心輪轂
„ „ gudgeon, 中樞轂
„ „ nut, 螺蓋托圈
„ „ paddle wheel, 明輪轂
„ „ propeller, 螺輪轂
„ „ rope pulley, 滑輪轂
„ „ starting wheel 進退輪轂
„ „ toothed wheel, 齒輪轂
„ „ wheel, 輪轂
„ plates, 轂板
„ rings, 轂端箍
„ wrought iron ring 輪轂熟鐵箍
Bosses of bolts, 螺釘孔凸領
„ „ screwing bolts 相連螺釘孔領
„ or projections to receive nuts, 螺蓋底盤
Bottom blow off pipe, 爐底放水管
„ flange, 底摺邊
„ flue, heating surface, 下火路火切面
„ nozzle, 進風下管頭
„ of guide, 鍵輔底
„ part of guide, 鍵輔移襯底
„ valve, 底舌門
Bourdon's steam guage, 蒲而頓漲表
„ vacuum guage, 蒲而頓縮表
Bow pump, 船首吸水筩
Bowling hoop, 飽淩連鍋爐箍
Box coupling, 軸接盤
„ spanner, 盒形起子
Boydell's traction engine, 栢得利馬路汽車
Boyle's law, 伯伊勒之例
Brace, 鑽器
Bracing of frames, 架子牽條
Bracket, 架座，或 托架
Brake, 停輪
„ block, 停滯塊
„ lever, 停滯桿
„ of pump, 起水筩之停滯器

Brake of steam winch, 汽機絞車滯器
,, steam, 汽力停滯器
,, van, 停歇留車
Brakes, fan, 輪扇滯器
,, flexible, 凹凸力停滯器
,, hydraulic, 壓水器滯器
Branch pipes, 岐管
Brass bearings, 銅襯
,, blocks of guide block, 鍵輔黃銅蓋
,, bush, 黃銅襯管
,, ,, of stuffing box, 軟墊臼銅襯管
,, ,, of valve, 門之銅襯
,, casing of shaft, 輪軸銅套管
,, flanges, 銅襯摺邊
,, lifting frame for large engines, 大汽機黃銅螺輪架
,, naval, 船用黃銅
,, of bearing, 襯黃銅鍵
,, ,, entablature, 大軸枕銅襯
,, step, 黃銅級
,, tube metal, 做烟管黃銅
,, ,, of shaft, 軸之黃銅套管
,, tubes, 黃銅烟管
,, wire, 黃銅絲
Brasses, 黃銅枕襯與蓋
,, for trunnions, 空樞頸銅襯
,, of cap, 挺扭銅襯
,, ,, bearing & crank shaft, 大軸拐枕銅襯
,, ,, engine bed, 汽機座子黃銅塊
,, ,, piston rod cap, 挺扭銅襯
,, ,, plummer block, 枕之銅襯
,, ,, plummer block shaft, 大軸枕銅襯
,, ,, shaft, 大軸銅襯
,, ,, thrust block, 推枕銅襯
,, straps, gibs, & cutters, 銅襯彎擔扁栓長劈
Bray's traction engine, 栢利馬路汽車
Brazing solders, 黃銅銲藥
Breaking strain, 斷力界
Breast borer, 靠胸鑽器
,, of water wheel, 水輪胸
,, plate, 護胸板
Brick chimneys, 磚砌烟通
Brickwork of furnace 火爐磚工
Bridge in furnace, 鍋爐火壩
,, of boiler, 鍋爐火壩
,, top of, 橋面

Brine, 鹹水
,, cock, 放鹹水塞門
,, pipe, 鹹水管
,, pump, 抽鹹水筩
Broad guage, 闊軌鐵路
Bronze, admiralty, 英國戰船部准用之銅
,, manganese, 含錳銅
,, phosphor, 含燐銅
Brown's steam reversing gear, 布浪汽機進退器
Brush wheel, 毛邊輪
Bucket, 筩，或起水筩鞲韛
,, hoist, 起筩器
,, of air pump, 恒升車起水盤
,, ,, water wheels, 水輪邊接水櫃
,, rack, 筩架
,, rod, 起水筩挺桿
Buckley's piston spring, 勃客里鞲韛簧
Buffers, 汽車簧角
,, of frame, 汽車架簧角
Built up crank shaft, 合連成之曲拐軸
,, ,, propeller, 分翼螺輪
Bunker, 煤艙
,, lamp, 煤艙燈
,, bottom plates, 煤艙底鐵板
,, top plates, 煤艙頂鐵板
Buoyancy, 浮力
Bursting of boilers, 鍋爐磔裂
,, pressure, 足令炸裂之漲力
,, velocity of fly wheel, 飛輪以離心力磔散之速限
Bush, 銅襯管
,, bearing, 襯合枕
,, of piston rod stuffing box, 挺桿軟墊臼底銅襯管
,, ,, stuffing box, 軟墊臼銅襯圈
,, ,, eccentric shaft, 兩心輪軸銅襯管
Butlin's portable engine, 栢得林行動陸機
Butt joint, 對節
,, rivetting, 帽釘對節
,, weld, 對節合連
Butt and Co. steam fire engine, 白得汽機水龍
Butterfly clack, 蝶形舌門
,, valve, 蝴蝶形舌門
,, valves of air pump, 恒升車蝴蝶形舌門

9

C

Cadbrey's expansion valve, 賈不利自漲汽門
Cadman's lubricator, 喀得曼添油器
Caird's engines, 該而得汽機
Callipers, 比徑規
,, outside, 比外徑規
,, inside, 比內徑規
Caloric engine, 熱氣機器
Calorific capacity of bodies, 體容熱率
,, ,, of gases, 氣容熱率
Calorimeter, 測熱器
,, of boiler, 鍋爐量熱表
Cam, 凸輪
,, & pin, 凸輪與切桿
,, conoidal, 圓錐形凸輪
,, expansion gear, 凸輪自漲器具
,, shaft, 凸輪軸
,, spiral, 螺絲凸輪
,, wheel, 凸輪
,, ,, shaft, 凸輪軸
Cameron's lagging, 喀米倫鍋爐衣
,, piston ring spring 喀米倫壓環簧
Canal, 水路,或運河
Canvas, 篷布
Cap, 蓋
,, bolts, 蓋上螺釘
,, ,, lugs, 枕蓋枕底容螺釘耳
,, ,, of thrust block 相連推枕蓋之螺釘
,, ,, of piston rod, 相連[illegible]扭蓋螺釘
,, for connecting brasses, 連銅襯之蓋
,, ,, crank pin brasses, 拐軸銅襯蓋
,, ,, cross head brasses, 橫擔銅襯蓋
,, ,, lever shaft brasses, 邊桿軸銅襯蓋
,, ,, link brasses, 進退桿銅襯蓋
,, ,, main bearing brasses, 總軸枕銅襯蓋
,, ,, rocking shaft brasses, 搖軸銅襯蓋
,, of bearing block, 軸枕蓋
,, ,, brasses of bearing, 軸枕銅襯蓋
,, ,, guide, 鍵輔蓋
,, ,, guide block, 鍵輔枕蓋

Cap of pin, 楗之蓋
,, ,, screw, 螺釘蓋
,, ,, thrust block, 推枕蓋
,, securing bolts, 相連枕蓋螺釘
Capacity for heat, 容熱率
,, of boiler, 鍋爐容積
Caps for connecting rod brasses, 搖桿銅襯蓋
,, ,, main bearing brasses, 大軸枕之銅襯蓋
,, of plummer block, 軸枕蓋
Capstan, 起錨絞車
,, steam, 汽機絞車
Caravan boiler, 棚車形鍋爐
Carbonic oxide, 炭養氣
Carriage doorways, 客車出入之門
,, spring, 客車簧
,, trucks, 載車之車
Carriages & wagons, 客車與貨車
Case hardening, 鐵面變鋼
Casing, 殼
,, of equilibrium valve, 相定平門殼
,, ,, slide valve, 汽門殼
Cast iron, 生鐵
,, ,, beam, 生鐵槓桿
,, ,, cap, 生鐵蓋
,, ,, cap for plummer block, 大軸枕生鐵蓋
,, ,, casing, 生鐵殼
,, ,, casing for valves, 生鐵門殼
,, ,, collar, 生鐵凸圈
,, ,, crank, 生鐵曲拐
,, ,, cross stays, 生鐵橫牽條
,, ,, feed pump, 生鐵添水筩
,, ,, framing, 生鐵架座
,, ,, intermediate chairs, 鐵路生鐵中座
,, ,, main beam, 生鐵槓桿
,, ,, pipe flanges, 生鐵管摺邊
,, ,, ring of piston 鞲鞴[illegible]鐵壓環
,, ,, round couplings, 生鐵圓接盤
,, ,, surface plate 生鐵面之板
,, ,, trunnion caps 生鐵空樞枕蓋
,, steel, 鑄鋼
Cataract, 凝水櫃噴水器
Catch, 捎楗,或擋器
,, frictional, 磨阻力擋器

Catch on wheel, 擋輪器
,, or stud on shaft, 大軸上之揹
,, pin boss, 阻輪翼桿轂
,, ,, of pulley, 滑車擋桿
Cattle trucks, 運六畜車
,, waggon, 運牛羊車
Caulking, 艌捶船縫
,, tools, 艌捶船縫之器
Cement for setting boilers, 安放鍋爐灰料
,, mastic, 麻司的油灰
Centigrade thermometer, 百分度寒暑表
Central bearer in ballast water tank, 壓艙水箱之中托柱
,, forces, 諸心力
Centre, 中心
,, bearing bar, 中架樑
,, furnace, 中火爐
,, mark, 中點
,, of action, 顯力中心
,, ,, buoyancy, 浮力心
,, ,, connecting-rod, 大搖桿中心
,, ,, floats, 輪翼心
,, ,, gravity, 重心
,, ,, gravity of oscillation, 擺動重心
,, ,, gyration, 繞行重心
,, ,, main beam, 槓桿中樞心
,, ,, motion, 動之中心
,, ,, oscillation, 擺心
,, ,, percussion, 擊力心
,, ,, pressure, 壓力心
,, ,, rim, 輪牙心
,, ,, shaft, 大軸心
,, ,, sides of framing, 架座兩股中心
,, ,, suspension, 懸點
,, ,, wheel, 輪心
,, punch, 撞心之撞
Centrifugal force, 離心力
,, governor, 離心力汽制
,, power, 離心力
,, pump, 轉行吸水車
,, tension, 離心牽力
Centripetal, 向心力
Chain propeller, 水車法動船器
Chains, gearing, 齒輪接鏈
Chamfered edge, 割方邊成斜形

Channe 槽，或水路
Chaplin's vertical engine, 綽浦林直立汽機
Chased square screw, 車成方紋螺絲
Chasing tool, 雕刻器
Check bolt, 停螺揹
,, nuts, 上層螺蓋
,, valve, 停舌門
Cherry red, 櫻桃紅熱
Cheese-head screws, 圓板形頭之螺絲
Chimney, 烟通
,, hoisting gear, 起落船烟退齒輪器
,, of steamer, 船烟通
,, telescopic, 套管形烟通
Chinsing iron, 艌船鏨
Chipping, 鏨平
,, chisel, 鏨平鏨
,, hammer, 鏨平鎚
Chisel, 鏨
,, chipping, 鏨鏨子
,, cold, 冷鏨子
,, cross cut, 橫割鏨子
,, diamond pointed, 尖頭鏨子
,, hot, 熱鏨子
,, round nose, 圓頭鏨子
Choked, 塞住
Cinder, 燼
Circle, exhaust, 漲力圖出汽圈
Circular brass bearing, 圓形銅襯
,, furnace, 圓形爐
Circulating plates in boiler, 鍋爐內令水流通之板
,, pump, 冷水筩
,, ,, air valve, 冷水筩空氣門
,, ,, bucket, 冷水筩鞲鞴
,, ,, bucket valve, 冷水筩鞲鞴門
,, ,, chamber, 冷水筩空膛
,, ,, cock, 冷水筩塞門
,, ,, cover, 冷水筩蓋
,, ,, cross-head, 冷水筩橫擋
,, ,, delivery valve 冷水筩添水門
,, ,, discharge pipe, 冷水筩放水管
,, ,, discharge valve, 冷水筩放水門
,, ,, discharge valve cover, 冷水筩放水門蓋
,, ,, discharge valve spindle, 冷水筩放水門軸
,, ,, foot valve, 冷水筩底舌門
,, ,, gland, 冷水筩壓蓋

Circulating pump gland bush, 冷水壓蓋襯管
,, ,, india-rubber valve 冷水筩象皮門
,, ,, lever, 冷水筩桿
,, ,, neck bush, 冷水筩頸襯管
,, ,, pass cock, 冷水筩過水塞門
,, ,, plunger, 冷水筩推水柱
,, ,, relief valve, 冷水筩放餘水門
,, ,, rod, 冷水筩挺桿
,, ,, stuffing box, 冷水筩軟墊臼
,, ,, suction pipe, 冷水筩吸水管
,, ,, valve guard, 冷水筩門擋
,, water pipe, 通冷水管
Circulation of water, 使冷水流過外冷器
Circumferential joint, 周節
Clack valve, 舌門，或球門
Clamp, 夾器
Clasp nut, 開口螺蓋
Claw, 爪形器
Clearance, 汽隙，或間隙
,, of piston, 鞲鞴上下空隙
,, ,, tooth, 輪齒間凹
Cleveland iron, 克立弗蘭鐵
Click, 齒輪鈎閘
Clinker bar, 灰膛頂橫鐵條
Clinkers, 硬爐
Clip, 夾，或架擔
,, studs, 相連架擔之螺釘
Clothing or lagging of boiler, 鍋爐外衣與木殼
Clutch, 接脫輪軸之筍
,, lever, 接脫輪軸之桿
,, of coupling-box, 聯軸盤上接脫之筍
,, pinion, 接脫輪軸之小齒輪
Coal, 煤
,, bituminous caking, 鎔結烟煤
,, brown, 櫻色煤
,, bunker, 煤艙
,, ,, door, 煤艙門
,, ,, frames, 煤艙架子
,, ,, hatch, 煤艙上面裝煤孔
,, ,, lid, 煤艙蓋
,, ,, pipe, 煤艙管
Coal bunker plates, 煤艙鐵板
,, ,, stays, 煤艙牽條
,, ,, ventilator, 煤艙通風管
,, cannel, 燭煤，或干尼里煤
,, dry bituminous, 乾烟煤
,, hammer, 煤錘
,, hold, 煤艙
,, lignite, 木煤
,, measure, 量煤斗
,, protection, 兵輪船以煤護汽機鍋爐
,, shoot, 煤槽
,, shovel, 煤鏟
,, trucks, 煤車
Coal, steam, 汽機鍋爐宜燒之煤
Cochrans' boiler, 考克蘭鍋爐
Cock, 塞門
,, test water, 試水含鹽塞門
Cocks asbestos packed, 不灰木襯塞門
Coe & Kinghams valves, 壳景海恒升車舌門
Coefficient, 係數
,, of effeceicncy, 功用之係數
,, ,, fineness, 船形鋭鈍係數
Cog wheel, 平齒輪
,, ,, casing, 齒輪殼
Cohesion, 黏力
Coil of spring, 簧圈
Coils, steam, 圈形汽管
Coke, 枯煤
,, trucks, 枯煤車
Cold blast cast iron, 冷風生鐵
,, chisel, 冷鑿
,, water pnmp, 起冷水筩
Collapsing, 縮閉
,, pressure, 成縮閉之壓力
Collar, 領圈
,, headed bolt, 領形頭螺釘
,, of brasses, 銅襯凸領
,, ,, pins, 梢釘領
,, ,, shaft, 軸上之領
,, ,, thrust bearing 推枕領
Collecting dishes for oil 受餘油器
,, vessel for sediment, 聚渣器
Column, facing of, 鐵柱刨平面
,, feet of, 鐵柱座
,, of cylinder, 托汽筩柱
,, ,, engine, 汽機托柱
,, strength of, 柱之能受力限
Comb for screw cutting 車螺絲之梳形刀

Combination of wheels & axles, 聯輪軸
Combined steam, 大小合抵力汽
Combustibles, 易燒之料
Combustion, 燒, 或燃
„ chamber, 火膛, 或燃膛
„ „ back plate, 燃膛後板
„ „ crown plate, 燃膛頂板
„ „ side plate. 燃膛邊板
„ „ stay, 燃膛牽條
„ rate of, 燃之速率
Common condenser, 尋常凝水器
„ „ jet condenser 尋常噴水凝水器
„ road locomotives 尋常馬路汽車
„ slide valve, 常式汽門
Communication boxes, 聚漏水箱
„ valves, 諸鍋爐相通之門
Compasses, 規
Composition of forces, 幷力
Compound engine, 合抵力汽機
„ „ triple expansion, 大中小合抵力汽機
„ guage pipe, 合抵力表管
Compressed air engine 用空氣之機器
Compressibility, 能擠縮之性
Compressing air engine, 壓空氣之汽機
„ strain, 受擠力
Concentric, 同心
Conchoidal propeller, 多周螺輪
Condensation, 凝
„ of steam, 汽凝水
Condenser, 凝水櫃
„ by contact, 相切凝法
„ door, 凝水櫃門
„ guage, 縮表
„ exhauster, 凝水櫃抽汽器
„ surface, 外冷凝水器
„ tube, 凝水管
„ „ packing, 凝水管軟墊料
Condensers, fresh water 淡水凝水器
Condensing cylinder, 凝水筩
„ engine, 凝水機
„ water, 凝汽冷水
Condie' ssteam hammer, 幹地汽鎚
Conductibilty, 能傳熱之性
Conduction, 熱傳引
„ of heat, 傳熱
Cone, 圓錐形
Cone coupling, 圓錐形軸節
„ of valve, 門之圓錐形殼
Cones, pitch, 車牀塔輪
„ rolling, 輥動圓錐形輪
„ speed, 車牀配速塔輪
Conical, 圓錐形者
„ pendulum, 圓錐形擺, 或汽機圓球
„ point rivetting, 圓錐形之帽釘工
„ valve, 圓錐形門
Connected, 相連
Connecting bar, 輪牙內連條
„ „ of rim, 輪牙連條
„ bolts, 相連螺釘
„ gear, 相連之器具
„ lever, 連桿
„ link, 相連之進退桿
„ pin, 挺機
„ plate, 相連之板
„ rod, 搖桿
„ „ bolt, 搖桿螺釘
„ „ brasses, 搖桿之黃銅襯
„ „ centre, 搖桿中段
„ „ caps, 搖桿蓋
„ „ end, 搖桿後端
„ „ eye, 搖桿叉支端圈
„ „ gudgeons, 搖桿中樞
„ „ fork, 搖桿叉支
„ „ fork end, 搖桿叉端
„ „ fork end eye, 搖桿叉支端圈
„ „ front end, 搖桿前端
„ „ head of, 搖桿丁字形頭
„ „ jaw, 搖桿之凹盤
„ „ journal, 搖桿之樞
„ „ liner, 搖桿之銅襯
„ „ link, 搖桿之連桿
„ „ rod middle, 搖桿中段
„ „ rod marine, 船汽機搖桿
Constant force, 常力
„ lead, 常引汽
„ pressure, 常壓力
Consumption of coal, 燒煤數
Continuous expansion engine, 連用自漲力汽機
„ force, 恒加力
Contraction, 縮
Contractor's locomotives, 包工家汽車
Convected heat, 循環熱
Convection, 熱循環

13,

Cooling,	變冷
,, pipe,	加冷管
,, surface,	加冷面
Copper,	紅銅
,, bolt,	紅銅螺捎
,, sheet joint,	紅銅皮節
,, wire,	紅銅絲
,, ,, joint,	紅銅絲節
Cored larger,	孔內膛大於兩端
,, smaller,	孔內膛小於兩端
Cornish,	果臬書，或哥奴瓦
,, boiler,	果臬書鍋爐
,, double beat valve	果臬書雙開舌門
,, engine,	果臬書汽機
Correct crank angles,	曲拐准角度
,, link radius,	進退桿准半徑
Corrosion,	鏽壞
,, of steam boilers,	鍋爐鏽蝕
Corrugated,	縐紋
,, furnace,	縐紋面爐
Cottar,	長劈，或扁栓
,, of blade,	螺輪翼之扁栓
Cotter,	長劈
Counter,	記數器
,, balance weight,	相平壓鐵
,, dial,	表面記數器
,, engine,	汽機記轉數表
,, shaft,	副軸
,, sink drill,	鈍角尖鑽
,, sunk rivet,	板面平齊帽釘
,, weights,	稱重
,, wheels,	副輪
Coupled parallel shafts	相連之並行軸
Coupling,	聯軸節，或聯軸盤
,, bar,	火車連動輪桿
,, bolt,	聯軸節螺捎
,, box,	聯盤匣
,, circular half lap,	聯軸節半圓盤
,, lever,	聯軸節桿
,, nut,	聯軸節螺蓋
,, of shaft.	聯軸節圓盤
,, shaft,	合聯之軸
Couplings' compression	擠土軸節圓盤
,, flanged,	摺邊軸節圓盤
,, of screw shaft,	相連螺軸節
,, solid,	實心軸節圓盤
Coutt & Adamson's governor,	考得阿担生汽制
Cover,	蓋
,, of casing, ribs of,	匣蓋高脊
Cover of valve casing,	汽門匣蓋
Cow catcher,	清道鞁，或捉牛架
Cowper's combined engine,	高巴連用自漲力汽機
Crack,	裂縫
Cramp,	夾器
Crampton's locomotive,	格蘭布頓汽車
Crane,	起重車
Crank,	曲拐
,, & shaft,	曲拐與大軸
,, arm,	拐曲桿
,, axle,	曲拐軸
,, boss,	曲拐轂
,, brace,	曲拐形鑽器
,, brasses,	曲拐銅襯
,, disconnecting gear	拆卸曲拐之器
,, end of,	曲拐端
,, end of connecting rod,	搖桿接曲拐端
,, pin,	拐軸
,, ,, bearing,	拐軸頸
,, ,, brasses,	曲拐頸銅襯
,, ,, collar,	拐軸領
,, ,, fillet,	拐軸補角塊
,, pit,	容拐軸之孔
,, shaft,	曲拐大軸，或聯軸
,, ,, bearing,	聯軸頸
,, ,, bearing centre,	聯軸頸心
,, ,, bearing stays	聯軸頸托架柱
,, ,, coupling,	聯軸連盤
,, ,, flange,	拐軸摺邊
,, ,, journal,	拐軸頸
,, ,, pin eye,	拐軸端圈
,, webs,	拐軸簿處
Cranked axle,	曲形軸
Cranks, forged,	打成熟鐵曲拐
Crewe steel crank,	格陸鋼曲拐
Cross armed governor	交桿汽制
,, at centre,	中段十字形
,, axle,	交軸
,, bar,	橫擔
,, cut chisel,	橫割鑿子
,, ,, file,	橫割紋銼
,, head,	橫擔，或挺擺
,, ,, bolt,	橫擔螺捎
,, ,, brasses,	橫擔銅襯
,, ,, guide,	橫擔鍵輔
,, key for coupling	軸節橫捎
,, of connecting rod	搖桿十字形

Cross part,	十字形交處
,, tail,	橫尾
Crossed rod eccentric,	二心輪交桿
,, ,, link motion,	相交二心輪桿進退法
Crossings & turnouts,	路交處與鐵路叉路
Crosskills' portable engine,	古陸士茍辣移動陸汽機
Crow bar,	叉頭鐵桿
,, foot spanner,	鴉爪形起子
Crown of arch,	環心
,, plate of combustion chamber,	燃膛頂板
Crust in boiler,	鍋內生皮
Cudworths' locomotive	格得活汽車
Cup leather packing,	盃形門皮墊
,, valve,	盃形門
Curve,	曲綫
,, of guard,	門擋曲綫
,, ,, indicated H.P,	漲力圖實馬力曲綫
,, ,, indicated, thrust,	漲力圖實能力曲綫
Curves of progressive steam trials,	歷試汽力所成之曲綫
,, ,, resistance,	阻力曲綫
,, ,, ship,	螺輪摩力曲綫
,, ,, twisting moment,	扭力重速合力曲綫
Cushioning,	汽褥，或汽當墊褥
Cut off,	阻絕進汽
,, ,, slide valve,	斷汽之汽門
,, ,, steam,	斷汽之事
,, ,, valve,	斷汽之門
Cutter,	劈，或長劈
Cutting nippers,	利鉗
Cylinder,	汽筩，或圓柱
,, area,	汽筩面積
,, ,, of transverse section.	汽筩橫剖面積
,, at cover,	汽筩口接蓋處
,, back end cover,	汽筩後蓋
,, bar on,	汽筩凸條
,, barrel,	汽筩中體
,, bed,	汽筩座架
,, blower,	汽筩吹汽器
,, bolts,	汽筩螺拑
,, bottom,	汽筩底
,, centre line,	汽筩中線
,, clothing,	汽筩衣
,, column,	托汽筩柱
Cylinder cover,	汽筩蓋
,, ,, cover bolts,	相連汽筩蓋螺拑
,, ,, flange,	汽筩蓋摺邊
,, ,, jacket,	汽筩蓋套殼
,, ,, ribs,	汽筩蓋高脊
,, ,, securing bolts,	相連汽筩蓋螺拑
,, cross head,	汽筩橫擔
,, diagonal,	斜排汽筩
,, escape valve,	汽筩放水門
,, external diameter,	汽筩外徑
,, face,	汽筩平面
,, false face in,	汽筩假平面
,, fitting part of cover,	汽筩切蓋處
,, front end,	汽筩前端
,, ,, end ribs,	汽筩前端高脊
,, ,, side,	汽筩前面
,, internal diameter,	汽筩內徑
,, ,, length,	汽筩內長
,, jacket,	汽筩殼
,, ,, pipe,	汽筩套殼管
,, joint,	汽筩接蓋餘
,, lagging,	汽筩外衣
,, liner,	汽筩裏襯
,, lining,	汽筩裏襯
,, lubrication,	汽筩加滑料
,, of air pump,	恆升車水筩
,, ,, steam engine,	汽筩
,, outside, raised portion,	汽筩外脊圈
,, port,	汽筩汽孔
,, relief valve,	汽筩放水萍門
,, recess for cover,	汽筩口接蓋處槽
,, securing bolts,	汽筩架座螺拑
,, side rod,	汽筩邊搖桿
,, sole,	汽筩連於架座摺邊
,, stroke,	汽筩推機路
,, supporting brackets,	汽筩下托架
,, transverse section,	汽筩橫剖面
,, water discharge valves,	汽筩放水門
,, wrench,	汽筩螺蓋起子
Cylindrical boiler,	圓筩鍋爐，或圓柱形鍋爐
,, box,	空圓柱匣
,, oil cup,	空圓柱形油盃

Cylindrical slide,	圓柱形汽門
" super heaters,	圓柱形重加熱器
D	
D. slide,	半圓汽門
Damper,	烟通風閘門，或進空氣門
" regulator,	制風門器
Dash plate,	鍋中隔板
" pot,	水墊筩
Datum line,	汽漲力圖底線
Dead center,	曲拐死點
" plate,	爐柵橫定板
" plates of boilers,	爐柵下之定梁
" point,	曲拐死點
" steam,	死汽
" water,	死水
" weight safety valve,	直加力壓墜萍門
" wood,	呆木
De Bergues' cast iron sleepers,	弟白格司生鐵橫梁鐵路
Decreasing motion,	漸減動
Deficiency of water in boiler,	鍋爐水不足
Deflection,	爐中倒火燃法
Deflector plates,	倒火板
Delabane's steam jet,	得拉巴吹汽口
Delivery pipe,	出水管
" valve,	恒升車出水門，或出舌門
" " guard,	出水門護擋
Density,	疏密率
" of water in boiler,	鍋爐內水疏密率
Deposit in boiler,	鍋爐內面凝結之質
Depreciation of machinery,	機器因消磨減值
Depth of slide valve,	汽門空腹之深
Derbyshire iron,	德比生鐵
Detached furnace boiler,	不連爐之鍋
Dew,	露
Dewrance locomotives,	都蘭司汽車
Diagonal cylinders,	斜排汽筩
" engine,	斜排汽筩汽機
" of nut surface,	螺蓋面對角
" stays,	對角牽條
Diagram,	圖，或漲力圖
" circular,	圓形汽漲力圖

Diagram friction,	汽機阻力圖
" indicator,	均力圖
Dial counter,	自記轉數表
" plate,	號令汽機進退表面
Diameter,	徑
Diameter of crank,	拐軸外徑
" " wheel,	輪徑
Diametral pitch,	等於徑子螺距
Diamond pointed chisel,	尖頭鑿子
Diaphragm,	隔皮
" faucet,	隔皮塞門
" pump,	隔皮起水筩
" valves,	隔皮門
Die,	成陽螺絲之模
Differential coupling,	軸輪齒微較接盤
" feed,	大小徑微較進料器
" gearing,	大小徑微較齒輪
" motion,	大小徑微較動法
" pulley,	大小徑微較滑車
" screw,	大小徑微較螺絲
" thermometer,	高低微較寒暑表
" windlass,	大小徑微較絞車
Dilation, Dilatation,	漲
Dimensions of engines,	汽機尺寸
Diminishing bend branch,	漸小彎歧
" cross piece,	漸小橫塊
" piece,	漸小之塊
" socket,	漸小凹節
" T piece,	漸小丁字形塊
" valve,	漸小門
Dip of floats,	明輪翼入水深數
Direct acting engine,	直行汽機
" " governor,	直行汽制
" " non-condensing engine,	直行不凝水汽機
" " screw,	直接螺輪
" action,	正加，或直加力
" draft,	鍋爐直風
" expansion compound engine,	直行自漲合抵力汽機
" loaded safety valve,	直加重墜萍門
" return tubular arrangement,	直回火燃小烟管法
" tubular arrangement,	直小烟管排列法
Directing boxes,	聚船漏水箱

Disabled engine, 壞而不能行之汽機
Disc, Disk, 圓板
,, & pivot valve, 圓板與樞之門
,, engine, 圓面汽機
,, of disengaging gear, 接脫器具之圓盤
,, steam engine, 圓面汽機
,, valve, 恒升車內圓板門
Discharge, 放
,, pipe, 放水管
,, ports, 放水孔
,, valve, 餘水門，或放水門
,, ,, spindle, 放水門桿
Disconnecting, 拆脫
,, apparatus, 拆卸器具
,, paddle wheels, 拆卸明輪
,, ring, 可拆卸之拐軸環
,, screw propeller, 拆卸之螺輪
,, strap, 拆帶
Discs, 圓板
,, for cranks, 曲拐圓盤
Disengaging gear, 拆卸器具
,, ,, for shaft 輪軸拆卸器
Displacement system of lubricators, 自換滑料法
Distance pieces, 挺塊
,, rods, 挺相距桿
Distillation, 蒸
Distilling condenser, 蒸水之凝器
Distortion, 形變不正
,, of indicator diagrams, 汽漲力圖變不正形
Divider, 分規
Dividing indicator diagrams, 分汽漲力圖法
Division plate, 外凝汽之隔板
Dodd's expansion valves, 杜特自漲力汽門
Dog of mudhole door, 泥孔門關器
Dome of boiler, 鍋爐聚汽膛
Donkey boiler, 附汽機鍋爐
,, drain pipe, 附汽機洩水管
,, engine, 附汽機
,, ,, feed pump, 附汽機添水筩
,, ,, pump, 添水筩附汽機
,, exhaust pipe, 附汽機餘汽管
,, feed pipe, 附汽機添水管
,, ,, sucton pipe, 附汽機添水吸管
,, funnel, 附汽機烟通
Donkey pump, 附汽機起水筩
,, steam pipe, 附汽機進汽管
Door, 門
,, water tight, 不洩水門
Doors of condenser, 凝水櫃門
Double acting air-pump, 雙行恒升車
,, ,, circulating pump, 雙行冷水筩
,, ,, engine, 雙行汽機
,, ,, pump, 雙行起水筩
,, ,, force pump, 雙行壓力起水筩
,, ,, steam donkey pump, 雙行附汽機起水筩
,, action air pump, 雙行恒升車
,, ,, air pump cylinder, 雙行恒升車筩
,, ,, barrel pump, 雙行起水筩
,, ,, rotary force pump, 雙行轉壓力起水筩
,, angle iron, 雙角鐵
,, ball grease cock, 雙球形添油塞門
,, bar link, 雙連桿
,, beat valves, 雙層汽門，或雙開萍門
,, bent, 雙彎
,, butt strap, 對節內外連條
,, combustion chamber boiler, 雙燃膛鍋爐
,, crank, 雙曲拐
,, cross head engine, 雙橫擔汽機
,, cylinder engine, 雙汽筩汽機
,, ,, pump, 雙筩起水筩
,, ,, vertical engine, 雙汽筩直立汽機
,, eccentric, 雙兩心輪
,, ended boiler, 雙頭鍋爐
,, ,, spanner, 雙頭半起子
,, expansion steam engine, 雙自漲汽機
,, flued cylindrical boiler, 雙火路圓筩鍋爐
,, furnace boilers, 雙爐鍋爐
,, line of rail, 雙軌鐵路
,, piston engine, 雙鞲鞴汽機
,, ,, pump, 雙鞲鞴起水筩
,, ,, return connecting rod engine, 雙挺桿返摺搖桿汽機
,, ,, rod engine, 雙挺桿汽機

Double rod piston guide block,	雙挺桿鍵輔塊
„ ported valves,	雙孔汽門
„ „ slido valve,	雙汽孔汽門
„ purchase steam winch,	雙立起重汽機絞車
„ riveting,	雙行帽釘
„ rivets,	雙行帽釘
„ safety valve	雙總汽萍門
„ screws,	雙螺輪
„ side rod engine,	雙邊桿汽機
„ steam ports,	雙進汽孔
„ trunk engine,	雙空搖桿汽機
„ „ screw engine,	雙空挺桿螺輪汽機
„ tube boiler,	雙空筩鍋爐
„ valves,	雙門
Dovetail,	倒笱 或 鴿尾節
Dovetailed,	塞堵形
Draft bar,	風力桿
„ furnace,	進風力爐
„ hole,	進風孔
„ regulator,	風力制
Drag link,	牽進退桿器
Drain cocks,	放餘水塞門
„ pipe,	洩水管
Draining engine,	起放溝水汽機
„ pump,	起放溝水筩
Drains rom steam jacket,	汽殼洩水管
Draught,	進風
„ of furnace,	鍋爐吸風力
Draw bolt,	連汽車之鈎
Drawn tubes,	抽成之管
Drift,	令孔擴大器
Drill,	鑽
„ countersinking,	鈍角鑽
„ fiddle,	捽鑽
„ hand,	手鑽
Drip pan,	收洩水盆
„ pipe,	引洩水管
Driver,	發動輪
Drivers for coupling shafts,	螺軸連盤無頭螺釘 或連軸傳力皮帶輪
Driving axle,	動火車輪軸
„ coupling,	發動接盤
„ gear,	發動機器齒輪
„ shaft,	發動機器軸
„ springs,	發動機器簧
„ wheels,	汽車行輪
„ wheel of goods train,	牽引貨車之汽車行輪
Driving wheel of passenger train,	牽引客車之汽車行輪
Drop flue boiler,	下彎火路鍋爐
„ in the receiver,	收汽膛減抵力
Drum,	鼓形滑車
Dry bottom boiler	乾底鍋爐
„ combustion chamber,	乾燃火膛
„ „ chamber boiler,	乾燃火膛鍋爐
„ coal,	乾煤
„ condensation,	乾凝水法
„ oak,	乾橡木
Drying of steam,	令溼變乾
Ductility,	能行長之性
Dnmb or dead plate,	托爐柵橫板
Dunlop's governor,	滕陸汽制
Duplex cylinder,	雙汽筩
„ steam winch,	雙汽機絞車
Duplicate return tubular arrangement,	小烟管雙迴排列法
Duty of engine,	汽機功率
„ „ machine,	機器能率
Dynameter.	稱力器
Dynamics,	動重學
Dynamometer, friction,	阻力稱力器
„ integrating,	積力稱力器
„ rotatory,	轉動稱力器
„ torsion,	扭力稱力器
„ traction	牽力稱力器

E

Ease,	減速
Ebullition,	沸
Eccentric,	兩心輪
„ angle of advance,	兩心輪進行角度
„ arm,	兩心輪桿
„ back balance,	兩心輪後權
„ band,	兩心環
„ bolt,	兩心輪螺釘
„ boss,	兩心輪轂
„ brasses,	兩心輪銅襯
„ catch,	兩心輪桿鈎
„ gab,	二心輪桿鈎凹
„ „ pin,	二心輪桿凹節之鍵
„ gearing,	二心輪各器
„ high pressure,	大抵力汽兩心輪
„ key,	二心輪方捎

Eccentric key way,	二心輪方捎膛
,, link,	二心輪進退桿
,, loose,	活心二心輪
,, low pressure,	小抵力汽兩心輪
,, motion,	兩心輪外環
,, metal of,	兩心輪動法
,, notch,	推引桿鈎凹
,, pulley,	二心輪滑車
,, ,, feather,	二心輪滑車高脊
,, radius,	二心輪半徑
,, rod,	二心輪推引桿
,, ,, gear,	二心輪桿齒輪
,, ,, go-ahead,	二心輪前行桿
,, ,, go-astern,	二心輪退行桿
,, ,, middle,	推引桿中段
,, ,, of plunger,	推水柱之二心輪推引桿
,, ,, pin,	二心輪推引桿鍵
,, shaft,	二心輪軸
,, ,, bearing,	二心輪軸枕
,, ,, rings,	二心輪軸外環
,, sheave,	二心滑輪
,, snug,	二心輪桿鈎
,, stop,	二心輪桿鈎，或停器
,, strap,	二心輪環
,, strip,	二心輪環
Edge rivetting,	板邊作帽釘
Eduction,	出汽
,, pipe,	出汽管
,, port,	出汽孔
,, valve,	出汽門
Edward's expansion valve,	愛得活特自漲汽門
Effective force,	實力
,, horse-power,	實馬力
,, initial pressure,	顯功用之原抵力
,, mean pressure,	顯功用之中抵力
,, power,	實力
,, pressure,	實抵力
Effects of clearace,	汽隙之功益
Efficiency,	功用
,, of engine,	汽機之能力
,, ,, marine engine,	船汽機之能力
,, ,, propellers,	螺輪能力
,, ,, steamers,	船汽機能力
Egg-ended boiler,	單頭鍋爐
Ejector,	出凝水器
,, condenser,	凝水櫃出水器

Elastic condensers,	出水之凝水櫃
,, core packing,	凹凸力心軟墊
,, propeller,	有凹凸力之螺輪
Elasticity,	凹凸力
,, limits of,	凹凸力界
,, of fluids,	流質漲縮器
Elbow jointed lever,	有肘節之桿
,, pipe,	肘形管
Electric battery,	發電池，或發電箱
,, clock,	電氣時辰鐘
,, engine,	電氣機器
,, indicator,	顯電表
,, lamp,	電氣燈
,, light,	電氣光
,, ,, apparatus,	電光器具
,, log,	電氣測船速表
,, pendulum,	電氣擺
,, steam guage,	電氣顯漲力表
,, switch,	電氣分路器
,, telegraph,	電報器
,, time ball,	電氣[illegible]午落球
Electro dynamic engine,	電力機器
,, magnetic engine,	吸鐵電力機器
,, motive force,	電氣運動力
,, motor,	電氣運動機器
Elephant boiler or French boiler,	象形鍋爐
Elliptical boiler,	擠圓形鍋爐
,, tubes,	擠圓形管
Emersion,	船出水
Emery paper,	寶砂皮
End of plunger,	推水柱底
,, plates of boiler,	鍋爐端板
Endless chain propeller	水車法動船器
,, screw & pinion,	螺絲桿與輪齒轉動法
Ends of blades of propeller,	螺輪翼端
,, ,, brasses,	銅襯兩端
,, ,, crank,	曲拐端
,, ,, floats,	明輪翼端
Energy of heat,	熱之能力
Engaging gear,	裝接動器具
Engerth's locomotive,	英格德之汽車
Engine,	機器，或汽機
,, atmospheric,	空氣機器
,, auxiliary,	副汽機
,, beam,	槓桿汽機
,, beams,	槓桿

19

Engine, beam, slide lever,	邊桿横桿汽機
,, bearers,	汽機座
,, bearing,	汽機銅襯
,, bed,	汽機座
,, bell crank,	鐘形曲拐汽機
,, caloric,	熱氣汽機
,, compound,	大小合抵力汽機
,, compressed air,	壓進空氣汽機
,, condensing,	凝水汽機
,, counter,	汽機記轉數表
,, diagonal,	斜汽筩汽機
,, direct acting,	直加力汽機
,, donkey,	附汽機
,, double acting,	雙行汽機
,, ,, cylinder,	雙汽筩汽機
,, electric,	電氣機器
,, expansion,	脹力汽機
,, feeding,	添鍋爐水汽機
,, four cylinder,	四汽筩汽機
,, ,, cylinder tandem,	四汽筩魚貫汽機
,, flywheel,	汽機飛輪
,, foundations,	汽機座
,, furnace,	汽機之爐
,, gas,	煤氣機器
,, gear,	汽機轉動各零件
,, geared	齒輪汽機
,, grasshopper,	蟲螽形汽機
,, half beam,	半横桿汽機
,, hatch cover,	汽機艙口蓋
,, high pressure,	大抵力汽機
,, hoisting,	起重汽機
,, horizontal,	平臥汽機
,, ,, trunk,	平臥空挺桿汽機
,, hydraulic,	壓水汽機
,, inclined,	斜置汽機
,, intermediate pressure,	中低力汽機
,, inverted cylinder,	倒汽筩汽機
,, ,, direct,	倒置汽機
,, larboard,	船左汽機
,, lever,	邊桿汽機
,, low pressure,	小抵力汽機
,, marine,	船汽機
,, non condensing,	不凝水汽機
,, ,, expansive,	不用脹力汽機
,, oscillating,	搖動汽機
,, overhead beam,	高横桿汽機
Engine, overhead cylinder,	倒汽筩汽機
,, pedestals,	機器柱基
,, Penn's trunk,	本氏空挺桿汽機
,, port,	船左汽機
,, portable,	能移動之汽機
,, return connecting rod,	返摺搖桿汽機
,, reversing,	迴行汽機
,, room,	汽機房
,, ,, bulkhead,	汽機房隔牆
,, ,, fittings,	汽機房相配之物件
,, ,, flooring,	汽機房地板
,, ,, hand rail,	汽機房欄杆
,, ,, hatchway,	汽機房艙口
,, ,, hose,	汽機房皮水管
,, ,, guard rail,	汽機房欄杆扶手
,, ,, ladder,	汽機房梯
,, ,, platform,	汽機房臺
,, ,, sky light,	汽機房天牕
,, ,, telegraph,	汽機房號令表
,, ,, upper platform,	汽機房上臺
,, ,, ventilator,	汽機房通風管
,, ,, voice pipe,	汽機房號令管
,, rotary,	轉行汽機
,, seating,	汽機座
,, side lever,	邊桿汽機
,, single acting,	單行汽機
,, ,, beam,	單横桿汽機
,, ,, crank,	單曲拐汽機
,, ,, crank compound,	單曲拐雙汽筩汽機
,, six cylinder,	六汽筩汽機
,, space,	汽機容積
,, starboard,	船右汽機
,, staying of,	汽機之牽條
,, steam,	汽機
,, ,, & æther,	汽合以脫之汽機
,, steeple,	塔形汽機
,, surface condensing,	外冷凝水汽機
,, tandem,	魚貫排列汽筩之汽機
,, three cylinder,	三汽筩汽機
,, treble expansion	三次脹力汽機
,, trunk,	空挺桿汽機
,, turn tables,	轉汽車之圓臺架
,, vertical,	直立汽筩
,, ,, direct acting,	直立直行汽機

Engine wall box, 牆內軸枕匣

" warping, 絞車汽機

" waste, 擦機器之廢𦁀等料

" work, tough brass, 汽機之韌銅

Engineer, 司汽機之人，或工程家

Engineering, 司汽機事，或工程事

Engineer's forgings, 造汽機家打成之熟鐵

" hammer, 司汽機家錘

" rooms, 司汽機人之房

" stores, 司汽機已用物料

Engines racing, 螺輪出水外使汽機轉速

Entablature cap bolts, 樑架枕蓋螺釘

" flange, 樑架摺邊

" of oscillating engines, 搖桿汽機樑架

Equilibrium exhaust valve, 相定出汽門

" slide valve, 相定汽門

" supply valve, 相定進舌節

" valve, 相定舌門，或平移汽門

" " casing, 相定汽門殼

" " supply valve 相定汽門進汽平門

Equivalent of heat, 熱之值數

Erection of engines, 建立汽機

Escape, 放汽，或餘漲

" of steam, 漏洩汽

" pipe, 放汽管

" valve, 餘流門，或放舌門或餘汽門

" " of cylinder, 汽筩放水萍門

" " spindle, 放舌門軸

" " spring, 放汽門簧

Estimated horse power, 核算馬力

Ether engine, 用以脫動之機器

Evacuation pipe, 放管

Evaporation, 化

Evaporative efficiency, 化水能力

" heat, 化水之熱

" power, 化水之能力

" " of coal, 煤化水能力

Excessive pressure, 過限之壓力

Exhaust lap, 出汽孔之餘面

" passage, 出汽路

" pipe, 出汽管，或餘水管

Exhaust port, 出汽孔

" regulator, 制出汽器

" steam, 放出之汽

" " injector, 餘汽內噴冷水器

" valve, 出汽門

" water pipes, 餘水管

" " valve, 餘水萍門

Exhaustion, 縮汽之事

" of chimneys, 烟通內通餘汽

" " steam, 縮餘汽之事

Expanding mandrils, 傘形擋

" pitch, 漸增螺距

Expansion, 漲

" cam, 漲偏出輪，或漲凸輪

" coupling, 漲縮接盤

" curves, 漲縮曲線

" drum, 自漲力鼓

" eccentric, 自漲汽之二心輪

" engine, 自漲力汽機

" fixed, 定自漲力

" free, 任意自漲力

" gear, 成自漲力之零件

" grade of, 自漲之倍數

" joint, 漲縮節

" of steam, 汽之自漲

" piston valves, 自漲韛韝門

" profitable range of, 汽自漲得力之界

" ring, 自漲圈

" valve, 自漲力汽門，或汽舌門

" " rod, 自漲門桿

" variable, 變自漲力

Expansive efficiency of steam, 汽自漲能力

" force, 自漲之力

" power, 自漲之力

Explosion of boiler, 鍋爐爆裂

Express passenger locomotives, 載客速行汽車

External condensation, 外凝水法

" condenser, 外凝水櫃

" pressure, 外壓力

" safety valve, 外萍門

Extra supply cock, 另備添水塞門

Extrados, 劈行之上面

Eye at end of fork of connecting rod, 搖桿叉支端圈

" of crank, 曲拐之眼

Eye of crank pin, 拐軸端圈
" " eccentric rod, 推引桿端圈
" " shaft, 大軸端圈

E

Face of valve, 汽門平面
" plates, 平板面
" ring, 壓環 或劈圈
Faced joints, 刨平面接縫
Facing points. 汽車啟向歧路節
" projections of frame, 架座凸面
" strips, 橫脊
Facings of columns, 鐵柱刨平之面
Factor of safety, 穩率係數
Fahrenheit thermometer, 法倫海得寒暑表
Fairbairn's engines, 非而番汽機
Falling bodies, laws of, 物墜之例
Farcot's expansion valve, 法酷得自漲力汽門
False faces to cylinders 汽筩假平面
Fan, 扇
" brake, 輪柵挺器
" steam engine, 運輪柵汽機
Fauced joint, 塞門節
Feather, 連脊
" in boss, 轂內連脊
Feathering floats, 輪之活翼
" paddle, 活翼
" " wheel, 活翼明輪
" screws, 活翼螺輪
Feed apparatus, 鍋爐添水器
" cock, 添水塞門
" delivery pipe, 鍋爐添水管
" escape valve, 鍋爐添水餘水門
" hand, 手工添鍋爐水
" head, 鍋爐添水管口
" heaters, 作熱進鍋爐水器
" motion, 進料之動法
" pipe, 添水管，或鍋爐添水管
" pump, 鍋爐添水筩
" " air vessel, 添鍋爐水筩空氣膛
" " barrel, 添鍋爐水之筩
" " box, 添鍋爐水筩之匣
" " chamber, 添鍋爐水筩之內膛
" " check valve, 添鍋爐水筩阻水門
" " cross head, 添鍋爐水筩橫擔

Feed pump delivery pipe, 添鍋爐水筩出水管
" " delivery valve, 添鍋爐水筩出水門
" " escape valve, 添鍋爐水筩荐門
" " gland, 添爐爐水筩壓蓋
" " internal pipe, 添鍋鍋水內管
" " levers, weigh shaft, 添鍋爐水筩稱軸
" " pet cock, 添鍋爐水筩小塞門
" " plunger, 添爐爐水筩壓水柱
" " plunger rod, 添鍋爐水筩挺桿
" " relief valve 添鍋爐水筩餘流門
" " rod, 添鍋爐水筩推水柱桿
" " suction pipe, 添鍋爐水筩吸水管
" " suction valve, 添鍋爐水筩吸水門
" " valve, 添鍋爐水筩舌門
" " valve spindle, 添鍋爐水筩舌門軸
" " waste valve, 添鍋爐水筩餘流門
" rack, 進料齒桿
" screw, 進料螺絲
" suction pipe, 添鍋爐水吸管
" tank, 添水池
" valve, 添鍋爐水門
" " box, 添鍋爐水門之匣
" water, 鍋爐添水
" " apparatus, 添鍋爐水器
" " gross(salt,) 添鍋爐水合含鹽數
" " heater, 添鍋爐水加熱器
" " net, 添鍋爐水去鹽餘數
" " pipes, 添鍋爐水管
" " pump, 添鍋爐水筩
" wheel, 進料輪
Feeder, 添鍋爐水器 或進料器
Feeding, 鍋爐添水
" boilers, 鍋爐添水事
" cistern, 添鍋爐水池
" engine, 添鍋爐水汽機
" head, 添鍋爐水管頭
" internal pipe, 添鍋爐水內管
Female screw, 陰螺絲
Fence of approaches to bridge, 橋堍木欄杆
" rails, 木柵橫條
Fenton's expansion valve, 分登自漲力汽門
" white metal, 分登白色之銅
Ferrabee's engine, 弗辣比汽機
Ferrule, 套圈

Ferrule for tubes,	小烟管套圈
File,	銼
Filings,	銼成之屑
Fillet,	兩端相連圓角處,或凸圈
Fink's link motion,	芬克進退桿動法
Fire,	火
,, back,	爐背火磚
,, bars,	爐柵條
,, ,, bearer,	爐柵托樑
,, box,	火櫃
,, ,, and tube joining place,	火櫃鑲烟管處
,, ,, at tubes,	火櫃鑲烟管處
,, ,, staying,	火櫃牽條
,, ,, stays,	火櫃牽條
,, ,, top & bottom curves,	火櫃頂底二弧形彎
,, ,, top stays,	火櫃頂牽條
,, bricks,	火磚
,, bridge,	火壩
,, chamber,	火膛
,, clay,	火泥
,, door,	火門
,, ,, latch,	火門跳閂
,, ,, opening,	火門孔
,, engine,	滅火水龍
,, ,, steam,	汽機水龍
,, grate,	爐柵
,, ,, bars,	爐柵條
,, ,, surface,	爐柵面
,, man's cock,	灰膛澆水塞門
,, picker,	挑火鈎
,, pricker,	挑爐中煤桿
,, rake,	火耙
,, shovel,	火鏟
,, slice,	火鏟
,, surface,	火切面
,, tools,	制火各手器
,, tube,	火管
Fish plates,	鐵路連板
,, tail propeller,	魚尾形動船輪
Fitting part of cover of cylinder,	汽筩蓋嵌入汽筩處
,, strip of brass,	銅襯相配條
Fittings,	配合物料
,, for boilers,	鍋爐上配用之物件
Fixed engines,	定置汽機
,, expansion,	定自漲力法
,, horizontal engine,	定置平汽筩汽機
Fixed pulley,	靜滑車
,, pump,	定置起水筩
,, seats,	定凳
,, propeller,	定翼螺輪
,, steam cranes,	定置汽機起重架
,, vertical engine,	定置立汽機
Flame,	火焰
,, bed,	火焰牀
,, chamber,	火焰膛
,, bridge,	火焰壩
Flange,	摺邊
,, bolts,	摺邊之螺釘
,, ,, of frame,	相連架座摺邊之螺釘
,, inside packing ring,	壓環內摺邊
,, joint,	摺邊節
,, of blades,	螺輪翼根摺邊
,, ,, brass,	銅襯摺邊
,, ,, casing of equilibrium valve,	相定汽門殼摺邊
,, ,, cylinder,	汽筩口摺邊
,, ,, entablature,	架樑摺邊
,, ,, feed pump,	添水筩口摺邊
,, ,, guide,	鍵輔摺邊
,, ,, injection valve,	噴冷水門摺邊
,, ,, nozzle,	噴嘴摺邊
,, ,, rail,	鐵路條摺邊
,, ,, slide casing,	汽門匣摺邊
,, ,, slide valve,	汽門平面摺邊
,, ,, stern tube,	船尾管摺邊
,, ,, trunnion,	空樞摺邊
,, ,, valve,	汽門摺邊
,, ,, valve casing,	汽門匣摺邊
,, ,, valve seating,	汽門座摺邊
,, pipes,	摺邊管
,, ribs,	摺邊連脊
Flanged bolt bosses,	螺釘孔凸圈
,, blades,	有摺邊之螺輪
,, plate,	摺邊板
Flanges at top & bottom of cylinder,	汽筩頂底各摺邊
,, of band of eccentric,	兩心輪環摺邊
,, ,, brasses,	銅襯凸領,或銅襯摺邊
,, ,, bearing,	軸枕摺邊
,, ,, wheels,	車輪之摺邊
Flap,	扇門

Flap valves, 舌門，或扇門，或鏈門
Flat bastard file, 平面亂紋銼
,, brasses, 平面銅襯
,, ,, inner surface, 平面銅襯內面
,, caps, 平蓋
,, file, 平面銼
,, pieces of gun metal, 平面礮銅塊
Flaws, 蜂窩
Flexible tube valves, 韌性管舌門
Float & feed apparatus 浮表添水器
,, gauge, 浮表
,, for boiler, 鍋爐浮表
,, in boiler, 鍋爐內浮表
,, rods, 明輪翼柄
Floating steam fire engine, 浮水面滅火汽機水龍
Floats, 輪翼
,, of paddle wheel, 明輪翼
,, outside of, 明輪翼外端
Flogging hammer, 向前打錘
Flue boiler, 空筩鍋爐
,, brush, 火路刷子
,, cleaner, 修淨火路器
,, hammer, 火路錘
,, heating surface, 空筩火切面
,, plate, 火路板
,, scraper, 火路刮器
,, surface, 火路面積
Flues, 鍋爐火管，或空筩
Fluid, 流質
Flush flue, 平砌火路
,, head rivet, 板面平齊帽釘
Fly governor, 飛輪汽制
,, wheel, 飛輪，或外輪
,, ,, rim, 飛輪牙
Follower, 從輪，或鞲鞴蓋，或軟墊圈蓋
F ollowing edge, 螺輪翼之後邊
Foot path, 馬路兩旁之人路
,, valve, 底門，或底舌門
Force, 力
,, accelerating, 漸增速力
,, bending, 彎力
,, constant, 常力
,, expansive, 漲力
,, moving, 動力
,, percussive, 擊力
,, pump rod, 壓水筩桿

Force shearing, 剪力
,, the fires, 強加爐火力
,, twisting, 扭力
Forced draught, 進風強加火力
Forcing pump, 壓水筩
,, ,, rod, 壓水筩桿
Forge, 打熟鐵爐
,, tongs, 打熟鐵爐鉗
Fork, connecting rod, 搖桿叉形端
,, head, 叉形頭
,, link, 叉形進退桿
,, of connecting rod 搖桿叉形端
,, ,, rod, 桿之叉支端
,, wrench, 叉支起子
Forked connecting rod, 有叉形之搖桿，或雙端搖桿
Formula, 算式
Forward crank shaft, 前曲拐軸
Foundation, 根基，或座
,, bolt, 根基螺釘
,, plate, 根基地板
,, ,, bolt, 根基鐵板螺釘
Four bladed propeller, 四翼螺輪
,, ,,screw propeller, 四翼螺輪
,, cylinder engine, 四汽筩汽機
,, ,, tandem engine, 四汽筩魚貫汽機
,, way cock, 四路塞門
Fracture, 折
Frame for locomotive, 汽車輿架
,, ,, propeller, 螺輪架
,, saw, 有邊鋸
,, solid sides of, 架樑實心邊
Framing, 架座
,, central line of, 架座中線
,, of body of railway cars, 輿上架
,, ,, winch, 絞車之架
,, sides of, 架邊
,, two sides of, 架座之兩邊
Free expansion, 任意自機
Freezing point, 冰界
Freight car, 貨車
,, engine, 運貨汽機
Fresh water pipe, 通淡水管
,, ,, tank, 淡水池，或淡水箱
Friction, 磨阻力
,, break, 磨阻力停器
,, clutch, 磨阻力接脫之筍
,, cone, 磨阻力圓錐形輪
,, coupling, 磨阻力接盤

Friction gear, 磨阻力輪器
,, hammer, 磨阻力錘
,, initial, 原磨阻力
,, part at stern-end, 船尾管後相磨處
,, pulley, 磨阻力滑車
,, roller, 磨阻力輥輪
,, surface of gland, 壓蓋內相磨處
,, ,, of guide block, 鍵輔襯切面
,, tube, 磨阻力管
,, wheel, 磨阻力輪，或減阻力之輪
Frictional gearing, 磨阻力輪器
Front elevation, 前面立形式
,, end of cylinder, 汽筩前端
,, ,, of eccentric rod, 二心輪桿前端
,, links, 前進退桿
,, tube plate, 鍋小烟管前板
Frustrum of cone, 截圜錐形
Fuel, 燒料
Fuel, patent, 成團煤屑料
Fulcrum, 定點
Full power, 全力
,, pressure, 全壓力
,, speed, 全速
,, stroke, 全衝路
Funnel, 烟通，或漏斗
,, air casing, 烟通氣殼
,, blast pipe of, 烟通吹汽管
,, boards, 烟通鈑
,, bonnet, 艙面烟通阻熱瀉水領
,, cape, 艙面烟通阻熱瀉水圈
,, casing, 烟通殼
,, cover, 烟通口蓋
,, cravat, 艙面烟通阻熱瀉水領
,, damper in, 烟通風門
,, donkey, 附汽機烟通
,, draught, 烟通之通風
,, guys, 竪烟通牽條
,, hood, 艙面烟通阻熱瀉水領
,, main, 總烟通
,, ring, 烟通套圈
,, shrouds, 烟通牽條
,, stays, 烟通牽條
,, telescopic, 套節烟通

Furnace, 火爐
,, bars, 爐柵條
,, brickwork, 爐內磚工
,, bridge, 爐內火擋
,, centre, 爐心
,, crown, 爐頂
,, dead plate, 爐內托柵板
,, door, 火爐門
,, expansion ring, 爐內漲縮圈
,, front, 爐前面
,, grate, 爐柵
,, hoist, 起爐內煤灰器
,, self feeding, 自進煤爐
,, wing, 翅形爐
Fusible metal plugs, 用易鎔錫料作鍋爐之塞
,, plug, 鍋內易鎔錫料穩塞
Fusibility, 能鎔化之性

G

Gab, 凹節，或鈎節
,, lever, 兩心輪凹節之拐
Gallon imperial, 准加倫
,, measure, 加倫量器
Galloway ash hoist, 加魯圍起灰器
,, boiler, 加魯圍鍋爐
Gardiner's engines, 加丁捺行動陸汽機
Gas, 氣質
,, engine, 煤氣機器
Gasket, 蔴辮圈
,, packing, 韊韝裝蔴辮圈
Gauge cock, 漲力表塞門
,, float, 浮表
,, glass, 看水玻璃管
,, mercurial, 水銀漲力表
,, pressure, 漲力表
,, receiver, pressure 抽氣膛壓力表
,, steam, 漲力表
,, ,, pipe, 漲力表汽管
,, vacuum, 縮力表
,, water, 看水表
,, wire & red lead joint, 漲力管之鐵絲與紅鉛粉節
Gear, 發動器，或齒輪
,, bevel, 斜齒輪機
,, connecting, 接轉機
,, hand, 手試轉機
,, lifting, 起重機
,, reversing, 退行機

Gearscrewing up,	轉緊螺絲機
,, shaft,	接軸，或副軸
,, spare,	預備另器
,, starting,	令起行機
,, steam turning,	汽試轉機
,, ,, reversing,	退行汽機
,, throttle valve,	扇門機
,, to throw into,	令機器接轉
,, ,, throw out of,	令機器脫轉
,, turning,	令汽機試轉機
,, valve, high pressure,	動大抵力汽門機
,, ,, low pressure,	動小抵力汽門機
Geared engines,	齒輪接轉汽機
,, oscillating screw engine,	齒輪接轉搖筩螺輪汽機
Gearings,	傳動各種齒輪等件
Gib,	坐榫，或扁栓，或長劈
Gifford's injector,	格法得噴進鍋水器
Girders,	横樑
Gland,	軟墊臼蓋，或壓蓋
,, flange,	壓蓋摺邊
,, of piston rod stuffing box,	挺桿軟墊臼壓蓋
,, ,, stuffing box,	軟墊臼壓蓋
,, ,, trunnions,	空樞壓蓋
,, oil cup,	壓蓋油膛
,, packing,	壓蓋軟墊料
,, stud,	壓蓋螺釘
,, tube,	壓蓋襯管
Go ahead,	前行
,, astern,	退行
Gonzenbach's expansion valve,	甘生巴自漲力汽門
Gooch's indicator,	顧志指力器
,, locomotive,	顧志汽車
Goods engine,	引貨汽車
,, locomotive,	牽引貨車之汽車
,, truck,	貨車
,, wagon,	貨車
Gorgon engines,	果愻汽機
Gouge,	弧口鑿子
Governor,	汽制
,, balls of,	汽制圓球
,, bracket,	汽制座
,, conical pendulum,	圓錐形擺汽制
,, cross armed,	交桿汽制
,, loaded,	懸墜汽制
,, regulator	汽制，或制器
Governor rod,	汽制桿
,, valve spindle,	汽制門軸
Grade of expansion,	自漲之倍數
Gradient,	斜鐵路
Graphite,	生鐵內不化合之炭質
Grasshopper engines,	蟲螽形汽機
,, parallel motion,	蟲螽形平行動
Grate,	爐柵
,, clearance for ashes,	爐柵間空
,, for land boilers,	陸鍋爐爐柵
,, ,, marine boilers,	船鍋爐爐柵
,, surface,	爐柵面
Grating iron,	鐵柵
Gratings in boiler room	鍋爐房鐵柵
,, ,, engine room,	汽機房鐵柵
Gravity,	地心力
,, specific,	以水較重
Gray's locomotive,	果留汽車
Grease,	定質油
,, cock,	定質油塞門
,, cup,	油盃
Great Eastern, boilers,	大東輪船鍋爐
Grey iron,	灰色生鐵
Gridiron or cross barrel valve,	爐柵多孔汽門
,, expansion valve,	柵形自漲汽門
,, valve,	柵形汽門，或鐵排舌門
Griffith's screw,	顧里非書螺輪
Grindstone,	磨刀石輪
Groove,	槽
,, of pulley,	滑輪之槽
Gross feed water,	鍋爐進鹹水數
,, pressure,	全壓力
Guard of valve,	舌門擋
,, ,, valve seating,	舌門座擋
,, rail,	護條，或護欄杆
Guards,	擋，或欄杆
Gudgeon,	中樞
,, boss,	中樞轂
,, ,, ribs,	中樞轂外高脊
,, in side lever,	邊桿中樞
,, of beam,	槓桿中樞
,, ,, connecting rod,	搖桿樞
Guide,	鍵輔，或直輔
,, bar,	鍵輔桿
,, bearing back,	挺鍵襯後邊
,, ,, front,	挺鍵襯前邊
,, ,, side of.	挺鍵襯旁邊

Guide block,	鍵襯
,, ,, bolts,	鍵襯螺釘
,, ,, bottom,	鍵襯底
,, ,, brasses,	鍵輔銅襯
,, ,, casing,	鍵輔套
,, ,, securing bolts,	鍵襯蓋螺釘
,, channel,	鍵輔槽
,, cross head,	橫擔鍵輔
,, flange part of,	鍵輔蓋條
,, frame,	鍵輔架
,, ,, bottom of channel,	鍵輔架底槽
,, ,, flange,	鍵輔架體摺邊，或鍵輔架蓋條
,, ,, flange bolts,	相連鍵輔架蓋條螺釘
,, ,, seat,	鍵輔架座
,, go astern cross-head,	退行橫擔鍵輔
,, ,, ahead cross-head,	前行橫擔鍵輔
,, neck of,	挺鍵頸
,, of valve in casing,	汽門匣內直輔
,, ,, valve seating,	汽門座直輔
,, pump,	起水筩鍵輔
,, ribs of safety valve,	萍門直輔高脊
,, rod,	鍵輔桿
,, shoe,	鍵輔底殼
,, ,, bolts,	鍵輔底殼螺釘
,, slipper,	鍵輔底殼
,, ,, Adams',	阿端斯鍵輔底殼
,, T shaped,	丁字形鍵輔
,, valve rod,	汽門桿鍵輔
Gun boat boilers,	礮艇鍋爐
,, metal,	礮銅
,, ,, blocks,	礮銅塊
,, ,, bushes,	礮銅襯管
,, ,, casing,	礮銅門殼
,, ,, eccentric band,	礮銅兩心環
,, ,, tongue,	礮銅嵌塊
Gusset stay,	補角牽條
Gyration centre of,	繞行動心
Gyroscope,	旋轉法器

H

Hackworth's dynamic valve gear,	哈克瓦特動汽門法
,, valve,	哈克瓦特汽門
Half beam engine,	半橫桿汽機
,, round bastard file,	半圓形雜紋銼
,, ,, smooth file,	半圓形銼
Hammer,	錘
,, chipping,	修平錘
,, coal,	煤錘
,, flogging,	向前打之錘
,, hand,	手錘
,, holding,	對力大錘
,, riveting,	帽釘錘
,, sealing,	敲落鐵衣錘
,, sledge,	雙手掣錘，或大錘
,, steam,	汽錘
Hammering,	引汽過多之撞聲
Hammers,	錘類
Hand drill,	手鑽
,, ,, machine,	手搖鑽器
,, gear,	手動器具，或手動齒輪
,, hole in boiler,	鍋爐進手孔
,, pumps,	人力起水筩
,, rail,	扶手欄杆
,, saw,	手鋸
,, shears,	手剪
,, spike,	手桿
,, vice,	手可執之虎頭鉗
Handle,	柄，或搖桿
,, crank,	搖拐
Handles of caps,	蓋柄
,, of starting wheel,	起行輪柄
Hanging bracket,	掛枕
,, valve,	掛舌門
Harvey & West's pump valve,	哈皮同司得起水筩門
Hard solders,	硬銲錫
Hatch, engine,	汽機艙蓋
Haunch of arch,	環旁劈
Head going eccentric,	前行二心輪
,, jack,	頭螺絲起重器
,, of bolt,	螺釘頭
,, ,, screws or screw cap,	螺釘帽
,, ,, steam,	汽已滿毛
,, ,, water,	水得速當過路
,, valve,	上舌門
Heat,	熱
,, available,	能容之熱
,, by friction,	磨阻力成熱
,, cherry red,	櫻桃紅熱

Heat engine,	熱氣機器
,, evaporative,	能化之熱
,, intense,	極大之熱
,, latent,	隱熱
,, loss of,	糜熱
,, low cherry red,	暗櫻桃紅熱
,, mechanical equivalant of,	熱相配之動力
,, radiating,	迴散之熱
,, red,	紅熱
,, sensible,	能顯之熱
,, specific,	容熱率
,, transfer of,	傳熱
,, transmission of,	傳熱
,, unit,	熱度原數
,, welding,	能含連之熱度
,, white,	白色熱
Heated steam,	加熱之汽
Heater of boiler,	作熱進鍋爐水器
,, super,	重加熱器
,, ,, door,	重加熱器門
,, ,, joint,	重加熱器節
Heating power,	加熱之力
,, surface,	火切面
Helical motion,	螺絲形動
Helix,	螺絲
,, normal,	合法螺絲
Hempen packing,	蔴墊
Henderson's furnace door,	恒達生爐門
Herreshiff boiler,	黑立曉甫鍋爐
Hexagonal nuts	六邊形螺蓋
Hide, raw,	獸之生皮
High pressure,	大抵力
,, ,, boiler,	大抵力鍋爐
,, ,, connecting rod,	大抵力搖桿
,, ,, cylinder,	大抵力汽筩
,, ,, cylinder jacket,	大抵力汽筩殼
,, ,, eccentric,	大抵力二心輪
,, ,, engine,	大抵力機
,, ,, piston,	大抵力韛鞴
,, ,, piston rod,	大抵力挺桿
,, ,, slide valve,	大抵力汽鼍
,, ,, steam,	大抵力汽
,, ,, steam chest,	大抵力汽櫃
,, ,, steam engine,	大抵力汽機
,, ,, steam port,	大抵力汽孔
,, ,, valve gear,	大抵力動汽門器具
,, ,, valve spindle,	大抵力汽門桿
,, speed engines,	大速汽機

Hinge,	鉸鏈
Hodgson's screw,	哈治生螺輪
Hoist, water bucket,	起水筩管
,, ,, pressure,	水壓力起物器
Hoisting engine,	起重機器
,, gear,	起重器具
Holding down bolts,	連汽機於船底之螺揹
Holmes' screw propeller,	何密士螺輪
Holts' boiler,	何仔鍋爐
Hook bolt,	鈎螺揹
Hoop iron,	箍鐵
,, stress of,	箍受力數
Horizontal air pumps,	平排恒升車
,, cylinders,	平排汽筩
,, engine,	平置汽機, 或臥汽筩汽機
,, trunk engine,	平置空挺桿汽機
,, tubular boilers,	平置小烟管鍋爐
Hornsby's portable engine,	何勒司比移動汽機
Horse boxes,	載馬之車, 或馬籠
,, engine,	馬力機器
,, power,	馬力
,, ,, Admiralty,	英國戰船部之馬力
,, ,, effective,	顯功用之馬力
,, ,, estimated,	推算之馬力
,, ,, four,	四馬力
,, ,, indicated,	實馬力
,, ,, nominal,	號馬力
,, shoe rings,	抱枕馬掌圈
Hot blast cast iron,	熱風生鐵
,, chisel,	熱鑿
,, water pipe,	熱水管
,, well,	熱井
,, ,, air cock,	熱井空氣塞門
,, ,, discharge orifice,	熱井放水口
,, ,, overflow valve,	熱井放餘水門
,, ,, top,	熱井頂
Hub of paddle wheel,	明輪轂
Hungarian machine,	恒格里機器
Hunting cog,	兩齒輪比餘齒
Hydraulic cranes,	水壓力之起重架
,, engine,	壓水機器
,, jack,	壓水起重器
,, press,	壓水櫃
,, pressure,	壓水力
,, ram,	壓水櫃韛鞴

Hydraulic test, 試壓水法
Hydraulics, 水重學
Hydrocarbons, 含輕炭之料
Hydrodynamics, 水動重學
Hydrokineter, 噴水力器
Hydrometer, 量水器，或浮表
Hydromotor propeller, 壓水動船器
Hydrostatics, 水靜重學
Hyperbolic areas, 雙曲綫面積
,, logarithms, 雙曲綫對數
Hyperboloids, 似雙曲綫形
Hypocycloid, 下擺綫

I

Ice cock, 冰塞門
,, locomotive, 行冰汽車
Immersed section, 船入水體橫剖面
Impact, 擊力
Imperfect elasticity, 不全凹凸力
Imperial gallon, 准加倫
Impermeater, 汽筩內進油器
Impinge, 聚擊
Impressed force, 收壓力
Impulse of fluids, 流質動力
Inclined engine, 斜置汽筩汽機
,, plane, 斜面
Increase of pressure, 增壓力
Increased temperature 增熱度
Increasing motion, 增動
,, pitch, 漸增螺距
Incrustation, 鍋爐內面生衣
India rubber, 象皮
,, ,, disc valve, 象皮圓板門
,, ,, disk, 象皮圓板
,, ,, joint, 象皮節
,, ,, packing, 象皮軟墊
,, ,, ring, 象皮圈
,, ,, spring, 象皮簧
,, ,, square valve, 象皮方板門
,, ,, valve, 象皮門
Indicated horse power, 實馬力
,, power, 所顯之力
,, thrust of propeller, 螺輪所顯之推力
Indicator, 自記汽漲力表
,, barrel, 自記汽漲力表筩
,, card, 自記汽漲力表紙面
,, cock, 自記汽漲力表塞門
,, continuous, 連自記汽漲力表器
,, cylinder, 自記汽漲力表筩
Indicator diagrams, 自記汽漲力表圖
,, ,, of air pump, 恒升車自記縮力表圖
,, driving, 動自記汽漲力表繩
,, friction, 自記汽漲力表磨阻力
,, pencil, 自記汽漲力表筆
,, pipe, 自記汽漲力表管
,, piston, 自記汽漲力表鞴韝
,, ,, rod, 自記汽漲力表挺桿
,, spring, 自記汽漲力表管
,, steam, 指汽力器，或自記汽漲力表
Induction valve, 進汽門
Inelastic, 無凹凸力
Inertia, 永靜性，或不肯動之性
Ingot iron, 鐵錠鍊成之熟鐵
Initial absolute pressure, 原全壓力
,, pressure, 原壓力
Injection, 噴冷水凝水法
,, cock, 噴冷水門，或噴冷水塞門
,, condensers, 用噴[illegible]法之凝水櫃
,, handle, 噴凝水[illegible]柄
,, lever, 噴凝水門桿
,, orifice, 噴冷水孔
,, pipe, 噴冷水管
,, snifting valve, 噴冷水尾舌門
,, spray pipes, 噴冷水多小孔管
,, valve, 噴冷水門
,, ,, hole, 噴冷水門孔
,, ,, rod, 噴冷水門桿
,, ,, spindle, 噴冷水門桿
Injector, Giffard's, 裕法得鍋爐進水器
Injectors, 噴水器
Inlet cock, 進水塞門
,, pipe, 進水管
,, valve, 進水門
Inner end of piston rod, 挺桿內端
,, switch, 鐵路內移條
Insertion cloth joint, 布嵌成之節
Inside bearing of paddle shaft, 明輪軸內襯
,, callipers, 比內徑規
,, crank pin, 曲拐內軸徑
,, cut off slide valve 內斷汽之汽門
,, cylinder locomotives, 內汽筩汽車

Inside lap of valve,	汽門內餘面
,, ,, to slide valve,	汽門內餘面
Instant,	霎時，或微分時
Insufficient pressure,	壓力不足
Intense heat,	極大之熱
Intensity of draught,	爐內風力率
Intercepter,	丁字形受水管
Intermediate posts,	木柵間柱
,, pressure engine,	中壓力汽機
,, shaft,	聯軸，或兼軸，或配軸
Internal brass hoop of eccentric,	兩心環內襯銅環
,, pipe,	內管
,, pressure,	內壓力
,, safety valve,	內準門
,, steam pipes,	內汽管
Intrados,	劈行下面
Introduction port,	進汽孔
Inverted cylinder,	倒置汽筩
,, ,, engine,	倒汽筩汽機
,, direct acting engine,	倒置直行汽機
,, ,, engine,	倒置直行汽機
,, engine,	倒置汽機
Iron bar,	鐵條，或鐵桿
,, bridge rivets.	鐵橋帽釘
,, Cleveland,	克立弗倫鐵
,, dog,	鐵狗
,, filings,	鐵屑
,, forgings,	打成熟鐵各件
,, rails,	鐵路條
,, rolled scrap	軋成零碎鐵
,, tube,	鐵管
,, wire,	鐵絲
Isodiabatic lines,	傳等熱相加曲綫
Isothermal lines,	同熱線，或等熱綫

J

Jack,	螺絲舉重器
,, head,	頭螺絲舉重器
,, hydraulic,	壓水舉重器
,, plane,	粗刨
Jacket,	外殼
,, cylinder cover,	汽筩蓋外殼
,, drain cock,	外殼放水塞門
,, drains,	外殼引水槽
,, guage,	外殼漲力表
,, high pressure cylinder,	大抵力汽筩殼
Jacket, low pressure, cylinder,	小抵力汽筩殼
,, of cylinder,	汽筩殼
,, pipe,	汽筩殼管
,, round cylinder cover,	汽筩蓋外殼
,, safety valve,	汽筩外殼準門
,, steam pipe,	汽筩殼汽管
,, water,	汽筩殼水
Jacketed cylinder,	有殼之汽筩
Jar,	恒震動
Jerk,	忽然震動
Jet condenser,	噴冷水法凝水櫃
,, injection valve,	噴凝水管門
,, pipe of pump,	起水筩之噴水管
,, propeller,	噴水行船器
,, propulsion,	噴水行船法
,, pump,	噴凝水筩
,, steam,	吹汽口
Joint,	節，或樞紐
,, ball & socket,	球節
,, butt,	門節，或對節
,, circumferential,	順周節
,, copper sheet,	銅皮節
,, ,, wire,	銅絲節
,, expansion,	漲縮節
,, faucet,	塞門節
,, flange,	摺邊節
,, india rubber,	象皮節
,, insertion cloth,	鑲布節
,, lap,	搭節
,, lead,	鑲鉛節
,, ,, wire,	鉛絲節
,, longitudinal,	縱節
,, metallic,	金類節
,, mill-board,	硬紙節
,, pins,	節釘
,, pipe,	管節
,, red lead,	鉛丹節
,, rust putty,	鐵鏽油灰節
,, universal,	隨意節
,, wire gauze & red lead,	鐵絲紗布合鉛丹節
Joints for cylinders & valve box,	汽筩與汽門匣節
,, rust,	鐵鏽節
Journal,	樞，或軸頸
,, self lubricating,	自添滑料樞
,, water lubricating	用水爲滑料樞
Joy's valve gear,	材氏動汽門器

Junction plate, boiler, 鍋爐合運之板
Junk ring, 壓環
„ „ bolts, 壓環螺釘
„ „ piston, 韝鞲壓環

K

Keel of ship, 船脊骨，或船龍骨
Keep, 蓋子
Key, 扁栓，或方梢，或方楗
„ bolt, 圓梢
„ of bar, 固定連條長劈
„ „ connecting bar 輪牙連條長劈
„ „ piston rod, 挺扭長劈
„ on to shaft, 方楗連於輪軸
„ slot in shaft, 軸內容方梢槽
„ tightening, 打緊之方梢
„ way, 容方梢槽
Keying socket, 鈕盔，即相連升搖桿鈕蓋螺釘
Keys of bolts, 螺釘長方梢
„ screw, 轉螺絲之鑰匙
Kilogramme, 勾路格蘭姆
Kinetic energy, 動力
Kingston valves, 通海水塞門，或京司敦塞門
„ valve spindle, 京司敦塞門桿
Kirk's ice machine, 果克造冰機器
Knot, 海里
Kreasote, 格里阿蘇特水
Krupp's iron & steel, 克羅卜鐵與鋼

L

Ladders, in engine room, 汽機房內梯子
Ladle, soldering, 倒銲錫杓
Lagging, 鍋衣
Lamb's super heater, 藍末重加熱器
Lamp, bunker, 煤艙燈
„ wick, 燈芯
Lancashire bars, 蘭加牙鐵條
„ boiler, 蘭加牙鍋爐
Land boilers, 陸地鍋爐
„ engine, 陸地汽機
Lantern brass, in stuffing, 軟墊臼籠形銅襯
Lap, 餘面 或餘平面
„ joint, 搭節
Lap of blade on boss, 螺翼在轂上之餘面
„ „ valve, 汽門餘面
„ on exhaust, 出汽門餘面
Larboard engine, 船左邊汽機
Large bar in cylinder, 汽筩平面大條
„ cylinder, 大汽筩
„ eye of crank, 曲拐大眼
„ nut of piston rod, 挺桿大螺蓋
Latent heat, 隱熱
Lathe, 車床
„ frame, 車床架子
„ mandril, 車床鐵心子
„ treadle, 車床踏板
Launch, steam, 小輪船
Lead, 引汽
„ joint, 鉛節
„ of valve, 汽門之引汽
„ plugs in boilers, 鍋爐內易化鉛塞
„ wire, 鉛絲
„ „ joint, 鉛絲節
Leading axle, 前輪軸
„ crank, 引曲拐
„ edge of propeller, 螺輪翼前邊
„ wheel, 引輪
Leak, 漏洩
Leaky boiler tubes, 漏洩鍋爐小烟管
Leather collar, 皮領圈，或皮墊圈
„ packed piston. 韝鞲皮軟墊
Lee way, 船在下風旁行
Left handed propeller, 左轉螺輪
Length of stroke, 推路
Level at station in mountainous ground, 山坡停車處平面
„ „ station on flat ground, 平地停車處平面
Lever, 桿
„ engine, 邊桿汽機
„ fulcrum, 桿之依點
„ gab, 兩心輪小搖拐
„ lifting, 兩心輪起落小搖拐
„ of safety valve, 萍門稱桿
„ pins, 柄釘，或桿楗
„ point of suspension, 稱桿定點
„ reversing, 退行桿
„ rocking, 搖動桿
„ shaft, paddle wheel, 翼耳中楗
„ „ brasses, 邊桿軸之銅襯

Lever, side,	邊桿
,, slide,	弧輔，或動汽門桿
,, starting,	起行桿
,, ,, handle,	起行桿柄
,, stop,	阻明輪翼桿
,, valve spindle,	萍門軸桿
,, weigh shaft boss,	汽門軸桿端凸圈
,, ,, shaft bush,	汽門軸頸銅襯管
Lewis hole,	銳口孔
Lid,	蓋
Lift the propeller,	起螺輪
Lifting apparatus for propeller,	提起螺輪之器
,, frame for small engines,	小汽機螺輪架
,, gear,	起重器具
,, lever,	提桿
,, ,, weigh shaft,	驗桿軸
,, pin,	滑輪楗
,, propeller,	能起之螺輪
,, ring,	提圈
,, ,, of screw,	提螺輪圈
,, ,, pin,	提圈楗
,, screws,	起重螺絲，或能吊起之螺輪
Lighting the fires,	生爐火
Lignite,	木煤
Lignum vitæ,	堅木
,, ,, bearing,	堅木軸條
,, ,, pin,	堅木梢
,, ,, strips,	堅木襯條
Limits of elasticity,	凹凸力界
,, ,, piston speed,	鞲鞴速界
Lincolnshire iron,	林岡毛鐵
Line atmospheric,	漲力圖空氣綫
,, of centre of floats,	翼心圓綫
,, ,, inundation,	輪入水綫
,, ,, shafting,	直連之軸
,, up the brasses,	修整銅襯
Liner of cylinder,	汽筩裏襯
Lines, adiabatic,	不傳力綫
,, isothermal,	等熱度綫
Link,	進退桿，或進退弧或連桿或搖桿
,, & eccentric attached,	進退弧與二心輪
,, band,	進退弧帶
,, block,	進退弧塊
,, ,, projections,	進退弧耳樞
,, brasses,	進退弧銅襯
Link, connecting,	連進退弧
,, crank for,	進退弧曲拐
,, crossed rods,	交桿進退弧
,, double bar,	雙桿進退弧
,, drag,	牽連桿
,, eccentric,	二心輪進退弧
,, fork,	叉形進退弧
,, main,	總進退弧
,, motion,	進退弧動法
,, open eccentric rod,	開通二心輪桿進退弧
,, pin,	進退弧楗
,, pump,	起水筩連桿
,, single bar,	單條進退弧
,, slide valve,	汽𨫼進退弧
,, slot,	進退弧槽
,, slotted,	有槽之進退弧
,, suspension pin of,	進退桿掛軸
,, work, intermittent,	迭更動之進退弧
Link's gun metal block,	進退弧礮銅塊，或空活襯
Linking up,	減汽門推路
Linseed oil,	胡蔴子油
Liquefaction of gases,	化
,, ,, solids,	鎔
Liquids,	流質
Lloyd's rules for machinery & boilers,	羅以得汽機鍋爐之例
Load of piston,	鞲鞴任重
,, ,, valve,	汽門任重
,, on leading wheels,	汽車前輪任重
Loaded governor,	懸壓汽制
Lock bolt,	螺絲梢
,, ,, of piston,	鞲鞴螺絲梢
,, nut,	上層螺蓋
,, plate of nut,	螺蓋上定板
,, valve,	有梢舌門
Locking link,	梢定進退桿
Locomotive blast pipe,	汽車餘汽吹風管
,, boiler,	汽車鍋爐
,, condensing,	凝水汽車
,, cylinder,	汽車汽筩
,, doorways,	汽車出入門
,, engine,	汽車，或行路汽車或車汽機
,, furnace,	汽車爐子
,, safety valves,	汽車萍門
,, sheds, railway,	停汽車廠房
,, slide,	行路機汽門

Locomotive slide valve 汽車汽門
,, smoke burning, 自燒烟汽車
,, springs, 汽車鋼簧
Log, engine room, 汽機房紀事日記簿
Long cross head, 長橫擔
,, D slide valve, 長半圓汽門
,, D valves, 長半圓汽門
Longitudinal & transverse ribs, 縱橫高脊
,, joint, 縱節
,, key, 縱方栓
Loosening of engines in ships, 船機器震鬆
Loose coupling, 鬆連盤
,, eccentric, 鬆二心輪
,, wheel, 鬆輪
Loss of heat, 靡熱
,, ,, power, 靡力
Lost effect, 靡力
Low cherry red heat, 暗櫻桃紅熱
,, pressure, 小抵力
,, ,, boiler, 小抵力鍋爐
,, ,, connecting rod, 小抵力搖桿
,, ,, cylinder, 小抵力汽筩
,, ,, cylinder jacket, 小抵力汽筩殼
,, ,, eccentric, 小抵力二心輪
,, ,, engine, 小抵力汽機
,, ,, piston, 小抵力鞲鞴
,, ,, piston rod, 小抵力挺桿
,, ,, slide valve, 小抵力汽門
,, ,, steam chest, 小抵力汽膛
,, ,, steam port, 小抵力進汽孔
,, ,, valve gear, 小抵力動汽門器
,, ,, valve spindle, 小抵力汽門桿
,, ,, slide valve spindle, 小抵力汽門桿
Lower bucket of pump, 起水筩下鞲鞴
,, the propeller, 下螺輪
Lowmoor bars, 路慕而鐵條
Lubricants, 滑料類
Lubricate, 添油
Lubrication, 添油
Lubricator, 添油器
,, crank pin, 拐軸添滑料器
,, needle, 針形添滑料器
,, self acting, 自行添滑料器
Lug pins of float, 翼耳楗
Lugs for cap bolts, 枕蓋枕體容螺釘耳
,, of eccentric band, 丙心環耳
,, ,, floats, 明輪翼耳

M

Machinery, 機器
,, dynamics of, 機器重學
,, geometry of, 機器幾何學
,, Lloyd's rules for, 羅以得機器規例
,, space, 機器容積
Magnet, 磁石
Main beam, 大橫桿
,, ,, of engine, 汽機橫桿
,, bearing, 大軸枕
,, ,, bolts, 大軸枕螺釘
,, ,, brasses, 大軸枕銅襯
,, ,, caps, 大軸枕蓋
,, boiler, 總鍋爐，或大鍋爐
,, centre, 中樞
,, connecting rod, 總搖桿，或大搖桿
,, core of cylinder, 鑄汽筩總心
,, cottar, 大扁栓
,, discharge valve, 總放水門
,, frame, 大架座
,, funnel, 總烟通，或大烟通
,, gland studs, 大軟墊臼壓蓋螺釘
,, link, 總進退桿
,, pedestal, 總托柱
,, scum valve, 總浮滓門
,, shaft, 大軸
,, ,, bearing, 大軸頸
,, steam pipe, 總汽管
,, stop valve, 總停門
,, ,, valve spindle, 總停門桿
,, valve, 總舌門
Male screw, 陽螺旋
Malleable cast iron, 可打薄之生鐵
,, iron, 可打薄之鐵
Malleablity, 金類能打薄之性
Mallet, 木槌
Man hole, 進人孔
,, ,, cover, 進人孔蓋
,, ,, dog, 進人孔門橫柵
,, ,, door, 進人孔門
,, ,, in boiler, 鍋爐進人孔
,, ,, in tunnel, 螺輪軸通路進人孔
,, ,, of locomotive, 汽車進人孔門
Man power, 人力
Mandril, 車床心棍
Manganese bronze, 錳銅
Marine boiler, 船鍋爐

Marine engine, 船汽機
,, ,, slide valve, 船汽機汽門
,, flue boiler, 船曲管鍋爐
,, governors, 船汽制
,, screw engines, 船螺輪汽機
,, steam engine, 船汽機
,, tubular boilers, 船烟管鍋爐
Mariotte's law, 馬里毙特所設之例
Marshall's valve gear, 馬沙勒動汽門器
Martin's patent bars, 馬爾聰爐柵
Master tap, 陽螺模之[illegible]樣
Mastic sement, 瑪可的格灰膠
Material particles, 質點
Mather & Platt's piston spring, 瑪脫布拉得鞲鞴簧
Matter, 質體
Maximum load on piston, 鞲鞴任最大之重
Mc Connell's locomotive, 麥甘捺之汽車
Mc Naught's indicator, 麥拏得指力器
Mean effective pressure, 有功用之中壓力
,, pressure, 平抵力，或抵力中數
,, ,, expected, 擬得抵力中數
,, ,, theoretical, 理應得之抵力中數
Measurement of surfaces, 量面積
,, systems, 量法
Mechanical defects, 機器本病
,, equivalent of heat, 熱相配之功力率
,, impermeator, 汽筩内進油機器
,, powers, 助力器
Mechanics, 重學
Melting point, 鎔化熱度
Mensuration, 量法學
Merchant bars, 商販熟鐵條，或二次軋成之鐵條
Mercurial barometer, 水銀風雨表
,, guage, 水銀測汽表
,, ,, of engine, 汽機之水銀測汽表
,, pressure guage, 水銀壓力表
,, thermometer, 水銀寒暑表
,, vacuum guage, 水銀縮力表
Meriton's governors, 梅立登汽制
Metal above side of bolts, 螺釘孔外邊料
,, anti-friction, 無阻力金類

Metal around bolts, 容螺釘孔外料
,, ,, piston rod, 容挺桿心管料
,, Babbit's, 巴比得銅
,, between brass & side of bolt, 大軸枕銅襯與螺絲邊中間之料
,, brass tube, 黃銅管
,, gun, 礮銅
,, under guide, 鍵輔底料
Metallic joint, 金類節
,, packing, 金類護環，或鐵墊
,, ,, for piston, 鞲鞴金類護環
,, ,, ring, 金類壓環
,, piston, 金類鞲鞴
,, valves, 金類舌門
Meter of power, 量力器
Metre, 枚 即法尺名
Metric system, 枚量法
Middle shaft, 中軸
,, web of rail, 鐵路條中薄處
Millboard joint, 硬紙節
Mill engines, 磨房汽機
Mineral locomotives, 牽引運地產車之汽車
,, waggon, 煤與礦之車
Mitre gear, 斜齒輪
,, ,, weigh shaft, 斜齒輪稱軸
,, of safety valve, 萍門匣塔形蓋
,, wheels or gearing 斜齒輪
Modulus of elasticity, 凹凸力率
,, ,, engine, 現力與實用力之相比率
Moment of inertia, 質阻率
Momentum, 重速積
,, of moving parts, 行動件重速積
,, ,, piston, 鞲鞴重速積
Monkey spanner, 猴起子，或活口起子
Mortise, 凹凸節，或接筍
,, wheel, 鑲木齒齒輪
Mortising, 成凹凸節
Motion, 動
,, accelerated, 漸增速動
,, ahead, 往前動
,, alternative, 迭更動
,, angular, 角動
,, astern, 向後動
,, block, 運動塊
,, decreasing, 漸減速動
,, eccentric, 二心動
,, helical, 螺絲動

汽機中西名目表

493

Motion increasing,	漸增動
„ of piston,	鞴韛之動
„ „ rotation,	輥動，或繞動
„ „ translation,	過面動
„ periodic,	按定時動
„ reciprocating,	來往動
„ relative,	相因動
„ retrograde,	推動
„ reverse,	反動
„ rotary,	轉動
Motor,	使動之物
Mottled iron,	花點生鐵
Moulding,	花邊
„ a cylinder,	成汽筩模
Mouthpiece of furnace	爐口
Moveable coupling,	能接脫之聯軸盤
„ joint,	能接脫之節，或能移轉之盤
„ pulley,	動滑輪
Moving force,	動力
„ power,	動力
Mud,	泥
„ box of boiler,	鍋爐泥膛
„ boxes,	聚滷水箱濾匣
„ hole door,	泥孔之門
„ plugs of locomotive boiler,	汽車鍋爐出泥塞
„ rake,	泥耙
„ shovel,	泥鏟
Mudholes,	出泥孔
Multitubular boilers,	多烟管鍋爐
Muntz metal,	們子銅
Muriatic acid,	鹽強水
Mushroom valve,	菌形門

N

Nail,	釘
Nasmyth's inverted cylinder engine,	那司密司倒汽筩汽機
„ steam hammer,	那司密司汽錘
Naval brass,	船銅
Nave of wheel,	輪轂
Neck of trunk,	空挺桿頸
„ „ shaft,	軸頸
Negative slip,	虧力
Net feed water,	爐鍋不鹽所用淡水數
Newcomen's engine,	紐可門汽機
Nichols' steam fire engine,	泉可司汽機水龍
Nicholson's continuous expansion engine,	泉可爾生連直漲汽門
Nippers,	鉗
„ cutting,	利口鉗
„ punching,	撞孔鉗
„ wire,	剪金類絲鉗
Nobbling,	牽條端用帽釘相連
Nominal & actual horse-power,	號馬力與實馬力
„ horse-power,	號馬力
„ „ of engines,	汽機號馬力
„ power,	號力
Non condensing engine,	不凝水汽機
„ „ steam engine,	不凝水汽汽機
„ conductor,	不傳熱之質
„ expansive engine,	不用自漲力汽機
„ return valve,	不回行舌門
Normal helix,	平距螺綫
„ mean thrust,	合法推力中率
„ pitch of gearing screws,	動齒輪之螺絲合法螺距
Notch,	凹
„ of eccentric,	推引桿之鉤凹
„ or gab,	推引桿之凹與鉤
Notching up,	減汽門推路
Nozzle,	進汽管嘴，或進水管嘴，或汽門殼
Nut,	螺蓋
„ bosses,	螺蓋凸圈
„ of boiler stay,	鍋爐牽條螺蓋
„ „ connecting rod bolt,	搖桿螺釘蓋
„ „ propeller shaft,	螺輪軸之螺蓋
„ „ propeller stud,	螺輪螺釘蓋
„ width across angles,	螺蓋對角相距
Nuts, check,	上層螺蓋
„ lock,	上層螺蓋
„ table of,	螺蓋尺寸表
„ washers of,	螺蓋墊圈

O

Odontograph,	畫輪齒器
Oil,	油
„ box,	油箱
„ can,	油壺
„ castor,	蓖麻油
„ chamber,	油膛

Oil chamber gland, 油膛口壓蓋
,, ,, outside gland, 壓蓋外油膛
,, cock, 油塞門
,, cup, 油盅，或火盃
,, ,, of gland, 壓蓋油盅
,, feeder, 添油器
,, funnel, 油漏斗
,, groove, 引油槽
,, hole, 添油孔
,, linseed, 胡蔴油
,, petroleum, 地油，或火油
,, pipe, 油管
,, receiver, 受油器
,, tank, 油池
,, track, 油路
Old shape cam wheel, 舊式凸輪
One mile, 一埋，或一英陸里
Open box waggon, 無蓋方箱形車
,, rod link motion, 不交二[illegible]輪桿進退法
Opening in feed valve, 添水管門孔
,, of cock, 塞門孔
,, ,, injection valve 噴水門孔
,, ,, snifting valve, 尾舌門孔
Opposite crank, 相對之曲拐
Ordinary plates, 平常鐵板
Orifice, area of injection, 噴冷水孔之面積
Oscillating cylinder, 搖動汽箭
,, engine, 搖箭汽機，或搖動汽箭汽機
,, geared screw engine, 搖箭接齒輪螺輪汽機
,, land engine, 搖箭陸汽機
,, paddle engine, 搖動明輪汽機
,, steam engine, 搖箭汽機
,, valve gear, 搖動汽門器
Oscillation, 搖動
,, centre of, 擺動重心
Outer bearing, 外覗
,, ,, of screw shaft, 螺輪軸外枕
,, diameter of tubes, 烟管外徑
,, end of piston rod, 挺桿外端
,, paddle shaft, 外明輪軸
,, part of blades, 螺翼外端
,, ring of dish, 圓板外圈
,, switch, 鐵路外移條
Outlet cock, 放出之塞門
,, valve, 放出之舌門
Outside cut off slide valve, 外斷汽之汽門
Outside cylinder engine, 外汽箭汽機
,, ,, locomotive, 外汽箭汽車
,, lap, 外餘面
,, ,, of valve, 汽門外餘面
,, rings of shaft, 軸外凸圈
Oval boilers, 橢圓形鍋爐
,, manhole, 橢圓形進人孔
,, valves, 橢圓形汽門
Overflow pipe, 餘水管
,, valve, 餘水門
Overhead beam engine 高懸桿汽機
,, cylinder engine, 高掛汽箭汽機
Overhung crank, 外伸曲拐
,, paddle wheel, 外伸明輪
Over pressure, 過大壓力
Overshot water wheel, 水激上半輪
Oxen, work of, 牛工
Oxidation, 養氣侵物
Oxygen, 養氣

P

Packing, 軟墊
,, asbestos, 不灰木軟墊
,, bolt, 軟墊螺捎
,, condenser tube, 凝水管軟墊
,, elastic core, 凹凸心軟墊
,, for piston rod, 挺桿軟墊
,, ,, slide valve, 汽門軟墊
,, ,, stuffing box, 軟墊臼之軟墊
,, hemp, 蔴軟墊
,, india rubber, 象皮軟墊
,, metallic, 金類軟墊
,, of piston, 鞲鞴之墊
,, ,, trunnions, 搖汽箭空樞軟墊
,, ring, 壓環
,, ,, stud, 相連壓環之螺釘
,, ,, stud blocks, 相連壓環螺釘凸塊
,, spun yarn, 蔴紗軟墊
,, screw, 軟墊螺絲
Paddle, 明輪翼
,, beam, 船舷
,, bolts, 明輪牙輔相連之釘
,, box, 明輪殼
,, ,, bridge, 明輪殼橋
,, ,, framing, 明輪殼架
,, ,, stanchion, 明輪殼托桿
,, ,, support, 明輪殼托架
,, centres, 明輪殼孔

Paddle floats, 明輪翼
,, shaft, 明輪軸
,, ,, bearing, 明輪軸枕
,, ,, bracket, 明輪軸枕座
,, ,, inside bearing, 明輪軸內襯
,, ,, outer, 外明輪軸
,, ,, outside bearing, 明輪軸外枕
,, steamer 明輪船
,, walks, 明輪殼通路
,, wheel, 明輪 或行輪
,, ,, arm, 明輪輻
,, ,, board, 明輪翼
,, ,, boss, 明輪轂
,, ,, brake, 行輪阻，或停止明輪器
,, ,, centre, 明輪中心
,, ,, engines, 明輪汽機
,, ,, feathering, 活翼明輪
,, ,, feathering floats 明輪活翼
,, ,, float, 明輪翼
,, ,, frame, 明輪架
,, ,, guide rod, 明輪鏈輔桿
,, ,, hook bolt, 明輪鈎螺釘
,, ,, hub, 明輪轂
,, ,, overhung, 外伸明輪
,, ,, radial, 直輻明輪
,, ,, radial floats, 直輻明輪翼
,, ,, radius, 明輪半徑
,, ,, radius rod, 明輪半徑桿
,, ,, rim, 明輪牙
,, ,, rings, 明輪牙環
Pan, 盆
,, drip, 接滴油盆
Parallel bar, 長撐桿，或平行桿
,, connecting rod, 平行搖桿
,, force, 平行力
,, motion, 平行動
,, ,, bar, 平行動桿
,, ,, grass hopper, 蟲螽形平行動
,, ,, moveable joint, 平行動活節
,, ,, lever, 平行動桿
,, ,, radius bar, 平行動半徑桿
,, ,, radius block, 平行動半徑塊
,, ,, radius pin, 平行動半徑樴
,, ,, radius rod, 平行動半徑桿
,, ,, shaft, 平行動軸
,, ,, shaft bearing, 平行動軸枕
,, ,, side rod, 平行動邊桿
,, ,, slide rod, 平行動汽門桿
,, rings, 平行凸圈

Parallel rod, 長撐桿，或平行桿
Parallelogram section, 長方形剖面
Parapet of bridge, 橋欄杆
Paring tools, 捎器
Parson's white brass, 泒爾生白銅
Particle, 點
Passages between seats, 門座間各汽路
,, steam, 汽路
Passenger carriage, 客車
,, engines, 引客車汽車
Pasteboard, 疊層厚紙
Patent fuel, 成團煤屑料
Patch, 補塊
Paved roads, 舖平石路
Pawl wheel, 閘輪
Peat, 土煤
Pedestal, 托軸架之柱
,, main, 托軸架之總柱
Peep hole, 汽門匣瞧孔
Peg, 木釘
Pendulum, 鐘擺
,, conical, 圓錐形擺
,, of governor, 汽制球桿
,, revolving, 轉動擺
Penn's trunk engine, 本氏空挺桿汽機
Percussive action, 擊動
,, force, 擊力
Perfect elasticity, 全凹凸力
Perform work, 程功
Performance of locomotive, 汽車之能力
Periodic motion, 按時刻之動
Perkin's boiler, 潑景司鍋爐
Pet cock, 小塞門
,, valve, 小舌門
Pewter, 錫合鉛
Phillip's impermeater, 飛勒白汽筩內進油器
Phosphor bronze, 含燐銅
Picker bar, 挑爐煤桿
Pig iron, 猪鐵，或生鐵條料
Pile driver, 打樁器
Pillar or column of engine, 托汽機空柱
Pillars, 柱
,, of sheds, 棚柱
Pin, 鍵
,, & slot connection, 鍵和槽相連法
,, crank, 拐軸

Pin for piston of air pump, 恒升車挺楗
" of plunger, 推水柱楗
" " pulley, 滑輪楗
" rack, 楗齒桿
" split, 劈楗
Pinch bar, 揑桿
Pinion, 小齒輪
" bevel, 小斜齒輪
" clutch, 小齒輪夾器
" teeth, 小齒輪齒
Pipe, 管子
" air, 通氣管
" " pump discharge, 恒升車放水管
" " pump overflow, 恒升車餘水管
" auxiliary, 副管
" ballast engine, 水壓鐵汽機汽管
" blast, 進風管
" bilge discharge, 放船底漏水管
" " injection, 凝水櫃內噴船底漏水管
" " suction, 吸船底漏水管
" blow off, 鍋爐內汽管
" " through, 吹通汽管
" branch, 分歧管
" breeches, 褲形管
" brine, 鹹水管
" circulating pump discharge, 冷水筩放水管
" " pump suction, 冷水筩吸水管
" " water, 冷水筩水管
" compound guage, 繁法漲力表管
" cooling, 通冷水之管
" cylinder drain, 汽筩洩水管
" deck steam, 艙面汽管
" delivery, 放水管
" discharge, 出水管
" donkey drain, 附汽機洩水管
" " engine discharge, 附汽機出水管
" " exhaust, 附汽機放汽管
" " feed, 附汽機添鍋爐水管
" " feed suction, 附汽機添鍋爐水吸水管
" " steam, 附汽機進汽管
" drain, 引洩水管
" drip, 引滴水管
" exhaust, 出汽管
" eduction, 吸管
" elbow, 肘節形彎管

Pipe, escape, 放汽管
" evacuation, 放汽管
" feed, 添鍋爐水管
" " delivery, 添鍋爐水進水管
" " internal, 添鍋爐水入鍋內之管
" " suction, 添鍋爐水吸水管
" flange, 管之摺邊
" for screw shaft, 螺軸套管
" fresh water, 淡水管
" guage steam, 汽漲力表管
" hot water, 熱水管
" injection, 凝水櫃噴水管
" inlet, 進水管
" internal, 內管
" " steam, 內汽管
" jacket steam, 汽殼管
" joint, 管節
" main steam, 總進汽管
" oil, 通油管
" overflow, 餘水管
" safety valve, 滓門管
" " valve drain, 滓門引凝水管
" scum, 放浮滓管
" slide jacket drain 汽門殼洩水管
" smoke, 放烟管，或烟通
" starting valve, 起行門管
" steam, 汽管
" " jacket drain, 汽筩殼洩水管
" suction, 吸水管
" trunnion, 空樞管
" vacuum, 真空管
" " guage, 縮力表管
" ventilator, 通風氣管
" waste, 餘水管
" " steam, 餘汽管
" " water, 廢水管
" water glass guage, 測鍋爐水之玻璃管
" " service, 通日用水管
" whistle, 號汽鐘管
" winch drain, 汽機絞車引凝水管
" " exhaust, 汽機絞車餘汽管
" " steam. 汽機絞車管
Piston, 韝韛，或汽餅
" area of, 韝韛面積
" " of transverse section, 韝韛橫剖面積
" balance for valve 汽門相平之韝韛
" body of, 韝韛之體

Piston cast iron ring,	鞲鞴生鐵護環
„ circumference,	鞲鞴外周
„ clearance of.	鞲鞴之空隙
„ connecting rod,	挺搖桿
„ diameter of,	鞲鞴徑
„ expansion valve,	自漲汽門鞲鞴
„ face,	鞲鞴面
„ flange,	鞲鞴摺邊
„ friction of,	鞲鞴磨阻力
„ glands,	鞲鞴壓蓋
„ guide,	鞲鞴鍵輔
„ high pressure,	大抵力鞲鞴
„ inner ribs,	鞲鞴內脊
„ junk ring,	鞲鞴壓環
„ „ ring bolt,	鞲鞴壓環螺釘
„ length of stroke,	鞲鞴推路
„ load of,	鞲鞴受力
„ lock bolt of,	阻鞲鞴展開之螺梢
„ low pres-ure,	小抵力鞲鞴
„ metallic packing,	金類軟墊鞲鞴
„ „ packing ring,	鞲鞴金類壓環
„ motion of,	鞲鞴之動
„ packing,	鞲鞴軟墊
„ „ ring,	鞲鞴壓環
„ ring,	鞲鞴壓環
„ „ divided part,	壓環開處
„ „ two ends,	壓環兩端
„ rod,	挺桿
„ „ cap,	挺扭蓋
„ „ collar,	挺桿領
„ „ cross head,	挺桿橫擔
„ „ cutter,	挺桿之楗
„ „ diameter,	挺桿徑
„ „ double eye,	雙支挺桿
„ „ end,	挺桿之端
„ „ guide,	挺桿鍵輔
„ „ head,	挺桿丁字形頭
„ „ high pressure,	大抵力挺桿
„ „ key,	挺扭長劈
„ „ low pressure,	小抵力挺桿
„ „ single eye,	單支挺桿
„ „ stuffing box,	挺桿軟墊臼
„ slide valve,	鞲鞴形汽門
„ solid packing,	鞲鞴實心軟墊
„ speed of,	鞲鞴之速
„ spring,	護環
„ steam,	汽筩鞲鞴
„ steel,	鋼鞲鞴
„ stroke of,	鞲鞴推路
„ surface,	鞲鞴面積
Piston travel of,	鞲鞴推路
„ trunk,	空挺桿鞲鞴
„ valve,	鞲鞴舌門
„ velocity,	鞲鞴之速
„ web of,	鞲鞴薄處
„ weight of,	鞲鞴之重
Pitch,	螺距，或心距
„ chain,	接鐵鏈齒輪
„ circle,	齒輪心圓綫
„ „ of bolts,	螺釘心圓界綫
„ increasing,	漸增螺距
„ line of teeth,	齒心界綫
„ lines,	心距綫
„ of propeller,	螺輪螺距
„ „ paddle,	明輪翼距
„ „ screw,	螺輪螺距
„ „ screw axial,	螺輪軸螺距
„ „ screw circumferential,	螺輪周螺距
„ „ screw diametral,	螺輪全徑螺距
„ „ screw normal,	合法螺距
„ „ screw radial,	螺輪半徑螺距
„ „ studs,	螺釘心綫
„ „ teeth,	齒心距
„ point,	心距點
„ surface,	心距面
Pitched wheel,	接鐵鏈齒輪
Pitching motion in locomotives,	汽車行時跳動
„ of teeth,	配齒心距
Pitting of tubes' rust,	小烟管生鏽成凹
Pivot,	樞
„ friction of,	樞之磨阻力
Plane of oscillation,	擺動面
„ „ rotation,	輥動面
„ surface, scraping	刮平面
Planing,	刨面
„ machine,	刨床
Planometers,	直界尺
Plate, iron,	鐵板
„ over wedges,	扁栓上板
Plates in uptake,	烟喉板
Platform,	臺
„ of railway,	鐵路旁長臺
Play,	能動之路
Plug,	塞
„ rod,	塞桿
Plummer block,	枕，或軸枕
„ „ bolt,	軸枕螺釘

Plummer block bottom, 軸枕底
" " cover, 軸枕蓋
" " for tunnel shaft, 螺軸通路軸枕
" " of trunnion, 空樞枕
Plunger, 起水[illegible]，或推水柱
" of feed pump, 添鍋爐水筩推水柱
" " pump, 添水筩推水柱
" pin, 推水柱楗
" pump, 有推水柱之起水筩
Pnumatic connection, 壓空氣轉力法
Point of power, 力點
" " weight, 重點
Points of propeller blades, 螺翼端
Poker, 挑煤桿
Portable agricultural engine, 行動農汽機
" engines, 行動汽機
" pump, 行動起水筩
Port engine, 左邊汽機
" of valve, 汽門孔
Porter's marine governor, 蒲而塔船機汽制
Ports of cylinder, 汽筩之汽孔
Post & rail fencing posts, 欄柵大柱
Pot-lid valves of air pump, 恒升車之鑊蓋形萍門
Pot metal, 鍋銅
Power, 力
" auxiliary steam, 副汽機力
" centrifugal, 離心力
" effective, 有功用之力
" evaporative, 化汽之力
" expansive, 自脹力
" full, 全力
" heating, 發熱之力
" indicated, 實力
" mechanical, 機器力，或助力器
" moving, 動力
" muscular, 肉筋力
" nominal, 號馬力
" of machine, 機[illegible]利用
" " traction, 摔力
" propelling, 動船力
" steam, 汽力
Power, transmission, 傳力
Practical duty, 實程之功
Preservation, 存
Press, hydraulic, 壓水櫃
Pressure, 抵力，或壓力
" absolute 全壓力
" accumulation of, 聚壓力
" actual, 實壓力
" air, 氣壓力
" atmospheric 空氣壓力
" back, 後壓力
" boiler, 鍋爐壓力
" constant, 常壓力
" effective, 淨壓力
" excessive, 過大壓力
" external, 外壓力
" final, 末壓力
" full, 全壓力
" guage, 壓力表
" high, 大壓力，或大抵力
" hydraulic, 水壓力
" increase of, 增壓力
" initial, 原壓力
" insufficient, 不足之壓力
" internal, 內壓力
" low, 小壓力，或小抵力
" maximum, 極大壓力
" mean, 均抵力，或中壓力
" minimum, 至小壓力
" normal, 合法壓力
" on slide bars, 汽[illegible]桿受壓力
" " slide blocks, 汽[illegible]塊受壓力
" over, 過度之壓力
" reduction of, 減壓力
" required, 所需之壓力
" scale of, 壓力比例表
" steam, 汽壓力
" terminal, 末壓力
" total, 全壓力，或總抵力
" uniform, 勻淨壓力
" water, 水壓力
" working, 作工之壓力
Pricker bar, 挑爐煤桿
Primary moving pieces, 汽機原動各件
Prime mover, 原動器
Priming, 汽水共出
" relief valve, 汽水共出之穩舌門
Private road, 私路
Project, 拋

Projection of brass hoop 銅環凸處
,, ,, brass hoop of eccentric, 二心輪銅環凸處
,, ,, block, 軸枕兩面耳福
Proof strain, 試驗能任之力
Propeller, 螺輪
,, action of, 螺輪動法
,, auxiliary, 帆船附螺輪
,, blade, 螺輪翼
,, ,, flange loose blades, 螺輪翼摺邊
,, bolts, 螺輪螺釘
,, boss, 螺輪轂
,, built up loose blades, 另翼螺輪
,, diameter, 螺輪徑
,, expanding pitch of, 螺輪漸增螺距
,, feathering, 活翼螺輪
,, fixed, 定翼螺輪
,, following edge of blade, 螺輪翼之後邊
,, four bladed, 四翼螺輪
,, key way, 螺輪容梢孔
,, leading edge of blade, 螺輪翼之前邊
,, left handed, 左轉螺輪
,, length of, 螺輪長
,, lifting, 能弔起之螺輪
,, ,, well, 弔螺輪之井
,, locking link of a lifting, 弔螺輪之連桿梢
,, longitudinal key of, 弔螺輪之縱梢
,, nut safety pin, 螺輪螺蓋之阻轉釘
,, pitch of, 螺輪螺距
,, post, 螺輪柱
,, right handed, 右轉螺輪
,, screw, 螺輪
,, shaft, 螺輪軸
,, ,, brass casing, 螺輪軸之黃銅套管
,, ,, end, 螺輪軸端
,, ,, nut on, 螺輪軸之螺蓋
,, ,, stuffing box around, 螺輪軸之軟墊臼
,, solid, 實心螺輪
,, spare, 另備之螺輪
,, studs' nuts, 螺輪螺釘螺蓋
,, ,, or (bolts for blades), 螺輪翼螺釘

Propeller tail key, 螺輪尾之梢
,, three bladed, 三翼螺輪
,, through key, 螺輪通梢
,, thrust of, 螺輪推力
,, trunk of lifting well, 弔螺輪之井
,, twin screw, 雙螺輪
,, two bladed, 雙翼螺輪
Propelling, 運動船
,, power, 動船之力
Propulsion, 運動
Proving boilers, 試驗鍋爐
Public road, 公馬路
Puddled bars, 掉成之熟鐵條
,, steel, 掉成之鋼
Pulley, 滑車，或滑輪
,, block, 滑車架
,, boss of, 滑車轂
,, guide, 滑車鍵輔
Pulleys circular, 圓滑車
,, differential, 大小徑微較滑車
,, eccentric, 二心輪滑車
,, elliptic, 橢圓形滑車
,, fast & loose, 緊鬆滑車
,, for chains, 接鏈滑車
,, ,, flat belts, 接皮帶滑車
,, ,, ropes, 接繩滑車
,, non circular, 不圓滑車
,, polygonal, 多邊形滑車
,, speed, 塔形滑車
,, straining, 牽力滑車
,, suspended, 掛滑車
Pump, 起水筩，或運水器
,, air, 恒升車，或抽氣筩
,, appurtenances, 起水筩相屬之物件
,, auxiliary, 副起水筩
,, beam engine, 槓桿起水汽機
,, barrel, 起水筩之筩
,, bilge, 起漏水筩
,, box, 起水筩箱
,, bow, 船首起水筩
,, brakes, 起水筩阻器
,, bucket, 起水筩鞲韛
,, ,, rod, 起水挺桿
,, casing, 起水之井
,, centrifugal, 轉行起水筩
,, chamber, 起水筩之筩
,, circulative, 通冷水筩
,, coat, 起水筩包衣
,, cold water, 起冷水筩

汽機中西名目表 500

Pump cover,	起水筩蓋
,, crank,	起水筩曲拐
,, ,, bearing,	起水筩曲拐襯
,, cylinder,	起水筩之筩
,, donkey,	附汽機起水筩
,, double acting,	雙行汽水筩
,, fixed,	定置之起水筩
,, flush deck,	上艙面起水筩
,, flywheel,	起水筩飛輪
,, foot,	起水筩脚
,, gear,	起水筩器
,, gland,	起水筩壓蓋
,, ,, flange,	起水筩壓蓋摺邊
,, guide,	起水筩鍵輔
,, hand,	手力起水筩
,, handle,	起水筩搖柄
,, head,	船首起水筩
,, hook,	起水筩鈎
,, jet pipe of,	起水筩噴水管
,, leather,	起水筩皮門
,, link,	起水筩連桿
,, nozzle,	起水筩噴水嘴
,, partners,	起水筩之套管
,, piston,	起水筩韝鞴
,, plunger,	推水柱
,, ,, rod,	推水柱挺桿
,, reciprocating,	往復起水筩
,, rod of feed pump,	添水筩推水柱挺桿
,, rotary,	轉動起水筩
,, sanitary,	滌垢冲水筩
,, scraper,	起水筩刮器
,, single acting,	單行起水筩
,, slide,	起水筩挺桿鍵輔
,, sounding,	起水筩試水深淺管
,, stern,	船尾起水筩
,, stroke,	起水筩推路
,, suction pipe,	起水筩吸管
,, ,, pipe flange,	起水筩吸管摺邊
,, tack,	起水筩之小釘
,, top bucket,	起水筩上韝鞴
,, upper bucket,	起水筩上韝鞴
,, valves,	起水筩門
,, ,, air,	恒升車門
,, well,	起水筩井
,, windmill,	風車起水筩
Punch,	撞
,, centre,	撞心
Punched rivet hole,	撞成之帽釘孔
Punching,	撞
Punching machine,	撞床
,, tools,	撞器
Purchase,	依靠之處
Putty,	油灰
Pyrometer,	測火表，或白金火表

Q

Quadrant,	象限
,, reversing,	反行象限形器
Quadruple riveting,	四行帽釘
Qualities of cast iron,	生鐵之性
Qualter & Hall's piston spring,	刳他哈陸韝鞴簧
Quantity of condensing water,	凝水數
Quick hedge,	活樹籬笆

R

Racing of engines,	螺輪出水速轉
Rack,	齒桿
,, circular,	圓形齒桿
,, toothless,	磨阻力傳動桿
Radial floats,	明輪半徑翼，或直翼
,, paddle wheel,	直翼明輪
,, pitch,	半徑心距
Radiating heat,	外散之熱
Radiation,	散熱
,, of heat,	熱發散
Radius,	半徑
,, bar,	半徑桿
,, block,	半徑桿塊
,, of gyration,	繞行路之半徑
,, pin,	半徑桿栓
,, rod,	半徑桿
,, ,, of eccentric,	兩心輪半徑桿
Railroad,	鐵軌路
Rails,	鐵條
Railway carriage steps,	鐵路車旁梯板
,, passenger platform,	鐵路換客臺
,, station,	鐵路停車換客處
,, trains,	鐵路串車
Rake of tubes,	小烟排列斜度
Ram,	壓水櫃韝鞴
,, hydraulic,	壓水櫃韝鞴
Ramsbottom's locomotive,	蘭司蒲登汽車

Ramsbottom's rings, 蘭司蒲登墊圈
Range of expansion, 汽自漲之界
,, ,, glass guage, 漲表玻璃管自漲之限
Rarefaction, 成疎
Ratchet, 簧閘
,, brace, 簧閘柄鑽器
,, drill, 簧閘柄鑽子
,, lever, 簧閘鑽器柄
,, teeth of, 簧閘齒
,, wheel, 簧閘齒輪
Ratio of cylinder capacity of compound engine, 合抵力汽機各汽筩容汽之比
,, ,, water & steam 水與汽之比例
Reboring interior of cylinder, 復車汽筩內膛
Receiver, 汽罨收汽之膛
,, of compound engine, 合抵力汽罨之收汽膛
,, pressure guage, 汽罨收汽膛之漲力表
Recess for nut of piston rod, 汽筩蓋容挺桿螺蓋凹
,, in packing ring, 壓環內之槽
,, ,, rim of eccentric, 二心輪牙外槽
,, of eccentric, 二心輪外槽
,, ,, ring, 圈槽
Recesses, 凹，或槽
Reciprocating action, 往復動法
,, force, 往復之力
,, motion, 往復之動
,, pump, 往復法之水筩
Recoil, 退行
Rectangular boilers, 方形鍋爐
Rectilineal motion, 直動
Red heat, 紅熱
,, lead joint, 紅鉛粉節
Reduced temperature, 減熱度
Reduction of pressure, 減壓力
Reefing paddles, 明輪活翼，或收放明輪翼
Reflection of heat, 迴熱
Refrigeration, 減熱之事
Refrigerator, 減熱之器
Regenerative furnace, 迴熱爐
Register, 記轉數表
Registration of fuel, 燒煤記數規條
Regulator, 汽制
Regulating valve, 汽制之門

Relief cock, 汽筩放水塞門
,, frames for slide valve, 汽罨擋壓力之架
,, valve, 洩流門，或餘汽門 或放餘水門
,, ,, for cylinder, 洩汽放水門
,, ,, spindle, 汽筩放水門桿
Rent, 裂縫
Required pressure, 所需之壓力
Resilience, 凹凸力
Resistance, 阻力
,, frictional, 磨阻力
,, of ships, 船受水阻力
,, ,, vessels, 船受水阻力
,, wave making, 成浪阻力
Resolution of forces, 分力
Resultant, 合力行動之方向
Retort boiler, 甑形鍋爐
Retrograde motion, 退行動
Return acting trunk engine, 返摺空挺汽機
,, action connecting rod, 返摺搖桿
,, connecting rod, 返摺搖桿
,, ,, rod engine, 返摺搖桿汽機
,, flame boiler, 回焰鍋爐
,, flue boiler, 回火路之鍋爐
,, valve, 回行舌門
Reverse motion, 反行動
,, to, 反行，或退行
Reversing, 反行
,, by belts, 皮帶反行法
,, ,, linkwork, 進退弧反行法
,, ,, teeth, 用齒之反行法
,, ,, valve, 用門之反行法
,, engine, 退行汽機
,, gear, 令汽機退行器
,, lever, 退行桿
,, quadrant, 退行象限弧
,, shaft, 退行軸
,, valve, 退行門
,, wheel, 退行輪
Revolving grate, 轉動爐柵
Revolution, 轉
Revolutions, curve of 轉動圖曲綫
,, of engine, 汽機轉數
Ribs, 連脊，或高脊
,, of beam, 槓桿高脊
,, ,, cross part, 橫擔高脊
,, ,, cylinder cover, 汽筩蓋高脊

Ribs of eccentric,	二心輪輻
,, ,, flanges of valve casing,	汽櫃殼摺邊運脊
,, ,, fly wheel,	飛輪輻
,, ,, front end of cylinder,	汽箭前端高脊
,, ,, guide frame,	鍵輔架體連脊
,, ,, piston,	韛鞴內脊
,, ,, roof of railway car,	鐵路車頂橫條
,, ,, slide casing,	汽櫃匣高脊
,, ,, valve,	門之高脊
,, on face of cylinder,	汽箭面高脊
,, outside of brasses,	銅襯外高脊
Rigby's steam hammer,	立可比汽錘
Right & left wheels,	左右二輪
,, handed propeller,	左轉螺輪
Rigid,	無凹凸力，或無彎性
,, rod,	堅桿
,, system of material points,	諸質點合體
Rigidity,	無凹凸力，或無彎性
Rim,	輪牙
,, & arms of eccentric,	兩心輪牙與輻
,, & arms of wheel,	輪牙與輻
,, of driving wheel,	汽車行輪
,, ,, eccentric,	兩心輪牙
,, ,, eccentric band,	兩心輪環邊
,, ,, fly wheel,	飛輪牙
,, ,, starting wheel,	進退輪牙，或起行輪牙
,, ,, wheel,	輪牙
Rimer,	合孔鑽大器
Ring,	環
Rings of boss of fly wheel,	飛輪轂端熟鐵箍
,, ,, thrust block,	推枕平行凸圈
Rivet iron,	做帽釘之鐵條
Riveting,	打帽釘法
,, double,	雙行帽釘
,, hammer,	打帽釘錘
,, machine,	打帽釘機器
,, treble,	三行帽釘
Rivets,	帽釘
Rivetted points,	帽釘節
,, stay,	用帽釘相連之牽條
River steamers,	河道輪船
Road,	陸路
,, locomotive,	馬路汽車
Robert's steam fire engines,	路伯汽機水龍
Robey's traction engine,	路比馬路拏重汽車
Rock drills,	開石鑽
Rocking lever,	搖動之桿
,, motion of locomotives,	汽車搖動
,, shaft,	搖動之軸
,, ,, brasses,	搖動軸之銅襯
Rod,	桿
,, side,	邊桿
,, stay,	牽條
,, tie,	連條
Roll,	輥，或搖
Rolled bar iron,	軋成之鐵條
,, scrap iron,	軋成之零鐵
Roller,	軋輪
Rolling cams,	轉凸輪
,, circle of paddle wheel,	明輪輥圈
,, mill engine,	軋輪汽機
Roof of railway carriage,	鐵路車頂板
Root of blade of propeller,	螺翼根
,, ,, tooth,	輪齒根
Rope gearing,	繩傳力器
,, pulley,	滑車合用之繩
,, wire,	金類絲繩
Rose,	多眼噴水頭
,, head,	多眼噴水頭，或多眼漏
Rotary engine,	轉汽機
,, motion,	轉動
,, pump,	轉動起水箭
,, ,, vanes,	轉動起水箭之翼
Rotatory engines,	轉行汽機
Round file,	圓銼
,, nosed chisel,	圓口鑿子
,, pins,	圓鍵
,, rod,	圓桿
,, slide rings.	活圓襯圈
,, valves,	圓汽櫃
Rounded projection,	圓角凸出
Rowan's expansive engine,	老安自漲力汽機

Rules for boilers, (Board of trade),	貿易部定鍋爐章程
,, ,, boilers(Lloyds)	羅以得鍋爐章程
Run of vessel,	船已行之路
Rupture,	破斷
Russian iron,	俄羅斯鐵
Rust,	生鏽
,, joint,	鏽節
,, putty,	鏽油灰

S

Safety catch,	簧閘，或順逆齒
,, collars for expansion joint,	漲縮節穩領
,, pin,	螺蓋捎
,, ratchet,	簧閘齒尖
,, valve,	放汽萍門，或穩舌門
,, ,, box,	萍門匣
,, ,, cap,	萍門蓋
,, ,, casing,	萍門箱
,, ,, drain pipe,	萍門洩水管
,, ,, guide ribs,	萍門直輔高脊
,, ,, lever,	萍門桿
,, ,, lifting lever,	萍門驗桿
,, ,, load,	萍門稱
,, ,, pipe,	萍門管
,, ,, seat,	萍門座
,, ,, spindle,	萍門心挺桿，或漲權門心挺桿
,, ,, spring,	萍門簧
,, ,, weight,	萍門重錘
Saline deposit,	凝結鹽類
Salinometer,	量鹹水表
,, cock,	量鹹水表塞門
Salts,	鹽類
,, insoluble,	不能消化之鹽類
,, soluble,	能消化之鹽類
Sanitary pump,	毛厠噴水筩
Saturated steam,	濕汽，或飽足濕汽
Saturation,	消化飽足
,, of water,	水內含鹽之限
Save-all,	接癈油盆
Saw,	鋸
,, file,	磨鋸銼
,, frame,	有邊之鋸
,, hand,	一手之鋸
Scale,	鐵衣
Scale, (measurement),	量法比例
Scaling hammer,	去鏽錘
Scantlings,	物料厚尺寸
Scissors,	剪刀
Scotch iron,	蘇格蘭鐵
Scrap iron,	小塊合成之鐵
Scraping,	刮工
Screw,	螺旋，或螺絲，或螺輪
,, alley,	螺軸路
,, & rack,	螺絲與齒桿
,, aperture,	容螺輪之膛
,, bolt,	螺絲捎
,, brake nut,	螺絲停器之蓋
,, cutting,	車螺絲之工
,, differential,	大小徑微較螺絲
,, down a packing,	以螺絲轉緊軟墊
,, driver,	螺絲起子，或直起子
,, endless,	循環螺絲
,, engines,	螺輪汽機
,, for adjusting stop lever,	配準阻翼桿螺釘
,, frame,	螺輪架
,, gearing,	螺絲轉力器
,, jack,	舉重螺絲器
,, line,	螺絲線
,, marine engine,	螺輪汽機
,, post,	螺輪架柱
,, propeller,	螺輪
,, ,, thrust block,	螺軸推枕
,, reciprocating endless,	來往循環螺絲
,, set,	壓緊之螺絲
,, shaft,	螺輪軸
,, ,, brass casing,	螺輪軸銅套管
,, ,, end,	螺輪軸端
,, ,, pipe,	螺輪軸銅套管
,, ,, pipe bulkhead,	螺輪軸套管之隔艙板
,, steamer,	螺輪船
,, tangent,	切線螺絲
,, tap,	成陰螺絲之模
,, wrench,	平耙子
Screwed stay,	螺絲頭牽條
Screwing up gear,	轉緊壓螺絲之器
Screws, left,	左轉螺絲
,, right,	右轉螺絲
,, Whitworth's table of,	同特瓦得螺絲尺寸表
Scum cock,	鍋爐放浮滓塞門

Scum pipe, 出浮滓管
Sea cocks, 海水塞門
,, injection cocks, 噴海水塞門
,, ,, opening, 噴海水孔
,, valves, 進海水門
Seam, 縫
Seatings for thrust block, 推枕座子
,, of boilers, 鍋爐座子
,, ,, engines, 汽機座子
Seaton & Cameron's safety valve, 西登客密倫滓門
Sectional boiler, 分節鍋爐
Sector cylinders, 分圈形鍋爐
,, for valve of oscillating engine, 搖動機汽箭之弧架
Securing bolts, 架座螺釘，或相連汽箭於架座之螺釘
,, ,, for cap, 相連枕蓋螺釘
,, ,, of piston, 挺桿內端螺揹
,, ,, or coach screws, 相連底面摺邊螺釘
,, studs, 相連螺釘
,, ,, of casing, 相連殼之螺釘
Sediment, 渣滓
Segments of fly wheel, 飛輪分塊
Seizing, metal joint's, 金類節中所用蔴料
Self acting apparatus, 自行器具
,, ,, plane, 自行車斜路
,, feeding furnace, 自添煤之爐
,, lubricating bearing, 自添油之枕
Sell's valve gear, 色勒動汽罨器
Semi portable engine, 半移半定汽機
Sensible heat, 能覺之熱
Separators, steam & water, 鍋內分汽水器
Set bolt, 配準螺揹
,, screws, 配準螺釘
Seward's slides, 西□特汽罨
,, valve, 西瓦特汽罨
Shaft, 軸
,, bearing, 大軸頸，或軸枕
,, ,, part, 大軸頸
,, collar of, 軸領
,, coupling, 軸之連盤
,, driving, 動軸
,, eccentric, 二□輪軸
,, eye, 大軸□圈
,, fillet, 軸與曲拐連處補料

Shaft gearing, 軸輪之各器
,, intermediate, 中軸，或配軸
,, journal, 軸樞
,, lever, 軸桿
,, main, 總軸
,, middle, 中軸
,, neck, 軸頸
,, of pinion, 小齒輪軸
,, ,, propeller, 螺輪軸
,, ,, screw, 螺輪軸
,, ,, toothed segment, 齒弧軸
,, reversing, 反行軸
,, rings, 軸凸圈
,, rocking, 搖軸
,, thrust, 推軸
,, tube, 軸管，或套管
,, tunnel, 螺輪軸通路
,, weigh, 秤軸
,, worm, 螺絲軸
Shafting, 軸
,, line of, 直連通軸
Shank of blade, 螺翼脚
,, of blade of screw, 螺翼脚
,, ,, propeller blade, 螺翼脚
Shank's steam gauge, 偷克漲表
Shaper plate, 樣板
Shaping machine, 直刨床
Shear steel, 剪鋼，或刀鋼，或簧鋼
Shearing force, 剪力
,, tools, 剪器
Shears, 剪
Sheave, 轆轤內輪
Sheet copper, 銅皮
,, tin, 馬口鐵皮
Shell of boiler, 鍋爐殼
Shifting quadrant, 弧形活架
,, spanner, 活□起子
Ship the propeller, 按□螺輪
Shock, 陡震
Shoe of guide, 鍵轄底殼
,, ,, guide block, 鍵轄塊底殼，或鍵轄視頂
Shoeing of piles, 木戕端鐵靴
Shoot, 槽
,, coal, 引煤槽
Short D slide valve, 短半圓汽罨

Short spring,	短簧
Shovel,	鏟
,, coal,	煤鏟
,, trimming,	修煤鏟
Shut off valve,	斷汽門
Side chains,	連車左右鐵鏈
,, connecting rod,	邊搖桿
,, drains,	路旁陰溝
,, flue heating surface,	旁火路火切面
,, flues,	旁火路
,, lap of slide valve,	汽罨旁餘面
,, lever,	邊桿
,, lever engine,	邊桿汽機
,, of slide valve,	汽罨邊
,, pocket,	鍋爐熱窩
,, rods,	邊搖桿
,, wheel,	邊明輪
Sides of recess,	槽邊
,, ,, recess of eccentric,	二心輪槽邊
Sidings,	避車旁路
Silver's governor,	薛爾物汽制
Single acting air pump,	單行恒升車
,, ,, circulating pump,	單行冷水箭
,, ,, engine,	單行汽機
,, ,, pump,	單行起水箭
,, action air pump,	單行恒升車
,, bar link,	單條進退桿
,, beam engine,	單盾桿汽機
,, beat valve,	單層汽罨
,, crank,	單曲拐
,, ,, compound engine,	單曲拐合抵力汽機
,, ,, single cylinder engine,	單曲拐單汽箭汽機
,, eccentric,	單兩心輪
,, end connecting rod,	單端搖桿
,, ended boiler,	單頭鍋爐
,, ported slide valve,	單汽孔汽罨
,, ,, valve,	單汽孔汽罨
,, purchase steam winch,	單汽箭汽機絞車
,, ,, winch,	單汽箭絞車
,, rails,	一雙鐵條路
,, rivets,	單行帽釘
,, tube boilers,	單空箭鍋爐

Single valve,	單汽罨
Sinuous motion of locomotives,	汽車紆動
Six cylinder engine,	六汽箭汽機
,, wheel locomotive,	六輪汽車
Slag,	燼
Sledge hammer,	雙手錘
Sleeper,	鐵路橫木座
Slide bridge,	罨匣頂橋形條
,, block flange,	活襯摺邊
,, case,	汽罨殼
,, casing,	汽罨匣
,, ring,	汽罨背襯圈
,, rod,	汽罨桿
,, spindle,	汽罨軸
,, sweep,	搖汽箭弧形鍵轄
,, valve,	汽罨
,, ,, admission port,	汽罨進汽孔
,, ,, balance weight,	汽罨相定重墜
,, ,, back balance,	汽罨後相定重墜
,, ,, back guide,	汽罨後鍵轄
,, ,, case cover,	汽罨匣蓋
,, ,, case cover ribs,	汽罨匣蓋高脊
,, ,, case studs,	汽罨匣螺釘
,, ,, casing,	汽罨匣
,, ,, casing cover,	汽罨匣蓋
,, ,, casing door,	汽罨殼門
,, ,, casing flange,	汽罨匣摺邊
,, ,, cover of,	汽罨蓋
,, ,, double ported,	雙孔汽罨
,, ,, exhaust port of	汽罨出汽孔
,, ,, face,	汽罨平面
,, ,, flange,	汽罨摺邊
,, ,, friction,	汽罨摩阻力
,, ,, high pressure,	大抵力汽罨
,, ,, inside lap,	汽罨內餘面
,, ,, link motion,	汽罨進退桿
,, ,, low pressure,	小抵力汽罨
,, ,, long D.,	長半圓汽罨
,, ,, motion,	動汽罨器
,, ,, outside lap,	汽罨外餘面
,, ,, packing ring,	汽罨軟墊圈
,, ,, rod,	汽罨桿
,, ,, rod bolts,	汽罨桿螺釘
,, ,, rod diameter,	汽罨桿徑
,, ,, rod stuffing box	汽罨桿軟墊臼
,, ,, rod stuffing box metal bush,	汽罨桿軟墊臼襯管
,, ,, short D.,	短半圓汽罨
,, ,, single ported,	單孔汽罨

Slide valve spindle, 汽鞴軸
,, ,, spring, 汽鞴簧
,, ,, steam port, 汽鞴汽孔
,, ,, steam passage, 汽鞴汽路
,, ,, stroke, 汽鞴推路
,, ,, travel, 汽鞴推路
,, ,, treble ported, 三孔汽鞴
Sliding block, 活襯，或活襯鍵
,, brass, 活銅襯
,, circular port valve 圓孔汽鞴
,, quadrant of oscillating engine, 搖動汽機弧架
,, stop valve, 移動擋門
,, valve, 汽鞴
Slip, 船輪磨力
,, apparent, 顯磨力
,, negative, 負磨力
,, of paddle wheel, 明輪之磨力
,, ,, propeller, 螺磨，或螺輪之磨力
,, ,, screw, 螺輪之磨力
,, real, 眞磨力
Slipper guide, 鍵輔活底
,, ,, adjustment, 鍵輔活底配準之器
Slit ring, 劈圈
Slope, 斜面
Slot link, 有槽之進退桿
,, of link, 進退桿空槽
,, way, 槽
Sludge hole, 鍋爐出泥孔
Sluice cock, 餘水塞門
,, valve, 餘水萍門，或閘形門
,, ,, rod, 餘水萍門桿
Small bar in cylinder, 汽筩平面小條
,, ,, in valve, 汽鞴內小條
,, cottar of blade, 螺翼小扁栓
,, curves of fire box, 火櫃四角小弧彎
,, ,, of fire box, radius of, 火櫃四角弧彎半徑
,, eye of crank, 曲拐小眼
,, opening in seatings, 門架內小孔
,, pinion handle, 小輪軸柄
Smith & Pinkney's governor, 斯密幷奈汽制
Smoke, 烟
,, box, 烟櫃
,, ,, bottom, 烟櫃底
,, ,, door, 烟櫃門
Smoke box dry, 能拆卸之烟櫃
,, burning apparatus, 鍋爐燒烟器
,, pipe, 烟管
Smooth file, 細紋銼
Snake locomotive, 司尼克汽車
Snifting valve, 尾舌門
Soft metal recess, 襯內軟金類凹
Sockets, 凹節，或樞凹
,, and ball joints, 球形節
Solder, 嵌錫，或銲錫
,, hard, 硬銲錫
Soldering iron, 嵌錫烙鐵
,, ladle, 銲錫超
Sole of cylinder, 汽筩連架座之摺邊
,, plate, 底板
,, ,, & ribs of thrust block, 推枕底板與連脊
Solid, 定質
,, head, 實心彎蓋
,, link, 實心進退桿
,, ,, pin, 實心進退桿梢
,, packing, 實心襯
,, propeller, 實心螺輪
,, sides of frame of entablature, 架樑實心邊
Solidification, 結
Soot, 烟炱
Sounding pipe of pump, 起水筩試水深淺管
Space, 路，或容積
Spacing of boiler stays, 鍋爐牽條相距
,, ,, boiler tubes, 鍋爐小烟管相距
,, ,, condenser tubes, 凝水管相距
,, ,, rivets, 帽釘配相距
Spanner, 平起子
,, box, 盒形起子，或框形起子
,, crow foot, 鴉爪形起子
,, double ended, 雙頭起子
,, guard of blow off cock, 放水塞門起子擋
,, monkey, 猴起子，或活口起子
,, shifting, 能收放之起子
Spare crank, 另備曲拐
,, gear, 另備器具
,, propeller, 另備螺輪
Speaking tube, 傳聲管，或號令管

Specific gravity, 重率
,, heat, 容熱率
,, weight, 重率
Speed, 速
,, formula, 船速式
,, full, 全速
,, half, 半速
,, indicator, 指速表
,, normal, 合法之速
,, of piston, 韝韝速
Spherical boss, 球形轂
,, ,, of propeller, 螺輪球形轂
,, valve, 球形門
Spigot, 筩邊挺塞
Spindle, 轉柱，或軸，或桿
,, & rods for governor valve, 汽制門軸與桿
,, bilge injection, 噴船底積水筩桿
,, blow off valve, 吹汽門桿
,, discharge valve, 放水門桿
,, escape valve, 放汽門桿
,, high pressure slide valve, 大抵力汽鞴桿
,, injection valve, 噴凝水門桿
,, Kingston valve, 京司敦門桿
,, low pressure slide valve, 小抵力汽鞴桿
,, main stop valve, 各鍋爐總汽管塞門桿
,, of governor, 汽制轉柱
,, relief valve, 餘水門桿
,, safety valve, 萍門桿
,, top, 轉柱之頂
,, throttle valve, 扇門桿
,, valve, 門桿
Spiral spring, 螺絲簧
Split cutter, 劈開扁捎
,, or stop pin, 開尾釘
,, pin of nuts, 螺蓋上開尾釘
Spontaneous combustion, 自燃火
Spring, 簧
,, balance, 簧秤
,, ,, safety valve, 簧壓之萍門
,, body of, 簧體
,, coils, 簧圈
,, for governor, 汽制簧秤
,, governor, 簧汽制
,, of carriage, 車底鋼簧
,, ,, valve, 門簧

Spring of watch, 錶簧
,, ring, 護環
,, spiral, 螺絲簧
,, stay, 簧牽條
,, steel, 簧鋼
Springing at the bearings, 枕處不震動
Springs, 簧
,, of locomotives, 汽車輪簧
,, various, 各種簧
Sprocket wheel, 絞鏈齒輪
Spun yarn packing, 麻絲軟墊
Spur gearing, 平齒輪
,, pinion, 平齒小輪
,, wheel, 平齒輪
Square, 方
,, cottar, 方捦
,, file, 方銼
,, key, 方機
,, lever, 方桿
,, packing slide ring, 方活襯圈
,, valve, 方汽鞴
Staffordshire bars, 司太福特鐵條
,, plate, 司太福特鐵板
Stand pipe, 立管
Standard, 架
Star damper, 爐門星形風孔
Starboard engine, 船右邊汽機
Starting bar, 進退柄，或起行桿
,, gear, 汽機起行器
,, ,, link, 起行器進退桿
,, handle, 起行柄
,, lever, 起行桿
,, ,, handle, 起行桿柄
,, valve, 起行門
,, ,, pipe, 起行門管
,, wheel, 起行輪
,, ,, shaft, 起行輪軸
Statics, 靜重學
Stay angle iron, 角鐵牽條
,, diagonal, 對角牽條
,, for paddle wheel, 明輪橫撐
,, gusset, 補角牽條
,, nut, 牽條螺蓋
,, rod, 牽桿
,, screwed, 螺絲頭牽條
,, tube, 牽條烟管
,, washer, 牽條墊圈
Staying of an engine, 汽機各牽條
Stays, 牽條

Stays at top of boiler, 鍋爐頂牽條
,, of boiler, 鍋爐牽條
,, tube plate, 小烟管板牽條
Steam, 汽
,, ash hoist, 起灰汽機
,, auxiliary, 副汽
,, boat funnels, 輪船烟通
,, boiler, 汽鍋爐
,, casing, 汽殼
,, chest, 汽膛，或汽匣，或汽櫃
,, circle, 汽環
,, cock, 汽塞門
,, combined, 大小合抵力汽
,, condensed, 凝汽
,, consumption, 用汽數
,, cut off, 閉絕汽路，或斷汽
,, discharge pipe, 出汽管
,, dome, 汽櫃，或汽鼓
,, dry saturated, 乾飽足汽
,, drying of, 汽做乾之事
,, efficiency of, 汽之功力
,, engine, 汽機
,, exhaust, 汽筩出汽
,, exhaustion of, 汽筩出汽之事
,, expansion, 汽自漲
,, expansive efficiency of, 汽自漲之功力
,, gauge, 汽漲力表
,, heated, 加熱之汽
,, high pressure chest, 大抵力汽膛
,, high pressure port, 大抵力汽孔
,, jacket, 汽殼
,, ,, drain cock, 汽殼放水塞門
,, jet, 噴汽孔
,, ,,injection valve 噴汽門
,, launch, 小輪船
,, low pressure chest, 小抵力汽膛
,, low pressure port, 小抵力汽孔
,, moist, 濕汽
,, of one atmosphere, 等天氣壓力之汽
,, of two atmospheres, 倍天氣壓力之汽
,, opening, 進汽孔
,, passage, 汽路
Steam passage in trunnion, 空樞內汽路
,, pipe, 進汽管
,, piston, 汽鞲鞴
,, port, 進汽孔
,, power, 汽力
,, ,, meter, 量汽力器
,, pressure, 汽壓力
,, reducing valve, 減汽門
,, receiver, 汽罨收汽之膛
,, reversing gear, 令返行之汽機件
,, room, 鍋爐容汽積數
,, saturated, 飽足汽
,, side of tube, 凝水管切面
,, space, 容汽之積
,, steering gear, 動柁汽機
,, super heated, 重熱汽
,, supply pipe, 進汽管
,, tight, 不洩汽
,, to blow off, 放散鍋爐汽
,, to let off, 放汽
,, turning gear, 試汽機轉動之小汽機
,, valve, 汽門，或汽罨
,, way, 汽路
,, wet, 濕汽
,, whistle, 汽噴子，或叫汽鐘
,, winch, 汽機絞車
,, ,, barrel, 汽機絞車鼓
,, ,, barrel shaft, 汽機絞車鼓軸
,, ,, base plate, 汽機絞車底板
,, ,, brake, 汽機絞車停器
,, ,, brake lever, 汽機絞車停器桿
,, ,, clutch lever, 汽機絞車夾器桿
,, ,, connecting rod, 汽機絞車搖桿
,, ,, cylinder, 汽機絞車汽筩
,, ,, double purchase, 雙力汽機絞車
,, ,, drain pipe, 汽機絞車放水管
,, ,, engine shaft, 汽機絞車軸
,, ,, exhaust pipe, 汽機絞車出汽管
,, ,, framing, 汽機絞車架
,, ,, main spur wheel, 汽機絞車總齒輪
,, ,, piston, 汽機絞車鞲鞴
,, ,, piston rod, 汽機絞車挺桿
,, ,, reversing lever, 汽機絞車返行桿
,, ,, side frames, 汽機絞車旁架

Steam winch, single purchase,	單力汽機絞車
,, ,, small spur wheel,	汽機絞車小齒輪
,, ,, stay,	汽機絞車牽條
,, ,, steam chest,	汽機絞車汽膛
,, ,, steam pipe,	汽機絞車汽管
,, ,, stop valve,	汽機絞車停門
,, ,, stop valve spindle,	汽機絞車停門桿
,, ,, tie bar,	汽機絞車架樑桿
,, wire drawing of,	汽孔漸狹漸闊
Steamer,	輪船
Steel,	鋼
,, boiler,	鋼鍋爐
,, piston,	鋼韝韛
,, plate,	鋼鈑
,, ship,	鋼船
,, spring,	鋼簧
,, ,, plates,	鋼簧板
Steeple engine,	塔形機器
Stem of ship,	船首
Stern bracket,	提螺輪架器
,, bush,	螺輪軸銅襯管
,, going eccentric,	退行二心輪
,, of ship,	船尾
,, post,	尾柱
,, shaft,	尾軸
,, tube,	螺軸套管
,, ,, & stuffing box,	螺軸套管與軟墊臼
,, ,, gland,	螺軸套管壓蓋
,, ,, lining,	螺軸套管內襯
,, ,, nut,	螺軸套管螺蓋
,, wheel,	尾明輪
Stiffness of foundation	座子堅硬不震動
Still,	甑
Stoke hole,	掉煤膛，或火艙
,, ,, door,	火艙門
,, ,, flooring,	火艙底板
,, ,, flooring plates	火艙底鐵板
,, ,, grating,	火艙柵
,, ,, platform,	火艙臺
,, ,, skylight,	火艙天牕
,, ,, ventilator,	火艙通風器
Stoking,	添煤，或挑火
Stop,	擋，或停器
,, cock,	擋塞門
,, engines,	停汽機
,, lever,	阻桿
,, ,, centre,	阻桿中段

Stop lever ends,	阻桿兩端
,, valve,	停門
,, ,, spindle,	停門桿
,, valve between boilers,	各鍋爐相通管之擋門
Store tanks,	存物料鐵箱
Straight brace,	直牽條
,, cocks,	直塞門
,, edges,	直界尺
Strain, breaking,	斷力界
,, proof,	試受力界
Strains,	受力
Strap,	彎擔，或鐵搭
,, leather,	皮帶
Straps of engine,	汽機彎擔
Strength,	力，或堅固
,, adequate.	足力
Stress compressive,	擠力
Stretching screw,	牽長螺絲
Stroke,	往復路，或推機路
,, of cylinder,	汽筩推路
,, ,, engine,	推機路
,, ,, piston,	推機路
,, ,, slide valve,	汽瓣往復路
Strum of suction pipe,	吸水管濾頭
Stone tramway,	石軌路
Stud,	小端，或螺釘，或樁
,, blocks,	嵌塊
,, for securing valve seats,	相連門座於殼之螺釘
Stuffing box,	軟墊臼
,, ,, bottom,	軟墊臼底
,, ,, brass bush,	軟墊臼銅襯管
,, ,, bulk head,	螺輪軸套管之隔艙板
,, ,, depth of gland,	軟墊臼壓蓋之深
,, ,, flange,	軟墊臼之摺邊
,, ,, gland,	軟墊臼壓蓋
,, ,, gland, brass tube,	軟墊臼壓蓋內銅襯管
,, ,, gland stud,	軟墊臼壓蓋螺釘
,, ,, of feed pump,	添水筩軟墊臼
,, ,, of plunger,	推水柱軟墊臼
,, ,, of trunnion	空樞軟墊臼
Suction,	吸力
,, pipe,	吸管
,, valve,	吸水門
,, ,, box,	吸水門匣

Suction valve in piston, 起水筩轉輴吸水門
Sun & planet motion, 行星繞日之齒輪法
Superheater joint, 重加熱器之節
Superheating apparatus, 重加熱汽器
,, tubes, 重加熱汽管
Superheated steam, 重加熱汽
Supplementary feed cock, 添水餘塞門
Supply passage, 進汽路
,, pipe, 進汽管
,, port, 進汽孔
,, sea water pipes, 添海水管
,, valve, 進汽門
Supporting column, 汽機托柱
Surcharged steam, 帶水過限之汽
Surface, 外面，或平面
,, blow off, 水面放水
,, ,, off pipe, 水面放水管
,, ,, out cock, 水面吹水塞門
,, condensation, 凝水面積
,, condenser tubes, 外冷凝水管
,, ,, tube ferrules, 外冷凝水管套圈
,, ,, tube packing, 外冷凝水管襯
,, condensers, 外冷凝水器
,, condensing engine, 外冷凝水機
,, cooling, 外加冷法
,, heating, 火切面
,, of boiler tubes, 鍋爐烟管面積
,, ,, contact, 切面
,, ,, cover of valve casing, 汽箭匣蓋面
,, ,, piston, 轉輴面
,, total heating, 總火切面
Surplus valve, 餘流舌門
Suspension pin, 進退桿掛捎
Swage, 鐵工礎模
Sway beam, 槓桿
Swedish iron, 瑞典鐵
Switch handles, 鐵路換路之柄
Swivel or socket, 活節，或凹節
Syringe, 水射

T

T end of piston rod, 挺桿丁字形端
T ended connecting rod, 丁字形頭搖桿
T or guide part, 丁字形塊
T shaped end of piston rod, 挺桿丁字形端
T shaped guide, 丁字形之鍵襯
T shaped part of connecting rod, 搖桿丁字形端
Table engine, 桌面汽機
Tackle, 轆轤繩等引重器
Tail end of piston rod, 挺桿尾端
,, ,, shafts, 螺輪軸
,, key of propeller, 螺輪尾端
,, valve, 尾舌門
Taking in cock, 進水塞門
Tallow, 牛羊油
,, cock, 定質油塞門
,, cup, 定質油盃
,, tank, 定質油箱
Tandem engine, 魚貫排列之汽機
Tap screw, 成陰螺絲之模
,, steel, 做陰螺絲模之鋼
,, wrench, 開塞門之平起子
Taper, 斜
,, bolts for coupling, 軸連盤之斜螺絲釘
,, of arms of fly wheel 飛輪輻之尖
,, ,, catch pin, 簧鬮柄尖
,, ,, cottars, 長劈斜度
,, ,, eccentric rod, 推引桿之尖
,, ,, rod in piston, 挺桿裝入轉輴之斜度
,, ,, sides of crank, 曲拐兩旁體斜度
,, ,, sides of fire bars, 爐柵旁斜度
Tapered bolt, 斜螺釘
,, collar, 斜面領
,, pin, 斜面捎
Tappets, 汽箭桿撥器
Tar, 黑煤油，或流質柏油
Teeth epicycloidal, 擺線形輪齒
Telegraph, 號令報
Telescope chimney, 伸縮烟通，或套管烟通
,, funnel wheel shaft, 套節烟通齒輪軸
Telescopic funnel, 遠鏡筩形烟通
Tell tale apparatus, 記船斜度器
,, ,, apparatus, dial of, 記船斜度表面
Teledynamic transmission, 遠轉力法
Tembrinck's locomotive. 典拍林之汽車

Tempered steel, 退火之鋼
Temperature, 熱度
,, increased, 增熱度
,, uniform, 均熱度
,, reduced, 已減之熱度
Tempering, tools, 鋼器退火法
Template, 樣板
Templet, 樣板
Tenacity, 伸長性
Tender, 煤水車
,, of locomotive, 汽車之煤水車
Tensile strain, 受牽力
,, strength, 能任之牽力
Tension, 牽力
,, on belts, 皮帶受牽力
Terminal pressure, 末抵力
Test, 試驗
,, by water pressure, 用水壓力試驗
,, cock, 驗塞門
Testing of boiler, 試驗鍋爐
,, strength, 試堅固之限
Theoretical duty, 當程之功
Thermal lines, 熱線
Thermodynamics, 熱動重學
Thermometer, 寒暑表
Thompson's valves, 湯[illegible]恒升車舌門
Three bladed propeller, 三翼螺輪
,, cylinder engine, 三汽筩汽機
,, sided file, 三邊銼
,, way cock, 三路塞門
Throat of injector, 噴水器喉
Throttle expansion valve, 扇形自漲門
,, valve, 扇門，或總舌門
,, ,, gear, 運動扇門器
,, ,, rod, 扇門桿
,, ,, spindle, 扇門桿
Through key of propeller, 螺輪通捎
Throw of crank, 曲拐兩心距
,, ,, eccentric, 二心輪兩心距
Thrust bearing, 推軸枕
,, block, 推枕
,, ,, caps, 推枕蓋
,, ,, plate, 推枕底板
,, ,, plate outside, 推枕外板
,, ,, ring, 推枕凸圈
Thrust block seating, 推枕座
,, ,, staying recesses, 推枕銅襯外高脊
,, collar, 推枕領
,, indicated, 螺輪顯推力
,, normal mean, 合法之中推力
,, of propeller, 螺輪推力
,, plummer block, 推枕
,, shaft, 推軸
Thwaites' steam hammer, 士偉得司汽錘
Tie rod, 牽桿
Tightening key, 打緊捎
Tire of wheels, 輪牙
Tongs, 鉗子，或火鉗
,, forge, 鐵匠鉗，或打熱鐵爐鉗
Tool, 手器，或車刀
,, paring, 削器
,, punching, 撞器
,, scraping, 刮器
,, steel, 刀鋼
Toothed segment, 齒弧
,, wheel, 齒輪
Top & bottom curves of boiler, 鍋爐頂底二弧彎
,, nozzle, 上汽門殼
,, of boiler, 鍋爐頂
,, ,, guide, 鍵輔蓋條
,, ,, tube, 空筩頂
,, table of rail, 鐵路條上面
,, stays for locomotive boilers, 汽車火櫃上之橫樑
Torrent steam fire engine, 土倫得汽機水龍
Torsion, 扭力，或絞力
,, angle, 扭角
Total area of heating surface of tubes, 小烟管總火切面
,, heating surface, 總火切面
,, pressure, 總壓力
Traction engine, 馬路捧重汽車
,, on railway, 鐵路上引車之力
Tractive power, 汽車引力
Trailing axles, 汽車後輪軸
,, wheels, 汽車後輪
Train arm, 移動活桿
Transmission, 傳法
,, of heat, 傳熱
,, ,, power, 傳力

Transoms of railway carriages, 鐵路輿架橫擋
Transverse stays, 橫牽條
" strength, 橫折力
Travel, 往復路，或推機路
" of piston, 鞲鞴往復路
" " slide valve, 汽甕推機路
" " valve, 汽甕往復路
Traversing gear, 往復器
Treble expansion engine, 三次漲力汽機
" ported slide valve, 三汽孔汽甕
" " valve, 三孔之門
" rivetted butt joint, 三行帽釘對節
" " joints, 三行帽釘節
" rivetting, 三行帽釘
Trellis work, 斜交柵條
Trick valve, 特立克汽甕
Trimming shovel, 起煤鏟
Triple expansion compound engine, 三次自漲力汽之合抵力汽機
Trunk, 空挺桿，或升空挺
" bulkhead, 汽機房隔墻
" engine, 空挺桿汽機
" of air pump, 恒升車之升空挺
" piston, 空挺桿鞲鞴
" stuffing box, 升空挺軟墊臼
Trunnion, bearing of, 空樞頸
" brasses, 空樞頸銅襯
" " supports, 空樞銅襯枕座
" cap bolts, 空樞相連枕蓋螺釘
" cap, cast iron, 空樞生鐵枕蓋
" pipe, 空樞管
" plummer blocks, 空樞之枕
" securing bolts, 相連樞枕之螺釘
Trunnions 搖汽缸空樞
" steam opening, 空樞內汽管
" " passages, 空樞汽路
" stuffing box, 空樞軟墊臼
Tube, 管
" air, 通汽管
" boiler, 烟管鍋爐
" brass, 黃銅管
" brush, 管之刷
" condenser, 凝水櫃之管
" expander, 放大管器
" homogeneous metal, 勻淨銅質管
" iron, 鐵管
" of bearing block, 枕內銅襯

Tube plate, 烟管鑲板，或管端鑲板
" " back, 後管端鑲板
" " cracked, 破裂之管端鑲板
" " for condenser, 鑲凝水管之板
" " front, 前管端鑲板
" plug, 管塞
" scraper, 刮管器
" solid drawn, 抽成之管
" stay, 牽管
" stopper, 管塞
Tubes, nests of, 成羣之小烟管
" of boiler, 鍋爐小烟管
Tubular-boiler, 小烟管鍋爐
Tubulous boiler, 小烟管鍋爐
Tunnel, 螺輪軸通路
" door, 螺輪軸通路門
" man hole in, 螺輪軸通路進人孔
" platform, 螺輪軸通路臺
" shaft, 螺輪軸通路
" " pedestal, 螺輪軸通路內托枕柱
" " water service pipe, 螺輪軸通路之通水管
" top of, 螺輪軸通路頂
Turbines, steam, 汽機運動之平水輪
Turn pike road, 公大馬路
Turner's portable engine, 脫捺移動陸汽機
Turning gear, 人力試轉輪器
" lathes, 車床
" wheel, 車床
Turntables, 轉車之圓臺架
Tuxford's portable engine, 特克司福得移動陸汽機
" table engine, 特克司福得方檯汽機
Twin cylinders, 雙汽筩
" screw, 雙螺輪
" " propeller, 雙螺輪
" " steamer. 雙螺輪船
Twisting, 扭
" force, 扭力
" moment, 力距積扭力
Two bladed propeller, 二翼螺輪
" " screw propeller, 雙翼螺輪
" crank engine 雙曲拐汽機
" way cock, 二路塞門

U

Unannealed glass, 未退火玻璃
Unbalanced pressure, 不相平之抵力
Undershot water wheel, 水激下半輪
Undulations of indicator diagram, 均力圖之紆曲線或自記漲力表之浪線紋
Unguents, 油滑料
Uniform acceleration, 均加速
,, motion, 平速動
,, pressure, 均抵力
,, temperature 均熱度
Uniformly accelerated motion, 平加速動
Unit, horse power, 度馬力數
,, of capacity, 度容積數
,, ,, force, 度力數
,, ,, heat, 度熱數
,, ,, mass, 度體積數
,, ,, power, 度力數
,, ,, pressure, 度壓力數
,, ,, weight, 度重數
,, ,, work, 度工數
Universal joint, 隨意節
Unjacketed steam engine, 無殼汽機
Unroll, 卸開
Unship the propeller, 拆脫螺輪
Upper bolts or stays, 上螺釘或牽條
,, cross part, 上横擔
,, end of connecting rod, 挺搖桿上端
Uptake, 烟喉
Useful effect, 有功用之力
Ushers' steam plough, 奥沙汽車之耒

V

V. on slide valve face, 汽罨平面倒八字形槽
Vacuum, 真空，或縮力
,, chamber, 真空膛
,, guage, 縮表
,, ,, pipe, 縮力表管
,, line, 真空綫
Valve, 舌門，或汽罨 或汽門
Valve, air, 空氣門
,, atmospheric, 空氣舌門
,, auxiliary, 副舌門
,, ball, 球形門
,, blow off, 放汽門
,, ,, through, 吹通汽門
,, body of, 門體
,, bottom, 門底
,, box, 門匣
,, ,, cover, 門匣蓋
,, bucket, 筩形門
,, butterfly, 蝴蝶形門
,, casing, 汽罨匣
,, ,, front, 汽罨匣之前
,, ,, ribs, 罨匣蓋高脊
,, check, 阻門
,, chest, 門箱
,, ,, cover, 門箱蓋
,, ,, cover bolt, 門箱蓋捎
,, clack, 舌門，或球門
,, conical, 圓錐形門
,, communication, 通門
,, Cornish double beat, 果臬書雙開舌門
,, cover, 門蓋
,, cross head, 罨橫擔
,, cup, 盃形門
,, cut off, 汽罨斷汽
,, dead weight safety, 直加墜力萍門
,, delivery, 進水門
,, diagram, 汽罨動法圖
,, disk, 圓板門
,, discharge, 放開舌門
,, double ported, 雙孔門
,, end of, 汽罨端
,, ,, of eccentric rod, 二心輪桿連汽罨端
,, equilibrium, 相定汽罨
,, ,, slide, 相定汽罨
,, escape, 放水門
,, exhaust space, 汽罨出汽容積
,, exhaustion, 自漲力汽罨
,, external safety 外萍門
,, face, 汽罨之平面
,, facing, 汽罨平面
,, feed, 添鍋爐水門
,, ,, chest, 添鍋爐水門箱
,, ,, box, 添鍋爐水門箱

Valve feed escape, 添鍋爐水餘水門
„ foot, 底門
„ gear, 動汽罨之各件
„ „ high pressure 動大抵力汽罨器
„ „ low pressure, 動小抵力汽罨器
„ gridiron, 柵形汽罨
„ „ expansion, 柵形自漲汽罨
„ guide, 門擋
„ „ for rod, 汽罨桿之鍵輔
„ „ spindle, 汽罨鍵輔之桿
„ hanging, 掛門
„ head, 頭門，或上舌門
„ high pressure spindle, 大抵力汽罨桿
„ india rubber, 象皮門
„ injection, 噴水門
„ inlet, 進水門
„ internal safety, 內萍門
„ joints, 門節
„ Kingston, 京司敦舌門
„ lever, 汽罨橫桿，或門桿
„ lifter, 提罨器
„ link, 汽罨之進退桿
„ load of, 門受重
„ low pressure spindle, 小抵力汽罨桿
„ main, 總門
„ „ discharge, 放水總門
„ „ scum, 放浮渣總門
„ motion, 動門之器
„ „ block, 汽罨移動塊
„ mushroom, 菌形門
„ non return, 不回行門
„ of feed pump, 添水筩門
„ outlet, 放水門
„ overflow or return, 餘水門，或還水門
„ pet, 小舌門
„ piston, 鞲鞴舌門
„ priming relief, 汽筩放水門
„ regulating, 自制舌門
„ relief, 汽筩放水舌門
„ reversing, 反行舌門
„ rod, 汽罨桿，或汽罨挺桿
„ „ bolts, 汽罨桿螺釘
„ „ guides, 汽罨桿鍵輔
„ „ handle, 汽罨桿柄
„ „ stuffing box, 汽罨桿軟墊臼
„ „ stuffing box gland, 汽罨桿軟墊臼壓蓋

Valve rod stuffing box gland studs, 汽罨桿軟墊臼壓蓋螺釘
„ safety, 萍門
„ „ box, 萍門箱
„ „ lever, 萍門桿
„ „ load, 萍門壓錘
„ „ seat, 萍門座
„ „ spring, 萍門簧
„ „ weight, 萍門壓錘
„ seat, 門座，或門架
„ seating ribs, 門架高脊
„ sector, 象限形門
„ sentinel, 小附萍門
„ setting of, 配准汽罨
„ shaft, 汽罨軸
„ „ lever, 汽罨軸桿
„ shut off, 汽罨斷汽門
„ slide, 汽罨平面
„ sliding, 汽罨
„ „ ring, 汽罨圈
„ „ stop, 汽罨停器
„ sluice, 閘形門，或餘水門
„ „ rod, 閘形門桿
„ snifting, 尾舌門
„ spherical, 球形門
„ spindle, 門桿，或汽罨桿
„ „ wheel, 門桿之輪
„ starting, 起行門
„ steam, 汽門，或汽罨
„ „ reducing, 減汽門
„ stem, 舌門柄
„ stop, 停門
„ suction, 吸門
„ „ box, 吸門匣
„ throttle, 扇門
„ „ expansion, 自漲汽扇門
„ „ rod, 扇門桿
„ Trick, 特立克舌門
„ waste water, 餘水舌門
„ water, 水舌門
„ weigh shaft, 汽罨稱軸
Valves, ball, 球形門
„ of feed pump, 添水筩之門
„ „ india rubber, 象皮門
„ pot lid, 鍋蓋形門
Variable expansion, 變漲力
„ velocity with uniform acceleration, 均增變速
Vapour, 气
Velocity, 速

Velocity aggregate, 速積
,, angular, 角速
,, irregularly variable, 亂變速
Velometer, or engine governor, 量速器，或汽制
Vent of boilers, 鍋爐通氣放熱率
Ventilator pipe, 通風管
Vertical air pump, 直立恒升車
,, cylindrical boiler, 直立圓筩鍋爐
,, direct acting engine, 直立直行汽機
,, engine, 直立汽機
,, single acting air-pump, 直立單行恒升車
Vice, 虎頭鉗
,, bench, 虎頭鉗桌
,, jaws, 虎頭鉗口唇
Vis inertia, 不肯動之性
,, viva, 重速積，或全動能
Voice pipe, 通號令聲管
Voussoir, 劈
Vulcanised india rubber disc, 硫黃象皮圓板
Vulcanite valves, 硬黑象皮舌門

W

Waggon boiler, 外火鍋爐
,, shaped boiler, 車形鍋爐，或外火鍋爐
,, spring, 貨車簧
Wake water, 隨船之水
Wall boxes, 墻中軸枕箱
,, plates, 墻中軸板
Warping engine, 捽纜索絞車汽機
Washer, 墊圈
,, of nuts, 螺蓋墊圈
Waste pipe, 餘水管
,, sluice, 餘水閘門
,, steam pipe, 餘汽管
,, tank, 廢水箱，或餘水箱
,, water, 餘水
,, ,, pipe, 餘水管
,, ,, valve, 餘水門
Water bridge, 水橋
,, cock, 水塞門
,, crane delivery pipe, 汽車添水管
,, ,, pipes, 汽車添水管
Water discharge cock, 放水塞門
,, ,, pipe, 放水管
,, gauge, 水表
,, ,, cock, 水表塞門
,, glass gauge pipe, 水表玻璃管
,, legs, 兩爐中間之水
,, level, 水平面
,, pipe for lubricating or cooling shaft bearings, 各軸頸澆水管
,, pressure, 水壓力
,, return of, 水之廻行
,, service, 通水器
,, ,, cock, 通水塞門
,, ,, pipe, 通水管
,, side of tubes, 凝水管切水面
,, space, 水之積
,, supply pipes, 進水管
,, tank, 水箱
,, tight, 不洩水
,, tube boiler, 水管鍋爐
,, valve, 水門
Watt's boiler, 瓦特鍋爐
Wear & tear, 消磨減值
Web, 薄處
,, of a beam, 橫桿薄處
,, of a crank, 曲拐薄處
,, of a piston, 韝鞴薄處
Webs of wheel, 輪體薄處
Wedge, 劈，或扁栓
,, box, 容扁栓槽
Weep. Weeping, 漏水成滴
Weigh levers, 稱桿
,, shaft, 稱軸
,, ,, of levers, 稱桿稱軸
Weight of clock, 鐘錘
,, on lever, 漲權
Weighted safety valve 重壓之準門
Weir's feed heater, 惠爾做熱進鍋爐水器
,, hydrokineter, 惠爾噴熱鍋爐底水器
Welding, 含連
,, heat, 含連熱度
Well room, 井房
Wet & dry uptakes, 濕與乾之烟喉
,, bottom boilers, 濕底鍋爐
,, steam, 濕汽
Wheel, 輪
,, & axle, 輪軸

Wheel & rack, 齒輪齒桿
,, arm, 輪輻
,, bevel, 斜齒輪
,, boss of, 輪轂
,, box, 齒輪套，或明輪殼
,, cog, 鑲齒齒輪
,, ,, casing of, 齒輪套殼
,, cutting machine, 刻輪齒機器
,, driving, 動輪
,, elliptic, 橢圓輪
,, flange of, 輪摺邊
,, fly, 飛輪
,, friction, 磨阻力輪
,, geared slide valve, 齒輪運動汽罨
,, leading, 前輪
,, lobed, 能分之輪
,, loose, 鬆輪
,, ratchet, 鬧輪
,, reversing, 反行輪
,, rim, 輪牙
,, spur, 外向齒齒輪，或平齒輪
,, tooth of, 輪齒
,, toothless, 磨阻力傳動輪
,, turning, 試轉機器齒輪
,, worm, 螺絲輪
Whirling chamber, 起水輪螺絲形膛
Whistle, 汽哨，或叫汽鐘或號鐘
,, bell, 鐘形號鐘
,, organ pipe, 風琴管號鐘
,, pipe, 號鐘管
,, rope, 號鐘繩
White heat, 白熱
,, iron, 白色生鐵
Whole effect, 全力
Wick, 燈芯
Wilson's steam hammer, 偉烈生汽錘
Winch barrel, 絞車鼓
,, ,, shaft, 絞車鼓軸
,, boiler. 絞車鍋爐
,, brake of, 絞車停桿
,, clutch lever, 絞車夾桿
,, cover, 絞車套
,, crab, 移動之絞車
,, double purchase 雙力絞車
,, framing, 絞車架

Winch, pawls, 絞車鬧鉤
,, pawl, 絞車鬧鉤
,, ,, wheel, 絞車鬧鉤輪
,, pinion, 絞車小齒輪
,, ratchet wheel, 絞車鬧輪
,, side frames, 絞車旁架
,, single purchase, 單力絞車
,, spur wheels, 絞車平齒輪
,, tie rod, 絞車牽條
,, warping ends, 絞車繞繩外盤
Winches, steam, 起重汽機
Winding engine, 起重汽機，或起礦汽機
Windlass, 絞車
,, differential, 大小徑微較絞車
Windmill, 風磨
,, pump, 風車起水筩
Wing furnace, 翅形爐
Wipers, 擦器
Wire, 金類絲
,, brass, 黃銅絲
,, brush, 金類絲刷子
,, copper, 紅銅絲
,, drawn steam, 汽孔漸狹漸闊
,, lead, 鉛絲
,, iron, 鐵絲
,, nippers, 剪金類絲鉗
,, ropes, 鐵絲繩
Working beam, 大槓桿
,, pressure, 所顯之抵力
Wooden valves, 木舌門
Worm, 動齒輪螺絲
,, shaft, 螺絲軸
,, wheel, 螺絲軸輪
Worsted syphons, 引油羊毛線
Wrench, 平起子
,, fork, 叉形起子
,, screw, 螺絲起子
Wrenching, 扭力
Wrought iron bars, 熟鐵條
,, ,, connecting rod 熟鐵大搖桿
,, ,, crank, 熟鐵曲拐
,, ,, caps, 熟鐵枕蓋
,, ,, caps for shaft plummer block, 大軸枕熟鐵蓋
,, ,, coupling, 螺軸熟鐵接盤
,, ,, eccentric band, 熟鐵兩心環
,, ,, hoops, 熟鐵箍
,, ,, piston rod cap, 熟鐵挺扭圓蓋
,, ,, rings, 熟鐵圈

Wrought iron ring on extremity of boss, 轂端熟鐵圈
" " stay, 熟鐵牽條
" " turned rods, 熟鐵車圓之桿

Y

Yachts, steam, 遊玩輪船
Yard, 船之横桅，或塲，或碼數
Yorkshire iron, 約克西而鐵
" plates, 約克西面鐵板

Z

Z crank, 乙字形曲拐
Zarrow's coal burning locomotive, 閘緑燒烟煤之汽車
Zero absolute, 寒暑表原零度
Zigzag rivetted butt, 彎曲排列帽釘對縫
" rivetting, 彎曲排列帽釘
Zinc, 鋅
" sheathing, 鋅皮